EXPOSITION UNIVERSELLE DE 1851.

TRAVAUX

DE

LA COMMISSION FRANÇAISE

SUR L'INDUSTRIE DES NATIONS.

EXPOSITION UNIVERSELLE DE 1851.

TRAVAUX

DE

LA COMMISSION FRANÇAISE

SUR L'INDUSTRIE DES NATIONS,

PUBLIÉS

PAR ORDRE DE L'EMPEREUR.

TOME I.

TROISIÈME PARTIE.

PARIS.

IMPRIMERIE IMPÉRIALE.

M DCCC LX.

EXPOSITION UNIVERSELLE DE 1851.

TRAVAUX
DE LA COMMISSION FRANÇAISE.

INTRODUCTION

PAR

M. LE BARON CHARLES DUPIN,

PRÉSIDENT DE LA COMMISSION,

SÉNATEUR ET MEMBRE DE L'INSTITUT.

FORCE PRODUCTIVE

DES NATIONS CONCURRENTES,

DEPUIS 1800 JUSQU'A 1851.

———

IVᵉ PARTIE.

ORIENT. — EXTRÊME ASIE.

AVANT-PROPOS.

———

Ce volume comprend le nord et l'extrême orient de l'Asie, depuis les monts Himâlayas jusqu'au pôle.

Nous voyons une Sibérie nouvelle, qui s'étend des sources du fleuve Amour aux mers du Japon et de la Corée. Les colons y viennent du fond de la Russie; ils font mille lieues sans arrêt, en chariot, en traîneau, en bateau, selon les lieux et les saisons. Chaque soir ils descendent au caravansérail officiel : chacun, muni d'un numéro primitif, trouve le numéro correspondant du gîte où l'attendent le feu, les vivres, le coucher; puis, le lendemain, les moyens de transport également numérotés. Adapter ainsi l'ordre et la rapidité des mouvements militaires aux besoins civils d'un empire immense, c'est le vrai génie de Pierre le Grand; là gît l'avenir de la Sibérie orientale.

Nous voyons ensuite les peuples tartares, et mongols et mandchoux : agriculteurs au midi du fleuve Amour; pasteurs autour du grand Désert, ou bassin salé de Gobi. Tous sont rangés sous les bannières de l'empire du Milieu.

Nous voyons au sud, à l'occident de cet empire,

l'état vassal de Siam et celui de la Cochinchine, où la France aujourd'hui fait glorieusement valoir le juste prix d'anciens bienfaits.

Enfin nous voyons, au revers oriental des Himâlayas, les peuples du Tibet, sous l'idéale autorité d'un Grand Lama. Ce roi, pontife et Dieu, nous le trouvons relégué sur sa montagne sainte; tandis que tout auprès, dans Lha-ssa, un vicaire civil et militaire, élu pour la vie, administre et gouverne. Dans le demi-siècle que nous étudions, quatre Grands Lamas consécutifs, empoisonnés par ce maire du palais, ont péri dans la fleur de l'âge. Il a fallu que l'empereur de la Chine interposât sa protection suprême, afin de mettre un terme à de tels forfaits. Arrêtons-nous au puissant État libérateur.

Dans les parties déjà publiées de cette Introduction, quand je décrivais de proche en proche la force des peuples de l'Amérique et de l'Océanie, à chaque instant mes regards étaient attirés vers la nation la plus étonnante, au milieu de celles que bientôt je devais parcourir en Orient : je veux parler de la nation chinoise.

Malgré moi j'anticipais sur son étude, quand je rencontrais ses ingénieux, ses infatigables enfants émigrés en Californie, en Australie, en Malaisie, à Java, aux Philippines; quand je les voyais éloignés de leur terre natale, à d'énormes distances, mais toujours le regard et le cœur tournés vers une patrie qui les rend les plus fiers des hommes; quand je les observais luttant de courage pacifique, et d'amour du

travail, *et d'art de bien travailler*, avec nos races d'Occident les plus laborieuses, les plus patientes et les
plus persévérantes : avec les deux races anglo-saxonne
et batave.

Tout m'annonçait un merveilleux sujet d'observations ; et pourtant je n'avais encore mesuré ni l'importance ni la grandeur du spectacle qui m'attendait
dans l'extrême Asie orientale.

Ici la moindre des merveilles est celle de l'étendue. Qu'on imagine à côté les uns des autres vingt-
trois territoires, chacun d'eux égal à la France ; de
ces vingt-trois unités territoriales, six rempliraient
l'empire du Milieu, la Chine. Les dix-sept autres
représentent deux cents ans de conquêtes ; elles
couvrent aujourd'hui le plateau de l'Asie centrale,
d'où sont parties depuis vingt siècles tant d'invasions
dont le souvenir ne périra pas plus que les noms
d'Attila, de Tamerlan et de Gengis-khan. Les frontières sont dignes de l'espace qu'elles renferment.
Au nord, c'est la ceinture des monts qui prolongent
l'Altaï parallèlement au cercle polaire ; au sud-ouest,
c'est la vaste chaîne des Himâlayas, nom qui signifie
les neiges éternelles, amoncelées au sommet des
monts les plus élevés de la terre, tandis que leur
base appartient à la zone tempérée. A l'orient, c'est
une barrière érigée par la main des hommes, dans
une longueur de cinq cents lieues ; c'est un rempart,
une enceinte continue, partout garnie de tours, traversant les fleuves, les torrents, les précipices, et
couronnant le sommet des montagnes. Voilà l'œuvre

a.

que les nations ont nommée la *grande muraille,* et qu'elles comptent parmi les sept merveilles du monde.

Derrière cet abri de géants, le peuple chinois, qui l'a construit, s'est mis à métamorphoser sa terre par des cultures sans pareilles, à distribuer ses eaux avec un art qu'on n'a pas surpassé; il faudrait cinquante vallées du Nil pour égaler l'étendue et la fécondité de ses irrigations, obtenues moitié par l'énergie de l'homme et moitié par le bienfait de la nature.

Le croira-t-on? depuis deux siècles, des Mandchoux sont venus présider à ces grands travaux. Leurs sept empereurs ont déjà régné plus de temps que les sept rois qui bâtirent la Ville éternelle. Les trois premiers ont suffi pour pacifier l'empire du Milieu, le quadrupler par leurs conquêtes, restaurer les antiques mœurs, remettre en honneur les institutions séculaires, rallumer le flambeau des lettres, s'interdire à jamais d'augmenter le fardeau des charges publiques, lorsque tout croissait dans l'empire; enfin, par la prospérité générale, faire avancer d'un même pas la multiplication du peuple et celle des biens de la terre.

En 1650, les Mandchoux n'avaient pas trouvé derrière la grande muraille quatre-vingts millions d'habitants; en moins de deux siècles, on en a dénombré quatre cents millions, et l'on annonce qu'aujourd'hui le chiffre dépasse un demi-milliard. Jamais dynastie n'a vu son sceptre protéger pareil accroissement du genre humain.

Revenons à l'agriculture. Pour constater un développement sans exemple, je me suis considéré comme un simple teneur de procès-verbal, qui laisse parler des cultivateurs, des jardiniers, des botanistes, et qui rapporte avec fidélité la déposition des témoins oculaires.

J'ai surtout recueilli fidèlement les observations sur le sujet le plus important, le plus étonnant à mes yeux : sur l'agriculteur chinois ; sur cet homme qui, seul entre ses rivaux de toutes les races, accomplit avec la même énergie, la même constance et la même *infatigabilité* son travail à la fois *libre,* heureux et joyeux ; il l'accomplit sans faiblir, depuis la contrée des grands froids jusque sous le soleil de la zone torride. Résultat admirable, que ne peuvent atteindre, dans les deux climats extrêmes, ni les blancs, ni les noirs, ni les races cuivrées, ni les peaux rouges.

Après avoir rempli le métier vulgaire mais utile de greffier, j'ai laissé libre mon âme. Quand j'ai vu la variété, la magnificence des champs fécondés, le génie du cultivateur et les miracles de ses mains, je me suis sans crainte abandonné au sentiment d'enthousiasme que commande un aussi sublime spectacle ; et je me suis demandé ce que pourraient être, dans leur splendeur et leur enchantement, les Géorgiques de cette incomparable Italie de l'Orient.

Nous n'avons pas seulement à suivre les progrès de l'agriculture. Les autres arts de la grande contrée orientale ont bien d'autres sujets dignes de notre étude et de notre admiration.

L'empire de la Chine a le droit d'être enorgueilli par le nombre et la priorité de ses inventions, trouvées une seconde fois chez nos peuples tardifs de l'Occident : l'imprimerie; l'aiguille aimantée; la poudre, applicable à la guerre; le feu grégeois, que la mer même n'éteint pas; l'art de faire jaillir du sol des eaux qui s'élèvent d'autant plus haut qu'elles sont puisées à de plus grandes profondeurs; enfin, l'art non moins étonnant de creuser des puits artésiens d'air inflammable, et de faire monter avec de frêles tuyaux de bambou, des entrailles de la terre jusqu'aux palais, aux habitations, aux ateliers, un magnifique éclairage, si récent parmi nous.

En étudiant la Chine, les Occidentaux les plus judicieux admirent, à juste titre, certains arts délicats et d'autres arts simplement utiles : la production de la soie et ses tissus les plus splendides; la culture du coton et quelques-uns de ses tissus les plus modestes, par exemple, celui que le monde a nommé *nankin,* parce qu'on l'a cherché d'abord dans la seconde capitale de la Chine. Citons ensuite les papiers les plus fins et les plus doux à la vue, sur lesquels sont reproduits dans leur délicatesse extrême nos gravures les plus finies et nos lavis les plus suaves. Citons cette encre consolidée, si facile à délayer, si propre au tracé des traits les plus déliés, aux touches les plus vigoureuses, aux teintes les mieux adoucies que l'aquarelle, et l'architecture, et la géométrie, puissent exiger pour leurs dessins, leurs plans et leurs figures. Citons aussi l'application de la laque et du vernis à la conservation, à l'embellissement des surfaces les plus communes et parfois les plus précieuses. Citons, au premier rang, cette céramique incomparable, à la douce transparence, au blanc naturel éclatant, aux couleurs si fugitives en peinture, fixées à jamais par le feu; et ces beaux aspects garantis par un émail conservateur, translucide comme un cristal, et réfléchissant la lumière avec la magie d'un métal poli.

Dans les deux grandes Expositions universelles que l'Angleterre et la France ont faites en 1851 et en 1855, il a fallu que des Européens se chargeassent de réunir et d'apporter tant d'objets dignes d'étude et d'admiration, sans que la Chine imaginât un seul moment de concourir avec des *barbares d'hier* : son orgueil sans bornes nous ravale ainsi d'après notre conduite et non d'après notre ignorance. Elle n'avait pas, comme le progressif et moderne Occident, à présenter des inventions de la veille, ou qui dataient seulement d'une moitié de vie humaine : titre indispensable pour obtenir de nous des récompenses. Les merveilles de ses arts étaient toutes filles du temps, et luttaient non sans gloire avec notre époque.

Bien avant les arts physiques et matériels de l'antique nation, sont placés des titres d'un ordre supérieur : la sagesse élevée au rang des institutions; les ancêtres placés entre le ciel et la famille; le respect filial, étendu, comme une chaîne, de cœurs en cœurs, depuis le trône jusqu'à la plus humble cabane, et depuis le berceau du dernier né jusqu'à la tombe des aïeux; enfin, le respect politique, faisant vénérer toutes les hiérarchies de la nature et de la société.

Ce majestueux système fut puisé, dans les âges primitifs, par un moraliste que le genre humain tout entier compte au nombre de ses plus grands hommes, et qui peut-être est le premier parmi les sages. Il est le seul dont l'œuvre, philosophique à la fois et politique, règne depuis deux mille trois cents ans, et règne sur la nation, sans aucune comparaison, la plus nombreuse de la terre.

Je me suis défendu d'un aveuglement trop commun, qui ferme nos yeux sur les vices et les défauts d'un ordre social qu'aujourd'hui la décadence atteint de toutes parts; mais je n'ai pas oublié combien nos excès et notre injustice ont de part à ses malheurs.

Que cette immense portion du genre humain qui constitue le peuple chinois, que ces centaines de millions d'êtres pensants nous soient inférieurs, et par leurs cultes idolâtres, et par le trop fréquent oubli de l'humanité et de la merci dans l'action de la justice et dans le châtiment des criminels, enfin par ce dédain du génie des sciences, dédain qui les laisse si loin de nous, hâtons-nous de l'avouer avec sincérité.

Mais, aux yeux de la Providence, ne sont-ils pas hommes au même titre que nous Occidentaux? Et nous, si fiers de nous-mêmes, leur avons-nous apporté depuis trois siècles, avec tous nos trafics et notre avidité, la vertu, la justice et la bienveillance? Non.

Entre les mains de l'étranger, la fraude, la vio-

lence, ont servi tour à tour à des commerces immo-
raux, interdits mais en vain par les lois ou par les
traités. La piraterie, comme toujours, a suivi les
traces de la contrebande; les races européennes en
ont disputé les excès et les crimes aux malfaiteurs
indigènes. La Chine à présent, même en paix, n'a
plus la force de protéger son littoral, et c'est de
l'Europe seule que peut venir un salut compromis
par les forbans européens. Invoquons une action
tutélaire, qui peut être si magnanime, et qui ne
sera qu'une réparation.

Dans l'intérêt du genre humain, il ne peut pas
exister deux droits des gens, l'un pour l'Occident,
l'autre pour l'Orient. C'est aux hommes de cœur et
d'honneur qu'il appartient de réclamer cette unité
sacrée du droit des gens en faveur de tout un monde,
y compris au premier rang l'empire de la Chine. Il
faut la réclamer sans relâche, afin qu'on la respecte
autrement que par des paroles et qu'on la mette
en œuvre à tout prix, comme une des vertus les plus
obligatoires que puisse pratiquer l'universalité des
peuples chrétiens.

Offrons en exemple le traité qui, je l'espère, sera
sanctionné bientôt entre les deux empereurs de la
France et de la Chine; là, pour les deux nations,
le christianisme obtient des protections qui seront
l'honneur à jamais durable du négociateur français,
M. le baron Gros : citons ces nobles garanties.

« Art. 13. La religion chrétienne ayant pour objet
essentiel de porter les hommes à la vertu, les mem-

bres de toutes les communions chrétiennes jouiront
d'une entière sécurité pour les personnes, leurs propriétés et le libre exercice de leurs pratiques religieuses ; une protection efficace sera donnée aux
missionnaires qui se rendront *pacifiquement*[1] dans
l'intérieur du pays, munis des passe-ports réguliers
dont il est parlé dans l'article 8.

« Aucune entrave ne sera apportée par les autorités de l'empire Chinois au droit qui est reconnu
à tout individu, en Chine, d'embrasser, s'il le veut,
le christianisme, et d'en suivre les pratiques sans
être passible d'aucune peine infligée pour ce fait.

« *Tout ce qui a été précédemment écrit, proclamé
ou publié en Chine, par ordre du Gouvernement, contre
le culte chrétien est complétement abrogé et reste sans
valeur dans toutes les provinces de l'empire.* »

Ce dernier paragraphe, la France *seule* en a fait
une condition de son alliance ; les autres traités ne
le contiennent pas.

C'est la France qui la première, pour la liberté
des indigènes, aura fait sur les préjugés, les erreurs
et les passions des Chinois cette mémorable conquête, en effaçant les iniquités de leur passé.

La revendication du droit des chrétiens : commencée, dans l'Asie, par Philippe-Auguste ; poursuivie, dans l'Afrique, par saint Louis ; réalisée,
agrandie, dans le Levant, par Louis XIV, elle trouve
aujourd'hui, sous Napoléon III, sa plus lointaine et

---

[1] C'est-à-dire sans se permettre *de violer les lois du pays* par
aucun acte, par aucune intrigue, ni même par des paroles.

plus complète extension. C'est nous qui, depuis six cents ans, plaçons ce droit de la conscience chrétienne au rang des libertés du monde.

Les amis de tels intérêts ont regretté profondément qu'une imprudence déplorable ait ajourné la ratification d'un traité qui sera pour la France un titre de gloire.

Heureusement la sagesse combinée de notre gouvernement et de celui d'Angleterre a choisi la voie la plus efficace pour réparer ce malheur.

Le baron Gros et le comte d'Elgin, les éminents et sages auteurs des traités de 1858, retournent en Chine. Ils vont faire cesser un funeste malentendu; ils concilieront avec la majesté des souverains qu'ils représentent les justes égards qui sont dus au plus grand empire de l'Asie. Par la puissance de l'estime, ils raviveront une alliance que ne confirmeraient jamais le dédain, la hauteur et la violence.

Puisse leur amour de l'humanité imaginer des garanties qui protégent les familles innocentes ainsi que le commerce honnête! puissent-ils empêcher que les agrandissements espérés dans le trafic étranger ne soient aussi l'agrandissement parallèle des fléaux qui déjà désolent un vaste empire! J'ai tâché d'en signaler les sources les plus funestes; il en est une entièrement chinoise. Indiquons-la.

Pour embrasser l'ensemble du programme de l'Exposition universelle, à côté des arts de la paix, mon devoir est d'étudier aussi les arts de la guerre et de la marine. Hélas! je n'ai trouvé de remarquable qu'une guerre et sociale et religieuse qui depuis dix ans ronge le cœur d'un grand État.

Le croira-t-on? cette guerre a pour auteur un maître d'école de village, et de si faible génie, qu'il n'a pas pu s'élever au plus bas degré du mandarinat. Dans sa soif de toutes les fortunes, il veut commencer par le plus facile en Orient : il se fait Dieu ! Plus lentement, plus tard, il se fera roi, puis candidat à l'empire.

Par son insolente théogonie, il daigne accorder que Dieu le père continuera d'occuper le premier rang; Dieu le fils sera déclaré *Frère aîné :* mais tous deux resteront confinés dans le ciel. Lui, le pédagogue illettré, sera *le Frère puîné,* frère divin, chargé des intérêts d'ici-bas; il s'arrogera le droit de régner sur le monde terrestre, à commencer par la Chine.

Sous la conduite de ce Dieu factice, des fanatiques, alliés à des pirates indigènes, font une guerre de forbans. Ils mettent trois ans à dévaster cent lieues de pays, mesurées en tous sens. L'espace est assez vaste pour mériter au céleste Fils puîné le titre d'Empereur : la dynastie des Taï-ping est proclamée par l'impudent maître d'école.

Un projet reste à réaliser. Les anciens pirates maritimes, poussés par l'instinct de la navigation, veulent conquérir le Grand fleuve, couvert de jonques chargées d'immenses trésors. On compte, il est vrai, trois cents lieues entre le fond des montagnes et le rendez-vous de ces richesses nautiques; c'est l'espace qu'ils sauront franchir en bravant tout. De pillage

en pillage, ils arrivent au bord du fleuve, puis au
pied des trois cités dont les trois ports sont contigus;
ils font main basse sur les jonques mouillées là par
milliers. Le moindre contre-maître éprouvé par la
mer et par la piraterie fait sa proie d'un navire, dont
il devient le commandant.

L'insurrection alors s'embarque tout entière,
mettant à bord vivres, trésors, recrues, otages de
tout âge et de tout sexe. La flotte innombrable lève
l'ancre à la fois. On part ; on descend avec la triple
vitesse de l'eau, des rames et du vent. On pousse
à Nankin, qui va devenir la capitale d'un nouveau
Céleste Empire. Partout les forbans ont capturé la
poudre, qui leur servira pour piller encore. Sous le
rempart de la ville attaquée, ils creusent une mine
énorme, et trente mètres d'une seule brèche ouvrent
la place. La garnison tartare, épouvantée, demande
la vie ; on la tue avec toutes ses familles, et vingt mille
Mandchoux sont exterminés. On tue pareillement
ceux qui gardaient Chin-kiang-fou et Kia-king, les
deux clefs du grand canal Impérial.

Au moment où l'on croit tout désespéré pour
l'ancien gouvernement, une invisible main arrête
les rebelles ; ils s'énervent au milieu de leur plus
grande victoire et sont vaincus par leurs propres
excès.

Dans l'immense et riche capitale qu'ils viennent
d'acquérir, la spoliation, la ruine, ont atteint la plus
grande partie des maisons privées et des édifices
publics. La merveille du monde, la tour même de

Nankin, est tombée sous la fureur des barbares : ils l'ont fait sauter pour écraser sous ses ruines un de leurs chefs et son parti.

L'insurrection, poursuivant son cours, a pareillement dévasté chaque autre ville envahie. Des conquérants, toujours pirates, n'ont su vivre que de butin. Leur revenu public a duré tant qu'il s'est trouvé des cités circonvoisines à piller; le dénûment atteint aujourd'hui les spoliateurs.

Dans le plus récent traité de commerce, par une clause où respire le génie chinois, le légitime souverain du Céleste Empire accorde à l'ambition britannique la faculté de commercer et de naviguer sur l'Yang-tzé-kiang, mais, remarquons ceci, d'y naviguer *lorsque ce fleuve aura cessé d'être la proie des rebelles.*

L'été dernier, l'Angleterre a fait voir comment, d'un souffle, elle abattra les insurgés que tout un empire n'a pas pu réduire en dix ans. Balayant les eaux du Grand fleuve avec le pavillon devant qui tout tremble en Asie, elle a commencé contre les rebelles *le combat du commerce britannique.*

Le comte d'Elgin, supérieur avec cinq navires à tous les feux de Nankin, la capitale des rebelles, chemin faisant, a rasé leurs batteries. Sans s'arrêter un seul jour, il a continué la remonte de l'Yang-tzé-kiang, et la terreur a marché devant lui plus vite que sa vapeur et ses voiles. Elle l'a précédé jusqu'aux trois cités jointes par trois ports, et concentrant ainsi le plus vaste marché du monde.

Déjà, sans escorte et par des voies invisibles, à deux cents lieues de l'Océan, Manchester avait devancé *son* ambassadeur. Ses tissus étaient là, mais à titre *de montre :* en attendant les centaines de millions de mètres, aunés déjà par l'espérance ! Il avait fallu deux frégates pour que Mylord brisât les obstacles à la remonte. Deux canonnières lui suffisent à la descente, et, loin d'être atteint par de nouveaux boulets, il reçoit partout des excuses.

Voilà le premier avertissement donné par la reine des mers à l'insurrection ; à l'insurrection, qui doit mourir, afin que l'Angleterre fasse naître un de ses commerces nouveaux.

Le double tableau que nous allons présenter donnera d'un côté le développement des forces productives, de l'autre celui des forces destructives. Par ce moyen seulement on connaîtra l'état actuel de la Chine.

Au moment de faire tirer cette feuille, après tout l'ouvrage, nous apprenons qu'un ultimatum rejeté n'a pas attendu le retour des deux ambassadeurs. Peut-être avant leur arrivée les combats auront déjà recommencé. Le succès final ne peut être incertain quand il s'agit d'une expédition combinée où les Français et les Anglais vont réunir à vingt mille hommes de l'armée de terre vingt mille marins : les uns et les autres expérimentés autant qu'intrépides.

En souhaitant aux nôtres la victoire, nous souhaitons avec encore plus d'ardeur son objet et sa fin, la paix. Nous souhaitons une paix généreuse, qui laisse au vaincu sa fortune et sa dignité, et qui surtout ne cache pas dans ses flancs le germe de nouveaux combats.

Sachons un moment nous dégager de notre personnalité d'Occidentaux. C'est un ordre de choses contraire à l'intérêt, disons plus, à l'honneur du genre humain, quand plusieurs centaines de millions d'hommes ignorent à ce point l'art de sauver leur patrie, qu'ils sont réduits à courber la tête sous une armée trop peu nombreuse pour envahir un État européen du troisième rang. L'équilibre et partant l'équité de l'univers sont compromis par les effets d'une pareille infériorité.

La concorde rétablie, tous nos souhaits seront pour que l'immense et faible empire du Milieu, instruit si durement par les leçons du malheur, étouffe la guerre civile et s'approprie nos arts défensifs. C'est le seul moyen pour qu'il soit de nouveau ce qu'il était au siècle des Khang-hi et des Khien-loung, un État du premier ordre et qui commande le respect. Sans cela, jamais il n'aura de paix certaine avec les trafiquants occidentaux.

LISTE ALPHABÉTIQUE

DES LIEUX ET DES SUJETS IMPORTANTS

DE LA CHINE.

INTRODUCTION.

FORCE PRODUCTIVE

DES NATIONS CONCURRENTES,

DE 1800 A 1851.

QUATRIÈME PARTIE.

L'ASIE.

RUSSIE ASIATIQUE.

Je me contenterai de présenter ici quelques notions très-succinctes sur l'immense territoire que les Russes possèdent en Asie. A partir de la mer Glaciale, tout le nord de cette partie du monde est soumis à leur puissance. Ce territoire, qu'on appelle *Sibérie*, a de longueur quatorze cents lieues mesurées d'orient en occident, sur une largeur moyenne de sept cents lieues mesurées du nord au midi.

Une si vaste contrée ne compte encore que six millions d'habitants; presque tous, par préférence, peuplent les parties méridionales.

Les gouvernements de la Sibérie.

1° Le gouvernement général de la Sibérie orientale, qui s'appuie au midi sur le fleuve Amour.

2° Le gouvernement d'Irkoutsk, qui touche aux Mongols-Chinois.

3° Le gouvernement de Tomsk, qui confine à la Boukharie chinoise.

4° Le gouvernement de Tobolsk, qui confine à l'Europe.

Les deux empires de la Chine et de la Russie, quoique ayant en commun près de mille lieues de frontière, vivent en bonne intelligence. A la mort de l'empereur Nicolas, le souverain de la Chine a fait partir un mandarin considérable pour complimenter le nouveau monarque, Alexandre II; c'est le seul souverain d'Occident auquel il fasse un tel honneur.

Arrêtons en ce moment l'attention du lecteur sur le gouvernement de la Sibérie orientale.

En 1859, les Russes ont obtenu de la Chine des conditions nouvelles et fort avantageuses pour délimiter leurs frontières sibériennes, depuis la partie supérieure du fleuve Amour jusqu'à la mer de Mandchourie.

Sous la brillante administration du général comte Mouravief-Amoursky, la Sibérie orientale acquiert avec rapidité une importance de plus en plus remarquable. Cette vaste contrée est actuellement composée de deux provinces.

La province la plus orientale, ou province maritime, se divise en six arrondissements : 1° celui de Nicolaïeffsk, à l'embouchure du fleuve Amour; 2° celui de Sophinsk : l'un et l'autre sont nouvellement constitués; 3° celui d'Okhotsk, à l'est de la mer qui porte ce nom; 4° celui de Petropaulosk, qui comprend le Kamtchatka : sur la côte orientale de cette presqu'île sont situés le port et la capitale fortifiée qui donne son nom à l'arrondissement; 5° celui de Ghiziga; 6° celui d'Oudsk.

Dans la baie de Castries, découverte par notre illustre La Peyrouse, les Russes construisent la forteresse d'Alexandropol. Cette place protégera l'un de leurs principaux établissements maritimes; elle deviendra d'une immense importance pour assurer l'influence de la Russie dans la mer du Japon et dans le nord de la Chine. Par l'établissement d'Alexandropol, cette puissance a pris une position formidable au midi du fleuve Amour, empiétant de la sorte sur la Mandchourie, et s'avançant vers la Corée.

La seconde province, à l'occident de la première, est celle d'Amoursk; on la nomme ainsi, parce qu'elle a pour limite le grand fleuve qui porte le nom d'*Amour*. Dans cette province, un commandant militaire commandera les troupes régulières et les colonies militaires de Cosaques : ces hommes si propres à gagner des partisans à la Russie, au milieu des races tartares.

Relations commerciales préparées pour le fleuve Amour.

L'année 1859 est, pour la province russe qu'entoure au midi le fleuve Amour, l'inauguration d'une ère commerciale dont les progrès seront brillants et rapides. Un règlement amical s'accomplit entre cette province et la Mandchourie. La Chine et le Japon s'ouvrent en même temps au commerce de la Sibérie orientale et maritime. Pour la première fois, le pavillon russe, soit de guerre, soit de commerce, obtient l'entrée des mêmes ports chinois que les Anglais, les Français et les citoyens des États-Unis.

De leur côté les États-Unis, avec cette ardeur d'entreprise qui leur appartient, donnent une activité nouvelle à leur navigation sur ce beau fleuve, où leurs bateaux à vapeur peuvent remonter, lors de la saison des eaux abondantes, suivant un parcours approchant de mille lieues. Les Américains apportent des cotons, des grains et d'autres comestibles, des machines, des fers bruts ou mis en œuvre. En ce moment, la Russie commande à New-York les mécanismes à vapeur des canonnières qu'elle construit à l'embouchure de ce grand fleuve.

Une opulente association, sous le nom de *Compagnie du fleuve Amour,* ouvre des relations de commerce avec toute la Sibérie, et veut les étendre jusqu'à Moscou.

Les colonies aurifères d'Australie, de la Colombie et de la Californie, si rapidement croissantes, entretiendront un commerce qui contribuera beaucoup à la prospérité des nouveaux établissements de l'Amour, sous un climat comparable à celui des belles parties du Canada ; les productions sont les mêmes.

EMPIRE DE LA CHINE.

VASSAUX ET CONQUÊTES DU NORD.

Avant d'étudier l'empire de la Chine, nous commencerons par décrire les états vassaux ou conquis que cet empire compte au nord de ses frontières, et dont il est séparé par *la grande* muraille. Nous suivons toujours notre direction d'orient en occident.

1. LE ROYAUME DE CORÉE.

En face des îles japonaises de Niphon et de Lieou-khieou se présente à nous la vaste presqu'île de Corée,

dont la longueur est d'environ 150 lieues, et dont la largeur varie entre 30 et 40 lieues.

Superficie approximative de la presqu'île... 10,500,000 hectares.
Le royaume complet................... 20,720,000

La partie septentrionale du royaume est couverte de
vastes forêts. La partie du sud est féconde, et son agriculture est avancée. On y récolte le riz jusque sur les montagnes ; on y cultive avec étendue le froment, le millet,
le chanvre, le coton ; on y cultive aussi la précieuse
plante du gensing [1], dont la racine est estimée et payée
aussi chèrement par les Japonais que par les Chinois.

Le peuple, au lieu de thé, boit la décoction d'une
espèce de noix.

On porte à huit millions le nombre des habitants, la
plupart concentrés dans la presqu'île, où le climat et le
sol permettent de nourrir ce grand nombre d'hommes.

Dans la partie du nord, la population est clair-semée.
Les bêtes féroces abondent, la panthère surtout et le tigre :
ce dernier est plus grand et plus beau que celui du Bengale. L'animal qui donne le musc est commun, et son
produit très-estimé : l'on apprécie ce produit odoriférant,
soit comme parfum, soit comme médicament.

Le peuple coréen n'a pas encore une grande industrie,
et beaucoup de ses produits d'art sont grossiers. Ses soies
ont peu de valeur. En général ses tissus sont solides, mais
communs, excepté pourtant quelques toiles estimées pour
leur finesse. Ce qu'il fabrique de mieux ce sont des armes ;
elles sont recherchées par les Chinois.

---

[1] C'est la racine du gensing, dont on fait usage comme d'un puissant
pectoral. Elle est couleur d'ambre et transparente. On la conserve, au
milieu de grains de riz, dans des boîtes somptueuses couvertes d'or et
d'argent.

Il y a déjà plusieurs siècles, ces derniers ont emprunté des Coréens l'encre en pains, qu'ils ont depuis si perfectionnée, et qui n'est connue des Occidentaux que sous le nom d'*encre de la Chine*.

Les Coréens font un grand usage d'un papier plus recommandable pour sa force que pour sa beauté; ils l'emploient à faire des chapeaux, des ombrelles, des sacs, et même des paletots, qui résistent passablement à l'user. Non-seulement ce papier leur sert de vitres, mais aussi de portes; pour satisfaire à ce dernier usage, on le colle sur des cadres, comme nous le faisons pour nos paravents.

Les navires coréens sont fort imparfaits, et sans liaisons métalliques; leurs ancres même sont en bois.

Cependant les montagnes du pays, au nord surtout, offriraient, outre les bois employés pour la marine et pour les besoins civils, des richesses métalliques importantes et variées; mais il faudrait que l'habitant daignât les exploiter.

La mer qui baigne les côtes de la Corée, extrêmement poissonneuse, est riche en grands cétacés, que les Yankies et les Européens poursuivent à l'envi.

L'administration civile est dans l'enfance. Les routes sont très-imparfaites; les ponts, grossiers et sans solidité, sont emportés par les crues d'eau. Le commerce intérieur est bien éloigné de la richesse que l'homme pourrait créer dans ce beau pays.

La nation se compose de nobles, d'artisans, de paysans et d'esclaves. La langue originale du pays est corrompue par son mélange avec une foule de mots chinois introduits en même temps que les arts et les manières du peuple le plus avancé.

L'écriture des caractères chinois est employée par les classes cultivées de la population coréenne. Tout le trésor

des connaissances chinoises devient par cela même accessible pour eux.

Jusqu'à ce jour, c'était à qui, des Japonais, des Chinois
et du gouvernement local, s'évertuerait pour empêcher les
habitants de commercer avec les nations étrangères. De
telles barrières vont naturellement s'abaisser en même
temps que celles des deux grands empires dont la Corée
est devenue tour à tour l'humble vassale.

Ce pays est courbé sous le joug d'un maître absolu, qui
réunit les pouvoirs politiques et théocratiques. Un tel monarque signale son extrême intolérance à l'égard des missionnaires chrétiens, qui subissent le martyre chaque fois
qu'on les découvre. Les ambassadeurs des puissances chrétiennes, lorsqu'ils seront accrédités dans les capitales de
Nankin et de Jeddo, devront employer leur influence afin
de mettre un terme à cette infâme cruauté.

Beau souvenir des Français et des Anglais sur les côtes de la Corée.

Dès 1847, la France voulait obtenir en Corée ainsi qu'en
Cochinchine des garanties pour la sûreté de ses missionnaires. Alors la frégate *la Gloire*, commandée par M. La
Pierre, et *la Victorieuse,* commandée par M. Rigaud de
Genouilly, s'illustrent par un beau combat livré contre
une flotte cochinchinoise, dans la baie de Tourane, où
le second de ces officiers cueillera, douze ans plus tard, de
nouveaux lauriers. La première partie de leur mission si
glorieusement remplie, ils font voile pour les côtes de
la Corée, près desquelles, à la suite d'un temps affreux,
ils échouent et perdent leurs navires. En face d'un littoral
barbare, hostile aux naufragés, ils sauvent leurs équipages, leurs armes et quelques vivres. Réfugiés sur une
île déserte, ils s'y retranchent avec autant de sang-froid

que de résolution. Ils s'empressent d'équiper deux frêles embarcations qu'ils expédient pour Chang-haï. Bientôt le commandant anglais Macqu'haé accourt avec une frégate et deux bricks, sauve nos marins, et les ramène dans un port libre de la Chine. Voilà de ces traits dignes à la fois de l'Angleterre et de la France.

2. TARTARIE MANDCHOUE.

Le royaume de Corée est terminé vers le nord par un pays peuplé d'un petit nombre d'hommes et couvert de vastes forêts; c'est la frontière orientale du pays qu'habitent les Tartares Mandchoux, ceux dont les ancêtres, il y a deux siècles, ont accompli la conquête de la Chine.

Cette portion orientale de la Mandchourie, à cause des bois qui la couvrent, est sujette aux froids les plus rigoureux. Le gouvernement tartaro-chinois envoie ses exilés dans cette autre Sibérie; le climat sert de châtiment.

En pénétrant vers le nord-ouest, on est frappé d'un spectacle digne d'attention; il est offert par le contact des deux plus grands empires de l'Asie; contact prolongé dans une immense étendue.

Tendances de la Russie vers la Mandchourie.

Remarquons ici l'influence du climat. Les Russes, maîtres de la froide Sibérie à l'extrémité septentrionale de l'Asie, tendent sans cesse à descendre vers le midi. Dès le xvie siècle, ils franchissent les monts Yablonoï, qui terminent, du côté de la Mandchourie, le bassin de la mer Glaciale; ils entrent dans un autre bassin, celui de la mer d'Okhotsk, arrosé par un des plus grands fleuves. Nous voulons parler du fleuve Amour, qui fait un immense circuit pour enfermer, entre la mer et les monts Yablonoï, un pays susceptible de belles cultures septentrionales, et dont la superficie égale presque celle de la France.

Les Tartares Mandchoux n'habitaient ce pays qu'à la manière des nomades et des chasseurs; leurs tendances, comme celles des Russes, les entraînaient vers le midi.

Ile Tarraka ou Kitu-Jéso.

En avant de la côte de Mandchourie l'on trouve une longue île qui, du côté du nord, couvre l'embouchure du fleuve Amour, et qui, du côté du sud, est voisine de Jéso, l'île japonaise. Les Japonais possèdent quelques points à l'extrémité méridionale; les Russes envahissent la partie du nord. L'intérieur est peuplé d'un petit nombre d'aborigènes très-peu civilisés. Telle est l'île Tarraka, séparée de Jéso par le détroit de *La Peyrouse;* les Japonais l'appellent *Kitu-Jéso*, c'est-à-dire Jéso du Nord.

Dès les premières années du xviie siècle, le plus célèbre des empereurs Mandchoux, Khang-hi, dont le nom reviendra souvent dans le récit des progrès de la Chine, Khang-hi fonda la ville de Sakhalian-Oula, sur la rive méridionale de l'Amour; il voulait opposer ce fleuve, comme un dieu Terme, aux invasions des Russes.

Par le dernier traité qu'a conclu le comte Poutiatine, toute la rive gauche de ce fleuve est définitivement acquise à la Russie.

Sur la rive droite, il reste aux Mandchoux un vaste territoire arrosé par une grande rivière, la Soung-gari, affluent méridional du fleuve Amour.

Un premier affluent de cet affluent conduit à la ville de Ning-gouta; ce fut le berceau de la famille qui règne aujourd'hui sur l'empire chinois. Deux murailles de bois avec une double enceinte de pieux forment sa défense.

Un second affluent secondaire, dans sa partie supérieure et méridionale, baigne les remparts de Kirin-oula, capitale de la Mandchourie la plus orientale.

Département de Tsitsikar.

Si nous remontons la grande rivière Soung-gari, au-dessus des deux affluents que nous venons d'indiquer, nous arrivons à Tsitsikar-hotun, chef-lieu du département occidental.

La ville est défendue par deux enceintes, l'une en bois et l'autre en terre. La population se compose d'artisans mandchoux, de marchands qui viennent commercer dans ces contrées, et d'un certain nombre d'exilés.

Toujours en remontant la Soung-gari l'on atteint la ville de Meruen; elle est le centre d'un vaste pays, très-froid, où la chasse procure ces belles fourrures qui sont si recherchées des Chinois opulents.

Province de Moukden ou Ching-king.

Au midi des deux départements que nous venons d'indiquer se trouve la province dont Moukden est la capitale; province qui, par degrés, se peuple de Chinois, et qui porte déjà le nom chinois de *Ching-king*. La cité de Moukden mérite d'attirer nos regards. A la manière des Mandchoux, elle nous présente deux villes, l'une intérieure, l'autre extérieure, et toutes les deux entourées de remparts. La ville intérieure est *la ville impériale*, le séjour des membres de la famille régnante; là sont réunis le palais de l'Empereur, le palais de justice, les hôtels des mandarins, en un mot les demeures de tout ceux qui servent le gouvernement. Le peuple habite la ville extérieure.

Nous n'avons rien d'important à dire sur les arts des Mandchoux, dont l'industrie est dans l'enfance. A ce point de vue, ils sont de beaucoup surpassés par les Chinois.

On est émerveillé de voir un peuple, si primitif du côté des arts, être si bien doué quant aux moyens d'exprimer sa pensée. Ce peuple est celui qui possède la langue la plus parfaite entre toutes celles que parlent les diverses tribus tartares. Les empereurs mandchoux se sont fait un devoir d'en conserver les éléments dans toute leur pureté. Ils en ont enrichi la littérature, en ordonnant qu'on traduisît les meilleurs livres de la Chine dans leur idiome. Enfin l'illustre Khien-loung a fait composer un dictionnaire mandchou, dont on a banni scrupuleusement les expressions chinoises.

Aucun obstacle nécessaire ne sépare aujourd'hui la Chine et la Mandchourie ; on s'est contenté de prolonger la grande muraille de l'empire par une barrière de pieux, plantée sur la frontière occidentale du pays des conquérants, pour séparer ce pays de celui qu'habitent les Tartares-Mongols.

On ne porte pas à plus de deux millions la population des Mandchoux, et l'on ne peut pas supposer qu'il y a trois siècles ils fussent beaucoup plus nombreux qu'aujourd'hui. Mais ils étaient aguerris, toujours à cheval, et prêts à tenter des invasions irrésistibles. Si l'on réfléchit qu'alors les Chinois, dont ils sont devenus les maîtres, comptaient au moins soixante millions d'habitants, quel profond sujet de méditations !

C'est ici le lieu d'offrir l'aperçu de l'étendue des pays qui forment l'empire actuellement possédé par la dynastie des Mandchoux : ce grand arbre sorti d'un si petit noyau !

*Division générale des territoires de l'empire chinois,
évaluation approximative des superficies.*

	Hectares.
L'empire du milieu, la Chine proprement dite.	336,097,000
La Corée, la Mandchourie et le pays mongol, à l'est des monts Khing-ghan............	140,000,000
L'empire extérieur, à l'ouest de la Chine et des monts Hing-ghan......................	730,000,000
Superficie totale de l'empire.....	1,206,097,000

Province tartare de Tchi-li; haras et domaines de l'empereur.

En dehors de la barrière de pieux se trouve la province septentrionale de Tchi-li, depuis longtemps soumise aux souverains de la Mandchourie.

On regarde comme appartenant aux tartares Mongols la province de Kortchin, comprise à l'est des monts Hing-ghan. Les magnifiques domaines personnels que les empereurs mandchoux continuent de posséder dans cette province démontrent, selon moi, qu'ils étaient maîtres de ce pays avant d'avoir envahi la Chine. Leurs possessions personnelles s'étendent également à l'est des monts Khing-gatts. Les Tartares habitant ces territoires faisaient partie des huit bannières, qui décidèrent, en 1643, la conquête finale de cet empire.

Les habitants des pays frontières que nous indiquons ne doivent pas s'adonner à l'agriculture; ils sont à la fois soldats et pasteurs, composent l'armée de réserve de la dynastie mandchoue, et gardent ses haras. On assure que ces haras sont au nombre de 360, comptant chacun 1,200 chevaux; ce qui ferait un total de 432,000 chevaux.

Cette évaluation pourrait être de beaucoup diminuée sans qu'elle cessât d'annoncer une admirable ressource.

La mer desséchée ou désert de Gobi, centre des conquêtes mandchoues.

A l'occident de la Mandchourie, l'on trouve une vaste mer desséchée, dont la plus grande longueur approche de 800 lieues, et dont la plus grande largeur surpasse 150 lieues. Ce bassin, dont la terre est imprégnée de sel marin, d'où son nom de *Mer salée*, est presque partout rebelle à la végétation et dépourvu d'habitants. On peut évaluer sa superficie à 135 millions d'hectares. Reste par conséquent, pour les pays qui peuvent être plus ou moins cultivés, 595 millions d'hectares : à peu près onze fois la surface de la France.

Les Tartares Mongols habitent à l'est, au nord, au sud de ce bassin, qu'on nomme aussi le *désert de Gobi*.

3. LE BASSIN MONGOL DE L'IÉNISSEÏ SUPÉRIEUR.

Avant de traverser le lac de Baïkal pour descendre vers la mer Glaciale, le grand fleuve Iénisseï traverse perpendiculairement la chaîne de montagnes qui limite la Sibérie. Sa partie supérieure appartient à la Mongolie, et s'y déploie avec ses affluents comme un immense éventail.

Sur la rive droite du fleuve, au sud, au nord de la ligne qui sépare les deux contrées, on a bâti deux villes. De l'une à l'autre s'opère le seul commerce permis jusqu'à ce jour entre la Chine et la Russie, sur une frontière qui compte, avec ses sinuosités, dix-huit cents lieues de développement.

*Les villes commerciales, russe et chinoise, au nord du désert
de Gobi.*

La ville russe a nom *Kiachta*, la ville chinoise est
appelée *Maï-ma-tchine*. Quand nous traiterons du commerce de la Russie, nous ferons voir quel est le degré
d'importance d'une situation si judicieusement choisie.

La patrie mongole de Gengis-khan.

Le bassin supérieur de l'Iénisseï mérite d'arrêter notre
attention sous un autre point de vue. Au sommet d'un des
affluents de ce fleuve était située Kha-korum, l'ancienne
capitale des tribus dont Gengis-khan, par son génie, devint le chef; c'est de cette contrée et des pays encore plus
occidentaux qu'ils partirent pour conquérir une si grande
portion de la terre.

On distingue, sous le nom de *Khalkhas*, les Mongols
qui peuplent encore cette contrée, laquelle n'a pas moins
de sept cents lieues mesurées de l'orient à l'occident.

Entre la grande muraille de la Chine et le désert de
Gobi, vivent d'autres tribus mongoles, dont les principales
sont les *Éleuthes*. La même nation, presque toute à l'état
nomade et pastoral, occupe la contrée, plus ou moins
montueuse, qui couvre le Tibet du côté du nord, et ne
finit qu'aux confins du pays conquis sur les musulmans,
la petite Boukharie.

Dans cette immense contrée, où les Tartares Mongols
paissent leurs troupeaux et cultivent infiniment peu la
terre, toutes les tribus sont militairement et féodalement
organisées. Elles sont classées *par bannières*, dont chacune
a son territoire. Les chefs principaux, dont plusieurs ont

le titre de roi, *Wang*, sont les vassaux immédiats du grand empire chino-mandchou. Tous les trois ans ils rendent ou font rendre hommage à l'Empereur, dans le sein de sa capitale.

4. ÉTAT DU TIBET : LE TZANG.

Un dernier peuple, à peine tributaire, habite un très-grand pays, au midi de toutes les autres provinces : c'est le Tibet. Dans ce pays prennent leur source les deux vastes fleuves entre lesquels la péninsule de l'Inde est enclavée.

L'Indus coule vers le nord-ouest, le long des monts Himâlayas ; ensuite il incline de l'ouest au midi. Il traverse par une énorme coupure la grande chaîne de ces monts, les plus hauts de la terre ; il contourne à l'occident le beau pays de Cachemire ; puis, en descendant droit au sud, il se précipite vers le golfe de Bombay.

Le Brahmapoutra commence assez près du point d'où part l'Indus. Comme ce dernier fleuve, mais en coulant vers le sud-est, il se dirige parallèlement aux monts Himâlayas. Lorsqu'il arrive à la limite de l'Hindostan oriental, il tourne vers le sud-ouest et conduit l'immense volume de ses eaux dans le golfe de Bengale.

Le Tibet possède la source d'un troisième grand fleuve, auquel l'empire du Milieu, la Chine, doit sa fécondité, sa richesse et son immense population. Ce fleuve prend son origine au nord, et coule vers le sud-est, traversant ainsi la partie orientale du Tibet ; il porte là le nom de *Fleuve d'or*, tant les sables de son lit sont riches de ce métal. Lorsque le Fleuve d'or entre dans la Chine, il change son nom pour celui de *Yang-tze-kiang*, qui veut dire emphatiquement *le Fils aîné de la mer*.

Les peuples du Tibet. le Grand Lama.

Le Tibet, peuplé de Tartares Mongols, est, pour les innombrables tribus de cette race, un centre moral et religieux. La capitale de ce grand état, *Lha-ssa*, sert de résidence au pontife souverain, qui, pareil à celui du Japon, participe de l'homme et de la divinité. Je veux parler du *Grand Lama.*

Les lamas sont les prêtres de Bouddha, qui peuplent les nombreux couvents de la Mongolie. Ces couvents possèdent, surtout au Tibet, des terres immenses. Leurs supérieurs, au nom du dieu mortel qu'ils servent, sont les gouverneurs des peuplades circonvoisines. Quelques-uns, au Tibet, sont les chefs absolus de provinces entières; car ce grand pays est, à proprement parler, une hiérocratie.

Le petit Tibet; toisons de ses chèvres.

Entre le grand Tibet et Cachemire est une province beaucoup moins étendue, qu'on a nommée pour cette raison le *petit Tibet,* et dont la capitale est *Ladak.* Les crêtes des monts Himâlayas la séparent du royaume de Cachemire, avec lequel le commerce l'unit par des liens intimes.

Les chèvres supposées de Cachemire.

C'est dans le petit Tibet qu'on trouve ces chèvres dont le duvet, admirable de finesse, est employé par les artisans de Cachemire; il sert à tisser les châles si justement renommés, et qui méritent de l'être à deux titres : pour la beauté de la matière et la perfection du travail.

Le climat si froid de la région des hauts Himâlayas contribue, par sa rigueur même, à rendre aussi fine qu'abondante, cette toison plus intime, ce duvet si fin que recouvrent les longs poils exposés au contact des frimats, au déchirement des épines. Sous une latitude assez rapprochée de la zone torride, l'élévation des montagnes produit un climat comparable à celui du Canada et de la Sibérie, pays également célèbres pour la finesse et la beauté du pelage des quadrupèdes. Là ces animaux, pour se défendre des froids rigoureux, ont besoin que la nature leur prodigue ces admirables fourrures, dont partout ailleurs l'homme fait sa parure et ses vêtements d'hiver les plus recherchés.

Un rajah, prince dépendant du royaume de Cachemire, gouverne le petit Tibet, qui pourtant, au moins sous le rapport religieux, reconnaît la suprématie du Grand Lama. Le bouddhisme et le mahométisme se partagent cette contrée.

5. POPULATIONS MUSULMANES DE LA PETITE BOUKHARIE.

Quand nous arrivons aux limites septentrionales du petit Tibet, nous touchons à la petite Boukharie, laquelle est entièrement peuplée de mahométans.

Ce pays, d'une étendue considérable, est à l'ouest du désert de Gobi, vers lequel descendent ses eaux; mais elles se perdent en route. La petite Boukharie, conquise aux dépens de la grande, complète l'immense ellipse que figurent les conquêtes chinoises autour de la Mer salée.

Importance des conquêtes mongoles et musulmanes.

Au point de vue de la richesse, l'empire Chino-mandchou n'a fait qu'une acquisition médiocre, en ajoutant à ses possessions toute cette Asie centrale, qu'on dirait n'être occupée que par des tentes nomades et par des couvents disséminés. Mais, au point de vue politique et militaire, l'avantage est immense pour l'empire du Milieu.

La grande muraille de la Chine, qui n'arrêtait qu'imparfaitement, au nord-ouest, les Tartares Mongols, cette enceinte prodigieuse est désormais inutile; les caravanes mongoles la traversent paisiblement, et les cultivateurs chinois fertilisent de proche en proche les vallées d'où sortaient, il y a trois siècles, les hordes déprédatrices.

Aussi longtemps que la dynastie mandchoue a senti sa véritable puissance, elle s'est reposée avec orgueil sur les nombreuses bannières tartares, obligées de marcher au premier signal d'un empereur tartare comme elles, pour contenir au besoin et pour défendre les Chinois.

Par une politique habile, le gouvernement des Mandchoux entretient, dans l'Empire du Milieu, des cavaliers mongols, qui font partie des huit bannières intérieures.

Grâce à la polygamie, les empereurs mandchoux peuvent développer, sur une bien plus vaste échelle que l'Autriche, cette politique des alliances, qui fit autrefois la fortune de la famille allemande aux nombreux rejetons. Ils rapprochent d'eux, par des mariages, les princes mongols, qui se glorifient de descendre de Gengis-Khan et de Koubilaï Khan. Ils distribuent des titres, des honneurs; ils soldent des traitements aux seigneurs féodaux des bannières mongoles. Toutes ces combinaisons sont vastes et profondes.

Les empereurs ont d'autres moyens que l'argent et les mariages pour agir sur la force morale et religieuse des tribus mongoles; c'est au Tibet qu'il faut chercher ces moyens. Arrêtons-nous avec un redoublement d'attention sur un si curieux pays.

Description de Lha-ssa, la ville sainte, capitale du Tibet.

Lha-ssa, ville sainte, n'a pas de remparts. On s'est étonné qu'elle n'ait pas plus de deux lieues de circuit; cette étendue, à mon avis, est énorme pour une ville mongole.

Les maisons de Lha-ssa semblent, au dehors, plus propres que les personnes : elles sont peintes à neuf chaque année, ce qui leur donne l'aspect de constructions récentes. Elles sont grandes; elles ont plusieurs étages, et leurs toits sont faiblement inclinés, comme en Italie; mais, à l'intérieur, elles sont à la fois enfumées, sales et d'une odeur révoltante; elles n'offrent à la vue que des meubles et des ustensiles qui traînent sans aucun ordre. Les appartements n'ont pas de cheminées, et l'hiver on ne peut se chauffer qu'avec des réchauds. En tout temps on ne fait du feu pour cuire les aliments qu'en laissant la fumée s'échapper sans conduit par une ouverture du toit.

Maisons bâties avec des cornes d'animaux.

Une singularité remarquable et digne d'un pays si voisin de l'état nomade, c'est le quartier dont les maisons sont construites avec des cornes de bœuf, entremêlées de cornes de mouton. Leur entrelacement, dirigé par un goût naturel, permet de figurer, sur les façades, des arabesques d'une infinie variété. Ces matériaux, peu commodes pour la juxtaposition, sont reliés entre eux par un mortier épais et tenace.

Temples et palais du Grand Lama.

En dehors des temples et des couvents qui surabondent dans Lha-ssa, il faut signaler le palais du Dalaï-Lama, ou, comme nous disons, du Grand Lama.

A près d'un kilomètre de la ville, dont les maisons et les jardins couvrent une large vallée, s'élève une montagne isolée, de forme conique : c'est la *Bouddha-la*, la montagne de Bouddha. Au sommet on a construit un palais grandiose, dont l'enceinte comprend des temples et des habitations qui rivalisent de beauté. Le temple central s'élève assez pour dominer tous les autres ; il est surmonté d'une vaste coupole couverte de lames d'or. Autour du temple règne un péristyle, dont les colonnes sont aussi couvertes d'or. C'est dans cet édifice qu'habite le dieu-périssable, incarnation viagère de Bouddha. Les simples lamas, les prêtres bouddhiques, qui le servent et l'adorent, sont logés dans les temples circonvoisins. Une gravité silencieuse impose à tous le respect, au milieu de ces immenses sanctuaires.

Il ne paraît pas que le Grand Lama prenne le plus léger souci du gouvernement religieux dans la nombreuse partie du genre humain qui croit à sa divinité. Il semble ne pas s'occuper du nombre de ses fidèles ; il n'a pas de conseil universel comparable à celui de nos cardinaux. Que ses adorateurs aient souci de leur âme et de leur croyance, cela les regarde : il lui suffit d'être adoré.

Le chef du pouvoir civil et militaire au Tibet.

Un véritable maire du palais, appelé le *Nomé-khan*, réside à Lha-ssa, la métropole civile ; nous verrons l'exemple récent de ses attentats contre le pouvoir et la vie même du pontife suprême. D'après les lois du Tibet, le Grand Lama nomme son lieutenant, le Nomé-khan, dont les fonctions sont à vie; il nomme pareillement les quatre ministres auxquels sont confiées les branches principales du gouvernement tibétain.

Les mœurs et les industries urbaines.

La ville de Lha-ssa, quoique animée d'un sentiment religieux, ainsi qu'elle doit l'être dans un si pieux voisinage, Lha-ssa n'oublie pas ses intérêts. Essentiellement commerçante, elle calcule et se réjouit en adorant.

Les Tibétains, de race mongole, sont favorisés par la nature, puisqu'ils réunissent à la force des Tartares la souplesse et l'agilité des Chinois. Ceux-ci, qu'on trouve partout où l'appât du gain peut conduire, sont assez nombreux dans Lha-ssa.

Les Tibétains aiment les parures fastueuses et même des ornements qui ne conviennent qu'à des femmes. Ils recherchent des joyaux d'or pour décorer leurs longues et belles chevelures. Par un contraste singulier, afin d'empêcher l'autre sexe de se montrer avec trop d'avantage, un édit contraint les femmes qui veulent paraître en public, ou seulement figurer au comptoir de leurs boutiques, à souiller leurs blanches figures avec un enduit noirâtre, visqueux et dégoûtant. Le Grand Lama n'a pas trouvé d'autre remède pour arrêter les ravages qu'occasionnait leur séduisant aspect dans la cité sainte. Lors des temps heureux de Venise, les femmes élégantes qui voulaient assister aux brillantes réunions du soir et de la nuit cachaient aussi leur visage, mais sous un masque noir de velours ou de satin, qui ne révoltait pas les sens.

Il y a déjà deux cents ans que le pontife suprême, pour sauver, assure-t-on, les mœurs de ses propres couvents, a pris cette résolution. Le sexe le plus faible s'est soumis, et le plus fort, animé peut-être par la jalousie orientale, n'a pas pris les armes pour protéger les droits de la beauté. Nous trouvons ici la mesure de l'autorité morale que peut exercer le chef de la religion tibétaine.

Les femmes tibétaines ont une grande activité; ce sont elles qui font presque tout le petit commerce de la ville, et qui le font malgré leur visage peint en noir, sale et gluant.

Draps du Tibet.

Le Tibet, avec ses longues vallées du Brahmapoutra, de l'Indus et du Fleuve d'or, avec ses prodigieux étages de montagnes, le Tibet offre les pâturages d'hiver et d'été qui conviennent le mieux à la beauté des toisons de bêtes à laine. A Lha-ssa, le tissage des draps, exécuté par les hommes, présente une variété remarquable de produits. On fabrique des tissus mérinos d'une rare finesse, mais aussi d'une grande cherté. Les draps communs, qui sont velus pour être plus chauds, se vendent à très-bas prix.

Les draps destinés aux robes des lamas sont généralement teints en rouge; dans le culte de Bouddha, la pourpre n'est pas réservée à la seule cour du grand pontife.

Usage et confection des écuelles vernissées.

Chaque Tibétain, comme Diogène, porte sans cesse avec lui son écuelle de bois, qui lui sert pour boire et pour manger. Tantôt il la cache entre les plis de sa robe; tantôt il la suspend à sa ceinture, comme un Chinois son éventail. Cés vases commodes, faits avec un bois dur et

gracieusement veiné, sont couverts d'un beau vernis conservateur. Le luxe s'introduit partout : ces écuelles de
nomade, quand on les confectionne pour de riches consommateurs, coûtent jusqu'à mille francs la pièce! On
croit justifier l'extravagance de leur prix lorsqu'on affirme
gravement qu'elles ont la vertu de neutraliser les poisons.
Avec deux francs, on se procure une écuelle toute simple,
et le vendeur, pour s'en défaire, n'est pas obligé de mentir
en attestant des qualités impossibles.

Usage et fabrication des cierges odoriférants.

Une autre industrie convient surtout au voisinage de la
cour d'un Grand Lama et de ses couvents sans nombre;
c'est la fabrication des bâtons odorants, employés en guise
de cierges. Lorsqu'on les allume au milieu des cérémonies
religieuses, ils répandent à la fois la lumière et l'encens.
Les Chinois les désignent sous le nom de *tsang-hiang*, ce
qui veut dire parfum du Tibet. Pour les fabriquer, on
mêle des poussières végétales aromatiques avec du musc,
et l'on jette sur le tout de la poudre d'or. On moule
cette pâte en cierges d'un mètre de longueur.

On en fait un constant usage pour illuminer les temples et les autels dans les lamaseries et les oratoires privés. Une odeur à la fois vive et douce. qu'ils répandent
au loin, charme par sa suavité.

Ces bâtons de senteur ne parviennent à Pékin qu'apportés à la suite de l'ambassade annuelle; quoiqu'on les
exporte alors en quantité considérable, on ne les livre qu'à
des prix exorbitants. Les Chinois, que guide la parcimonie,
imitent ces ingénieuses compositions; mais leurs falsifi-
cations sont d'un mérite extrêmement inférieur.

Recherche et travail des métaux précieux.

Dans le pays montueux du Tibet, l'or et l'argent natifs abondent; partout on en rencontre des parcelles. Les pâtres même savent affiner dans leurs petits creusets la poudre ou les menus fragments de ces métaux, qu'ils sont habitués à recueillir dans le lit des torrents ou dans les anfractuosités des rochers.

Au sein des villes du Tibet, pour la mise en œuvre des métaux précieux par l'orfévrerie, l'argenterie et la joaillerie, les ouvriers égalent en habileté ceux de la Chine. Nous avons déjà parlé des anneaux d'or qui parent les cheveux des hommes à Lha-ssa. Les femmes, lorsqu'elles arrivent à l'âge mûr, ornent leur tête avec des plaques d'or : constater ainsi la période irrémissible du déclin, par des joyaux si tristement déclaratoires, tenterait peu l'arrière-ban des beautés européennes.

La décoration des temples est l'occupation qui peut le plus prêter au talent des orfévres comme à celui des sculpteurs. Ces derniers au Tibet sont fort estimés; cependant les statues par lesquelles ils représentent les divinités bouddhiques, systématiquement difformes, n'ont rien qui révèle le génie des beaux-arts.

Usure exercée par les Lamas.

Nous croyons devoir citer les observations suivantes de M. l'abbé Huc, dans son Voyage au Tibet; ouvrage intéressant, mais qu'il faut savoir lire.

« Le Tibet est peut-être le pays le plus riche et en même temps le plus pauvre du monde. Riche en or et en argent, pauvre en tout ce qui fait le bien-être des masses.

L'or et l'argent, recueillis par le peuple, sont absorbés par les grands, et surtout par les lamaseries, réservoirs immenses, où s'écoulent, par mille canaux, toutes les richesses de ces vastes contrées. Les lamas, mis d'abord en possession de la majeure partie du numéraire par les dons volontaires des fidèles, centuplent ensuite leur fortune par des procédés usuraires, dont la friponnerie chinoise est elle-même scandalisée. Les offrandes qu'on leur fait sont comme des crochets dont ils se servent pour attirer à eux toutes les bourses. L'argent se trouvant ainsi accumulé dans les coffres des classes privilégiées, et, d'un autre côté, les choses nécessaires à la vie ne pouvant être obtenues qu'à un prix très-élevé, il en résulte ce désordre capital qu'une grande partie de la population est continuellement plongée dans une misère affreuse. Leur manière de demander l'aumône consiste à présenter le poing fermé en tenant le pouce en l'air. Nous devons ajouter, à la louange des Tibétains, qu'ils ont généralement le cœur compatissant et charitable; rarement ils renvoient les pauvres sans leur faire quelque aumône. »

Pour revenir à la condamnation si générale portée contre tous les ministres d'un culte, même imparfait et mensonger, n'est-elle pas exagérée?

Si, dans l'empire du Milieu, centre de la richesse, l'intérêt de l'argent prêté sur nantissement, l'intérêt légal, n'est pas moindre de trente pour cent par année, quel serait donc le tarif des lamas, dénoncé comme exorbitant, en présence d'un taux pareil?

Et quelle friponnerie sans exception que celle des prêtres de Bouddha, qui pourrait scandaliser même la friponnerie des Chinois fripons! Dans le siècle dernier, lorsqu'un voyageur philosophe revenait des États romains, il avait grand soin d'affirmer qu'en ce pays tous les prê-

tres étaient oppresseurs, tous les habitants opprimés, et
tous les moines libertins au point de scandaliser le liber-
tinage en personne. L'Europe légère, mécréante, n'élevait
pas à cet égard l'ombre d'un doute; et cinquante années
de révolutions ont été nécessaires avant que l'Occident
revînt à des jugements plus équitables. Ne peut-il pas en
être ainsi pour le Tibet?

Colonies d'Indiens bouddhistes et de mahométans à Lha-ssa.

Lha-ssa possède une espèce de colonie d'indiens bouddhistes venus du Boutan, contrée qui s'étend de l'autre
côté des Himâlayas, et qui néanmoins dépend du Tibet
et de la Chine. Ces Indiens excellent à travailler la plupart des métaux, le fer, le cuivre, l'argent et l'or. Ils fabriquent ces lames dorées si remarquables, qui couvrent
les dômes des temples, et qui résistent aux intempéries
de toutes les saisons. Ils sont appelés pour décorer les lamaseries de tous les pays peuplés par des Mongols.

Une autre colonie, plus remarquable encore, est celle
des musulmans originaires de Cachemire. Il y a déjà plusieurs siècles qu'on les a généreusement accueillis dans
Lha-ssa, quand ils fuyaient la tyrannie de leur sultan. Les
réfugiés continuent de mériter cette hospitalité par la gravité de leurs mœurs et par une exemplaire probité; leur
mufti les administre civilement et les représente auprès
de l'autorité tibétaine. On les compte parmi les négociants les plus riches de Lha-ssa; ce sont des espèces de
marchands de nouveautés. Ils font le change; ils trafi-
quent sur l'or et sur l'argent et, comme on le voit, leur
honnêteté ne redoute pas la concurrence des lamas.

Ils sont les seuls auxquels les autorités du Tibet permettent de pénétrer dans l'Inde anglaise. Ils s'y rendent

munis d'une autorisation du Grand Lama, sous une escorte officielle qui les conduit jusqu'aux passages des Himâlayas. Leur jugement sur les Anglais donnera l'idée de leur esprit d'observation. Ce sont, disent ces musulmans, les hommes les plus rusés du monde; petit à petit, ils s'emparent de toute l'Inde, mais par adresse plutôt que par force ouverte. Au lieu de renverser les autorités, leur habileté les met de leur parti, et les fait entrer dans leurs intérêts. Voici ce qu'on dit d'eux dans Cachemire : « Le monde est à Allah, la terre au Pacha : c'est la Compagnie qui gouverne [1]. »

Ces idées des réfugiés musulmans sont partagées par le gouvernement du Tibet. Tel est probablement le motif pour lequel, entre tous les étrangers, il n'est pas permis aux Anglais de séjourner *ni même d'entrer* dans la sainte contrée. Depuis les terribles événements à peine accomplis de l'autre côté des Himâlayas, le Grand Lama sera plus défiant que jamais à l'égard des conquérants, qui, dans peu d'années, auront atteint tous les sommets de cette immense chaîne de montagnes. Tenteront-ils de la franchir pour *annexer* quelque chose à leur empire, par delà les neiges éternelles?...

Influence de la Chine au Tibet par les lois et la force militaire.

Depuis le commencement du XIXe siècle, les Chinois ont fait adopter par les Tibétains leur code criminel, où la peine de mort est beaucoup moins prodiguée. Cette influence est plus grande et plus salutaire que celle des garnisons chinoises établies dans quelques villes principales. Il y a peu de ces troupes dans Lha-ssa; elles sem-

---

[1] Huc, *Voyage dans le Tibet,* tome II, chapitre VI.

blent n'y jouer que le rôle de gardes honorifiques pour les ambassadeurs du Céleste Empire. Il y en a davantage dans la grande ville de *Djachi-Lombo*, qui peut contenir cent mille habitants. Cette cité possède un couvent immense où résident plus de trois mille cinq cents lamas. Des obélisques, des colonnes et des statues colossales couvertes de métaux précieux, attestent la richesse de cet établissement. Le supérieur religieux et politique, le khan, sous le titre de *Band-khan-lama*, gouverne une vaste partie du Tibet; il est le premier lieutenant du pontife suprême.

Les représentants de la Chine auprès du gouvernement tibétain.

Les empereurs ont compris l'importance de conquérir la bienveillance du Dalaï-Lama, dont l'influence est si grande sur tous les peuples tartares. Ils maintiennent à sa cour deux ambassadeurs permanents, mandarins du premier ordre, presque aussi puissants que le moindre résident anglais dans les cours de l'Inde. L'Empereur, d'époque en époque, et suivant la politique du Céleste Empire, renouvelle ses obséquiosités envers le suprême pontife des Mandchoux et des Mongols. Si ce dernier éprouve quelques difficultés mondaines avec ses chefs féodaux et les États circonvoisins, les ambassadeurs s'empressent de les aplanir. Ils suggèrent plus encore qu'ils ne commandent, et c'est le secret de leur puissance.

Tous les trois ans, les deux grandes autorités religieuses du Tibet, le Dalaï-lama et le Band-khan-lama, envoient à Pékin leurs ambassades chargées de reconnaître au moins un patronage civil et militaire. Elles apportent, pour l'Empereur et pour les grands, des présents généreusement payés de retour : des draps fins et des tissus rares; des cierges odoriférants, si célèbres par leurs par-

fums ; des idoles consacrées, des chapelets de succin ou
de corail. Tels sont les principaux objets des offrandes.

Tous les trois ans, le gouvernement de la Chine renouvelle les chefs civils et militaires et les ambassadeurs qu'il
entretient au Tibet ; ce laps de temps fixe aussi la durée
des hautes fonctions dans l'intérieur de la Chine.

Événements extraordinaires du xixe siècle.

De grands événements, accomplis dans ce siècle, ont
plus que jamais enraciné la puissance de la Chine au
Tibet. Dans un petit nombre d'années, trois Grands
Lamas consécutifs étaient morts à la fleur de l'âge. Les
simples lamas et le peuple croyaient les uns au poison,
les autres à l'assassinat. L'opinion générale attribuait tous
ces crimes au Nomé-khan, au chef du pouvoir civil et militaire, véritable maire du palais, et, qui pis est, inamovible. Chose remarquable, à l'époque dont nous parlons,
le Nomé-Khan, au lieu d'être un Mongol, était un Chinois.
Ambitieux, prêt à tout, et voulant d'abord se faire des partisans, il avait pris sous sa protection la grande et nombreuse lamaserie de Séra, fondée presque aux portes de la
capitale ; il la comblait de bienfaits, pour s'y créer des séides.

Les électeurs du quatrième pontife l'avaient choisi,
comme ses trois derniers prédécesseurs, dans un âge trop
tendre ; l'adolescent nommé, l'effroi s'empara d'eux ; ils
recoururent à l'empereur de la Chine. Ils le supplièrent
de sauver le sanctuaire le plus sacré du bouddhisme, en
sa qualité de souverain protecteur des Grands Lamas.

Afin de remplir cette mission difficile, l'empereur
choisit Ki-chan, l'un des hauts mandarins les plus habiles
et les plus énergiques ; Ki-chan, d'origine tartare mandchoue ; Ki-chan, grandi par son seul mérite, nommé suc-

cessivement gouverneur ou vice-roi de quatre provinces, et créé prince de l'empire. Ami d'une utile et salutaire hospitalité, c'est lui qui, dans le grand et beau gouvernement du Sse-tchouan, avait fait construire au sein de toutes les cités, avec autant d'élégance que de somptuosité, des hôtelleries officielles, qui ne sont égalées dans aucune autre province du Céleste Empire. Investi plus tard de la vice-royauté la plus importante, il avait tout tenté pour devenir le bienfaiteur de sa patrie, en détournant la funeste guerre de 1840 avec les Anglais; alors il avait conclu, comme vice-roi de Canton, un traité de paix avec Sir Elliot. La réaction contre l'étranger fit un crime de ce service. L'intrigue rompit un traité si salutaire; elle en proscrivit l'auteur, dont les biens furent confisqués, les femmes vendues, et la maison démolie! Quatre ans plus tard, lorsque les hontes de la guerre eurent parlé pour la prudence qu'avait montrée l'exilé, sa grâce fut obtenue. Ses amis, vraiment dignes de lui, rebâtirent à leurs frais son hôtel.

Tel était le personnage éminent que la Chine avait envoyé pour sauver le trône du Grand Lama. Le Nomékhan, pressé par les investigations de ce juge perspicace, avoue l'assassinat des trois souverains pontifes. Pour conclusion de ce long drame, un édit de l'Empereur exile au fond de la Mandchourie, près du fleuve Amour, ce profond scélérat; il méritait une peine plus exemplaire.

Les lamas du populeux et vaste couvent de Séra préféraient même au Grand Lama le monstre bienfaiteur de leur couvent. Ils avaient pris les armes et, pour un jour, envahi Lha-ssa; mais, aussitôt comprimés, ils n'avaient pu triompher des plénipotentiaires de la Chine.

A peine ces événements étaient-ils accomplis, le spirituel et hardi missionnaire que nous avons cité plusieurs fois arrivait au Tibet avec des projets cachés. Une cor-

respondance occulte de ses coreligionnaires se fût établie
entre le nord du Céleste Empire et Calcutta, en passant
par la cité de Lha-ssa; l'auteur de ce plan espérait un grand
prosélytisme dans la cité même, sanctuaire du bouddhisme. Le Grand Lama, ignorant, imprévoyant et tolérant, n'aurait pas mis le moindre obstacle au séjour dans
ses états de l'entreprenant étranger; l'ambassadeur Ki-chan,
moins confiant, y mit obstacle. Il ne savait rien, et se conduisit comme s'il avait tout su. M. Huc a raison d'expliquer, de démontrer même, que ce ministre plénipotentiaire n'avait pas au Tibet une autorité positive. Le
prudent Ki-chan ne prescrivit aucune mesure; il ne com-
promit en rien sa puissance; il insinua, il invita, il obtint;
et M. Huc, ramené sous une escorte sûre, dut retourner
à la frontière occidentale de la Chine. C'est de là qu'il fut
officiellement et gracieusement reconduit jusqu'à Canton,
lieu fixé pour son expulsion du Céleste Empire.

Telle est l'habileté profonde avec laquelle la dynastie
mandchoue exerce au loin sa puissance suzeraine dans
un état théocratique.

Population des conquêtes chinoises.

On ne possède que les notions les plus imparfaites sur
la population des possessions extérieures de la Chine.

Pour le Tibet, par exemple, les évaluations varient
entre les nombres si différents de sept millions à trente-trois
millions d'âmes. Une partie des tribus sont nomades, et, pour
nourrir peu de familles, elles exigent un vaste territoire.

Les Chinois semblent compter à peu près trente millions
d'âmes dans toutes les contrées que nous venons de
parcourir, et qu'ils rangent au nombre de leurs tributaires.
C'est bien peu de chose en comparaison des nombres qui

nous frapperont d'étonnement lorsque nous ferons connaître les recensements de cet Empire du Milieu, qui
maintenant doit fixer toute notre attention.

L'EMPIRE DU MILIEU,

OU LA CHINE PROPREMENT·DITE.

Ce n'est pas sans appréhension que nous essayons de faire
apprécier, dans le système de ses forces, l'un des empires
les plus vastes de.la.terre et le plus antique de tous par ses
monuments historiques; l'un des plus persistants à conserver ses mœurs, ses coutumes, sa civilisation et jusqu'à
ses préjugés; théâtre, il est vrai, de révolutions infinies,
mais qui ne lui font perdre ni l'unité politique, ni sa cons-
titution; développant à pas très-lents, très-inégaux et parfois même rétrogrades, la puissance numérique de sa population, depuis le commencement de notre ère jusqu'au
milieu du xviie siècle; en proie à deux grandes conquêtes
en trois mille ans : une première fois, par les Tartares
Mongols, au xiiie siècle; une seconde fois, quatre cents ans
après, par les Tartares Mandchoux. Ces conquérants,
dont le nom s'allie dans les souvenirs de l'Europe à tous
les abus de la force, à tous les excès du pillage et de la
barbarie, sont deux fois à la Chine les bienfaiteurs des
conquis, et les rénovateurs de la civilisation. Les derniers venus, les Mandchoux, s'assimilent aux lois, aux
mœurs du pays envahi; ils rendent possible, par la paix et
le bonheur, un développement prodigieux de population,
qui continue jusqu'à l'époque où nous· vivons. Nous expliquerons ces progrès extraordinaires.

Au xixe siècle, commence pourtant un tout autre spectacle : c'est celui d'un empire aussi vaste et quatre fois aussi
peuplé que l'empire des Césars dans sa plus grande exten-

sion, quand celui-ci, dégénéré, regorgeait à la fois de trésors et de corruption. Aussi peut-on dire des Chinois, avec plus de motifs encore, ce que Bossuet osait dire, dans la simplicité sublime de sa langue : « Le peuple-roi n'en pouvait plus. »

Quand la Chine arrive à cette impuissance, la force commerciale de l'Angleterre en Orient est arrachée des mains d'une société souveraine, illustre, prospère, et qui restait modérée jusque dans les excès de son extension. Cette compagnie, fidèle à l'intérêt bien entendu de ses possessions, établissait ce principe avec un rare esprit de sagesse : Il faut vivre en paix avec la Chine. Mais, à partir de 1834, le commerce isolé, effréné, des personnes privées, ce commerce armé d'audace et de contrebande, se substitue au négoce honnête et prudent qu'exerçait la souveraine mercantile des Indes orientales, et jette ses excès dans la balance.

Un goût, lent à naître et faible d'abord, s'était répandu dans l'ancien monde il y a près de deux siècles. Il s'agissait d'une boisson, le thé, qui n'a rien d'enivrant ni de narcotique; d'une boisson qui flatte doucement le goût, et qui procure un sentiment calme de bien-être, au lieu d'occasionner la prostration de forces qui suit toujours l'usage immodéré des boissons surexcitantes. Aujourd'hui ce breuvage salutaire est devenu pour la race britannique un objet d'indispensable nécessité; il coûte à cette race, incroyablement consommatrice, plus de *cent soixante millions de francs* par année.

Tel est le bienfaisant objet d'échange qui, par année, procure au Trésor britannique un revenu de cent vingt-cinq millions et qui fait vivre, dans la marine marchande, une flotte équivalente à cent navires de quatre cents tonneaux.

L'Angleterre, en échange, expédie de l'Inde à la Chine pour deux cents millions de francs d'un opium délétère. Ce poison, la fraude l'introduit clandestinement, au mépris des lois quand elles sommeillent, et de vive force, à coups de canon, quand les lois se permettent de résister.

De là la guerre de l'opium, commencée après 1839 et mal terminée en 1842. La défaite des Chinois est bientôt suivie d'une immense rébellion contre un gouvernement avili par sa défaite, et, qui pis est, avili sans qu'il cesse d'être superbe! La main des révoltés verse à grands flots le sang de leurs concitoyens dans une partie de l'empire presque aussi vaste que la France. Elle opère tous ses ravages avec ce double mot d'ordre : détruire les mandarins et massacrer les soldats mandchoux, c'est-à-dire exterminer les représentants de la force militaire et ceux de l'intelligence, réunis pour protéger, éclairer et gouverner les hommes.

Une seconde guerre de commerce extérieur, commencée en 1857, est terminée comme la première par un triomphe merveilleux, grâce à la vaillance réunie des Anglais et des Français. Ces derniers ne prennent part à la querelle qu'au nom des libertés religieuses, et c'est beaucoup.

Avant de suivre de plus près ces événements, je veux essayer de montrer comment s'est opéré le développement régulier, calme et paisible de la plus grande agglomération d'êtres humains qu'un sceptre unique ait jamais régie. Je vais essayer d'expliquer les forces productives d'une terre, d'une mer et de fleuves admirables, forces combinées pour accroître à l'envi le nombre des êtres humains.

Je finirai par aborder l'agression des Occidentaux, qui se sont jetés au travers de ce mouvement avec la toute-puissance de leur industrie et de leurs arts militaires.

Le moraliste rénovateur de la Chine : Confucius.

Il serait impossible de faire comprendre la Chine à des habitants de notre hémisphère, si l'on ne commençait par leur expliquer, du moins en termes rapides, la vie, les travaux et l'influence d'un homme qui, depuis cent générations, est devenu le régénérateur et n'a pas cessé d'être le régulateur suprême des institutions, des mœurs et des intelligences, dans un empire où son génie est aussi puissant que jamais : il y règne toujours.

Nous voulons parler de Confucius, qui fut à la fois historien, moraliste et législateur sans avoir imposé ses lois. Ce philosophe aux grandes pensées, aux longues méditations, fut pourtant l'un des hommes les plus mêlés dans les affaires de son temps; il se montra l'un des esprits les plus *pratiques*, dans le sens vulgaire de ce mot sèchement positif.

Ses disciples ont recueilli soigneusement et publié les circonstances de sa vie, pour l'instruction de la postérité; leur pieuse fidélité rendra facile notre tâche.

Le temps est au nombre de ses grandeurs. C'est le seul homme célèbre qui par ses ancêtres et ses descendants reconnus, sans avoir régné, rattache sa filiation, disons mieux, *sa dynastie* à quarante-six siècles d'existence.

Sa naissance, antérieure de 551 ans à l'ère chrétienne, remonte pour nous à 2411 ans. Son aïeul le plus illustre, l'empereur Hoang-ti, précède immédiatement les dynasties héréditaires. Quand ce prince arrivait à la soixante et unième année de son règne, il commençait *le premier des cycles de soixante ans,* qui sont pour les Chinois ce que les siècles sont pour nous : l'unité des longs espaces de temps.

La chronologie régulière des Chinois comptait déjà
trente-cinq cycles, ou vingt et un siècles, lors de la naissance de Confucius.

A cette dernière époque, l'empire, comme agglomération puissante, avait cessé d'exister; il n'était plus digne
d'être appelé, comme une œuvre chérie du ciel, *le Céleste
Empire*. De petites royautés, des principautés de tous les
rangs, partageaient la Chine en *cent vingt-cinq* lambeaux,
que rattachait en apparence un suzerain nominal : on eût
dit l'Allemagne du moyen âge. L'anarchie, le désordre et
la corruption multipliaient leurs ravages chez un peuple
déchu de sa grandeur antique et de sa prospérité.

Confucius est né dans le royaume de Lou, qui comprenait le pays des montagnes orientales, le Chan-toung
actuel. Sa famille, quoique déchue, n'était pas tombée
dans les derniers rangs, car son père gouvernait une ville
du troisième ordre lorsque son fils y naquit.

A trois ans, ce fils devint orphelin. Son éducation fut
dirigée par une mère jeune encore et vertueuse. Elle se
proposa, pour unique destinée, d'instruire dignement le
frêle rejeton dont la tendresse la plus partiale ne pouvait
pas deviner le grand avenir.

Confucius, admirablement doué par la nature, avait
un cœur dont l'excellence était en harmonie avec la raison
la plus droite et la plus puissante. Nul n'apprit mieux à
commander, nul ne commença par mieux obéir. Son âme
était tournée naturellement vers la déférence et le respect; vers le respect pour sa mère, pour ses ancêtres,
pour les vieillards, et pour toute personne qui le surpassait en âge ou seulement en expérience.

La Chine était déjà le pays où les lettres conduisaient
au pouvoir, sans être ensuite dédaignées des parvenus,
comme ces échelles que l'ambitieux brise du pied quand

il s'est élevé par leur secours. Dans la cité qu'habitait Confucius, le premier magistrat se faisait honneur de professer
un cours public en faveur de la jeunesse d'élite; il y reçut
Confucius, quoique celui-ci n'eût encore que sept ans. Il
fut frappé de la supériorité précoce que révélait un si
jeune élève; bientôt il le choisit pour *moniteur* dans l'espèce d'*enseignement mutuel* qui se pratiquait à la Chine
il y a déjà vingt-cinq siècles. En Occident, il n'y a pas
deux fois vingt-cinq ans, les amis du temps passé traitaient cet enseignement d'innovation monstrueuse et détestable.

Invité par sa mère à prendre un emploi public, à peine
a-t-il atteint sa dix-septième année qu'il est chargé, dans
son district, d'inspecter la vente et la distribution des
grains prélevés à titre de revenu public.

Dans le bon royaume de Lou, les mandarins considérables, regardant de haut leurs fonctions, les faisaient
remplir par des subalternes obscurs. Confucius, plus modeste, ne croyait pas s'abaisser en accomplissant lui-même
ses devoirs; il acquérait ainsi l'expérience, que rien ne
supplée et qui sert à tout. Il découvrait le bien à faire,
et soudain il le faisait. Ses soins introduisirent l'ordre et
ramenèrent la probité dans le trafic des grains et dans
l'administration publique des vivres, administration trop
souvent livrée au pillage. Économe du temps et prodigue
de son travail, il étendait ses études au delà du cercle
obligé de ses attributions. Il voulait connaître tout ce qui
concernait non-seulement le commerce et la conservation, mais la culture et le perfectionnement des céréales.
Il ne se bornait pas à chercher les moyens de mieux faire
valoir la terre; il essayait, par ses conseils, d'améliorer le
peuple même, par qui les champs valent quelque chose.
Sans aucun dessein préconçu, il était déjà moraliste.

Avant de consacrer sa vie à méditer sur le cœur humain et sur la société, il déployait cette activité féconde, et n'avait pas achevé sa vingtième année.

Dès le principe, jugeant les humains d'après lui-même, il croyait que tous les cœurs renferment en eux tous les germes de la bonté, tous les moyens de la raison. Dans sa pensée, pour avancer vers la perfection, il suffisait que chacun mît ses soins à revenir vers sa nature primitive. C'est ce qu'il a nommé *la grande étude* : l'étude à la fois méditative et pratique de la vie, que sa voix devait plus tard enseigner à ses disciples et ses écrits enseigner à la postérité. Revenons aux essais de sa jeunesse.

A vingt et un ans, on lui confie l'inspection du travail des champs et des industries pastorales dans la province entière qu'il avait commencé d'étudier. Alors il met à profit les observations qui d'abord n'avaient été pour lui qu'un luxe de curiosité. Il imprime aux diverses parties de l'agriculture une impulsion nouvelle; il fait voir comment on peut perfectionner les procédés du travail et les produits mêmes. Il veut qu'on cultive jusqu'aux terres regardées avant lui comme incultivables, et procure aux laboureurs nécessiteux les avances nécessaires à ces nouvelles entreprises; il éclaire en même temps l'industrie pastorale, dont il accroît promptement la prospérité. Quatre ans lui suffisent pour changer la face des campagnes confiées à sa surveillance.

Quand arriva la fin de sa vingt-quatrième année, il perdit sa mère, sa mère si tendre, si sage et si dévouée! Aussitôt il se démit de ses fonctions pour se concentrer dans son deuil et dans sa retraite, suivant la sévérité des mœurs antiques. La sincérité, la dignité de son exemple remirent en honneur le culte des morts, la solennité des obsèques et la piété des monuments consacrés aux sépultures. Il réhabilita ce respect de la tombe, qu'un seul être vivant, que l'homme seul a conçu, dans la pensée d'honorer les sources sacrées de sa vie ; respect qui suffirait pour mettre l'infini entre son espèce et tous les êtres animés, mais sans âme, qui végètent sur la terre : l'indifférence publique avait fini par en oublier les traditions séculaires.

Il exhorta les familles à témoigner de nouveau leur vénération pour les ancêtres, vénération que tout le peuple professait au temps des grands règnes, quand les sages et les *saints hommes* étaient appelés à régner.

Il ne s'arrêta point à ce premier et profond service qu'il rendait aux mœurs nationales. Au lieu de borner à de louables mais stériles regrets les trois ans consacrés pour honorer sa mère, il remonta graduellement par delà vingt siècles, afin de chercher dans les exemples du passé la source des enseignements. Pour origine suprême, il prit son plus illustre ancêtre, en méditant depuis cette époque sur tous les grands souvenirs de son pays ; il entreprit de les exhumer et d'en restituer les annales. Il commença d'écrire, sur un plan plus parfait et plus complet, le *Chou-king*, cette histoire si vaste, révérée comme un livre saint, et qu'il fit commencer avec le règne d'Hoang-ti, 2637 ans avant notre ère. Il rehaussa la valeur des faits par la puissance de son style, grave, profond, énergique, et par une incroyable fermeté de raisonnement. Sa narration le fit juge et juge moral des hommes et des institutions.

Ensuite il recomposa les principaux livres sacrés. Un des plus remarquables est celui des cérémonies et des rites, qui, sous des aspects de formalités plus ou moins étudiées, cache des trésors de prudence, de morale et de gouvernement. Il écrivit aussi le livre sur la musique et la poésie, ces deux arts dont l'étude et l'exercice avaient jadis exercé tant d'influence dans l'empire.

De ces méditations profondes et de ces travaux ébauchés en trois ans de solitude sortit, pour ainsi dire, un nouveau Confucius, qui représentait à lui seul les antiquités,
les mœurs vénérables et tous les trésors que les siècles
avaient accumulés pour le gouvernement de son pays.

Même en ses plus grands succès, il n'eut jamais l'ambition ni l'orgueil d'être un prophète, un thaumaturge,
et moins encore un objet d'adoration. Jamais il ne demanda qu'on crût à Confucius; il lui suffisait qu'on crût
à la vertu. Il demandait qu'on crût à la nécessité de perfectionner son cœur et sa vie; qu'on crût au devoir de
révérer sa famille, son père, sa mère, ses ancêtres, et le
souverain, le premier des pères. Ce souverain, à son tour,
il l'assujettissait, plus sévèrement que le moindre des
hommes, à tous les devoirs de l'humanité et de la patrie.

Comme il ne faisait jamais appel aux passions pour les
blesser ni pour les flatter, il n'eut jamais ni pour lui ni
contre lui les fanatiques. Il ne prêchait pas des idées, il
prêchait le bien. Dans le désir de recommencer le bonheur
des hommes, il ne parlait pas en son nom, il laissait parler l'histoire; il lui suffisait que sa voix eût pour elle la
raison, l'autorité des siècles, l'exemple des grands règnes
et l'irrécusable expérience.

Voici comment la valeur de ses travaux était appréciée
par un auteur contemporain : « Si les belles institutions
des empereurs Yao [1] et Chun [2] venaient à se perdre, si
les sages règlements des premiers fondateurs de notre empire tombaient dans l'oubli, si les cérémonies et la musique étaient abandonnées ou corrompues, enfin, si les
hommes finissaient par se dépraver complétement, la lecture des écrits que laissera Confucius les rappellerait à la

---

[1] Yao, xxive siècle avant J. C.
[2] Chun, xxiiie siècle avant J. C.

pratique de leurs devoirs; elle ferait revivre dans leur mémoire ce que les anciens ont su, enseigné, pratiqué de
plus utile et de plus digne d'être conservé. » On le voit,
la suprême justice commençait pour lui de son vivant.

Il eût été contraire à l'habitude des choses que le roi
de son pays s'aperçût le premier d'un si prodigieux mérite
chez un ex-employé des vivres dans un district de ses États.
Le roi d'un pays voisin, celui d'Yen, découvrit Confucius;
il le pria d'introduire dans son royaume les perfectionnements dont le bienfait avait brillé dans une province de
Lou. Le réformateur s'y prêta; il améliora les arts, les
lois et les mœurs chez l'étranger qui faisait appel à ses
lumières.

Le bruit de tels succès se répandit de proche en proche.
D'autres princes voulurent en connaître l'auteur, par curiosité; ils étaient charmés de converser avec ce sage,
qui communiquait ses conseils sans vouloir les imposer.
Mais, pour suivre de tels conseils, il eût fallu lutter
péniblement contre ses propres passions, se fatiguer à
rendre meilleurs et soi-même, et le peuple, et les institutions; plus doux semblait de s'en tenir à des discours.
Parmi les princes, qui tous n'étaient pas vicieux, plusieurs
étaient lettrés, et partant ils aimaient l'éloge. Cette soif de
louanges, moins exigeante de leur temps qu'aux mauvais
jours de Syracuse, n'envoya pas Confucius en prison pour
absence de flatterie. Peut-être dut-il ce succès à sa simplicité d'homme pratique, laquelle n'était pas à beaucoup
près la superbe de Platon, mal déguisée à la cour de Denis.

Il voyageait dans les divers États de la Chine, qui seule
occupa tous ses soins, pour en étudier les habitants, les
institutions, les ressources et les besoins. Il recherchait
les talents célèbres, dans l'espoir de s'instruire auprès
d'eux et de s'améliorer par leurs leçons.

Il alla trouver un grand musicien dont les compositions rendaient croyables les merveilles qu'on racontait de l'ancienne musique nationale, autrefois inséparable de la pensée mise en vers. Sous un tel maître, il appliqua ses plus puissantes facultés à découvrir par quels secrets la mélodie peut exprimer les sentiments, comment elle sait maîtriser les passions, et comment ses effets, alliés à la poésie[1], en doublent la puissance. Il s'appropriait ces moyens d'influer sur les mœurs publiques pour ajouter au grand art du bon gouvernement des hommes.

Une visite autrement célèbre fut celle qu'il rendit au philosophe le plus illustre de son temps. Le très-prudent, le très-circonspect et méticuleux Lao-tseu, vers le déclin de sa vie, goûtait le repos et la méditation dans un asile qu'il devait à l'amitié d'un généreux mandarin. Il se contemplait lui-même; il vivait avec ses pensées et les écrivait en secret, dans l'espoir qu'après sa mort d'autres hommes vivraient avec elles, et qu'ils s'en trouveraient bien.

Sa condition personnelle avait toujours été modeste et sa vie prudemment cachée. Il a fini ses jours en solitaire, et c'est dans la solitude qu'il a composé l'ouvrage qui recommande sa mémoire.

La Chine doit à Lao-tseu le beau livre intitulé *Tao-te-king, la Raison suprême universelle et la vertu*. Selon lui, la vertu n'est que la raison de l'homme exercée pour le bien des hommes, en résistant aux passions; éclairer, diriger cette raison, c'est propager la vertu. Comme l'auteur vivait au milieu des plus tristes gouvernements, sous une dynastie mauvaise et corrompue, il ne combattit qu'en termes généraux le despotisme et ses violences, en

---

[1] Confucius disait à son fils : « Si vous n'apprenez pas la poésie, si vous ne vous exercez pas à faire des vers, vous ne saurez jamais bien parler ni bien écrire. »

même temps qu'il flétrissait l'oppression des peuples. A
ses yeux, *la raison suprême* est le guide supérieur qui devrait diriger tous les rois, et ne dirige que les bons.

Confucius, plus jeune d'un demi-siècle, et pourtant
déjà célèbre, attiré par ce qu'il savait d'un tel précurseur,
vint le trouver en sa thébaïde. Il faut citer l'avis, presque
satirique et chagrin, qu'il en reçut; cet avis, par bonheur
pour leur patrie commune, Confucius ne le suivit pas.

« Le sage aime l'obscurité. Loin d'ambitionner les emplois, il les fuit. Persuadé qu'en terminant sa vie l'homme
ne laisse après soi que les bonnes maximes qu'il a découvertes et qu'il aura transmises aux hommes capables de
les pratiquer, il ne se livre pas au premier venu. Il étudie
les temps et les circonstances : si les temps sont bons, il
parle; s'ils sont mauvais, il se tait. Le possesseur d'un
trésor le cache avec soin, de peur qu'il ne lui soit ravi; il
se garde bien de publier partout l'existence d'un tel dépôt. L'homme vraiment vertueux ne fait point parade de
sa vertu; il n'annonce pas à tout le monde qu'il est sage.
Je n'ai rien de plus à vous dire : faites-en votre profit. »

O faiblesse et vanité du cœur de l'homme! Voilà l'un
des grands philosophes de l'antiquité qui de bonne foi,
voulant préconiser *l'avarice des idées,* invoque la sagesse
de l'avare matériel enterrant son or; il l'invoque afin d'honorer la circonspection de l'égoïsme et de la peur.

Avec le respect infini que Confucius professait pour la
vieillesse et la vertu, même ainsi repliées sur elles-mêmes,
le moins craintif et le plus actif de tous les hommes, sage
d'une autre sagesse, enflammé d'un zèle sacré, reçoit en
silence et sans la flétrir la leçon de Lao-tseu; mais il la
reçoit sans abandonner la pensée de faire germer de son
vivant, à travers tous les obstacles, la vérité semée pour
l'avenir dans tous ses écrits.

Il prend congé du solitaire, afin d'aller aussitôt ouvrir sa maison à ses concitoyens, à tous ceux qui voudraient demander à son expérience des leçons, des préceptes ou de simples conseils. Ainsi faisaient, mais dans des vues parfois moins désintéressées, ces graves Romains, lumières du forum et du sénat, lorsqu'ils recevaient sous leurs portiques les clients qui leur demandaient l'explication des lois et les moyens de résister à l'injustice[1].

Seulement, au lieu d'apprendre à ses compatriotes comment gagner des procès en litige avec d'autres hommes, Confucius leur enseignait comment les gagner avec sa propre conscience, comment les gagner avec les imperfections de notre caractère, avec les lâchetés de notre vie, avec nos vices, nos défauts et toute notre inconduite.

Il dédaignait l'ironie. Sa lutte n'était pas, comme celle de Socrate, avec des rhéteurs-sophistes, qui, pour consoler leur vanité réduite à l'absurde en pleine place publique, n'avaient su trouver, comme dernier argument, qu'Anitus et la ciguë. Sincère adorateur de Thien-ti, le souverain maître du ciel, silencieux sur d'autres cultes, il n'alarmait aucune croyance religieuse, et ne fournissait nul prétexte aux persécutions que le populaire épouse avec un bonheur fanatique. Il laissait là les superstitions, sans rien dire d'elles; jamais il n'aurait demandé, pour dérision dernière, et tenant en main la coupe empoisonnée, qu'on immolât un coq en son nom sur l'autel *du dieu de la santé.*

Voilà comment, sans irriter l'envie, cette ombre forcée

---

[1] « Quid est enim præclarius, quam honoribus et reipublicæ muneribus « perfunctum senem, posse suo jure dicere idem quod apud Ennium dicat « ille Pythius Apollo, se eum, unde sibi, si non populi et reges, at omnes sui « cives concilium, expectant..... Est enim sine dubio domus jurisconsulti « totius oraculum civitatis. » (Cic. *De Oratore,* lib. I.)

de la gloire, ombre d'autant plus noire que la lumière a plus d'éclat, Confucius eut l'avantage d'éclairer les hommes sur leurs défauts, sans être châtié pour ses bienfaits.

Peut-on comparer les mœurs de l'Orient avec les mœurs de l'Occident, et celles de la Chine avec celles de l'Ionie ou de l'Attique! Socrate avait cru sa philosophie compatible avec l'amitié d'Aspasie, l'éloquente et belle hétaire qui séduisit Périclès et relâcha les mœurs d'Athènes. Dans le royaume de Weï, la favorite du monarque, au mépris de toutes les règles, obtient la permission de recevoir dans ses appartements le sage qu'on proclamait supérieur à l'humanité. Confucius, qu'on appelle au nom du roi, se rend à la salle du trône; prié de pénétrer dans le gynécée, il est arrêté par le respect. Moins retenue, la favorite franchit la barrière élevée par les rites et marche à sa rencontre. Alors il feint de croire que c'est le prince qui s'avance; il incline trois fois son front jusqu'à terre; puis il se relève de toute sa hauteur, les mains croisées sur la poitrine, la figure immobile, et reste le regard abaissé : on eût dit la grande image d'un ancêtre qui rappelait, dans le palais des rois, l'austérité des saintes mœurs. A cet aspect, la favorite, effrayée, sans oser dire un mot, rentre dans l'enceinte que sa futile vanité n'aurait jamais dû franchir.

Sous le toit de Confucius, l'époux comme le père, en paix avec la famille, y maintient sans effort l'obéissance et le respect : digne tradition de ses aïeux. Sous ce toit, Xantippe, injurieuse et colère, n'aurait pas été possible.

La postérité du sage, multipliée de plus en plus, a continué ces félicités domestiques. Elle a grandi comme la gloire la plus grande du Céleste Empire. Reproduite par elle-même de génération en génération, elle forme une tribu qui déjà compte douze mille âmes; elle cultive un territoire, accordé par l'État, autour du tombeau de l'immortel patriarche. Sous la garantie de l'affection et du respect universels, cette race, élevée d'honneurs en honneurs, est devenue et reste à jamais la première des familles après la famille régnante; mais ce n'est pas assez dire. L'une, en effet, s'accroît toujours; l'autre, la souveraine, passagère et périssable comme le pouvoir et l'obéissance, en vingt siècles seulement a vingt fois été détruite et vingt fois remplacée, de dynastie en dynastie.

Revenons aux services qui devaient obtenir une reconnaissance jusqu'ici sans exemple sur la terre.

Pour payer sa dette à son pays, le sage par excellence n'avait pas dédaigné les plus modestes fonctions; il faut le montrer aux prises avec les difficultés des plus hauts emplois.

A peine monté sur le trône de Lou, le nouveau roi veut réparer la négligence de son père. Il mande auprès de lui l'homme éminent que déjà révérait la Chine entière; il lui confie l'emploi de *gouverneur du peuple,* à peu près ce qu'est aujourd'hui notre ministre de l'intérieur. Avant d'ordonner des réformes, Confucius s'impose le devoir de les faire aimer. Par ce moyen le bien semble s'opérer de soi-même; la concorde rend tout facile, et l'État prospère sans effort. Le ministre revient, pour l'État entier, au bien-être à propager dans les campagnes, premier objet de ses études; partout il fait régner l'ordre, le progrès et le contentement.

Le roi, de plus en plus charmé, nomme Confucius grand juge de son royaume. Afin d'effrayer les puissants, qui croyaient à l'impunité de leurs crimes, le nouveau magistrat croit indispensable de choisir pour exemple de sa justice le plus éminent des coupables, un oppresseur, un voleur impuni jusqu'alors! Il fait instruire son procès, le convainct de ses crimes, le condamne à mort, et lui fait trancher la tête en public *avec le sabre sacré*, saintement déposé dans la salle des ancêtres.

Après avoir accompli le plus haut des enseignements pratiques, après avoir montré comment on rend aux lois la force qui châtie les forfaits, le respect qui prévient le mal, et la justice amie de tous, il fit une dernière chose que l'Occident ne croira pas : premier ministre, couronné par le succès, au comble des faveurs, il donna sa démission.

Il ne voulait plus s'occuper que des enseignements de vingt siècles écoulés, pour être transmis par ses disciples aux âges futurs de la Chine.

Le Chou-king : le livre des Annales.

Disons quelques mots de plus sur l'œuvre principale de Confucius. Il a rédigé cet ouvrage en puisant aux sources authentiques, et d'après les monuments officiels qui subsistaient encore de son temps. Cette grande histoire comprenait cent chapitres; mais un odieux empereur, Thsinchi, s'étant efforcé de détruire les écrits de tous les sages, réussit à mutiler ce monument. La postérité ne possède plus que cinquante-deux chapitres du livre sacré des Annales, et quarante-huit sont perdus pour jamais.

L'histoire de Confucius est à la fois politique, morale et profondément philosophique. A son esprit s'offraient plus de deux mille ans de souvenirs, affranchis de fables et de fictions. Il avait le bonheur de trouver dans les premiers temps de cette longue période une succession de vertueux et grands princes, lesquels étaient, comme les Juges d'Israël, antérieurs aux successions dynastiques; leurs règnes présentaient les plus beaux exemples d'amour vrai de l'humanité, de raison ferme et pure, de gouvernement patriarcal appuyé sur la justice. L'historien a su mettre en lumière les premières origines, et les institutions, avec les mœurs qu'elles avaient enfantées.

Ce que le chancelier Bacon proposait à nos pères pour renouveler la face des sciences et des arts, Confucius l'avait accompli vingt siècles plus tôt pour renouveler la morale et le gouvernement d'une grande nation. Il a consulté complétement, rigoureusement, *l'expérience des faits accomplis.* Il n'a point bâti de système, point composé de *Chose publique* imaginaire, de République de Platon, point disposé des biens de tous, point expurgé des classes d'habitants, point expulsé les enfants du chant et de la poésie, point travaillé pour donner des mœurs factices à des peuples hypothétiques, c'est avec des faits chinois et pour un peuple chinois qu'il a non pas inventé, mais restitué son monument, que j'ose appeler un *monument baconnien par excellence.*

Chose plus remarquable encore! cet homme circonscrit pour les temps, les lieux et la nation, cet homme que je pourrais nommer *local,* qui ne prétend pas à l'étude ambitieuse du cœur de tous les peuples, lui qui n'a travaillé que sur le cœur et pour le cœur de ses concitoyens, il n'en a pas moins composé des œuvres morales où le genre humain cherche avec respect des leçons universelles.

Confucius a senti plus que personne la force et la vénération que l'antiquité, sagement consultée, porte avec elle. De cette vénération il a fait le premier lien social dans la famille et dans l'État. En lisant son livre des Annales, les Chinois ont compris qu'ils possédaient depuis quatre-vingts générations une grande gloire nationale, des règnes primordiaux dignes à jamais de l'admiration des hommes, des institutions, des coutumes qu'il suffisait de faire revivre et de rendre à leur antique génie pour que leur nation se montrât l'une des plus illustres, des plus sages et des plus fortunées. Hélas! un orgueil trop naturel au cœur de l'homme les rendit plus fiers encore; cet orgueil leur fit penser qu'avec l'histoire, les lois et les mœurs ressuscitées par Confucius, ils resteraient à jamais le premier peuple de la terre. Nous montrerons ce qui les a déçus dans cet espoir.

L'historien philosophe et national parut à tous les yeux ce qu'il était en effet : le plus grand, le plus vrai, le plus pur ami de son pays. Entre tous les hommes de son temps il fut trouvé le plus sincère et le plus éclairé *des patriotes*. Son patriotisme avait été, pendant sa vie, sa sauvegarde et sa puissance; la même vertu le rendit, après sa mort, un objet de vénération et d'amour aux yeux des générations successives : dans les temps heureux, on jouissait des lois et des mœurs que ses leçons et ses livres sacrés avaient immortalisées; dans les temps de désordre et de calamités, on voyait quels malheurs entraînaient l'oubli, la violation des préceptes du sage des sages. Lui! qui ne s'était présenté qu'à titre de narrateur et de conseiller bénévole, il acquit après sa mort l'autorité souveraine d'un législateur; les récompenses publiques ne furent plus accordées qu'aux vertus, aux actions qu'il avait préconisées; les lois pénales châtièrent les délits et les crimes qu'il avait définis et condamnés. Enfin, quand on voulut donner aux empereurs le plus grand de tous les éloges, on se contenta d'affirmer qu'ils avaient régné *conformément aux préceptes de Confucius*.

Cette unité législative, revivifiée par la grande histoire écrite dans une langue idéographique entendue par tous les hommes éclairés, sur un territoire égal en grandeur à six fois la France, cette unité directrice devient un lien national; les siècles en s'écoulant, au lieu d'affaiblir ce lien, le fortifient. Il en est résulté qu'un pays immense, morcelé maintes fois par les révolutions, divisé, sous-divisé par royaumes, par feudes, à diverses époques, ce pays pourtant a toujours considéré ses habitants comme les rejetons d'une même famille et les membres adhérents d'un même corps de nation. Toujours ils ont fini par se rallier sous un même sceptre, afin de reconstituer l'État et le gouvernement dont les grands règnes primitifs présentaient la puissante image.

Voilà le service impérissable rendu par Confucius à son pays, service qui s'est agrandi d'âge en âge par les progrès extraordinaires de la population.

On ne peut guère admettre que l'ensemble des royaumes dans lesquels la Chine était divisée, lorsqu'il vivait, comptât plus de 30 millions d'habitants. La même contrée en comptait plus de 320 millions dès la fin du siècle dernier; il est certain qu'elle en comptait, il y a quelques années, plus de 400 millions, et l'on affirme qu'elle compte aujourd'hui 537 millions d'âmes.

Ce demi-milliard d'êtres vivants, presque la moitié du genre humain, conserve au fond de son cœur le sentiment national ravivé, maintenu par Confucius. Ce sentiment respire encore au milieu d'une décadence dont nous chercherons la cause et la mesure. La patrie primordiale, forte de vertus et brillante de gloire, peinte en traits impérissables par l'historien moraliste, reste le grand objet de leur amour, de leurs regrets et de leur vénération. C'est donc la patrie tout entière, c'est son honneur et sa vertu que les Chinois révèrent, quand ils s'inclinent dans les temples érigés par leur gratitude au plus sage, au plus grand, au plus patriote de leurs ancêtres.

Passons du plus grand homme à la principale cité.

PÉKIN, LA CAPITALE DE L'EMPIRE.

A quelques lieues de la frontière mandchoue, vers le nord de la province chinoise la plus septentrionale, s'élève la capitale de l'empire. Nous allons l'étudier en signalant les institutions et les édifices qui caractérisent une contrée si profondément différente de l'Occident.

L'ancienne ville chinoise de Pékin n'existe plus depuis près de six siècles. Le célèbre descendant de Gengis-khan, Koubilaï, en retira les habitants pour peupler la nouvelle capitale construite par lui sur le plan le plus grandiose. Rien n'égalait, dès cette époque, la magnificence des palais et la splendeur de la cour. Le voyageur Marco Polo se complaît à nous en offrir le tableau, lorsqu'il décrit la nouvelle *Combalou :* c'est le nom que Pékin portait alors.

Un puissant motif a décidé les Tartares à maintenir la capitale de leur conquête dans le voisinage du nord et presque à l'extrême frontière de la Chine.

La Grande Muraille et la Barrière de Pieux, qui du côté du septentrion la continue jusqu'à la mer, ont cessé d'être cette prodigieuse enceinte continue qui séparait l'empire du Milieu de ses ennemis séculaires, les Mongols et les Mandchoux. Depuis la conquête faite par ces derniers, il y a plus de deux siècles, une partie des vainqueurs a planté ses drapeaux dans les forteresses du vaincu. Nous avons dit comment le reste des Tartares, errants au loin, ont été successivement annexés à l'empire, et comment ils ont été rangés par bannières sous le commandement d'une dynastie de leur sang, qui par son origine flatte leur fierté. Ces bannières extérieures recrutent les huit bannières intérieures, qui sont le nerf de l'armée chinoise et la sûreté du trône. Elles sont en partie mongoles, en partie mandchoues; mais les dernières inspirent seules une confiance sans réserve. La Maison qui règne aujourd'hui se rappelle toujours que les princes vivants des tribus mongoles comptent au milieu d'eux des guerriers qui s'enorgueillissent d'être les descendants des Gengis-khan et des Koubilaï. Qui peut dire, en effet, si quelque jour ces princes nomades, cachés dans leurs déserts, ne feront pas surgir des prétentions dangereuses à travers ce flot des révolutions qui roule si vite et si loin dans l'Asie?

Koubilaï ne s'est pas contenté de réédifier Pékin. Il a voulu pourvoir à l'alimentation d'une immense capitale, au milieu d'une province, celle de Pé-tchi-li, qui semble tenir de la Tartarie par son terrain sableux, naturellement peu fertile.

Il a repris le canal Impérial, qu'on avait avant lui creusé au midi du fleuve nommé *Yang-tzé-kiang;* il l'a continué dans les dimensions les plus grandioses, d'abord jusqu'au fleuve Jaune, puis, au delà, jusqu'à Pékin.

Il a bordé ce canal d'une grande route pavée, et des deux côtés ombragée par de beaux arbres. On donnera l'idée de cette route en disant qu'elle exigeait, pour être parcourue, quarante journées de marche.

Description des quatre villes qui composent la nouvelle capitale.

La capitale de l'empire, à laquelle on suppose plus de deux millions d'habitants, présente quatre villes bien distinctes, établies d'après un plan général et d'une régularité presque parfaite. Elles ont pour régulateur un immense axe commun, axe de symétrie, dirigé du midi vers le nord, suivant une ligne méridienne.

En avançant du sud vers le septentrion, sur cette ligne méridienne, on traverse successivement les quatre cités, dans une longueur qui surpasse deux lieues et un quart[1].

Toutes les rues et les côtés des places importantes des trois cités sont dirigés à angle droit, les uns du nord au midi, les autres de l'orient à l'occident. Aucune capitale des deux mondes, d'une étendue comparable, ne présente dans son ensemble une pareille régularité.

I. LA VILLE ANTÉRIEURE OU MÉRIDIONALE.

De l'orient à l'occident cette ville a deux lieues de longueur; du sud au nord sa largeur est presque d'une lieue.

Plaçons-nous au milieu de la porte méridionale, et cheminons sur l'axe commun aux quatre cités. Nous pénétrons par une espèce de boulevard central, incomparablement plus large que notre large boulevard de Sébastopol, le plus magnifique de nos boulevards intérieurs.

Au débouché de cette voie grandiose, nous nous trouvons sur une place dont la largeur est d'un demi-kilomètre et dont la longueur est d'un kilomètre. Sur la droite et sur la gauche de cette place, nos regards sont frappés par l'immensité de deux enceintes sacrées, au-dessus des-

---

[1] *Longueur de l'axe régulateur de Pékin, mesuré dans chacune des quatre cités.*

1. *La ville méridionale,* immense faubourg . . . . 3,620 mètres.
2. Partie sud de la 2ᵉ ville, *la ville dite intérieure* . . . 1,200
3. Partie sud de la 3ᵉ ville, *la ville impériale* 400
4. Toute *la ville sacrée : la ville interdite* 1,000
5. Partie nord de la ville impériale 1,400
6. Partie nord de la ville intérieure 2,000

Longueur totale de l'axe régulateur, du sud au nord. 9,620

quelles des arbres séculaires, sacrés aussi, portent leurs cimes vers les cieux.

Les plus grandes institutions, et nous dirons presque le génie de la Chine, nous seront révélées quand nous aurons franchi ces deux enceintes. Commençons par celle qui se présente du côté de l'occident.

Enceinte consacrée aux honneurs de l'agriculture.

Cette enceinte est orientée, comme le sont tous les monuments considérables de Pékin. Sa figure a la régularité d'un rectangle dont un seul côté, celui du nord, est sensiblement arrondi. Sa largeur n'est pas moindre de sept cents mètres, et sa longueur est presque double. De très-beaux arbres, plantés à l'intérieur, s'étendent à partir du périmètre; ils entourent de toutes parts une longue place centrale et rectangulaire. Cette place est composée de trois rectangles contigus, rangés du nord au midi, ayant une même largeur de quatre cents mètres, et les trois réunis offrant une longueur d'un kilomètre. Telle serait la grandeur d'une place qui s'étendrait du Louvre à la grille des Tuileries, près de l'Obélisque.

Au milieu du carré central s'élève un autel de forme carrée, érigé pour honorer la mémoire de l'antique souverain qui, selon l'histoire ou plutôt selon la légende chinoise, a le premier enseigné l'agriculture à ses sujets : c'est l'empereur Chin-noung [1], appelé par vénération le *Divin agriculteur.*

Le peuple chinois a conçu que l'agriculture était pour lui, plus que pour aucun autre peuple, la source d'une incomparable grandeur. Qu'on imagine la féconde vallée

---

[1] Il était fils de Fou-hi, et régnait vers l'année 3218, avant notre ère.

du Nil, quatre fois décuplée dans sa largeur, sans perdre
de son abondance; alors on aura l'idée de l'immense pays
sur lequel est venu répandre ses bienfaits le dieu qui préside à l'agriculture. Là, plus qu'en aucune autre contrée,
son culte met en honneur l'énergique industrie de l'homme
des champs. Au lieu d'attendre, comme l'indolent Égyptien,
qu'un fleuve agriculteur couvre et féconde les plaines,
le cultivateur chinois, inspiré par le génie de l'agriculture, soulève infatigablement les eaux, pour les jeter sur
le plat pays et même sur les hauteurs : tel est le secret
d'une industrie rurale dont rien n'approche en Orient.
Ce travail incomparable a fini par produire la vraie grandeur d'un empire qui nourrit plus d'habitants que n'en
contiennent même aujourd'hui, prises ensemble, l'Europe, l'Afrique et l'Amérique. Tels sont les motifs qui
font adorer par les Chinois le Génie ou l'ancêtre qui
préside à leur agriculture.

Des peuples illustres ont imité cette religion de la reconnaissance. Au milieu des monts arides de l'Attique, les
plus ingénieux de tous les Grecs se plaisaient à croire
que Athènaé, la fille du dieu des dieux, était venue leur
enseigner la culture de l'olivier, première richesse d'A-
thènes. Voyez quel parti moral ils ont tiré de cette fic-
tion! Dans Minerve ils honoraient le double bienfait du
travail et du génie. La *divine cultivatrice* était à leurs yeux
la déesse de la sagesse; elle inspirait le talent de leurs artistes; elle animait la vertu de leurs grands hommes, et
présidait à la valeur civilisée. Qui n'aimerait ces allégories
transparentes, si pleines de charme et de majesté?

Revenons à l'emplacement destiné pour honorer le
Divin agriculteur. Le grand rectangle qui se trouve au
midi de l'autel central renferme le *champ sacré;* c'est celui
que chaque année, dans un jour de fête nationale, doi-

vent labourer les mains de l'empereur, puis celles des princes du sang, puis celles des grands dignitaires.

Il ne faut pas voir seulement dans cette cérémonie une imitation bienveillante du travail des champs. L'empereur, avec des prières et des sacrifices, demande au Ciel d'accorder à son peuple des saisons propices. Sans le secours favorable des saisons, tout l'art de l'homme obtient à peine de maigres moissons : aussi, chaque jour de l'année, l'agriculteur reconnaît l'inefficacité de ses efforts, s'il n'est pas secondé par le Maître de l'univers.

Au nord de l'autel central sont des édifices érigés par la même piété : les uns sont destinés à contenir les instruments aratoires consacrés au culte impérial; les autres, à recevoir les récoltes que produira le champ sacré. Ces récoltes, elles-mêmes, ne seront employées qu'à des usages religieux, établis par les rites officiels.

J'arrête à peine l'attention du lecteur sur la troisième place carrée, au nord des deux précédentes. Elle est réservée, et je dirais presque perdue, pour le culte insignifiant de la planète Jupiter : superstition d'astronome.

Hâtons-nous de passer à l'orient de la grande avenue centrale qui sert d'axe aux quatre cités; un spectacle plus imposant va s'offrir à nos regards.

Enceinte consacrée à l'adoration du Maître du ciel.

Cette enceinte, plus vaste que celle dont nous venons d'offrir l'idée, a seize cents mètres de longueur; sa largeur est égale à cette grande étendue, et son contour est d'une lieue et demie. Nos cités de quarante mille âmes ne sont pas plus spacieuses.

Des ombrages révérés, beaucoup plus étendus que ceux qui dominent autour de l'autel et du champ consacrés à l'agriculture, enveloppent de toutes parts une autre place, dont il faut faire connaître l'objet et l'historique.

Le second empereur de la dynastie des Ming, qui prit ces mots pour symbole de son règne : *Celui qui perfectionne la race, Tsing-fou*, fit rechercher et détruire les livres superstitieux répandus par les sectaires de Lao-tseu, livres dans lesquels on annonçait de prétendus secrets pour prolonger *sans fin* la vie des hommes. Dans le dessein d'éclairer son peuple, il releva la barrière de l'infini entre les êtres, tous mortels, qui peuplent la terre, et le Maître éternel des cieux. Décrivons le monument national qu'il fit construire pour un culte digne du Dieu du ciel et de l'éternité; Confucius était son guide[1].

---

[1] Voici comment, il y a 2400 ans, Confucius expliquait au roi de Lou le culte du Maître du ciel; il en faisait remonter l'institution à l'empereur Fou-hi, qui régnait 3468 ans avant notre ère :

« . . . *Sous quelque dénomination qu'on pratique le culte du ciel, quel qu'en soit l'objet apparent et de quelque nature que soient les cérémonies extérieures, c'est toujours au* MAÎTRE SUPRÊME, *au Chang-ti, qu'il est adressé.*

« . . . Le Fils du ciel, l'Empereur, en sacrifiant au Maître du ciel, au Chang-ti, *représente le corps entier de la nation.* C'est à ce Maître qu'il adresse ses prières au nom et pour les besoins du peuple entier; les chefs secondaires ne prient que pour les besoins des fractions de peuple qu'ils représentent.

« Les deux grandes cérémonies, dont l'une commence l'année et l'autre le printemps, en l'honneur du Maître du ciel, ne peuvent être accomplies que par l'Empereur, le Fils du ciel, *au nom de toute la nation.* »

Confucius décrit ensuite le temple, l'autel et les cérémonies :

« Ce qu'on appelle *Miao* est un édifice entouré de murailles dans l'enceinte duquel se trouve une élévation ou tertre qui porte le nom de *tan*. On a choisi, pour construire cet édifice, un endroit hors de la ville et du côté du midi, parce que le Chang-ti, le Maître du ciel, est représenté sous l'emblème du soleil; or le soleil se montre, pour commencer son cours, dans cette partie du ciel. On a placé dans l'enceinte de l'édifice (le tan) un autel, dont la forme est celle *du cercle;* cela signifie que les opérations du ciel et de la terre, dirigées par le Maître suprême, le Chang-ti, pour l'avantage de tout ce qui respire, *n'ont aucune fin,* qu'elles se succèdent sans interruption, et toujours avec la même régularité. »

Au centre de l'immense espace dont nous venons d'indiquer les limites, il fit réserver une place non plantée.

Cette place centrale, consacrée aux cérémonies, aux monuments religieux, a 600 mètres de largeur et 1,200 mètres de longueur; elle se divise en deux carrés parfaits, celui du nord et celui du midi. Chacun de ces carrés est en surface plus étendu que le jardin des Tuileries.

Au centre du carré méridional, on a construit en plein air un autel aussi simple que majestueux, et dont il faut donner l'idée.

Qu'on imagine trois tours, pleines, circulaires et superposées, pour imiter la *montagne sainte*, où depuis cinq mille trois cents ans les peuples chinois sont allés adorer le Ciel. La tour supérieure a soixante mètres de circonférence; la tour intermédiaire a quatre-vingt-dix mètres, et la tour inférieure cent vingt mètres : ce dernier développement équivaut à la longueur du pont Royal, à Paris.

Des escaliers tournants extérieurs, composés de longues marches en marbre blanc, conduisent à la plate-forme de chacune des tours, plates-formes aussi pavées en dalles de marbre blanc et couronnées par de hautes balustrades. Ici point de sculptures, point d'images, point d'inscriptions : rien pour distraire l'esprit. La réflexion seule est frappée de cette sublime simplicité.

Telle est la sainte et *ronde colline* : l'antiquité lui donna ce nom. C'est l'autel national, le seul où l'Empereur, qui représente tout l'empire, puisse adresser au Maître du ciel les remercîments et les prières du peuple entier.

Pendant trois jours le souverain se prépare à cette grande cérémonie religieuse et nationale; il s'y prépare à la manière des pontifes, *par la retraite, par la prière et par le jeûne.* Lorsque arrive le jour de la solennité, tous les travaux sont suspendus dans les quatre cités de l'im-

mense capitale. Chacun a pris ses vêtements d'honneur;
les familles affligées par la perte de quelqu'un des leurs
ont déposé leurs habits de deuil et cachent leurs larmes,
car il ne faut pas qu'aucun signe de douleur et de culte
privé détourne le recueillement universel pendant le
jour du grand culte public. Le Maître du ciel absorbe
toutes les méditations, et la physionomie comme la démarche de tout un peuple est empreinte de gravité.

Figurons-nous maintenant un monarque dont le caractère est sanctifié dans la pensée de ses sujets, un souverain devenu le suprême hiérophante de cinq cents millions
d'êtres vivants. Contemplons-le sortant de sa forteresse
impériale, par la porte où les généraux viennent annoncer leurs victoires en amenant leurs prisonniers, à la
manière des Romains. Voyons-le s'avançant sous trois
arcs de triomphe, qui sont aussi les portes des trois cités
intérieures, parcourant ainsi l'avenue centrale, véritable
voie sacrée, entouré par les grands dignitaires et suivi
par l'élite des guerriers d'un empire qui couvre à lui
seul un tiers de l'Asie. Il arrive au centre de l'enceinte
réservée; il monte, au milieu des princes et des ministres,
la première, la seconde et la troisième tour, qui forment
l'autel; il vient pour adorer, sans avoir sur sa tête aucun
autre dais que le ciel, le Dieu même du ciel et de l'univers. Sa voix qui s'élève et son front qui s'humilie expri-
ment les actions de grâces et les supplications de tous les
millions d'êtres humains qui reconnaissent deux lois dans
le monde : sur la terre la loi du prince-pontife, au ciel la
loi du souverain des souverains. Les hommes, nulle part,
n'ont imaginé de plus magnifique et de plus imposant
spectacle.

A quelque distance, au nord de l'autel à triple étage,
s'élève un édifice entouré de colonnes élégantes, et qu'on

peut appeler le temple du Dieu du ciel; malgré sa richesse
et ses ornements, il est écrasé par le simple autel aux trois
tours superposées.

Passons au second carré de la place intérieure. Au
centre du vaste espace, on voit un second autel circulaire,
et pareillement à trois étages. Il serait très-grand partout
ailleurs; mais ses dimensions sont à peine le quart des
dimensions de l'autel du Dieu suprême. Sur l'étage supérieur s'élève un temple rond que des colonnes entourent
et supportent, comme était à Rome le temple de Vesta.

C'est là qu'au printemps l'empereur et ses ministres
principaux viennent invoquer le ciel pour obtenir la fertilité de la terre et l'abondance des céréales; le même jour
ils labourent le champ sacré, dans l'enceinte occidentale
que nous avons déjà décrite.

Autres établissements de la ville extérieure.

Après les deux vastes enceintes religieuses que nous
venons de décrire, nous ne trouvons plus de grands monuments dignes de nous arrêter dans la ville méridionale.

Nous remarquons seulement de nombreuses pièces
d'eau, dont quelques-unes sont considérables, et que
réunissent des canaux. Nous remarquons encore, au nord
de l'enceinte consacrée au Maître du ciel, une réunion
d'étangs rectangulaires; ils sont réservés pour l'élevage
et le commerce des poissons dorés.

Logement des troupes de deux bannières tartares.

Des huit bannières, dont les corps principaux habitent
la capitale et sont destinés à la défendre, deux seulement ont leurs demeures dans la ville extérieure ou

méridionale; les six autres habitent la ville intérieure,
où nous allons bientôt pénétrer.

Les Tartares enrôlés sous ces bannières ont chacun
leur très-petite maison, leur petite cour et leur petit jar-
dinet, pour eux, leur femme et leurs enfants; les habitations sont séparées par des murs assez élevés, afin que
les voisins ne puissent pas porter un regard indiscret dans
le logement de la famille militaire, humble, mais honnête.

La ville extérieure ou méridionale est une espèce de
faubourg où viennent loger les voyageurs et les marchands
des diverses parties de l'empire.

Le paupérisme à Pékin.

Nous n'apprendrions rien de neuf au lecteur si nous lui
parlions des facilités que trouve à Pékin l'opulence, ou sédentaire ou voyageuse, pour satisfaire à tous les besoins de
la vie. L'indigent y trouve des secours plus grands qu'en
aucune autre contrée. A Pékin, comme dans les autres cités
chinoises, le pauvre a droit d'entrer dans tout magasin,
dans toute boutique; il a droit d'y demander l'aumône à
grand bruit, à bruit prolongé, pour obtenir par l'obsession
ce que le plus souvent il obtient du premier mot.

Dans ce pays d'associations de tous les genres, les pauvres
de la capitale sont associés; ils ont leur *roi*. Ils rapportent au trésor, à la *masse*, entre ses mains, le produit,
honnête ou non, de leurs exploitations, et goûtent les
vils avantages de ce misérable *communisme*.

Couchage extraordinaire inventé pour les indigents.

Dans aucun pays du monde on ne fournit à plus bas
prix ce qui peut satisfaire aux besoins des personnes les

moins aisées. La ville extérieure de Pékin présente un modèle en ce genre pour un couchage, peu recherché sans doute, mais très-chaud en hiver et d'un bon marché vraiment extraordinaire.

Il existe un lieu de refuge, appelé *la Maison aux plumes de poule*, où l'on va coucher pour *un demi-centime* par tête et par nuit. Les visiteurs sont plongés dans une incroyable jonchée de plumes; ils y pénètrent pêle-mêle, sans distinction d'âge ni de sexe. Comme un velarium antique, une seule couverture en feutre a toute l'étendue de l'immense dortoir commun. Elle est percée d'une infinité de trous ovales, pour passer la figure d'autant de dormeurs. Quand vient l'heure du sommeil, on l'abaisse horizontalement sur la foule déjà couchée dans la plume. Au bruyant signal d'un coup de *tamtam*, chaque tête cherche à passer dans une ouverture, afin de respirer l'air extérieur. Lorsque vient l'heure du lever, annoncée par un même signal, chacun rentre sa tête du côté de la plume, pour n'être pas étranglé quand on relève horizontalement le velarium avec un appareil de cordes et de poulies. La réunion sort de sa bauge et paye par tête une sapèque (*45 centièmes de centime*), dépense totale du coucher.

II. LA VILLE GOUVERNEMENTALE. APPELÉE VILLE INTÉRIEURE.

En arrivant par l'avenue centrale qui sert d'axe à toutes les cités, nous trouvons devant nous la muraille méridionale de la ville intérieure; les défenses sont tournées contre la ville extérieure, réservée pour le trafic et pour le plus commun peuple chinois.

Une grande demi-lune, ayant en effet la forme demi-circulaire, présente trois portes d'entrée. L'empereur seul peut passer par la porte du milieu; elle s'ouvre pour lui

quand il va faire les grands sacrifices, soit au Divin laboureur, soit au Maître du ciel.

Nous pénétrons avec le peuple par une des deux portes
latérales, et nous arrivons sur une vaste place carrée.

Les palais ministériels.

A droite, ainsi qu'au nord de cette place, on voit les
palais ministériels; leur énumération nous donnera l'idée
du gouvernement.

Nous remarquons :

1° *Le palais de la haute cour;* c'est l'autorité qui tient en
bon ordre et juge au besoin les princes : cette haute
cour est composée de trois princes du sang. Il est utile
qu'un tel palais soit en évidence.

2° *Le palais du ministère des finances*, qui touche à l'*hôtel
de la cour des comptes.*

3° *Le palais du ministère de la guerre*, qui comprend aussi
l'administration du seul *service des postes* qu'on possède à
la Chine. Cette administration est desservie par des cour-
riers qui transportent uniquement les dépêches du Gouvernement. On ne peut concevoir qu'un grand empire,
où le commerce est actif et puissant, ne possède pas,
pour les besoins universels des habitants, un moyen régulier et prompt de correspondance.

4° *Le palais du ministère des travaux publics*, ministère
aujourd'hui bien déchu de son importance par l'insuffisance de sa dotation.

Le palais du ministère des cérémonies et des cultes.

Arrêtons-nous à cette institution : c'est peut-être celle
que des Européens auront le plus de peine à comprendre
dans sa profondeur et sa gravité. A coup sûr, le ministère
des cérémonies est celui que le commun des Occidentaux

devait le moins s'attendre à rencontrer chez les Chinois comme institution sérieuse.

Le côté sous lequel ces singuliers Orientaux se sont offerts de prime abord au vulgaire des voyageurs, c'est le côté ridicule. Même dans les rangs les moins communs de la société, quel tableau parfois grotesque présente à l'observateur une société dans laquelle deux individus ne peuvent pas s'aborder sans multiplier des salutations démesurées, sans répéter des politesses dont l'interminable exagération révèle à chaque geste le peu de conséquence et de sincérité, sans prodiguer des paroles à formules qui confirment et complètent la fausseté convenue des démonstrations futiles! Pour ajouter à ces tableaux, quel dernier contraste risible est celui d'un peuple au vêtement grave et majestueux, qui pourtant chez les deux sexes, en toute saison, en toute occurrence, fût-ce au milieu des fonctions les plus sérieuses, dans le service ou le commandement des armées, et même au milieu des solennités religieuses, étale *son grand éventail* et s'en fait un maintien comme pour ajouter à sa mimique! Aussi nécessairement que l'arc, le bouclier et le fusil à mèche, le soldat porte l'éventail; le pauvre même implore l'aumône un éventail à la main. Ainsi chez nous fait la beauté dont la coquetterie, innocente ou non, semble du moins avoir le droit de porter cette arme de son sexe, arme qu'une main délicate rend si propre à la quête, à l'attaque, à la défense.

Dans les dessins, dans les peintures qui représentent des Chinois, tout concourt à rendre plus saisissantes les scènes grotesques dont la vue produit sur l'observateur étranger le sourire d'abord, et finit souvent par la dérision. On dirait que la nature se soit mise de la partie pour donner le masque de Comus à cette race, qui met tant

de prix à la bonne humeur. Représentez-vous ces visages
d'hommes à face aplatie, où vibrent deux yeux petits,
perçants, à peine ouverts, fendus de biais et convergeant
vers le bas du nez, comme les yeux du satyre antique.
Imaginez ces yeux obliques, enfoncés, repoussés par deux
pommettes tartares qui déforment, en le bosselant par son
beau milieu, l'ovale charmant que le Créateur n'a donné
qu'à la seule figure humaine et caucasienne. Tondez au
plus ras les côtés et le sommet de cette tête anormale, en
épargnant pour tout reste de chevelure une touffe, une
tresse imposée par des conquérants et tombant à plat entre
les épaules. A présent, cette tête à physionomie rabelai-
sienne, faites-la tourner tour à tour, si j'ose ici parler la
langue du géomètre, sur trois axes principaux, pour osciller
à la manière d'un pendule renversé; ce que nous imitons
un peu quand notre tête exprime, par ses divers balance-
ments : 1° l'affirmation; 2° le doute; 3° la négation. Tel est
le modèle vivant dont les copies ont été longtemps étalées
avec délices sur nos paravents, nos tentures, nos cheminées et dans nos joujoux appropriés à tous les âges, pour
constituer, comme un type par excellence du gros ridicule et de la lourde gaieté, le parfait *magot de la Chine.*

Mais, en retour de sa parcimonie à l'égard des attraits
visibles, la nature a réservé pour ce peuple, comme autrefois pour Socrate, une autre beauté dont les traits sont
au fond de l'âme; elle l'a fait susceptible d'éprouver profondément le plus sérieux, le plus noble des sentiments :
celui du respect et de la vénération. Le temps, ce père
du monde, ce serviteur de l'Éternel, est aux yeux des
Chinois la source de tout respect; il donne aux ancêtres
une sorte de majesté, qu'il fait partager au père, à la
mère, placés par le Maître du ciel entre les ancêtres et
les enfants. Cette suprématie vénérée, il en revêt la vieil-

lesse, qui, par son expérience, exprime la sagesse thésaurisée; de proche en proche, il l'étend de la vieillesse aux autres âges, en ne s'arrêtant qu'à l'enfance.

Le ministère des cérémonies et des rites, c'est l'administration suprême de ce sentiment de respect et de vénération, introduit dans les mœurs et fortifié par les lois: Il règle les actes extérieurs entre le Maître du ciel et le souverain et les mandarins et le peuple; entre le souverain et ses sujets et ses tributaires et les étrangers; entre les mandarins et les administrés; entre les ancêtres et les vivants; entre le père et la mère et les enfants; entre la veuve et ses fils. Enfin, ce même ministère descend jusqu'aux égards que se doivent entre eux les citoyens d'un même peuple policé.

Cette chaîne infinie, dont le premier anneau remonte au ciel et dont le dernier descend presque au berceau de l'homme, cette chaîne unique tient enlacé le peuple du Céleste Empire; elle le rattache à ses lois, à ses mœurs, à son gouvernement, à sa nationalité tout entière, comme à la simple famille du plus obscur des sujets. Voilà par quels liens sacrés la grande nation chinoise, à travers ses révolutions et ses renversements de dynasties, à travers des siècles d'invasions tartares, a toujours conservé son *unité* caractéristique et, comme auraient dit nos patriotes de 1789 à 1799, son *indivisibilité;* voilà comment elle conserve ces deux biens d'un grand peuple, même aujourd'hui qu'elle surpasse un demi-milliard de concitoyens inséparables par les mœurs.

Quand nous avons expliqué la vie de Confucius, nous avons tâché de montrer ce qu'il a consacré de génie et de connaissance du cœur humain à raviver, à fortifier le grand principe de la nationalité chinoise et de son unité.

En considérant sous ce point de vue le ministère moral

et religieux du Céleste Empire, l'histoire peut décerner
au seul grand peuple oriental qui règne encore sur lui-
même dans l'Asie le titre dont elle a salué le peuple romain, maître de l'ancien monde : Sa Majesté le Peuple-
Roi.

Régime collectif et bi-national des ministères.

Les ministères que nous avons énumérés sont tous dirigés par des administrations collectives; ainsi le sont en
Angleterre la Trésorerie et l'Amirauté. Chacune de ces
administrations a deux présidents, l'un Tartare et l'autre
Chinois, avec un nombre égal de membres tirés de chaque
nation.

Cette mesure générale est inspirée par la prudence de
la dynastie mandchoue; elle a des conséquences infinies
sur la stabilité d'un empire où la race conquérante ne
compte pas pour un centième au milieu du peuple conquis.

L'égalité dans le nombre des membres s'étend même
à des corps savants qui semblent n'avoir rien de commun
avec la politique.

Tel est le *tribunal astronomique*, espèce de *Bureau des
longitudes;* c'est celui qui dirige les observatoires et qui
prépare un calendrier ou Connaissance des temps, plus
ou moins entaché d'*astrologie.* Outre un égal nombre de
Tartares et de Chinois, ce tribunal admettait deux membres
européens, chargés surtout de comprendre la véritable
astronomie et ses calculs les plus délicats.

A côté du tribunal astronomique s'élève l'*hôtel de l'académie de médecine,* académie composée de médecins et de
professeurs à qui *l'anatomie n'est pas permise.* Cela n'empêche pas que, dans l'enceinte de l'hôtel, on n'ait érigé un

temple *aux inventeurs de l'art de guérir :* mieux vaudrait
ériger pour les observateurs de la nature un vrai temple
d'Hygie, ayant la forme d'un amphithéâtre et desservi
par des *dissecteurs* utiles à l'humanité.

J'ai peine à croire ce qu'on rapporte : que les Chinois
n'ont pas d'instruments de chirurgie, et n'ont pas même
l'idée des opérations auxquelles ces instruments peuvent
servir. C'est aux Européens d'en répandre partout l'usage,
en récompense des obsessions sans nombre qu'ils multiplient et multiplieront de plus en plus.

Édifices publics destinés à recevoir les étrangers.

En arrière, à l'orient des établissements que nous venons d'énumérer, s'élèvent d'autres hôtels, réservés pour
les étrangers indépendants et pour les tributaires de l'empire quand ils viennent offrir leurs redevances et rendre
leur hommage au suzerain.

La première catégorie n'a compris jusqu'ici que la *mission russe,* établie depuis Pierre le Grand, par une habile combinaison de ce politique aux longues prévisions.

Lorsque Pierre, à la conclusion de la paix commerciale,
écrivit à l'illustre Khang-hi, il termina sa lettre en l'appe-
lant non pas son frère, mais *son bon ami.* De nos jours,
Nicolas le Superbe trouva piquant d'adopter avec le Président de la République française, appelé par un grand peuple
à l'Empire, cette leste formule, sans conséquence à l'autre
bout du monde : il eut bientôt occasion d'y réfléchir.

Il faudra maintenant pourvoir à l'habitation des ambassades qu'enverront les puissances occidentales; mais on
aura peut-être à vaincre d'antiques difficultés sur un
cérémonial qui toujours cache tant de choses en Chine.

A la catégorie des tributaires appartiennent les résidences réservées pour les Coréens et pour les Tartares Mongols. L'enceinte destinée pour ces derniers est plutôt un caravansérail à ciel ouvert, où ces nomades viennent dresser leurs tentes.

Au nord de ces constructions publiques, se trouve le *palais des Affaires extérieures*. Ne nous laissons point égarer par ce nom : il s'agit ici, non pas des relations à suivre avec les nations étrangères à l'empire, mais des rapports avec les peuples vassaux ou tributaires de la Chine. C'est le ministère des cérémonies et des rites qui règle les rapports avec les vrais étrangers, à moins que ceux-ci ne veuillent se reconnaître pour vassaux ou tributaires.

Par exception, dans le ministère des affaires étrangères, le président, les conseillers et tous les employés sont Tartares et Mandchoux. Les nations indépendantes et de race mongole obéissent plus volontiers à sept administrateurs tartares, sans mélange d'aucun Chinois.

Après les palais des ministères que nous venons d'énumérer vient le palais où se réunit le corps des principaux lettrés.

L'académie impériale des Han-lin.

Cette académie prenait naissance au vi^e siècle, lorsque les lettres et la civilisation européennes périssaient, écrasées par les invasions des barbares.

Son nom de *Han-lin* signifie *la forêt des pinceaux,* parce que les pinceaux servent aux lettrés pour écrire les caractères dont se composent leurs ouvrages. Dans l'origine, elle n'eut que quarante membres, le même nombre que celui de l'Académie française, instituée *onze siècles* plus tard.

Ce corps est à la fois politique et littéraire. Ses membres

doivent avoir atteint, par des examens successifs, le degré
qui précède immédiatement celui des ministres et des
hauts fonctionnaires qui composent l'administration supérieure.

Parmi les académiciens du Han-lin sont choisis les
Censeurs de l'empire, dont la personne, nous l'avons déjà
dit, est inviolable et dont les fonctions suffisent pour
caractériser un grand gouvernement. Les historiographes
qui recueillent et constatent les faits contemporains appartiennent à l'institut des Han-lin.

Enfin, ce sont les membres de ce corps qui tantôt composent et tantôt éditent, en les revisant, les grandes publications d'histoire et de littérature ordonnées par les
empereurs; elles sont faites aux dépens du trésor public.

Il ne se passe aucune année sans que l'institut des Han-
lin fasse sortir des presses impériales plusieurs ouvrages
recommandables avant tout par une extrême correction.
On lui doit les plus belles éditions des grands traités
classiques, qui sont l'honneur de l'antiquité chinoise.

Le dictionnaire officiel de l'académie chinoise.

L'académie des Han-lin comme l'Académie française,
et toutes deux dans le même siècle, ont publié leur dictionnaire de la langue nationale. Le dictionnaire chinois
a trente-deux volumes grand in-octavo; il parut en 1716.
L'ouvrage est précédé d'une préface, œuvre de Khang-hi,
cet empereur qui fut à la fois lettré, conquérant, pacifi-
cateur, ami de son peuple et sage législateur[1].

---

[1] Il faut citer avec admiration l'ouvrage imprimé en 1715 sous le titre
de *Yu-ting-li-taï-ki-sse-piao*. La préface est un *fac-simile* de la main de
Kang-hi, suivie du nom de tous les académiciens qui ont coopéré à la
composition des cent volumes qui forment cette œuvre considérable.

L'ouvrage dont nous parlons est une grande publication historique, dis-

Les succès socialistes d'un dictionnaire encyclopédique chinois.

A travers les révolutions que la Chine a subies, la plus grande utopie du socialisme s'est signalée par d'étranges succès et de plus étranges revers.

Il y a déjà sept cents ans, un philosophe *humanitaire*, Wang-ngan-ché, produisit cette innovation. Par sa conduite régulière et grave, il imposait à ses contemporains; éloquent, il entraînait les hommes rassemblés; écrivain adroit, insidieux, il égarait insensiblement par ses écrits. Il avait revisé, commenté les livres sacrés et classiques, afin d'altérer les croyances; il avait eu la perfidie d'écrire un dictionnaire complet idéographique, c'est-à-dire une *encyclopédie*, dans laquelle il donnait aux caractères importants de la langue un sens détourné, qui convenait à ses desseins. Ayant avant tout captivé l'empereur, il poussa ses adeptes aux emplois importants, et principalement aux fonctions judiciaires; puis il opéra ses réformes, sans violence apparente, et comme amenées par la force des choses. Il avait pour objet cette éternelle panacée des révolutions : le plus grand bonheur du peuple et la plus ample possession des jouissances matérielles prodiguées à tous les hommes. L'ingénieux M. Proudhon n'aurait pas mieux formulé son appétissant programme. Afin d'empêcher, comme on disait en 1848, *l'exploitation de l'homme par l'homme*, c'était

posée de manière à offrir toujours et synoptiquement, dans la même page, tous les événements importants qui se sont passés en Chine et dans les pays en relation avec la Chine, ou considérés comme ses tributaires, depuis 2357 ans avant notre ère jusqu'à la fin de la dynastie mongole, 1340 de notre ère. Aucune publication européenne du même genre ne lui saurait être comparée. On n'en connaît que deux exemplaires en Europe : l'un appartenant à la Bibliothèque impériale de Paris, et l'autre au savant M. Pauthier.

l'État qui devenait l'exploitant universel. Pour réaliser l'utopie du bon marché, des tribunaux réglaient dans les provinces le prix que ne devait point dépasser chaque objet nécessaire à la vie; ces tribunaux réglaient aussi la contribution du riche, et quiconque n'était pas riche était exempté d'impôt. Le plan était d'accumuler par des taxations arbitraires, *et justes!* une réserve avec laquelle on aurait aidé les vieillards, les infirmes, les faibles *et les ouvriers sans travail.* Par degrés rapides, on voulait mettre l'État en possession de toutes les propriétés. Dans chaque district, et chaque année, une chambre d'agriculture distribuait les terres aux cultivateurs; elle avançait des semences, dont les proportions et la nature étaient réglées suivant les lumières de l'autorité. C'était l'État qui fixait la valeur des produits et qui thésaurisait les profits sous forme de revenus nationaux; c'était l'État qui revendait dans les provinces où la récolte était mauvaise le superflu des provinces où la récolte était surabondante. L'État devenait ainsi le spéculateur universel pour le plus grand bien des heureux consommateurs, favorisés par la théorie du *maximum!* Outre tant de bienfaits, on se promettait un immense surplus de revenu général; on l'emploierait à des travaux publics plus utiles et plus vastes qu'on n'en eût jamais exécutés.

On poussa loin l'accomplissement impossible d'une pareille entreprise. Elle présentait d'énormes difficultés et faisait éprouver des souffrances infinies. Mais, disait-on, la guérison du corps le plus robuste atteint d'une longue maladie, *la maladie de la société,* cette guérison pouvait-elle s'opérer sans douleur? la douleur elle-même n'attestait-elle pas avec combien d'efficacité la panacée travaillait?

Pour mettre le comble aux témérités, après avoir bouleversé les fortunes et lésé les intérêts les plus intimes

des familles, le novateur osa toucher aux *lettrés!* Il voulut
altérer la forme et le sujet des examens, faire adopter ses
versions apocryphes des livres sacrés, auxquels il ajoutait
d'insidieux commentaires, et faire décider par l'autorité
souveraine que les caractères de la langue idéographique
auraient le sens fixé par son dictionnaire encyclopédique.

L'empereur mourut au milieu du désordre universel
et d'une misère qui remplaçait si tristement la félicité
promise. Aussitôt que l'impératrice eut pris la régence,
elle destitua le grand utopiste, qui finit ses jours dans la
douleur et l'oubli. Un homme d'État et d'expérience avait
su prévoir et n'avait pas craint de prédire les funestes
conséquences du système socialiste; on l'avait cassé. Rappelé par la régente au ministère, il rétablit l'ordre, rend
de nouveau le pays prospère, et termine en paix des jours
consacrés à la félicité publique. A sa mort, le peuple entier prend le deuil; son portrait décore les moindres
chaumières, et celui qui n'avait pas flatté les hommes
pour les dominer survit dans les cœurs par le souvenir
de sa bienfaisante sagesse.

Lorsque le prince mineur monte sur le trône, les partisans des utopistes, qu'on avait à leur tour expulsés des
emplois, font effort auprès de sa jeune inexpérience; il
les remet en fonctions, et les ravages recommencent. On
brise le tombeau du ministre défenseur des antiques lois
et de l'ordre social, on brûle ses écrits, et la restauration
des bouleversements dure trois années. Le mal empire à
tel point, que les socialistes chinois, poursuivis à la fin
par la vindicte universelle, sont tous chassés de l'empire.

Ils se réfugient chez les Tartares; ils y trouvent Gengis-
khan et ses nomades, qui ne reconnaissaient aussi nulle
possession privée des terres, pas même les terres des autres
nations, qu'ils s'apprêtaient à confisquer les armes à la

main. C'est au mélange du rebut des audacieux novateurs et de ces nomades à demi-sauvages qu'on a cru devoir attribuer la désolation venue de l'Orient au xII^e siècle.

La grande lutte encyclopédique et socialiste que nous venons de rappeler a duré de 1069 à 1129.

Suite de la revue des édifices publics et des institutions.

Dans la Ville intérieure, la partie à la fois la plus orientale et la plus septentrionale contient plusieurs établissements dignes de fixer notre attention.

Signalons un édifice, petit il est vrai, mais qui pour son objet mérite d'être remarqué : c'est une *chapelle russe*, qu'on érigea pour la tribu sibérienne qui partit des bords septentrionaux du fleuve Amour il y a plus d'un siècle et demi, qui vint se ranger sous les lois de l'empereur de la Chine, et qui fut traitée avec une extrême faveur. Cet édifice est à l'angle nord-est de la ville intérieure.

Par une bizarrerie assez singulière, sous la dynastie chinoise des Ming, en 1452, on a construit pour les *lamas de la Mongolie* un magnifique et vaste monastère; on l'appelle le *monastère du Dragon*. Il est situé beaucoup plus au midi que l'imprimerie *tartaro-tibétaine*.

Nous citerons sans détails quelques palais de princes du sang, comme on en trouve dans les capitales des grands empires; mais nous ferons une mention spéciale du beau palais où résidait autrefois l'empereur (Young-tching), avant qu'il prît possession du trône. Il s'élève au milieu du couvent le plus vaste et le plus somptueux que renferme la capitale; l'empereur possède encore de grands appartements dans l'enceinte de ce monastère.

Le temple de la Littérature et de Confucius.

Près de là se trouve le temple de la Littérature, consacré, sans changer d'objet, au culte de Confucius. Ce monument s'appelle aussi l'*École impériale*, parce que les leçons qu'on y donne aux lettrés sont données aux frais du trésor.

Le grand *palais de l'Université* s'élève à côté de l'École impériale.

Au printemps, l'empereur en personne vient rendre aux vertus, au génie de Confucius, *l'hommage de tout l'empire*, dans le temple de la Littérature. Il visite ensuite le palais de l'Université, et ne dédaigne pas d'expliquer lui-même les livres saints à l'élite des lettrés.

On remarque avec respect, au milieu des cours de l'université, d'antiques cyprès plantés dans un séjour plein des souvenirs et des enseignements de Confucius par la dynastie *tartare-mongole;* ils ont déjà six cents ans.

En passant, par le côté du nord, de la partie orientale à la partie occidentale, nous revenons à l'axe régulateur des quatre cités.

La tour à clepsydre et l'obélisque blanc de Koubilaï.

Koubilaï, fondateur de la nouvelle capitale, a construit dans la partie du nord, pour dernier point de vue sur la grande voie centrale, axe commun des quatre cités, une tour qui subsiste encore; elle marquait les heures au moyen d'une clepsydre fort savante.

Koubilaï, dans la partie occidentale de la Ville intérieure, avait fait revêtir de pierres précieuses une espèce d'*obélisque;* c'était un grand et magnifique reliquaire au centre duquel on croyait conserver quelques reliques du divin Bouddha. Ce riche monument donne son nom au *couvent de l'Obélisque blanc.*

La même partie de la Ville intérieure se fait remarquer par d'autres monuments religieux, les uns bouddhiques, les autres mahométans. On y voit encore le grand couvent catholique, autrefois la propriété des Portugais; sa fondation remonte à l'année 1600, sous la dynastie des Ming. L'église, où le culte n'est plus permis, n'est pas détruite, et renferme, dit-on, de belles peintures. Aujourd'hui quelque puissance catholique devrait demander pour sa résidence et pour son culte ce couvent et cette église.

Quoique le climat de Pékin soit peu favorable aux éléphants, on tient dans la Ville intérieure un établissement spacieux où sont nourris ceux de ces animaux qu'on destine aux grandes cérémonies de l'empire; leur aspect imposant convient à la magnificence des fêtes orientales.

Le Saint-Denis de toutes les dynasties.

Parmi les monuments les plus remarquables de la partie occidentale, arrêtons nos regards sur un temple qu'on pourrait appeler le Saint-Denis du Céleste Empire; il est dédié aux souverains *de toutes les dynasties.* Lorsque, en 1522, les Ming conçurent la belle pensée d'ériger ce monument, la Chine comptait déjà sa vingt et unième dynastie, et les empereurs Ming ne prévoyaient pas qu'avant un quart de siècle ils allaient faire place pour jamais aux Mandchoux de la vingt-deuxième. Les souverains de cette dernière dynastie se sont fait un devoir d'embellir et d'agrandir ce temple; ils l'ont couvert de tuiles d'un jaune doré, couleur symbolique de la puissance impériale.

L'observatoire de Koubilaï et le collége des Docteurs.

Koubilaï, dont le nom revient si souvent lorsque l'on décrit Pékin qu'il a fondé, avait fait construire un observatoire qui subsiste encore et qui mérite d'attirer notre attention. Ce monument s'élève à peu de distance du rempart de l'est; il renferme une salle du trône, dans laquelle on conservait les instruments qu'avait fait exécuter l'astronome de Koubilaï. Quatre siècles plus tard, vers les commencements de la dynastie mandchoue, il a fallu refaire ces instruments; c'est le P. Verbiest, de la Compagnie de Jésus, qui s'est acquitté de cette entreprise en dirigeant des artistes chinois avec beaucoup d'habileté.

A proximité de l'observatoire se trouve un vaste édifice non moins important à nos yeux : c'est le collége où l'on procède aux examens des lettrés pour le grade éminent de docteur. Il pourrait contenir *dix mille candidats;* mais les élus sont moins nombreux que les appelés.

Le Panthéon du Céleste Empire.

A quelque distance du grand collége où sont passés les examens du doctorat, s'élève un noble édifice, qui rappelle la basilique de Westminster à Londres et l'église Sainte-Croix à Florence; c'est le temple érigé pour honorer la mémoire des hommes illustres de la Chine.

Deux quadruples portes triomphales.

Rapprochons-nous du nord, afin d'arriver au point où se croisent les deux plus grandes rues de la partie orientale, dont l'une conduit à la porte du milieu de l'est. Là nous admirons une quadruple porte triomphale, érigée, comme notre arc de triomphe de l'Étoile, à l'honneur des armées et des conquêtes de l'empire. Dans une position symétrique, la partie occidentale de la ville possède une autre quadruple porte triomphale.

Au voisinage de ces monuments, se trouvent dignement placés les *quartiers militaires*, où sont logés, avec leurs familles, les Mandchoux et les Mongols appartenant à six des huit bannières.

La partie orientale contient aussi les immenses magasins où sont déposés les grains apportés, en suivant le canal Impérial de Koubilaï, pour la nourriture du peuple et de l'armée.

Après avoir achevé la revue des monuments de la Ville intérieure, nous revenons près de l'axe central, et nous trouvons deux édifices qui complètent les grandes administrations impériales.

Le premier est le *palais du ministère de la justice;* il est à proximité des prisons.

Hôtel et conseil des Censeurs impériaux.

Le second édifice est l'hôtel où se réunit le conseil des Censeurs impériaux.

Cette institution, sans exemple dans l'Orient, est une de celles qui font le plus d'honneur à la Chine; ses attributions sont diverses. Elle reçoit les suppliques et les doléances adressées à l'empereur, à peu près comme le Sénat français reçoit et discute en secret les pétitions des citoyens. Ses membres ont le titre honorifique d'historiographes impériaux. Leur fonction la plus importante est de porter un œil investigateur sur toutes les parties

du gouvernement, dans la capitale et dans les provinces.
Ils signalent à l'empereur les irrégularités, les abus de
pouvoir, les concussions qu'ils parviennent à découvrir,
et tous les crimes commis par des fonctionnaires publics,
quelle que soit l'élévation de leur rang.

Les censeurs impériaux ont droit de siéger, sans voix
délibérative, dans certains grands tribunaux ; ils trouvent
là le moyen d'éclairer, au flambeau de la justice, leurs
investigations.

En réalité, leur rôle est celui qu'exerçaient les tribuns
de Rome, moins l'appel aux passions et moins les convulsions de la place publique. Lorsque le pouvoir absolu
naquit sous Auguste, ce prince obtint qu'on le nommât
l'unique tribun du peuple ; il devint son propre censeur
et par là son propre flatteur. A Rome, dès lors, le despotisme fut sans bornes ; à la Chine, avec les censeurs, il
n'excède jamais certaines limites.

Dans l'empire du Milieu, quelque déplaisir que les re-
montrances et les dénonciations puissent causer aux
grands de l'État, et parfois même au souverain, la personne des censeurs est inviolable ; au moins ils ne peuvent
pas être privés de la vie. Cependant la disgrâce et l'exil
peuvent quelquefois les atteindre ; le péril ajoute à l'honneur de leur noble ministère, et l'histoire a conservé les
exemples héroïques de leur dévouement pour les intérêts
de l'empire.

Les propylées qui précèdent la Ville impériale.

Nous nous replaçons sur l'axe directeur, dans la partie
méridionale de la Ville intérieure. Il traverse par le milieu,
dans sa plus grande étendue, une magnifique place rectangulaire, aussi longue et presque aussi large que la place

de la Concorde, à Paris; ses deux côtés de l'orient et de l'occident sont bordés de hautes colonnes.

Marchons du sud au nord, en suivant l'axe régulateur des quatre villes. Pour entrer dans ces immenses propy-·lées, nous franchissons une porte à trois ouvertures, qui ressemble à nos portes triomphales. L'empereur seul peut pénétrer ou sortir par l'ouverture du milieu.

A peine a-t-on franchi cette porte, par l'issue de droite ou par celle de gauche, qu'on trouve un banc près duquel il faut descendre de cheval. A partir de cette place, l'empereur seul peut avancer sur un destrier.

Nous traversons dans toute sa longueur la magnifique place bordée de colonnes, et nous approchons du rempart de la Ville impériale.

III. LA VILLE IMPÉRIALE.

Des quatre côtés cette ville est entourée d'une muraille imposante; du côté du midi les défenses sont tournées contre la Ville intérieure, que nous venons de décrire.

Dans le principe, la Ville impériale ne devait contenir que les princes, les familles des fonctionnaires·et les reli-gieux qui résident dans les couvents privilégiés. Par de-grés, les grandes et riches familles chinoises ont obtenu la permission de l'habiter; enfin des établissements de commerce s'y sont introduits, la bourse à la main.

Revenons à notre position centrale, sur l'axe des quatre cités, et préparons-nous à pénétrer par le midi.

Les entrées triomphales.

En avant du rempart est un large canal, qu'on traverse sur sept ponts très-rapprochés les uns des autres; tous sont construits en marbre blanc. Ils conduisent sur un quai spacieux, au nord duquel s'élève, toujours sur l'axe central, la vraie porte d'entrée de la Ville impériale : elle offre *cinq passages*, celui du milieu réservé pour l'empereur.

A deux cents mètres en avant, vers le nord, une porte, de même grandeur que la précédente, offre le même nombre d'ouvertures; c'est par celle-ci que nous pénétrerons plus tard dans la Ville interdite ou sacrée. Avant de parvenir dans cette quatrième et dernière cité, nous pouvons tourner ou vers la droite, ou vers la gauche, pour visiter la Ville impériale. Afin d'accomplir cette visite, dirigeons notre itinéraire en premier lieu vers l'orient, pour revenir par l'occident. Nous aurons alors circulé complétement autour de la Ville sacrée, but final de notre examen.

Deux temples des aïeux de l'empereur régnant ; tablettes
de son jugement après sa mort.

Sur la droite et sur la gauche, entre les deux portes triomphales à cinq entrées, nous apercevons, disposées symétriquement, deux vastes enceintes plantées d'arbres. Au milieu de l'enceinte orientale s'élève le temple appelé *grand* par excellence. Il est dédié aux ancêtres immédiats de l'empereur régnant : ces ancêtres immédiats sont le père, l'aïeul et le bisaïeul. Quand leur fils mourra, la tablette commémorative de son bisaïeul passera dans un autre temple, et celle du fils entrera.

Les mêmes censeurs qui, pendant le règne de l'empereur, ont écrit jour par jour les actes de sa vie et de son règne, jugent solennellement sa mémoire aussitôt après son décès. Leur sentence, *quelle qu'elle soit*, est écrite au

bas de sa tablette historique, dans la salle des Ancêtres,
et doit passer à la postérité.

Un second temple est réservé pour les ancêtres qui
remontent au delà du bisaïeul du prince régnant.

*Temple des Ancêtres de l'Empereur et des plus illustres serviteurs
de l'Empire.*

Un troisième temple sert à la fois pour les ancêtres de
l'empereur et pour les hommes illustres dont les services
extraordinaires ont mérité cet auguste voisinage : ainsi,
dans l'ancienne basilique de Saint-Denis, les Duguesclin,
les Turenne et les Condé, portés par la reconnaissance
nationale, avaient reçu leur sépulture et leurs monuments près de la tombe des rois.

Quand nous achèverons par l'occident notre visite de
la Ville impériale, nous trouverons, en face du grand
temple des Ancêtres, une autre enceinte de même étendue que la précédente, et dans laquelle on adore deux
esprits, révérés par les Chinois depuis un grand nombre
de siècles.

Bibliothèque historique de la dynastie régnante : divers monuments.

Au delà de l'enceinte consacrée aux ancêtres, à l'orient,
commencent les habitations de la Ville impériale. Il faut
signaler les monuments qu'elle renferme.

Nous remarquons d'abord la bibliothèque bâtie par
un empereur Ming pour contenir les histoires et les bio-
graphies de la dynastie régnante.

Un peu plus au nord est un ancien palais impérial
dont l'empereur mandchou Khang-hi a fait un couvent
en faveur des lamas mongols : la politique a commandé

cette fondation, faite pour honorer le culte des peuples conquis par ce monarque.

En avançant, nous trouvons l'*arsenal militaire*, comparable, pour la destination, à notre dépôt de Saint-Thomas-d'Aquin, à Paris.

École ou prytanée des langues russe et tartare-mandchoue; imprimerie tibétaine.

Immédiatement après ce dépôt s'élève *l'école de la langue russe;* elle contient vingt-quatre élèves tartares, auxquels on apprend à traduire de la langue russe en tartare-mandchou, et réciproquement. Chacune des huit bannières obtient trois places d'élève dans cette école; elle est devenue de plus en plus nécessaire, vu le progrès du commerce établi régulièrement avec la Russie sur la frontière tartare.

Plus au nord, et près du canal intérieur qui borde le rempart occidental, on voit un très-grand couvent bouddhique; nous le citons parce qu'il possède *une imprimerie tibétaine.* C'est sans doute dans ce couvent qu'on reçoit les députations triennales envoyées par les princes du Tibet et par leur chef suprême, le Grand-Lama.

Colline des Dix mille années.

Arrivés au rempart du nord, rapprochons-nous de la voie centrale, extrêmement large en cette partie; nous la suivons en revenant un peu vers le midi. Nous trouvons devant nous une éminence considérable, qu'on appelle la colline des *Dix mille années;* elle abrite du côté du nord la *Ville sacrée,* qu'habite l'empereur. Cette colline. plantée de beaux arbres, offre cinq sommets;

chacun est couronné d'un pavillon dont la structure est gracieuse.

Entre la colline et la Ville sacrée, on a construit un édifice qu'on dit être un chef-d'œuvre de l'architecture chinoise : nous en ignorons la destination.

École des jeunes filles destinées au service de la cour.

A l'ouest de la colline des Dix mille années, remarquons un gynécéc d'une rare élégance, où l'on instruit les jeunes personnes qu'on veut rendre dignes de remplir des emplois domestiques à la cour de l'empereur. On leur apprend les travaux délicats qui conviennent à leur sexe et les règles de l'étiquette impériale, qui font à la fois partie des devoirs et d'une politesse élégante.

Il y a loin des élèves de cette école, digne d'une cour civilisée, au ramas d'esclaves subalternes enfermées dans les sérails de Constantinople ou d'Ispahan, à ces servantes qui sont d'une ignorance grossière et dont les Européens se forment une idée si fausse, en confondant, ou peu s'en faut, les odalisques avec les sultanes.

Création d'une imprimerie à caractères mobiles.

Ne manquons pas de remarquer, à l'ouest et tout près de la Ville sainte, un édifice construit d'après l'ordre de Khang-hi, le contemporain de Louis XIV. C'est là qu'il fit établir une imprimerie à caractères *mobiles*, chose inouïe jusqu'alors à la Chine : les caractères qui furent employés étaient en cuivre. C'était une heureuse innovation que l'empereur devait aux conseils des Pères de la Compagnie de Jésus. Khang-hi fit servir cet établissement pour publier une collection des meilleurs livres; elle contenait dix mille cahiers ou volumes chinois, et leur ensemble formait une vaste encyclopédie.

La féerie d'un bois de Boulogne au sein de la Ville impériale.

Dans la Ville impériale, la plus grande partie du côté de l'ouest est occupée par un immense parc, qui peut être appelé *le bois de Boulogne de Pékin;* seulement les travaux d'embellissement ont commencé pour les Français il y a six ans, et pour les Chinois il y a six cents ans. Celui de Pékin, comme celui de Paris, contient deux lacs remarquables pour leur longueur.

Les deux lacs sont séparés par un très-large pont en marbre. Des temples, des palais, s'élèvent sur leurs bords, au milieu des belles plantations qui de tous côtés entourent les rivages.

En hiver, lorsque les eaux sont glacées, le souverain distribue des prix aux soldats qui se distinguent le plus par leur adresse à patiner.

Grande salle des exercices pour les licenciés militaires.

Au bord du lac principal, on a construit la vaste salle où l'empereur assiste aux exercices de l'arc, à ceux que doivent accomplir les licenciés militaires avant d'être reçus officiers.

En 1761, l'illustre Khien-loung fit placer dans cette salle cent portraits des généraux et des officiers qui s'étaient le plus distingués lors de la conquête du *Turkestan.* On a pareillement suspendu dans cette salle d'autres tableaux où sont peintes les batailles livrées, en 1776, par l'armée de l'Occident. Les missionnaires européens furent chargés de peindre cent nouveaux portraits, afin de con-

server le souvenir des guerriers les plus éminents qui
firent cette dernière campagne.

Que l'on compare ces généreux honneurs décernés par
des empereurs tartares-mandchoux avec la basse jalousie
des empereurs romains, quand leurs généraux avaient illustré la patrie par des victoires désormais sans triomphe :
« Agricola... noctu in urbem, noctu in palatium, ita ut
« præceptum erat, venit : exceptusque brevi osculo et
« nullo sermone, turbæ servientium immixtus est. » On sait
où cet effroi qu'inspiraient les généraux victorieux a conduit la décadence romaine..... à l'invasion des barbares.

Le temple qui rappelle l'invention de la soie : ses fêtes.

Toujours sur les bords du grand lac, au milieu des
plus doux ombrages, admirons un temple érigé pour un
culte qui séduit l'imagination : c'est le culte de l'impératrice épouse du grand législateur Hoang-ti, l'ancêtre de
Confucius. Le peuple doit à cette princesse d'avoir révélé
le brillant trésor de la soie, l'art d'élever le ver qui la
produit, et d'en approprier les fils à des tissus dont rien
n'a surpassé depuis quatre mille ans l'utilité, l'éclat, l'élégance et la grâce. La reconnaissance nationale a placé la
bienfaitrice dans une constellation du ciel et son image
dans un temple.

L'autel est en plein air, comme celui du Divin laboureur; il est aussi de forme quadrangulaire et presque de
même grandeur. Le temple est voisin de l'autel; des édifices élégants sont réservés pour l'éducation des vers
sacrés; enfin des plantations de mûriers servent à la fois
pour l'aliment et l'ombrage.

Chaque année, quand arrive le premier jour du mois
qui termine le printemps, l'impératrice régnante, en-

tourée de sa cour, vient présider aux cérémonies par lesquelles est exprimée la gratitude nationale pour son illustre devancière, une des bienfaitrices de l'empire.

Ombrages printaniers de l'île de Marbre.

Au sein du grand lac, une colline s'avance et forme vers le sud-est une presqu'île pittoresque. Près de son sommet, on a construit un beau temple, consacré sans doute au printemps. Sur les flancs de la colline on a tranporté, comme à la cascade du bois de Boulogne, d'énormes roches, ombragées d'arbres et parées de fleurs. On appelle cet ensemble *les ombrages printaniers de l'île de Marbre*, et c'est une des *huit merveilles* qu'on admire dans la capitale. Un obélisque s'élève au sommet.

Autour de cet obélisque sont plantés cinq mâts pour arborer des pavillons et des bannières le 1er et le 15 de chaque mois, comme si les Chinois voulaient célébrer ainsi leurs ides et leurs calendes.

Le monument de l'île printanière avait éprouvé l'injure des siècles; mais, en 1745, l'empereur Khien-loung l'a restauré.

Église française à restituer dans la Ville impériale.

Au voisinage du lac le moins spacieux, en dehors de l'Éden chinois et dans la Ville impériale, jetons un regard de regret et d'espérance sur le *temple du Seigneur du ciel;* les missionnaires français l'avaient érigé sous ce nom, quand ils prodiguaient à la Chine le trésor des lumières occidentales.

Reportons-nous au temps où les révérends pères de la Compagnie de Jésus, grâce à leurs talents, à leurs services, arrivaient au faîte des honneurs que le Gouvernement chinois a créés pour la science. Suivons-les, lorsqu'ils étaient nommés présidents du tribunal astronomique ou directeurs de l'observatoire qu'a bâti Koubilaï, fondateur du nouveau Pékin; lorsque plus tard ils revenaient de présenter à l'empéreur ou la carte du ciel tracée d'après leurs observations, ou la carte des dix-huit provinces, égales en espace à six fois la France, monument digne d'un Cassini, Français comme eux; lorsqu'ils apportaient à Khang-hi, contemporain de Louis XIV, les planches qu'ils avaient fait graver à Paris, d'après leurs dessins représentant les peuples vaincus par le prince le plus illustre de la dynastie mandchoue; enfin, lorsqu'ils apportaient le traité pour lequel ils avaient tenu la plume et servi d'interprètes entre ce prince et Pierre Ier de Russie : c'étaient là les beaux jours de nos représentants scientifiques! Dans ces jours pleins d'une gloire si pure, après avoir été complimentés par le grand empereur dans la salle du trône, où sont admis les seuls lettrés du premier ordre, ils venaient humblement rendre grâce au Dieu des chrétiens dans la modeste église française que nous venons de signaler, dans cet oratoire, petit seulement par l'étendue, mais grand par le souvenir des découvertes, des travaux et des actions d'un siècle illustre à la fois pour la Chine et pour la France.

Cette précieuse chapelle, fermée depuis plus d'un siècle, porte encore la croix qu'ont plantée les révérends pères. Sur son portique est gravée l'inscription composée par l'empereur Khang-hi, l'illustre ami des missionnaires, en l'honneur de leur Dieu commun : *le Souverain maître du ciel.*

Les mêmes mains reconnaissantes avaient construit dans le voisinage une verrerie, pour donner au pays qui

les avait libéralement accueillis une industrie gracieuse,
nouvelle et d'un grand prix pour la nation hospitalière.

La verrerie n'existe plus; mais l'église est debout encore. La France devrait en réclamer la *restitution;* ensuite
elle devrait, pour reconnaître cet acte d'équité, communiquer à la Ville impériale quelques-uns de nos arts les
plus ingénieux. Tel serait, par exemple, un bel atelier de
photographie polychrome qui reproduirait, sous la direction de l'académie des Mille pinceaux, les grandes cérémonies, les monuments caractéristiques et les beaux sites
de la Chine.

Le cimetière des Français à restituer par la Chine.

Il est encore une restitution que devra s'empresser
d'obtenir notre ambassadeur, dès qu'il sera reçu dans Pékin : c'est celle du cimetière qui renferme les ossements de
nos compatriotes, et qui n'a pas été détruit. M. l'abbé Huc
a fait entendre à ce sujet des réclamations dont la noble
énergie mérite d'être écoutée [1].

[1] « Les missionnaires français possédaient aux environs de Pékin un magnifique enclos, qui leur avait été donné par l'empereur Khang-hi, pour en
faire le lieu de leur sépulture. C'est là que reposent un grand nombre de nos
compatriotes, morts à neuf mille lieues de leur patrie, après avoir usé leur
vie dans les souffrances et les privations, au milieu d'un peuple qui ne sut
jamais apprécier ni leur vertu ni leur science. Nous avons plusieurs fois
visité cet enclos, connu des Chinois sous le nom de *Sépulture française.* En
y entrant, on sent son cœur battre d'émotion comme si on allait mettre le
pied sur le sol de la patrie. Cette terre est, en effet, bien française; c'est
comme une touchante et précieuse colonie conquise au milieu de l'empire
chinois par les ossements de nos frères. Le site est un des plus beaux qu'on
puisse trouver aux environs de Pékin. Les murs de clôture sont assez bien
conservés; mais la maison et la chapelle, dont la construction est d'un style
moitié européen et moitié chinois, auraient besoin de grandes réparations.
Au milieu d'un vaste jardin, aujourd'hui inculte, on remarque un bosquet
où les tombeaux des missionnaires sont rangés, par ordre, sous des arbres de

IV. LA VILLE SACRÉE, QU'ON NOMME AUSSI LA VILLE INTERDITE.

Replaçons-nous sur l'axe central, au midi de la ville, où nul ne peut entrer s'il n'exerce pas des fonctions gouvernementales. Pour le commun peuple, c'est la *Ville interdite;* pour tous les sujets distingués, ou Tartares ou Chinois, c'est la *Ville sacrée,* celle où réside l'empereur, pontife suprême, avec toute sa cour.

Supposons-nous de la cour. Nous pénétrons en passant par la porte triomphale du midi; nous entrons par les issues latérales, car celle du milieu n'est permise qu'à l'empereur. Les princes seuls ont droit d'entrer par le côté occidental; les mandarins, soit militaires, soit civils, passent par le côté oriental.

Cérémonie du Triomphe.

Aux jours glorieux où le souverain du Céleste Empire avait à célébrer des victoires, il se transportait sous la porte triomphale qui s'élève à l'entrée de sa ville sainte. L'armée s'avançait vers l'empereur pour lui présenter ses prisonniers et ses trophées; elle arrivait en suivant la vaste voie centrale qui traverse trois des quatre cités avant d'atteindre la Ville sacrée. Si l'on supposait que l'avenue des Champs-Élysées traversât trois villes de Paris

haute futaie. Depuis que les Européens n'ont plus en Chine une existence légale, la sépulture française avait été confiée à la garde d'une famille chrétienne, qui a été envoyée en exil à la suite d'une récente persécution. L'établissement fut saccagé et pillé par les bandits de Pékin. Actuellement le Gouvernement s'en est emparé, et les païens qu'on y a logés volent journellement tout ce qui est à leur convenance : les arbres, les matériaux de la chapelle, sans en excepter même les pierres tumulaires.» (*L'Empire chinois,* par M. Huc, t. I, p. 143 et 144.)

avant d'arriver au pied de l'arc de l'Étoile transporté devant l'entrée du palais des Tuileries, et que sous la voûte glorieuse le souverain attendît son armée au retour d'une victoire, on aurait l'idée de la grandeur de la scène offerte en avant de la Ville sacrée.

Après avoir franchi cette porte triomphale, nous nous trouvons sur une place carrée où, tous les ans, l'empereur fait distribuer ses présents, soit aux princes étrangers, soit aux grands vassaux, ainsi qu'aux ambassadeurs.

Franchissons la *place des Présents;* nous arrivons directement sous une porte encore plus monumentale que les précédentes, et présentant dix colonnes de front pour décorer sa façade à triple entrée : telle est la porte de *la Concorde souveraine.*

Première salle du trône.

Toujours sur l'axe principal, au milieu d'une place nouvelle aussi régulière et de même largeur que les précédentes, s'élève une salle du trône : ainsi l'on voit, au centre des Tuileries, le pavillon de l'Horloge, ayant la salle des Maréchaux pour salle du trône. L'édifice n'a pas moins de trente-trois mètres de hauteur, et de superbes rampes en marbre blanc y conduisent : c'est là que l'empereur tient ses assemblées les plus solennelles.

C'est là qu'il admet le généralissime de l'armée recevant sa dernière et grave audience, quand celui-ci doit partir pour quelque grande expédition.

C'est là que l'empereur assiste à l'examen supérieur des docteurs qui sont membres de l'institut impérial des Mille pinceaux. Les Han-lin sont admis à ce concours afin d'être appelés, suivant l'ordre de leur mérite, aux plus hautes fonctions du gouvernement.

Enfin c'est là que le chef de l'État admet les grands fonctionnaires auxquels il décerne un nouvel emploi.

Les hommages rendus à l'Empereur.

Quand le souverain doit recevoir les hommages des étrangers ou de ses sujets, il s'avance sur la terrasse qui domine en avant de la première salle du trône.

A sa droite, à sa gauche, sont établis, dans la cour d'honneur, des espèces de marchepieds en bronze, je dirais presque des *prie-Dieu*, classés par rangées parallèles, suivant les neuf degrés de hiérarchie des mandarins. A l'orient viennent s'agenouiller les mandarins civils, à l'occident les militaires; chaque ligne est préparée pour recevoir en même temps dix personnes. C'est là que chaque dignitaire fait les trois génuflexions et les neuf prostrations qui constituent le célèbre *ko-téou*.

Les ambassadeurs de la grande compagnie hollandaise, en 1725, les ont accomplies.

En 1793 lord Macartney, en 1816 lord Amherst, ayant reçu l'instruction de ne pas rendre cet hommage que des princes et des rois rendent en personne, n'ont pas été reçus et sont repartis. Leur départ n'a pas produit la moindre sensation.

Recherches du savant M. Pauthier.

M. Pauthier vient de faire paraître un écrit rapide, mais substantiel et profond, sur les relations étrangères de l'empire chinois, et sur l'importance des cérémonies qu'elles comportent. Aujourd'hui que vont commencer à Pékin les relations des puissances européennes avec le Céleste Empire, cet ouvrage présente un intérêt immédiat[1].

Je saisis cette occasion de témoigner à mon très-digne ami ma gratitude pour l'érudition qu'il a bien voulu mettre au service de mon ignorance sinologique; il a de tout autres titres à l'estime publique.

M. Pauthier est un de ces savants profonds et modestes dont les immenses travaux attendent encore une juste récompense, et pour qui jusqu'à ce jour l'État n'a rien fait. Il n'est pas moins honorable par son caractère généreux et courageux que par son rare savoir.

Autres salles du trône.

Au nord de la première salle du trône, une seconde est réservée pour les affaires religieuses; l'empereur s'y rend lorsqu'il doit entendre les décisions qui lui sont présentées par le conseil des cérémonies et des rites.

Nous parvenons ensuite à la troisième salle du trône. C'est là que le dernier jour de chaque année l'empereur vient fêter les étrangers, c'est-à-dire les nations tributaires; c'est là qu'il assiste à l'examen final des lettrés aspirants au grade de docteur.

Lorsque les biographes de la dynastie régnante ont achevé la vie de quelques-uns des ancêtres de l'empereur, c'est encore là qu'ils viennent lui présenter leur ouvrage.

Je ne pousserai pas plus loin l'énumération de toutes les salles du trône, c'est-à-dire de toutes les salles ayant un

---

[1] *Histoire des relations politiques de la Chine avec les puissances occidentales, etc. suivie du cérémonial observé à la cour de Pékin pour la réception des ambassadeurs;* 1 vol. in-8°. Paris, F. Didot, 1859.

trône, et destinées pour des ordres particuliers d'assemblées ou de conseils que le souverain vient présider.

Suivons toujours l'axe principal; il passe par le milieu de la porte dite *de la Pureté céleste*, Taï-thsing : c'est le nom symbolique de la dynastie tartare-mandchoue qui règne depuis deux cent quinze années:

Palais des interrogatoires impériaux.

Cette porte conduit au *palais de la Pureté céleste* (Thian-thsing-houng). Là, le premier jour de chaque année, l'empereur traite les princes; là, l'empereur interroge personnellement les mandarins importants, avant de leur confier de grands emplois.

Ces interrogatoires ont un grand avantage. Ils permettent que le monarque apprécie par lui-même les facultés des mandarins destinés aux fonctions les plus importantes; ils instruisent le souverain, l'habituent à juger les hommes, lui font acquérir de l'expérience et servent d'exercice à son esprit. Nous offrirons un exemple remarquable de ces interrogatoires quand nous parlerons du gouvernement de Canton.

La salle des sceaux de l'Empire.

Dans une dernière salle centrale, qu'on trouve en avançant vers le nord, sont déposés les sceaux du souverain, au nombre de vingt-cinq.

Le palais de l'Impératrice.

Nous venons de parcourir les grandes salles d'apparat de l'empereur; immédiatement au delà, toujours sur l'axe central, s'élève le *palais de l'Impératrice*. Ce palais occupe la partie la plus reculée et la plus impénétrable de ce vaste système d'édifices et de cours dont le système ne forme qu'un seul rectangle, parfaitement régulier. Il est large de trois cents mètres, la largeur des Tuileries, sur une longueur de neuf cents mètres.

Jetons un coup d'œil plus rapide sur les édifices qui s'élèvent des deux côtés et qui complètent cet ensemble de palais centraux.

Côté oriental ou côté littéraire : le temple de Confucius.

En partant du midi pour avancer vers le nord, nous trouvons d'abord un édifice à salle du trône, où sont offerts les sacrifices au grand instituteur des princes et des empereurs. C'est là que l'empereur vient révérer Confucius; il y révère aussi les sages qui ne sont plus et que la Chine honore pour la pureté de leurs vertus et la beauté de leur génie.

Bibliothèque impériale.

A côté du temple de Confucius s'élève la grande Bibliothèque impériale : on y conserve précieusement la collection encyclopédique dite *Les livres complets des quatre saisons*. Sans doute les livres chinois n'égalent pas les nôtres en volume; mais on n'en est pas moins surpris d'apprendre, d'après un catalogue officiel, ce que contient cette collection, dont l'impression a été commencée en 1773 et s'est continuée jusqu'à ce jour. Suivant ce catalogue incroyable, il aurait déjà paru soixante-dix-huit mille sept cent trente et un cahiers ou volumes. Voilà l'un des monuments littéraires qui font le plus grand honneur à la

dynastie mandchoue; il suffirait pour perpétuer la mémoire du sage Khien-loung, digne petit-fils de Khang-hi.

Dans le voisinage de la Bibliothèque impériale, se
trouve l'*hôtel de la Société historique*.

Du côté occidental de la Ville sainte, citons un vaste
édifice où sont conservées les matrices ou planches en
bois destinées aux publications qui doivent sortir de l'Imprimerie impériale, imprimerie adjacente à ce grand
dépôt.

Atelier vestiaire de la Cour.

Près de là se trouve l'*atelier vestiaire de la Cour*, plus important à la Chine que partout ailleurs : dans cet édifice
on confectionne, d'après les rites, et l'on conserve précieusement les vêtements de l'empereur.

Il existe un très-bel ouvrage, publié par l'Imprimerie
impériale de Pékin; il représente, dessinés avec une rare
délicatesse, tous les vêtements et les insignes officiels dont
les formes, les ornements et les broderies sont invaria-
blement fixés. Le même ouvrage donne la représentation
analogue pour l'impératrice, les princes et les mandarins
de tous les ordres. Avec nos moyens photographiques,
cette œuvre magnifique pourrait, sans trop de frais, être
reproduite à Paris; elle populariserait des notions précieuses sur les coutumes et les arts du Céleste Empire [1].

---

[1] M. Pauthier possède l'un des deux exemplaires jusqu'ici connus en
Europe; l'autre est conservé à la Bibliothèque impériale de Paris. Il en a
donné quelques *fac-simile* dans un opuscule intitulé : *Mémoires d'un Biblio-
phile,* etc.

École réservée pour les enfants des officiers supérieurs
appartenant aux huit bannières.

Arrêtons-nous avec intérêt devant un hôtel qu'il est beau de voir placé dans la Ville sainte, habitation personnelle de l'empereur : c'est l'école spéciale où sont élevés les enfants des officiers supérieurs qui font partie des huit bannières *et de ceux qui sont morts dans les combats.*

Je me borne à mentionner les bureaux de l'intendance de la cour, le garde-meuble et le magasin des vivres particulier à la Ville sacrée.

Au nord des édifices littéraires que nous avons décrits, côté de l'orient, se trouvent les palais de l'héritier présomptif et de plusieurs autres princes, puis l'édifice construit il y a peu d'années pour contenir le trésor impérial.

Palais des Purifications.

Plus au nord encore, et tout près des remparts, est situé le *palais des Purifications ;* c'est là que l'empereur, avant d'accomplir chaque grand sacrifice national, vient se recueillir dans le jeûne et la solitude.

Toujours du même côté se trouve le temple où l'empereur va bénir les auteurs de ses jours qui payent leur dernier tribut à la nature. Avant les grandes cérémonies religieuses et politiques, il se rend aussi dans ce temple ; il s'y rend pour méditer en relisant les tablettes où sont inscrits les jugements portés sur ses ancêtres et songer à ceux qui l'attendent au jour de sa mort.

Combien d'édifices, dans la Ville impériale et dans la Ville sacrée, portent le cachet d'un grand caractère moral et religieux, et civil ou militaire! Celui dont je vais parler est le plus touchant de tous.

Palais où l'Empereur se prosterne devant sa mère.

Admirons et révérons un palais qui fait honneur à la
Chine. C'est dans ce palais que l'empereur, le jour anniversaire de sa naissance, vient rendre hommage à sa mère;
il se prosterne devant elle aussi profondément que ses
sujets se prosternent devant lui. Qui pourrait regarder
comme avilissantes les formes de cet hommage, quand
le souverain même s'y soumet, et quand il s'y soumet
pour mieux honorer la femme à laquelle il doit la vie et
les premières notions de la vertu!

Les palais des épouses du second ordre : source de décadence.

Du côté de l'occident on voit bâtis, en nombre trop
considérable aux yeux de la sagesse, et bâtis avec une
impudente symétrie, les palais des épouses du second
ordre permises à l'empereur. Plus retenu par la pudeur
que Louis XIV et Louis XV, il n'oserait abriter sous le
même toit ces femmes auxiliaires, quoique avouées par les
lois, et l'impératrice sacrée qui partage son trône.

Parmi les causes qu'on peut assigner à la décadence
de l'empire Chinois, il faut placer cette existence dégra-
dée d'un souverain qui s'abrutit entre toutes ses épouses,
choisies pour leur beauté, et qui s'efforcent à l'envi de
l'attirer en l'énervant par la volupté.

Sous les premiers et grands souverains tartares-mandchoux, la tradition de leur race les mettait en garde contre
cette effémination. Chaque année, à la tête de l'élite des
huit bannières, véritable corps d'armée, ils franchissaient
la grande muraille; ils parcouraient à cheval *la mer des herbes*
et les chaînes de montagnes; ils se livraient pendant toute

une saison à ces chasses gigantesques dont les marches,
les fatigues et les exercices étaient une véritable école de
guerre. Depuis la fin du siècle dernier, ces puissantes
chasses ont cessé; les empereurs n'ont plus couché sous
la tente ni bandé l'arc de Gengis et de Koubilaï. Aussi,
quand sont venues ces luttes incroyables où quelques
milliers d'Anglais ont assailli l'empire qui compte ses sujets
par centaines de millions, chaque fois que les Occidentaux ont dirigé leur marche sur Pékin, l'orgueil du Fils du
Ciel s'est humilié tout à coup, et les traités de paix les
plus désastreux ont terminé des luttes déshonorantes.

Les fossés et les remparts de la Ville sainte.

Un canal large et profond entoure des quatre côtés la
Ville sainte; il est bordé par des murs de quais, construits
avec d'énormes blocs de granit. Ce fossé grandiose sert
de défense en avant des remparts.

Telle est la Ville sacrée : ville prodigieuse, où l'on ne
trouve que palais, que temples des dieux, des ancêtres
et des sages; que salles des trônes, arcs de triomphe et
vastes cours préparées pour les hommages des rois, des
vassaux et des armées victorieuses; qu'habitations somptueuses de l'empereur, de l'impératrice et des épouses
secondaires; que bibliothèques, musées, imprimeries
confiées aux lettrés, associés à la souveraineté par l'intelligence.

Vues de l'auteur en décrivant les quatre cités de Pékin.

Si j'ai réussi dans mes efforts, si j'ai pu rendre intel-
ligible cette architecture sociale de tout un empire,
exprimée par sa capitale, il me semble que j'aurai fait

connaître, à la manière des bénédictins les plus dépourvus d'imagination, quelque chose du gouvernement et des mœurs d'un grand État, longtemps puissant et toujours sans exemple chez les autres nations.

Essayons d'étudier la force et le génie des deux peuples dont la grandeur nous est révélée par les institutions et les monuments que renferme leur capitale.

DEUX NATIONS EN PRÉSENCE.

I. LA NATION TARTARE.

Depuis deux siècles et demi, deux nations coexistent sur le sol de la Chine.

La moins nombreuse est la nation tartare; mais elle est la nation conquérante. La dynastie tartare-mandchoue, qui règne complétement depuis plus de deux cents ans, a toujours eu pour principe de n'élever sur le trône que des princes nés de femmes tartares; par conséquent, aucun d'eux n'a dans les veines la moindre goutte de sang chinois.

Dans les divers rangs de la société les races restent distinctes. Aussi, quand l'empereur interroge les mandarins pour leur conférer des emplois importants, il ne manque jamais de leur demander : « Êtes-vous Chinois ou Tartare? Êtes-vous Mongol ou Mandchou? »

Les Tartares, incorporés sous les bannières, suivis de leurs femmes et de leurs enfants, vivent au milieu de l'empire chinois comme vivaient autrefois les mameluks au milieu des naturels de l'Égypte.

Dans les cités les plus importantes, telles que Nankin,

Canton, etc. la ville tartare est séparée de la ville chinoise. Elle est entourée, comme nos citadelles, d'une complète enceinte de remparts, pour tenir en respect la ville chinoise adjacente.

Je ne pense pas que les peuples tartares transplantés sur le sol chinois, Pékin non compris, atteignent le nombre d'un million d'âmes, tandis que les Chinois doivent dépasser aujourd'hui cinq cents millions.

C'est donc par l'organisation, par la politique, par le prestige militaire et par la force morale que les Tartares peuvent conserver leur ascendant et leurs priviléges.

De leur côté, les Chinois se sont maintenus, non pas en vaincus, en inférieurs dégradés, mais à titre d'égaux par les arts, les lettres et les lois.

Si l'on veut bien comprendre l'état actuel de l'empire chinois et son avenir, il faut considérer à part les deux nations dont il se compose.

Nous commençons par les Tartares. Ils ont lutté pendant des siècles pour soumettre à leurs armes l'admirable territoire qui porte le nom d'empire du Milieu. Leur condition nomade permettait à des populations toujours armées et toujours à cheval de se réunir à l'improviste en troupes immenses pour envahir les campagnes que fertilisent les plus beaux fleuves de l'Asie; leurs invasions portaient la terreur dans toute la Chine, comme l'a fait Gengis-khan dès le xiie siècle.

C'est pour résister à ces invasions que les Chinois avaient bâti leur grande muraille, prolongée vers le nord sur une étendue presque égale à six cents lieues : depuis l'extrémité occidentale de la province du Chen-si, en décrivant de longues courbes sinueuses, prolongées jusqu'au golfe oriental du Liao-toung.

Mais ces murailles, suffisantes pour arrêter de faibles

hordes, n'ont jamais eu le pouvoir d'empêcher l'irruption
des grandes armées.

Deux fois les Tartares ont établi leur domination prolongée sur le peuple chinois : ce furent, en premier lieu,
les Mongols, conduits par Gengis et ses enfants, aux xiiᵉ
et xiiiᵉ siècles; ce furent, en second lieu, les Mandchoux,
qui depuis le xviiᵉ siècle sont devenus et restés maîtres
de la Chine. Nous n'occuperons le lecteur que de cette
dernière conquête; nous y chercherons la clef des grandes
révolutions commencées de nos jours et qui n'ont pas
prononcé leur dernière sentence.

Établissement de la dynastie tartare-mandchoue.

Lorsque la dynastie chinoise des Ming déclinait avec
rapidité, les Tartares Mandchoux, habitant au nord de la
Chine, se coalisèrent pour envahir à leur tour ce grand
empire. Dès l'année 1618, leur chef publiait son célèbre
manifeste des *sept injures à venger,* qu'il terminait ainsi :
« Pour venger ces sept injures, je vais abattre la dynastie
des Ming et subjuguer les Chinois. »

Après avoir obtenu des succès prodigieux, il s'arroge
le titre prématuré d'empereur du Céleste Empire. Les
Ming, en effet, conservaient encore une grande partie du
territoire; mais déjà leur force morale était brisée.

Dans la seule année 1618, les Tartares prennent en
un jour trois cités et, le même jour, ils tuent plus de cent
mille vaincus sur un seul champ de bataille. Pendant ce
temps, le souverain chinois, énervé par les voluptés, restait caché dans son palais; son premier eunuque gouvernait et sévissait à sa place. Un peuple servile érigeait des
temples en l'honneur de ce nouveau Séjan, qui, loin d'être
un dieu, n'était que l'ombre d'un homme.

Tyrannie tartare exercée sur le costume.

Les Tartares, enivrés par la victoire, ordonnèrent au peuple vaincu d'adopter la coupe de leurs vêtements, de raser sa tête et de ne conserver qu'une touffe de cheveux tressés en longue natte pendante en arrière; cet usage, ils le prescrivirent sous peine de mort.

On vit alors une foule de Chinois qui fuyaient avec lâcheté devant les Tartares, les mêmes hommes qui n'osaient plus verser leur sang pour sauver la patrie, on les vit faire volte-face et, pour conserver leur misérable chevelure, livrer des combats désespérés.

Quand nous expliquerons la grande insurrection qui désole aujourd'hui la Chine, nous montrerons l'usurpateur ordonnant, sous peine capitale, de faire disparaître la coiffure tartare, symbole d'asservissement.

En 1627, l'empereur chinois Hi-tsoung, qui n'avait encore perdu qu'une faible partie de ses États, termine sa lâche existence; il est remplacé par son fils, Haï-tsoung, qui fut l'Augustule du Céleste Empire aux abois. Ce dernier était doué d'un esprit pacifique et doux; ses mœurs étaient efféminées, en des temps où les mâles vertus pouvaient seules sauver un État qui n'était pas seulement dévasté par les envahisseurs, mais déchiré par les guerres civiles : tristes fruits d'un gouvernement faible et méprisé.

Un jeune prince tartare secrètement naturalisé Chinois.

En 1635, un second souverain tartare, *Taï-tsoung*, succède à son père, Taï-tsou. Malgré sa valeur et ses victoires, il n'avait pu conquérir qu'une faible partie de l'empire; ce qu'il attribuait justement à la profonde aversion des Chinois pour des conquérants aux formes dures, aux mœurs barbares, à la langue inconnue. *Il avait conçu la pensée qui fit la grandeur et la durée de sa dynastie :* c'était d'envoyer son fils en secret au milieu des Chinois, pour être élevé dans le langage, les idées, les manières et les mœurs de ce peuple si difficile à maintenir sous un joug de forme étrangère. Le jeune Tsoung-te, élevé de la sorte, parut un jour aux généraux, aux mandarins du Céleste Empire comme un de leurs compatriotes les plus instruits et les plus policés. Tous ceux qui purent approcher de lui furent gagnés par ses manières complétement chinoises, par son langage, son esprit, ses lumières et son affabilité.

Au milieu de ces profonds préparatifs, huit grands seigneurs chinois disputaient entre eux les lambeaux de l'empire, comme les chiens de Sion se partageaient les os de Jézabel; les massacres étaient sans fin, et l'anarchie régnait partout. Un des compétiteurs, plus féroce que les autres, après d'éclatants succès souillés par l'assassinat de tous les mandarins rivaux tombés sous sa main, assiége et prend la capitale. Le dernier des empereurs Ming, au lieu de mourir les armes à la main, se pend lâchement derrière son palais. Alors le sujet rebelle porte la main sur la couronne de son maître.

Inspiré par la vengeance, un autre général chinois s'unit au chef des Mandchoux pour renverser l'usurpateur.

Chun-tchi, premier empereur mandchou : 1644 à 1661.

Tsoung-te, le conquérant tartare, qui survit à peine à la conclusion de cette alliance, choisit pour successeur son second fils Chun-tchi, âgé de sept ans; avec une noble confiance, il lui donne son fils aîné pour tuteur.

Les deux frères entrent en triomphe dans Pékin, et les
Chinois acclament empereur l'enfant qui s'avance à la tête
de l'armée des deux nations. On était alors en 1643.

Le tuteur Amawang, après des victoires signalées,
meurt en 1651. Le jeune prince, il avait quatorze ans,
prend les rênes de l'empire.

Sagesse du nouveau gouvernement.

Le nouvel empereur, dès sa tendre enfance, avait été,
comme son père, élevé par un lettré chinois. Plus familier
avec la langue du peuple conquis qu'avec celle de ses
aïeux, et l'esprit imbu des doctrines de Confucius, il entre
de lui-même dans la voie qui pouvait le mieux assurer la
durée longue et paisible de sa dynastie.

Loin de témoigner du mépris pour la langue des vaincus, loin de leur faire violence afin qu'ils adoptent celle
des vainqueurs, il ne permit d'apprendre le mandchou
qu'à très-peu de Chinois : ceux-ci ne furent admis à faire
une telle étude qu'après avoir obtenu son autorisation
expresse et peu prodiguée.

Il conserve le système et les formes du gouvernement
subjugué. Il maintient les six grandes administrations
collectives ou conseils ministériels établis depuis bientôt
quatre mille ans : il se borne à leur donner un même
nombre de présidents et de membres tartares, de présidents et de membres chinois. Il traite en égaux par l'estime ceux qu'il rend égaux par le nombre. Il concentre
tous les conseils à Pékin et supprime les institutions
similaires fondées à Nankin par la dynastie des Ming.

Il persévère dans la coutume de ne choisir pour gouverner les provinces et les cités que l'élite des lettrés formés par la doctrine du sage des sages.

Des examinateurs s'étaient laissé corrompre; l'empereur fait décapiter trente-six de ces juges prévaricateurs. Quant aux lettrés élus par faveur, il les condamne à subir de nouveaux examens. Ceux qui sortent avec honneur de cette épreuve reçoivent leur grâce; les autres, reconnus incapables et convaincus par là d'avoir obtenu leur grade injustement, il les envoie avec toute leur famille en exil au fond de la Tartarie du nord. Ici commence l'usage d'une punition, la plus sévère de toutes après la mort : c'est une déportation comparable à celle des proscrits russes, qui sont relégués dans les glaces de la Sibérie. Par ces premiers actes, les barbares s'essayaient à la civilisation qu'ils devaient à leur tour enseigner.

Deuxième empereur, Khang-hi : 1662 à 1722.

L'empereur mandchou Chun-tchi choisit pour successeur le plus jeune de ses fils : c'était Khang-hi, qui n'avait alors que huit ans, mais auquel il donne quatre tuteurs.

Les eunuques bannis de la cour et les pirates chassés de la côte.

Aussitôt que les tuteurs eurent saisi les rênes de l'empire, ils chassèrent du palais impérial *quatre mille eunuques*. On décapita leur chef, accusé d'avoir été la cause d'une partie des maux qui désolaient le naissant empire chinois-tartare.

On renouvela la loi qui défendait aux empereurs de conférer aucun emploi public à des eunuques. Cet édit important fut gravé sur une grande table d'airain exposée en tout temps sous les regards du monarque, au centre de son palais.

Je ne citerai pas avec éloge, mais je citerai la mesure inflexible prise pour mettre un terme aux dévastations incessantes que faisaient éprouver sur toute la côte les pirates concentrés dans l'île Formose, pirates que des Tartares étaient malhabiles à combattre sur des navires. On ordonna, sous peine de mort, que tout le littoral, sur une largeur de trois lieues, cesserait d'être habité. Le voisinage de la mer n'offrant plus d'aliment à ces bêtes de proie navale, elles finirent par disparaître.

Admirable situation lors de l'avénement de Khang-hi.

En 1666, Khang-hi commençait à peine sa quatorzième année. Un de ses tuteurs étant mort, aussitôt, à la demande des sujets, on lui remet les rênes de l'empire. Il commence alors une administration personnelle de cinquante-six ans, plus longue, aussi glorieuse et plus constamment fortunée que l'administration contemporaine de Louis XIV.

Le nom de Khang-hi veut dire *l'inaltérable paix;* jamais qualification ne fut mieux méritée par le bonheur et le calme dont il fit jouir l'intérieur de la Chine pendant plus d'un demi-siècle.

Le jeune empereur trouvait la situation de ses États aussi favorable qu'il eût pu la désirer lors de son avénement. Le peuple chinois avait encore présentes à l'esprit les longues scènes d'anarchie où ses chefs nationaux, acharnés les uns contre les autres, avaient répandu des torrents de sang pour assouvir leurs ambitions personnelles. La guerre intestine était le fléau le plus redouté, le plus abhorré; et voici que le gouvernement des conquérants commence à relever toutes les ruines, à cicatriser des plaies si longtemps saignantes, à rétablir les liens de l'unité nationale, à faire revivre dans leur pureté primitive les lois si longtemps violées d'un gouvernement excellent par sa forme et par ses principes, à remettre en honneur les préceptes et la morale de Confucius, à relever dans son premier éclat l'administration des lettrés, avancés, employés de nouveau suivant leur intelligence, sans autres titres que ceux de l'instruction et du mérite. Ce magnifique programme, un règne demi-séculaire de grande et bonne fortune va le remplir dans toute son étendue. A cette époque où la nation renaissait, la gloire au dehors couronnait des félicités prodigieuses prodiguées à la patrie. Personne alors n'aurait osé rappeler les Ming et tant de règnes déplorables d'une dynastie qui s'était éteinte dans la faiblesse, le suicide et l'infamie; leur souvenir était trop récent pour qu'on osât mentir de si près à leur histoire. Il fallait deux siècles d'oubli pour que le génie de la rébellion fît de leur mémoire un mot d'ordre hostile et, rappelant leur image effacée par huit générations, présentât cette ombre mensongère comme un symbole de résurrection glorieuse et de grandeur nationale.

Disons par quels efforts Khang-hi profita de l'admirable position que lui ménageait ainsi sa fortune.

Sans s'abandonner aux enchantements d'un pouvoir mis en ses mains lorsqu'il était encore adolescent, le nouvel empereur consacre sa jeunesse à l'étude sérieuse des lettres chinoises et de la philosophie. Il se fait enseigner, par les jésuites français, les éléments des mathématiques et de la physique; il apprend ensuite la tactique et s'adonne, en robuste Tartare, aux exercices militaires. Ces travaux l'aident à fuir l'oisiveté, la mollesse et la volupté, si dangereuses sur le trône.

Afin de récompenser le jésuite Verbiest, qui fond des canons pour son armée, il donne à cet homme d'un rare savoir la présidence du conseil des astronomes. Ce même Père fait construire par des artistes chinois de nouveaux instruments d'astronomie, incomparablement meilleurs que ceux qui depuis quatre siècles suffisaient aux savants du Céleste Empire.

Khang-hi poursuivit avec succès la guerre contre les peuples tartares du nord et du sud; il étendit la terreur de ses armes jusqu'au voisinage de la mer Caspienne.

Mais l'amour enivrant de la gloire militaire, mais la passion des conquêtes, ne lui firent oublier ni les soins de l'humanité pour ses sujets, ni la protection des arts que la paix intérieure peut seule faire prospérer.

Édit de Khang-hi contre l'infanticide.

Empressons-nons de citer l'admirable édit par lequel l'empereur tartare s'élève contre la coutume trop répandue de l'*infanticide* chez les basses classes chinoises :

Lorsqu'une mère sans pitié noie la frêle créature qu'elle a mis au monde, peut-on dire encore que ce petit être doit le jour à celle qui lui reprend la vie quand à peine il commence d'en jouir? La pauvreté des parents sert de prétexte à leur crime; lorsqu'ils éprouvent la misère et la faim, ils se croient le droit de sacrifier l'existence de leurs enfants, pour rendre la leur plus commode à supporter.

Vous m'avez donné le nom de *Père du peuple;* et, quoique je ne puisse éprouver le même amour pour ces pauvres petites créatures que si elles me devaient l'existence, je n'en suis pas moins pénétré de douleur. Je déclare que je défends d'une manière absolue les barbares infanticides. Le tigre, disent nos livres sacrés, tout tigre qu'il est, ne dévore pas ses petits. Pour eux son cœur est aimant, et sans cesse il prend soin d'eux; et vous! vous devenez les destructeurs de vos enfants. Vous vous montrez plus dénaturés que les bêtes les plus féroces . . . . .

Il ne se bornait pas à cet édit. En décrivant la ville de

Chang-haï, nous trouverons qu'il faisait établir des *hospices d'enfants trouvés*, afin d'éviter le plus infâme des crimes aux parents trop pauvres pour nourrir leur jeune famille. Khang-hi, du haut de son trône, inaugurait en Orient une sublime découverte de la charité, celle qui nous fait le plus admirer et bénir notre saint Vincent de Paul.

Faut-il être étonné si les Chinois ont supporté des conquérants qu'ils appelaient insolemment des barbares? Ce sont, au contraire, les conquérants qui les rappelaient aux devoirs de l'humanité.

Protection des arts et des lettres par les Tartares Mandchoux.

Tournons nos regards vers la protection du monarque pour les lettres et les arts. Khang-hi chérissait la littérature. Afin de se délasser des fatigues d'une immense administration, il cultivait la poésie[1]. Comme le sage Marc-Aurèle, il recueillait des maximes propres à procurer le bonheur de l'État; son fils, monté sur le trône, les a commentées et, ce qui vaut mieux, les a suivies.

Il dirigeait avec un zèle incessant les travaux de la savante académie des Han-lin.

Il employa les académiciens Han-lin à rédiger une édition somptueuse des livres chinois les plus importants, soit en vers, soit en prose, qu'il avait lui-même choisis. Ce que d'Alembert fit plus tard pour l'Encyclopédie, il le faisait pour cette collection encyclopédique; il en écrivait la préface. Enfin, sous la direction de trente lettrés éminents, il fit composer un dictionnaire purement chinois qui contient et définit quarante mille caractères.

---

[1] La collection des œuvres de Khang-hi, poésies et prose, forme plus de cent volumes, et la Bibliothèque impériale de France en possède un exemplaire.

En faveur de la partie tartare de ses sujets, il fit rédiger un dictionnaire non-seulement de mots, mais de choses, expliquant en langue mandchoue les expressions des Chinois et les connaissances du peuple le plus avancé. Suivant le même dessein, il faisait traduire dans l'idiome de sa race les principaux livres sacrés du Céleste Empire.

*La grande carte de la Chine exécutée sous Khang-hi
par les jésuites français.*

En 1699, des pères jésuites étaient partis de France pour la Chine avec un titre qui leur était un grand honneur, parce qu'il était mérité : l'Académie des sciences de Paris les avait tous nommés ses *Correspondants*.

Khang-hi les employa pour les opérations astronomiques, pour les levés et la rédaction d'une nouvelle carte de son empire, plus complète et plus précise que les précédentes. Cette carte est fondée sur la longitude et la latitude des villes de tous les ordres, positions déterminées par les savants pères. Un si beau travail, antérieur à notre carte de Cassini, n'est pas indigne de soutenir le parallèle avec ce dernier monument de la science française.

*La carte entreprise comme un cadastre graphique, afin de constater
les progrès de l'agriculture sous le souverain mandchou.*

La carte de l'empire du Milieu était la base d'un cadastre général entrepris, dit l'empereur, *pour constater les progrès obtenus dans les campagnes d'après l'état où se trouvait l'agriculture quand la dynastie des Mandchoux remplaça celle des Ming.* C'est la conquête opérée par le plus bienfaisant des arts dont il faisait dresser la carte!

Khang-hi défend à toujours d'accroître l'impôt sur la terre.

Afin d'empêcher que jamais, sous de mauvais règnes, l'agriculture pût être opprimée par l'aggravation des impôts, il déclare que la contribution foncière prélevée lors du dénombrement de 1711 *ne pourra plus être augmentée,* quels que soient les progrès futurs de la population et l'accroissement progressif des récoltes.

Existe-t-il en Occident beaucoup de gouvernements qui prendraient et surtout qui tiendraient un pareil engagement, qu'ils soient ou non parlementaires?

Édit sacré de Khang-hi relatif à l'agriculture.

Le 1ᵉʳ et le 15 de chaque mois, les mandarins, par tout l'empire, lisent solennellement au peuple l'Édit sacré de Khang-hi. Parmi les plus beaux préceptes de cet édit citons le suivant : « Donnez le premier rang au labourage ainsi qu'à la culture du mûrier, afin que le peuple ait toujours en suffisance le vêtement et la nourriture. »

Le même empereur ne se bornait pas à de telles déclarations; il cherchait à multiplier les moyens de subsistance. Nous allons rappeler le plus beau succès qu'il ait obtenu sur cette voie.

Le riz impérial découvert et multiplié par Khang-hi.

On jugera du cœur de Khang-hi et de son génie observateur par le récit qu'il donne lui-même en expliquant sa découverte d'une espèce de riz singulièrement précoce et qui de plus a l'avantage de croître en des lieux où les eaux ne sont pas en abondance. L'espèce aujourd'hui s'en est propagée depuis le nord de la grande muraille jusqu'au midi de la Chine.

« Une année, dit le bienfaisant empereur, je me promenais, le 1ᵉʳ jour de la 6ᵉ lune, dans une campagne où l'on avait semé du riz; il ne devait pas donner sa moisson avant le neuvième mois. Je remarquai par hasard un pied de riz plus élevé que tous les autres : il avait déjà des épis assez mûrs pour être récoltés; j'ordonnai qu'on me l'apportât. Je trouvai ses grains très-beaux, très-bien nourris; cela m'inspira la pensée de les garder pour en faire un essai. Je voulus voir si, l'année suivante, ils conserveraient leur précocité : ils la conservèrent. Tous les pieds nouveaux montèrent en épi bien avant le temps ordinaire et donnèrent leur moisson dès la 6ᵉ lune. Le produit de chaque année a surpassé la récolte précédente, et, *depuis trente ans, c'est le riz qu'on sert sur ma table.* Le grain en est allongé, sa couleur est un peu rougeâtre; mais il est d'un parfum fort doux et d'une saveur agréable. On l'a nommé *yu-mi*, riz impérial, parce que c'est dans mes jardins qu'il a commencé d'être cultivé. Il est le seul qui puisse mûrir au nord de la grande muraille, où les froids finissent très-tard et commencent de bonne heure; mais dans les provinces du midi, où le climat est plus doux et la terre plus fertile, on peut aisément obtenir par son secours deux moissons dans une année. »

L'empereur Khang-hi termine son récit par ces belles paroles : « *Entre tous les biens que j'ai pu répandre, ma satisfaction la plus douce est d'avoir procuré cet aliment à mes sujets.* » Ajoutons que Khang-hi fut le premier Tartare que *les Chinois mêmes* aient appelé le Père du peuple.

Les Français admiraient, à juste titre, leur bon roi Louis XVI, lorsqu'avec un touchant orgueil il portait à sa boutonnière la fleur si commune de la pomme de terre,

cette plante qu'un savant s'efforçait de propager pour
nourrir les classes indigentes. Qu'auraient-ils dit si le
souverain lui-même, par sa propre sagacité, par ses soins
de trente années, avait découvert, avait multiplié l'une
des meilleures variétés de la céréale la plus importante,
avait procuré le moyen d'obtenir dans le midi de ses
États deux moissons au lieu d'une, et de propager dans
le nord un genre de récoltes dont jusqu'alors ses sujets
avaient été privés!

Si nous réfléchissons sur les services de toute nature
rendus par Khang-hi et ses successeurs à l'art qui nourrit
les hommes, nous ne serons pas étonnés quand nous
constaterons la multiplication prodigieuse du peuple chinois sous leur bienfaisante dynastie.

Comment Khang-hi fait cesser la persécution des chrétiens.

Nous avons fait voir quel était Khang-hi dans ses rapports
avec le peuple au milieu duquel il vit le jour, avec le
peuple qu'il considérait tour à tour comme ses frères et
ses fils. Voyons ce qu'il fut envers les étrangers, ceux qui
lui portaient les arts et les bienfaits de l'Occident.

Pénétré de reconnaissance, le sage empereur met un
terme aux longues persécutions des chrétiens. Il est heureux d'agir de la sorte, en conséquence d'une admirable
délibération du Conseil des rites, espèce de Sorbonne du
Céleste Empire; la modération qu'on y remarque était
inspirée par l'esprit du souverain. Citons le texte :

« Nous avons délibéré sur l'affaire des chrétiens, que
Votre Majesté nous a renvoyée. Nous avons appris que
ces Européens ont traversé de vastes mers; ils sont venus des extrémités de la terre, attirés par votre haute
sagesse, et par cette incomparable vertu qui chez vous

charme tous les peuples et les retient dans le devoir. Ils ont à présent l'intendance de l'astronomie et du tribunal des mathématiques. Ils se sont appliqués avec beaucoup de soin à faire des machines de guerre; ils ont fondu pour nous des canons utilement employés dans les derniers combats. Quand on les a choisis pour accompagner nos ambassadeurs, afin de traiter avec les Moscovites, ils ont trouvé le moyen de faire réussir les négociations. En un mot, ils ont rendu de grands services à l'empire.

« *On n'a jamais accusé les chrétiens qui sont dans les provinces d'avoir fait quelque mal, ni d'avoir commis quelque désordre.* La doctrine qu'ils enseignent n'est point mauvaise; elle n'est pas susceptible d'égarer le peuple et d'occasionner des troubles. On permet que tout le monde fréquente les temples des lamas, des ho-chang, des tao-ssé, et l'on défend de fréquenter les églises des Européens, qui ne font rien de contraire aux lois : cela ne paraît pas raisonnable. Il faut donc laisser toutes les églises de l'empire dans l'état où elles étaient auparavant, et permettre à tous les hommes d'y venir adorer Dieu, sans inquiéter personne à ce sujet. »

Par l'assentiment de Khang-hi, cette équitable conclusion du Conseil des rites devint une loi de l'empire.

Les jésuites, à l'exemple de l'empereur, donnaient à Dieu le nom de *Seigneur du ciel* et ne craignaient pas d'appeler ainsi le Dieu des chrétiens. Ils déclaraient ne voir aucune idolâtrie dans les hommages rendus à la mémoire de Confucius, l'un des plus sages mortels et des meilleurs qu'ait fait naître celui que notre peuple nomme avec simplicité *le bon Dieu.* Khang-hi se montrait satisfait de ces justes interprétations données par les pères jésuites.

Les dominicains, arrivés plus tard, se conduisirent comme s'ils étaient animés d'une sombre jalousie contre les pères de la Compagnie de Jésus, contre ces pères qu'ils voyaient admis à la cour, appelés aux affaires et classés parmi les dignitaires de l'empire. Ils attaquèrent une doctrine *conciliante avec génie*, et la seule qui laissât au catholicisme la chance d'être toléré dans l'empire ; leurs obsessions firent condamner cette doctrine en Europe. Des querelles si peu prudentes mirent un terme à la patience de Khang-hi.

En 1706, l'empereur, fatigué, renvoya comme ennemis de la morale publique ceux des missionnaires qui ne reconnaîtraient pas, *avec approbation*, et les enseignements moraux du vertueux Confucius, et les honneurs que payaient à la mémoire de ce grand ami de l'humanité la reconnaissance et l'admiration de vingt-deux siècles.

Nous terminerons ce coup d'œil jeté sur le règne de Khang-hi par un extrait de son admirable testament.

Testament de Khang-hi.

« La vraie manière d'honorer ses aïeux et de révérer le Ciel, c'est de procurer au peuple le repos et l'abondance ; c'est de faire son propre bien du bien de l'univers, *et son propre cœur du cœur de l'univers.*

« Moi qui suis âgé de soixante et dix ans et qui en ai régné soixante, moi qui ai travaillé sans repos pour le bien public, je dois les bienfaits de mon règne non pas à ma faible raison, mais à l'aide invisible du *Ciel* et de la Terre ; je les dois au secours de mes ancêtres, *et du Dieu qui dans l'empire préside à l'agriculture.*

« Je me suis, dès ma plus tendre enfance, appliqué à l'étude de la sagesse ; j'y ai gagné quelques notions des sciences anciennes et modernes.

« Pendant toute ma vie je n'ai fait mourir personne

sans sujet. Je n'ai osé rien dépenser inutilement du trésor impérial dont la garde est commise à la cour des tributs : *c'est le sang du peuple*. Je n'ai puisé dans ce trésor que ce qu'il fallait pour nourrir les armées et pour empêcher *les famines*.

« J'ai dépensé chaque année plus de 22,500,000[1] francs à l'entretien, à la réparation des canaux; et mes voyages annuels pour inspecter les provinces coûtaient seulement de 75,000 à 150,000 francs. »

Troisième empereur, Young-tching : 1723 à 1735.

Fidèle aux saines traditions, Khang-hi choisit pour successeur le quatrième de ses fils, parce qu'il lui parut plus capable de bien régner que ses frères aînés.

Honneurs qu'il décerne à l'agriculteur le plus vertueux
de chaque département.

En 1723, Young-tching monte sur le trône, et pendant douze ans exerce le pouvoir. Il marque son règne par des honneurs accordés dans chaque département à l'agriculteur le plus vertueux, le plus économe et le plus intelligent. Ce cultivateur éminent aura le rang et portera les insignes de mandarin; lors de sa mort, on gravera son nom dans la salle des Ancêtres, à côté du nom des hommes ayant bien mérité du Gouvernement et de la patrie.

Young-tching fut loué par les missionnaires, auxquels il fut beaucoup moins favorable que son père, et que même il eut le malheur de persécuter. « On doit, dit l'un d'eux, rendre justice à son application infatigable

---

[1] Trois millions d'onces d'argent.

pour le travail. Jour et nuit il s'occupe à perfectionner la
forme d'un sage gouvernement, afin de procurer le bonheur à ses sujets. On lui fait la cour en lui présentant
tout projet qui tend à l'utilité publique et qui peut soulager les peuples; un tel projet, il l'exécute aussitôt, sans
nul égard à la dépense. Il a publié des édits pour secourir
ses sujets dans les années de stérilité et lors des tremble-
ments de terre. En peu de temps, il s'est acquis l'amour
et le respect de tout l'empire. » Faisons remarquer ce
qu'il y a de grandeur d'âme dans le chrétien persécuté,
lorqu'il rend au persécuteur une si grande justice.

Le nouvel empereur a rédigé l'instruction la plus remarquable pour commander aux soldats tartares de se
livrer à la culture des terres, sans négliger les exercices
militaires; il leur prescrit de vivre avec sobriété, d'être
économes et de respecter les mœurs.

Quatrième empereur, Khien-loung : 1736 à 1796.

Tel fut le prince auquel succéda Khien-loung. Celui-
ci rappela les beaux jours de son illustre aïeul par la
durée, la grandeur et la félicité de son règne. Ses victoires
complétèrent la domination de la Chine sur le grand plateau de l'Asie.

En 1761, il reçut l'hommage des cartes perfectionnées
de la Chine *et de la Tartarie;* cartes que, d'après ses ordres,
venaient d'achever les missionnaires français.

En 1770, dans la trente-cinquième année de son règne,
une tribu mongole établie sur le Volga ne peut plus supporter le joug pesant des Russes. Elle émigre en masse;
elle traverse les déserts de l'Asie, en se défendant contre
les Moscovites envoyés à sa poursuite; elle arrive enfin
sur la frontière de la Chine, et demande asile au Céleste

Empire. Les fugitifs sont accueillis avec transport par l'empereur Khien-loung, qui, saisi d'un juste orgueil, comble leurs chefs de bienfaits et d'honneurs.

Lorsque arriva la soixantième année de son âge, de 1779 à 1780, les gouverneurs des provinces voulurent célébrer avec une grande solennité le sixième anniversaire décennal de sa naissance. « Je souscrivis à leur désir, dit le monarque; j'avais annoncé la même permission pour qu'on célébrât un nouvel anniversaire lorsque j'aurais atteint ma soixante et dixième année, et ma sainte mère sa quatre-vingt-dixième. Hélas! ma mère n'est plus, et tous mes projets de joie sont évanouis; mon seul bonheur est aujourd'hui la félicité de mes peuples. Que tout appareil de fête à mon sujet soit interdit.

« Il me souvient d'une supercherie qu'on se permit pour célébrer ma soixantième année. C'était au sortir des gorges de Kou-pé-kéou, que je croyais trouver désertes. Je vis des décorations de toutes sortes, telles qu'on les aurait pu faire au voisinage d'une ville opulente, avec des illuminations et des théâtres. Je défends absolument qu'on imite cet exemple; *laissez les chemins tels qu'ils sont.* »

La grande impératrice Catherine ne fut pas aussi rigoureuse à l'égard du simulacre de culture et de constructions qu'un ministre courtisan érigeait, pour la flatter, lorsqu'elle traversait les déserts de ses conquêtes du midi.

Khien-loung, à la même époque, faisait paraître l'édit par lequel il rendait grâce au Ciel et *s'effrayait du bonheur de son règne,* bonheur dont il implorait la continuation.

« Tout est en paix aujourd'hui, sur terre et sur mer, et j'ai reculé bien loin les bornes de l'empire. J'ai déjà régné quarante-cinq ans, et je touche à la soixante et dixième année de mon âge. J'ai suivi les exemples et les préceptes de mon père et ceux de mon aïeul Khang-hi. C'est pourquoi je regarde mon peuple comme ne faisant qu'un même corps avec ma personne; je l'aime comme moi-même. Je cherche tous les moyens de lui procurer sinon le bonheur parfait, au moins celui dont je voudrais jouir, et pour lequel je soupire. Qu'aucun mandarin ne me loue de cela dans ses compliments d'anniversaire; ses missives, jetées au rebut, n'arriveraient pas jusqu'à moi.

« Pour honorer mon anniversaire, qu'on aille, dit-il, dans les lieux où sont les tombeaux des anciens souverains *et dans l'endroit où reposent les restes de Confucius*, afin qu'on leur rende les hommages accoutumés. »

Il accorde des faveurs aux princes, aux mandarins, aux simples lettrés, aux soldats tartares et chinois, etc.

« Qu'on fasse une exacte recherche des personnes qui se distinguent par *leur piété filiale;* des hommes qui ont mené jusqu'à présent une vie irréprochable, en remplissant leurs devoirs dans la vie civile; des femmes qui se sont distinguées par les vertus de leur état et de leur sexe. Le tribunal des rites vérifiera ces mérites; il décernera les récompenses et les honneurs suivant la justice.

« Qu'on restaure tous les temples; qu'on répare les routes et les ponts. Qu'on dégrève les familles accablées par les inondations ou la stérilité. On a dû leur prêter du bétail et des charrues; s'ils ne sont pas en état de les restituer, je les leur donne.

« Que les mandarins aient un soin particulier des veuves, des orphelins, des malades, des vieillards et des indigents. Qu'ils emploient pour les secourir les deniers publics: je veux dire *les deniers qui sont à ma disposition personnelle ou qui devraient me revenir*[1].

« Comme je porte dans mon cœur tous les hommes, je

---

[1] Ce sont les revenus des possessions patrimoniales dont l'empereur jouit en Tartarie; ils forment exclusivement sa liste civile.

voudrais que tous pussent partager mes bienfaits. Je veux forcer, en quelque sorte, mes sujets à désirer que je vive longtemps, afin que je règne encore longtemps sur eux. »

Les bienfaits de la justice austère.

Le même souverain aurait pu n'être que débonnaire; il se rappela Confucius et fut impitoyable contre les con-cussions et les malversations : ce fut sa gloire.

Sous le règne de Khien-loung, la corruption serpen-tait déjà dans le corps des mandarins; le souverain l'ar-rêta par une inflexible sévérité. En quelques départe-ments, les sommes étaient distraites des caisses publiques, prêtées à gros intérêts, et les fruits de l'usure illégalement retenus par des mandarins concussionnaires; ailleurs, on commettait des exactions sous des formes incroyables.

L'empereur ordonna les enquêtes les plus sévères; il fit juger les prévaricateurs; trois cent quatre-vingts furent déclarés coupables. Tous furent privés de leurs emplois; les uns furent exilés, et d'autres punis de mort.

Il ne se contenta pas de châtier les fonctionnaires des moindres rangs et ceux des situations moyennes; il sut atteindre les malfaiteurs des rangs les plus élevés.

Voulant faire un grand exemple, il laissa les juges prononcer la peine de mort contre un haut personnage qu'il avait comblé de bienfaits, et l'exécution fut conforme à la sentence. Des prévaricateurs de plus bas étage reçurent des corrections proportionnées à leurs méfaits.

Ayant atteint la quatre-vingt-sixième année de son âge et la soixantième de son règne, le 8 février 1796, Khien-loung *abdiqua :* ne voulant pas, déclarait-il, régner plus longtemps que Khang-hi, son aïeul et son modèle.

À tout prix, d'après cet illustre modèle, il maintenait

la paix et l'abondance dans l'empire, et ses victoires au dehors ne coûtaient rien aux félicités de l'intérieur

Khien-loung, poëte célébré par Voltaire.

Il aimait les lettres. On lui doit des vers élégants, composés à l'éloge de la boisson préférée par ses sujets, et la seule que puissent avouer la tempérance et la sobriété. Il a célébré par des poésies nationales les événements de son règne glorieux pour son empire. La renommée de ses œuvres impériales parvint jusqu'au rare génie qui, dans notre Occident, décernait ou confirmait les réputations du xviii⁰ siècle. Le roi Voltaire, du même style indulgent et gracieux dont il célébrait le talent à peine poétique de Frédéric le Victorieux, Voltaire célébra la muse de Khien-loung le Conquérant.

Khien-loung, dans un grand dessein, ordonna d'exécuter par l'Imprimerie impériale l'œuvre la plus étendue qu'on ait jamais publiée : c'était une collection de plusieurs milliers de volumes, réunissant les meilleures productions depuis la plus haute antiquité. Il se faisait, chaque année, rendre compte du degré d'avancement de cette immense entreprise, qui nous effrayerait en Europe.

Cinquième empereur, Kia-king : 1796 à 1820.

Ici finissent les grands règnes et le progrès en puissance de l'empire Chinois; ici commence l'ère des mécontentements, des conspirations et des révoltes.

Kia-king fut le premier entre les empereurs de la dynastie mandchoue qui donna le honteux spectacle de la mollesse et de la dissolution; il révolta les âmes honnêtes et fournit prétexte aux attaques des pervers.

Dans un mémoire destiné pour cet empereur, un admirable censeur, Soung-kéou, qui dans sa jeunesse avait été le conducteur éclairé et bienveillant de lord Macartney, Soung-kéou reproche au souverain l'oubli qu'il fait de la vertu de ses ancêtres et les funestes conséquences qui s'ensuivent dans tout l'empire. Le mauvais monarque, exaspéré d'entendre ainsi la vérité, demande au censeur : « Quel supplice veux-tu pour ton châtiment? » Celui qui pouvait répliquer, *La loi me rend inviolable*, répond fièrement : « Je veux une mort ignominieuse et lente. — Tu ne l'auras pas; quelle autre choisis-tu? — La décapitation. — Non; quelle autre encore? — L'étranglement. »

Après un jour de réflexion, l'empereur finit par admirer un courage qui révoltait l'orgueil du despote; mais au lieu de récompenser tant de vertu, comme l'eût fait un monarque magnanime, il envoya le censeur, sous un climat glacial, administrer la Sibérie chinoise : ce pays tartare où viennent longuement souffrir les bannis de l'empire du Milieu.

Après avoir négligé le premier et salutaire avertissement donné par la vertu, Kia-king en reçut un second donné par le crime.

En 1803, à la septième année de son règne, ce prince, hostile aux sentiments de ses sujets, faillit être assassiné au milieu d'une foule immense. Là, se trouvèrent seulement six personnes qui le félicitèrent d'être échappé d'un tel péril. Il publie bientôt après un édit dans lequel il promet de mieux gouverner, en confessant qu'il a pu commettre des fautes. « Ce qui m'afflige, dit-il, ce n'est pas le poignard de l'assassin, *c'est l'indifférence du peuple.* » Malgré ce beau sentiment, bientôt oublié, il n'en continua pas moins de vivre dans la mollesse et dans la licence.

Au lieu de combattre par les armes, on s'efforça de gagner à prix d'argent les chefs des révoltes qui surgirent en divers points de l'empire. Sur les côtes, les pirates devinrent de plus en plus audacieux; ils établissaient sur les navires marchands une *taxe noire*, comparable au *black-mail* que les montagnards écossais levaient sur les Saxons des basses terres.

Dès le règne si prospère de Khien-loung, des sociétés secrètes s'étaient formées, entre autres la *société des Nénuphars*, dont les missionnaires chrétiens furent injustement accusés de faire partie; ses funestes desseins éclatèrent, sous le règne suivant, par une insurrection qui s'étendit à trois provinces. Soixante et dix affiliés d'une autre association, celle de *la Raison céleste*, prirent d'assaut le palais de l'empereur, dont ils restèrent pendant plusieurs jours en possession. Les années 1813 et 1816 furent marquées par ces grands attentats.

Une autre société plus célèbre encore était celle de *la Triade*, dont les membres n'étaient admis que moyennant des signes cabalistiques, avec des serments odieux. Vrais *Carbonari de la Chine*, leur infâme société n'a cessé de révéler son existence par des complots, des révoltes, et trop souvent par des assassinats.

Cependant la démoralisation gagnait les personnes isolées et les magistrats. Rapportons un enchaînement de crimes et de vertus qui fait voir ce qu'avait déjà perdu la moralité chinoise, et ce qui restait encore de ressources pour la rendre à son antique pureté.

En 1818, dans la province de Kiang-nan, le district de San-yang est dévasté par une inondation. Pour aider les malheureux, l'ordre impérial est donné d'indemniser les pertes éprouvées; mais un misérable préfet s'approprie les indemnités. Le gouverneur de la province, informé

du vol, fait choix du mandarin Wan-chin-han pour instruire sur ce crime. Le coupable propose au magistrat
1,125,000 francs s'il veut jeter un voile sur sa culpabi-
lité; le vertueux juge d'instruction rejette cette offre.
Alors le voleur officiel, au modique prix de 15,000 francs,
obtient que trois serviteurs de l'homme incorruptible
l'empoisonneront, et qu'ils feront passer sa mort pour
un suicide. La veuve de ce magistrat devine le crime et
fait arrêter les coupables; ils avouent leur forfait et sont
punis du dernier supplice..... Par une abominable juris-
prudence, non-seulement le préfet, auteur primitif de
l'empoisonnement, est mis à mort, mais avec lui toute sa
famille, à l'exception d'un fils de trois ans : ce dernier
ne sera décapité qu'après avoir atteint sa seizième année.....
Enfin la veuve intrépide reçut les plus grands honneurs.
Quel mélange incroyable du bien et du mal !

Sixième empereur, Tao-kouang : 1821 à 1850.

Lors de la conjuration de 1813, ce prince avait montré
de l'énergie en tuant de sa main deux des assassins déjà
maîtres du palais de son père Kia-king. Ce courage et ce
dévouement l'ont fait empereur.

Le nom qu'il a pris en montant sur le trône signifie *la
gloire de la raison :* c'était bien de l'orgueil pour un prince
dont la raison n'avait rien de supérieur. Il ne sut pas
même administrer.

Pendant ce règne, les finances de l'empire ont continué d'éprouver des déficit considérables, soit par l'effet
des malversations, soit en conséquence des malheurs
qu'a produits une guerre qui méritait une issue moins
funeste pour la Chine.

Réparation des digues du fleuve Jaune.

En 1819, le trésor dilapidé ne suffisait pas à réparer d'énormes dégâts dans les digues du fleuve Jaune. On eut recours au moyen supplémentaire d'une souscription, et l'on promit des honneurs aux généreux souscripteurs. Il fallut employer simultanément cent mille hommes pour réparer les désastres.

Exemple illustre, mais impuissant, pour réprimer la déplorable invasion de l'opium.

Tao-kouang eut la noble ambition de faire cesser l'immoral emploi de l'opium, que propageait la contrebande britannique. Il fit mettre à mort un des princes de sa maison qui déshonorait son rang par l'usage dégradant de ce dangereux poison. Il affronta la guerre contre la formidable puissance qui, chaque année, faisait ce honteux commerce interdit par les lois; mais, à l'exemple de son père, il avait négligé l'art de la guerre et la discipline militaire. Ses troupes étaient énervées par une longue paix; elles furent honteusement battues, et la race conquérante perdit ainsi son prestige héréditaire.

Les frais de la guerre et l'immorale indemnité qu'il dut payer pour l'opium qu'au nom des lois il avait fait saisir et détruire, ces dépenses excessives dérangèrent l'équilibre des finances. La pénurie du trésor fit permettre que l'ignorance achetât à prix d'or le rang et les degrés du mandarinat. Ce lâche expédient portait atteinte à l'esprit du Gouvernement; il donnait naissance au mécontentement le plus dangereux et le mieux fondé.

Le règne de Tao-kouang fut troublé par une foule de

rébellions partielles, apaisées plutôt à force d'argent et de corruption que par la valeur des troupes impériales.

Tao-kouang s'est déshonoré en mettant à mort un prince tartare, un musulman, qui faisait reparaître, au bout de six siècles, le beau nom de Jehan-ghir; ce prince, après avoir bravement combattu du côté de la petite Boukharie, s'était rendu prisonnier, sur la foi des promesses impériales indignement violées.

Les complots souterrains des sociétés secrètes continuent et conduisent aux attentats les plus odieux.

En 1832, une conspiration redoutable est découverte à Pékin et déjouée.

Septième et dernier empereur, Hien-foung : 1850.

Le septième empereur, celui qui règne aujourd'hui, monta sur le trône en 1850, sous le nom de Hien-foung. Aucun souverain mandchou n'a subi d'aussi grands malheurs et montré moins de résolution pour faire face à la mauvaise fortune. Son énergie s'éveillera-t-elle?

Sous son règne a commencé la grande insurrection qui depuis dix ans étend ses terribles ravages dans les plus belles parties de son empire. Nous en examinerons plus tard la nature et les ravages.

II. LA NATION CHINOISE.

Appréciation du progrès numérique de la population.

Nous venons de voir comment la grande dynastie mandchoue, depuis le milieu du xviie siècle jusqu'à la fin du xviiiᵉ, a favorisé le développement et le bonheur du peuple chinois. En 1796 avait cessé le dernier de ses règnes illustres. Plus tard la paix intérieure commença d'être troublée par quelques ébullitions factieuses. Cependant l'ensemble de la nation continuait de trouver la même sécurité dans ses travaux urbains et champêtres; rien n'était changé dans les rapports sociaux, et le progrès numérique de la population devait se continuer sans altération très-sensible.

Ce progrès devait finir par révéler, à qui saurait l'observer, un des plus grands phénomènes qu'eût jamais présentés l'accroissement du genre humain.

Les maximes d'un gouvernement paternel et les traditions d'un siècle et demi de bienfaits ne cessèrent pas d'être révérées et suivies, quoique le caractère des monarques tendît à s'amollir et dégénérât. Cette dégradation portait atteinte au respect des peuples, d'abord au détriment de quelques princes, ensuite au détriment de la dynastie; cela suffisait à détruire le dévouement, et je dirais presque la religion des sujets envers l'autorité suprême. On verra les tristes conséquences d'une telle atteinte à l'affection du peuple pour ses souverains.

La nation chinoise, dès les temps les plus reculés, a senti l'importance de constater par des recensements généraux le nombre des habitants. L'organisation administrative est parfaitement propre à rendre facile et sûre l'opération des dénombrements. Il y a, par chaque centaine de familles, un centenier qui constate le nombre des habitants confiés à sa surveillance habituelle. Sur la porte de chaque maison, l'on suspend un écriteau présentant le nombre et l'âge de chacune des personnes qui l'habitent; le simple relevé de ces écriteaux, même sans visite domiciliaire, suffirait au recensement.

Dans les résultats publiés à diverses époques on a donné tantôt le nombre des familles et tantôt celui des habitants.

Des écrivains superficiels ont souvent confondu les nombres indiquant les familles avec les nombres indiquant les individus : de là sont résultées de graves erreurs. Nous avons eu soin de nous en préserver.

Nous extrayons les données suivantes d'un tableau beaucoup plus étendu qu'on doit à l'érudition de M. Pauthier[1]; nous nous sommes permis seulement d'y faire une légère correction et deux additions.

RECENSEMENTS IMPORTANTS DE L'EMPIRE DE LA CHINE.

ANNÉES.	EMPEREURS.	DYNASTIES.	FAMILLES CONTRIBUABLES.	HABITANTS.
		AVANT NOTRE ÈRE.		
2250...	Chun-yu..............	Hia..........	....	13,553,923
1100...	Tching-wang.........	Tchéou.......	....	13,704,923
		DEPUIS NOTRE ÈRE.		
2...	Hiao-ping-ti...........	Han..........	12,233,060	59,594,970
1290...	Koubilaï-khan.........	Mongole......	13,196,206	58,834,711
1580...	Chin-tsoung...........	Ming........	10,621,900	60,692 856
1652...	Chun-tchi............	Les Mandchoux : Taï-tsing.....	14,883,858	74,419,290
1683...	Khang-hi.............	*Idem*........	19,432,750	97,163,765
1711...	Khang-hi.............	*Idem*........	20,111,380	100,556,900
1792...	Khien-loung..........	*Idem*........	"	307,467,200
1812...	Kia-king.............	*Idem*........	"	367,659,596
1852 à 60	Hien-foung...........	*Idem*........	"	530,595,887

[1] *Chine moderne,* p. 190.

Nous insisterons peu sur l'intervalle qui s'écoule entre les deux premiers recensements rapportés dans le tableau qui précède ; il ne faudrait pas qu'on leur reprochât l'immobilité presque complète ou du moins le retour au même terme de la population, après un intervalle de 1150 ans. J'aurai plus tard occasion de faire observer un semblable retour après plus de quinze siècles, au sujet d'une population incomparablement plus considérable : celle des contrées dont se composait l'empire Romain au temps de sa plus grande splendeur, et des mêmes contrées prises ensemble au commencement de notre siècle.

Comparons, pour l'année 1100 avant notre ère, la population de la Chine avec l'étendue de son territoire.

Densité de la population chinoise, dans l'année 1100 avant J. C.

Population.	13,704,923 habitants.
Superficie.	336,196,154 hectares.
Population pour mille hectares.	41 habitants.

On ne doit pas être étonné de voir, dans cette haute antiquité, un peuple compter déjà 14 millions d'hommes obéissant à la même loi. Contentons-nous de faire observer combien ce peuple restait éloigné des limites qu'ont atteintes de nos jours d'autres nations, en des contrées dont le sol et le climat n'ont rien qui les favorise extraordinairement.

Aujourd'hui, par mille hectares, la France nourrit 687 personnes, c'est-à-dire 17 fois autant qu'en nourrissait il y a trente siècles un des pays les plus féconds de l'Orient, un pays situé dans la partie de la zone tempérée la plus favorable à l'abondance des fruits de la terre.

Nous avons cité le recensement de la Chine opéré pour

la seconde année de notre ère : époque importante, parce
qu'elle coïncide avec la plus grande prospérité de l'empire
Romain et la plus belle époque du siècle d'Auguste.

Densité de la population chinoise, l'an 2ᵉ de notre ère.

Population. . . . .   59,594,970 habitants.
Superficie. . . . .   336,196,154 hectares.
Population pour mille hectares .   177 habitants.

Dans la période antique des onze derniers siècles avant
notre ère, la Chine avait eu le bonheur d'être exempte
de grandes invasions, sans s'épuiser elle-même au dehors
par des guerres insensées : aussi voyons-nous que sa population, dans cet intervalle, a plus que quadruplé.

Si l'on supposait que chaque année l'accroissement se
fût conservé suivant la même progression régulière, il
aurait suffi que, tous les ans, chaque million d'habitants
s'augmentât de 1,245 personnes : accroissement presque
insensible pour les contemporains. Nous présenterons
une idée plus facile à saisir, en disant qu'un tel progrès
est satisfait lorsque, par génération de vingt-quatre ans,
cent individus qui disparaissent sont remplacés par cent
trois nouveaux individus.

Ce faible accroissement nous semble d'autant plus facile à concevoir qu'à cette époque la Chine, quoique son
peuple eût quadruplé, était encore, à proportion de son
territoire, quatre fois moins peuplée que ne l'est aujour-
d'hui la France.

Nous allons trouver un triste résultat si nous passons
de la seconde année de notre ère à l'an 1290, lorsque le
brillant empereur Koubilaï cherchait à réparer avec tant
d'éclat les maux auxquels avait mis le comble l'invasion
de la Chine par Gengis-khan son ancêtre.

Nous ne trouvons plus alors un accroissement, mais une triste diminution dans le nombre des habitants; il ne faut pas que nous en soyons surpris.

C'est pendant les treize siècles écoulés ici qu'outre les exterminations opérées par les Mongols avant d'arriver à la conquête, des révolutions intérieures se sont manifestées par *quinze changements de dynasties* et quinze séries correspondantes de perturbations, de violences et de crimes.

Nous arrivons à la dynastie chinoise des Ming; c'est elle qui chasse les Tartares Mongols et qui se maintient sur le trône depuis le xive siècle jusqu'au xviie siècle. L'accroissement de la population, quoique peu rapide encore, nous donnera l'idée du sort moins malheureux qu'éprouvaient alors les Chinois, sous les auspices d'une maison qui flattait le sentiment national. Aussi verrons-nous les conspirateurs des temps modernes évoquer sans cesse les souvenirs de cette époque, dans le dessein, plus ou moins supposé patriotique, de renverser et de chasser une seconde fois les Tartares.

Densité de la population huit ans après l'extinction de la dynastie des Ming, en 1652.

Population.................. 81,861,219 habitants [1].
Superficie................. 336,196,154 hectares.
Population pour mille hectares . 243 habitants.

Chose remarquable! au moment où périssait la dynastie des Ming et lorsque Louis XIV commençait à régner, la

[1] Pour ne pas trop favoriser la dynastie mandchoue, comme elle avait encore à conquérir quelques parties les moins peuplées de la Chine, j'ai cru devoir augmenter d'un dixième la population donnée par le recensement de 1652.

densité de la population était presque identique dans la France et dans la Chine. Nous verrons, à partir de cette époque, combien grande est la différence d'accroissement chez les deux nations.

Commençons par mesurer le progrès annuel de la population du Céleste Empire sous la dynastie des Ming.

Progrès de la population sous la dynastie chinoise des Ming.

Par million d'habitants, 913 personnes chaque année;
Par génération, 100 personnes produisent 102 personnes.

Cet accroissement moyen annuel sous la dynastie des Ming, égal à 913 habitants par million d'hommes, n'est pas la quatorzième partie de l'accroissement qu'éprouve aujourd'hui la population britannique, malgré la grande condensation de celle-ci.

Nous allons voir maintenant se déployer devant nous un tout autre spectacle.

Progrès de la population chinoise sous la dynastie tartare-mandchoue :
la dynastie actuelle des Taï-tsing.

Peu de temps après 1652 monte sur le trône un des plus grands souverains qu'ait eus la Chine : c'est Khang-hi. Nous avons vu qu'en peu de temps il achève de la conquérir et d'en apaiser les derniers troubles. Il attaque et subjugue les Tartares Mongols; il s'avance avec rapidité sur le grand plateau de l'Asie, qu'il soumet à ses lois jusqu'au revers oriental des monts Himâlayas. Cette perpétuité de succès procure à ses États une paix intérieure qui répand ses bienfaits, sans interruption, depuis la dernière moitié du xviie siècle jusqu'à la fin du xviiie.

En 1683, on opère un nouveau recensement qui dénombre dans la Chine proprement dite, empire du Milieu, 97,163,765 habitants. A cette époque, aucun état occidental ne possédait, en Europe, 18 millions d'habitants agglomérés. On peut douter qu'alors l'Europe entière égalât en population le seul empire de la Chine.

Densité de la population chinoise en 1683.

Population................ 97,163,765 habitants.
Superficie................ 336,196,154 hectares.
Population pour mille hectares.   289 habitants.

Embrassons d'un regard le xviii° siècle. Aux soixante ans du grand règne de Khang-hi succède un règne intermédiaire marqué par treize ans d'un bon et paisible gouvernement; puis de nouveau soixante années d'un autre grand règne, signalées par la même gloire militaire au dehors, le même amour des sujets, la même paix intérieure et les mêmes prospérités : cette dernière période finit seulement en 1796.

En 1793 a lieu la célèbre ambassade de lord Macartney, sans résultat mercantile, mais qui rapporte de la Chine des notions moins erronées qu'on n'en avait eu jusqu'alors sur la population de cet empire. On était loin cependant de connaître le véritable peuplement qui correspondait à cette époque, et dont voici l'expression :

Densité réelle de la population chinoise en 1792.

Population................ 307,467,200 habitants.
Superficie................ 336,196,154 hectares.
Population pour mille hectares.   917 habitants.

Avant d'aller plus loin, commençons par comparer le progrès annuel de la population chinoise pendant l'âge d'or de la dynastie mandchoue et pendant le règne des Ming.

Dynasties comparées des Chinois Ming et des Tartares Mandchoux. — Accroissement moyen annuel de la population par million d'habitants :

    1° Dynastie des Ming............   913 personnes.
    2° Dynastie mandchoue, XVIII° siècle. 10,215

Gravons bien ce grand résultat dans notre esprit :

Pendant l'âge d'or des Mandchoux la population s'est accrue chaque année dix fois plus vite que sous la dynastie des Ming, et cette énorme supériorité de progrès annuel avait lieu pour une population qui se trouve à la fin quatre fois plus condensée que sous les Ming.

Vers la fin du dernier siècle, la Chine était devenue, sans exception, la contrée de la terre où la population s'était le plus multipliée. Comparativement avec l'étendue de son territoire, elle nourrissait un plus grand nombre d'habitants que d'autres pays très-fertiles et très-avancés en civilisation ainsi qu'en richesse; plus que les contrées. de peu d'étendue, bornées à des plaines admirablement fertiles et les mieux cultivées du monde; plus que l'Angleterre, plus que la Belgique, plus que la Lombardie, la Vénétie, le royaume de Naples et la Sicile.

Un économiste de premier ordre fut, pour ainsi dire, frappé d'épouvante au récit d'un peuplement si prodigieux, quoiqu'il n'en connût pas toute l'étendue; peuplement dont il ignorait les causes et les ressources. C'est à la Chine que le célèbre Malthus alla surtout chercher des arguments, afin de montrer les périls et les malheurs qui, selon ses terreurs, suivent fatalement de tels progrès. Il lui semblait que l'étonnante et vaste contrée était incapable de nourrir ses habitants et qu'elle était incapable, à plus forte raison, d'en nourrir un nombre supérieur. Il lui semblait, dis-je, que cette contrée était parvenue à ce développement excessif de population qui devient un fléau pour l'humanité, qui rend les misères infinies et qui multiplie les crimes les plus révoltants.

Était-il sensé, vers la fin du xviii° siècle, de considérer comme excessive la population de la Chine?

Nous avons vu, page 134, que, d'après le cens de 1792, la Chine avait à nourrir 917 habitants par mille hectares : c'était beaucoup sans doute ; mais nous savons aujourd'hui que depuis plusieurs années l'Angleterre, la Belgique, la Lombardie et la Vénétie nourrissent par hectare un plus grand nombre d'habitants.

L'expérience la plus éclatante devait démontrer que la Chine, loin d'avoir outre-passé les bornes supposées possibles, devait s'avancer beaucoup au delà ; elle va nourrir, sur une même superficie, un nombre d'individus bien plus considérable.

Nouveaux progrès de la population chinoise.

Dès 1816, au retour de la paix générale, les Anglais essayèrent de renouer avec la Chine des relations diplomatiques, tristement échouées en 1792. Leur puissance avait fait d'immenses progrès en Orient. La moitié de l'Indoustan était déjà soumise à leur pouvoir absolu ; le descendant, l'héritier de Tamerlan n'était plus que leur pensionnaire, et l'empereur qu'on appelait par excellence le Grand Mogol était en réalité leur prisonnier, dégradé dans le palais de ses ancêtres. On envoya lord Amherst en ambassade solennelle auprès de l'empereur d'une autre race tartare. Admis avec de grands honneurs dans la ville de Tien-tsin, où dernièrement lord Elgin et le baron Gros ont dicté la loi, lord Amherst refusa de rendre devant une image du souverain le même hommage de salutations et de prosternements que l'empereur rendait en personne à sa propre mère; il prétendit ne résoudre qu'à Pékin des difficultés de cet ordre. Alors il apprit à connaître ce ministère des cérémonies et des rites dont nous avons signalé le palais et les fonctions : voyez pages 63 à 67. Il sut qu'aucun grand, aucun roi même, ne peut pénétrer plus loin que la *porte de la Pureté céleste*, avant d'avoir, dans la cour des Hommages, accompli ces révérences et ces prosternements qui depuis quarante siècles sont consacrés par les mœurs et par les lois.

Lord Amherst ne tira pas même de son ambassade le parti qu'il en aurait dû tirer, en rapportant les résultats du recensement général de 1812, l'un des plus importants qu'on eût encore publiés. En adoptant une opinion erronée de M. Ellis, il croyait la population de la Chine beaucoup moins considérable que ne l'indiquait le recensement de 1792; il la croyait seulement de 142 millions d'habitants, lorsqu'elle était plus que doublée.

Le savant docteur Morrison, dans son ouvrage intitulé *View of China*, qui parut en 1817, fit connaître à l'Europe le recensement vrai de 1812.

Recensement de 1812 et densité correspondante de la population.

Population................ 367,659,596 habitants.
Superficie................ 336,196,154 hectares.
Population pour mille hectares. 1,093 habitants.

Si l'on compare les dénombrements de 1792 et de 1812, on reconnaît que dans le seul espace de vingt ans, qui n'égale pas même la courte durée d'une génération, le peuple chinois s'est augmenté naturellement, et sans conquêtes, de *soixante millions d'habitants.*

Le recensement de 1812 ne comprend pas la population mandchoue de la capitale; en l'y comprenant, il devrait dépasser 368 millions d'habitants.

L'accroissement annuel est ralenti d'un cinquième en le comparant à celui du XVIIIe siècle, que j'ai déjà nommé l'âge d'or de la dynastie tartare-mandchoue.

On n'en reste pas moins frappé d'étonnement à la vue d'un empire où le peuplement pacifique et naturel se ralentit sensiblement lorsqu'il n'offre qu'un accroissement de *soixante millions d'âmes* en vingt années seulement.

Un dernier résultat, communiqué, dit-on, par la mission russe qui réside à Pékin, paraîtra bien plus merveilleux : en 1852, un dernier recensement donnerait 530,595,887 habitants pour la Chine proprement dite.

Cette date est donnée par M. Pauthier dans l'introduction dont il a fait précéder la traduction française d'un ouvrage plein d'intérêt intitulé *la Vie réelle de la Chine,* par le révérend M. Milne; cependant le même recensement se trouve publié par M. F. E. Forbes en 1848. Il faut donc que le recensement soit un peu antérieur. Néanmoins, admettons l'époque de 1852 : si nous comparons l'accroissement moyen régulier entre le dénombrement de 1812 et celui que nous venons de rapporter, nous trouverons :

Accroissement comparé de trois nations, par million d'habitants.

Habitants.

1° Peuple chinois de 1812 à 1852.   9,213
   Peuple chinois au xviiiᵉ siècle. 10,215
2° Peuple britannique au xixᵉ siècle. 13,779
3° Peuple des États-Unis au xixᵉ siècle. 28,113

Ces rapprochements suffisent pour montrer que le dernier dénombrement chinois dont nous faisons ici mention, en le supposant daté de 1852, n'aurait rien en lui-même qui se refusât à la croyance d'un esprit judicieux.

Pour qu'on ne puisse pas nous accuser d'admettre un accroissement actuel trop accéléré dans la population de la Chine, nous avons supposé que le dernier recensement, dont l'époque n'est pas constatée pour nous avec précision, soit fictivement reculé jusqu'à la fin de l'année 1860. Dans cette hypothèse, l'accroissement annuel entre 1812 et 1860 serait seulement égal à 7,682 personnes par million d'individus, et, comme on le voit, de beaucoup inférieur à l'accroissement calculé pour le xviiiᵉ siècle. Nous allons montrer ce qui justifie la modération d'une pareille hypothèse.

Nous avons pris pour base le recensement de 1812, au sujet duquel aucune objection n'est élevée[1]. Nous avons supposé qu'à partir de cette époque l'accroissement

[1] Toute personne qui lira la traduction du chapitre des *Grands statuts administratifs* de l'empire de la Chine, concernant le *dénombrement* de la population chinoise fait en 1812, et publiée par M. Pauthier, en 1841, sous le titre de *Documents statistiques officiels sur l'empire de la Chine,* restera convaincue que ce dénombrement, opéré par les procédés les plus judicieux, doit inspirer au moins autant de confiance que nos recensements européens.

annuel fût simplement égal à la valeur ralentie que nous avons trouvée de 1792 à 1812, et qui s'élève à 8,980 personnes par million d'habitants.

Nous nous sommes demandé combien il faudrait d'années, avec cet accroissement *minimum*, pour que la population de 1812 produisît 530,595,887 âmes.

Nous avons trouvé qu'il faudrait quarante et un ans, lesquels ajoutés au chiffre de 1812 conduisent à l'époque de 1853 : sept ans plus tôt que je ne l'ai supposé. Il convient d'attendre des renseignements ultérieurs, afin de lever tous les doutes qu'il serait possible de concevoir sur le chiffre auquel on doit porter maintenant la population chinoise.

D'après les calculs qui précèdent et les considérations sur lesquelles ils s'appuient, nous voyons qu'on peut sans exagération évaluer comme il suit la densité actuelle de la population chinoise.

Densité la plus considérable qu'ait atteinte la population chinoise.

Population attribuée à 1860... 530,595,887 habitants.
Superficie de la Chine....... 336,196,154 hectares.
Population pour mille hectares. 1,578 habitants.

Aucune grande nation n'est parvenue à faire vivre une quantité d'hommes aussi considérable, proportion gardée avec l'étendue de son territoire.

Ce magnifique résultat, obtenu par des progrès continus depuis deux siècles, est devenu possible : d'un côté, par les soins merveilleux apportés à l'agriculture; de l'autre, par la paix intérieure, qui n'a pas cessé de régner dans l'empire depuis la dernière moitié du xviie siècle jusqu'à la première du xixe.

Résumons les progrès de la population chinoise depuis la huitième année du règne des Tartares Mandchoux jusqu'à ce jour.

Progrès par million d'habitants de la Chine,
ou 208 ans de domination tartare.

Années.	Population.
1860.	530,595,887
1652.	81,861,219

Ainsi donc, en deux siècles et huit ans, la multiplication de l'espèce humaine a changé chaque million d'habitants du Céleste Empire en 6,481,731 âmes.

Je me propose de montrer l'immense mérite qu'a développé le Gouvernement chino-mandchou pour avoir rendu possible un résultat si prodigieux.

Travaux de la nation chinoise : agriculture.

Nous venons de voir comment la force directrice et militaire appartient à la nation tartare, et nous avons montré quel noble usage les Mandchoux en ont fait jusqu'à des temps rapprochés de notre époque.

Nous allons maintenant étudier la part de la nation chinoise dans l'empire du Milieu. Tous les arts forment son domaine; mais elle triomphe surtout par l'agriculture.

Caractère et puissance de l'agriculteur chinois.

Ce qui me paraît remarquable au plus haut degré dans l'agriculture chinoise, c'est l'homme; *c'est l'agriculteur chinois!* c'est son activité, c'est sa force d'âme, c'est la sérénité vaillante de son caractère, qui le rendent capable à la fois de tout exécuter et de tout endurer. Hommes, femmes, vieillards, enfants, tous se partagent le labeur, tous le courage, tous le contentement et tous la belle humeur.

Leur condition est supérieure à celle des agriculteurs étrangers parmi les autres peuples de l'Asie et des trois quarts de l'Europe. En Chine, toutes les familles qui possèdent la terre ont le bonheur d'être égales entre elles et tiennent dans l'État un rang honorable. On ne serait pas compris dans l'empire du Milieu si l'on disait qu'il est des contrées d'Occident où les cultivateurs de la campagne habitée, de la villa, du village, ont formé longtemps la classe infime, la classe abjecte des *vilains;* classe dédaignée, humiliée, opprimée par des classes supérieures. A la Chine, chaque année, l'empereur ennoblît la charrue.

L'agriculteur est relevé, dans l'ordre social, par sa profession même, et l'État ne renferme pas de castes privilégiées par la naissance ou les artifices sociaux qui le puissent humilier et dégrader. L'égalité des charges foncières, pour égale valeur des terres, est la loi qui règne sur toute l'étendue du grand empire. Les plus petits hameaux possèdent leur école populaire, où tout enfant est accueilli. La moindre famille de paysans a la faculté d'élever ses fils dans les études qui conduisent à tout, même à gouverner 40 millions d'hommes en qualité de vice-roi. Quand viennent les examens, le fils du plus humble laboureur, s'il est le mieux instruit, passe avant le fils de l'homme qui nage dans l'opulence. Si le droit du faible et du pauvre n'est pas respecté, c'est qu'on a violé la loi de Confucius; et quand les violations deviennent communes, c'est que l'État dégénère et qu'on oublie les saintes maximes. Alors commencent les révolutions, qui renversent d'abord les

gouvernements provinciaux; si les leçons isolées ne suffisent pas, l'exaspération générale finit par exterminer les
dynasties. Depuis la mort de Confucius, en vingt-deux
siècles seulement, de compte fait, vingt maisons régnantes
ont été renversées; et déjà la vingt et unième chancelle
sur sa base, parce qu'elle oublie son passé.

Les droits personnels de l'agriculteur et de tout le peuple chinois.

Des écrivains mal informés, et cependant des plus
illustres, par exemple l'auteur de l'*Esprit des lois*, nous
ont représenté l'Asie entière, et par conséquent aussi
l'empire du Milieu, comme ne connaissant pas d'autre
loi qu'un despotisme sans bornes. Le Chinois possède,
au contraire, la vraie liberté; la liberté qui le fait disposer à son gré de sa propre personne; la liberté de
commander seul à sa famille; de choisir sans restriction
son état, et de ne rien payer pour l'exercer; de choisir
entre toutes les cultures de la terre pour les pratiquer
sans entrave, et d'y joindre au besoin toute industrie
supplémentaire; de vendre soi-même ses produits, et de
les vendre sur quelque marché que ce soit. Le même
homme possède la liberté d'aller et de venir dans l'immensité de l'empire, sans la moindre formalité, sans aucun
obstacle légal; d'habiter les villes et de les quitter sans avoir
besoin d'aucune autorisation; d'être à son gré, tour à tour
ou simultanément, laboureur, artiste ou lettré. Enfin, il
a le droit d'exprimer sa pensée, de l'imprimer sans permis
préalable, et même de la placarder au milieu des cités.
Voilà les libertés complètes de ce peuple d'Asie, grandi, .
fortifié, depuis des siècles, par une autre force morale :
l'égalité devant la loi.

Par quels moyens ces droits sont compatibles avec la conservation
d'un même état social.

Ici se présente à nous une grande question : Comment toutes ces libertés et cette immense égalité, qui chez nos peuples modernes, en Occident, ne peuvent pas être données si largement sans renverser les donateurs, quels qu'ils soient; comment cette munificence sociale a-t-elle été répandue sans danger par des conquérants sur tout un peuple vaincu? Quel contre-poids, quel modérateur a retenu deux cents ans ces centaines de millions d'hommes dans la conciliation, partout ailleurs sans exemple, de si grands droits populaires avec l'obéissance aux lois et la paix de la cité?... Des mœurs impérissables se sont employées pour faire vivre les lois; elles ont agi par le secours d'un sentiment profond, suprême, imprimé dès le jeune âge aux cœurs de tout un peuple. C'est le sentiment du respect et de la vénération : pour le père, ce monarque de la famille vivante; pour les aïeux, ces souverains des souvenirs; pour le père universel de la patrie, pour l'empereur, pontife suprême du Souverain maître du ciel. Le Chinois respecte ses lois séculaires, comme les ancêtres de la volonté générale. Pour le temps présent, il n'a pas besoin seulement de révérer le chef de l'État, il a besoin de l'aimer. Aussi, quand le souverain n'est pas dégénéré de ses devanciers, quand leur vertu brille en lui, tout son empire est fondé sur l'amour filial, pareil à celui que six générations consécutives portèrent à Khang-hi, à Khien-loung, deux patriarches sur le trône... Il manquait un dernier éloge à tous ceux que répand sur Confucius le simple récit de sa vie : ses leçons, de plus en plus gravées dans le cœur des générations, ont rendu sa nation plus propre

à recevoir, à garder deux trésors qu'on croyait impossibles
en Asie : l'universalité des libertés individuelles et la complète égalité sociale. Ces biens, à leur tour, ont réagi sur
toutes les œuvres de l'homme, la fécondité de sa race et
la grandeur nationale.

Par le plus frappant des contrastes, on a vu dans
l'Occident un peuple illustre et grandi depuis quatorze
siècles briser tout à coup avec son passé, pour conquérir,
à titre de droit, ce qu'il appelait sa liberté souveraine,
supprimer la vénération et l'autorité du père, des aïeux,
du monarque et même de Dieu ; appeler au secours
l'esprit, l'éloquence, le génie, l'héroïsme, la gloire et la
Terreur ; les employer à bâtir des ruines avec des ruines ;
essayer tour à tour d'imposer la force par les masses,
par quelques-uns, par un seul ; immoler deux millions
d'hommes à la recherche ou du bonheur ou de la renommée ; et, n'obtenant jamais ensemble la liberté sans bornes
et l'égalité sans réserve, changer d'état social et de lois
neuf fois dans les deux tiers d'un siècle !

Revenons au peuple stable dans ses institutions et dans
ses mœurs, à qui nous prétendons enseigner ce progrès
vacillant de la cité que nous nommons par excellence
notre civilisation.

Grand résultat séculaire.

Nous comprenons maintenant le résultat presque incroyable de la persévérance laborieuse sur la multiplication des hommes au sein du Céleste Empire. Peu de mots
suffiront pour exprimer la plus belle des conquêtes : *A force
de travail, de constance et de paix,* DEUX CENTIÈMES *seulement des terres du globe sont fécondés si puissamment qu'ils
suffisent à nourrir aujourd'hui* DEUX CINQUIÈMES *du genre*

humain ! Une même race est par le courage, et moral et civil, plus forte que les climats ; défrichant les forêts de la Mandchourie, aux confins de la Russie du nord ; travaillant avec encore plus d'énergie sous le soleil tropical du Fo-kien et de Canton, par la latitude de la haute Égypte et de l'Éthiopie : cette race prodigieuse, la voilà !

Tant que les lois règnent en Chine, ce n'est pas le campagnard qui s'agite de désespoir et qui voudrait, comme les colons de Virgile expulsés par des soldats, quitter en pleurant ses guérets pour aller jouir du plus consolant des spectacles, pour aller chercher dans la capitale du monde la liberté qui nourrit, *l'alma libertas !*

Quel prix mériterait l'agriculteur chinois si l'homme était récompensé dans un concours universel?

A présent que nous avons le secret des forces du cultivateur chinois, passons en revue ses travaux. Voyons comment il a résolu ce problème, le premier de tous aux yeux des hommes d'État : nourrir, sur un territoire d'étendue donnée, plus d'êtres heureux que ne l'a jamais fait aucune autre race dans aucune autre contrée?

C'est le premier prix de l'industrie agricole, dans le concours universel, que nous allons décerner à la nation chinoise, quoiqu'à l'Exposition universelle de 1851 le Jury de Londres l'ait à peine jugée digne d'un accessit et de mentions honorables.

Inégalité principale entre les régions supérieures et les régions inférieures de la Chine.

Il ne faut pas croire que dans tout le Céleste Empire la nature du sol ait également favorisé le cultivateur ;

elle présente, au contraire, d'excessives différences, qu'il est important de bien apprécier.

Des dix-huit provinces de la Chine, neuf appartiennent aux pays montagneux; elles forment un demi-cercle au nord, à l'est, au sud. C'est la partie la moins fertile; celle où les obstacles naturels sont le plus multipliés; celle dont l'agriculture est la moins avancée, celle où la population s'est aussi le moins multipliée : on dirait l'Europe, sous ce dernier point de vue.

TERRITOIRE ET POPULATION DES NEUF PROVINCES MONTUEUSES
OU DES HAUTES TERRES.

PROVINCES.	SUPERFICIE en HECTARES.	POPULATION	
		EN 1812.	EN 1860?
Chan-si.......................	14,314,820	14,004,210	20,166,072
Chen-si.......................	17,455,810	10,207,256	14,698,449
Kan-sou.......................	22,482,360	15,193,125	21,878,190
Sse-tchouan.	43,149,440	21,435,678	30,867,875
Kouei-tcheou.	16,744,690	5,288,219	7,615,025
Yun-nan.......................	27,962,980	5,561,320	8,008,300
Kouang-si.....................	20,265,910	7,313,895	10,584,429
Kouang-toung..................	20,578,270	19,174,030	27,610,128
Fo-kien.......................	13,850,750	14,777,410	22,699,460
Totaux..........	196,805,030	112,955,143	164,127,928

Les neuf provinces des basses terres comprennent les parties centrales et celles qui bordent l'Océan, depuis les confins de la Tartarie mandchoue, du côté du nord, jusqu'à la province méridionale du Fo-kien exclusivement.

TERRITOIRE ET POPULATION DES NEUF PROVINCES DES BASSES TERRES.

PROVINCES.	SUPERFICIE en HECTARES.	POPULATION	
		EN 1812.	EN 1860 ?
Tchí-li.	15,267,170	27,990,871	40,000,000
Chan-toung.	16,861,250	28,958,764	41,700,621
Kiang-sou.	11,525,030	37,843,501	54,494,641
Ngan-hoeï.	12,550,890	34,168,059	49,201,992
Kiang-si.	18,692,820	30,426,998	43,814,866
Tche-kiang.	10,139,440	26,256,784	37,809,765
Hou-pé.	18,245,210	27.370,098	39,412,940
Hou-nan.	19,248,100	18,652,207	26,859,608
Ho-nan.	16,861,210	23,037,171	33,173,526
Provinces des basses terres.	139,391,120	254,704,453	306,467,959
Provinces des hautes terres.	196,805,030	112,955,143	164,127,928
La Chine entière.	336,196,150	367,659,596	530,595,887

Le tableau qui suit montre l'extrême inégalité qui se
trouve entre l'étendue du sol et le nombre des habitants :
1° dans les basses terres; 2° dans les hautes terres. Nous
avons calculé cette inégalité, d'abord pour la population
certaine de 1812; ensuite pour celle qu'on peut regarder
comme moins démontrée, et que nous reculons jusqu'à
186c, afin d'éloigner le plus possible toute idée d'exagération.

LA HAUTE et LA BASSE CHINE.	EN 1812.		EN 1860.	
	SUPERFICIE par mille habitants	POPULATION por mille hectares.	SUPERFICIE par mille habitants	POPULATION par mille hectares.
	hect. ares.	habitants.	hect. ares.	habitants.
Provinces des basses terres..	536 22	1,822	380 37	2,629
Provinces des hautes terres..	1,745 42	574	1,199 09	834
La Chine entière.	932 63	1,072	633 56	1,578

Hâtons-nous maintenant d'examiner les moyens d'alimentation que la nation chinoise a su se procurer par son industrie, et qu'un gouvernement aussi bienveillant qu'éclairé a si puissamment favorisés depuis deux siècles.

ALIMENTATION DE L'HOMME.

Ire SECTION.

Alimentation tirée des animaux.

Les grands quadrupèdes.

Dans les parties basses de la Chine, comme l'espace est infiniment précieux, on n'en réserve qu'une partie presque imperceptible pour nourrir un petit nombre de chevaux, de buffles, de bœufs, de vaches et de bêtes à laine; il faut remonter au loin les grands fleuves, il faut s'approcher des pays tartares et tibétains pour trouver les pays consacrés aux professions pastorales.

Au temps de Marco Polo, la population était assez

disséminée pour que le lion trouvât de vastes espaces à parcourir sans être atteint, même au milieu des basses terres. Aujourd'hui, dans les plus grandes plaines, ce n'est pas le lion seulement qui ne saurait subsister, on ne peut pas même y nourrir le mouton; on ne cultive aucune prairie, et l'on ne laisse pas le sol oisif à l'état de simple pacage ou de parcours municipal.

En Chine, où les troupeaux sont inconnus, les habitants ne consomment ni beurre, ni lait, ni fromage.

Dans certains cas de maladie ou d'épuisement, lorsqu'on a besoin de lait comme régime ou comme médicament, on achète du *lait de femme;* on le paye à tant la mesure, ainsi que nous payons le lait de chèvre ou d'ânesse.

Les religions de l'empire du Milieu n'apportent aucun obstacle à la consommation du porc. Cet animal, qui s'engraisse des débris, des rebuts de tout ce qui nourrit l'homme, pullule à la Chine; il est pour le peuple une ressource importante.

On doit sans doute faire une exception à l'égard des mahométans; mais ces individus, d'une race étrangère éparse dans quelques provinces, ne constituent qu'une partie presque inappréciable de la population.

L'alimentation que l'homme a besoin d'emprunter au genre animal est fournie surtout par les poissons, par les volatiles, et par une foule de ressources accessoires qui pour nous seraient répugnantes : les chiens, les chats, les rats, les lézards, les couleuvres, etc.

Pisciculture.

La pisciculture, cette brillante invasion d'une science toute moderne en Europe, est antique et vulgaire à la Chine; elle n'en est pas moins ingénieuse.

Des colporteurs de frai mêlé de vase, tiré de la province de Canton, le renferment dans des barils qu'ils chargent sur des brouettes; ensuite ils le transportent et le vendent aux propriétaires des étangs du Kiang-si. Le plus léger déboursé procure assez de frai pour empoissonner une grande étendue d'eau. On ne prend pas d'autre soin que de jeter ce frai dans l'eau sur les bords d'un vivier. On y jette aussi des herbes tendres, bien hachées, avec une abondance qu'on proportionne à la force croissante du fretin. La rapidité de cette croissance est vraiment extraordinaire.

Dans les autres provinces de la Chine on emploie des moyens analogues pour multiplier le poisson sur les lacs, dans les canaux et dans les rivières.

La pêche.

Les Chinois ne sont pas moins habiles à prendre les poissons qu'à les rendre abondants au sein de leurs eaux.

Sur un développement de côtes qui surpasse mille lieues d'étendue, la pêche maritime fait subsister, par centaines de mille, des familles dont elle est l'unique industrie. Les poissons, qu'elles ont l'art de bien saler, sont ensuite transportés dans l'intérieur de l'empire.

Cette profession de la pêche maritime devrait être la meilleure école pour former une marine militaire intrépide; mais l'incurie, l'apathie du Gouvernement permettent que cette expérience et cette audace, au lieu de concourir à la défense de l'État, dégénèrent en piraterie.

Nouveau genre de pêche fluviale.

Il suffit d'un bateau long, étroit et très-ras au-dessus

de l'eau, conduit à la pagaie par un seul homme assis à l'arrière. Sur le côté de bâbord s'élève verticalement un filet d'abordage à mailles fines; du côté de tribord s'étend, à quelques degrés de pente sous la flottaison, une toile fixée par sa lisière supérieure le long du plat-bord. Voici maintenant le spectacle qu'offrait cette pêche à l'observateur pendant la nuit et par un temps calme. Le batelier en s'inclinant vers tribord faisait pencher le bateau, et la toile blanche descendait obliquement sous l'eau, qui par son cours tendait à remonter sur le plan incliné de la surface immergée.

C'était par un beau clair de lune; le pêcheur immobile gardait un profond silence. On eût dit que la toile blanche, et plongée dans l'eau, rendue visible par la douce clarté de l'astre des nuits, attirât et déçût les poissons. Ils s'en approchaient comme d'un rocher blanchâtre, qu'ils voulaient dépasser. Pour le franchir, ils sautaient par-dessus et, s'élançant avec impétuosité, se précipitaient contre le filet invisible dressé sur le bord opposé. Le filet les repoussait et les faisait tomber au fond du bateau.

Fauconnerie appliquée à la pêche.

Les Chinois sont parvenus à dresser des oiseaux pêcheurs avec autant d'art que d'autres peuples dressent des faucons pour chasser des oiseaux.

Ils ont de grands établissements consacrés à l'éducation de ces oiseaux, empruntés à l'espèce des cormorans. Nous allons en décrire un qui se trouve entre les villes de Chang-haï et de Cha-pou.

A trois ans ils peuvent pondre. Leurs œufs sont couvés par des poules, et vingt-cinq jours de couvée suffisent. On dépose les petits poussins sur un lit de coton en laine, chauffé par un tube d'eau chaude. Pendant cinq jours on les nourrit avec du *sang d'anguille;* après ces cinq jours on leur donne de la chair d'anguille hachée très-menu. Pour empêcher tout accident, il faut surveiller leur croissance et leur nourriture avec une extrême attention.

Ces oiseaux, quand ils sont dressés, coûtent de 3o à 4o francs la paire : prix considérable pour la Chine. Afin de les élever, on les nourrit avec du menu poisson et de la gelée de plantes légumineuses.

Les cormorans, une fois élevés et dressés, commencent à pêcher en octobre pour finir en mai; ils se reposent en été. On leur serre le cou avec un collier pour qu'ils n'avalent pas le poisson qu'ils capturent. Ils descendent sous l'eau depuis dix heures du matin jusqu'à cinq heures du soir et travaillent tous les jours. Si la paresse les gagne, s'ils essayent de se reposer, les pêcheurs impitoyables les punissent avec une longue gaule et les renvoient au fond de l'eau continuer leur travail.

Par les moyens que nous venons d'exposer et par beaucoup d'autres encore, on peut dire en résumé qu'aucune nation ne tire un aussi grand parti des eaux que les Chinois pour nourrir l'homme.

Alimentation fournie par les volatiles.

A défaut de grands quadrupèdes, les volatiles domestiques sont un puissant moyen d'alimentation.

Couvage artificiel.

Les Chinois ne se contentent pas d'élever par le couvage ordinaire les poules, les canards, les oies, etc.; ils excellent à faire éclore les œufs par une chaleur artificielle. A cet égard, ils rivalisent avec les Égyptiens.

Décrivons un atelier de couvage et des plus simples: c'est un modeste édifice quadrangulaire dont les murs, en pisé, supportent un toit ordinaire. Contre un des longs côtés l'on pose une rangée de paniers bien enduits de bouse terreuse, afin qu'ils ne prennent pas feu. Une large tuile forme le fond de chaque panier, et sous cette tuile agit le feu modéré d'un petit fourneau. Un couvercle en paille ferme exactement le panier, et le fermera tant que durera le couvage.

Au milieu, suivant l'axe longitudinal de l'atelier, se trouvent de nombreuses étagères dressées les unes au-dessus des autres. On y posera les œufs dans un certain degré de l'opération.

On commence par poser les œufs au fond des paniers; pendant quatre à cinq jours, on les tient chauffés entre 35° et 40° centigrades. On les inspecte alors; on se sert pour cela d'une porte percée de trous ronds un peu moins grands qu'il ne faudrait pour le passage des œufs. Le surveillant de la couvée introduit chaque œuf dans un de ces trous et regarde au travers : telle est son expérience, qu'à la seule inspection son œil lui révèle s'il est ou n'est pas gâté. Les bons œufs sont repris sans retard et replacés dans les paniers, qu'on chauffe encore neuf à dix jours. Ensuite on pose les œufs sur les larges planches étagées, sans les chauffer davantage; on les tient simplement cachés sous une couverture de coton pendant quatorze jours. Au bout de ce temps, les jeunes canards percent leurs coquilles.

Chaque atelier de couvage est assez spacieux pour contenir plusieurs milliers d'œufs. On a pris d'avance des arrangements afin qu'en deux jours, à partir de l'éclosion, tous les petits volatiles soient livrés aux acquéreurs avec qui l'on a traité d'avance.

Nous terminons ici les explications que nous avions à présenter pour faire comprendre comment les Chinois, race sobre et rangée, parviennent à produire en quantité suffisante la nourriture animale qui leur est indispensable.

IIe SECTION.

Alimentation tirée du règne végétal.

Quoique dans le nord et dans les parties montagneuses on cultive le millet, le froment et d'autres céréales, qu'on y joigne le maïs en se rapprochant du centre, la grande production caractéristique est celle du riz : celle-ci mérite de fixer toute notre attention.

Culture des basses terres : le riz.

La principale culture des basses terres est celle du riz; c'est vraiment la culture qui produit des miracles d'alimentation.

Les meilleures terres basses, celles qui sont bien arrosées et susceptibles d'une abondante végétation, donnent à la Chine deux récoltes de riz. Dans chaque récolte le produit s'élève à 50 hectolitres par hectare. Voilà donc, avec les deux récoltes, 100 hectolitres par hectare. Quand même nous n'admettrions qu'une seule récolte par année, et quand nous allouerions un sixième pour semences, il resterait 42 hectolitres, qui suffiraient à l'alimentation d'au moins 13 habitants.

Les terres médiocres donneraient encore la nourriture nécessaire à 6 habitants pour 1 hectare ensemencé de riz.

Faut-il s'étonner maintenant si les provinces des basses terres nourrissent en moyenne aujourd'hui 5 habitants par 2 hectares, toutes cultures comprises !

Du jugement porté par un agronome éminent sur la culture du riz par les Chinois.

Certainement, à l'Exposition universelle de 1851, la charrue des Chinois n'eût obtenu que le dédain des grands constructeurs britanniques : de ces inventeurs d'instruments aratoires si bien combinés, si bien ferrés, peints avec tant de recherche ; de ces inventeurs d'instruments qui méritèrent à si juste titre quatre médailles de premier ordre, décernées à l'exclusion de toutes les autres nations agricoles.

Citons maintenant avec confiance le jugement réfléchi que le voyageur anglais le plus compétent, M. Fortune, porte sur la charrue chinoise. Il la trouve informe, grossière, petite, et tirée par un buffle ou seulement par un petit bœuf : voilà bien des désavantages.

Cependant voici comment l'agronome britannique apprécie cette pauvre charrue. Elle répond, dit-il, beaucoup mieux à son objet que ne peut le faire la nôtre, trop pesante et trop peu maniable au gré des Chinois. Elle a surtout pour objet de remuer une terre couverte d'eau avant d'être sillonnée. Il ne s'agit que de retourner une couche boueuse d'environ deux décimètres d'épaisseur, étalée sur une base d'argile compacte, immuable, base sur laquelle s'appuient les pieds de l'homme et du buffle ; ici le buffle, qui chérit l'eau, se trouve dans son élément. L'homme seul accomplit un travail désagréable et malsain. Néanmoins ce laboureur, que vous êtes tenté de plaindre, il possède un courage supérieur à la souffrance, et, bravant un climat presque torride, on le voit, au travail, infatigable, satisfait et toujours joyeux.

Ainsi le laboureur chinois possède la charrue la plus appropriée à sa culture principale. Elle est meilleure pour lui que ne le seraient celles d'Angleterre les plus perfectionnées; et vous-même, ô savant agronome, la reconnaissez préférable. Il a la sagesse de s'en contenter! *Que voudriez-vous qu'il fît de mieux, même après trois mille ans d'épreuve, que d'être satisfait d'une telle excellence?*

Le moyen qu'il emploie pour herser son champ humide lui fait atteindre un résultat plus complet que celui de briser des mottes trop compactes et trop grosses; il les attaque, il les foule avec ses pieds et ceux du buffle, en les pétrissant, comme un boulanger pétrit la pâte sous ses pieds; il les *puddle*, c'est l'anglais qui parle ainsi, il les *puddle* jusqu'à rendre la surface de la terre uniforme et douce. Connaissez-vous des hersages européens avec leur parcimonie de force humaine, en connaissez-vous qui feraient plus et qui feraient mieux?

Si l'Angleterre avait la bonne fortune de posséder, dans une très-grande proportion, des basses terres qu'elle pût à son gré couvrir d'eau, et s'il fallait qu'avec la plante des pieds de ses laboureurs et le sabot de ses bœufs elle piétinât le sol entier, pourrait-elle suffire à ce labeur de petite culture? Avec 5 millions d'hommes, y compris les femmes et les enfants, ne travaillant guère, pourrait-elle, par le menu, cultiver ainsi 15 millions d'hectares? Évidemment non.

Concevons bien cet avantage, qui serait un défaut extrême en Angleterre: pour le genre d'agriculture auquel se livre le Chinois, il faut un nombre prodigieux d'agriculteurs. Voilà pourquoi ses récoltes surpassent toute idée que les Européens pourraient s'en faire par comparaison avec leur agronomie.

L'agriculture chinoise nous fait comprendre, par sa nature même, l'accroissement incomparable de la population. C'est précisément ce que nous nous étions proposé de comprendre et de rendre compréhensible.

Ne nous contentons pas de ce premier apêrçu; pour suivons notre examen du travail intelligent et prodigieux que le Chinois consacre à sa culture du riz.

De la science des engrais, possédée par le peuple chinois.

On ne trouve guère de peuple qui connaisse aussi bien la science des engrais et l'art de se les procurer. Le Chinois va les chercher sous les eaux par le curage périodique de ses canaux, et sur les bords de la mer, comme nous sur nos côtes de Bretagne et de Normandie. Il met à profit, avec une avarice presque sordide, les plus vils résidus des matières organiques dont il peut s'emparer. Les habitants des deux Flandres, de la Belgique et de quelques lieux d'Italie ne connaissent pas mieux que lui l'avantage de recueillir tous les excréments humains. Il avait inventé les vespasiennes longtemps avant que Vespasien ne fût né; il en établit partout, dans les rues, dans les places, dans les carrefours et sur le bord des chemins. Il fait servir comme engrais jusqu'aux débris de la chevelure humaine, et jusqu'à la barbe des têtes masculines, inexorablement rasées, tondues, suivant la mode et le précepte tartare.

Les Chinois fument soigneusement leurs terres avec ces tourteaux oléagineux que nous avons la simplicité de vendre à l'étranger. Ils tirent parti, comme les meilleurs agriculteurs européens, des os d'animaux. Ils comprennent l'usage des stimulants tels que les coquillages, la chaux, les cendres, la suie, etc.

En mêlant de la terre sèche et brûlée avec des détritus végétaux, ils forment un engrais très-estimé qu'ils emploient en diverses provinces. Tous les débris, animaux et végétaux, sont mis en tas, sur le bord des chemins ; on les mêle avec de la paille, des herbes coupées et des gazonnages ; on brûle le tout lentement pendant plusieurs jours, comme s'il s'agissait d'une charbonnière. On produit de la sorte un riche terreau noir, comparable au meilleur de nos jardins. On le destine à féconder diverses espèces de semences, et voici comment on s'en sert :

Un premier planteur fait les trous avec un piquoir; un second, qui suit, y verse la semence ; un troisième y jette une poignée de terreau gras qui tient la terre humide et qui nourrit les premières racines : cette méthode est surtout excellente dans les terrains compactes et durs. Quand la plante a pris force dans ce milieu nourrissant et perméable, elle peut pénétrer la terre la plus compacte et s'y former de puissantes racines.

Application à la culture du riz.

La culture du riz, à la Chine, est un modèle à tous égards. Nous pouvons citer d'abord l'application des engrais, puis l'ensemble des pratiques.

Ici l'agriculteur imite le jardinier. D'avance il a confié la semence de son riz à de petits espaces fumés avec surabondance, comme les planches d'un parterre; il verra ses pousses germées et venues à point le jour désiré. Parfois il met la semence à tremper dans un engrais liquide et puissant, afin d'accélérer la germination : c'est dans le midi qu'il pratique un tel moyen, pour suffire plus aisément à deux récoltes successives.

Il faut transplanter de la pépinière herbacée dans le champ labouré, hersé, puis fortement imbibé d'eau. Les plants sont réunis par paquets d'une douzaine ; ils seront fichés dans le sol par rangées, dont la distance est exactement calculée. Non-seulement le Chinois fait bien cette opération, mais il la fait avec une étonnante rapidité. Il tient sous son bras gauche une masse de petits paquets de plants et les fait glisser sur la terre qu'il doit garnir ; il connaît presque à un plant près le nombre qui sera requis. Les paquets, disséminés de la sorte, sont repris à la main, pour être implantés dans le sol humide et graissé. Quand le planteur retire sa main, l'eau qui court soudain dans le trou ramène avec elle ce qu'il faut de terre liquide pour couvrir les racines ; les plants sont ainsi fichés et fixés sans aucune peine. Connaissons-nous en Europe des jardiniers intelligents et diligents qui feraient mieux, en allant aussi vite ?

Dans le midi, les plants destinés à la seconde récolte sont tenus prêts avant qu'on ait fini la première moisson, suivie sans retard d'un labourage et d'un hersage nouveaux ; cette seconde récolte sera faite en novembre.

Ces procédés sont parfaits du côté de Canton, sous la zone torride. Vers Ning-po, par le 30ᵉ degré de latitude tempérée, il faut déjà planter pour la deuxième récolte avant d'achever la première ; c'est ce qu'on fait en cultivant par rangées alternatives. Les sillons pairs, plantés en mai, seront moissonnés en août. Dans les sillons impairs, les plants, hauts à peine de 3 centimètres, se trouvent encore à l'état vert quand a lieu la première récolte. Dès que la moisson sera faite, ils jouiront à la fois d'air et de lumière ; ils recevront sans retard une nouvelle façon, et profiteront

d'un soleil aussi puissant que celui d'Égypte en plein Delta,
et se trouveront mûrs au milieu de novembre.

Dans l'admirable plaine de Chang-haï, moins de deux
degrés plus éloignés de l'équateur que ne l'est Ning-po,
l'on ne peut plus espérer deux récoltes de riz, même
anticipées l'une sur l'autre; le riz se combine avec une
autre culture moins avide de soleil, et l'on a toujours
deux récoltes.

Régularité ponctuelle et calculée des opérations agricoles.

Les bons observateurs européens ont remarqué la régularité presque mathématique avec laquelle sont réglées,
sont échelonnées toutes les opérations du cultivateur
chinois, dans la plaine et dans la montagne, au sud, au
centre, ainsi qu'au nord. Il ne s'agit pas ici d'obéir à l'esprit de système, au désir, à la manie de tout réglementer;
on fait mieux, on obéit aux lois mêmes de la nature, lois qui
dominent la végétation. Cette réglementation, consacrée
par le temps, n'est pas l'effet du préjugé ni des ordres impériaux; elle est le résultat de l'observation sagace et de
l'expérience, combinées ensemble pour obéir aux variations périodiques des saisons et des moussons.

Irrigations : leur énergie.

Le plus souvent, à la Chine, les irrigations, dans le plat
pays, ne sont obtenues que par la force des bras; elles
sont alors le prix de la constance et du courage.

Au sein des montagnes, elles sont le fruit de l'art
apporté dans la conduite des eaux. Écoutons l'excellent et
savant agronome qui les a rendues le sujet de son étude:
« Dans mes voyages, dit-il, les campagnards ont souvent

attiré mon attention sur la manière dont ils dérivent l'eau des montagnes, afin d'arroser leurs cultures. *Je leur faisais un plaisir infini* quand je leur exprimais *mon admiration* pour le talent qu'ils déploient dans ces travaux. »

Le riz ordinaire est la plus riche des cultures, mais à la condition que la plante soit tenue sans cesse dans un bain d'eau : de là l'importance de l'irrigation. Si l'on est au flanc des montagnes, on en dirige les eaux sur les terrasses horizontales les plus élevées qu'elles puissent arroser ; on fait ensuite descendre les eaux par degrés. A la faveur de ce moyen, la fertilité de chaque terrasse est transmise à celle qui se trouve immédiatement au-dessous.

Si l'on est en plaine, on élève l'eau des lacs, des étangs, des rivières et des canaux, pour arroser la terre cultivée. Ce travail est long, il est pénible, surtout lorsqu'on est rapproché de la zone torride. Or, n'oublions pas que les plus merveilleux champs de riz du Céleste Empire sont situés entre le trente-cinquième et le vingt-huitième degré de latitude ; une telle situation correspond à celle de la Syrie, de la Palestine et de l'Égypte, en remontant le Nil jusqu'à cent lieues d'Alexandrie.

Emploi des roues hydrauliques.

Au milieu de ce beau pays qu'a parcouru M. Fortune, lorsqu'on s'avance vers Sou-tcheou-fou, la plaine, dit-il, aussi loin que la vue peut s'étendre, est un vaste champ de riz : de tous côtés le plaisant clapotage des eaux élevées par les roues d'irrigation frappe l'oreille, et l'on voit de toutes parts les habitants, heureux et pleins de joie, occupés à la culture du sol.

Admirons la légèreté, la construction si peu dispendieuse et le placement si facile des roues hydrauliques faites avec des tiges de bambou. Les unes sont tournées par le buffle ou le bœuf, les autres par les mains ou les pieds de l'homme; la famille entière y prodigue son énergie. En Angleterre, le travail des roues à marches est un supplice ou du moins un châtiment; mais à la Chine, les vieillards, les femmes, les adolescents, les enfants même, y prennent leur part volontaire et dévouée. Pour eux, ce n'est pas un triste labeur, encore moins une punition; c'est la subsistance de la famille, c'est la condition de son bien-être: aussi la joie accompagne-t-elle ce labeur, en doublant les courages. Les chants, les ris, les plaisanteries, soutiennent les forces; elles font oublier la longueur du temps, le poids de la fatigue, et jusqu'à la chaleur d'une zone torride ou presque torride.

Quel spectateur insensible ne serait pas à la fois pénétré de respect et d'admiration pour une si noble et si charmante énergie déployée sans faste au milieu des champs!

Travaux qui suivent l'irrigation.

Ce n'est pas tout que d'arroser la terre. Cette eau prodiguée, que la chaleur attend pour mieux agir, elle fait pousser les mauvaises herbes aussi vivement que les bonnes plantes: il faut sarcler, il faut façonner la terre.

Si la récolte doit se faire en temps de pluie, le cultivateur n'attendra pas un temps plus beau. Il moissonnera, les pieds dans la boue et, s'il le fallait, les jambes plongées dans l'eau.

Culture des îles flottantes.

Le Chinois crée des guérets sur ses vastes lacs; il construit des îles flottantes. Avec des bambous, il bâtit d'abord

d'immenses radeaux à la fois légers et solides; il les re-
couvre d'une terre qu'il cultive, qu'il habite, et sur laquelle il construit sa ferme flottante. A-t-il besoin de faire
voyager son île : des mâts, des voiles et des avirons viennent à son secours. Il a des ancres et des câbles, soit
pour se tenir immobile au large, soit pour se fixer auprès
des rivages qu'il lui convient d'aborder.

Culture dans les lacs et les étangs : le nénuphar.

Jusqu'au fond des lacs et des étangs, les Chinois cultivent des plantes dont ils savent tirer parti pour l'alimentation de l'homme. La plus remarquable est le *nénuphar*, le lotus des Égyptiens. Ses larges feuilles, d'un beau
vert qui plaît à la vue, tantôt couvrent la surface des eaux,
tantôt s'élèvent en étages. Ses fleurs, avant qu'elles soient
complétement épanouies, ressemblent à des tulipes d'un
blanc pur ou d'un rouge éclatant; elles embellissent les
eaux.

Le nénuphar a pour graines un fruit agréable au goût.
On peut réduire ses racines en fécule ou les manger crues
en été, comme un mets rafraîchissant. Enfin, les feuilles
de cette plante, desséchées et mêlées avec le tabac à fumer,
en adoucissent la saveur trop âcre.

Grâce à leur esprit d'investigation, les Chinois ont su
rendre utiles beaucoup d'autres plantes, et le talent de nos
agriculteurs en pourrait tirer un parti précieux. Admirons seulement leur esprit de ressources et leur infatigable
industrie pour demander à la terre tout ce que peut en
tirer d'utile l'esprit observateur de l'homme.

Que manque-t-il à la gloire de tant de vertus et de talents pour être l'admiration du monde? Un poëte! un
écrivain qui mérite le nom sublime de poëte!

Grandeur et poésie des Géorgiques chinoises.

Combien il est à regretter qu'un des illustres empereurs, Khang-hi ou Khien-loung, qui, dans les deux siècles passés, ont tant protégé, tant honoré l'agriculture, n'ait pas, pour dernier service et pour dernier honneur, fait appel au poëte le plus illustre de leur pays et de leur âge! A l'exemple d'Auguste, un grand souverain du Céleste Empire aurait obtenu d'un nouveau Virgile qu'il composât les Géorgiques d'une autre Italie, d'une contrée digne d'être à la fois l'orgueil et l'exemple de l'Orient.

Le poëte aurait célébré la grâce et la beauté de cette nature toujours jeune et resplendissante, que les populations appellent avec amour *la terre des fleurs.* Cet immense et riche pays est plus étonnant encore par ses fruits et par ses moissons, qui nourrissent une moitié du genre humain : la seule moitié dont la force puisse affronter les climats les plus contraires; la seule race sur la terre dont le labeur se maintienne infatigable, invaincu, depuis la zone glaciale jusqu'à la zone torride.

Il semble que tout soit changé, que tout soit agrandi de l'autre côté de la terre. Le Ciel, ce dieu lare de l'empire qui se glorifie du nom de *Céleste*, semble défier les actions régulières d'un humble océan dont le flux comme le reflux dépasse à peine six heures. Le ciel de la Chine a ses marées, dont chaque grande oscillation entraîne pendant six mois un immense courant de l'atmosphère : telles sont les moussons, dont le flux commence au printemps et le reflux à l'automne. Par le bienfait des eaux pluviales qu'elles répandent, elles concourent à doubler et, dans quelques lieux, à tripler les récoltes qui nourrissent un demi-milliard d'êtres humains. Voilà l'Italie de l'Orient.

En regard des trésors que prodigue au peuple chinois le Souverain Maître du Ciel, le poëte aurait à montrer par quels prodiges de travail l'homme se fait sa part avec tant de force d'âme. Il chanterait son opiniâtreté dans le labeur, son intrépidité dans la souffrance et sa sérénité dans la pénurie; il chanterait sa persévérance et son courage afin d'assurer la vie de sa famille. La poésie saisirait ce génie de l'observation et de la découverte que le Chinois déploie dans les champs : génie qui lui fait ménager, échelonner ses opérations d'après la marche qu'il sait prévoir des mois, des jours et presque des heures. Il le montrerait s'élevant à cette prescience afin d'épuiser les bienfaits que lui réserve la puissante nature, dont il épie les moindres changements et qu'il s'indignerait de laisser au repos dans une seule de ses phases.

Quel culte de cinquante siècles! Le roi des rois de l'Asie, recueillant les actions de grâces et les vœux de cinq cents millions de sujets, les apporte au Maître du Ciel sur un autel sublime de grandeur et de simplicité.

Et quelle gracieuse mythologie dans cet autre hommage que rend chaque année, au retour du printemps, la majesté d'une belle impératrice à la Divine Fileuse, cette bienfaitrice charmante à qui la poésie du Céleste Empire décerne pour demeure une pléiade de soleils!

Voici maintenant, au retour de la verte saison, le Divin Laboureur, imploré par l'empereur, qui met à la charrue sa main souveraine pour honorer l'agriculture.

En revenant aux souvenirs les plus nobles de la terre, on célébrerait la fête annuelle des ancêtres, solennité qui représente les bienfaits de la civilisation transmis, à travers les âges, au sein de chaque famille; on célébrerait, dans sa simplicité touchante, l'hommage toujours nouveau qui s'adresse au sage des sages, à Confucius, à l'ami sublime de l'agriculture et des lois, qui sont les deux grandeurs de la Chine.

Pour éviter la froideur, mortelle au genre didactique, il faudrait que le poëte, enfant du Céleste Empire, dérobât le secret de cet art prodigieux qui vivifie tout, qui fait la magie de Virgile et qui rend son œuvre impérissable. Partout le chantre des Géorgiques anime son sujet d'une passion profonde : *totam mens agitat molem!* Cette terre qu'il rend tributaire de l'homme, disons mieux, qu'il associe à son intelligence, comme un compagnon qui partage et comprend la fatigue et la gloire, cette terre qui l'a vu naître est, à ses yeux, la plus belle, la plus illustre et la plus admirée, cela va sans dire; elle est surtout la plus aimée! Le père des dieux, le semeur immortel, Saturne, en a fait sa demeure; elle lui doit la double fécondité des moissons et des héros. Dans cette Italie que l'arbitre du temps a parée pour l'immortalité, tout aux yeux du poëte est un objet d'enchantement et d'amour : les fleuves et les lacs, les plaines et les monts, les mers et les cieux splendides. Loin d'être inerte, cette grande nature, insensible aux yeux du vulgaire, emprunte une âme à son génie. Elle partage les douleurs, les joies, les triomphes du laboureur, du pasteur, du chasseur et du guerrier, du guerrier italique, le conquérant de l'univers!

Les animaux que l'agriculteur associe à son œuvre, ces animaux dont il épouse les douleurs et les grandes calamités, les amitiés, les bonheurs, les amours et partant les combats, ils prennent part aux fêtes, aux périls, aux triomphes de l'homme. Pour le cœur du poëte ils sont italiens, comme les citoyens et les guerriers; ils en ont la fierté, l'ardeur héroïque, et lui sont chers à ce titre.

Il n'est pas jusqu'à la ruche, humble chaumière de faibles insectes, qui ne grandisse à ses yeux, en lui rappe-

lant Rome et ses premiers rois, ses vertus, sa valeur et
jusqu'à ses guerres sociales. Les abeilles, en cela romaines,
se perpétuent sans s'énerver. Voici reparaître leur Romu-
lus *et ses jeunes Quirites*[1], *parvosque Quirites;* infatigables
citoyens qui naissent pour construire à la fois et le palais
et l'empire. Rapide, sans doute, est le cours de leur vie[2],
mais leur race est immortelle. *La fortune de leur Maison*
s'assied sur des années infinies qu'elle dénombre par les
ancêtres des ancêtres, comme le peuple issu d'Énée. Elles
ont leurs vertus, leur dévouement, leurs Curtius. Voyez-
les allant au combat[3], portant leur reine sur leurs ailes,
présentant leur poitrine aux coups ennemis, et demandant à de nobles blessures une belle mort : ce qui les
fait vraiment romaines. A de tels signes, à de tels exploits,
les sages ont pensé, s'écrie le poëte, que les abeilles ont
leur part de l'esprit divin, descendu des régions éthérées!

Voilà les *passionnements* et les apothéoses du poëte; voilà
les inspirations, les mouvements et les souvenirs qui transportent à chaque instant le cœur et l'âme du lecteur;
voilà surtout le secret national d'une gloire obtenue, aux
yeux de l'Italie, par le plus italien de tous les poëmes,
sans en excepter même l'Énéide. C'est le secret qu'il faut
révéler au poëte qui voudra célébrer pour la postérité
les Géorgiques du grand et poétique empire de la Chine.

[1] . . . . Ipsæ regem *parvosque Quirites*
Sufficiunt, aulasque et cerea regna refingunt.

[2] Ergo ipsas quamvis angusti terminus ævi
Excipiat. . . . . .
At genus immortale manet, multosque per annos
Stat *fortuna domus,* et avi numerantur avorum.

[3] Et sæpe (regem) attollunt humeris, et corpora bello
Objectant, pulchramque petunt per vulnera mortem.
His quidem signis, atque hæc exempla secuti,
Esse apibus partem divinæ mentis, et haustus
Æthereos dixere.

*Appel aux témoignages d'un savant agronome, récent observateur
de l'agriculture chinoise : M. Fortune.*

Oublions les enchantements de la poésie pour revenir à
la froide réalité des faits. Je les ai puisés, en grande partie, chez un judicieux observateur que je cite avec une
juste confiance, tout en scrutant ses opinions sans servilité.

M. Fortune est un savant botaniste en même temps
qu'un jardinier expérimenté; il ne connaît pas seulement
la culture des jardins, il est bon appréciateur en agriculture. Il possède un talent plus rare : c'est d'observer le
cœur humain et de juger les caractères.

La première paix faite entre l'Angleterre et la Chine
date de 1842. Dès l'année 1843, la société d'horticulture
de Londres conçut l'heureuse pensée d'envoyer un col-
lecteur de plantes, qui puiserait à pleines mains, dans le
célèbre *empire des Fleurs;* elle fit choix de M. Fortune.

Le succès avec lequel il s'acquitta de sa première mission décida les directeurs de la grande compagnie des Indes
à le charger d'une autre mission, qu'il a remplie de 1848
à 1851. Il fut chargé d'acquérir pour la compagnie les
arbrisseaux qui produisent le thé, les semences, les instruments de culture; elle lui demanda d'engager les cultivateurs qui font naître et les ouvriers qui manipulent ensuite le précieux feuillage, afin de transporter les plants
et les travailleurs dans les vallons des Himâlayas.

Cette mission fut renouvelée en 1852, avec un mandat
plus particulier encore d'enrôler les meilleurs producteurs de thé pour les fermes expérimentales que l'Angleterre a fondées dans l'Inde.

M. Fortune a consacré quatorze ans de sa vie à l'étude
simultanée des choses et des hommes dans l'empire de la

Chine. Il n'a pas étudié comme un voyageur contemplatif, mais *comme un homme pratique*. Il a fallu qu'il vécût avec les habitants des ports de mer et des campagnes; qu'il discutât, qu'il marchandât et qu'il achetât. Sans cesse il s'est vu dans la nécessité d'aborder les hommes au milieu des circonstances où l'intérêt met à nu leur caractère.

Quand parut le premier ouvrage que ce voyageur publia pour faire connaître ses observations techniques, on lui reprocha de n'avoir pas assez parlé de la population. Voici comment il répond à cette critique dans sa plus récente publication, datée de 1857 [1] :

« J'ai mis mes efforts à décrire plus minutieusement les caractères, les manières et les mœurs des Chinois, dans les contrées où j'ai longtemps vécu *comme un des leurs*. De même que j'ai dessiné, j'ai décrit d'après nature. On laissera le lecteur tirer ses propres conclusions; mais, on l'espère, ceux qui jugeaient le caractère de ce peuple d'après ce qu'on a publié sur la populace de Canton, lorsqu'ils auront lu ces pages, regarderont d'un œil plus favorable les habitants de la Chine; ils les contempleront sous d'autres points de vue. »

L'auteur ne se contente pas d'un témoignage dicté par l'amour de la justice; en terminant ses indications générales, il fait entendre cette expression d'un dernier et noble sentiment : « J'ai l'espoir que mon ouvrage ajoutera quelque chose aux connaissances acquises sur le peuple et les productions de la Chine. J'ose penser qu'en même temps il nous fera regarder avec une bienveillance mieux sentie cette grande partie de la famille humaine, qui nous surpasse de beaucoup en antiquité comme corps de nation et qui nous égale en industrie, si ce n'est en civilisation. »

[1] Five years residence among the Chinese : In land, on the coast and at sea, from 1853 to 1856. London, 1857.

J'ai cru nécessaire de donner au lecteur la juste mesure de la confiance qu'il doit accorder au témoin oculaire qui mérite la plus haute estime, et qu'on doit croire dans l'opinion qu'il exprime sur les cultivateurs chinois, c'est-à-dire sur la grande majorité de la nation.

Jugement de M. Fortune sur les cultivateurs chinois.

« En Chine, les fermiers sont une classe *hautement respectable*. Comme leurs fermes sont *petites*, ils sont probablement moins riches que les fermiers d'Angleterre. Chaque ferme est une colonie restreinte, qui consiste à peu près en *trois générations :* le grand-père, ses enfants et ses petits-enfants. Ils vivent en paix, en bonne harmonie. Quiconque dans la ferme peut travailler s'adonne au travail; si l'ouvrage surabonde, on prend du monde à la journée. La famille se nourrit bien; elle est vêtue avec simplicité, fait preuve d'industrie, ET NE SUBIT AUCUN GENRE D'OPPRESSION. *Je doute qu'il y ait nulle part une race plus heureuse que le fermier et les paysans de la Chine...* »

A coup sûr, dans un pays où plus de 300 millions d'agriculteurs s'adonnent à cultiver par le menu 300 millions d'hectares de terre, les fermes sont plus petites et les fermiers sont moins riches qu'en Angleterre, où l'on emploie comme à regret 5 millions soit d'hommes, soit de femmes, qui ne touchent guère à la terre et d'enfants qui n'y touchent pas, pour cultiver, à grand renfort d'animaux et de machines, 15 millions d'hectares. Cependant, même aujourd'hui, tout compensé, les Anglais, si fiers de leurs progrès, ne tirent pas de chaque hectare la nourriture d'un homme; et les Chinois tirent de deux hectares la nourriture de trois hommes. Mais ces Chinois, dont chacun a si peu de terre à cultiver, eux, prétend-on, qui n'ont rien perfectionné depuis deux à trois mille ans, sont-ils pauvres, sont-ils malheureux? Non! Et le plus pratique des savants anglais, le voyageur agricole le plus compétent depuis Arthur Young, cet observateur vous dit positivement : « Ils se nourrissent bien, sont vêtus suffisamment, et considérés dans leur ensemble, *je ne pense pas qu'il y ait nulle part sur la terre une race plus heureuse que le fermier et les paysans de la Chine.* Cette forme dubitative est d'un sage pour les contrées qu'il ne connaît pas; mais pour lès pays qui lui sont familiers, et par conséquent pour le sien, elle laisse entière son affirmation.

Conclusion du grand problème agricole résolu par les Chinois.

Voici donc le problème résolu de concert par le Gouvernement tartare et la nation chinoise : *multiplier la race humaine, sur une étendue donnée, plus qu'on ne l'a jamais fait dans l'univers, et, malgré cette surabondance de familles humaines, rendre les fermiers et les paysans plus heureux et moins opprimés qu'en aucune autre contrée.* Tout conduisait mon esprit à la même conséquence; mais, pour la proclamer sans réserve, j'avais besoin du témoignage oculaire d'un observateur irrécusable.

Vraie mesure des progrès accomplis.

Quant à la pensée d'une agriculture si grande en résultats, laquelle néanmoins, toute routinière, marcherait sans lumière et sans progrès assignables depuis deux mille ans, rapprochons simplement ces faits :

Tout ce que pouvaient faire 60 millions de Chinois depuis la seconde année de notre ère jusqu'au milieu du xvii° siècle, c'était d'augmenter d'un tiers une population clair-semée, libre de féconder un immense territoire.

Dans ce long intervalle, des malheurs publics infinis ralentissent tous les progrès de la production des choses et des hommes, sans néanmoins complétement les étouffer.

La période suivante offre à nos yeux un tout autre spectacle. A partir de 1645, un gouvernement nouveau fait servir les forces de la conquête à l'étouffement des guerres civiles; il rend partout la paix à l'agriculture. En même temps qu'il rétablit l'ordre dans les finances, il met un terme à la progression des charges qui pèsent sur les campagnes; il applique ses soins à ce qu'on cesse d'accroître les impôts, quel que soit l'heureux et rapide enrichissement d'une population qui croît à merveille, en nombre comme en aisance; il établit *en loi fondamentale* que la taxation des terres ne pourra plus être augmentée, à quelque degré que s'élève une production partout encouragée. Les souverains mêmes donnent l'exemple de la recherche et de l'amour *des progrès agricoles*. Le plus illustre de ces monarques, Khang-hi, découvre dans ses propres jardins le riz à culture sèche, à récolte précoce; il en devine le bienfait pour accroître la nourriture chez ses peuples du nord et du midi. En même temps, sous ce gouvernement de Tartares Mandchoux, un Anglais, qui comme tel se connaît en liberté personnelle, nous déclare que les paysans cultivateurs vivent exempts de toute oppression et sont plus heureux qu'en aucune autre contrée.

Faut-il à présent être surpris qu'en deux cents années seulement le peuple chinois s'accroisse de 81 millions à 530 millions d'âmes? C'est du contraire qu'il faudrait être étonné, si le contraire existait.

Sans doute, si la Providence a marqué d'un sceau fatal les jours de la dynastie tartare-mandchoue, rien ne saurait la sauver; mais elle aura passé sur la terre en signalant son existence par le plus vaste bienfait qu'ait jamais reçu le genre humain. Espérons plutôt qu'en mémoire du bonheur qu'elle a répandu sur un grand peuple, *sextuplé par ses bienfaits*, il lui sera donné de se régénérer avec lui.

J'avais le pressentiment de ces rares services dus à des conquérants incomparables. C'est pour cela que j'ai travaillé sans relâche à mettre en regard les progrès de la population chinoise avec l'esprit de son gouvernement.

Pour m'élever à la vérité, j'ai fermé l'oreille aux accusations accumulées contre la dynastie mandchoue par les conspirateurs chinois et, de concert avec eux, par les fraudeurs européens. J'ai cessé même de croire, à ce sujet, les missionnaires de certaines sectes chrétiennes, dont les sympathies ont penché longtemps pour le maître d'école audacieux qui veut bien accepter *comme son frère aîné* le rédempteur des chrétiens, le laisser régner dans le ciel, l'y reléguer, et prendre pour lui-même la théocratie de la terre, inaugurée par des torrents de sang innocent !

Des parties de la Chine les moins favorables à la culture.

Sans y songer, l'agronome anglais rehausse beaucoup le mérite des cultivateurs chinois, en faisant voir combien est étendue la partie du territoire où la nature se montre peu favorable.

Caractères du sol dans les hautes terres.

Dans le midi, nous dit-il, le sol des montagnes est infertile : ce sont des rochers granitiques dont les masses dénudées s'élèvent au-dessus d'une rare végétation. La terre cultivable est composée d'une argile sèche, rougeâtre et d'aspect brûlé, mêlée de granit en décomposition. Un terrain si pauvre est encore appauvri par l'usage de couper

chaque année et d'emporter les longues herbes et les brous-
sailles, dont les débris auraient fertilisé la terre. Presque
toutes les parties montueuses du sud offrent un aspect sauvage et triste (*stern*), presque à l'état de nature, sans que
l'homme essaye d'y propager l'agriculture : chose qui paraît
à jamais impossible. Çà et là, vers la base des montagnes,
où les habitants récoltent un peu de riz et quelques autres
végétaux, on peut voir cette culture en terrasse au loin
célébrée ; mais la proportion de la terre ainsi fécondée n'est
qu'une partie fort petite des grands espaces qui restent à
l'état sauvage.

Autour d'Amoy et dans le Fo-kien, les montagnes sont
encore plus arides que dans la province de Canton, le
Kouang-toung ; de ce côté l'on touche pourtant aux limites
des contrées les moins fertiles. Néanmoins, en remontant
la vallée du fleuve Min, et sur les montagnes qui l'avoi-
sinent, le sol est meilleur, ainsi que dans le nord du Fo-kien
et dans tout le Tche-kiang. Près de l'embouchure du fleuve
Min, il y a des montagnes élevées de mille mètres au-
dessus de la mer, lesquelles sont cultivées jusqu'à leur
sommet, où la couche végétale est plus épaisse.

Au dire de M. Fortune, dans les parties montagneuses
du centre et du midi, il serait ridicule de supposer que
tout ou seulement la plus grande partie soit cultivée. Au
contraire, c'est de beaucoup la plus grande partie qui reste
dans l'état de nature et n'a jamais été troublée par la
main de l'homme.

Il faudrait seulement faire une autre remarque : dans
les pays montueux, la superficie des montagnes proprement dites, en n'y comprenant que les pentes vraiment
fortes, cette superficie est peu de chose, comparativement à l'étendue des plaines et des pentes douces.

Admettons que les deux provinces de Kouang-toung et

de Fo-kien soient aussi disgraciées de la nature que le prétend l'observateur britannique. Quelles ne doivent pas
alors être l'intelligence et l'énergie des agriculteurs, en ces
contrées, pour nourrir autant d'habitants que le prouvent
les dénombrements qui suivent?

Parallèle du nombre des hommes que nourrissent mille hectares.

	habitants.		habitants.
Province de Kouang-toung, en 1812	932	Province de Fo-kien, en 1812	1,065
Angleterre, en 1811	680	Angleterre, en 1811	680

Voilà donc deux vastes provinces l'une et l'autre situées
dans la partie la moins fertile, les deux contrées qu'un sagace observateur range si bas au point de vue de la fécondité ; les voilà supérieures comparativement, quant au
nombre d'hommes qu'elles nourrissent, à la savante et
fertile Angleterre.

Aujourd'hui l'on nous dit que le Fo-kien voit émigrer
un certain nombre de ses enfants; il en émigre, proportion gardée avec la grandeur des pays, beaucoup moins
que chez les Anglais.

Si je comparais le dernier recensement de la Chine
avec le dernier de l'Angleterre, l'inégalité ne serait pas
moins étonnante.

*Parallèle des habitants par mille hectares, lors du dernier
recensement.*

	habitants.		habitants.
Province de Kouang-toung.	1,342	Province de Fo-kien....	1,639
Angleterre	1,203	Angleterre	1,203

Ce qui rend l'infériorité de l'Angleterre encore plus frappante, c'est que cette puissance, à titre de perfectionnement, nourrit 300 de ses habitants par 1,000 hectares avec des blés étrangers!... Voilà ce qu'on appelle la supériorité de son agriculture.

Cela ne suffit pas : il faut que le peuple anglais émigre largement pour soulager cette même agriculture.

Tableau d'une ferme cultivée par une famille nombreuse.

Afin de compléter la peinture des mœurs agricoles, j'emprunterai les faits du tableau que je vais présenter à l'une des autorités qui, pour la probité des études et l'honnêteté des jugements, ne laissent rien à désirer : c'est M. le capitaine de vaisseau Forbes, dont nous parlerons davantage lorsque nous décrirons le littoral maritime et les ports de mer.

Description d'une ferme patriarcale.

Toute une famille, enfants, petits-enfants, arrière-petits-enfants et collatéraux, cultivent une même ferme, et tous sont logés dans une même habitation. Cette vie commune, dont nous avons vu le dernier modèle en France dans notre département de la Nièvre[1], donne à la tribu des vertus précieuses, l'esprit de famille et la sociabilité; elle perpétue, elle accroît le bien-être, et répand presque l'opulence au milieu de cette réunion constante des forces, des volontés et des intelligences. Décrivons une des habitations patriarcales, qui sont communes à la Chine.

Une cour, dans laquelle sont élevés les volatiles, est cir-

---

[1] Nous citerons à ce sujet la notice pleine d'intérêt publiée par mon frère, M. Dupin aîné, sur la famille ou clan des Jault, dans le Morvan, dans ce pays du Nivernais aux progrès duquel il a tant contribué.

conscrite par une épaisse clôture de bambous et d'autres plants, le tout entouré d'un fossé : on dirait un courtil de Normandie. Au centre d'un terrain si bien abrité, s'élèvent les constructions rurales. Le corps principal est bâti soit en pierre, soit en brique; or cette brique est si parfaite, qu'au dire du capitaine Forbes on s'en sert avec avantage en Europe : on la transporte utilement *jusqu'à Liverpool !*

La pièce principale est la grande chambre des ancêtres; c'est le temple de la famille. Là sont placés les dieux domestiques, soit de Bouddha, soit de Tao. Il en est qui sont comparables à ces idoles dont parle le Psalmiste; il en est qui président à la vue qui leur manque, à l'ouïe qu'elles n'ont pas. A l'un des murs de la salle ainsi consacrée sont appendus des portraits d'ancêtres, si la famille en a pu conserver les images; quelques sentences empruntées à Confucius y sont ajoutées. En face de ces portraits on place une table ornée de quelques vases en porcelaine. Tel sera le modeste autel sur lequel on déposera les prémices de la terre : simples et pieuses offrandes.

Dans la même salle ont lieu tour à tour les fêtes religieuses et les douces réjouissances de la tribu. Pendant les simples jours ouvrables, c'est là qu'on met à sécher les semences, espoir de l'année future; c'est encore là qu'on dépose les instruments les plus délicats de l'agriculture.

Autour de cette salle vénérable s'étendent, comme les rayons d'un cercle, les habitations des différents ménages de la famille collective. Aussi souvent qu'un nouveau mariage en accroît le nombre, on ajoute un modeste logis à l'ensemble des habitations, qui forment une espèce de hameau panoptique.

Le lit est le meuble le plus somptueux de chaque ménage. Suivant le degré d'aisance, il est en bois plus ou moins ciselé; quand règne un certain degré de fortune, il est incrusté de métal ou d'ivoire. Ensuite viennent les chaises, dont les Chinois sont les seuls à faire usage dans tout l'Orient; elles ont, comme nos siéges moyen âge, un dos vertical et très-élevé. Il faut ajouter une table ronde et des ustensiles de ménage; ceux de la cuisine sont relégués dans un coin.

Autour de la chambre principale il y a des cabinets, à murs d'un rouge vernissé; là se tiennent les femmes occupées à filer, à tisser, à coudre. Dans les lieux où la ferme récolte du coton, ces cabinets ont toujours un rouet pour la filature, un métier pour le tissage.

La tribu suffit à presque toutes ses industries de première nécessité. Elle bâtit ses modestes édifices; elle fait et répare ses instruments agricoles; elle cultive son coton, élève ses vers à soie, en dévide les fils et les convertit en tissu; elle moud son grain, elle fait son pain, et distille son riz pour en extraire le spiritueux appelé *cham-chou.*

Outre les travaux appropriés à la subsistance, aux exploitations de la tribu, il faut compter les denrées qu'elle échange immédiatement avec celles des voisins. Une seconde partie des produits paye l'impôt en nature; une troisième est portée au marché, pour en échanger la valeur avec tous les objets extérieurs nécessaires aux conforts, aux jouissances domestiques.

Culture des arbrisseaux qui donnent les feuilles à thé.

Voici l'une des grandes cultures de la Chine, celle qui procure aux indigènes la boisson universelle, et qui sert de base au plus riche commerce que cette contrée ait jamais fait avec l'étranger. Cette importance justifiera l'étendue de nos développements, non-seulement sur la culture, mais sur les industries pleines d'intérêt qui s'y rattachent.

Les Chinois apportent des soins infinis à la culture de l'arbrisseau dont les feuilles servent à faire le thé. Ils font choix d'un sol naturellement fécond et d'une situation bien exposée, sur la pente des collines.

Chaque année, de jeunes plantes sont élevées par voie de semis. On a recueilli la graine en octobre; jusqu'au printemps, on la tient à l'abri de toute germination, dans un mélange sec de sable et de terre; on la sème serrée dans un petit terrain qu'on prépare avec le plus grand soin. Au bout d'un an, les pousses ont de vingt-cinq à vingt-huit centimètres de hauteur et sont bonnes à transplanter. Ces pousses, ensuite, sont fichées en terre par rangées distantes d'un quart de mètre l'une de l'autre, et les paquets de plants sont espacés du même intervalle entre eux: dans chaque trou l'on réunit cinq à six plants pour former touffe.

Si le terrain n'est pas riche, on diminue ces distances, attendu que les pousses s'élèveront moins haut, et l'on ne craindra pas qu'elles se portent mutuellement ombrage.

C'est au printemps qu'on fait les plantations. Elles sont toujours bien arrosées, *par les pluies qu'amène le changement des moussons*, dans les mois d'avril et de mai. On n'a guère d'autres soins à prendre que d'arracher les mauvaises herbes.

Les feuilles sur la plante ont un vert riche et foncé, qui fait un agréable contraste avec les paysages agrestes et souvent dénudés du territoire d'alentour.

Les Chinois ont grand soin que les arbustes soient dans un état vigoureux lorsqu'ils en cueillent les feuilles. On ne procède à cette opération pour la première fois qu'après deux ans au moins de transplantation, et souvent qu'après trois ans; d'ailleurs, on attend que les arbustes aient lancé des pousses bien vivaces. On ne conserve guère plus de dix à douze ans les mêmes arbustes sans les renouveler.

C'est l'industrie particulière qui cultive l'arbuste à thé, pour en tirer toutes les richesses que nous expliquerons bientôt.

Dans les monts Bohées, l'on trouve des enclos qui contiennent des fermes impériales réservées pour la culture du thé. Dans cette même contrée, une très-grande partie des plantations appartient aux nombreux couvents bouddhiques. On compte jusqu'à *mille couvents* au milieu de ce beau pays à la fois productif et pittoresque.

Nous l'avouerons sans peine, notre principal intérêt se porte sur les modestes familles qui fécondent les coteaux au versant des grandes chaînes montagneuses et qui, par leur incessante industrie, produisent en si grande partie les thés de la Chine.

Production moyenne des fermes à thé.

Les fermes à thé sont petites : les plus importantes ne donnent pas au delà de 2,200 kilogrammes de feuilles de thé, qui, sortant des mains du fermier, sont vendues toutes desséchées au prix de 1,100 francs; elles procurent de la sorte au cultivateur 50 centimes par kilogramme. Telle est la modeste opulence des exploitations dont les produits valent à la Chine des centaines de millions.

Quel est le sort des familles innombrables qui trouvent leur subsistance à ce genre de culture? Nous allons l'apprendre de l'autorité qui nous plaît le plus; car elle prononce avec tout le poids d'un témoin oculaire et compétent. Voici comment parle M. Fortune parcourant les pays montueux qui produisent le thé, pour observer les cultivateurs en même temps que leurs cultures : « A mesure, dit-il, que je pénétrais entre les collines, je remarquais les récolteurs de thé fortement occupés sur tous les flancs des coteaux où verdoyaient les plantations. Ils me paraissaient *une race heureuse et satisfaite* : les plaisanteries et les aimables ris circulaient au milieu d'eux, et plusieurs d'entre eux chantaient aussi gaiement que les oiseaux abrités sur les beaux arbres qui protégent les temples contre l'excès de la chaleur. »

Topographie des cultures du thé.

La Chine renferme deux contrées plus particulièrement célèbres pour la production du thé. La plus avancée vers le nord appartient aux deux provinces contiguës de Nganhoeï et de Fo-kien. Dans cette première contrée sont produits les *thés verts* les plus renommés; le centre de leur commerce est la ville de Hoeï-tcheou.

La seconde contrée est comprise dans le bassin du fleuve Min, le plus grand et le plus riche de la province de Fo-kien. Ce bassin s'élève graduellement jusqu'aux *monts Bohées*, lesquels ont donné leur nom aux *thés noirs*. Dans l'origine, ces thés étaient les seuls que la compagnie britannique des Indes orientales apportât en Europe, quand elle avait le monopole du commerce avec le Céleste Empire.

En définitive, le meilleur thé produit dans l'empire y croît entre les 26ᵉ et 32ᵉ degrés de latitude, c'est-à-dire en pleine zone tempérée, mais en se rapprochant de la zone torride.

Superficies nécessaires à la production du thé.

La culture de la plante à thé n'empêche presque nulle part que la terre ne donne une autre récolte ou de maïs ou de millet.

Nous allons montrer pour quelle raison une superficie fort circonscrite peut suffire à la production du thé nécessaire à de très-nombreux consommateurs.

Un poids donné de feuilles de thé, bien préparées, suffit pour transmettre l'arome à plusieurs centaines de fois son poids d'eau. Quelle énorme différence avec les boissons européennes ! Les vins pris dans leur ensemble ne sont pas bus avec deux fois leur volume d'eau. Le cidre et la bière se boivent sans eau ; dans la confection de la bière, l'orge et le houblon fournissent au moins le tiers du poids de la boisson. Voilà pourquoi, comparativement à la superficie des vignobles de l'Occident, la portion occupée par les plants de thé, pour suffire aux besoins de tout un peuple, cette portion est extrèmement peu considérable.

En Chine, sur dix-huit provinces, quatre produisent la presque totalité du thé consommé par les habitants ou demandé par l'étranger.

Pour voir combien peu retranche sur les moyens d'alimentation l'espace nécessaire à cette grande production du thé, il suffit de comparer, pour les quatre provinces productrices, la grandeur du territoire avec la population.

TERRITOIRE ET POPULATION DES QUATRE PROVINCES À THÉ.

PROVINCES.	TERRITOIRE.	1812.	1860.
	hectares.	habitants.	habitants.
Kiang-si............	18,692,820	30,426,998	43,814,866
Fo-kien............	13,850,750	14,777,410	22,699,460
Ngan-hoeï.........	12,550,890	34,168,059	49,201,992
Tche-kiang........	10,139,440	26,256,784	37,809,765
Totaux...........	55,233,900	105,629,251	153,526,083

Voilà donc quatre provinces dont la superficie totale est de très-peu supérieure à celle de la France. Dès 1812, elles nourrissaient 105 millions d'habitants; à présent on nous annonce qu'elles en nourrissent 153 millions, quoiqu'elles fournissent la boisson favorite des Chinois pour un demi-milliard d'êtres humains.

Sans doute la nature a prodigieusement favorisé les Chinois; mais n'oublions pas que des quatre provinces qui donnent ces magnifiques résultats, trois ont été d'abord en majeure partie retirées des eaux qui les inondaient : eaux contenues par des digues immenses et conduites en tous sens par des canaux. La terre une fois mise au-dessus du fluide, l'infatigable énergie des habitants l'arrose à force de bras et donne une culture de jardin à ce parterre plus grand à lui seul que toute la France. Enfin l'énergie que nous signalons fait supporter un travail d'Hercule aux femmes, aux enfants, aux vieillards, sous un soleil dont les ardeurs sont comprises entre celles d'Alexandrie en Égypte et de Bénarès dans l'Inde.

Loin que le soleil effémine le peuple qui se livre à de tels travaux, il fournit par le Fo-kien, qui touche à la zone torride, les marins les plus audacieux de l'Asie; ce sont les hommes qui savent le mieux braver avec sang-froid non-seulement la mort obscurément menaçante, mais la mort imminente et certaine.

Fabrication des thés.

Pour créer et perfectionner les variétés si nombreuses et si remarquables de leurs thés, les Chinois n'ont pas apporté moins d'art que les Français en ont mis à créer, à fabriquer les variétés de leurs vins, si célèbres sous les noms empruntés à la Bourgogne, à la Champagne, à Bordeaux, etc.

De même qu'on distingue en deux catégories principales les vins qui sont capiteux et mousseux et les vins qui ne le sont pas, de même on distingue les thés capiteux, qui sont les thés verts, et les thés non capiteux, qui sont les thés noirs.

On ignorait comment s'obtiennent ces deux variétés si distinctes. M. Fortune a rempli l'Europe de surprise en révélant un procédé non de fabrication, mais de teinture, et de teinture produite au moyen d'un vrai bleu de Prusse, affaibli par sa dissolution dans l'eau. On a pratiqué ce procédé sous ses yeux dans une des contrées qui cultivent abondamment l'arbrisseau à thé.

Lors d'un voyage subséquent, il a vu généralement employer des moyens infiniment plus naturels et plus rassurants pour les consommateurs. On croit pouvoir affirmer que telle est la méthode, à la fois agréable et salubre, au moyen de laquelle est préparée la presque totalité des thés verts.

Fabrication des thés verts.

Les feuilles fraîchement cueillies, on les étale en couches de peu d'épaisseur sur des claies de bambous, afin de faire évaporer leur excès d'humidité ; deux à trois heures et quelquefois un peu plus sont nécessaires, suivant l'état hygrométrique de l'air.

On tient préparées de larges plaques de tôle ayant sous elles un feu vif et clair. Sur ces plaques on jette une portion des feuilles qui viennent de sécher un peu. Surprises par la chaleur, leur sève qui s'échappe les fait crépiter ;

bientòt elles deviennent très-flasques et très-humides, en laissant échapper une épaisse vapeur.

Après quatre à cinq minutes de feu les feuilles sont assez desséchées; la dessiccation produite, on les jette sur une table à pétrir que plusieurs ouvriers environnent. Chacun d'eux prend une portion des feuilles entre ses deux mains pour les presser sur la table, les tordre, les retordre et les comprimer en boule; la compression en fait sortir la séve, dégagée sous forme d'humidité. Ces boules sont souvent lancées à tour de bras sur la table, puis passées de main en main pour arriver au chef ouvrier, qui juge si les feuilles ont reçu non-seulement la *pression*, mais la *torsion* convenable. Ce résultat obtenu, les boules sont retirées de la table qui servait à les manipuler; puis elles sont désagrégées et dispersées sur des plateaux de bois.

Quelque temps après, on reporte les feuilles ainsi dés-agrégées sur la tôle à rôtir, que chauffe un feu lent et continu de charbon de bois. On les remue vivement avec la main quand elles viennent d'être chauffées. Quelque-fois on les rejette sur la table à pétrir, pour les rouler et les tordre de nouveau. Au total, il suffit d'une heure ou d'une heure et demie pour que les feuilles soient parfaite-ment séchées. Alors *leur couleur verte est fixée :* il n'y a nul danger qu'elles deviennent noires. Cette couleur verte semble d'abord assez terne; mais, avec le temps, la nuance des feuilles ainsi préparées devient très-brillante.

Du triage des diverses espèces de thés verts.

Il reste à faire une autre opération : on vanne les feuilles. On les fait passer dans des tamis de différentes finesses : d'abord, pour expulser les impuretés et les corps étrangers; ensuite, pour obtenir à part les diverses espèces de thés connus sous les noms de *twan-kaï*, *hyson*, *jeune hyson*, *poudre à canon*, etc. A mesure qu'on procède à cette séparation, les diverses espèces obtenues sont passées au feu : les espèces communes y passent une seule fois; les espèces de plus en plus fines y passent deux, trois et jusqu'à quatre fois. La couleur verte se prononce de plus en plus vive, et les feuilles des espèces supérieures prennent la teinte mate d'un vert bleuâtre.

Ce qui caractérise cette préparation des thés verts, c'est qu'on commence à chauffer les feuilles *très-peu de temps après les avoir cueillies*, et qu'on les sèche *rapidement* aussitôt après qu'elles ont été roulées et tordues.

Préparation des thés noirs.

Pour préparer les thés noirs, on laisse longtemps les feuilles étalées sur des nattes de bambou : douze heures, par exemple. On les ramasse à deux mains; on les jette en l'air, de manière qu'elles retombent sur la natte; on les comprime ensuite légèrement à la main pendant un temps considérable. Quand les feuilles ainsi maniées sont devenues souples et flasques, on les réunit, on les met en tas pour une heure au moins. Déjà leur couleur est un peu changée; on les trouve douces au toucher; elles sont moites et répandent une odeur aromatique.

Quant à la seconde partie des procédés, les opérations sur la tôle à rôtir et sur les tables à pétrir sont exactement les mêmes que pour les thés verts.

Le manipulateur reprend les feuilles; il les répand sur des cribles et les y laisse pendant trois heures, en les séparant à la main les unes des autres. De tous les temps le meilleur est un jour serein, sec et non trop chaud.

Les feuilles, alors, ont perdu beaucoup de leur moiteur et de leur volume. On les fait passer une seconde fois sur la tôle à rôtir pendant trois à quatre minutes, pour être de nouveau roulées et tordues sur la table à pétrir.

Le feu de charbon de bois est prêt. On place dessus un panier circulaire évasé par les deux bouts; on pose dans ce panier un tamis chargé d'une couche de feuilles épaisse de cinq centimètres. Au bout de cinq à six minutes, pendant lesquelles on surveille attentivement l'action de la chaleur, on retire les feuilles du panier, puis on les pétrit une troisième fois. On les disperse de nouveau sur une claie; ensuite on les expose un peu plus longtemps au-dessus du feu; quelquefois même on quadruple l'opération. Alors les feuilles ont complétement acquis la couleur noire.

Ces manipulations diverses terminées, les feuilles qui les ont subies sont introduites en masse épaisse dans la partie supérieure du panier évasé des deux bouts, afin qu'elles éprouvent de nouveau la chaleur du charbon de bois. Avec la main on ouvre un passage à la vapeur du charbon, au centre des feuilles de thé. On couvre le tout au moyen d'un panier plat, quand le chauffage a beaucoup diminué.

En cet état, la couleur noire est suffisamment prononcée; elle deviendra plus brillante avec le temps.

Description des moyens de produire des thés odoriférants.

Non contents d'avoir obtenu tant de variétés de thé naturel, les Chinois ont cherché les moyens d'ajouter par le sens de l'odorat aux jouissances du goût que leur procure ce breuvage délicat.

C'est dans la province de Canton qu'est pratiquée cette

élégante industrie; c'est là qu'on l'a portée au dernier degré de perfection.

Une grande fabrique établie dans l'île de Ho-nan, en face de Canton même, va nous révéler les procédés de cette opération.

Le thé noir est celui qu'on emploie, et qui provient de la province. Un grand nombre de femmes et d'enfants l'épluchent afin d'en ôter les pédoncules et les feuilles défectueuses, jaunes ou brunâtres. Leur paye est en proportion du travail accompli; malgré cela, le gain moyen d'une longue journée ne dépasse pas 27 centimes par jour. Une paye si faible est donnée à la porte d'une opulente cité, peuplée d'un million d'habitants.

Aux hommes est confié le soin, 1° de délivrer le thé brut aux femmes, aux enfants, et de le recevoir trié; 2° de le passer à travers des tamis de plus en plus fins, pour séparer les sortes diverses et l'espèce supérieure appelée *câpre*. Cette dernière est ainsi nommée parce que la forme sphérique et le faible volume auquel on réduit chaque feuille de thé font qu'elle finit par ressembler aux petites graines cueillies sur le câprier.

Dans un local extrêmement propre, qu'on ménage à part, on dépose un amas considérable de fleurs d'oranger. Il faut qu'elles soient fraîchement cueillies, et cueillies à point : je veux dire à ce degré d'épanouissement qui va permettre au parfum de se transmettre avec toute sa puissance. Sans perdre de temps, un ouvrier étalera les fleurs, d'un doigt léger il en ôtera les étamines et les pétales atrophiées ou trop petites, pour ne laisser que les larges, qui sont riches en arome. Par ce triage on réduira d'un tiers le poids de la matière odoriférante, dans l'intérêt du parfum même.

D'autres ouvriers n'ont pas apporté de moindres soins

à trier une dernière fois ainsi qu'à sécher *complétement*
le thé qu'on veut parfumer; en cet état précis, qu'il faut
saisir, il est doué d'une grande faculté d'aspiration hygrométrique. On en va tirer un habile parti.

A cent portions d'un thé si bien préparé il faut joindre
quarante parties des grandes pétales d'oranger préparées comme il vient d'être expliqué, puis mélanger avec
soin ces feuilles et ces fleurs. Il faut ensuite, pendant
vingt-quatre heures, tenir ce mélange dans un vase clos et
pénétré d'une chaleur douce. La nature alors agit avec
une admirable efficacité. D'un côté, le thé se trouve mis
dans l'état qui lui procure sa plus grande force d'absorption hygrométrique; de l'autre côté, la fleur, doucement
échauffée, dégage par ses moindres pores son humidité
naturelle, humidité chargée de parfums qui s'introduisent
avec elle dans les pores ouverts des petites feuilles de thé.

Qu'on ajoute ou qu'on retranche des termes scientifiques
afin d'expliquer cette physique aussi simple que charmante,
elle n'en sera ni plus ni moins ingénieuse, ni plus ni moins
rigoureuse, et le procédé paraîtra toujours ce qu'il est :
simple et parfait.

Au point où l'opération est parvenue, il faut dissiper le
peu d'humidité que les fleurs ont transmise au thé. C'est
ce qu'on fait en plaçant de nouveau sur un feu de charbon de bois le thé déposé dans des corbeilles ou placé
sur des tamis sous des enveloppes préparées pour la dessiccation. Ensuite on crible le mélange; les petites feuilles
de thé, transformées en globules par les précédentes
manipulations, passent à travers le tamis, et les pétales
d'oranger, déjà dépouillées de toute partie trop petite,
restent au-dessus.

Pendant les premiers temps, le parfum qu'on a communiqué semble bien léger; mais, pareil à l'odeur suave par-

ticulière à la feuille même du thé, il se développe progressivement. Après un empaquetage de huit à quinze jours, si le thé ne semble pas assez aromatisé par une première opération, elle est redoublée; quelquefois même elle est triplée.

On n'emploie pas uniquement la fleur d'oranger. Cette fleur est fréquemment remplacée par celle du jasmin, dont l'odeur est encore plus persistante, et par d'autres fleurs. En voici l'indication :

Énumération des fleurs employées à parfumer le thé.

1. Rose très-odorante (tsing-meï-koueï-hoa).
2. Fleur de prunier double (meï-hoa).
3*. Jasminum sambac (mo-li-hoa).
4*. Jasminum paniculatum (sieù-hing-hoa).
5*. Aglaïa odorata (lan-hoa, ou yu-tchu-lan).
6. Olea fragrans (koueï-hoa).
7*. Fleur d'oranger (tchang-hoa).
8*. Gardenia florida (pak-se-ma-hoa).

Les Chinois varient la proportion des fleurs, suivant la facilité plus ou moins grande avec laquelle est communiqué leur parfum.

Proportion des fleurs employées à parfumer cent parties de thé.

1° Fleur d'oranger;	2° de jasmin (sambac). 3o	3° d'aglaïa.
	de paniculatum... 10	
Parties. 4o	4o	100

Afin de parfumer l'espèce aussi rare qu'estimée de thé hyson-pékoë, on exige l'emploi de la fleur appelée *olea*

---

* Les genres de fleurs marqués d'un astérisque sont les plus employés.

fragrans. Ce thé procure le breuvage le plus délicieux et le plus rafraîchissant; mais il faut le prendre, suivant l'usage des Chinois, *sans lait et sans sucre*.

Voici quel était à Canton, en 1855, le prix des fleurs destinées à parfumer le thé : on les payait deux francs par kilogramme, et pour ces deux francs on aromatisait deux kilogrammes et demi de thé. En 1840, on a payé ces fleurs trois fois plus cher.

Il paraît qu'on peut à 60 kilogrammes de thé fortement parfumé mêler 100 kilogrammes de thé qui soit encore à l'état naturel; le mélange conserve un degré d'arome dont se contente le commerce européen [1].

Durée du parfum des thés.

Le thé qu'aura parfumé l'*olea fragrans* retiendra pendant une année son odeur exquise; mais l'année d'après il la perdra tout entière. S'il en reste quelque chose que les sens puissent percevoir, ce ne sera plus qu'une odeur oléagineuse rance et désagréable.

Le thé parfumé qu'on obtient avec la fleur d'oranger et le jasmin conserve suffisamment l'odeur délicate dont il est imprégné pendant deux et quelquefois trois années; avec le jasmin paniculé, cette conservation dure pendant trois à quatre ans; avec l'aglaïa, prétend-on, pendant cinq et même six ans. Cette dernière préparation est celle que les étrangers aiment le plus, quoiqu'au goût des Chinois elle ne soit placée qu'au second rang.

Les marchands distinguent les thés odoriférants sous

[1] « On voit, dit M. Fortune, que le procédé de parfumage des thés, ainsi que la plupart des arts en Chine, est extrêmement simple dans sa nature et de la plus complète efficacité. » Le thé sec possède une grande faculté d'absorption d'humidité; il est éminemment *hygrométrique*.

le nom de *pékoë-orange parfumé* et de *câpre parfumé*.
Comme nous l'avons déjà dit, la presque totalité reçoit
à Canton cette délicate préparation; et le thé qu'on emploie provient d'un district nommé Taï-chan, dans la province de Kouang-toung.

Observations générales sur la classification des thés.

Par la forme sphérique et le petit diamètre de ses
feuilles massées, le thé câpre est au premier rang des
thés noirs, comme la poudre à canon et l'impérial occupent ce rang parmi les thés verts. Lorsqu'on veut séparer
ces espèces supérieures, il suffit d'un crible assez fin pour
ne laisser passer que les plus petits entre les globules. On
se trompe étrangement quand on suppose que ces espèces
supérieures sont obtenues, de prime abord, par un procédé particulier; celui-ci serait beaucoup trop dispendieux.

D'une même récolte de thé l'on obtient 70 pour cent
de pékoë-orange, 25 de sou-tchong et seulement 5 de
thé câpre. Il y a d'ailleurs des moyens d'accroître cette
proportion si faible du thé câpre.

Comment on rend utiles les rebuts du parfumage.

Les Chinois ne sont pas gens à perdre quelque chose.
Les rebuts et le poussier même du triage, dans l'atelier de
parfumerie, sont vendus à bas prix sur les lieux; souvent
les natifs s'en servent pour composer des *thés menteurs*,
qui de temps à autre parviennent jusqu'au marché si
glouton d'Angleterre. Les pédoncules et les feuilles mortes,
que les enfants ont retirés du bon thé, sont aussi vendus
aux habitants de la Chine.

On donne aux pauvres les fleurs après qu'elles ont transmis au thé leur parfum ; en épluchant les fleurs ainsi dépouillées d'arome, les indigents en retirent les quelques feuilles de thé que n'ont séparées ni le crible ni le vannage.

Certaines fleurs très-puissantes, par exemple l'aglaïa, après avoir fourni la principale portion de leur arome, en conservent assez pour servir à préparer les cierges odorants imités du Tibet par les Chinois.

Complément des procédés manufacturiers pour obtenir les thés pékoë-orange et les thés noirs de première qualité, dits thés câpres.

Les plus grands et les meilleurs ateliers où l'on fabrique ces deux espèces distinguées sont établis dans l'île de Ho-nan, qui fait face à la ville de Canton.

Les manufactures de thé sou-tchong, dans lesquelles on emploie ce procédé, sont de vastes bâtiments à deux étages. On réserve le rez-de-chaussée pour pratiquer différents procédés ; l'étage supérieur est rempli de femmes et d'enfants occupés à trier les thés, puis à les assortir.

Pour le *thé câpre*, on tire les feuilles du Taï-chan, district qui se trouve à quelques milles de Canton. On transporté ces feuilles à la manufacture après qu'elles ont été chauffées, roulées, séchées, et qu'on a fixé leur couleur.

En cet état, le thé semblerait grossier et bien peu fait pour la vente à l'étranger. Dans l'île de Ho-nan, on commence par refaire ce thé. On en prend 10 à 15 kilogrammes qu'on jette dans une bassine de cuivre propre à l'assécher, et déjà chauffée à cet effet. Un ouvrier en asperge les feuilles au moyen de l'eau d'un autre bassin et les retourne rapidement avec ses mains. Les feuilles absorbent le liquide, ce qui les rend souples et flexibles ;

elles deviennent par là susceptibles de prendre des formes
nouvelles sans se briser ni se réduire en poussière. Ainsi
préparées, on les jette dans un sac solide, dont la gueule
est bien serrée et ficelée, pour en faire un ballon sphérique. Ce ballon jeté par terre, un homme piétine dessus,
afin d'en réduire le volume. De temps à autre on rétrécit
le sac en tordant de plus en plus la partie libre de la toile
et serrant plus court avec le cordon. On recommence à
piétiner sur le ballon, après l'avoir tordu des deux mains;
on réduit ainsi son volume jusqu'à ce qu'il devienne dur
et presque incompressible. On le laisse en cet état pendant dix à douze heures.

Ce moyen de comprimer, de tordre et de rouler alter-
nativement fait perdre aux feuilles la plus grande partie
de leur humidité. En même temps on leur donne une
forme ronde, qui devra se perfectionner encore par la
pression qu'elles auront nécessairement à subir pour ressembler à la cendrée des balles de fusil ou bien à des
graines sphériques de câpres.

La meilleure espèce de thé câpre prend naturellement
la forme globulaire lorsque l'on confectionne le sou-tchong
ou kongou; mais il ne s'en fabrique ainsi que cinq parties
sur cent. La plus grande partie du thé câpre est faite
par un moyen supplémentaire, comme il vient d'être indiqué, pour être livrée au commerce extérieur.

Le procédé que nous avons décrit peut servir également à préparer les thés verts connus sous les noms de
poudre à canon et d'impérial; cela se pratique certainement à Canton.

D'après ce qu'en a dit M. Fortune, quand on a plus
de demandes pour des thés soit impérial, soit poudre
à canon, on prend du thé câpre noir; alors, chose à
peine croyable, on le manipule avec du plâtre et du bleu

de Prusse, et l'on en fait de ces espèces de thés verts estimées entre toutes.

Le *pékoë-orange* est ainsi nommé parce que son infu-
sion dans l'eau chaude offre naturellement une teinte
dorée; on le confectionne, comme le thé vert *hyson*, avec
les tendres feuilles qui commencent à se déployer au printemps. On obtient ainsi le plus délicat des thés verts;
mais trop souvent on en grossit la quantité par l'addition
de thés verts ordinaires.

Fabrication des thés menteurs et des faux câpres.

La ville de Canton, célèbre pour l'excellence de ses
vrais thés parfumés, est fameuse aussi pour la production
des thés menteurs ou faux thés.

On en fabrique avec des rebuts et de la poudre de
feuilles de thé reliés par une substance mucilagineuse,
mélange de riz et d'eau, qu'on fait pleuvoir légèrement
sur des couches de cette poussière. Chaque globule de ce
gluten attire des parcelles de thé, grossit sa sphère et la
consolide; ce qui donne à l'ensemble l'aspect sphérique du
thé câpre. Cette fraude est grossière. De tels produits ne
pourraient pas être envoyés en Europe sans une connivence
que ne voudrait accepter aucun marchand respectable, ou
seulement prévoyant; car il serait bientôt déshonoré.

M. Fortune démontre aussi que les thés où l'on trouve
en Angleterre, au fond de la théière, *des feuilles de pru-
nellier ou de hêtre*, sont bien plutôt sophistiqués par ses
concitoyens que par les Chinois.

Le dégustateur des thés.

Dans les ports de la Chine ouverts aux étrangers,

chaque maison respectable soit d'Europe soit d'Amérique,
et le plus grand nombre est respectable, possède un dégustateur. On l'emploie pour reconnaître et repousser les
faux thés, pour discerner et pour indiquer exactement la
classe et la qualité de chaque partie de vrai thé présentée
par les producteurs.

CULTURES INDUSTRIELLES.

Nous n'offrirons avec quelques développements que
deux cultures non alimentaires, celle du cotonnier et
celle du mûrier, l'une et l'autre d'une extrême importance.
Nous les ferons précéder d'indications très-brèves sur des
arbres et des plantes qui ne peuvent pas être placés au
même rang.

*Quelques indications sur certains arbres et sur des plantes textiles
remarquables pour leur utilité.*

———

L'arbre à suif (stillingia sebifera).

Ce qu'on doit observer au sujet de cet arbre, que nous
voudrions voir importé du moins dans l'Afrique française,
c'est le parti qu'en tire l'industrie.

Moyen d'obtenir le suif végétal.

En novembre et décembre, lorsque les feuilles sont
tombées d'elles-mêmes, on les recueille pour les séparer
des graines. Ces graines sont versées dans un baquet circulaire, à fond percé d'un grand nombre de petits trous.
On pose ce baquet dans une chaudière cylindrique en fer

haute de deux décimètres et remplie d'eau; ensuite on chauffe, et la graine est de la sorte soumise au bain-marie.

Cinq à six chaudières sont établies en ligne droite sur un long fourneau chauffé seulement par une extrémité. Pour combustible on emploie des herbes sèches et des pailles de riz, qui projettent une flamme vive, laquelle court sous toutes les chaudières; douze à quinze minutes suffisent à la chaleur pour amollir les graines à suif. Ces graines sont ensuite jetées dans un grand mortier de pierre, où des ouvriers les battent doucement avec des maillets en bois. Cela fait, on les étend sur un crible métallique un peu chauffé; puis on tamise, et par ce moyen le suif est séparé. Le plus souvent on recommence l'opération du cylindre, afin que rien ne soit perdu. Ce qui reste de la semence est pressuré pour donner de l'huile.

Vient ensuite une dernière opération, pour clarifier le suif végétal et le réduire en pains cylindriques.

Les résidus des graines, après l'extraction du suif et de l'huile, servent tantôt comme combustible et tantôt comme engrais.

Usage du suif végétal.

Les Chinois emploient surtout le suif végétal pour en faire des chandelles et des cierges. Durant la chaleur de l'été, le contact de l'atmosphère ferait fondre ce suif, si les chandelles qu'il sert à fabriquer n'étaient pas enveloppées d'une mince couche de cire d'abeilles, ordinairement colorée : le jaune, le rouge, le vert et le bleu sont les nuances qu'on préfère.

Les cierges destinés aux cérémonies religieuses sont très-volumineux, et décorés soigneusement avec des caractères en or.

L'arbre qui porte l'insecte à cire.

C'est une espèce de frêne; on le trouve en abondance près des canaux et des lacs, dans le Tche-kiang. Quand les insectes qui produisent la cire ont accompli leur travail sur les feuilles de l'arbre, ces feuilles ont l'air d'être couvertes de flocons de neige. Telle est la cire qu'on recueille et dont le prix est élevé. C'est peut-être à raison d'une telle cherté qu'un produit dont les Chinois font beaucoup de cas figure peu dans les exportations.

Arbre à savon (cæsalpina).

Les gousses charnues de cet arbre sont fort employées en guise de savon; elles sont en vente dans toutes les villes ayant un marché.

L'arbre à vernis de la Chine.

Le vernis de la Chine est recommandable pour l'éclat qu'il donne au poli des meubles de luxe, et l'on connaît la beauté de ces laques où la puissance de la couleur est rehaussée par le glacé resplendissant du vernis : telles sont les œuvres d'art que les Européens achètent à Canton.

Ce vernis a l'inconvénient d'agir souvent comme un poison dangereux : aussi les ouvriers qui s'en servent ont-ils soin de prendre des précautions infinies. Lors même qu'il est appliqué, qu'il semble tout à fait sec et que son odeur a disparu, son usage est encore périlleux pour certaines constitutions délicates : c'est ce qu'a tristement éprouvé M. Jones, consul des États-Unis à Fou-tcheou-fou.

Autres arbres utiles.

Aux arbres que nous venons de citer il faudrait ajouter l'oranger, le citronnier, le jujubier, le cannellier, l'anisier étoilé, puis beaucoup de grands végétaux utiles qui sont fournis par les climats tempérés et par les climats du nord de la Chine.

Palmier à chanvre (cryptomeria japonica).

C'est un arbre remarquable pour sa beauté. Avec les palmes qui le caractérisent, le Chinois fait des manteaux à larges collets et d'énormes chapeaux coniques ; il se procure ainsi d'excellents préservateurs contre le soleil et la pluie. Les fibres du palmier à chanvre sont d'une grande importance commerciale dans les marchés du pays.

L'analogie du sujet nous conduit à parler d'autres plantes textiles estimées et fort abondantes en Chine.

La jute.

La jute est une plante qui fournit des fibres tenaces, propres à des tissus communs. Les Européens, et surtout les Anglais, en font un usage qui s'accroît chaque année ; ils la tirent surtout de l'Inde.

Chanvre gigantesque.

On cultive une espèce de chanvre qui s'élève à quatre et même à cinq mètres de hauteur. On l'emploie principalement à fabriquer des cordages.

Ortie blanche (urtica nivea) : *draps d'herbe.*

Les fibres de cette plante servent à produire les belles toiles que les Anglais ont appelées grass-cloth (*drap d'herbe*). C'est à Canton qu'on les fabrique, et qu'elles sont vendues aux Européens ainsi qu'aux Américains. Le chiffre de ces ventes est si faible, qu'il ne figure point sur les états statistiques officiels.

Des joncs qui servent à faire des nattes.

Les Chinois tirent de leurs joncs un parti considérable : ils en font des nattes vraiment belles et d'un très-grand usage ; étendues comme tapis légers et frais dans les appartements, elles conviennent surtout pendant les chaleurs ; les Chinois s'en servent pour dormir dessus. Les Européens apprécient les qualités de ces nattes.

Plante qui fournit le papier de riz (aralia papyrifera).

Le riz et ses pailles sont parfaitement étrangers au papier de la Chine connu sous le nom de *papier de riz*.

La plante qui sert à cet usage est appelée par les botanistes *aralia papyrifera*. Elle s'élève jusqu'à la hauteur de deux mètres, sans aucunes branches, excepté près du sommet. La tige principale a de quinze à vingt centimètres de tour et diminue très-peu de grosseur jusqu'à sa tête. A la manière des palmiers, elle offre dans sa partie supérieure un faisceau de belles et larges feuilles étalées au bout de longs pédoncules. Les tiges renferment une moelle très-abondante, surtout en approchant du sommet de celles qui poussent avec vigueur. Cette moelle, dont la blancheur est éclatante, sert à fabriquer les papiers délicats qu'on appelle *papiers de riz*, uniquement parce qu'ils ont la blancheur du riz dépouillé de son enveloppe jaunâtre.

Dans l'île Formose on cultive très en grand le *toung-tsao*, dont la moelle est employée comme nous venons de l'indiquer. Cette matière est achetée dans le seul port de Fou-tcheou-fou pour une valeur qui surpasse 150,000 fr. par année.

Le bon marché du papier qu'elle sert à fabriquer et le grand usage que les Chinois font de ce papier démontrent quelle doit être l'abondance de la plante même. C'est un arbrisseau qui, par l'élégance de sa tige et par la forme de ses feuilles, pourrait être un très-bel ornement dans nos jardins méridionaux, ou du moins dans nos jardins de l'Algérie.

Papier qu'on fabrique avec les fibres de l'écorce du mûrier.

L'immense quantité de mûriers cultivés en vue de nourrir le ver à soie permet de préparer abondamment les fibres empruntées à l'écorce de cet arbre pour fabriquer le papier.

Fabrication du papier de bambou.

On donne au papier fait avec les fibres du bambou divers degrés de finesse et d'épaisseur. Ces degrés varient suivant les usages auxquels on le destine, soit pour écrire, soit pour servir de tentures blanches ou coloriées, ou simplement pour enveloppe d'emballage. On en fait même de très-grossier qu'on mêle avec du mortier quand on construit des murs en briques.

On fait séjourner le bambou sous l'eau pour amollir

la partie de sa substance qu'on veut transformer en papier. Après en avoir ainsi ramolli les tiges, on les fend en baguettes étroites, on les sature de chaux et d'eau jusqu'à leur faire perdre toute rigidité ; puis on les bat dans des mortiers pour en faire une espèce de pâte. On met cette pâte étendue d'eau dans une chaudière, en la faisant bouillir jusqu'à certain degré ; elle peut ensuite être employée à fabriquer le papier.

La plus belle espèce de bambou, particulière à la Chine.

Cette espèce s'élève de seize à vingt mètres. Sa tige est parfaitement droite, sa surface est nette et polie. La partie inférieure, avant les branches, va jusqu'à dix mètres de hauteur, et dans la partie supérieure les branches sont si légères, si semblables à des plumes, qu'elles ne nuisent pas à la continuité parfaite de la maîtresse tige. Ces arbres produisent l'effet le plus pittoresque ; ils ont des qualités autrement précieuses que la beauté de l'aspect.

Leur bois est d'un grain si fin et les fibres en sont si douces, si faciles à tailler, à sculpter, qu'il devient par là très-précieux pour les arts.

Ces fibres servent à tisser des paniers et des corbeilles des formes les plus variées et les plus élégantes. On emploie le bois même à des objets d'ornement sculptés ou gravés, à de belles marqueteries, à l'ébénisterie la plus parfaite. En résumé, ce bois est précieux, et pour tous les usages ordinaires, et pour d'autres très-délicats auxquels ne serait pas propre le bambou de l'Inde.

Comme toutes les espèces de bambou, celle-ci pousse avec une extrême rapidité ; elle accomplit sa croissance en peu de mois. On a trouvé qu'elle croît, au maximum, de six à sept centimètres en vingt-quatre heures, et qu'elle pousse encore plus vite pendant la nuit que pendant le jour.

C'est dans les plaines situées au midi de l'Yang-tzé-kiang que croît cette admirable espèce de bambou.

Multiplicité des usages du bambou ordinaire.

Nous allons offrir une énumération considérable et pourtant fort incomplète. Les Chinois emploient le bambou commun pour faire des chapeaux, des boucliers militaires, des ombrelles légères, des semelles de souliers, des mesures variées, des paniers, des rubans, des bâtons de chaise, des tuyaux de pipe, des porte-crayons, des treillis de jardins, etc. On fait des oreillers avec ses copeaux; avec ses feuilles on confectionne un manteau rustique, excellent contre la pluie; on s'en sert pour tisser des voiles et des tentes de navire et faire des paniers de pêche. En agriculture, on l'emploie pour confectionner la charrue, la herse et d'autres instruments aratoires; il entre comme partie essentielle dans la célèbre roue qui sert à l'arrosage des terres. On en fait des conduits pour amener l'eau pure depuis les sources situées dans les montagnes jusqu'à des couvents ou des habitations privées, en traversant des vallons.

Il sert à confectionner les tables sur lesquelles on roule les feuilles de thé. On en fait les petits bâtons qui remplacent les fourchettes des Européens.

On mange les jeunes pousses de bambou, qui sont d'un goût fort délicat. On les vend au marché, en quantités considérables, pour tenir lieu de nos épinards et de nos salades. On les met dans la soupe, comme nous y mettons nos choux, nos navets et nos carottes.

Avec les tendres pousses du bambou, le confiseur apprête des mets sucrés et des confitures.

Cette longue énumération d'usages si disparates ne contient pas la moitié de ceux que les Chinois ont imaginés.

Des jardins de la Chine.

On peut voir dans les trois ouvrages qu'a publiés M. Fortune une foule de descriptions toujours savantes, et qu'il sait rendre agréables lorsqu'il décrit les jardins de la Chine. Il a fait servir ses quatorze ans de voyage dans ce pays, si bien nommé *la terre des fleurs*, à remplir la charmante mission d'envoyer dans les jardins de l'Inde et de l'Europe une foule d'arbres et de plantes, en partie pour l'ornement, en partie pour l'utilité.

Rien ne pouvait distraire son génie observateur. C'est ainsi qu'à Chang-haï, lorsqu'il se rend chez un magistrat supérieur que les rebelles viennent d'assassiner, cette scène de carnage ne l'empêche pas de remarquer en passant et de caractériser botaniquement un arbre rare, ornement de la cour qui touche au lieu du massacre.

Nos voisins d'outre-mer seraient bien surpris si nous disions que longtemps avant eux les Chinois avaient inventé les *jardins anglais*. Mais, avec l'excessive division du sol et la médiocrité de la plupart des fortunes territoriales, l'imitation de la nature est obligée de tout réduire à des proportions microscopiques. De là le ridicule d'un très-grand nombre de jardins chinois, ridicule qui s'est propagé quelque temps en Europe et surtout en France.

GRANDES CULTURES NON ALIMENTAIRES.

Parmi les cultures les plus considérables de la Chine, après celle des céréales, nous avons annoncé celles du

cotonnier et du mûrier. Nous les examinerons successivement.

Culture du cotonnier.

Cette culture présente une variété très-remarquable
dans les fertiles provinces dont le centre est à Nankin.
Elle donne ce coton d'une teinte jaune naturelle qui
produit le tissu longtemps célèbre sous le nom de *nankin*.

C'est une plante qui s'élève d'un mètre à douze décimètres. Ses branches ou pousses sont annuelles. Ses fleurs
sont d'un jaune foncé, comme la teinte de la mauve;
elles ne brillent qu'un moment, lors de la fécondation.
Les gousses qui contiennent la semence et le duvet coton-
neux grossissent ensuite avec rapidité; l'enveloppe extérieure éclate à l'époque de la maturité et met à découvert le duvet textile. Tel est le *gossypium herbaceum* des
botanistes [1].

Pour cultiver avec succès le cotonnier, il faut une
terre qui ne soit pas naturellement inondée comme pour
cultiver le riz. La vaste plaine qui s'étend depuis Nankin
jusqu'à la mer réunit tous les avantages, excepté dans
les parties tout à fait basses. L'industrie du tissage s'est
naturellement développée au centre de la production.

Le sol de cette plaine, aux environs de Chang-haï,
est une forte et riche terre végétale offrant une couche
féconde fort épaisse; peu d'engrais suffisent pour la
maintenir inépuisable.

Afin de se procurer un engrais puissant, dès les premiers jours d'avril, les Chinois curent les étangs, les canaux et les fossés. A cet effet, ils commencent par épuiser

____

[1] Les plants de coton jaune donnent parfois du coton blanc; c'est une
variété qui n'est pas absolument persistante.

une partie des eaux. Ensuite ils retirent la vase enrichie par les détritus de plantes aquatiques, et qu'ont plus ou moins animalisée les poissons et les insectes : vase accrue par les riches alluvions des terres les plus hautes, qu'ont entraînées les fortes pluies. La matière ainsi retirée est d'abord mise à sécher près des lieux d'extraction. Aussitôt qu'elle est égouttée, on la répand sur les champs, déjà labourés et destinés à la culture du cotonnier. On emploie également pour engrais les balayures des routes et les cendres qui proviennent de débris végétaux brûlés.

Il existe beaucoup d'exploitations si limitées que le cultivateur n'a pas même une petite charrue tirée par un seul buffle; alors il fait son travail à la main.

Aux environs de Chang-haï, les Chinois récoltent leurs grains dans les premiers jours de mai; assez souvent ils ont, dès la fin d'avril, semé la graine de coton au milieu des céréales encore sur pied. La moisson accomplie, le cotonnier est déjà sorti de terre, haut à peu près d'un décimètre; il va pousser avec une vigueur nouvelle, par la double action de l'air et de la chaleur. Si l'on avait attendu la fin de la moisson pour ensemencer le cotonnier, son fruit n'aurait pas été mûr avant les froids d'automne; or les gelées lui sont funestes.

Cette méthode mixte a l'inconvénient de ne pas permettre une nouvelle préparation du sol et le versement d'un nouvel engrais; elle ne pourrait être continuée sans intermittence.

Souvent on n'attend pas que les tiges des cotonniers soient enlevées pour répandre d'autres semences qui donneront un nouveau genre de récoltes.

Ainsi que déjà nous l'avons fait remarquer, et qu'il faut sans cesse l'avoir présent à l'esprit, toutes les méthodes de culture pratiquées par les Chinois sont fondées sur l'abondance et je dirais presque sur la *profusion* du travail humain ; chose indispensable pour faire vivre du labeur agricole une immense population. Nous en trouvons ici l'exemple.

S'agit-il d'ensemencer le coton : après en avoir jeté la graine à la volée, les laboureurs parcourent le champ tout entier en piétinant sur les semences pour les enterrer avec soin.

Allez demander des soins de ce genre en Angleterre par exemple, où l'on n'emploie qu'un être humain, hommes, femmes, enfants compris, pour cultiver trois hectares de toute nature !

Lorsque les diverses opérations dont nous venons de parler sont accomplies, le changement périodique des moussons amène des pluies chaudes chargées d'électricité. A partir de cette époque, la végétation, si nous pouvons ainsi parler, s'élance avec une rapidité prodigieuse.

A la Chine, le changement régulier des moussons est le directeur naturel d'une foule de travaux champêtres.

Écoutons à ce sujet le jugement de l'agronome qui nous sert de guide, et qui ne parle jamais que des travaux qu'il a vus de ses yeux : « En Chine, chaque opération agricole paraît accomplie avec la plus grande régularité, aux époques précises que l'expérience a démontrées les meilleures. »

La culture du coton demande des soins perpétuels. S'il pousse trop dru, il faut en arracher une partie ; on a besoin de remuer la terre autour des racines, d'arracher les mauvaises herbes, etc.

Les récoltes de coton ne font défaut que dans les cas où les pluies sont rares à partir du mois de juin jusqu'à la fin d'août ; des pluies plus tardives ne remédient pas au mal.

Le cotonnier fleurit entre la fin de juillet et la fin d'octobre. Comme les capsules ou gousses qui renferment le
coton éclatent et s'ouvrent chaque jour, il faut les récolter
sans intermittence : on empêche ainsi qu'elles ne tombent
par terre et que leur duvet ne soit sali.

Alors on jouit d'un spectacle charmant. Chaque après-
midi, des groupes de vieillards, de femmes et d'enfants se
joignent aux hommes valides pour cueillir les capsules
ou gousses parvenues à maturité, puis les rapporter à la
ferme ; souvent on voit réunies quatre générations qui se
partagent cet agréable et facile travail, richesse de la
maison. Pour la petite culture, les mains de la famille suffisent ; dans les grandes exploitations, il faut s'adjoindre
des récolteurs étrangers.

On voit souvent les enfants conduire en laisse leurs
chèvres favorites, les charger de légers sacs remplis de
gousses de coton et les ramener gaiement à la ferme.

Le caractère qu'offrent tous ces travaux, même les plus
pénibles, tels que l'élévation des eaux pour l'irrigation,
c'est qu'ils s'accomplissent accompagnés du chant, des
joyeusetés et des jeux d'esprit, qui rendent plus court le
temps et soutiennent le courage.

Transport du coton de la ferme au marché.

Un autre spectacle intéressant est celui du transport
à la ville. Le petit fermier, remplacé quelquefois par
un *coulie*, un portefaix, porte deux forts sacs de coton
attachés aux extrémités d'un bambou placé comme un
joug sur les deux épaules. Le vendeur vient chercher le
meilleur acheteur ; il ne craint pas d'aller de magasin en
magasin, et défend son prix avec ténacité.

Les marchands considérables qui font ces achats net-

toient de nouveau le coton que leur apportent les fermiers;
ils le réduisent en balles régulières, prêtes à charger sur
des jonques ou sur des navires étrangers.

Supériorité du coton chinois bien préparé.

Lorsqu'avec l'archet on a bien battu le coton chinois
pour en dégager les nœuds et pour en chasser les impuretés, les bons connaisseurs disent que ce produit n'a
de supérieur en aucune autre contrée. *Quand on l'importe
dans l'Inde, il s'y vend toujours plus cher que les cotons de
ce pays.*

N'oublions pas ici de faire remarquer que le fermier
réserve une partie de la récolte pour les besoins de sa
famille. Dans les loisirs de l'hiver ce coton sera nettoyé,
battu, filé, tissé; il fournira le vêtement des hommes, des
femmes et des enfants. Quand la famille est intelligente
autant que laborieuse, et c'est presque toujours le cas en
Chine, les femmes, les filles, les vieillards même, au moyen
de leurs métiers, produisent bien plus de fil et de tissu qu'il
n'en faut pour la ferme; on vend le surplus au marché
voisin. Tous les matins, à l'une des portes de la ville, se tient
un marché pour la vente des cotons tissés dans les fermes.
L'agriculteur, avec l'argent qu'il reçoit, achète du thé et
les objets d'industrie que sa famille ne peut pas confectionner elle-même.

Aujourd'hui, pour mettre Lyon et Saint-Étienne en
état de soutenir la concurrence des Suisses, des Italiens et
des Allemands, on s'efforce de restituer à la campagne le
tissage de la soie; c'est revenir à la distribution du travail
depuis longtemps adoptée pour le coton par les cultivateurs et les industriels du Céleste Empire.

Emploi des résidus de la culture de coton.

Rien n'est perdu pour l'agriculteur chinois. Les tiges de la plante qui donne le coton lui servent de chauffage, et leurs cendres d'engrais ; les graines que n'emploiera pas la semence nouvelle fourniront de l'huile, et le résidu fumera la terre. Les restes du temps et du sol ne sont pas plus négligés que les résidus des végétaux. On n'aura pas fini de récolter le coton, que des semences d'une autre nature, trèfles, fèves, etc. seront confiées à la terre infatigable ; on obtiendra par ce moyen toujours au moins deux récoltes par année, et quelquefois trois.

La nature a répandu largement ses dons sur la partie de l'empire dont Nankin est le centre. Non-seulement c'est la contrée la plus fertile de la Chine ; mais le climat permet de cultiver avec perfection beaucoup de produits tropicaux, en même temps que ceux des régions tempérées de toutes les parties du globe.

La lutte future entre les Occidentaux et la famille chinoise.

C'est ici qu'on peut entrevoir la lutte acharnée que les négociants de Hong-kong et les manufacturiers de Manchester brûlent de commencer avec les enfants du Céleste Empire.

Le problème à résoudre sans retard, aux yeux des fabricants de percale et de calicot, est de briser les habitudes et les travaux de famille qui déjà remontent à plus de trois mille ans. Il faut proscrire cet humble rouet de la ferme, et ces métiers à tisser qui sont pour chaque ménage l'occupation, la ressource du sexe faible, dans ses moments de loisir ; il le faut, afin que Manchester, et

Glasgow, et Preston, et quelques autres cités inondent
la Chine avec leurs tissus de coton produits à la vapeur,
en grande manufacture.

On voudrait à tout prix obtenir le même succès que
dans l'Inde. Or, dans l'Inde, et moins riche et beaucoup
moins vêtue que la Chine, l'Angleterre enlève par an
six cent quatre-vingt-sept millions de mètres de calicot (année
1858) à la fabrication des pauvres familles.

Elle y parvient chez un peuple de 180 millions de
nécessiteux, au milieu de la plus terrible guerre sociale.
Pareil succès obtenu dans la Chine devrait procurer à
la Grande-Bretagne une fourniture annuelle supérieure
à 2 milliards 49 millions de mètres pour le seul empire
du Milieu : sans compter les deux Tartaries, reléguées sur
le second plan de ce champ immense à moissonner.

Heureusement chez les Chinois le génie tutélaire de
la famille collective est là pour en sauvegarder les modestes industries. Quand on peut prendre à part, deux
à deux ou trois à trois, les habitants isolés d'un pays et
tenter chacun d'eux aux dépens des autres, on peut ainsi
les porter à sacrifier leurs métiers de ménage; mais il n'en
sera pas de même lorsqu'on viendra dire à tout un clan :
« Ne vous vêtez plus vous-mêmes et payez en argent une
façon qui ne coûte à présent que les moments perdus de
vos filles et de vos femmes. » Cette économie, politique
ou non, tentera peu l'âpre sagacité chinoise.

Les femmes du Céleste Empire ne gagnassent-elles que
20 centimes en dix heures effectives, il faudra que l'effort
de la Grande-Bretagne soit immense pour en triompher,
obligée qu'elle est de payer ses ouvrières 1 fr. 50 cent.
à 2 francs, et ses ouvriers 2 francs, 3 francs, 4 francs, par
dix heures de travail. Ce n'est pas tout : il faut qu'elle
paye en outre des transports totaux de sept à huit mille

lieues, et les assurances maritimes, et l'intérêt des capitaux. Ces différences balancées, il semble d'une extrême difficulté que les familles chinoises, au fond de leurs campagnes, trouvent dans le bon marché des calicots les moins coûteux, mais aussi *les moins durables*, de Manchester, une économie réelle et suffisante pour les préférer au simple et solide ouvrage de leurs mains, malgré son bas prix naturel, et pour renoncer à des usages, à des mœurs de trente siècles.

Cependant, comme aucun miracle d'industrie ne paraît impossible à l'Angleterre, gardons-nous de prédire qu'un résultat si surprenant ne sera pas réalisé quelque jour.

Loin qu'il fût loisible à la Chine de prendre dans l'Hindostan le coton brut dont elle pourrait un jour avoir besoin, son propre coton traverserait l'Océan et l'Atlantique. Cette matière première irait dans le Lancastre et dans le Lanark; elle en reviendrait mise en œuvre, afin d'habiller *au rabais* le peuple chinois. Voilà le problème dont la solution complète n'élèvera pas l'ombre d'un doute aux yeux des fabricants de Manchester et de Glasgow.

Élevons un doute à notre tour. Ce Gouvernement de la Chine, si soupçonneux même à tort contre l'étranger, si patriarcal en faveur des familles indigènes, si jaloux de conserver sa nationalité, disons mieux, de conserver sa grande personnalité dans l'ensemble du genre humain, demandons-nous s'il ne cherchera point par tous les moyens à protéger ses industries fondamentales? s'il ne fera pas à cet égard ce qu'ont fait les États-Unis, ce qu'ont fait les Russes, les Autrichiens, les Prussiens, les Hollandais et les Espagnols; ce qu'essayent de faire au milieu des Français les citoyens pour lesquels une industrie nationale est l'élément non moins sacré d'une patrie que celui d'une agriculture indigène, base de la force virile et d'un peuple militaire et d'une grande nation?

La culture du mûrier et l'industrie de la soie.

Au nord de Ning-po et de Chang-haï, on trouve une des plus vastes et des plus belles cultures du mûrier, ménagée pour l'éducation des vers à soie.

La terre est riche en détritus végétaux; elle est comparable à celle qui produit les meilleures et les plus abondantes moissons de France et d'Angleterre. C'était primitivement une plaine d'un niveau presque parfait. On a trouvé moyen de l'*onduler* par de nombreuses levées à pentes très-douces : pentes sur lesquelles le mûrier se plaît mieux et croît avec plus d'avantages que si le sol était parfaitement horizontal. Quant aux parties du terrain qu'on a beaucoup abaissées afin de remblayer ces levées, on les réserve pour la plantation du riz et les cultures maraîchères.

Au motif agricole que nous venons d'indiquer, un autre s'ajoute : les innombrables levées de la vaste plaine, consacrées à la plantation des mûriers, sont en même temps nécessaires pour empêcher les récoltes d'être détruites par les grandes eaux qui descendent des montagnes situées à l'occident; elles font digue également contre les eaux des rivières, dans la saison des pluies, et les empêchent d'inonder le territoire.

On profite encore, pour planter les mûriers, du bord relevé des lacs et des étangs, comme des lieux où l'arbre prospère davantage. Cet ensemble de plantations et de cultures rappelle au voyageur l'aspect d'un pays tel que notre Bocage du Poitou et les vergers champêtres dont s'embellissent nos plaines les plus fécondes.

Dans le plat pays ayant pour centre Nan-tsin, les mûriers ont des feuilles plus larges, plus brillantes et d'une
substance plus compacte que dans le midi de la Chine
et dans l'Hindostan. Faudrait-il rapporter à pareil fait
la cause qui rend la soie de ce district la meilleure de
l'Orient et peut-être du monde entier? Dans cette localité, les mûriers ne sont pas reproduits par semence, mais
par des plants et des greffes.

Les arbres ou pour mieux dire les arbrisseaux sont
alignés à près de deux mètres d'intervalle. On ne les laisse
pas s'élever à plus de trois mètres, afin qu'il soit plus facile
d'en cueillir les feuilles; on a soin d'arrondir l'arbuste en
pomme, laissant vide la partie centrale supérieure.

D'après le témoignage des meilleurs juges, les cultivateurs font voir qu'ils comprennent les lois de là physio-
logie végétale, par les différents procédés qu'ils emploient
pour la cueillette. Cette opération n'a point lieu quand les
plantes sont jeunes, car cela nuirait à la production future.
D'autres fois, un petit nombre de feuilles sèches sont enlevées des touffes, afin que les autres soient encore sur les
tiges au moment où la croissance d'été sera complète;
dans ce dernier cas, on laisse toujours les dernières feuilles
au bout des pousses.

Quand les buissons ont atteint leur pleine croissance,
les jeunes pousses chargées de leurs feuilles sont coupées
au ras de la tige principale; on porte le tout à la ferme
pour cueillir les feuilles et les distribuer aux vers à soie.

S'il s'agit de jeunes arbres, les feuilles sont cueillies à
la main, en laissant les pousses continuer de croître jusqu'à l'automne. A cette dernière époque, on fait la revue
générale des pousses; on dépouille les plus vieilles jusqu'à
la tige; pour les plus jeunes, on se contente de les raccourcir
un peu, afin qu'elles puissent atteindre la hauteur qu'on

désire. A cette époque, on fume la terre, qu'on retourne profondément.

Les Chinois, il faudrait le répéter sans cesse, ne sont guère gens à laisser le sol oisif; très-souvent entre leurs mûriers ils multiplient des cultures d'hiver, de printemps et d'été.

Dévidage de la soie [1].

Les cocons recueillis, une autre industrie doit commencer : c'est le dévidage de la soie.

Le dévidage de la soie, dans la plaine que nous étudions, s'opère avec plus d'intelligence et de soins que dans la vallée de Canton. Suivant la force qu'on veut procurer à la soie grége, on réunit jusqu'à huit et dix fils naturels donnés par autant de cocons. On jette d'abord ces cocons dans une bassine pleine d'eau bouillante, après que le bout de leurs fils est passé dans de petits trous fixes équidistants. Au delà de ces trous, les fils sont réunis sans confusion pour opérer le dévidage. Ce système est comparable à celui des fabriques de cordages qu'on trouve en Hollande, en Angleterre, et dont j'ai donné la description (*Force navale de la Grande-Bretagne*, tome II). Avant que les soies gréges (agrégées) viennent s'enrouler sur une roue cylindrique à quatre bâtons, un mouvement alternatif, en zigzag, porte obliquement les fils sur cette roue. A Canton, l'on ne prend pas un pareil soin, et les fils sont enroulés sur le cylindre sans déviations latérales.

Cette manipulation est opérée par un ouvrier qui, dans

[1] Afin d'avoir un terme de comparaison grand et complet avec l'industrie chinoise, il importe que l'on conçoive une juste idée des inventions qu'on doit à l'Occident, et surtout à la France, pour tous les travaux industriels qui se rapportent à la soie. Nous renvoyons le lecteur au très-savant rapport du VI° Jury, rédigé par mon illustre ami le général Poncelet, t. III, art. 1.

tout son travail et sur sa personne, est d'une propreté
nécessaire au succès de cette manipulation délicate.

Un monastère éducateur de vers à soie.

Nous allons rendre compte de la visite faite dans un
vaste monastère bouddhique, au milieu de la plaine consacrée à la culture des mûriers. Le temple portait les
tristes marques de la main du temps; mais, en revanche,
le monastère et même le temple étaient convertis en ma-
gnaneries, où les soins intelligents, actifs, incessants,
que les bonzes donnaient aux vers compensaient un peu
la négligence envers les idoles et leurs sanctuaires.

Le sol entier du temple était couvert par les feuilles
de mûrier et par les insectes fileurs; non que cet emplacement fût préféré : on aime mieux l'éducation poursuivie sur des claies légères suspendues en étage le long
des murs; mais tout le couvent en était plein. C'était
faute de mieux qu'on avait recours à l'élevage mondaine-
ment pratiqué sur le pavé des lieux consacrés au culte;
lieux qu'on restituait plus tard au chant, à la prière, quand
les vers avaient fini leur labeur productif et leurs méta-
morphoses.

Partout régnait une extrême propreté; les claies posées
en étagères étaient nettoyées à fond chaque matin. On
ne laissait que fort peu de lumière arriver jusqu'aux vers.
On interdisait au loin tout bruit importun, et l'on ne
parlait qu'à voix basse, afin que les vers en croissance
fussent soumis aux grands préceptes des animaux à l'engrais : éloigner d'eux le plus possible les sensations fortes
et toute distraction. Ajoutons que les excellents pères
bouddhistes, si fervents au culte des vers, ont été très-
polis envers le visiteur étranger.

Apport des soies à la ville; mise en œuvre subséquente.

C'est un spectacle curieux que celui des innombrables petits cultivateurs arrivant dans la ville de Nan-tsin ou dans celle de Hou-tcheou-fou avec les soies qu'ils ont récoltées et moulinées.

Les soies, se trouvant apportées dans les magasins de Nan-tsin par une infinité de petits producteurs, sont nécessairement fort différentes les unes des autres. Il faut que le négociant qui les centralise procède au triage, à l'assortiment, pour composer les balles homogènes que réclame le grand commerce.

La ville de Nan-tsin, dans laquelle on opère ce trafic et ce triage, n'est pas même une ville de dernier ordre, puisqu'elle n'a pas de remparts. Néanmoins l'industrie de la soie l'a rendue grande et prospère; ses faubourgs s'étendent au loin le long du canal et dans l'intérieur; son commerce de soie surpasse en richesse même celui du marché de Hang-tcheou-fou, si célèbre pour son opulence fastueuse. On n'est pas ébloui par un luxe extraordinaire dans la modeste ville industrielle; mais le peuple y trouve tout le travail qu'il peut accomplir, mais les physionomies respirent le contentement et la santé, mais les vêtements sont ceux de l'aisance, sans afficher la prodigalité. Je laisse à penser, des deux cités, quelle est celle d'où le sage, après les avoir visitées, sort le plus satisfait.

Une autre ville, Hou-tcheou-fou, présente le même commerce de soie grége que Nan-tsin, et sur une plus vaste échelle. Cette importante cité possède les plus beaux magasins de soieries. Comme il est naturel dans une place enrichie par ces genres de tissus, les habitants en font leur parure habituelle; les moindres manouvriers, qui ne peuvent pas en faire un usage quotidien, s'en revêtent au moins les jours de fêtes. On peut se faire une idée de l'élégance que ces usages donnent au peuple d'une ville, en se rappelant le luxe de Gênes, où les ouvrières, qui portent si bien leur joli voile ou mezzaro d'un blanc de neige, ne croiraient pas être parées les jours de fêtes si leur fine jambe n'était pas rendue plus élégante par un bas de soie d'un blanc nuancé de rose. ·

Les belles étoffes de soie à fleurs sont particulièrement tissées dans la ville de Hou-tcheou-fou.

Comment les Chinois se passent du métier à la Jacquard
pour fabriquer leurs soieries figurées.

Pour tisser ces soieries ornées, il est curieux de voir comment les Chinois savent suppléer à notre savant mécanisme de Vaucanson et de Jacquard, afin de varier à leur gré les figures et les couleurs des riches étoffes.

Un premier ouvrier fait mouvoir avec ses pieds cinq pédales, tandis que ses mains lancent la navette; il accomplit ainsi le travail horizontal. Un second ouvrier se pose au-dessus du tissu; il tient en main des paquets de fils verticaux, dont une grande quantité distribuée à travers les fils horizontaux sont à sa disposition. Il tire en haut ses fils d'après les indications du modèle; par ce moyen il soulève les fils blancs ou colorés de la chaîne, dans la proportion qui convient à l'exécution des fleurs.

Nous désirerions que l'on comparât le prix de revient d'un tissu de soie qui présenterait les mêmes dessins et les mêmes couleurs, suivant qu'on l'aurait fabriqué : premièrement, dans un atelier de Hou-tcheou-fou, avec cette paire d'ouvriers; secondement, à Lyon, par un ouvrier que seconde avec tant de perfection le mécanisme presque automatique de Jacquard, métier aujourd'hui transporté dans tous les genres de tissage ornementé.

DESCRIPTION DES CÔTES DE LA CHINE.

Les côtes océaniques sont les seules parties de la Chine par lesquelles les Américains et les Européens, excepté les Russes, puissent communiquer avec le Céleste Empire; à ce point de vue, elles ont pour nous une extrême importance, et nous ne saurions en faire l'étude avec trop de soin.

Pour décrire ces côtes avec méthode, nous les suivrons régulièrement du nord au midi.

Golfes du Léa-toung et du Pé-tchi-li.

Ces deux golfes ont la même issue dans la mer Jaune et ne sont séparés par aucune configuration distincte du littoral. Le premier est bordé par les côtes de la Mandchourie, et le second par les côtes de la province dont il porte le nom.

La longueur totale des deux golfes surpasse cent lieues; à leurs abords on ne trouve de tous côtés que de grandes distances entre les lieux importants.

On pourrait prendre pour limite des deux golfes que nous considérons ici le point où la Grande Muraille, qui clôt la Chine proprement dite, aboutit à l'Océan.

Les navires qui viennent de la mer Jaune traversent d'abord un avant-golfe à l'orient duquel s'élèvent au loin les côtes de Corée. On trouve en avançant vers l'occident l'entrée commune aux deux golfes. Cette entrée a de largeur environ vingt-cinq lieues; mais elle est obstruée par des îlots qui s'étendent en ligne droite : on dirait les sommets d'une chaîne de montagnes dont les vallons sont cachés sous la mer. Il faut passer entre ces îlots.

La largeur du golfe du Pé-tchi-li n'a pas moins de soixante et dix lieues, depuis cette entrée jusqu'au point le plus reculé vers l'occident. Ce point extrême est l'embouchure d'un fleuve qu'ont rendu célèbre des événements à peine accomplis, et qui le deviendra bien plus par les événements qui se préparent. Nous en parlerons incessamment.

La nature s'est montrée peu favorable à la grande navigation sur tout le contour du golfe du Pé-tchi-li. Les terres qui le bordent à l'occident ont très-peu de relief; elles terminent une plaine immense et sableuse qui conduit jusqu'à Pékin, dans un parcours de quarante lieues. Les fleuves qui débouchent dans le golfe et qui sillonnent cette plaine ont une pente extrêmement faible et des eaux peu profondes, surtout à leur embouchure.

Le fleuve Chang-to-ho.

A vingt-cinq lieues environ au midi de la Grande Muraille, le fleuve *Chang-to-ho* verse ses eaux dans le golfe du Pé-tchi-li; ce fleuve prend sa source dans la Mongolie, traverse la Grande Muraille, puis vient arroser le nord de la Chine. Son entrée est interdite aux Européens, comme celle de tous les fleuves situés au nord du plus grand de tous, l'Yang-tzé-kiang.

Le fleuve Peï-ho et la cité de Tien-tsin.

En avançant une seconde fois de vingt-cinq lieues vers le midi, nous arrivons aux embouchures du Peï-ho, fleuve à peine connu avant les événements de 1858 et de 1859. Il captive. aujourd'hui l'attention publique au point de rendre nécessaires les explications suivantes.

La grande importance du fleuve Peï-ho tient à ses rapports avec la capitale de l'empire.

Il offre deux embouchures et deux bras entre lesquels est un vaste delta formé par les alluvions vaseux de ce grand cours d'eau, dont la pente est presque insensible. Le bras principal est celui du midi; l'autre est moins propre à la navigation.

Les deux bras se réunissent un peu au-dessous de *Tien-tsin*, ville fortifiée qui possède une garnison tartare; c'est la dernière défense qu'offrent de ce côté les approches de Pékin.

A Tien-tsin aboutit le grand canal Impérial, qui débouche dans le Peï-ho: Par conséquent, cette ville importante commande à la fois toutes les voies hydrauliques par où peuvent arriver les jonques destinées à nourrir la capitale.

Un peu au-dessus de Tien-tsin, le fleuve Peï-ho reçoit les eaux d'une rivière qui passe auprès de Pékin, du côté du midi.

Le Peï-ho même contourne la capitale des deux côtés de l'orient et du nord; un embranchement pénètre dans la ville méridionale, et se joint à des lacs, à des pièces d'eau, dont nous avons indiqué l'existence au sein de cette ville.

Dans la première guerre des Anglo-Français contre les Chinois, les alliés, une fois maîtres de Canton, s'aperçurent que la possession de cette grande cité n'était pas un succès suffisant pour dicter à leur gré les conclusions de la paix. En conséquence, ils résolurent d'avancer vers le nord avec leur flotte jusqu'au golfe du Pé-tchi-li, puis d'attaquer, de détruire les batteries et les forts de *Ta-kou*, érigés à l'em-

bouchure méridionale du Peï-ho : ils réussirent et rêmon-
tèrent ce fleuve, en détruisant tous les obstacles, jusqu'aux
approches de Tien-tsin.

La paix de Tien-tsin, en 1858 et 1859.

Lorsque le Gouvernement chinois vit que les alliés, toujours victorieux, allaient arriver à Tien-tsin, il perdit l'idée
de résister davantage. Les plénipotentiaires des puissances
alliées et des Chinois s'abouchèrent aux portes de cette
ville; ils conclurent une alliance qui malheureusement
vient d'être rompue par les ministres de la paix.

Pour la première fois, et sous le coup de la terreur, la
Chine s'est engagée à recevoir dans Pékin, d'une manière
permanente, l'ambassadeur d'une puissance européenne,
l'Angleterre : faculté concédée au dernier moment par
un article postérieur à la convention générale.

Les autres puissances contractantes n'obtiendront la
même faculté qu'en interprétant un article qui concède à
chacune d'elles le même traitement qu'à la nation la plus
favorisée.

Les traités des 26 et 27 juin 1858, conclus pour l'Angleterre et la France, portaient que dans l'intervalle d'un
an les ratifications seraient échangées. Ces conventions
arrêtées, les alliés quittèrent le golfe du Pé-tchi-li.

Le Gouvernement du Céleste Empire, dans son désir
d'exécuter avec honneur la condition de l'alliance, donna
l'ordre de préparer dans Pékin trois vastes palais qui devaient recevoir, pour opérer l'échange des ratifications,
les ministres plénipotentiaires de France, d'Angleterre
et des États-Unis.

De tels soins n'empêchaient pas de veiller à la sûreté
des points vulnérables de la frontière.

Naturellement les Chinois, sans perdre de temps, ont reconstruit à l'embouchure méridionale du Peï-ho des forts et des batteries plus formidables que jamais. Ils étaient mus par la raison très-légitime d'arrêter la flotte des insurgés si les rebelles voulaient, à l'exemple des Occidentaux, suivre la nouvelle voie pour assaillir la capitale de l'empire.

Lorsqu'on approcha de l'instant où devait absolument être obtenue la ratification des traités dans Pékin et par l'empereur de la Chine, les plénipotentiaires de France, des États-Unis et de la Grande-Bretagne s'embarquèrent à Chang-haï et se rendirent au golfe du Pé-tchi-li.

Les deux premiers se présentèrent chacun sur un assez modeste navire à vapeur, que suivait un très-petit aviso, sorte de page maritime. L'envoyé d'Angleterre, hélas! n'était plus lord Elgin. Cet envoyé s'avançait monté sur une escadre qui ne comptait pas moins de douze bâtiments; cette escadre de guerre avait à bord une force de débarquement imposante, quoiqu'on l'ait peut-être exagérée.

A travers l'obscurité sensiblement calculée des récits soit officiels, soit officieux, il paraîtrait que l'entrée du Peï-ho fut refusée aux plénipotentiaires, sans qu'on ait bien indiqué par qui, et qu'un mandarin, Tartare ou Chinois, aurait fait savoir aux ministres étrangers qu'ils eussent à remonter par l'embouchure du nord, qui les acheminerait sans obstacle vers Pékin; et qu'alors le ministre britannique, trouvant sa dignité blessée, aurait ordonné qu'un de ses bâtiments de guerre arrachât de vive force les puissants obstacles de l'immense estacade préparée à l'embouchure du Peï-ho; et que le bâtiment arracheur, mis hors de service par les défenseurs de la passe, aurait forcément rétrogradé; et qu'alors l'escadre

d'Angleterre se serait mise en ligne de bataille pour châtier un fort et des batteries qui résistaient de la sorte; et
qu'afin d'attaquer par terre elle aurait envoyé sa force de
débarquement, embourbée soudain dans la vase du fleuve
et criblée par la mitraille; et que, pour la première fois,
des canons et des obus, tout chinois qu'ils étaient, auraient tiré juste; et que nos vaillants alliés, bien que
secondés par le brave mais petit bâtiment français, n'auraient pas obtenu la victoire; et que l'intrépide amiral
aurait été gravement atteint, ses marins en assez grand
nombre tués ou blessés, et quatre à cinq de ses navires
mis hors de combat ou coulés bas; et qu'enfin, les maîtres
souverains des mers de l'Asie, ces marins pleins de vaillance, auraient fini par un mouvement sans exemple au
milieu de ces mers : la retraite.

Voyage du Pé-tchi-li jusqu'à Pékin par l'ambassade américaine.

Moins ambitieux de l'emporter par des actions de guerre
qui n'étaient pas dans son programme, le sage ministre
des États-Unis n'a songé qu'au commerce de son pays
et n'a mis sa gloire qu'à réussir; il s'est contenté de contempler le conflit sans y prendre part, et de porter un
bienveillant secours à ceux qui souffraient. Cela fait, il a
profité de l'indication donnée : il a remonté sans obstacle
la branche nord du Peï-ho; puis il a débarqué; puis on
l'a conduit avec grands honneurs, politesses gracieuses
et chère lie, jusqu'à Pékin. Rien n'est plus intéressant, et
même instructif, que le récit de ce voyage, publié par
un membre de l'ambassade. En voici la substance :

L'ambassade, après avoir remonté la rivière qu'on avait
désignée, débarque vers le tiers du chemin, à Peï-tsang, je
crois. *Vingt voitures* qui l'attendaient la transportent, ayant

alentour une escorte d'honneur, moitié chinoise et moitié tartare. Deux mandarins sont à la tête de l'escorte : l'un, Chinois, appartient à l'ordre civil, il est bouddhiste; l'autre, Tartare, est colonel et musulman.

« Toutes les dispositions, dit le narrateur, avaient été prises, *à grands frais*, pour nous procurer autant de bien-être que le pays en pouvait procurer.

« Quant aux honneurs rendus, le rang des mandarins, décorés du bouton rouge et de la plume hiérarchique, aurait suffi pour satisfaire les plus difficiles au sujet des distinctions. Le vice-roi du Pé-tchi-li est venu souhaiter la bienvenue à notre plénipotentiaire. A chaque station nouvelle, les grands de l'endroit où l'on s'arrêtait et ceux des environs accouraient en foule; ils venaient nous offrir tout ce que pouvait fournir leur hospitalité.

« Nous sommes arrivés à Pékin le 29 juillet 1859, avec une grande escorte de cavalerie, et nous avons fait notre entrée au milieu de cent mille spectateurs. »

Si le lecteur veut bien se rappeler les vastes espaces de la voie triomphale par où l'on entre dans la ville extérieure (voyez page 53), il concevra le beau spectacle des cent mille spectateurs groupés dans l'attente de l'ambassade américaine. Laissons continuer le narrateur.

« Jusque-là notre voyage était *une véritable ovation*. L'ambassade fut reçue dans un palais où rien ne manquait, excepté la liberté d'en sortir pour aller au loin dans la ville. L'empereur désirait nous recevoir, mais la grande question d'étiquette arrêtait tout. Les Chinois cependant la rendaient chaque jour moins exigeante; au lieu des hommages redoublés que doivent les vassaux, Sa Majesté, *pour honorer l'indépendance américaine*[1], se contenterait d'une

---

[1] Ainsi parle l'orgueil yankie, même en Chine : c'est un trait de caractère.

seule génuflexion? — Non. Et de trois prosternements?
— Non, non!... »

Sur le refus des austères républicains, on réduisait l'exigence à demander un simple semblant de génuflexion : un citoyen ne pouvait pas se le permettre.

« L'empereur, dit notre narrateur, se voyait déçu dans son espoir, et semblait même irrité quelque peu. Il a fini par s'apaiser; *il a ratifié le traité*[1]. Il a reçu par le canal de ses ministres la lettre du président de l'Union américaine. *En définitive, notre mission a réussi politiquement*, et, sauf ce que j'ai raconté ci-dessus, *les Chinois nous ont traités avec magnificence.* »

Si le fier descendant de Robert Bruce, qui porte ce beau mot dans ses armes : *Fuimus!*[2] nous avons été rois; si M. Bruce avait suivi la route voisine indiquée, de compagnie avec le ministre américain, et comme un simple mortel, on n'aurait pas moins fait pour lui que pour le *frère et ami* de l'Union. Il serait curieux de savoir si le gentilhomme qui, dans des circonstances d'apparat, plie le genou devant la gracieuse reine Victoria, aurait refusé cet hommage au roi des rois de l'extrême Orient; s'il aurait refusé de rendre un hommage que les Écossais du XIVe siècle ne refusaient pas, je le crois, à la majesté de Robert Bruce, son ancêtre.

Même dans le cas où le superbe Écossais eût pris pour type de fierté le négociateur républicain, le traité britan-

---

[1] Un système de déception audacieusement poursuivi faisait accroire que les Chinois avaient *refusé la ratification* et *trompé* l'envoyé des États-Unis. Il a fallu que le président des États-Unis, dans son message au Congrès, attestât solennellement la *bonne foi des Chinois :* il a déclaré que l'échange des ratifications avait eu lieu dans Peï-tsang le 16 août 1859.

[2] Ce mot figurait du moins dans les armes de mon ancien et célèbre ami M. Michel Bruce, qui, de concert avec l'intrépide général Wilson, délivra Lavallette, qu'attendait le dernier supplice.

nique n'en aurait pas moins été paisiblement ratifié; le commerce anglais en recueillerait dès à présent les précieux avantages; l'Asic entière aurait la paix, et le sang humain ne serait pas sur le point de couler à larges flots.

Il ne nous appartient pas de nous prononcer autrement que par le vœu le plus cordial dans une affaire où l'honneur des Français et des Anglais est déclaré solidairement engagé. Deux puissants gouvernements n'auront pas adopté le même parti sans des motifs sérieux, qui seront quelque jour probablement connus. Une grande expédition est préparée. S'il n'est pas possible que la terreur qui marchera devant elle obtienne une satisfaction digne de deux nations illustres, nous aimons à ne pas douter de ses succès définitifs; elle remplira l'attente universelle.

Deux flottes, deux armées d'élite, vont se présenter à l'embouchure du Peï-ho, qu'on remontera, dût-on préférer la voie que les Chinois indiquaient bénévolement; on ira bientôt à Tien-tsin, qui ne peut manquer d'être prise. Si les Chinois résistent encore, on entreprendra peut-être le siége de Pékin; alors, pour la première fois, les Anglo-Français forceront les murs de la cité rebâtie par un neveu de Gengis-khan.

Dans tous les cas, nous espérons que les forces européennes ne livreront pas aux horreurs de l'incendie et du pillage la cité qui contient tant de monuments à jamais dignes de l'admiration des hommes et de leur vénération. Nous le demandons pour l'honneur de la civilisation occidentale, même en supposant que Pékin soit prise d'assaut.

Malgré la perspective des succès les plus inouïs, si nous osions exprimer un sentiment irrésistible de notre cœur, nous eussions mieux aimé la concorde : c'eût été, c'est encore l'intérêt de l'Angleterre et de la France.

Un vœu d'avenir.

En attendant les événements, les amis de la paix et
de l'humanité ont, à notre avis, un vœu naturel à former pour l'avenir : c'est que des ambassadeurs occidentaux, même en Orient, quand ils rencontreront des obstacles matériels, au lieu d'employer la force hostile pour
les surmonter, se contentent de protester avec discerne-
ment, avec sagesse; c'est qu'ils aient la bonté rare d'en
référer à leurs souverains respectifs. Ceux-ci sauront, à
coup sûr, se faire eux-mêmes respecter; ils sauront, dans
l'instant précis que leur politique aura jugé convenable,
recourir au moyen définitif et terrible de la guerre. La
raison le demande, dans l'intérêt même des gouvernements européens et pour leur plus grand honneur.

*Utilité d'obtenir l'ouverture du Peï-ho et la libre entrée du port
intérieur de Tien-tsin.*

Une importance nouvelle va s'attacher à la ville de
Tien-tsin, doublement considérable pour sa position
stratégique et pour des intérêts tout pacifiques. Elle est,
comme nous l'avons indiqué plus haut, le point d'abou-
tissement et la clef du grand canal Impérial au moyen
duquel les jonques arrivent sous les murs de cette place.
Ce canal aboutit à la rivière Yun, qui se jette dans le
Peï-ho.

Il serait à désirer que Tien-tsin fît partie des ports de
marée dont l'accès doit être ouvert aux nations étrangères;
on s'en servirait pour établir un commerce direct avec la
capitale d'un des empires les plus riches de la terre.

Les insurrections si graves qui depuis dix ans troublent

le centre et le midi de la Chine avaient intercepté par
le milieu la navigation du grand canal Impérial. Dès ce
moment, la nécessité de transporter des quantités énormes
de riz pour alimenter la capitale, une cité de deux
millions d'habitants, avait fait adopter la voie de la mer.
Les jonques, expédiées du centre et du midi de la Chine,
remontaient la côte jusque dans le golfe du Pé-tchi-li,
pénétraient dans le Peï-ho et passaient devant Tien-tsin
pour se rendre à Pékin. Je me permettrai de demander aux
ingénieurs de l'expédition maintenant sous voiles qu'ils
nous donnent un plan bien fait des deux rivières et du canal
qui communiquent du golfe avec Pékin. Le plan d'après
lequel j'ai décrit la capitale ne donne aucune indication
suffisante des communications hydrauliques aux abords
de cette grande cité.

Province de Chan-toung.

Reprenons notre voyage maritime, et descendons vers le
sud en tournant vers l'est. Nous longeons la grande province
de Chan-toung, province dont le double nom signifie
Montagnes de l'Est. Elle offre, en effet, la chaîne orientale
qui se projette dans la mer Jaune, au midi du golfe du
Pé-tchi-li, et qui descend sous les eaux à l'entrée de ce
golfe. Ensuite cette chaîne se relève au nord, traverse
la Mandchourie et se prolonge jusque vers la rive méridionale du fleuve Amour.

Si nous voulons n'oublier jamais le nom du Chan-
toung, rappelons-nous qu'en cette province est né l'immortel Confucius. On y voit sa tombe, plus que jamais
révérée; à quelque distance est le district dont la terre
est réservée pour les nombreux descendants de ce grand
homme.

Le Chan-toung n'a pas en partage tous les bienfaits de la nature. Les pluies y sont rares, et cela suffirait pour donner à cette province une moindre fécondité qu'aux parties du centre et du midi de l'empire. Cependant elle est largement arrosée par des fleuves, des rivières et des lacs nombreux : aussi l'habitant, à force de travail, trouve-t-il le moyen, presque en tous lieux et presque en tout temps, d'arroser ses terres.

*Toung-tcheou, port de refuge à l'entrée du Pé-tchi-li;
son ouverture à réclamer.*

En arrivant au cap intérieur qui finit vers le midi la côte du golfe, nous trouvons le port de Toung-tcheou, dont le nom signifie *la Ville secondaire de l'Est.* On doit, en beaucoup de cas, considérer cette position comme un port de refuge où viennent s'abriter les navires battus par les vents du nord.

Les voyages que nécessite l'approvisionnement de la capitale par des jonques dirigées vers le golfe du Pé-tchi-li ont donné tout à coup pour les Chinois une utilité nouvelle au port de Toung-tcheou, port que les navires européens n'ont pas le droit de fréquenter pour y faire le commerce.

Jusqu'à ce jour, les navires européens, exclus des côtes qui bordent le golfe et de tout commerce avec la Corée et la Mandchourie, n'avaient pas éprouvé le besoin de relâcher dans le port de Toung-tcheou; mais, avec les grands intérêts qui surgissent entre ces contrées et l'Europe et l'Amérique, ce port devient pour le commerce d'une importance majeure. Faisons servir les nouveaux événements à procurer sa libre entrée aux puissances maritimes, et comme refuge et comme relâche.

Nous reprenons notre route et nous arrivons au cap Macartney, le plus avancé de tous vers l'orient. Là finit la chaîne de montagnes qui donne son nom à la province. Nous tournons au midi, pour nous diriger sensiblement vers l'occident, et nous suivons toujours le littoral.

Sur la côte méridionale du Chan-toung, au fond d'une baie spacieuse qui regarde le sud-ouest, nous trouvons le port de *Kiou-tcheou*.

Latitude...................................... 36° 14′ 20″
Longitude orientale..................... 118° 3′

C'est encore un port que jusqu'à ce jour les Occidentaux n'ont pas eu la faculté de fréquenter, il ne pourrait guère être utile que pour les relâches, parce qu'il n'est voisin d'aucun fleuve considérable ni d'aucune grande cité.

Province de Ngan-hoeï.

Nous continuons notre route, et nous longeons les côtes d'une nouvelle province à la fois fertile et très-peuplée : c'est la grande province de Ngan-hoeï. Son littoral, de peu d'étendue, s'arrête à la rive septentrionale d'un fleuve qui mérite de fixer toute notre attention.

Le fleuve Jaune : Hoang-ho.

Le Hoang-ho, par la longueur de son parcours et par les bienfaits qu'il répand, est le second fleuve de la Chine. Il doit son nom de *fleuve Jaune* à la couleur de ses abondantes alluvions. Cette couleur se répand sur une vaste étendue de l'Océan, dans la partie qu'on a pour ce motif nommée la *mer Jaune*, et que la Corée borne du côté de l'orient.

Dans toute cette partie du littoral la côte chinoise est très-basse; elle offre, sous les eaux comme au-dessus des eaux, une pente insensible suivant laquelle le dépôt incessant des alluvions éloigne l'Océan. Il se forme ainsi constamment de nouveaux lais de mer, et les cultivateurs s'en emparent avec autant d'activité que d'intelligence.

On ne trouve aucun port de mer à l'embouchure du fleuve Jaune. Il faut le remonter à vingt lieues pour atteindre une situation importante : c'est le point où son cours est croisé par le grand canal Impérial.

A l'est du fleuve Jaune et du canal, le vaste lac *Hong-tsé* décharge ses eaux à travers le canal, au voisinage du fleuve, et les fait descendre directement à la mer. Ce lac lui-même est le réceptacle des eaux d'une immense contrée, fort remarquable pour l'abaissement de son niveau général, pour la douceur de son climat et pour sa fertilité.

La cité de Hoeï-ngan-fou.

On conçoit toute l'importance de la cité qui s'élève au point d'intersection du canal Impérial et des grandes eaux courantes dont nous venons d'offrir l'idée. Elle appartient à la province de Kiang-sou, ou Kiang-nan oriental.

Latitude. . . . . 33° 32' 24"
Longitude orientale. . . . . 116° 53' 12"

A son grand désavantage, cette ville est bâtie sur un sol plus bas que le niveau des eaux du canal Impérial, dont une rupture suffirait pour l'inonder. Elle n'a pas moins de deux lieues de circonférence. Des voies canalisées la sillonnent dans tous les sens et sont couvertes de bateaux; son commerce considérable a fixé dans ses murs une très-nombreuse population.

Maison de plaisance impériale au voisinage du grand canal.

En dehors de la cité dont nous indiquons la position
et l'importance, les fermiers généraux du sel, un des
grands monopoles de l'empire, ont construit pour l'empereur une résidence d'été. Cette résidence le dispute en
grandeur, en magnificence, à celle même de Haï-tien,
qu'on peut appeler le Versailles de Pékin. Dans l'impériale
villa voisine de Hoeï-ngan-fou, rochers, monticules, vallons, cascades et constructions variées sous mille formes
fantastiques, l'art a tout fait, et tout fait à force d'or.

Il faut des fermiers généraux qui traitent à des termes
bien onéreux au trésor, pour que le simple superflu de
leurs bénéfices ait pu solder ces prodigalités prodigieuses.

En reprenant notre parcours de la côte, entre le fleuve
Jaune et le fleuve Bleu, l'Yang-tzé-kiang, nulle part ne
s'offrent à nous des mouillages profonds, ni par conséquent des ports remarquables.

C'est partout le même littoral à pente insensible qui se
prolonge sous la mer à d'énormes distances, sous des
eaux troublées, qui par degrés déposent la vase féconde
qu'elles tiennent en suspension, et qui prolongent au loin
vers le midi la couleur de la *mer Jaune.*

Entrée du grand fleuve Yang-tzé-kiang.

Nous arrivons à l'embouchure du plus grand fleuve
de la Chine, celui que les habitants du Céleste Empire
appellent très-souvent par excellence *le fleuve,* le *Kiang :*
c'est l'Yang-tzé-kiang, nom composé qui veut dire le *fils
aîné de la mer.*

Pour entrer dans l'Yang-tzé-kiang en arrivant du nord,

au lieu de serrer la côte septentrionale de l'embouchure, où l'on rencontrerait des bancs d'un sable compacte et dangereux, il faut faire un détour, se défendre des courants qui viennent du sud et gagner vers la rive méridionale. De ce côté s'étend un fond de vase boueuse, à pente presque insensible, qui préserve des surprises. Si par malheur on échouait, la carène ne serait pas endommagée quand même la marée descendrait, et lorsqu'elle remonterait il serait facile de remettre à flot le navire.

En faisant voile avec cette prudence, quelque éloigné que soit le rivage vers lequel on s'avance, on découvre à perte de vue des guérets et des rizières qui semblent continuer la plaine de l'Océan. Mais ici c'est la terre qui, par sa fraîche végétation, rappelle la couleur verte de la mer; tandis que la mer, troublée par d'immenses alluvions, rappelle le jaune grisâtre de la terre après la moisson.

Confluent du grand fleuve avec la rivière Wang-pou.

En continuant de remonter la rive méridionale du grand fleuve, nous arrivons à son confluent avec la rivière Wang-pou : rivière aujourd'hui si connue des Européens, parce qu'elle conduit à la cité la plus riche après Canton parmi les cinq ports qu'ils ont le droit de fréquenter.

Wou-song, le premier des entrepôts contrebandiers ménagés pour infester les Chinois avec de l'opium, au mépris des lois.

La rivière Wang-pou coule du midi vers le nord. Sur sa rive gauche s'élève la ville de *Wou-song* [1], auprès du

___

[1] Latitude, 31° 25′; longitude orientale, 118° 40′ 15″.

confluent. Elle n'était, il y a vingt ans, qu'un hameau composé de quelques huttes de pêcheurs; mais elle présente actuellement une agglomération considérable d'habitations enrichies par un trafic dont il faut donner une idée.

En face des habitations sont mouillés dans la rivière Wang-pou d'impudents contrebandiers européens. Ils montent des *bâtiments recéleurs*, qu'ils appellent par euphémisme *bâtiments receveurs* (receiving ships). Ces navires sont remplis de lingots d'argent apportés par les Chinois, et de caisses d'opium apportées de l'Inde britannique. Leur pont est garni d'une artillerie formidable, manœuvrée par des lascars, dont la conscience bronzée ne craint ni Dieu ni les hommes. Les contrebandiers sont à l'ancre côte à côte; ils forment une ligne de défense, et les jonques mandarines se garderaient de les attaquer, de peur d'être coulées bas. Tout près des bâtiments recéleurs, immobilisés comme des stationnaires, sont mouillés temporairement les grands navires marchands, les *clippeurs*, qui chargent l'argent et déchargent l'opium. Voilà ce que les Chinois supportent, même en pleine paix!

Cette station d'opium ne le cède en importance qu'à celle de Koung-sing-moun, établie près de Macao pour suffire à la violation des lois dans le bassin de Canton. Réunies l'une à l'autre, elles font un commerce qui surpasse cent millions de fraudes par année.

Neuf autres stations judicieusement distribuées contribuent, pour une somme à peu près équivalente, à la contrebande générale.

Remonte du Wang-pou jusqu'à Chang-haï.

Afin de nous rendre au grand port de Chang-haï, nous quittons la station des contrebandiers et nous remontons le Wang-pou. Notre navire décrit un grand arc irrégulier ; la courbure de cet arc est telle que la rivière, qui coule du sud au nord vers son embouchure, trois lieues plus haut coule de l'est à l'ouest, près du port de Chang-haï.

A très-peu de distance au-dessous de ce port, le Wang-pou reçoit par sa rive gauche les eaux d'une autre rivière qui vient du nord ; il faut la remonter lorsqu'on veut aller à la cité de Sou-tcheou-fou, si célèbre pour sa richesse et pour ses élégances. Nous ferons connaître avec soin cette ville importante.

Au-dessus du confluent, la rive gauche du Wang-pou décrit un grand arc concave ; le résultat de cette forme est d'offrir des eaux profondes aux navires qui mouillent devant Chang-haï.

Sur cette rive, dans une étendue qui surpasse deux lieues, nous voyons se déployer cette grande cité, les deux tiers de ses faubourgs et les principaux établissements du commerce maritime.

Nous rencontrons, en premier lieu, les consulats européens et les colonies naissantes qui les entourent ; puis un long faubourg chinois. Derrière ce faubourg s'élève la ville fortifiée qui porte le nom de Chang-haï.

Les Anglais balisent la voie qui conduit de la mer à Chang-haï.

Aux explorations des côtes extérieures les Anglais ont joint l'étude spéciale de l'embouchure des fleuves. Ils ont planté des marques de reconnaissance pour jalonner les passes et signaler les dangers à l'embouchure de l'Yang-tzé-kiang. Tandis qu'ils attaquaient le midi de la Chine, ils poursuivaient avec un sang-froid incroyable, et vers le centre et vers le nord, leurs travaux hydrographiques.

Au commencement de 1857, M. Carr, officier de la

marine britannique, posait les balises ou marques indiquant au commerce la route à suivre pour arriver de la
mer, par l'embouchure du grand fleuve Yang-tzé-kiang,
jusqu'au port de Chang-haï. Je le répète, un Anglais
accomplissait ce travail quoique son pays fût en guerre
avec la province de Canton.

Loin que les autorités chinoises se soient formalisées
de recevoir en pareil moment un semblable service,
elles en ont voulu témoigner leur gratitude. Le préfet, le
tao-taï de la ville, a fait présent d'un beau chronomètre
de 1,800 francs à l'explorateur, avec cette inscription :
*Offert par Son Excellence Lao; préfet de Chang-haï, à Georges
Carr, maître de la marine royale : comme une expression
reconnaissante du service qu'il a rendu, par la pose des bouées
dans le fleuve Yang-tzé-kiang, en 1857.*

Le fait que je viens de citer rendra plus facile à comprendre les rapports de bonne amitié qui se sont établis
entre les Chinois et l'un des officiers les plus distingués
parmi les explorateurs de leur littoral : j'en parlerai dans
un moment.

Travaux des topographes anglais sur les côtes de la Chine.

On doit à l'Angleterre des travaux bien plus considérables que ceux de M. Carr sur l'hydrographie des côtes
de la Chine. Le traité de 1842 autorisait cette puissance
à faire avec ses navires une étude approfondie des côtes
du Céleste Empire; il en est résulté les belles cartes dues
aux capitaines Belcher, Collinson, Kellet, etc.

L'amirauté d'Angleterre a réalisé cette entreprise avec
tant d'ardeur, qu'en peu d'années elle a fait relever et
sonder un littoral de mille lieues par *onze navires* entièrement consacrés à ce travail scientifique.

Juste éloge du capitaine Forbes à Chang-haï.

Un des savants officiers qui concoururent à ce vaste travail était le capitaine Forbes, commandant de *la Bonnette.* Nous le citons ici pour l'ouvrage qu'il a publié et qui fait particulièrement connaître le port de Chang-haï et le pays d'alentour [1].

Cet officier avoue qu'il avait abordé les côtes de la Chine avec un esprit imbu d'une foule de préjugés contre les habitants. Mais la paix une fois conclue, et quelque temps accordé pour laisser au ressentiment du vaincu le loisir de calmer son amertume, il se trouve au milieu d'une population qu'il trouve aimable, bonne, hospitalière, d'une population, dit-il, autant en avance sur nous, à certains égards, qu'elle est en arrière sur d'autres. *En avance!* et *sur nous!* Remarquons ces mots; car celui qui les a prononcés est né dans la Grande-Bretagne. « J'ai la confiance, ajoute-t-il, qu'en nous connaissant mieux des deux côtés, chaque peuple cessera de croire que l'autre mérite d'être appelé race barbare. »

Les jugements de M. Forbes sont d'autant plus acceptables qu'il vivait tour à tour parmi les habitants des ports et de la campagne : jovial, aimable, doué d'un caractère ouvert, bienfaisant et sociable, il inspirait la sympathie, et l'inspirait parce qu'il l'éprouvait. Citons quelques-uns de ses jugements.

Veut-il peindre la foi publique : « Fidèles aux engagements les plus onéreux, les Chinois, dit-il, ont payé religieusement les 21 millions de dollars imposés par le

---

[1] *Five years in China :* Cinq ans en Chine, de 1842 à 1847. 1 vol. in-8°; Londres, 1848.

traité de 1842 pour indemniser la perte (à mon avis, si méritée) des contrebandiers d'opium. »

Veut-il peindre au fond, au vrai, l'urbanité nationale, dans le pays qu'il visite : écoutons-le. « Hors des emplois, l'habitant est serviable; il se montre prêt à donner tous les renseignements que vous pouvez demander. Si vous entrez dans sa demeure, pour vous aussitôt est le siége le plus distingué; s'il n'en a qu'un, il est pour vous. Ce qu'il a de meilleur à manger, il vous l'offre pareillement. »

Poussant plus loin la bienveillance, M. Forbes trouve, en certains cas, les Chinois plus probes que ses propres concitoyens. « Quoique toute comparaison, dit-il, soit odieuse, néanmoins une assez coûteuse expérience me réduit à le confesser : en traversant la frontière britannique, mon propre bien a souffert plus de vols effectifs que pendant mon séjour entier chez le peuple chinois. »

Me sera-t-il permis, à mon tour, de faire une autre déclaration? J'ai traversé seize fois, en quarante ans, les frontières britanniques, sans jamais éprouver la moindre soustraction, et sans que jamais, pour me tromper ou me surfaire, on ait abusé de ma qualité d'étranger. Cependant au début, en 1816, j'étais pour le commun peuple un *frenchman*, un *french dog*, venant d'un pays naguère abhorré; peu de temps après, pour beaucoup d'hommes éminents, j'étais un ami. Cette terre des arts, du génie et des nobles caractères m'a procuré des souvenirs et des affections qui ne sortiront jamais de mon cœur.

J'ai plaisir à reconnaître ce que je dois à M. Forbes, surtout au sujet de Chang-haï.

Description de Chang-haï.

Avant de décrire les établissements maritimes dont est

entouré Chang-haï, et qui la séparent du fleuve Wang-
pou, décrivons la ville même. Depuis la capitale, c'est
la cité la plus importante que nous ayons rencontrée; en
y comprenant ses faubourgs, elle compte plus de trois
cent mille habitants. Ce nombre s'accroîtra comme le
mouvement et la richesse de sa navigation.

Par l'avantage singulier de sa position, Chang-haï me
semble avoir plus d'avenir que tout autre port du Céleste
Empire. Son peuple est inoffensif, hospitalier, et rarement
il se livre à des voies de fait. Les rixes dont parfois son littoral est le théâtre sont suscitées par les marins irascibles
et fiers de Canton et du Fo-kien.

La cité, de figure ovale, est entourée de remparts;
ses faubourgs lui donnent une grande étendue et la séparent du port. Trois canaux venant de l'extérieur pénètrent
dans l'enceinte fortifiée et s'y ramifient; malheureusement
ils sont mal entretenus, et leur saleté contribue à l'insalubrité publique. Cette insalubrité, qu'accroissent les
rizières d'alentour, contraint les personnes opulentes à
passer chaque année au moins deux mois loin des
cloaques de la cité maritime.

Nous commencerons notre description de ce grand
centre de commerce par un rapide coup d'œil jeté sur ses
monuments utiles. Nous visiterons ensuite ses magasins
et ses ateliers; nous étudierons jusqu'à ses boutiques en
plein air, qui caractérisent la vie extérieure d'une population.

Collége des examens littéraires.

Parmi les établissements les plus considérables il faut
remarquer le collége où sont examinés périodiquement
les étudiants de la province. Ce bel édifice, construit en
pierre, est entouré de temples et de jardins.

Au centre de la ville sont d'autres jardins spacieux, ornés d'îles, de lacs et de ponts fantastiques, avec de nombreux kiosques imitant des temples, mais disposés pour servir de *cafés* : en supposant que le café soit du thé.

Le palais préfectoral et les temples.

Les hôtels ou palais destinés aux principaux mandarins sont distingués par leur grandeur et par les couleurs éclatantes de leurs façades. Décrivons celui qu'habite le premier magistrat, le *tao-taï*, qui gouverne un département d'au moins quatre millions d'âmes.

D'ordinaire, en avant d'un pareil édifice, on érige des mâts vénitiens d'une grande hauteur; ils portent les banderoles à fond jaune, signes de la puissance impériale.

On pénètre dans une cour d'honneur que décorent des figures de lions, de dragons et d'autres êtres symboliques. On voit à droite les canons qu'on tire lors des saluts de grande cérémonie; à gauche est l'emplacement d'un orchestre, qui sert pour honorer les visiteurs de haute distinction. Au fond de la cour d'entrée, un premier corps de bâtiments en occupe toute la largeur; il contient la grande salle des cérémonies, avec des salons latéraux. Au delà, seconde cour, puis second corps de bâtiments où sont logés les visiteurs officiels. Plus loin encore, troisième cour et troisième corps de bâtiments, pour la résidence personnelle du haut fonctionnaire qui représente bien plus qu'un préfet dans nos départements : là se trouve aussi logée sa famille.

Remarquons avec respect le vaste et beau temple érigé pour honorer la vertu de Confucius; mentionnons, en passant, divers temples ou couvents de Bouddha, dispersés par la ville et la plupart délabrés.

Les monuments commémoratifs, ou Portes d'honneur.

Dans les rues on voit un assez grand nombre de monuments en forme de portes isolées, que nous appellerions des *arcs de triomphe*. Mais, au lieu de rappeler seulement des combats et du sang versé, la majeure partie rappelle des époques doucement fortunées pour l'histoire du pays, en perpétuant la mémoire de quelque sage et parfait administrateur. Ils sont embellis par des sculptures, et l'on en voit qui réunissent la magnificence à la grandeur.

Monument commémoratif d'un grand mandarin catholique : Siu.

Signalons un des monuments qui font honneur à la Chine. Sous le règne illustre de Khang-hi, l'un de ses ministres les plus habiles et les plus vertueux, le mandarin de premier ordre Siu, après avoir·rendu de grands services à l'empire, termina sa carrière auprès des lieux qui furent son berceau. Un édit impérial enjoignit d'ériger dans Chang-haï, sa ville natale, une Porte d'honneur qui rappellerait les services et la vertu de l'éminent administrateur; sa statue fut placée dans un temple voisin parmi celles des ancêtres de la patrie. L'empereur ne craignit pas de rendre de tels hommages au grand mandarin qui vécut, quoique Chinois, ostensiblement catholique; à l'introducteur des missionnaires français dans le King, cette enceinte réservée de la cour impériale: Chose non moins remarquable, lorsqu'après la mort de Khang-hi le catholicisme fut proscrit, la Porte monumentale et la statue d'un pareil ancêtre furent conservées avec respect.

Nous aborderons bientôt le sujet important des missions chrétiennes, dont le centre est à Chang-haï.

Le temple du Printemps.

A Chang-haï, comme en d'autres cités du pays fier de s'appeler *l'empire des fleurs*, faisons remarquer au-dessus des remparts, et du côté des jardins, un gracieux *temple du Printemps.* Lorsque arrive le mois de mai, les dames chinoises, élégantes et curieuses, se réunissent en ce lieu pour épier les progrès du vert nouveau; elles y viennent pour décorer l'ébène de leurs cheveux avec des fleurs belles, rares encore, et par là deux fois précieuses.

Culture et commerce des fleurs.

Chang-haï est le centre d'un grand commerce de fleurs apportées des diverses contrées de l'empire. Dans la ville et dans la campagne circonvoisine on trouve des pépinières et des jardins multipliés, qui renferment une extrême variété de plantes d'ornement : les plantes et les fleurs sont vendues en ville dans un grand nombre de boutiques.

Établissements de bienfaisance.

Dans ces derniers temps, on a trop accusé les Chinois d'être sans pitié pour l'enfance, et de sacrifier surtout *les filles* quand leurs parents sont sans fortune. Le bienfaisant empereur mandchou qui tonnait contre ce crime a cherché les moyens les plus sûrs de le prévenir.

Hôpital général et des enfants trouvés, fondé sous le règne
de l'empereur mandchou Khang-hi.

A quelques pas du temple du Printemps, notre attention est surtout attirée vers l'*Hôpital général et libre*. Il est visité régulièrement par les médecins indigènes de l'association connue sous le nom de *Bienveillance-unie*. Il contient un *hospice des enfants trouvés*, dont la fondation remonte au règne paternel de Khang-hi. Conformément à l'édit de ce grand empereur, l'édifice présente *un tour* pour le dépôt des enfants abandonnés. On est sévère sur le choix des nourrices. On élève les enfants à l'hospice jusqu'à l'âge de cinq ans : âge auquel ils peuvent être adoptés par des personnes bienveillantes.

Le commerce et les boutiques de Chang-hai.

Lorsqu'on visite les boutiques de la ville, on ne peut s'empêcher de remarquer l'extrême politesse des vendeurs. Ils ont au plus haut degré le talent de faire valoir leurs marchandises ; ils savent flatter les acheteurs avec autant d'art et parfois d'aplomb que les commis les plus avantageux dans nos magasins de nouveautés.

Il est un autre point sur lequel les Chinois ne nous sont pas inférieurs, Ils comprennent également bien les deux extrêmes du commerce : offrir des objets d'une cherté qui puisse plaire à l'opulence autant peut-être que la beauté ; en offrir d'autres à des bas prix incroyables, pour l'immensité des petits consommateurs.

Les magasins de soieries.

Les boutiques du plus grand luxe sont celles des marchands de soieries. D'ordinaire, le magasin est au fond 'd'une cour embellie de treillages ornés de fleurs que portent des plantes précieuses ; là sont réunis des oiseaux qui chantent dans leurs volières. Au lieu d'écrire, comme à Paris, sur la porte d'entrée ces noms magiques du vendeur : *Delille, Gagelin*, etc. les Chinois inscrivent en lettres d'or, sur un laque noir éblouissant, leurs produits les plus renommés : *crêpes de Canton, satins de Pékin, soieries à fleurs de Hang-tcheou*, etc. Ils n'ont pas de femmes pour desservir ces magasins et donner du prix aux soieries par la main délicate qui les présenterait à l'acheteur.

Talent et vanité des teinturiers.

Rien n'égale pour l'éclat et la variété les meilleures teintures que préparent les Chinois; ils en ont eux-mêmes la plus haute opinion. Voici l'une des enseignes de cette industrie, qui rougirait d'être modeste :

« Boutique de teinturier. Double teinture d'un vert aussi foncé que l'encre noire. *Notre industrie rivalise avec l'œuvre céleste!* »

Mérite des broderies.

Les broderies des Chinois sont au rang de leurs magnificences, pour la beauté des couleurs, pour l'art ingénieux d'en contraster les dessins et les nuances, enfin pour la délicatesse exquise du travail. Ce sont des hommes qui brodent, afin de satisfaire aux demandes du commerce; ils gagnent par jour depuis 80 centimes jusqu'à 2 fr. 5o cent., suivant les degrés de leur talent. Un tel salaire est énorme à la Chine.

Dans l'intérieur de leurs appartements, les plus grandes dames, non moins habiles que les artisans du premier mérite, brodent les tissus destinés soit à leur parure, soit aux parties les plus recherchées de leurs somptueux ameublements.

Magasins de vêtements confectionnés.

Chang-haï fait un riche commerce de vêtements confectionnés. Ceux qu'on destine en hiver à la classe opulente sont garnis de fourrures précieuses; ceux qui doivent servir au peuple sont du moins copieusement ouatés pour la saison froide : saison très-rude à Chang-haï.

Boutiques de chandelles végétales, enveloppées de cire d'abeilles.

Dans certains genres, le charlatanisme chinois s'élève presque à la hauteur du charlatanisme européen. Remarquons la boutique très-apparente de ce vendeur de chandelles, qui trafique en gros et même au détail; son luminaire, en suif végétal et peu coûteux, est artistement recouvert d'une pellicule en cire d'abeille, qui lui donne l'aspect de la vraie bougie. Cette boutique ingénieuse ne mérite-t-elle pas d'être opposée sans désavantage à ces magasins de bougie soi-disant stéarique où la graisse vulgaire remplace de plus en plus le savant produit? remplacement qui s'accroît à mesure que la fraude et la chimie rivalisent, l'une d'audace et l'autre d'invention.

Pour ce genre de boutiques, le Chinois a prodigué ses couleurs les plus flamboyantes; là des décorations dignes de nos plus brillants confiseurs s'allient avec les sentences d'une philosophie qui se prête à tous les services.... *Les astres embellissent l'ordre du monde !...* C'est une des vérités les plus modestes pour annoncer les bougies ornementées, lissées, fardées. Dans ces vulgaires magasins, les caractères, imprimés en or sur un fond de pourpre ou d'azur, ont la même richesse que pour illustrer dans les temples le nom de Confucius et ses plus sages maximes.

Boutiques réunies de médecines et de médecins.

En Occident, les pharmaciens, ces successeurs enorgueillis des humbles apothicaires, annoncent leurs drogues, que dis-je? leurs médicaments, par des flots de lumière qui grossissent les panacées en traversant des globes ou des cylindres de cristal pleins de liquides réfracteurs aux couleurs les plus chatoyantes. Il suffit au droguiste chinois que ses médicaments soient enfermés dans des urnes de porcelaine, dont la modeste grandeur et la demi-transparence ont moins d'apparat, mais plus de valeur.

Chez les Chinois, le même ami de la santé des humains est à la fois apothicaire et médecin. Homœopathe à son insu, il a des poisons concentrés pour faire briller la science, sauf à ne les distribuer que par atomes suffisamment microscopiques pour ne pas empoisonner. Il a des potions anodines pour *ses malades imaginaires,* qui sont entre tous les plus productifs, car ils ne guérissent jamais : ces précieux clients abondent en Chine. On les satisfait à moins de frais par le cumul de l'apothicaire-médecin du Céleste Empire que par la dualité systématique de l'humble mais coûteux M. Fleurant et du hautain docteur Purgon.

Boutiques variées de comestibles.

Il est remarquable de voir combien les magasins de comestibles sont appropriés à l'inégalité des fortunes. Les Chinois ont des fruits rares venus avant la saison, et qu'ils font payer au poids de l'or. Si vous voulez dans la canicule, et par la latitude d'Alexandrie, manger des ananas glacés, vous serez largement pourvu; mais soyez riche, afin d'être satisfait avec abondance. Cependant si vous ne possédez que peu d'argent, si vous avez seulement quelques parcelles de cuivre à dépenser, on vous donnera de ce beau fruit à la glace, une tranche mince il est vrai, mais au prix de 10 centimes. Ainsi, le moindre consommateur, sans excéder ses moyens, apprend à se faire une idée de cette volupté de l'opulence; l'amour-propre est satisfait, et la vanité peut dire, sans parler de la quantité du fruit savouré : « J'en ai mangé! »

Lieux publics destinés à la consommation du thé.

Visitons ce qui remplace nos cafés, les lieux consacrés à la consommation du thé. Les uns sont flottants sur l'eau, pour plus de charme et de fraîcheur; d'autres sont établis au milieu de belles villas, qu'ornent des jardins cultivés, au voisinage des cités; d'autres sont érigés sur des terrasses élevées, qui dominent le faîte des habitations urbaines. Désirez-vous un cabinet coûteux, décoré des chinoiseries les plus élégantes : le voici. Consommateur plus modeste, assis dans la salle commune, vous contentez-vous d'une pipe, d'une tasse de thé, plus quelques pepins de melon dont le goût charme les natifs : ces trois plaisirs cumulés, vous les savourerez pour 9 centimes.

On remarque dans l'intérieur de Chang-haï des cafés à thé établis au milieu de jardins sillonnés par de petits ruisseaux d'eau vive sur lesquels on a jeté de légers ponts vraiment chinois. Le pourtour de cet ensemble de cafés s'unit à des rangées de boutiques élégantes, et même à quelques-uns des plus beaux magasins qui sont l'ornement de la ville.

Les restaurants portatifs.

Parmi les industries joyeuses, populaires, et dont l'utilité mériterait notre imitation, distinguons le restaurant portatif. Un seul homme charge sur ses épaules et dessert lui-même le frêle établissement. La structure de l'édifice est un chef-d'œuvre de légèreté, rendu possible par l'emploi d'un roseau tel que le bambou. D'une main le porteur maintient en équilibre son restaurant aérien, haut de deux mètres et long de trois; son autre main soigne la cuisine et le feu. La prévoyance du restaurateur nomade avise à tout, sans qu'il cesse de marcher et de crier : les mets, les mets savoureux déjà tout prêts, ou qu'il va préparer et qu'il va servir, comme dans Paris, à la minute!

Le compartiment antérieur du restaurant portatif, que j'appellerai le *gaillard d'avant*, contient : en dessus, les plats et les assiettes empilés; un peu plus bas, la petite provision de combustible. Plus bas encore est le foyer avec la cuisine, composée d'un récipient de tôle couvert d'un demi-cylindre de bois, revêtu lui-même au dehors par un léger enduit de plâtre; voilà le four, où l'on fait bouillir, étuver ou frire les mets, au gré du consommateur.

Dans la division du *gaillard d'arrière* sont en magasin les viandes, les légumes, et les mignonnes porcelaines contenant des herbes sèches, du poivre et d'autres épices.

Pour le prix le plus modique, un ouvrier peut prendre un repas confortable, sans s'éloigner de son ouvrage, attendu qu'au moindre signe le restaurateur circulant se transporte dans tous les lieux où sa présence est réclamée. Le plus souvent, il vient de lui-même jusqu'aux lieux où son ministère est probablement nécessaire.

Le barbier étuviste ambulant.

Comme un autre progrès des arts populaires, citons le barbier ambulant. Sur sa tête est une bouilloire d'eau

toujours chaude; sur son épaule, un balancier porte d'un
bout la provision d'eau froide, de l'autre le plat à barbe,
le rasoir et l'essuie-main. Il expédie les passants au premier coin de rue. Non-seulement il fait la barbe, mais il
rase la chevelure, sans rien laisser que la touffe dont est
formée la célèbre tresse ordonnée par les Mandchoux
sous peine de mort. L'artiste ambulant nettoie les sourcils,
les yeux, les oreilles; il étuve le haut du corps. Tant de
services sont rendus dans un laps de temps incroyablement court, et tout cela presque pour rien.

La crânologie astrologique et philosophique en plein vent.

La théorie des bosses du cerveau, la crânologie de la
Chine, est expliquée par les charlatans des rues avec un
sang-froid merveilleux; n'étaient le grand air et le plein
vent, vous penseriez être en Europe. Seulement, et c'est
le propre de l'Orient, parmi les protubérances révélatrices
de la tête humaine, la partie la plus importante a des
rapports immédiats avec les étoiles et les planètes, qui
prennent souci des habitants de la Chine. Cette portion
de protubérances révèle au crânologue oriental des influences et des prédictions *astrologiques*, presque aussi
sensées que nos tables tournantes, nos esprits frappeurs,
notre antique bonne aventure et notre nécromancie si
sagement ressuscitée! L'autre portion du crâne humain
vous manifeste les facultés intimes des personnes, leurs
passions, leurs goûts, leurs idées et leurs ridicules; ici
quelques indices curieux s'entremêlent avec audace à des
excès d'impertinence qu'on dirait tirés d'un autre hémisphère.

Voilà les joies du petit monde, et même du grand;
voici d'autres commerces plus lugubres.

Entreprise d'un dépôt des morts à Chang-haï.

Une maison spéciale sert à déposer les cercueils des marins ou marchands du port de Ning-po qui meurent à Chang-haï. On reçoit provisoirement gratis les cercueils des indigents et des personnes qui n'ont pas d'amis ou de parents sur les lieux. Pour les gens de peu de fortune, le dépôt coûte seulement 72 centimes. Pour les riches, en payant un dollar, qui vaudrait 5 fr. 40 à 50 cent. en Amérique, le cercueil est déposé dans une salle convenablement décorée, jusqu'au moment où la famille du défunt le fera retirer. Il peut rester ainsi trois années sans payement additionnel; mais au bout de ce temps, si le corps n'est pas réclamé, on l'expulse comme insolvable, pour l'inhumer dans un espace voisin.

En trois ans on a reçu 3,083 cercueils d'hommes; en quatre ans, 1,198 cercueils de femmes. Dans tous les pays, celles-ci voyagent le moins et meurent chez elles.

Le dépôt qui vient d'être décrit suppose que les habitants, même les moins à leur aise, peuvent encore payer quelque chose. Le dépôt dont on va parler semble le dernier et triste refuge de l'absolue pauvreté.

Dépôt des cadavres d'enfants dans la Tour-Cercueil, auprès des murs de Chang-haï.

Cette tour répand au dehors une odeur effroyable, et durant les chaleurs elle propage au loin des exhalaisons mortelles. Lorsqu'un enfant des classes indigentes meurt, ses parents l'entourent avec de larges feuilles que rattachent quelques liens de bambou; puis ils lancent le tout, par une fenêtre, dans la Tour-Cercueil. Quand elle est pleine de cadavres, l'autorité les fait enlever et brûler; la cendre qu'on en retire sert d'engrais à la terre qui nourrit le peuple.

Un autre établissement, pour les vivants dans la gêne, nous rappelle aux mœurs de l'Europe.

Dépôt des effets du peuple : prêts à 3 pour 100 par mois.

Les établissements de ce genre méritent notre plus sérieuse attention. Pour qu'ils réunissent, comme ils le font, les opérations du prêteur sur gages et celles du banquier, leur existence a besoin d'être autorisée. Ces établissements s'appellent des boutiques *à trois pour cent;* or vous apprenez que c'est à 3 pour cent *par mois*, qui représenteraient 36 pour cent par année, sans compter les frais de renouvellement et les intérêts des intérêts.

A Chang-haï, si vous empruntez pour trois mois sur gages, il faut payer 9 p. o/o. Le mont-de-piété de Paris ne prend que 9 p. o/o par an, et c'est énorme.

En Chine, si l'on emprunte de l'argent à l'année, l'intérêt maximum est seulement de 30 pour cent.

Voilà quel est le taux légal; le dépasser serait un délit punissable par soixante coups d'une canne officielle, légère, élastique et cinglante : telle qu'on peut la façonner avec un bambou bien choisi.

Il existe en Chine des économistes prêts à justifier les pratiques les plus exorbitantes. Ils font l'éloge de l'énorme intérêt des capitaux monétaires : intérêt indispensable, suivant eux, si l'on veut détourner l'argent de s'appliquer à la terre et d'en hausser artificiellement la valeur.'

Pour revenir aux monts-de-piété, celui qu'en 1848 a visité le capitaine Jurien, commandant *la Bayonnaise*, était un immense édifice, rempli de vieux vêtements. En 1842, cet

édifice avait servi de logement aux troupes anglaises, qui,
dit-il, y trouvèrent un pillage facile. En Europe, afin d'é-
viter semblable spoliation, les généraux des nations les
plus policées ont soin de ne pas caserner leurs soldats
au milieu des effets du pauvre.

Des industries exercées dans Chang-haï.

Chang-haï prospère par les arts et les fabriques autant
que par le commerce. Dans cette ville populeuse, on pétrit habilement l'argile; on moule, on émaille les métaux;
on travaille, on sculpte le bambou et d'autres bois avec
une rare dextérité. Pour exécuter ces travaux, de très-
bons ouvriers, qui travaillent *quatorze heures par jour,*
gagnent seulement 6o centimes, et n'en dépensent pas
2 5 : tant la vie est à bon marché.

C'est à Chang-haï qu'il est préférable d'acheter, sans
être rançonné comme on l'est à Canton, ces innombrables
objets de curiosité connus sous le nom de *chinoiseries* et
beaucoup d'objets d'art : objets qu'on ne surfait pas dérai-
sonnablement aux Européens.

Nous avons indiqué, comme un commerce opulent,
ce qu'il faut mentionner ici comme une industrie remarquable pour le goût et l'habileté de la confection : ce sont
les riches vêtements garnis de magnifiques fourrures.

Établissements maritimes en avant de Chang-haï.

La rivière de Chang-haï n'est pas moins large devant
cette ville que la Tamise au pont de Londres. Des navires
d'un fort tirant d'eau peuvent facilement y remonter;
mais il faut qu'ils soient conduits par de bons pilotes,
afin d'éviter les bancs de vase qui l'obstruent.

Le flux de la mer remonte bien au-dessus de Chang-
haï, en soulevant les eaux des canaux et des rizières qui
coupent en tout sens la vaste plaine dont cette ville est le
port maritime.

Ce port est admirablement placé pour commercer
avec la Russie du nord-est, avec le Japon, avec la Californie, et le sera pour commercer avec la nouvelle colonie
aurifère des Anglais en Colombie.

Parmi tous les ports où les Européens peuvent aborder
depuis 1842, c'est le plus avancé vers le septentrion. Il
est la principale entrée commerciale de l'empire du Milieu. Il annonce au loin son importance, et l'on aperçoit
avec admiration le grand nombre de mâts qui s'élèvent
en avant des édifices, comme une forêt de pins.

Ce n'est pas seulement le lieu d'arrivée des forts navires d'Europe et des États-Unis; c'est le rendez-vous des
innombrables jonques chinoises qui s'adonnent au cabotage depuis la rivière de Pékin, le Peï-ho, jusqu'à la
rivière de Canton, qui se trouve éloignée de deux cent
cinquante lieues. C'est aussi le rendez-vous d'autres jonques
arrivant de la Cochinchine, de Siam, de Bornéo, des Philippines, de Singapore et des îles Malaises.

Le mouvement alternatif des marées offre, pour monter et descendre, la navigation la plus économique et la
plus facile, sur une multitude de *canaux qui marchent*,
comme dit Pascal en parlant des rivières, et qui marchent
en sens contraires quatre fois par vingt-quatre heures. Le
spectacle charmant que, dans les campagnes de la Hollande, montrent les voiles des navires qui glissent entre
les arbres, vers tous les points de l'horizon, le même spectacle se présente à l'observateur dans un cercle immense,
dont le centre est Chang-haï. Des bateaux venus de l'intérieur amènent tous les produits nécessaires pour alimenter

les habitants d'un grand port de commerce. Depuis qu'il est ouvert aux peuples de race occidentale, des jonques nombreuses apportent, soit de l'intérieur, soit de la côte, des cargaisons destinées pour l'Europe et l'Amérique. Il faut signaler au premier rang des exportations les thés, qui viennent directement de montagnes assez voisines, et des quantités toujours croissantes de soie grége, demandées par les ateliers de France et d'Angleterre.

Consulat américain.

Lorsqu'en remontant le Wang-pou l'on approche de Chang-haï, le premier établissement commercial que l'on rencontre est le consulat des États-Unis. Il s'élève sur la rive gauche, immédiatement au-dessous du confluent de cette rivière avec celle qui descend de Sou-tcheou-fou.

La grandeur de l'édifice et la beauté des maisons érigées alentour sont la preuve ostensible des progrès d'un commerce que les États-Unis poursuivent avec une activité remarquable; activité qui n'est jamais interrompue par un funeste amour de querelles et de combats.

Consulat britannique.

De l'autre côté du confluent, dans l'angle droit que forment les deux rivières, s'étend la ville britannique. Déjà presque aussi vaste que la cité chinoise, elle est largement parsemée de cultures gracieuses et de belles plantations. L'opulence du commerce l'a construite en des lieux où naguère on ne voyait que de pauvres cabanes et des rizières malsaines. L'argent des Anglais a tout payé, jusqu'à la place auparavant occupée par des tombeaux; les Chinois ont porté plus loin les ossements de leurs ancêtres, en cédant à l'appât d'excessives indemnités.

Il est admirable de voir avec quelle rapidité les Anglais ont érigé le somptueux édifice de leur consulat, et leurs vastes magasins, et les temples de leur culte. Leurs maisons particulières, construites avec luxe, sont entourées de jardins où l'art fait rivaliser les plantes utiles et les plantes d'ornement qu'offrent la Chine, l'Amérique et l'Europe.

M. Fortune, ce parfait jardinier du Royaume-Uni, célèbre avec enthousiasme les Anglais et les Américains pour les plantations charmantes de leurs jardins à Chang-haï; mais il leur reproche vivement de ne pas orner leurs cimetières en les ombrageant avec de beaux arbres, par exemple le cyprès et le thuya, qui décorent avec tant d'effet les tombeaux des Chinois opulents.

C'est en 1844 que les Anglais ont commencé leurs créations, et dès 1848 elles offraient l'aspect d'une imposante cité, qui chaque jour s'agrandit et s'embellit.

Les Chinois de l'intérieur qui viennent à Chang-haï s'étonnent encore plus en contemplant les maisons des Européens qu'en étudiant les étrangers qui les habitent. Ils demandent à parcourir ces demeures, si nouvelles à leurs yeux, pour se faire une idée du luxe, du confort et des jouissances infinies que réunit la vie intérieure des opulents Anglo-Saxons.

Consulat français.

Un canal dirigé de l'est à l'ouest limite au midi la colonie britannique. A la jonction de la rivière Wang-pou et de ce canal, en face de l'établissement britannique, on voit le consulat français, au milieu d'un terrain limité comme il devait l'être pour un commerce d'abord peu développé. Cependant, depuis ces dernières années, une colonie française, qui déploie à son tour la richesse et l'élégance, atteste le progrès final d'un commerce qui fut si tardif dans le principe.

Du côté de la ville, un quai fort long, qu'on appelle *Bond*, s'étend entre la rivière et les consulats; on y remarque le grand édifice de la douane chinoise.

En avant des établissements étrangers, le littoral auprès duquel leurs navires viennent mouiller n'a pas moins de cinq kilomètres d'étendue.

Faubourg nautique de Chang-haï : mouillage des jonques.

Immédiatement au midi du consulat français, dans une longueur de huit à dix kilomètres, s'étend le faubourg nautique de Chang-haï. Sa largeur moyenne ne dépasse guère un demi-kilomètre; il n'est distingué que par son insigne saleté. Remarquons le délabrement de ses abords orientaux, plus hideux encore que ceux dont on rougit pour la Tamise au-dessous du pont de Londres.

En face de ce faubourg, la rivière Wang-pou n'a pas moins de largeur que le beau fleuve britannique au point où commence le mouillage des navires. Chaque année, trois à quatre mille jonques viennent jeter l'ancre en avant de Chang-haï, préssées là par rangées transversales de douze à quinze bâtiments. Elles sont mouillées en bon ordre, sous la surveillance d'un mandarin spécial.

Après la conquête de Nankin par les rebelles, en 1853, des malfaiteurs indépendants s'insurgèrent dans plusieurs départements circonvoisins, levant pour leur propre compte le drapeau de l'insurrection et du pillage. Un groupe de ces misérables envahit Chang-haï par surprise et fut à son tour assiégé. Il est pénible de dire que des Américains et des Anglais faisaient passer, à travers le faubourg maritime, des munitions et des armes

que les assiégés payaient avec les fruits honteux de la spoliation. Par une aberration qui sera plus tard expliquée,
les missionnaires protestants faisaient pencher leurs vœux
du côté de l'insurrection.

Il a fallu qu'une station de la marine française prêtât
noblement son aide aux indigènes opprimés par d'indignes malfaiteurs, et qu'elle contribuât à les délivrer
dans le port et la cité de Chang-haï.

*Le palais épiscopal et la cathédrale française
centres du culte catholique.*

Le palais épiscopal est érigé sur une ancienne concession que l'empereur Khang-hi fit jadis aux chrétiens;
ils en ont obtenu la restitution. Ce palais d'ailleurs est une
simple maison bourgeoise, modeste en sa structure, mais
d'une exquise propreté. Dans l'intérieur de l'empire, les
évêques, obligés de se cacher, habitent des chaumières;
cette glorieuse humilité, loin d'abaisser, rehausse leur
mission. Ainsi grandit leur caractère.

A l'extrémité méridionale du faubourg maritime on
aperçoit la cathédrale catholique. On l'a bâtie depuis qu'a
paru l'édit impérial de 1844, qui reconnaît aux chrétiens
l'exercice libre et public de leur culte dans les cinq ports
ouverts aux étrangers.

A partir de la même époque, une foule de sectes dissi-
dentes ont érigé dans l'intérieur de la cité leurs temples
et les habitations de leurs missionnaires; l'église anglicane,
comme culte national, s'élève au centre de la colonie britannique.

Revenons à la France pour montrer ce que peuvent,
dans un grand port tel que Chang-haï, l'intelligence et
l'énergie d'un représentant consulaire.

Un consul français à Chang-haï : M. de Montigny.

Nous voulons parler d'un consul éminent oublié, s'il pouvait l'être, à cinq mille lieues de sa patrie ; il faut le montrer suppléant par sa force d'âme à tout ce qui rend facile, opulente et fructueuse la mission d'un consul d'Angleterre ou des États-Unis dans un port de la Chine.

M. de Montigny s'était fait connaître en combattant pour l'indépendance de la Grèce ; placé sous les ordres du général Fabvier, si bon juge en fait de vaillance, il avait conquis l'estime et l'amitié de ce chef éminent. La Grèce affranchie par notre concours, il regagna sa patrie et servit encore dans l'armée. Lorsque l'on composa le personnel scientifique de la mission française qui fit voile pour la Chine en 1844, M. de Montigny fut choisi pour en faire partie ; cette occasion favorable lui permit d'étudier sérieusement les intérêts mutuels des Chinois et des étrangers. Tel fut son titre pour devenir consul dans un port à peu près ignoré de l'Europe et qui devait, en si peu d'années, acquérir tant d'importance.

En 1847 il arrivait avec ce titre à Chang-haï, dont le mouillage ne présentait pas alors un seul bâtiment français, mais se remplissait à vue d'œil de grands et riches navires aux pavillons de la Grande-Bretagne et de l'Union américaine : sans compter les clippeurs et les bâtiments recéleurs de Wou-song, l'avant-port de Chang-haï.

Dès le premier moment, il agrandit sa position et l'ennoblit, en se faisant le protecteur, non de l'opium et de la contrebande, mais à la fois du commerce probe et des chrétiens, soit étrangers, soit indigènes. Il voulut que son pavillon, celui des trois couleurs généreuses, couvrît tous

les catholiques, quelle que fût leur patrie. Il ne songea
d'abord qu'à leurs droits, à leur sécurité, à leur bien-être ;
il leur fit restituer les églises dont la possession remontait au règne de Khang-hi. Sous ses auspices, l'évêque de
Chang-haï vit élever sa cathédrale et bâtir son modeste
palais, un peu plus sompnueux que la demeure de l'apostolique Cheverus à Boston. A l'ombre de son patronage,
chaque année s'est développé l'établissement catholique
dans la ville, dans les faubourgs et la banlieue.

Pour la première fois, en 1848, une corvette française
déploya ses voiles et son pavillon tricolore dans la rivière
de Wang-pou. Aussitôt les Chinois, reconnaissant les couleurs qui flottaient sur notre consulat, s'écrièrent : « Voici
les amis dé l'évêque ! »

Je veux montrer par un seul fait le parti que M. de
Montigny sait tirer de cette influence morale pour favoriser un commerce honnête et légal. Nous avons eu dans
Chang-haï des négociants avant d'y conduire un seul navire ;
dès 1848, il fallait favoriser nos placements et préparer
des commandes pour notre industrie. Le consul eut l'heureuse idée de s'adresser aux prêtres missionnaires, afin
que leur patriotisme favorisât de ce côté nos concitoyens.
Par eux, avant la fin de la même année, il obtint que le
commerce catholique, dans l'opulente cité de Sou-tcheou-
fou, fît une commande qui surpassait *trente mille pièces*
de tissus français. L'époque était parfaitement choisie,
parce qu'en juillet 1848 une inondation extraordinaire
avait fait manquer la récolte des cotons dans l'immense
plaine de Chang-haï. Voyons quels avaient été les auxiliaires désintéressés d'une entreprise qui devait obtenir
les plus heureux résultats.

Monseigneur Maresca, le vicaire apostolique des provinces de Kiang-nan et de Kiang-si, n'écoutant que son

dévouement pour les intérêts de la France, avait fait dans la saison la plus malsaine de l'année, en vue d'aider à la conclusion de cette affaire, le voyage de Sou-tcheou-fou. Il s'était associé, par sa présence, aux efforts du respectable abbé Chen, *Chinois et curé apostolique* dans cette ville. Il en revint atteint des fièvres qui règnent dans la canicule, mais très-heureux d'avoir réussi et plein d'espoir pour l'avenir. « Tout m'autorise à penser, mandait à ce sujet M. de Montigny, que les commandes de nos coreligionnaires, jointes à celles de leurs parents et amis païens, vont continuer au fur et à mesure de mes envois d'échantillons; parce que tous nos missionnaires, à l'envi l'un de l'autre, font de grands efforts pour me seconder et prouver les patriotiques sentiments qui les animent en faveur de la France. »

On fait aussi des commandes qui proviennent directement de Chang-haï; c'est dans le Léa-toung et la Mandchourie qu'on expédiera la majeure partie des tissus ainsi demandés, et qui proviennent de France. Le consul s'efforce de donner à la mère patrie d'utiles conseils: « Plus les étoffes de coton seront épaisses et fortes, plus elles auront de largeur, et mieux elles réussiront dans ces pays du nord, où le froid très-vif exige des vêtements chauds. En Chine, on les teint en grande partie avant de les vendre : faisons de même. Les vêtements des gens peu riches, la plupart ouatés en hiver, ne sont presque jamais lavés; pour cette raison, il n'est pas nécessaire que les cotons communs soient *bon teint.* Règle générale, *c'est au bon marché surtout qu'il faut arriver.*

« Ayons soin d'offrir aux Chinois nos lainages [1] peu coûteux, soit du Midi, soit des autres parties de la France. Ce

----

[1] Nous sommes heureux de citer un travail considérable qu'on doit sur cet objet à M. Natalis Rondot, qui faisait partie de la mission française en Chine. Nommé membre de la Commission française pour l'Exposition uni-

-n'est pas tout : beaucoup d'articles de Paris, économiques et charmants, auront du succès dans le nord de la Chine. »

Le service considérable obtenu du clergé par M. de Montigny dans les rapports commerciaux des grandes villes de Sou-tcheou-fou et de Chang-haï n'est qu'un exemple particulier de l'action qu'il a su mettre en jeu. Laissons-le rendre compte lui-même de ses moyens d'action :

« J'ai mis à profit un moyen d'action dont il n'est pas inutile, même au point de vue de notre intérêt commercial, de dire quelques mots : je veux parler de nos missionnaires catholiques apostoliques... Il importe de remarquer que les dix-huit provinces de la Chine se divisent en seize évêchés; or, tout évêque a sous ses ordres un certain nombre d'ecclésiastiques européens et chinois. C'est à chacun de ces dignitaires que j'adresse mes questions et mes demandes de produits; c'est avec chacun d'eux, comme avec un grand nombre de missionnaires, que je m'attache à correspondre; c'est d'eux enfin qu'à force de démarches et de questions je tire des renseignements que nulle nation, pas même les Anglais, je le crois, ne peut obtenir. On s'imaginera facilement, si l'on considère l'influence de ces nombreux prélats, à chacun desquels s'adjoignent au moins dix missionnaires, de quelle action il est possible de disposer. »

Projet d'Exposition permanente de produits français à Chang-haï.

M. de Montigny a mis en avant l'idée la plus heureuse et qui lui fait beaucoup d'honneur : il voudrait que nous établissions à Chang-haï une Exposition permanente des produits de notre industrie. Les marchands et les con-

verselle à Londres, il a rédigé des rapports qui font partie, et partie très-distinguée, de nos travaux.

sommateurs chinois la visiteraient sans cesse ; ils ne pourraient qu'être séduits par les qualités et le bon goût d'une
foule de nos produits. Une exposition fondée dans le point
le mieux placé du grand littoral chinois, dans celui qui
fait naître le mouvement le plus important des affaires
qu'offrent les provinces du centre et du nord, produirait
les meilleurs effets pour notre commerce. En passant à
Chang-haï, chaque marchand verrait nos étoffes ; il établirait à l'égard de nos produits ses comparaisons et ses
calculs, qu'il porterait avec lui dans l'intérieur. De là certainement nous viendraient d'utiles commandes.

En attendant qu'on réalisât cette heureuse pensée d'une
Exposition française à Chang-haï, M. de Montigny s'appliquait à montrer aux négociants chinois l'échantillon de
nos tissus portant leur prix, qu'il avait lui-même écrit
dessus, en caractères idéographiques. Il leur faisait apprécier les qualités supérieures et la durée qui compensent
à juste titre une apparente cherté.

L'infatigable consul s'occupait avec un zèle incessant
d'envoyer en France tous les objets indigènes qui peuvent
intéresser nos fabriques et notre agriculture ; il choisissait
avec intelligence les instruments de production, les matières premières et les produits utiles, soit à nos arts,
soit à notre consommation.

Parmi les instruments aratoires, nous devons en distinguer deux ; ils vont nous montrer qu'en certaines parties de la Chine on pratique depuis longtemps des perfectionnements qui chez nous, il y a douze ans, étaient
encore à l'état d'extrême nouveauté.

« Je reçois en ce moment (décembre 1848) du fond du
Ho-nan, écrivait M. de Montigny, le modèle d'une charrue
admirable de simplicité. Elle creuse à la fois trois sillons
et les ensemence en même temps de la manière la plus

régulière; elle peut aussi, dans la même action, herser. Je m'empresse de m'adresser à cette province, afin d'y commander une de ces charrues et toute la collection de ses instruments aratoires; ils nous seront une acquisition précieuse. Dans ce pays industrieux, il existe un instrument qu'on emploie pour faucher, enlever, emporter les froments par la même action, sans qu'ils tombent à terre : il agit avec une promptitude extraordinaire. Lorsqu'on met en action ces deux instruments, on voit l'un moissonner et l'autre labourer, ensemencer, herser à la fois. »

Si le simple récit d'un petit nombre des actes éclairés accomplis par M. de Montigny pouvait donner une idée de son dévouement, de son caractère et de sa haute intelligence; si l'autorité daignait en conclure les immenses services qu'un homme de cette valeur et de cette expérience pourrait accomplir à Pékin même, il me semble que j'aurais rendu à mon pays, ainsi qu'à la Chine, un noble service. Alors je serais le plus heureux des hommes.

Chang-haï, centre de christianisme.

Chang-haï, maintenant, est un centre commun d'efforts pour tous les cultes chrétiens. Arrêtons-nous sur ce grand sujet, et commençons par le catholicisme.

Le catholicisme dans les ports ouverts aux Européens depuis 1842.

Après la première guerre des Anglais contre les Chinois, de 1840 à 1842, un plénipotentiaire français vint en Chine. Il n'eut pas assez de crédit pour faire insérer dans un traité des stipulations explicites en faveur du catholicisme; mais, à sa prière, le grand mandarin Ki-ying obtint de l'empereur un édit protecteur. Le voici :

Importante requête de Ki-ying en faveur du catholicisme.

En 1844, Ki-ying demande à l'empereur, pour les Français et les autres étrangers professant le catholicisme : « 1° qu'il leur soit permis de bâtir des églises et de professer leur culte dans les ports ouverts à leur commerce, sous la réserve suivante : ils ne devront pas aller dans l'intérieur pour y propager leur croyance ; s'ils violent les conditions de la présente concession, en dépassant les limites qui leur sont assignées autour des cinq ports, et s'ils bravent ainsi l'autorité, ils seront saisis et renvoyés à leurs consuls, afin qu'on les châtie ;

« 2° Que la peine de mort ne soit pas inconsidérément appliquée aux chrétiens ; qu'au contraire, on agisse envers eux avec douceur et noblesse.

« Par ce moyen, le bien et le mal ne seront pas confondus, et la loi bienveillante recevra son effet. En définitive, on demande que les personnes qui pratiquent honnêtement le culte chrétien ne soient pas pour cela punies comme pour un crime : on supplie l'empereur d'accorder gracieusement ces faveurs. » Avant la fin de 1844, l'empereur transformait cette requête en édit par ces mots écrits de sa main : *Qu'il soit fait selon le conseil de Ki-ying.*

Telle est la loi qui depuis cette époque a régi dans les cinq ports l'exercice du catholicisme ; comme extension, la même tolérance est appliquée à toutes les croyances protestantes.

On a vu dans ces derniers temps exhumer par l'ingratitude européenne quelques lettres de l'homme d'État à qui les chrétiens devront une éternelle reconnaissance, compromettre à plaisir ce haut mandarin et causer sa mort.

Rayonnement du catholicisme autour de Chang-haï.

· Dans la ville ou dans les environs de Chang-haï, nos missionnaires ont introduit à la Chine jusqu'à des couvents de religieuses; la sévérité des mœurs qui caractérise nos monastères paraîtra d'autant plus frappante que les Chinois pourront la comparer avec le relâchement, disons mieux, avec la corruption de leurs bonzesses.

En 1850, les catholiques ont fait venir à Chang-haï *cinquante sœurs de charité.* Leur établissement est facile dans un pays où les bouddhistes ont des nonnes qui ressemblent à nos religieuses pour le costume, l'aspect, les manières, la profession du célibat et le chant religieux. Mais combien elles en diffèrent par les œuvres et les mœurs!

Postérité catholique du grand mandarin Siu.

Nous avons signalé dans la ville de Chang-haï le monument glorieux érigé par les Chinois à la mémoire du grand mandarin Siu, le plus illustre catholique appartenant à leur race.

La postérité de Siu s'est conservée dans un village qu'elle a peuplé, au centre du patrimoine de ce vertueux homme d'État; elle n'a pas cessé, depuis deux siècles, de professer le culte adopté par son noble patriarche.

Une fille de Siu est élevée au faîte des honneurs qu'on peut accorder à son sexe.

Par une conduite admirable, la plus jeune fille de l'illustre mandarin a mérité et reçu tous les honneurs qui pouvaient être décernés à son sexe; elle les a reçus en conservant et ses vertus et sa foi. Devenue veuve, elle avait trouvé dans son dévouement et son courage la force de suffire aux soins, à l'éducation de *huit enfants;* jeune encore, elle avait dédaigné les douceurs d'un second mariage. Elle avait aidé, de sa fortune, à construire *trente-neuf* églises et fait imprimer à ses dépens *cent trente* écrits pour l'instruction des catéchumènes chinois.

Le souverain décerna publiquement à la fille de son ancien ministre le titre éminent de *femme très-vertueuse.* Il lui fit présent d'une magnifique robe d'honneur; il y joignit une parure de tête composée de pierres gemmes et de diamants. Ces splendides joyaux, qu'eût enviés une impératrice, la noble veuve en consacra le prix au soulagement des infortunés.

C'est à deux lieues de Chang-haï, du côté de l'ouest, qu'on trouve le village de *Siu-kia*, environné d'un territoire dont l'héritage remonte au grand mandarin Siu.

Nouveau collége fondé par les pères jésuites dans le village de Siu-kia.

La Compagnie de Jésus, que le patriarche Siu avait tant chérie et protégée, a réalisé l'heureuse pensée d'établir un séminaire auprès du village occupé par les descendants de ce saint homme. Dans l'établissement élémentaire, ils instruisent soixante élèves. Auprès de l'institution, un père espagnol pratique et montre la sculpture.

Voici quel jugement a porté de cette fondation un autre père, également Espagnol :

« Les étudiants du collége de Siu-kia donnent une complète satisfaction par leur amour du travail et par leurs progrès dans la littérature chinoise; l'obéissance est partout immédiate et facile. Les révérends pères ont conçu l'espoir que ce collége fournira des professeurs capables d'enseigner les hautes études, de former des catéchistes bien instruits et zélés, de donner même des prêtres distingués à la fois dans la théologie et dans les lettres. »

Nouveaux et notables services demandés à la Compagnie de Jésus.

Il serait digne de l'ambition des pères jésuites de reprendre dans le village de Siu-kia la tradition des grandes choses faites par leur compagnie pour l'empire de la Chine.

Ils devraient rédiger des éléments simples et faciles de grammaire française, y joindre de petits dictionnaires à l'usage des Chinois; puis publier le tout avec nos caractères pour le commun peuple, avec des caractères idéographiques pour les lettrés. Une grande influence française résulterait certainement de ce travail.

Les révérends pères devraient choisir parmi leurs catéchumènes les sujets les plus distingués et leur donner avec soin des leçons de français; ils les enverraient ensuite à Paris pour acquérir la connaissance pratique des arts qui sont indispensables à la prospérité de leur patrie.

Il est impossible que la guerre actuelle contre les Chinois ait une longue durée. *Une paix constante et loyale est l'avantage commun des Occidentaux et des Orientaux.* Aux Français appartiendra surtout d'en devenir les promoteurs désintéressés et magnanimes.

En même temps c'est à nos missionnaires qu'il conviendra d'apprendre à l'autorité chino-mandchoue quel avantage elle aurait à vivre en parfaite intelligence avec la nation française. Celle-ci pourrait enseigner aux licenciés militaires du Céleste Empire [1] ce qu'elle enseigne à tant de jeunes

---

[1] Bien entendu qu'ils ne devraient rendre de tels services qu'après la

officiers égyptiens, persans, tunisiens, etc. les vrais principes de la défense des États, et tous les arts savants qu'une telle défense exige aujourd'hui. Des lumières si précieuses fourniraient au Gouvernement actuel des moyens efficaces pour triompher des odieuses et périlleuses insurrections, dont le mot d'ordre universel est, depuis dix ans : *Mort aux Tartares!* et *Périssent les mandarins!*

Au xviie siècle, le père Verbiest, en coulant des canons pour combattre les insurgés, a mérité l'affection et les récompenses de la Cour impériale. Après plus de cinquante années, le souvenir d'un si grand service est rappelé par le tribunal des rites, pour faire de nouveau rendre justice aux chrétiens (voyez page 114). Qu'un si bel exemple ne soit jamais oublié; le faire revivre appartient à la Société religieuse qui, du xve au xviie siècle, sut répandre tant de bienfaits au milieu du nouveau monde. J'aime à le penser, cette Société n'a pas perdu, dans l'autre hémisphère, son génie créateur et civilisateur.

Indiquons maintenant un service tout pacifique, un des plus importants que les pères de la Compagnie de Jésus puissent rendre à la prospérité des familles chinoises, en commençant par les familles catholiques.

Le village ou, pour parler plus exactement d'après nos idées, la petite ville et le canton de Siu-kia réunissent de grands avantages. Là, l'universalité des habitants professe un culte unique, maintenu depuis deux siècles. Ainsi, nulles rivalités religieuses, nul affaiblissement des croyances; pas de comparaisons ou dangereuses ou trompeuses, qui révoltent en certains cas et d'autres fois qui séduisent : la

---

fin de la guerre inopinée à laquelle nous voyons prendre part aujourd'hui les Français. Espérons que ceux-ci finiront par adopter la belle maxime qu'avait consacrée l'honorable Compagnie britannique des Indes orientales : *Il faut vivre en paix avec la Chine.*

sécurité, la paix, existent de ce côté. Voilà déjà six générations d'une famille nombreuse qui, dans l'origine, possédait un grand domaine, et ses descendants, de plus en plus multipliés, ont gardé pieusement le même héritage. Cette postérité d'un patriarche chrétien, d'un sage mandarin qui fut le digne ministre d'un empereur à jamais illustre, cette postérité conserve dans son sein, non pas la noblesse des titres, mais la noblesse de la foi; elle n'aspire plus à d'autre grandeur. Cent cinquante ans de défaveur répandue sur un culte souvent persécuté n'ont pas ébranlé leur croyance. Ces longs jours de disgrâce ont produit un grand bien, que ne soupçonnait pas l'intolérance. Ils ont étouffé chez les enfants de cette Chrétienté chinoise toute ambition mondaine; ils ont interdit aux descendants de Siu tout désir, tout espoir d'obtenir ces emplois, ces distinctions, ces honneurs qu'on mérite si rarement, et qui, non mérités, sont achetés par tant de bassesses; ces élévations qui, dans tous les cas, excitent l'orgueil, et font passer trop souvent du plaisir naturel d'exercer le pouvoir au désir d'en abuser: d'où le mépris de la justice. Enfin, comme il se voit même à la Chine, la soif de piller les administrés fait trop souvent étouffer la plainte des opprimés et mépriser les pleurs des malheureux. Ce triste enchaînement, qui commence à la vanité, conduit si promptement au vice et trop souvent finit par le crime, cet enchaînement n'a pas même son premier anneau possible au milieu des chrétiens de Siu-kia; pas un d'eux ne peut devenir *manda-rin*, même du dernier degré.

Au milieu de ce peuple heureusement réduit à la simple vertu par l'intolérance, on voit prospérer le *collége catholique*. Aux bienfaits d'instruction et de moralité que propage l'institution, elle peut ajouter un service matériel dont je vais montrer la nature et la conséquence.

Le territoire de Siu-kia fait partie de cette immense plaine qui s'étend des deux côtés du fleuve si bien nommé le fils aîné de la mer; la fécondité de ce grand territoire est la fortune de la Chine. Dans les parties les plus basses prospèrent surtout les rizières qui nourrissent les hommes par centaines de millions. Dans les parties un peu plus élevées abonde un excellent coton : celui dont le duvet doré produit ce tissu fort et durable auquel les Européens ont donné le nom de *nankin*. Les quantités qu'on en récolte sont suffisantes pour vêtir l'immense population qui place, du moins pour le nombre des âmes, la nation chinoise à la tête des nations.

Depuis les premiers jours d'automne jusqu'aux derniers jours de printemps, la femme et les filles du petit cultivateur passent les soirées à filer le coton, et même elles en disputent le tissage à de plus robustes mains; tout ce travail est domestique, et c'est le complément du labeur de la ferme. Comme il s'accomplit sans ôter un seul moment nécessaire à la culture des champs, il ajoute beaucoup au bien-être, à l'aisance de l'agriculteur chinois.

Voilà précisément les conditions de travail, de confort et de bonheur au milieu desquelles existent les cultivateurs de Siu-kia : félicité qu'ils sont menacés de perdre; félicité qu'il faut leur conserver. C'est le service que pourra leur rendre le collége érigé par les missionnaires, cette belle institution dont j'ai déjà loué les œuvres apostoliques.

En Europe, vers le milieu du siècle dernier, les prodiges des machines occidentales ont disputé l'industrie de la filature aux doigts les plus délicats et les plus actifs des plus intelligentes fileuses. En vain celles-ci réduisaient leur salaire au peu qui suffit pour ne pas mourir de faim; les progrès d'un art impitoyable avançaient toujours, et les prix s'avilissant au delà de toute mesure, dans l'occident

de l'Europe, le sexe faible s'est bientôt vu privé du travail
qui convenait le mieux à sa vie sédentaire.

Je dis privé, dans l'acception générale du mot, mais
non pas absolument; puisqu'une jeune fille éloignée de
sa famille, au péril de ses mœurs, a fini par suffire comme
surveillante au mouvement de cinq à six cents fuseaux,
à la production automatique de cinq à six cents fils : la
vapeur, si peu coûteuse, accomplit le reste du travail.
Mais pour une ouvrière qui trouvait cet emploi, des centaines d'autres perdaient celui qui jusqu'alors leur donnait
les moyens de vivre. Il y a plus : les ouvrières du pays
supérieur en industrie usurpaient le travail féminin des
autres peuples. Cela se faisait dans des fabriques immenses
où, pour perfectionner les arts, la promiscuité commençait par perdre les mœurs.

L'Occident envahi par l'exploitation manufacturière, la
même industrie s'est occupée d'envahir l'Orient. Appuyée
sur la conquête et dictant la loi les armes à la main, dans
tout l'Hindostan elle a réussi. Franchissant un espace de
cinq mille lieues, le conquérant a transporté, chose nouvelle au milieu des nations, le travail du vaincu chez le
peuple victorieux. Ce détournement de main-d'œuvre
s'élève déjà par année à 700 millions de mètres de tissus, et l'absorption double tous les neuf ans! La misère
de l'Indien suit la privation de son travail : c'est la fatalité
de l'envahissement industriel.

A présent va venir le tour de la Chine. Les Occidentaux s'essayent à remplacer les fils et les tissus de coton
nécessaires au peuple chinois par les produits de leurs
mécanismes, auxquels en aucun lieu rien ne résiste.

Voici pourtant un moyen de salut, et c'est aux révérends
pères du collège de Siu-kia qu'il doit être recommandé.

Il y a près de cent ans, afin de sauver le pain de sa

famille, le pauvre tisserand Hargreaves eut le génie d'inventer, comme un grand progrès, ce qu'il faut introduire aujourd'hui dans le canton de Siu-kia : c'était un métier qu'une simple fileuse, une jeanne, *une jenny,* faisait tourner en animant d'une main la roue qui transmettait la rotation à seize fuseaux, sur lesquels seize fils s'enroulaient à mesure que le métier les filait.

Telle est la jenny que les bons pères de Siu-kia doivent faire revivre. Qu'ils en demandent un modèle en Europe ; le système en est simple et sa confection coûtera peu. Les menuisiers chinois, avec le bambou dont ils font tant de choses, l'imiteront facilement ; ils en vendront la reproduction à très-bas prix.

Je sais qu'en Angleterre la progressive jenny, non plus que la pauvre ouvrière, n'a pas pu longtemps soutenir la concurrence contre les machines puissantes qui produisent les fils par trois, par quatre et cinq et six centaines à la fois, au moyen de chariots mus sur des voies parallèles, qui furent *les premiers chemins de fer imaginés.* Mais dans ce pays, le plus riche de la terre, la femme qui veille au travail de ces chariots gagne deux francs en dix heures, ce qui représente pour chaque heure vingt centimes.

La fileuse à la main, dans une ferme de la Chine, se croirait heureuse en gagnant vingt centimes en dix heures : main-d'œuvre dix fois meilleur marché.

Ce n'est pas tout : sur le territoire de Siu-kia, comme dans les plaines immenses au nord et au midi du grand fleuve, le coton croît à la porte de la ferme ; il est cultivé, récolté, sur une terre promise, par des hommes infatigables. Ceux-ci travaillent plus fort que les esclaves de la Virginie ; leur longue journée ne revient pas à plus de cinquante centimes, et les fruits en sont pour eux seuls !

Le coton que les mécaniques d'Occident emploient avec

le plus d'avantage, et qu'ils emploient en quantité la plus
considérable, est celui des États-Unis. Dans ce pays, la
journée du travailleur est estimée cinq francs par jour.

Voilà donc pour le cultivateur chinois, ainsi que pour
la fileuse et le tisserand, un autre avantage économique
d'au moins dix contre un.

Ce n'est pas tout encore. Le coton tissé par l'industrie
occidentale doit parcourir, à l'état brut, deux mille à deux
mille cinq cents lieues avant d'arriver à la filature britannique; il doit parcourir six mille autres lieues avant d'arriver à la porte du consommateur chinois. Pour ces énormes
distances, il faut payer les bénéfices des commerçants, des
manufacturiers, des facteurs, des entrepositaires; il faut
payer les frais de transport par terre et par mer, les frais
d'assurances maritimes et l'intérêt des capitaux longtemps
avancés.

Eh bien! j'ose assurer qu'avec le secours puissant de
jennies à douze, à seize, à vingt fils, les fileuses chinoises
fourniront au tissage de quoi supporter sans désastre une
équitable concurrence avec les Occidentaux. Elles auront
de quoi ne pas mourir de faim, malgré tous les avantages
et de science et de richesse que le génie de ceux-ci parvient à mettre en action.

Lorsque les Chinois de Chang-haï, de Sou-tcheou-fou
et de toute la plaine verront les métiers introduits par les
bons pères fonctionner entre les mains des ouvrières de
Siu-kia, l'immense bienfait s'offrira clairement à l'esprit de
ce peuple intelligent, laborieux et plein de courage. Alors
sera sauvée la précieuse industrie de cinquante millions de
familles dans les plaines arrosées par l'Yang-tzé-kiang.

Nous terminerons ce qui concerne les progrès du
catholicisme en Chine par une simple indication : les
Chinois qui professent aujourd'hui cette religion, dans les

deux provinces qu'embrasse le siége épiscopal de Chang-
haï, s'élèvent au nombre de soixante et dix mille.

Des missions protestantes dont le centre est à Chang-haï.

Animé comme nous le sommes par le désir de rester
équitable, c'est aux membres mêmes des missions protestantes que nous voulons demander l'indication de leurs
efforts et l'exposé de leurs succès.

Ouvrage publié par le révérend M. Milne.

Nous nous adressons de préférence au révérend
M. Milne; c'est un missionnaire anglican, auquel on doit
un livre bien intentionné qui porte pour titre : *la Vie
réelle en Chine.* L'auteur possède un mérite rare parmi ses
coreligionnaires : il peut prêcher en langue chinoise; de
plus, il dirige une imprimerie en caractères idéographiques. Il a, par conséquent, deux moyens pour un
quand il veut s'adresser au peuple indigène.

Justice qu'il rend aux missionnaires catholiques.

Le livre de M. Milne au sujet des Chinois est l'œuvre
d'un cœur bienveillant et d'un esprit affranchi d'un grand
nombre de préjugés européens. Il va me servir de guide sur
les questions auxquelles l'auteur s'est le plus intéressé.

Bien différent de Pritchard le persécuteur, il sait rendre
justice aux missionnaires catholiques. Il en parle, il est
vrai, sur le ton de la commisération, du haut de son bien-
être et d'un confort qu'il savoure dans son doux et somptueux apostolat; mais cette pitié se concilie dans son cœur
avec la plus sincère admiration. Écoutons-le :

« *Ces pauvres gens* se soumettent à beaucoup de privations et de dangers pour la sainte cause qu'ils ont épousée. Quoique je n'approuve pas les doctrines qu'ils enseignent, je dois leur accorder les éloges les plus élevés pour l'enthousiasme et le dévouement de leur foi. Mœurs de l'Europe, coutumes, vêtements, objets de luxe, tout est abandonné par eux dès l'instant qu'ils posent le pied sur le littoral de la Chine. Dans beaucoup de cas, ils n'entendent plus parler de leurs parents, de leurs amis, de leur patrie ; ils ont devant eux, sur une terre étrangère, une race païenne, froide, indifférente à la religion pour laquelle, eux, sacrifient tout. Ils savent que leurs tombeaux seront bien loin des lieux de leur naissance et du berceau de leurs jeunes ans. *Ils semblent avoir beaucoup de l'enthoasiasme et de l'esprit des premiers apôtres du christianisme, envoyés par le divin Maître pour prêcher l'Évangile à toutes les créatures et pour obéir à Dieu plutôt qu'aux hommes.* »

Si l'on voulait faire comprendre aux nations la supériorité de l'apostolat catholique, on n'aurait rien de mieux à produire que le texte précis du sincère prédicant, *qui n'approuve pas leurs doctrines.*

Compte rendu par M. Milne.

Les protestants d'Angleterre ont bien jugé que Changhaï était un centre admirablement placé pour en faire le foyer de leur propagande commerciale et religieuse, et pour rayonner de là dans la partie la plus opulente et la plus peuplée de la Chine.

Moyen ingénieux d'imprimer des bibles qui s'adaptent aux divers cultes protestants.

On n'imprime pas seulement pour l'Église anglicane

Suivant ce que m'a rapporté l'un de nos savants sinologues, afin que les Bibles qu'on édite en caractères chinois puissent être répandues par les nombreuses sectes protestantes, on laisse en blanc les passages qu'elles interprètent de manières diverses. Rien ensuite n'est plus aisé que d'écrire, à la main, les caractères différents par lesquels chaque secte exige que la Bible soit entendue. Pour employer la langue de Bossuet, on fait ainsi des éditions à l'usage des variations de l'Église protestante.

Depuis 1843, les sociétés bibliques ont envoyé successivement à Chang-haï cinquante-sept de leurs missionnaires, presque tous mariés; on en comptait trente-sept en même temps à l'œuvre dans l'année 1858. La plupart ne savent pas le chinois littéraire; mais, pour converser avec les habitants, il suffira qu'ils apprennent le commun parler populaire, le patois du pays. En attendant ils distribuent libéralement leurs petits livres.

De 1854 à 1857, les presses de la société biblique ont été très-occupées à Chang-haï pour éditer, avec des caractères chinois, une partie du million d'exemplaires voté par la société de Londres. Près de trois millions de francs ont été souscrits pour cette œuvre.

On ne publie pas seulement des traductions complètes de la Bible; on y joint des traités qui concernent les sciences, la géographie, l'astronomie, la physique, la médecine, etc. Applaudissons à ce travail.

Hôpital fondé par les protestants de Chang-haï.

Citons avec de justes éloges un établissement qui sert à la fois pour les Européens et pour les Chinois.

Afin d'attirer aux croyances chrétiennes, un moyen excellent est offert par l'exercice gratuit de la médecine, moyen

pratiqué dès le principe avec activité et persévérance.
L'établissement médical de Chang-haï est en relation avec
la Société des missions de Londres; il est défrayé principalement par les étrangers qui résident à Chang-haï. L'établissement accorde ses consultations ainsi que ses médicaments aux Chinois qui les réclament, et chaque jour un
grand nombre se présente. Tandis qu'on s'occupe de leurs
souffrances et de leurs besoins, un prédicant est tout prêt
à faire entendre une parole qui peut conduire le patient
à verser sur les maladies de son esprit *le baume de Gilead,*
dit le pathétique narrateur.

Rapport fait sur les résultats médicaux obtenus en 1856.

En treize ans, beaucoup plus de 150,000 personnes ont
été soignées. Les patients sont venus à l'hôpital non-seulement du voisinage le plus rapproché, mais de diverses
villes dont quelques-unes assez éloignées; beaucoup de
marins indigènes, soit du Chan-toung, soit du Fo-kien,
ont fréquenté l'hôpital afin d'être soulagés. On le voit, la
partie médicale de la propagande protestante ne laisse
rien à désirer et mérite tous nos éloges.

Autres points de vue.

Écoutons toujours l'autorité qui nous sert de guide,
en acceptant son style mystique et figuré : « Il n'y a pas
encore un demi-siècle que la mission est ouverte, et voici
les progrès accomplis... Environ 150 missionnaires protestants sont arrivés de l'Occident; ils ont défriché le terrain
le plus ingrat; ils ont combattu l'aversion contre des étrangers inconnus et méconnus : plusieurs sont morts dans
une si rude entreprise. C'est pourquoi, bien que les cin-

quante ans d'histoire des missions protestantes en Chine n'aient pas produit l'*espèce* de succès *que nous avions espéré*, dit M. le rapporteur, ces années sont pleines pour nous d'encouragements d'une autre sorte, que nous n'avions pas entrevus, et nous disons de l'ensemble : *Jubilate Deo, jubilate !*» Cette jubilation géminée semblait nécessaire, peut-être, pour soutenir la patience et la générosité des souscripteurs européens.

« Il y a cependant un nuage d'anxiété qui pèse sur nous, poursuit le bon rapporteur, quand nous pensons à la grandeur du territoire, à ces 400 millions d'hommes, de femmes et d'enfants qui sont dans l'erreur, etc. »

Oppressé par le découragement qu'excitent en réalité les faibles succès obtenus, M. Milne s'efforce de faire valoir quelques motifs d'espérance. « Lorsque nous préparons l'enseignement chrétien pour les centaines de millions de Chinois, dit-il, nous n'avons pas à triompher des obstacles qu'offriraient quinze à vingt langues diverses, comme dans l'Inde britannique. Ici les livres ne parlent qu'un seul idiome, et rien de pareil au préjugé des castes religieuses ne combat contre nous. En Chine, l'idolâtrie même n'a pas de racines profondes. »

L'observateur dont nous rapportons les témoignages ne se dissimule pourtant pas des difficultés capitales; je crois même qu'il s'en fait une trop sombre image. « Le missionnaire, dit-il, se met en contact direct avec l'esprit humain sous toutes les formes de la dépravation : ignorance de Dieu, athéisme, mondanité. L'indigène est sensuel, orgueilleux et prétentieux (conceited); il est dur, indifférent, peu capable d'être impressionné; épris des formes antiques, il déteste le changement; il est sans principes et sans esprit viril : on le trouve obséquieux et formaliste.... « Voilà, suivant le révérend ministre, les obstacles

qu'en Chine rencontre le prédicateur. « *Aucune autorité
purement humaine, aucun savoir, aucune éloquence, n'ont de
prise sur de pareils caractères; et la toute-puissance de Dieu
peut seule, par les moyens de l'Évangile, les changer en les
améliorant.* »

En définitive, les conversions protestantes sont encore
presque inappréciables, et leur fidèle historien laisse entrevoir que le fond de sa pensée est voisin du désespoir.

Malgré la bienveillance naturelle au bon ministre,
je crains que le portrait des imperfections universelles,
des vices et des préjugés qu'il impute si largement au
peuple chinois ne soit par trop assombri dans son âme.
Je crains qu'il n'ait été poussé vers cette condamnation,
j'ai presque dit cette damnation universelle, et des esprits et des cœurs chez tout un peuple, par le spectacle
désolant des efforts infructueux qu'ont tentés ses con-
frères et lui-même pour convertir cette nation si mé-
fiante en général, et qui l'est souvent *à si juste titre* dans
ses rapports avec les Européens.

Je puis en offrir une preuve qui ne sera ni sans intérêt
ni sans lumières.

Voyage anonyme d'un ministre protestant, en 1845.

Je tiens dans mes mains un petit livre imprimé pendant l'année 1845 à Chang-haï, livre dont l'intérêt, très-
grand à mon avis, n'est nullement annoncé par son titre :
*Un coup d'œil jeté dans l'intérieur de la Chine, en traversant
les districts de la soie et du thé vert*[1], année 1845.

Cet écrit nous fait voir en Chine de nobles esprits ou-

---

[1] A glance at the interior of China, obtained during a journey through
the silk and green tea districts : taken in 1845.

verts à la recherche de la vérité, et désireux de la trouver
même chez des Européens.

Des Chinois qui vont chercher la vérité : philosophes réformateurs.

Au sein de Hang-tcheou, la grande cité, un Chinois
fort instruit désirait s'instruire encore plus. Il apprend que
des docteurs venus d'Occident, c'étaient les missionnaires
anglicans, sont arrivés dans un port nouvellement ouvert
aux étrangers. Poussé par le désir de les connaître, il va
trouver l'un d'eux, M. X., à Chang-haï. Le Chinois avait
en lui je ne sais quoi de sympathique et de respectable,
qui charmait et frappait au premier abord; sa parole
annonçait un esprit solide et réfléchi, mais empressé,
mais ouvert et sincère : il commandait la confiance. Une
étroite amitié s'établit bientôt entre le savant Chinois et le
révérend missionnaire. En écoutant l'exposition des principes du christianisme, le lettré croit y démêler quelque
analogie avec certains préceptes de son guide philosophique, un docte du Céleste Empire, un maître pour
lequel il professait la plus complète admiration.
Ce mentor, ce sage moderne, profondément instruit
dans les lettres antiques, s'était efforcé d'extraire ce que renferment d'excellent et la doctrine de Confucius et d'autres
enseignements moraux ou religieux ; son but était de
purifier le cœur de l'homme et d'arriver à la parfaite connaissance du souverain maître du ciel. De ces nombreux
éléments il avait déduit un système très-supérieur, prétendait l'adepte enthousiaste; un système supérieur à tout
ce que la Chine possède aujourd'hui sur de si graves
matières. Le fervent disciple avait pensé qu'en rapprochant son illustre maître et l'un des doctes étrangers
nouvellement arrivés, le moraliste chinois pourrait mettre

à profit les lumières de l'Européen sur les enseignements
les plus élevés, les concilier avec ses propres connaissances, et s'en servir dans le dessein de faire paraître le
corps de doctrine le plus parfait que le Céleste Empire
ait jamais possédé.

Mais l'éminent philosophe était un vieillard, qui ne
pouvait voyager au loin! Son élève s'efforcera de lui conduire un missionnaire européen, si le missionnaire y
consent. Cette idée sourit au révérend M. X.; il se figure,
à son tour, qu'en opposant les sublimes notions tirées de
la Bible aux subtilités d'un lettré chinois, il ouvrira peut-
être la porte à la conversion de ce philosophe et de ses
nombreux disciples. Il accepte le voyage; il entreprendra
cette excursion, malgré les sévères défenses portées contre
les voyageurs étrangers qui souilleraient de leur présence
l'intérieur du Céleste Empire. Il se déguise afin de pouvoir accompagner le Chinois, son nouvel ami; celui-ci,
de son côté, compte pour rien les dangers que lui-même
va courir. L'un et l'autre sont animés d'un puissant intérêt
moral, étranger à tout trafic et supérieur à tout misérable
intérêt.

Dans ce guide officieux le révérend voyageur a trouvé
le phénix des conducteurs : un homme aussi ferme pour
faire face aux périls que prudent à les prévenir; plein de
sagacité quand il faut les éviter, et merveilleux d'habileté
quand il faut triompher des difficultés imprévues.

Après avoir traversé le pays fertile où l'on cultive le
mûrier pour le ver à soie et les charmants coteaux qui
produisent le thé, nos deux amis côtoient la grande
et célèbre montagne de *Kao-ling*, d'où l'on extrait le
magnifique feldspath que cette origine a fait nommer *kaolin*, le plus pur qu'on connaisse au monde : c'est celui qui
sert à fabriquer la porcelaine dans la grande manufacture

impériale dont nous étudierons les admirables travaux.
Cela m'intéresse au plus haut degré, mais préoccupe très-
peu nos deux voyageurs, remplis de tout autres pensées.

A deux lieues de la célèbre montagne résidait le grand
philosophe; il vivait entouré de ses élèves réformateurs,
qui s'étaient logés dans son voisinage. Laissons parler le
révérend anonyme :

« J'ai passé deux jours dans la maison qu'habitait l'ami
de mon guide. Cet ami, lorsqu'il connut la profession
religieuse de son visiteur, ne fut pour moi ni moins bon
ni moins rempli d'attentions. Surpris au premier abord,
il montra bientôt le plaisir qu'il éprouvait de posséder
pour hôte un étranger qu'on disait savant. Il lui fit les
questions les plus variées : sur sa terre natale; sur la grandeur de cette contrée, sa population et le caractère des
habitants; sur la littérature, les usages, les mœurs et la
religion propres au pays du visiteur. Des discussions étendues, reprises maintes fois, s'ouvrirent ensuite sur les questions morales et religieuses; le révérend les soutenait tour à
tour contre le maître et contre ses disciples en réformation,
accourus pour prendre part aux conférences. Le caractère
qui prédominait dans leur esprit était un désir ardent de
ramener le système de Confucius à ce qu'ils croyaient
être sa pureté primitive; ils voulaient affranchir ce système du *commentaire athée* qu'en ont fait d'indignes lettrés,
sous la dynastie des *Song*. Aux yeux des nouveaux sages,
l'objet capital était de cultiver deux vertus, *la bienveillance et la droiture*, telles que Confucius les avait
conçues et définies. Plusieurs de leurs observations et
de leurs sentiments sur l'examen de soi-même, sur la
victoire à remporter contre les mauvais désirs, sur
l'incessante vigilance qu'on doit apporter à rechercher
ses propres erreurs, sur la volonté d'en convenir avec

franchise aussitôt qu'on les découvre, ces dispositions étaient littéralement bonnes et n'auraient pas déparé (*disgraced*) un moraliste chrétien. Mais, tandis que ces philosophes avaient quelque notion du péché, ils ne pouvaient pas se faire une idée d'en obtenir le pardon, ni se figurer comment il faut se réconcilier avec Dieu. Leurs erreurs prédominantes semblaient être une trop grande vénération pour les sages, dont ils se font des idoles et qu'en beaucoup de cas ils placent au niveau du maître souverain de toute prud'homie. Ils manifestaient une trop grande vénération *pour leurs parents morts et pour leurs ancêtres* [1], à qui ils rendent des honneurs divins et desquels ils attendent protection et toute espèce de biens. Je trouvai très-difficile de leur donner quelque idée de la différence qu'il importe d'établir entre le respect, la simple vénération que nous devons à nos parents, et le culte que nous devons au suprême auteur de notre existence : car le mot chinois par lequel on exprime *un culte* s'applique indistinctement à toute espèce de compliment et de respect, d'obéissance et d'adoration.

« Quoi qu'il en soit, le sujet de nos entretiens saisit puissamment un de nos interlocuteurs; celui-ci ne put pas recouvrer la paix de l'esprit avant qu'il eût découvert de quel côté luisait la vérité. Dans le milieu de la nuit, on l'entendait supplier ardemment le suprême dispensateur de la lumière et lui demander que, dans ses investigations, il pût être conduit à la vérité. J'ai le plaisir d'ajouter, dit le confiant anonyme, que ce disciple ne pria pas en vain. »

Arrêtons-nous devant ce spectacle qu'offrent à notre

---

[1] Le révérend anonyme doit être éminemment satisfait des modernes Européens. Certes, aujourd'hui, ceux-ci ne pèchent plus par trop de respect pour leurs ancêtres, ni même pour leurs pères et leurs mères, vivants ou morts; nous déconsidérons, en remontant la vie, le niveau de l'égalité.

esprit des intelligences d'élite rapprochées de si loin pour de si nobles motifs. Sachons estimer ces philosophes chinois qui repoussent au loin l'athéisme, et qui purifient des doctrines falsifiées à l'ombre du grand nom de Confucius. Aimons surtout le courageux disciple qui va chercher la lumière, même chez les Occidentaux; voyons-le bravant de nombreux dangers pour conduire à son maître un flambeau vivant d'où peut-être jailliront des lumières inattendues. Certes, nous voilà loin du tableau sombre et repoussant de ces âmes sans vertu, loin de ces caractères désespérés qu'a flétris le révérend auteur de *la Vie réelle* en Chine, partout ailleurs si plein de bienveillance et d'équité, mais injuste, à mon avis, lorsqu'il peint à ses commettants de Londres tout le peuple chinois comme athée, sensuel, dépravé, peu capable d'être impressionné par la raison, et détestant à la fois l'innovation, la vérité. la lumière.

C'est aux vrais apôtres d'un vrai christianisme à chercher au milieu de chaque nation les âmes d'élite et les cœurs naturellement honnêtes, pour en faire des catéchistes. Qu'ils imitent le chercheur d'or, quand il s'enfonce avec courage dans les profondeurs de la terre, au milieu de couches immenses et sans valeur; l'investigateur dirige ses galeries en suivant d'instinct les filons précieux, sans perdre son temps aux matières brutes qu'il trouve sur son passage et dont il ne pourrait tirer aucun parti.

ORBE COMMERCIAL DE CHANG-HAÏ.

Chang-haï nous révélera la grandeur de ses destinées commerciales par un seul fait : c'est seulement en 1843 que ce port est ouvert aux étrangers; et, dans un court intervalle de quinze années, l'ensemble de ses importations et de ses exportations annuelles surpasse *deux cents millions de francs*. Même s'il arrivait qu'on supprimât ce commerce, gigantesque dès sa naissance, le seul négoce national rayonnant de ce port, et propagé dans un orbe immense admirablement indiqué par la nature, s'élèverait encore au plus haut degré dans un empire opulent, actif, industrieux et qui compte un demi-milliard d'habitants.

La nature, et non le caprice des hommes, fixe elle-même ces rares positions qui deviennent pour un grand peuple le centre d'un commerce prodigieux, d'abord avec ses propres enfants et tôt ou tard avec les autres nations:

Chang-haï nous présente le premier, le plus vaste et le plus sûr entre tous les ports du centre et du nord de la Chine. Il est à la fois le foyer commercial où viennent aboutir toutes les ressources d'échange qu'offrent les deux plus grands fleuves de l'empire, le Hoang-ho et le Yang-tzé-kiang, vulgairement appelés le fleuve Jaune et le grand fleuve Bleu.

Ce qu'avait fait la nature, c'était de les rapprocher dans leur partie inférieure; c'était de les rapprocher avec tant de bonheur que leur plus courte distance n'est pas égale à la quinzième partie de la largeur que présente le prodigieux territoire dont ils recueillent les eaux. Cette plus courte distance est franchie, je dirais presque est supprimée, par le grand canal Impérial. Grâce à la puissante voie artificielle, les deux fleuves n'en font qu'un; par là, l'un et l'autre contribuent à la richesse de Chang-haï.

Commençons par offrir au lecteur les tableaux comparés de superficie et de population des provinces que traversent les deux grands cours d'eau de la Chine. Pour qui voudra méditer sur le parallèle qu'ils présentent, les conséquences seront aussi claires que fécondes.

TABLEAU DES PROVINCES DONT LES EAUX DESCENDENT AU FLEUVE JAUNE,
APPELÉ HOANG-HO.

PROVINCES.	SUPERFICIE en HECTARES.	POPULATION TOTALE en 1812.	HABITANTS par MILLE HECTARES.
BASSES TERRES.			
Chan-toung	16,861,250	28,958,764	1,718
Ngan-hoei (moitié)	6,275,890	17,084,029	2,722
Ho-nan (moitié)..................	8,430,605	11,518,585	1,366
Totaux.............	31,567,745	57,561,378	1,824
HAUTES TERRES.			
Chen-si......................	17,455,810	10,207,256	585
Kan-sou	22,482,360	15,193,125	676
Chan-si......................	14,314,820	14,004,210	978
Totaux des hautes terres....	54,252,990	39,404,591	726
Totaux des basses terres....	31,567,745	57,561,378	1,824
Total général du bassin complet.	85,820,735	96,965,969	1,130

Remarquons avec quelle inégalité graduée sont réparties les portions d'un même peuple entre les basses et les hautes terres. Remarquons pour la première portion, la moins vaste mais la plus riche, quel résultat son ensemble présente : quoique sa superficie ne soit pas égale aux deux tiers du territoire de la France, elle offrait dès 1812 une population qui surpassait la nôtre de plus de moitié ; or, depuis 1812, la disproportion, loin de diminuer, s'est beaucoup augmentée en faveur de la Chine. Passons maintenant du fleuve Jaune au fleuve principal.

TABLEAU DES PROVINCES DONT LES EAUX DESCENDENT AU GRAND FLEUVE BLEU,
APPELÉ L'YANG-TZÉ-KIANG.

PROVINCES.	CHEFS-LIEUX.	SUPERFICIE en HECTARES.	POPULATION TOTALE en 1812.	HABITANTS par MILLE HECTARES.
BASSES TERRES.				
Kiang-sou........	Nankin.........	11,525,030	37,843,501	3,284
Ngan-hoeï (moitié).	Ngau-king-fou....	6,275,890	17,084,030	2,722
Tche-kiang......	Hang-tcheou-fou..	10,139,440	26,256,784	2,586
Ho-nan (moitié)..	Kaï-foung-fou....	8,430,605	11,513,585	1,366
Kiang-si.........	Nan-tchang-fou...	18,692,820	30,426,998	1,627
Totaux...........		55,063,785	123,124,898	2,102
HAUTES TERRES.				
Hou-pé.........	Wou-tchang-fou..	18,245,210	27,370,098	1,500
Hou-nan........	Tchang-tcha-fou..	19,248,100	18,652,207	969
Sse-tchouan......	Tching-tou-fou...	43,149,440	21,435,678	497
Kouei-tcheou.....	Kouei-yang-fou...	16,744,690	5,288,219	316
Totaux des hautes terres....		97,387,440	72,746,202	747
Totaux des basses terres....		55,063,785	123,124,898	2,196
Total général du bassin complet.		152,451,225	195,871,100	1,243

Voilà donc le second bassin, qui n'égale pas en étendue
trois fois la surface de la France; et sa population, dès
1812, surpassait six fois la nôtre : c'est un prodigieux
spectacle.

Si maintenant nous réunissons les résultats généraux
des deux beaux fleuves dont les eaux appartiennent à

l'orbe de Chang-haï, nous formerons le tableau qui suit, et qui mérite les plus profondes méditations du lecteur.

TERRITOIRE ET POPULATION DE L'ORBE DE CHANG-HAÏ.

LES DEUX FLEUVES.	SUPERFICIE en HECTARES.	POPULATION TOTALE en 1819.	HABITANTS par MILLE HECTARES.
Le fleuve Jaune : Hoang-ho.........	85,820,735	96,965,969	1,130
Le Grand fleuve : Yang-tzé-kiang. ...	152,441,225	189,496,130	1,243
Orbe commercial de Chang-haï.	238,261,960	286,462,099	1,202

En définitive, l'orbe de Chang-haï présente un territoire quelque peu plus grand que quatre fois la France, avec un nombre d'habitants qui surpasse la population de l'Europe entière.

La navigation du fleuve Jaune est presque impossible à la remonte, vu l'irrégularité de son cours. C'est pourquoi nous nous bornerons à remonter le Grand fleuve, celui dont le bassin est le plus important pour le nombre des habitants, la richesse du territoire et l'activité du commerce.

Remonte du grand fleuve Yang-tzé-kiang.

Nous allons voyager de compagnie avec une armée navale britannique, accompagnée, en 1842, par un éminent spectateur, M. le vice-amiral comte Cécille, qui commandait alors une frégate française. Nous ferons seulement remarquer que, depuis lors, de graves changements ont eu lieu dans les cités et les monuments qui s'élevaient sur les bords du Grand fleuve. Nous apprécierons ces dévastations en parlant de l'insurrection qui depuis 1848 a ravagé l'intérieur de la Chine. Ces deux tableaux feront apprécier les malheurs du Céleste Empire.

Pour la première fois, après 1840, une flotte européenne a pu, grâce à la guerre, remonter le fleuve Yang-tzé-kiang; elle va nous servir de guide.

La flotte anglaise, en remontant le Grand fleuve, double l'île de Tsung-ming, formée depuis des siècles par le progrès des alluvions; elle est aujourd'hui cultivée, admirablement fertile, et peuplée par un million d'habitants.

En continuant de remonter, la flotte arrive presque à la hauteur de l'île d'Or et jette l'ancre en face d'une cité fortifiée de très-haute importance. Les deux rives sont beaucoup plus rapprochées; on cesse de compter sur l'ampleur d'une vaste baie. On ne trouve plus que la largeur qui convient au débit des eaux d'un fleuve du premier ordre; mais sa profondeur extraordinaire n'a pas moins de vingt-sept mètres, et la vitesse du courant atteint jusqu'à trois lieues par heure.

Les deux cités de Chin-kiang-fou et de Koua-tcheou.

Sur la rive droite du Grand fleuve, la flotte en remontant aperçoit la ville forte et très-importante appelée *Chin-kiang-fou;* du côté du sud, elle protége l'issue du canal Impérial.

Sur la rive gauche s'élève *Koua-tcheou,* ville forte de second ordre qui garde du côté du nord l'entrée de ce même canal, par lequel est nourrie la capitale de l'empire.

Aucun obstacle ne pouvait arrêter une admirable flotte anglaise, forte de soixante et quinze voiles, et qui portait une armée de quinze mille hommes; elle venait de s'emparer des batteries érigées à Wou-song et de prendre sans résistance le port de Chang-haï.

Le 20 juillet 1842, les troupes de débarquement sont mises à terre devant la place de Chin-kiang-fou, renommée pour sa force. Au premier choc, les troupes de la nation chinoise, campées hors des murs, prennent honteusement la fuite; mais les Tartares, chargés de défendre la ville, combattent avec un courage digne de leur antique renommée et de leurs lois militaires. Lorsque les Anglais, infiniment mieux armés, les expulsent des remparts, les Mandchoux courent à leurs maisons, et dans leur désespoir ils tuent de leurs mains leurs femmes et leurs enfants. Cet effroyable sacrifice accompli, tous retournent au combat, sans autre dessein que de vendre chèrement leur vie, en sauvant leur honneur après celui de leurs familles.

Laissons terminer ce récit par M. le contre-amiral Jurien de la Gravière, qui pendant près de trois ans, entre 1847 et 1850, a navigué dans les mers de l'Inde. Depuis cette époque il a fait paraître la relation la plus intéressante de son brillant voyage : voyez tome Ier, pages 68 et 69.

« Le soleil du 22 juillet 1842 éclaira, en se levant, une scène de désolation : dans les maisons en ruines, dans les rues de Chin-kiang-fou, on ne rencontrait que des cadavres. Les Tartares qui n'avaient pas péri les armes à la main s'étaient suicidés; leur général s'était brûlé dans sa maison. Les soldats anglais, les régiments de cipayes surtout, avaient commis les plus affreux excès, et prouvé que la féroce énergie des Tartares n'avait été que prévoyante : en immolant leurs femmes, ces malheureux leur avaient épargné du moins la flétrissure et le déshonneur. Le sac de Chin-kiang-fou est le plus terrible épisode de cette guerre; il a imprimé une tache au nom anglais.

Aucune description ne saurait donner une idée de ce
qu'était cette ville après quelques jours d'occupation. Les
rues étaient désertes, l'air empoisonné par des cadavres,
dont des bandes de chiens maigres et affamés se disputaient les lambeaux. Les officiers faisaient d'impuissants
efforts pour arrêter le pillage et la dévastation. Pas une
maison n'avait été épargnée : les portes étaient enfoncées,
les fenêtres brisées, les murs éventrés; les toits mêmes
avaient disparu. Dans l'intérieur de ces demeures déso-
lées, une masse confuse de vêtements, d'armes, de meubles
souillés, foulés aux pieds, jonchait le sol : c'était la plus
complète image de la guerre telle que les barbares la faisaient autrefois. »

Avant la reprise d'une lutte souillée par ces excès infâmes, un orateur qui depuis a pris rang parmi les histo-
riens illustres, M. Macaulay, s'abandonnant à sa belle imagination, terminait ainsi l'un de ses éloquents discours dans
la Chambre des communes : « J'ai fini; j'exprimerai seulement mon fervent espoir que cette querelle, la plus équitable entre toutes[1], ait bientôt une issue triomphale; que
les braves soldats auxquels est confiée la tâche d'obtenir
une réparation accomplissent leur devoir de manière à
répandre, dans les contrées où le nom des Anglais est à
peine connu, non-seulement la renommée de l'expérience
et de la valeur anglaises, mais de la modération et de la merci
britanniques. J'exprime le vœu que le soin suprême de cette
Providence qui tant de fois a fait sortir le bien du mal
emploie la guerre à laquelle nous avons été forcés, pour
procurer les moyens d'établir une paix durable, également bienfaisante pour les vaincus et les vainqueurs. »

Quinze ans après une paix si magnifiquement invoquée,

---

[1] La querelle de l'opium.

et des vœux, hélas! formés en vain, commençait une seconde guerre, qui ne fut pas trouvée juste, même en Angleterre; elle révolta le Parlement et conduisit le premier ministre à dissoudre la Chambre des communes pour la punir de son vote réprobateur.

La petite ville de Koua-tcheou, épouvantée par le terrible exemple dont nous avons rappelé le souvenir, apercevait en face d'elle la ruine immense de Chin-kiang-fou. Elle n'osa pas entreprendre une défense impossible; on lui demanda de se racheter en payant trois millions de francs pour être exemptée de toute occupation militaire. Afin de garantir sa constante soumission, il a suffi qu'on la plaçât sous le feu d'une frégate embossée de manière à fermer l'issue septentrionale du grand canal Impérial.

Ile d'Or, ou Kin-chan.

Les Anglais, il faut le dire à leur éloge, ne portèrent aucune atteinte aux monuments pacifiques d'une île que nous avons déjà mentionnée et qui mérite d'attirer notre attention.

Lorsqu'on remonte le Grand fleuve, à seize lieues environ avant d'arriver à Nankin, on rencontre l'île extrêmement pittoresque appelée *Kin-chan*, ou l'île d'Or. C'est un grand rocher d'un kilomètre et demi de longueur; il offre à l'admiration du voyageur un monastère que l'on regarde comme le plus beau sanctuaire bouddhique érigé dans la Chine. Ce long rocher, surmonté de ses pieuses constructions, présente une analogie pittoresque avec notre mont Saint-Michel, couronné par sa belle abbaye normande. Au point le plus élevé domine une pagode qui ressemble à la tour de Nankin, dont nous parlerons bientôt; mais elle n'a que sept étages.

Dans cette île, qui servait autrefois de résidence impériale quand arrivait la brûlante saison, l'observateur voyait encore, il y a quinze années, les magnifiques tombeaux des empereurs, érigés lorsque ces monarques avaient fait de Nankin leur capitale. Sur l'île d'Or ils avaient construit un palais splendide, au sein duquel ils respiraient avec délices l'air rafraîchi par le voisinage du Grand fleuve; maintenant le palais inhabité tombe en ruine. Cependant il contient encore une bibliothèque précieuse, et l'on prétend qu'elle fut autrefois la plus riche de l'empire.

La grande cité de Nankin.

Si nous quittons l'île d'Or en continuant de remonter l'Yang-tzé-kiang, nous arrivons bientôt en vue de *Nankin*. Aujourd'hui les remparts de la grande cité s'élèvent à quelque distance de la rive droite; mais un faubourg s'étend vers le bord du fleuve, et de là des canaux conduisent à la ville.

Dès le v⁰ siècle, Marcien d'Héraclée, en citant Ptolémée, son devancier de trois cents ans, mentionnait le port de Thine, ou Tina-sérim, lequel n'était autre que Nankin. Depuis quatorze siècles, les alluvions accumulées devant ce port l'ont rendu moins abordable.

Nankin, prétend-on, possédait autrefois trois enceintes de murailles, et celle du dehors comptait seize lieues de circonférence : nous inclinons à penser qu'une telle étendue est exagérée.

En 1656, cette cité fut visitée par le Hollandais Nieuhoff; il rapportait qu'à cette époque elle surpassait toutes les villes de la terre en magnificence, en grandeur, ainsi qu'en beauté.

Un demi-siècle plus tard, suivant le père Lecomte, savant missionnaire, Nankin était encore un centre commercial où l'on apportait ce que les autres provinces offraient de plus rare et de plus précieux. C'était la cité brillante et polie, où les mandarins retirés des emplois aimaient à passer leurs derniers jours; ils y trouvaient des bibliothèques nombreuses, riches en livres choisis. L'imprimerie y florissait comme les lettres; on y parlait la langue la plus pure, avec l'accent le plus parfait qu'eût pu donner la longue résidence de la cour. Nankin possédait autrefois l'observatoire le plus célèbre de la Chine; il s'élevait sur la colline qu'une forêt couvre aujourd'hui de son ombre séculaire. On en a retiré les instruments pour les transporter à Pékin, avec le siége de l'empire : comme si l'étude et la connaissance du ciel étaient l'apanage exclusif des lieux où le souverain daigne fixer sa cour.

Nankin atteignait au faîte de la splendeur sous la dynastie des Ming, entre deux dynasties tartares. Capitale de l'empire, elle était en même temps le centre du double bassin, phénomène de l'Asie, fertilisé par les eaux du fleuve Jaune et du Grand fleuve, le fils aîné de la mer. Tout se réunissait ainsi, la nature et les hommes, pour favoriser sa grandeur et son opulence. Aussi surpassait-elle de beaucoup en population les cités qui faisaient alors l'orgueil de l'Asie, de l'Afrique et de l'Europe : Constantinople et Bagdad, Alexandrie et le Caire, Grenade, Rome et Paris.

On a porté jusqu'à trois millions le nombre des habitants de Nankin, et nous croyons ce nombre exagéré. Cependant l'enceinte de Nankin, qui subsiste encore, égale en étendue l'enceinte de Paris avant son dernier agrandissement; or, les cités de la Chine, avec le resserrement incroyable de leurs rues et l'exiguïté de logement qui suffit aux plus nombreuses familles, ces villes, dans un même espace, concentrent beaucoup plus d'habitants que les villes européennes.

Peut-être, vers le milieu du siècle actuel, la population de Nankin ne surpassait-elle pas le nombre d'un million, avant les malheurs qui l'ont frappée il y a sept ans. Nous parlerons de ses désastres en faisant connaître la grande insurrection qui dure encore.

Le nom de Nankin, que les sinologues écrivent *Nanking*, se compose de deux mots, dont l'un, *nan*, signifie le midi; l'autre, *king*, exprime l'habitation, la cour du monarque : de même que Pékin, *Pé-king*, signifie la cour du nord. Aujourd'hui dans le style officiel Nankin, simple *chef-lieu* de province, *fou*, est appelé *Kiang-nin-fou*.

En 1816, deux hommes d'un rare mérite attachés à l'ambassade anglaise, MM. Staunton et Davis[1], obtinrent la faveur d'entrer dans Nankin; ils pénétrèrent par un côté de la ville où la solitude était complète. Pour dominer du regard, ils gravirent une haute colline couverte par une forêt. Autant qu'ils purent juger à la vue, les deux tiers de l'espace entouré de fortifications n'étaient plus qu'une campagne labourée où quelques fermes, dispersées çà et là, représentaient les rares et dernières demeures d'un peuple jadis immense. De loin, dans le tiers d'espace encore habité, les voyageurs apercevaient, au-dessus des petites maisons privées, le grand, le seul monument de Nankin dont les Européens connussent l'existence; le monument qu'on mettait au rang des merveilles du monde, et pour le travail et pour la matière : c'était

---

[1] Ces deux Anglais étaient deux observateurs éminents : l'un, sir J. F. Davis, qui fut ensuite surintendant du commerce en Chine et l'auteur d'un ouvrage estimé, qu'il a publié sous ce titre, *Les Chinois, ou Description générale de l'empire Chinois et de ses habitants;* l'autre était le célèbre Staunton, l'*inventeur* de Singapore et le traducteur du code criminel des Chinois.

la *tour de porcelaine*, dont il est nécessaire de signaler au lecteur l'architecture caractéristique et la signification religieuse.

La grande pagode appelée la TOUR DE NANKIN.

Ce genre de monument est emprunté des Indiens; le mot même de pagode est une corruption du mot sanscrit *bhagavatî*, maison sainte, habitation de Dieu. Après l'immigration du bouddhisme, expulsé de l'Hindostan, les constructions de ce genre ont été commencées au sein du Céleste Empire. Les pagodes ont la forme d'obélisques polygonaux; on les divise en étages dont le nombre mystique est toujours impair : dans l'Orient, les nombres impairs sont des nombres sacrés.

Afin de surpasser tout ce que les Orientaux avaient fait encore, on voulait primitivement donner treize étages à la tour de Nankin; on a fini par se contenter de neuf, nombre d'autant plus respectable aux yeux des bouddhistes qu'il est celui des incarnations de Wischnou. Malgré cette réduction considérable dans la stratification du monument, le peuple de Nankin et des provinces limitrophes n'a pas cessé de l'appeler la *tour aux treize étages;* les Chinois des provinces lointaines, épris du merveilleux, ont propagé cette erreur qui charmait la vanité nationale.

Les pagodes sont les plus grands monuments du Céleste Empire. Celle de Nankin est à la fois le plus ancien et le plus élevé; on fait remonter son érection au iiie siècle de notre ère. L'histoire affirme qu'elle a coûté des sommes d'argent qui reviendraient, pour le poids, à quinze millions de francs : dépense énorme à cette époque.

Au xve siècle, il a fallu reconstruire le monument, détruit, je crois, par un incendie; on a consacré dix-neuf

ans à cette entreprise. Voici les dimensions principales de
la tour :

>Diamètre de la pagode, à sa base......... 29 1/2 mètres.
>Hauteur de la pagode. .... 80 [1]
>_________
>Hauteur des tours de Notre-Dame, à Paris . 66

La tour de Nankin repose sur une plate-forme en
briques épaisse de trois mètres; au-dessus de cette plate-
forme, dix marches d'un escalier qui fait le tour de la base
conduisent à la porte du monument.

L'étage inférieur peut être considéré comme un temple
de Bouddha; mais c'est un temple où l'on n'accomplit
aujourd'hui les cérémonies d'aucune religion. Cependant,
en général, les pagodes sont érigées au milieu des couvents
bouddhiques : celle de Nankin était placée au milieu d'un
ensemble de monastères dont la circonférence, assure-t-on,
n'avait pas moins de *sept kilomètres de tour.*

Les murailles intérieures sont revêtues de briques ou
tuiles blanches vernies, ayant la forme carrée et trois
décimètres de côté; chaque tuile, sur sa face visible,
offre en relief une effigie de Bouddha, richement dorée.
On compte par étage plus de deux cents de ces figures,
et l'édifice entier en présente au moins deux mille.

Les statues bizarres des divinités bouddhiques sont
placées dans des niches, les unes à la hauteur des
balcons préparés pour chaque étage, les autres ménagées
dans le contour des escaliers. En des places choisies, on
a peint les génies les plus fameux de toute cette idolâtrie.

Au dehors, chaque étage est distingué par un toit très-
saillant et concave, suivant le style général de l'architecture chinoise; les toits sont à six pans, pour se con-
former à la figure hexagonale de la tour. A mesure qu'on

[1] Sans compter une espèce d'aiguille haute de 27 mètres.

s'élève, non-seulement chaque étage diminue de diamètre, mais la hauteur des étages et la saillie ·des toits
concaves diminuent en suivant la même proportion. Cette
harmonie des rapports entre les diverses parties réunit
la régularité à l'élégance.

Dans la description des merveilles du monde, j'ai déjà
dit qu'on appelle *tour de porcelaine* la grande pagode de
Nankin. Les imaginations, transportées dans la région
féerique des somptuosités orientales, se figurent aussitôt
un monument plus élevé que nos tours de Notre-Dame,
avec des murs composés de la précieuse matière, blanche
comme la neige, et translucide, et resplendissante; en un
mot, avec le plus rare et le plus beau de tous les produits céramiques. Les Chinois appellent leur tour Leou-li-
pao-tah, *la tour de pierre cristallisée*, ou comme diraient
les Anglais, LA TOUR, *LE PALAIS DE CRISTAL*.

C'est la moindre partie de la surface extérieure qui,
brillante d'un vernis en émail, est d'un blanc resplendissant; le vert est la couleur qui prédomine; le vert est
aussi la ·couleur des tuiles vernies qui couvrent les toits
concaves en saillie au-dessus de chaque étage. D'un autre
côté, la charpente visible de ces toitures, solidement
combinée, est peinte en couleurs variées. Quant au corps
de l'édifice, il est composé d'épaisses briques très-cuites,
qui sont colorées à l'extérieur en vert, en jaune, en
rouge, en blanc; ces briques sont faites avec une argile
très-pure, et leur couverte est brillante. En définitive,
lorsque la pagode est éclairée par le soleil ou par la
lune, elle réfléchit de splendides couleurs, d'un aspect
très-divers, qui plaît à la vue et qui sourit à l'imagination. Voilà la simple vérité.

On verra plus tard que ce monument, l'orgueil de la
Chine, est tombé sous les coups de l'insurrection.

Les sonneries et les illuminations mystiques de la tour.

Du sommet de la tour de Nankin, suivant la description, descendaient des chaînes de suspension auxquelles étaient fixées soixante et douze cloches; quatre-vingts autres cloches étaient attachées à l'angle des toits renversés des divers étages. Pour peu que le vent agitât l'atmosphère, ces cloches faisaient entendre des sons multipliés qui n'étaient pas sans harmonie. Dans le silence de la nuit, cette harmonie s'emparait des imaginations.

Lors des solennités de la ville, on illuminait l'édifice avec cent quarante-quatre fanaux suspendus aux ouvertures des balcons de chaque étage, ainsi qu'aux angles des toits étagés. De tels feux s'apercevaient d'une distance énorme dans la vaste plaine de Nankin et sur les bords du Grand fleuve.

Les riches dévots bouddhistes laissent après eux des legs suffisants pour faire apparaître les clartés révérées et produire l'imposante illumination pendant certaines nuits qu'ils ont grand soin de désigner.

« Quand a lieu cette illumination, dit la pieuse explication bouddhique dont je fais un soigneux usage, elle porte la lumière dans les *trente-trois cieux*. Cette lumière découvre le bien et le mal au milieu des hommes, et pour toujours elle sert de sauvegarde contre les misères humaines. »

Voilà ce que les disciples de Confucius ne peuvent lire de sang-froid, et qui leur paraît insensé.

C'est au pied du monument que des prêtres bouddhiques, transformés en *ciceroni*, vendent les livrets qui contiennent des explications pareilles, et quelques autres où l'on voit combien leur ignorance des plus simples lois

de la physique ose compter sur la crédulité des visiteurs :
je n'en citerai qu'un extrait.

Légende des préservatifs déposés au sommet de la tour.

« Quand on a construit la tour de Nankin, afin d'écarter les mauvaises influences, on avait placé sur le sommet
une pierre merveilleuse qui, prétendait-on, pendant la
nuit répandait au loin sa propre clarté. Une autre pierre,
d'espèce rare, qu'on ne trouve plus aujourd'hui, avait
pour propriété de préserver contre les dommages occasionnés par la pluie; une perle incomparable écartait les
dangers du feu; une certaine pierre gemme défendait
la tour contre les vents; une dernière servait de préservatif contre la poussière. » A quatre-vingts mètres de hauteur, cette dernière avait le droit d'être considérée comme
la plus efficace. Toujours à titre de préservatif contre quelques dangers spéciaux, « on avait mis en dépôt au sommet
de l'édifice : un lingot d'or qui pesait 24 kilogrammes; un
lingot d'argent qui pesait 60 kilogrammes, avec une caisse
de thé d'égal poids; de plus, deux pièces de soie jaune,
c'est la couleur impériale; enfin, quatre collections des
livres sacrés de Bouddha. » Ceux-ci, dans ma pensée,
servaient sans doute pour préserver les Chinois contre
les dommages exagérés de la raison.

Popularité des pagodes en Chine : elles passent dans l'industrie.

Il n'est guère de cités un peu considérables qui ne possèdent leur pagode, objet de fierté pour le patriotisme
local. C'est à qui s'empressera de la décorer, de la pa-
voiser, de l'illuminer dans les jours solennels, afin qu'elle
ajoute son aspect riant et splendide aux joies urbaines,
aux fêtes civiles et religieuses.

Les fondateurs de monastères bouddhiques sont doués d'un goût exquis pour les beaux spectacles de la nature; ils ont choisi, pour leurs couvents et leurs temples, des positions élevées d'où le pays se présente sous les aspects les plus enchanteurs. Sur ces points culminants, ils ont eu soin d'ériger des pagodes qu'on aperçoit des plus grandes distances, et qui sont elles-mêmes la décoration la plus apparente de paysages ravissants. Des monuments de ce genre, qui se rattachent aux souvenirs historiques, aux légendes religieuses, occupent une place importante et gracieuse dans les imaginations. Les arts s'en sont emparés. Ils représentent des pagodes en granit, en métal, en porcelaine, en ivoire; le plus souvent ils les figurent avec des matériaux moins précieux. On les sculpte dans les bas-reliefs; on les fait figurer dans le dessin des paysages; on les érige en miniature dans ces jardinets de plaisance où les arbres nains, si je puis ainsi parler, semblent de grandeur naturelle; on les reproduit sur les paravents, sur les tentures et jusque sur les éventails. Sous tant de rapports, les pagodes ne sont pas étrangères à l'industrie.

Productions des arts et métiers de Nankin : le nankin.

Après et peut-être avant les pagodes, un produit des ateliers de la Chine à la fois bien simple et bien modeste était ce qui rappelait le mieux la grande cité dont ce produit portait le nom : nous voulons parler du *nankin*, qu'on fabriquait dans la ville même et dans toute la province dont elle est la cité principale.

Le nankin convenait à l'économie, à la simplicité de nos pères. C'est un tissu de coton substantiel, tout uni, résistant et par-là durable; sa couleur d'un jaune brun, naturelle à la fibre végétale, n'était pas emportée par le lavage. Un pareil tissu, de peu de poids, solide et d'un prix modique, faisait partie des vêtements d'été.

Concurrence de l'Angleterre.

Sans compter la concurrence des lainages les plus légers, les Anglais, avec leur blanchiment, leurs teintures et leurs mécaniques merveilleuses pour filer et pour tisser, ont tenté le goût des consommateurs par des cotons très-voyants, très-brillants, très-légers, mais dont le bas prix est cependant renchéri par leur peu de durée.

Le grand problème à présent est de savoir si, non contents d'avoir réduit à la presque nullité l'usage du nankin dans les pays britanniques, les Anglais le feront abandonner par les Chinois mêmes.

Ces derniers auraient bien la ressource de défendre leur industrie par des droits protecteurs ; mais leurs rivaux de l'Occident imaginent de les obliger à ne taxer que suivant un taux insignifiant les tissus redoutables de Manchester et de Glasgow. Ils enchaînent ainsi les Chinois, sans enchaîner l'Angleterre, qui taxe énormément l'exportation capitale de la Chine : le thé.

Inégalité de condition où l'habileté diplomatique place les Anglais et les Chinois.

Les Anglais, aux termes des traités, ne payent à l'entrée que le vingtième, selon la valeur, des principaux tissus qu'ils vendent aux Chinois ; sur ce point, les Chinois ne perçoivent pas cinq millions de francs.

En retour, les Anglais se réservent le droit, imprescriptible à leurs yeux, de taxer, soit en plus soit en moins,

comme ils l'entendront, et sans aucune limite, les produits tirés du Céleste Empire.

Examinons les résultats de ce double système, et prenons pour exemple une année de grand commerce, sur
laquelle nous possédons des résultats officiels.

*Tableau des droits que l'Angleterre perçoit sur trois prodaits
affectant la Chine.*

Année 1857.		Droits en francs.
Sucre...........	33 p. o/o...........	124,525
Thé..........	103 p. o/o,..........	122,728,775
Opium de l'Inde, 100 p. o/o, par aperçu.		100,000,000
		222,853,3oo

Tel est donc le grand résultat que les Anglais ont
obtenu, moitié par la force des armes et moitié par
l'ignorance effrayée des Chinois.

Quand la Chine, par ses douanes, impose six à huit
millions sur tous les produits qu'elle reçoit de l'Angleterre, l'Angleterre impose *cent vingt-trois millions* sur deux
produits seulement tirés de la Chine : sans compter *cent
autres millions* prélevés par l'effet d'un monopole exercé
sur l'opium indien, qu'elle introduit par fraude et par
force dans cet empire.

Voici maintenant quelle est l'inégalité dans la vente
des tissus de coton entre les deux nations que nous mettons en parallèle :

Produits des cotons vendus par l'Angleterre à la Chine en 1857.

	Quantités.	Francs.
Tissus (mètres)...........	111,175,200	39,338,200
Fils (kilogrammes).....	1,569,514	1,452,025
Valeur totale...............		40,790,225

Valeur des nankins vendus par la Chine à l'Angleterre.

	francs.
Nankins...............................	114,825
Cotons colorés.........................	152,550
	267,375

Pour compléter ce parallèle, ajoutons que sur la faible somme de 267,375 francs il faudrait déduire la majeure partie comme valeur du nankin que l'Angleterre rejette de son sein et vend à d'autres nations.

Il existe des gens qui sont simples, il en est d'autres qui ne le sont pas, et tous se réunissent admirablement pour donner à ces enchaînements mercantiles et forcés le superbe nom de *libre échange.*

Autres industries de Nankin.

On fabrique aussi très-bien dans cette cité le papier fort mal à propos appelé *papier de riz*, fait avec la moelle que renferme un certain jonc qui croît dans les terrains marécageux du voisinage : c'est le *toung-tsao.*

La confection des soieries ornées ou simples est pratiquée avec distinction par les artisans de Nankin; elle occupe une partie importante de la population.

Les artistes de cette ville excellent à fabriquer de beaux vases en cuivre ciselé; la plupart sont imités des œuvres anciennes, et vendus impudemment pour de vraies antiques. Rome et Naples ne sont ni plus habiles ni plus audacieuses pour tromper, avec des antiquités contrefaites, l'ignorance et la crédulité des voyageurs.

Les Chinois ont en estime singulière les artistes dramatiques formés à l'école de Nankin, artistes qui partent de là pour donner des représentations dans les diverses provinces.

Représentations théâtrales en plein air.

Étudions d'ici les mœurs nationales, qui se montrent jusque dans le site et l'ordonnance des spectacles ambulants. Les souscripteurs pour les frais du théâtre ont, en face et à distance de la scène, un vaste balcon qui leur est réservé; entre la scène et le balcon le public se tient debout, sans distinction de fortune ou de rang. Les acteurs sont défrayés par la classe opulente; les personnes qui ne possèdent que peu de chose ou même rien ne sont pas exclues d'un plaisir éminemment populaire : aussi la foule est incroyable pour remplir le libre parterre. Dans l'Inde, avec des castes répulsives dont les membres ne pourraient pas se toucher sans souillure, de telles foules mélangées et leurs joies égalitaires seraient complétement impossibles.

Sur le théâtre chinois, il n'y a pas de décorations pour figurer des édifices ou les scènes de la nature.

On défend aux femmes de paraître sur la scène; mais, avec les amples costumes adoptés pour les deux sexes, il est facile de tromper les regards. Aussi les acteurs imberbes qui jouent les rôles du sexe le plus délicat font-ils souvent une illusion presque complète.

Les pièces commencent en plein jour; on les continue le soir; on les prolonge la nuit, à la clarté des lanternes.

Parcours du Grand fleuve au-dessus de Nankin.

Lors de leur première guerre, en 1842, les Anglais ne

20.

remontèrent pas au-dessus de Nankin. Le traité de paix
qu'ils conclurent devant cette ville ajoutait à la libre entrée du port de Canton celle de quatre nouveaux ports :
Chang-haï, Ning-po, Amoy et Fou-tcheou-fou. Nous les
décrirons.

Ouverture de l'Yang-tzé-kiang et voyage de lord Elgin sur ce fleuve.

Le Grand fleuve, au-dessus de la rivière Wang-pou,
continua d'être interdit à la navigation étrangère.

Mais en 1858, après les succès de la campagne anglo-
française, l'ambassadeur lord Elgin étendit plus loin ses
regards ; il éprouva surtout l'ambition d'ouvrir le Grand
fleuve au commerce anglais dans toute la riche et belle
partie de son cours. Il exigea que le traité conclu le
26 juin 1858 entre l'Angleterre et la Chine contînt cette
importante clause :

« Art. 10. Les navires marchands de la Grande-Bretagne
auront la liberté de commercer sur le fleuve Yang-tzé-
kiang. Néanmoins, les parties inférieure et supérieure de
ce fleuve étant troublées par des bandits, il ne sera pour
le présent ouvert aucun port à ce commerce, excepté
Tchin-kiang ; on n'ouvrira ce dernier port que *dans une
année*, à dater de la signature du présent traité.

« Aussitôt que la paix sera rétablie dans l'intérieur, les
navires marchands de l'Angleterre seront en outre admis
à trafiquer jusqu'au port de Han-kéou, en fréquentant un
nombre de ports *qui ne pourra pas excéder celui de trois.*
Ces ports d'entrée et de déchargement seront déterminés
plus tard, d'un avis commun entre le ministre britannique
et le secrétaire d'État de la Chine. »

D'après ce traité, lord Elgin n'avait pas le droit de remonter le Grand fleuve avant le 26 juin 1860, disons

plus, avant la fin de la rébellion; il n'avait pas le droit
de le remonter jamais avec des navires de guerre.

Il obtint cependant, par condescendance et comme
exploration, d'entreprendre cette remonte avec cinq navires militaires. Afin de lever toute difficulté que les autorités locales pourraient élever, un petit mandarin fut
embarqué sur la flotte.

Narration publiée par M. Oliphant.

Le secrétaire privé de lord Elgin, M. Oliphant, ancien rédacteur du *Times*, a fait paraître, vers la fin de
1859, une intéressante narration de la mission accomplie
par cet ambassadeur, soit en Chine, soit au Japon.

Cette narration comprend une indication rapide de la
remonte et de la descente du Grand fleuve. Nous allons
profiter de quelques explications données sur les bords
ainsi visités, et nous en profiterons deux fois. A nos yeux,
le grand, l'honorable intérêt du voyage, c'est le tableau
sincèrement exposé des dévastations occasionnées par les
insurgés. Nous présenterons cet authentique témoignage
d'une ambassade et d'une flotte européennes, en terminant le tableau que nous offrirons de la grande insurrection
qui depuis dix années fait peser sur les destins de la
Chine une si fatale influence. Ce sera le dernier et le
plus opportun des témoignages oculaires qui nous auront
servi pour appuyer nos narrations, nos descriptions et
notre jugement des faits.

Actuellement nous décrirons les cités riveraines du
Grand fleuve, telles qu'elles étaient avant la rébellion.

Province de Kiang-sou ou Kiang-nan.

La province de Kiang-sou, dont Nankin est le chef-lieu,

était, il y a quelques années, la plus riche et la plus peuplée de tout l'empire. On pourra s'en convaincre en jetant
les yeux sur le tableau suivant :

Territoire et population en 1812.

Superficie . . . . 11,525,030 hectares.
Population. . . . . 37,843,501 habitants.
Habitants par mille hectares . . . .   3,284 habitants.

Taï-ping-fou, chef-lieu départemental.

Dans notre voyage de remonte, à peine avons-nous
parcouru soixante kilomètres au-dessus de Nankin, ayant
notre proue dirigée vers le sud-ouest, nous arrivons à la
hauteur de *Taï-ping-fou*, l'une des riches cités de la province de Ngan-hoeï; elle est placée sur la rive droite du
fleuve.

Latitude. . . . . 31° 38′ 38″
Longitude orientale. . . . . 116° 11′ 45″

A six lieues au-dessus de cette cité, le fleuve présente
un aspect aussi grandiose que le Rhin entre Coblentz et
Mayence; il concentre son cours entre deux chaînes de
rochers élevés, abruptes. Il a fallu creuser leurs flancs afin
d'y former des sentiers pour les piétons, et leurs masses
saillantes ont été couronnées de batteries. Telles sont les
Si-liang-chan, à l'ouest, et les *Tung-liang-chan*, à l'est :
noms qui signifient les *Montagnes célestes* de l'occident et
de l'orient. Signalées la première fois dans le voyage de
lord Amherst, le visiteur sir John Davis leur donnait
150 mètres d'élévation : pareille hauteur suffit certainement pour présenter les plus imposants rivages.

Au débouché des Montagnes célestes, les rives du fleuve

s'abaissent en arrière du littoral; et, sur les deux côtés, des lacs assez considérables versent leurs eaux en tribut au *fils aîné de la mer*. Nous passons au delà de ces affluents.

Province de Ngan-hoeï.

Cette province ne formait autrefois avec le Kiang-sou qu'une seule vice-royauté; elle s'étend presque vers la banlieue de Nankin. Quoique moins fertile et moins peuplée que l'autre province, à ces deux points de vue elle surpasse de beaucoup les plus beaux pays de l'Europe.

Territoire et population en 1812.

Superficie .... 12,550,890 hectares.
Population..................... 34,168,050 habitants.
Habitants par mille hectares. ...   2,722 habitants.

Non-seulement cette contrée suffit à la subsistance d'un peuple incroyablement multiplié; elle envoie chaque année une abondante portion de ses récoltes, afin de nourrir la capitale.

La province de Ngan-hoeï fournit abondamment au commerce général de l'empire et des États étrangers par son riz, ses soies et son thé. Une grande partie de ces produits, dans les temps de paix et de prospérité, descend ou remonte l'Yang-tzé-kiang.

Les Chinois sont loin d'avoir entrepris les travaux nécessaires pour faire disparaître les dangers que présente la navigation de leur grand fleuve. C'est ainsi qu'entre les cités de Taï-ping-fou et de Ngan-king-fou, fort au-dessus de la ville jadis florissante de Wou-tcheou-fou, on trouve le roc Taï-tzé-kie, d'autant plus dangereux qu'il domine de peu le niveau des eaux moyennes. Quelques cent mètres

plus haut on rencontre un des obstacles qui réduisent
la largeur de la voie navigable à 180 mètres exempts d'é-
cueils; dans le reste de sa largeur il est obstrué par des
rochers si peu saillants, qu'on dirait de larges pierres
jetées pour le passage de quelque piéton gigantesque.

Lorsque les Européens pourront remonter dans cette
partie du fleuve, ils apprendront aux Chinois combien
il est facile de détruire les rochers dans le lit des rivières, en les faisant sauter avec de la poudre; ils leur
enseigneront, pour faciliter ce résultat, l'emploi des.
cloches à plongeur.

Les dangers que nous venons de signaler une fois fran-
chis, on approche d'une cité qui jouait naguère un grand
rôle commercial.

Ngan-king-fou, chef-lieu de la province de Ngan-hoeï.

Latitude......................... 30° 37′ 10″
Longitude orientale................ 114° 53′ 13″

En naviguant suivant un cours sinueux, nous inclinons
insensiblement vers le couchant. Par une inflexion plus
prononcée que les autres, nous nous dirigeons droit à
l'ouest pour arriver par le travers de *Ngan-king-fou*, cité
bâtie sur la rive gauche du Grand fleuve.

Afin de franchir l'espace entre Nankin et Ngan-king-fou,
il faudrait parcourir à vol d'oiseau cinquante-huit lieues;
en voyageant sur un fleuve allongé par ses fortes sinuosités, la distance est au moins égale à quatre-vingts lieues.

Cette ville, grande et jadis très-peuplée, partageait la
richesse de la magnifique province dont elle est le chef-
lieu. Du côté du fleuve, elle est bordée de grands et
solides remparts; au centre d'une forteresse qui s'ajoute

à ses défenses, on remarque une pagode élevée de neuf étages. Le port en avant de la ville est important.

Nous continuons à remonter l'Yang-tzé-kiang après avoir doublé le riche port que nous venons de signaler; nous revenons vers le midi pour incliner de nouveau vers le couchant.

Province de Kiang-si.

A vingt-cinq ou trente lieues au-dessus de Ngan-king-fou, sur la rive droite ou méridionale du Grand fleuve, nous atteignons une province nouvelle qui porte le nom de *Kiang-si*, l'ouest du Kiang : c'est qu'en effet pour y parvenir, il nous a fallu sur le fleuve par excellence, *le Kiang*, avancer déjà considérablement vers le couchant, en nous éloignant de la province de *Kiang-sou*, du Kiang oriental : celle qui borde l'Océan.

Notre navire, en atteignant au point de son parcours le plus avancé vers le midi, parvient à l'une des situations les plus extraordinaires. Quand nous remonterons au delà de ce point le cours du fleuve, notre direction changera soudain du sud-ouest au nord-ouest.

C'est à dix lieues avant d'atteindre cette déviation si remarquable que la rive méridionale cesse d'appartenir à la province de Kiang-sou, au point où commence la province de Kiang-*si*, le Kiang de *l'ouest*. Nous croyons devoir attirer l'attention du lecteur sur cette nouvelle province.

Territoire et population en 1812.

Superficie. . . . . 18,692,820 hectares.
Population. . . . . 30,426,998 habitants.
Habitants par mille hectares. . . . .   1,627 habitants.

Ainsi qu'on peut le remarquer, la densité de la population diminue de plus en plus à mesure que nous nous éloignons de l'Océan.

En continuant de naviguer sur l'Yang-tzé-kiang, au point où nous commençons à côtoyer la province de Kiang-si, nous traversons une gorge resserrée, laquelle ne laisse au fleuve que quatre cents mètres de largeur, entre deux énormes massifs de rochers : tel est le défilé montueux qui porte le nom de *Siaou-kou-chan*. En cet endroit si loin de la mer, pour débiter l'énorme masse des eaux, quand elles sont seulement à leur élévation moyenne, la profondeur du Grand fleuve n'est pas moindre de trente mètres.

Avant d'entrer dans le défilé que nous venons de signaler, le voyageur remarque un rocher très-pittoresque élevé comme une énorme pyramide au milieu des eaux; il est nommé la *montagne du Petit Orphelin*. En amont, les flots rapides frappent sa surface presque verticale; quand ils descendent agités, l'eau rejaillit à des hauteurs presque incroyables, comme le jet d'un bélier hydraulique.

Dans ce rocher on a taillé deux temples : le premier vers son milieu, le second à son sommet. D'ordinaire les jonques employées sur le fleuve s'arrêtent en vue des sanctuaires; les mariniers alors font des prières, accompagnées d'offrandes, pour implorer ou remercier les divinités des deux temples au sujet des périls qu'ils viennent de courir s'ils descendent, qu'ils vont affronter s'ils remontent.

La province de Kiang-si ne borde le Grand fleuve que dans une étendue d'environ quarante lieues, tandis que, suivant la direction du nord au sud, sa longueur n'est pas moindre de cent soixante et dix lieues. Elle est limitée du côté de l'est et du sud par une vaste chaîne de montagnes, qui se prolonge vers le nord et qui descend jusqu'à la mer en traversant le Tche-kiang.

Il s'en faut de beaucoup que le Kiang-si soit comparable à cette dernière province, non plus qu'à celles qui la touchent au nord, pour la population et pour la fertilité; mais, sous d'autres rapports, ce pays est digne d'étude.

Le lac Po-yang et la navigation de la province de Kiang-si.

L'immense bassin limité par la longue chaîne de montagnes qui vient d'être signalée verse des eaux d'une extrême abondance dans la rivière Po et dans le lac Po-yang, lac ainsi nommé parce qu'il communique avec l'Yang-tzé-kiang. Une énorme coupure, faite en des temps d'une haute antiquité, permet au lac de décharger ses eaux, et de les décharger précisément au point où le fleuve est le plus avancé vers le midi.

Tout est grandiose à l'endroit où les eaux de ce lac apportent leur tribut au plus beau fleuve de l'Asie. Le majestueux déversoir présente une largeur de trois quarts de lieue, sur deux fois autant de longueur.

A l'angle inférieur de ce vaste chenal et du Grand fleuve, la ville de *Hou-kéou* s'élève avec grâce.

L'angle supérieur est dominé par une montagne ayant dix lieues de pourtour; elle commande à la fois le fleuve, le lac et le déversoir.

A l'entrée même du lac, et du côté de la montagne, s'élève un rocher gigantesque : on l'a nommé la *montagne du Grand Orphelin.*

La navigation de l'Yang-tzé-kiang est rendue difficile par l'énorme masse des eaux qui débouchent du lac en brisant leurs flots contre ceux de ce fleuve; un tel choc produit des bancs de sable, des écueils et des tourbillons, dans les positions les plus changeantes et les plus irrégulières.

La rive gauche du fleuve, en face du chenal du lac Po-yang, offre une longue et puissante jetée en maçonnerie pour garantir ce rivage; sur cette levée on trouve une rangée de chaumières où l'habitant sommeille, insouciant du danger. En été cependant, lorsque fondent les neiges sur les monts du Tibet, il y a des crues dont les eaux s'élèvent à quinze mètres de hauteur, et que la levée doit contenir.

C'est ici que l'ambassadeur de 1816, lord Amherst, a quitté l'Yang-tzé-kiang et qu'il a pris la route de Canton par le lac Po-yang : M. Ellis a narré ce voyage.

En ce même endroit, interrompons notre remonte du Grand fleuve; portons nos regards sur l'intérieur du Kiang-si, province qui renferme des merveilles d'industrie.

Par le lac Po-yang, une vaste et belle navigation s'établit entre tous les cours d'eau de la province et l'artère principale des communications intérieures de l'empire.

Des radeaux immenses descendent par ces cours d'eau; ils apportent les bois du Kiang-si dans les opulentes cités qui bordent le Grand fleuve et jusqu'à la mer.

Les mêmes eaux servent à transporter un produit d'art célèbre dans la Chine et chez tous les peuples étrangers.

La manufacture impériale de porcelaines, à King-te-tchin.

Si nous traversons le lac Po-yang et si nous remontons la rivière Po, nous arrivons à la cité du premier ordre *Jao-tcheou-fou*, qui possède dans son territoire la célèbre bourgade de *King-te-tchin*. Celle-ci n'est pas même honorée du titre de ville, quoiqu'elle contienne, à ce qu'on dit, *un million d'habitants* : c'est la manufacture prodigieuse des plus belles porcelaines dont la Chine s'enorgueillisse.

La ville de King-te-tchin s'élève au bord d'une rivière

dont les eaux sont tributaires du lac Po-yang; elle est animée d'une industrie infatigable. Ses ateliers sont tous consacrés à la fabrication du merveilleux produit céramique; ils font vivre et prospérer son énorme population.

Rien n'égale l'activité que cette puissante industrie imprime au commerce urbain : on dirait le mouvement d'un grand port maritime. Les rues sont sans cesse encombrées de producteurs, de porteurs et de marchands.

Le pays circonvoisin n'est pas très-fertile, et comme on fait venir les vivres de provinces assez lointaines, par cela même ils sont chers; mais l'industrie pourvoit à tout et son labeur paye tout avec aisance.

Sur un développement d'une lieue, des jonques, souvent obligées de doubler leurs rangs, bordent le littoral de la rivière auprès de laquelle s'élève King-te-tchin. Quand elles arrivent, elles apportent les subsistances nécessaires au peuple, les matières premières des fabrications et du combustible, lequel est ici de première nécessité. Les mêmes jonques emportent les porcelaines, pour les conduire, en majeure partie, du côté du nord, au fleuve Yang-tzé-kiang, puis à Pékin; en moindre quantité, du côté du midi, sur la voie fluviale interrompue par un seul portage avant d'arriver au marché de Canton.

Lorsque nous décrirons le port de Canton et son orbe commercial, nous ferons connaître la route, prodigieusement fréquentée, qu'on suit entre le point où nous sommes parvenus et ce port considérable.

Cette route remonte la rivière Po jusqu'à peu de distance de la chaîne méridionale qui sépare les provinces de Kiang-si et de Kouang-toung.

Hâtons-nous de nous occuper des grands ateliers de King-te-tchin, si bien situés, on vient de le voir, pour envoyer leurs produits vers tous les points de l'empire.

Traité sur les porcelaines de King-te-tchin, traduit par M. Stanislas Julien.

M. Mallet-Bachelier, éditeur, a fait paraître une histoire descriptive de la fabrication des porcelaines de King-te-tchin, traduite par notre savant sinologue M. Stanislas Julien. L'ouvrage · est enrichi de notes et d'additions scientifiques ou techniques dues à M. Salvetat, adjoint à la Commission française pour l'Exposition universelle de 1851 [1].

Dans l'année même de cette Exposition, à la prière de notre ingénieux et regretté collègue feu M. Ebelmen, M. Stanislas Julien entreprenait cette traduction. Le même célèbre érudit avait montré les services que sa science peut rendre à nos arts, en publiant dès 1836 le résumé des principaux traités chinois *sur l'éducation des vers à soie et la culture du mûrier.* Le succès de cet ouvrage fut si grand, que cinq nations de l'Occident s'empressèrent de le traduire dans leurs langues respectives.

Travaux attendus de MM. Stanislas Julien, Natalis Rondot et Barreswil.

M. Stanislas Julien acquerra bientôt un titre de plus à la reconnaissance de l'Europe en faisant paraître le résumé systématique des procédés de l'industrie chinoise sur les métaux, sur les agents chimiques du règne minéral et sur la mise en œuvre des produits du règne végétal. Dans cette entreprise il sera secondé par deux savants dont le nom se rattache avec honneur aux travaux de

[1] Voyez le Rapport du XXVe Jury, sur les arts céramiques, par MM. Ebelmen et Salvetat, tome VI.

notre Commission française : MM. Natalis Rondot et Barreswil.

Traductions désirables à demander au Gouvernement français.

Combien n'est-il pas à désirer que le Gouvernement
français continue d'encourager la publication de pareils
travaux! La Bibliothèque impériale possède les grandes
encyclopédies de la Chine et du Japon, avec beaucoup de
traités spéciaux sur la technologie de ces contrées. C'est un
trésor inestimable où sont déposés les résultats d'une expérience qui remonte bien au delà de trois mille ans, chez
des peuples ingénieux dont les procédés artistiques, les
produits, les coutumes et les mœurs diffèrent le plus des
nôtres. Revenons à la porcelaine.

Premiers progrès de la porcelaine chinoise.

Les Chinois, dont les premiers essais d'art céramique
datent de vingt-trois siècles avant Jésus-Christ, n'ont découvert que deux mille ans plus tard la fabrication bien
autrement délicate et compliquée de la porcelaine. Leurs
premiers progrès ont été faibles et lents; mais, au vi^e siècle
de notre ère, cette fabrication avait pris chez eux un
grand essor. Elle avait marqué sa supériorité dans le lieu
qui présente aujourd'hui la fabrication de ce genre la plus
considérable et la plus perfectionnée. C'est à dater de l'année 583 de notre ère que les empereurs y firent prendre
les beaux produits destinés à l'usage de leur cour.

Institution de la manufacture impériale de King-te-tchin.

Il s'agissait de récompenser et d'attester les progrès des

fabrications de cet endroit, appelé d'abord *Nang-tchang-tchin*, le bourg de Nang-tchang. Pour cela, dans les premières années du xi° siècle, l'empereur Tchin-tsong ordonna que les porcelaines destinées au service de sa cour porteraient l'empreinte du caractère *king-te*, qui désignait l'époque de son règne (1004 à 1007).

Cette coutume a fait appeler *King-te-tchin* les porcelaines impériales qui sortaient du bourg, du *tchin* de Nang-tchang. Dans tout l'empire, les consommateurs opulents voulurent avoir des imitations de si beaux produits et les demandèrent au lieu même de la production. Dès lors, ce lieu n'eut pas d'autre nom que celui des porcelaines impériales, choisies pour le souverain.

King-te-tchin, le bourg des porcelaines impériales, accru par degrés avec la richesse et la population de l'empire, forme maintenant une ville immense. C'est le Sèvres de la Chine; mais il compte onze à douze siècles d'antériorité et possède cent fois plus de population.

La manufacture impériale du Céleste Empire a justifié l'honneur fait à ses produits. Dès le xi° siècle, elle fabriquait des porcelaines dont les plus exquises, au dire des auteurs chinois, étaient *brillantes comme un miroir, minces comme du papier, sonores comme une table d'harmonie; elles étaient d'un poli parfait, et se distinguaient autant par la finesse des veines ou de la craquelure que par la beauté des couleurs.*

Une couleur délicate, admirée entre toutes, fut obtenue pour satisfaire au goût de l'empereur même : c'était le tendre bleu de ciel, qu'on aperçoit, quand l'atmosphère se rassérène après la pluie, dans l'intervalle des nuages; bleu suave, qui répand un charme si doux sur les plus beaux paysages. Cette nuance, admirablement imitée, orna le fond des porcelaines les plus précieuses.

Les porcelaines de King-te-tchin dans le Musée céramique de Sèvres.

Cuvier le grand zoologue et l'éminent minéralogiste Brongniart ont uni leurs efforts dans une entreprise circonscrite en apparence au territoire sur lequel Paris s'élève depuis vingt siècles seulement. En explorant les entrailles de la terre, ils ont suivi de couche en couche les dépôts alternatifs des alluvions fluviales et des alluvions marines : monuments muets, des révolutions du globe, dont ils sont la chronologie. M. Brongniart, lorsqu'il prenait part à cette œuvre immortelle, dirigeait, et il la dirigea pendant cinquante ans, la manufacture impériale des porcelaines de Sèvres : le King-te-tchin de la France. Avec autant d'impartialité que d'autorité, ce savant illustre a déclaré que les procédés, en général si parfaits, obtenus par l'expérience des Chinois marchent de pair avec les moyens que notre science la plus avancée nous permet aujourd'hui de découvrir et d'appliquer.

Lorsque nous traiterons des forces productives de la France, nous décrirons le beau Musée céramique de Sèvres, créé par M. Brongniart. Dans ce musée, les porcelaines de King-te-tchin occupent une place glorieuse.

Manufacture de Pékin, dite du Palais.

A l'époque où les empereurs mettaient le plus grand prix au progrès des arts, on construisit une nouvelle manufacture de porcelaine à Pékin. Elle fut placée dans l'hôtel même du directeur des palais de la Cour; pour cette raison, les produits qu'on y fabriqua prirent le nom de *porcelaines du palais.* Faites avec une terre extrêmement épurée, elles furent distinguées à la fois par la beauté de la matière, la finesse exquise du travail, la transparence de l'émail et l'éclat de la couleur.

Encouragements et période de la plus grande perfection.

Les degrés de perfection qui viennent d'être signalés tenaient sans doute au mérite personnel de quelques artistes, aux applaudissements qui stimulaient leur zèle et récompensaient leurs succès.

Dans les beaux temps qu'offre l'histoire de cet art délicat, on excitait, on développait le talent des artistes. L'un d'eux produisait-il quelques chefs-d'œuvre : aussitôt on les offrait à l'admiration publique. La critique et l'éloge étaient libres, afin que l'auteur pût jouir de ses perfections, apprendre ses défauts et sentir le besoin de s'en corriger.

Ce grand intérêt finit par se refroidir, et la merveilleuse industrie déclina ; on ne produisit plus de porcelaines complétement belles, dans les siècles qui suivirent. Aussi de simples fragments des produits si parfaits qui caractérisaient ces temps incomparables, taillés plus tard à la manière des pierres précieuses, ont-ils fini par être enchâssés dans des joyaux, et portés comme ornement des toilettes les plus recherchées.

Progrès ultérieurs.

N'oublions pas cependant qu'en dehors des chefs-d'œuvre qui faisaient exception, l'art général des moyennes productions avançait toujours. Par degrés on moulait, on peignait, on ciselait avec plus de facilité les fleurs et les ornements sur les vases de porcelaine.

D'autres progrès remarquables s'opèrent par degrés du xive au xviie siècle. L'usage de la porcelaine s'accroît avec la population et la richesse publique. Un goût médiocre, mais général, favorise le perfectionnement des procédés; on s'efforce d'obtenir des produits toujours plus nombreux, plus variés, d'un prix accessible, et qui néanmoins réunissent la solidité, la finesse et l'élégance.

Entre les années 1506 et 1521, on employait un bleu de cobalt acheté *chez l'étranger;* il coûtait, rapporte-t-on, deux fois plus cher que l'or : l'empereur ordonna de le consacrer à peindre sur porcelaine. Je cite un tel fait parce qu'il montre qu'à cette époque les Chinois allaient au-devant des matières étrangères qui pouvaient ajouter à la beauté de leurs produits.

C'est encore dans la même période que l'on fabrique une porcelaine plus recherchée que les produits ordinaires; on l'appelait *porcelaine des magistrats*, ou, comme nous dirions, *porcelaine des mandarins.*

Rare faculté d'imitation.

Je ferai remarquer, au sujet des derniers siècles, que la renommée la plus grande à laquelle puisse atteindre un artiste n'est plus d'être original avec supériorité. Sa gloire est seulement d'imiter, de copier à s'y méprendre la perfection et la beauté qui caractérisent les chefs-d'œuvre des époques précédentes, chefs-d'œuvre dont la réputation est sanctionnée par le temps.

Il est difficile de présenter rien de plus étonnant que l'art d'imiter auquel s'élève, à cette seconde époque, un porcelainier de King-te-tchin. Il obtient par faveur de voir une seule fois un beau trépied très-ouvragé, qui servait aux sacrifices. A quelques mesures prises uniquement avec ses mains, il joint à la dérobée l'empreinte des veines du trépied, calquées au moyen d'un simple papier. En-

suite il s'éloigne et reproduit son modèle avec tant de
fidélité pour les dimensions, la couleur et la décoration,
que le président des sacrifices, possesseur de l'original,
ne peut pas y découvrir la moindre différence avec l'imitation.

Dans un pays où la main-d'œuvre d'un ouvrier ordinaire est payée par jour 60 centimes, la simple copie
du trépied est vendue 300 francs par l'imitateur; bientôt
après cette belle œuvre est revendue 7,500 francs, c'est-
à-dire la valeur de 12,500 journées d'un simple manou-
vrier.....

Précieuse chronologie longtemps marquée sur les porcelaines impériales,
puis supprimée par un fonctionnaire ultra-servile.

Depuis l'époque 1004-1007 jusqu'à 1677, on avait
suivi la coutume de marquer sous le pied des porcelaines
impériales les caractères par lesquels chaque règne est dé-
signé. Cet heureux usage établissait pour l'histoire de l'art
la chronologie la plus importante. On pouvait juger des
règnes où la précieuse industrie avait fait le plus de progrès, était restée stationnaire ou même avait rétrogradé.
Un autre genre d'utilité serait né de cet usage, si dès les
premiers temps on l'avait adopté.

Dans certains tombeaux de l'antique Égypte on a découvert de petits vases en porcelaine couverts de caractères idéographiques. Aussitôt on a fait les plus beaux
raisonnements pour démontrer que l'art de fabriquer la
porcelaine était connu des Égyptiens, au temps des Pha-
raons. Il a fallu l'érudition de MM. Pauthier [1] et Stanislas

---

[1] Dès l'année 1846, dans la *Revue archéologique,* M. Pauthier a prouvé
que les flacons de porcelaine trouvés dans les tombeaux d'Égypte ne pouvaient pas remonter au delà du XIIe siècle.

Julien pour déterminer l'origine chinoise de ces objets curieux. L'effort eût été beaucoup moindre et la preuve irrécusable, si les mêmes flacons avaient porté l'empreinte indicatrice d'un règne du Céleste Empire.

En 1677, un mandarin aussi bas que stupide fit interrompre cet usage. En sa qualité de surintendant des fabrications à King-te-tchin, il défendit de reproduire et les caractères consacrés à désigner l'empereur régnant, et les images des grands hommes qu'on avait jusqu'alors figurées sur la porcelaine. Le vil flatteur s'enorgueillissait d'agir ainsi, pour empêcher, disait-il, au cas où les vases seraient brisés, la profanation qu'éprouveraient les adorables chiffres symboliques, indicateurs du souverain, et les effigies des saints personnages reproduits par la peinture! On aurait peine à trouver dans Tacite et dans Suétone pareil excès d'ineptie et de servilité.

Description des procédés de la manufacture impériale,
au xviiie siècle.

Au xviiie siècle, le savant, l'habile Thang dirigeait la manufacture impériale de King-te-tchin; il excellait à la fois dans l'imitation des beaux vases antiques et dans la reproduction fidèle des émaux les plus renommés. Non content d'imiter si bien, il rivalisait avec les émaux des temps passés par les nouveaux qu'il inventait.

L'empereur voulut que ce directeur éminent publiât la description graphique de tous les procédés employés pour fabriquer et décorer la porcelaine. Malheureusement nous ne possédons pas les planches qu'il fit graver pour obéir à cet ordre. Nous devrions aujourd'hui les demander; il serait facile de les obtenir.

Complément descriptif entrepris au XIXe siècle.

En 1815, un habile administrateur de la fabrique impériale a repris et complété le bel ouvrage de Thang, dont nous venons d'indiquer l'objet. Les paroles que je vais citer terminent sa préface ; elles révèlent un sentiment du progrès que nous n'avons guère l'habitude de supposer aux peuples de l'Orient. Cette préface est d'ailleurs écrite dans un style élogieux que l'Occident trouvera très-perfectionné.

« Les bons artistes de l'antiquité, lorsqu'ils inventaient et fabriquaient des vases, n'avaient en vue que la naïve utilité et le simple intérêt du peuple. Dans la confection des ustensiles qui servent chaque jour aux communs usages du boire et du manger, ils ne jugeaient pas nécessaire de déployer tous les raffinements de l'art et du talent. Mais depuis que notre auguste empereur comble les ouvriers de bienfaits et qu'il rétribue libéralement leur travail, sans leur imposer de pénibles fatigues, la classe ouvrière vit en liesse et son bien-être s'accroît toujours ; elle travaille avec ardeur, et les vases qui sortent de ses mains ne laissent rien à désirer. La population de King-te-tchin augmente à vue d'œil, et les porcelaines qu'elle produit acquièrent chaque jour un nouveau degré de finesse et de beauté. Il n'est aucune personne qui ne fasse tous ses efforts et qui ne tressaille de joie ! Grâce à l'époque prospère où nous vivons, ces heureux effets éclatent en tous lieux, sans que la cause en soit aperçue. »

Ainsi que nous l'avons dit plus haut, l'exagération, si familière aux Chinois, porte à plus d'un million d'âmes la population de King-te-tchin. Une version, trop faible peut-être, porte seulement à dix-huit mille le nombre de familles directement occupées à la porcelaine, sans compter les ouvriers célibataires employés dans la même ville.

Les personnes de tout âge et de tout sexe trouvent à travailler dans un genre d'industrie où beaucoup d'opérations délicates n'exigent pas une grande force physique. On porte à trois mille le nombre des fourneaux en activité dans King-te-tchin.

Adoration du dieu qui brûle les manufactures, par les ouvriers qui fabriquent les porcelaines.

La gravité des incendies, dans la cité des porcelaines, a fait imaginer un culte, afin d'honorer et d'apaiser le dieu qui préside à l'incendie des fabriques de porcelaine. A juger par la fréquence de désastres si terribles, ce dieu semble surtout jaloux de conserver pour ses autels un encens qu'on lui prodigue en crainte de ses méfaits. Il se garde bien de supprimer ou de rendre plus rares les actes de sa puissance, afin de ménager ses adorateurs : leur ferveur disparaîtrait aussi vite que les sinistres.

Principaux lieux où sont fabriquées les porcelaines autres que celles de la cour.

Pour compléter les notions sur la plus belle industrie chinoise, nous présenterons quelques détails relatifs à la topographie des manufactures de porcelaine.

Sur les dix-huit provinces qui composent le grand empire du Milieu, treize possèdent des fabriques de ce genre. Dans cette nature d'industrie, trois provinces l'emportent de beaucoup sur les autres; ce sont : le *Chen-si*, le *Tche-kiang* et surtout le *Kiang-si*. Comme nous l'avons expliqué, King-te-tchin est située dans cette dernière province.

Le territoire du Kiang-si forme un centre de fabrications, lequel est pour la Chine ce que le comté de Stafford est pour l'Angleterre : la plus grande réunion d'établissements céramiques. Nous avons fait apprécier l'excellence de la position, qui communique par une rivière navigable et par le lac Po-yang avec le plus puissant fleuve de la Chine, puis de là, par le Grand canal, avec tout l'est et le nord de l'empire.

Nous avons déjà cité le missionnaire anglais parti de Chang-haï en 1845 pour visiter des philosophes; il arrive dans une vaste plaine entourée de hautes montagnes, au nombre desquelles se trouve la célèbre montagne de Kao-ling, qui recèle en abondance le feldspath le plus pur, d'où l'on tire la fine terre qui sert en Chine à fabriquer la porcelaine. On peut voir ce que disent de ce *kao-ling* le docteur Morrison, dans son Dictionnaire anglo-chinois, et sir F. Davis, dans son excellent ouvrage sur la Chine.

Le kaolin, comme nous l'appelons, abonde dans la chaîne de montagnes au midi de laquelle est celle de Kao-ling, qui produit la matière première la plus pure. Cette chaîne de montagnes sépare le Kiang-si du Kiang-nan, dans le district de Houeï-tcheou.

Savants travaux de M. Salvetat sur les porcelaines de la Chine.

Dans le précieux ouvrage que nous avons étudié pour y chercher les faits les plus intéressants, aux travaux du traducteur érudit s'ajoutent ceux du savant chimiste qui préside aux fabrications dans les ateliers de Sèvres. Grâce à ses soins, les matières premières et les procédés de combinaison sont analysés avec toute la précision que peuvent permettre les lumières empruntées à la science pour éclairer les pratiques de l'art.

Je dois citer, parmi les morceaux les plus intéressants, les observations de M. Salvetat : préface, pages CVII à CXII. Il y montre les caractères de la peinture sur porcelaine, tant à la Chine qu'au Japon.

Pourquoi lord Elgin n'a pas cru nécessaire de visiter la grande manufacture des porcelaines chinoises.

Le commerce des objets de luxe, qui fixe au plus haut degré l'attention des gens du monde, présente un très-faible intérêt aux yeux des hommes d'État, qui cherchent avant tout les grands résultats pécuniaires.

Lord Elgin n'ignore pas que les poteries les plus communes de l'Angleterre, présentées sur les marchés de l'univers, y produisent des sommes incomparablement supérieures à la valeur des porcelaines chinoises, qui jouissent pourtant d'une si haute renommée.

Quelques faits empruntés à l'un des comptes commerciaux les plus récents vont nous confirmer dans cette manière de juger, par comparaison, les produits précieux réservés pour le riche et les produits communs habilement appropriés aux besoins de la multitude.

IMPORTANCE COMPARÉE DES PRODUITS CÉRAMIQUES, POUR L'ANGLETERRE ET LA CHINE, EN 1857.

PRODUITS CÉRAMIQUES.	SOMMES.
Poteries exportées par la Grande-Bretagne dans le monde entier.......	37,634,950ᶠ
Porcelaines importées de Chine en Angleterre.....................	33,425

Ce petit tableau nous apprend que la Chine fournit directement à l'Angleterre pour *un franc* de ses précieuses porcelaines contre *onze cents francs* de poteries britanniques vendues à bas prix dans le monde entier.

Vues d'avenir sur le commerce des produits céramiques
entre la Chine et l'Angleterre.

Une autre question aurait dû se présenter à l'esprit investigateur et sagace de l'ambassadeur : l'Angleterre ne pourrait-elle pas pousser ses prétentions commerciales jusqu'à fournir les Chinois, sinon de brillante porcelaine, au moins de poterie commune? Jusqu'à ce jour la grandeur des distances et la dépense du transport semblent avoir opposé des obstacles insurmontables.

Voici quelle est la valeur des poteries et des porcelaines envoyées pendant cinq ans à la Chine par l'Angleterre, produits envoyés beaucoup plus pour les Anglais établis dans les cinq ports libres et dans l'île de Hong-kong que pour les consommateurs chinois :

Années.....	1854.	1855.	1856.	1857.	1858.
Valeurs ...	28,950f	62,100f	59,375f	103,150f	108,975f
Proportions pour mille du commerce total...	1	2	1	2	2

Ainsi la médiocre valeur des porcelaines et des poteries d'Angleterre envoyées en Chine est tantôt le millième et tantôt les deux millièmes des produits de toute nature qu'elle exporte dans ce pays.

La question directement opposée, que les Chinois devraient se faire, serait de savoir jusqu'à quel point, avec le bas prix de leur main-d'œuvre et leur habileté pratique, ils pourraient espérer de vendre, même en Angleterre, leurs poteries les plus communes.

Il ne faudrait pas qu'on regardât comme déraisonnable une telle pensée. J'ai fait connaître un fait capital rapporté par le capitaine Forbes, qui n'en a pas relevé l'importance : le moins façonné de tous les produits céramiques, la brique chinoise, est transporté avantageusement jusqu'à Liverpool.

Nous n'étendrons pas plus loin ces observations. Nous reprenons notre parcours de l'Yang-tzé-kiang et nous remontons au-dessus du lac Po-yang, dont la visite nous avait fait quitter l'ambassadeur d'Angleterre.

Navigation reprise sur le Grand fleuve au-dessus du lac Po-yang.

Lorsque le Grand fleuve arrive au pied de la vaste montagne qui s'avance comme un promontoire au nord-est du lac Po-yang, ses eaux sont violemment repoussées vers l'orient; elles contournent une grande île triangulaire, et viennent par deux branches heurter les eaux qui sortent du lac. Il se produit par ce choc, nous l'avons déjà dit, des tourbillons dangereux pour les navigateurs.

Kiéou-kiang-fou, chef-lieu départemental dans le Kiang-si.

Aidés d'un pilote expérimenté, nous franchissons ces périlleux passages. Sur notre gauche, au nord de la grande montagne, nous trouvons la ville importante de *Kiéou-kiang-fou;* elle est le chef-lieu d'un département dans la vaste province de Kiang-si, que nous venons d'explorer.

```
Latitude........................... 29° 54′ 00″
Longitude orientale................ 114° 31′ 30″
```

Jusqu'à la grande insurrection, cette ville était industrieuse et riche. Ses fortifications avaient deux lieues et demie de tour; leur enceinte était remplie d'un peuple aussi nombreux que fortuné.

Province de Hou-pé.

Un peu plus haut que cette grande cité, sur l'autre rivage, finit la province de Ngan-hoeï et commence une nouvelle province dont le territoire est beaucoup plus considérable. Nous allons parcourir près de cent cinquante lieues, en remontant le Grand fleuve, sans quitter cette nouvelle et féconde province; elle est appelée le *Hou-pé*.

Un lac, un *hou*, le plus grand qu'on admire en Chine, car il a quatre-vingts lieues de circonférence, donne son nom de lac à deux provinces : celle de Hou-pé, dont le nom signifie le *nord du lac;* celle de Hou-nan, dont le nom signifie le *midi du lac*.

Territoire et population en 1812.

Superficie................... 18,245,210 hectares.
Population................... 27,370,098 habitants.
Habitants par mille hectares....   1,500 habitants.

N'oublions pas, à la vue de ce tableau, que dès 1812, et pour une même étendue de territoire, la population de la province de Hou-pé surpassait de moitié celle de l'Angleterre, de la Belgique et de la Lombardie. Cette immense population, loin d'être affamée par son grand nombre et d'exiger des importations de vivres, fait au contraire partie de celles dont le superflu sert, chaque année, pour aider à la subsistance de la capitale et des armées du nord. Aussi les Chinois ont-ils surnommé la province de Hou-pé *le grenier de l'empire.*

On dirait que cette province réunit tous les avantages : admirons la beauté d'un climat qui joint la chaleur puissante du soleil à la douceur d'une température en partie due à l'élévation du sol, déjà si loin de la mer. Ses fleuves et ses lacs rivalisent de fécondité, de grandeur et d'utilité ; en même temps, ils donnent un puissant essor à son commerce.

Wou-soueï, première cité du Hou-pé.

Si nous remontons un espace d'environ dix lieues, en longeant les bords de la province de Hou-pé, nous trouvons à notre droite une ville du second ordre, assez considérable, que le commerce fait fleurir : c'est le marché de *Wou-soueï.*

En face de cette ville, et sur la rive sud-ouest du Grand fleuve, on voit s'élever une longue crête de montagnes appelée la Grande Épine dorsale, *Ma-tze-kiang ;* elle appartient à la province de Kiang-si. Ce rempart naturel repousse vers l'orient le cours de l'Yang-tzé-kiang ; il commence la déviation si considérable que complète le choc des eaux qui sortent du lac Po-yang.

Lorsqu'on a dépassé les monts de la Grande Épine dorsale, du milieu du Grand fleuve l'œil plonge au loin dans une vallée longue et profonde, qu'on dirait empruntée à la haute Écosse. Cette vallée sépare du Kiang-si la province de Hou-pé, qui va maintenant, des deux côtés du fleuve, attirer notre attention la plus sérieuse. Le voyageur est frappé de la grandeur presque sauvage de cette nature si fortement accidentée.

La ville de King-koueï-tcheou.

Latitude. . . . . 29° 51′ 36″
Longitude orientale. . . . . 113° 40′ 49″

Cette ville est bâtie sur la rive gauche, en face du vallon si profond et si remarquable qui sépare, sur la rive opposée, les deux provinces de Kiang-si et de Hou-pé.

Si nous mentionnons cette ville secondaire, déjà si loin de l'Océan, c'est que l'ambassade de lord Elgin eut le bonheur indicible pour un Anglais d'y trouver étalés dans les boutiques *des tissus* fabriqués en Angleterre; des velours d'Utrecht osaient s'étaler à côté.

Dans cette partie de l'Yang-tzé-kiang où nous continuons de naviguer, la remonte est en maint endroit difficile et lente. Les Chinois auraient besoin de l'expérience européenne pour améliorer le cours des eaux et faire disparaître les obstacles si variés que présente la nature : ce pourrait être l'un des bienfaits de la paix que nous appelons de tous nos vœux.

Au point où nous sommes arrivés, le Grand fleuve est encore si digne de ce beau surnom, qu'il offre, à cette longue distance de l'Océan, une largeur moyenne qui surpasse un kilomètre et demi : quatre fois la Seine à Paris. Telle est néanmoins sa profondeur, qu'une forte frégate à vapeur peut continuer d'en remonter le cours, bien que les eaux soient au-dessous du niveau le plus ordinaire.

La pagode de cette ville est au rang des plus admirées après celle de Nankin; et, chose à remarquer en Chine, elle est dans un bel état de conservation.

Ville de Ki-tcheou.

En continuant à remonter, nous trouvons sur la rive gauche la ville de *Ki-tcheou*, dont la situation éminente frappe de loin le voyageur.

Latitude.......................... 3o° 4′ 48″
Longitude orientale................ 112° 57′ 10″

Les murs de cette ville couronnent une falaise presque à pic au-dessus du fleuve. Cette falaise est la fin d'une chaîne de collines et de montagnes qui s'étend de l'ouest à l'est dans la province de Hou-pé.

Station remarquable de Ki-hien.

Signalons avec soin, sur la rive gauche du Grand fleuve, la station désignée sous le nom de *Ki-hien;* c'est une ville du dernier ordre, environ à vingt lieues au-dessus de Ki-tcheou. Ici, les bas-fonds du fleuve, dans un temps où les eaux sont au-dessous de leur moyenne hauteur, ne permettaient plus la remonte d'un navire à vapeur pareil à *la Rétribution,* qui tirait 6 mètres 6o centimètres. Telle était cependant encore la profondeur de l'Yang-tzé-kiang, qu'une autre frégate, *la Furieuse,* qui tirait 4 mètres d'eau, continua de remonter avec le reste de l'escadrille qui conduisait l'ambassadeur d'Angleterre. Par conséquent des navires d'au moins 4oo tonneaux partis d'Europe, et capables de doubler le cap de Bonne-Espérance, pourront, sans rompre charge, naviguer dans la partie supérieure du Grand fleuve jusqu'au terme où s'arrêtera lord Elgin.

Avant d'arriver à ce terme si désiré, nous avons encore

à mentionner une ville qui plus tard attirera l'attention du commerce européen pour son aspect et surtout pour son commerce.

Ville de Houang-tcheou.

Nous voulons désigner, toujours sur la rive gauche du Grand fleuve, la cité de *Houang-tcheou,* dont la position est ainsi déterminée :

Latitude.........................	3o° 26′ 24″
Longitude orientale...............	112° 27′ 55″

En avant de cette ville nous remarquons un superbe quai revêtu de pierres de taille et couronné par une belle balustrade. Les eaux sont profondes au pied de ce quai, près duquel abordent des jonques nombreuses et d'un grand tonnage.

La contrée d'alentour est enrichie par la culture du coton. Chaque année l'on évalue à sept ou huit millions de francs le coton en laine transporté de cette ville à *Tchang-tcha-fou,* le chef-lieu de la province de Hou-nan, quoiqu'elle en soit éloignée d'au moins cent lieues, en suivant les voies navigables. Dans les plaines voisines on cultive aussi beaucoup l'indigo.

Après quatre sinuosités très-prononcées du Grand fleuve, nous arrivons à la position commerciale la plus importante qu'offre le cours entier de l'Yang-tzé-kiang.

La rivière Han, principal affluent méridional du Grand fleuve.

Près du point où le Grand fleuve s'avance le plus vers le nord et commence en remontant à revenir vers le sud, il reçoit les eaux d'une rivière qui vient de plus de cent

cinquante lieues, grossie par de nombreux affluents; c'est
la rivière *Han*, la plus importante parmi celles qui fertilisent la riche province de Hou-pé.

Dans la partie inférieure de son cours, cette rivière
puissante offre des largeurs qui varient depuis un kilomètre et demi jusqu'à quatre kilomètres. D'après l'état
des arts pratiqués par les Chinois, on conçoit que ses
ingénieurs auraient pu difficilement construire des ponts
pour franchir de telles largeurs : aussi n'en ont-ils construit qu'en remontant très-loin à partir de l'embouchure.

Les trois cités commerciales.

Pour comprendre maintenant le grand spectacle dont
nous désirons offrir une idée précise au lecteur, trans-
portons-nous sur la rivière Han. Descendons-la, les yeux
dirigés en avant de notre marche. Nous approchons du
Grand fleuve, qui descend perpendiculairement de l'ouest
à l'est, et qui coule de notre droite à notre gauche. Alors
nous voyons :

I. A gauche, à l'est, la riche cité de *Han-kéou*, qui
s'étend au bord d'une vaste plaine : ses quais longent la
rive gauche de la rivière et la gauche du Grand fleuve;

II. A notre droite, la cité de premier ordre *Han-yang-
fou*, que j'appellerai la cité Mandarine : elle s'élève sur
la rive droite de la rivière et sur la gauche du fleuve;

III. En face de nous, au midi, la cité vice-royale de
Wou-tchang-fou : elle se déploie par delà le Grand fleuve
et sur la rive droite.

Ces trois villes, si diverses de position, de grandeur
et de nature, sont comme trois quartiers gigantesques
d'une même capitale, présentant trois belles rues aquatiques; ces rues fluviales, malgré leur extrême largeur,

sont couvertes de jonques et de trésors dans les temps de prospérité.

I. HAN-KÉOU.

La première des trois cités est, à proprement parler, le but essentiel du voyage de lord Elgin. Sa latitude et sa position sont celles du Caire, aux bords du Nil.

Han-kéou, ville purement commerciale, a pour chef-lieu la seconde ville, Han-yang-fou.

A l'approche de Han-kéou, en remontant le fleuve, le pays présentait naguère un territoire parfaitement cultivé et très-peuplé ; les maisons voisines de l'Yang-tzé-kiang, ainsi que les jardins, se multipliaient de plus en plus : tout annonçait le voisinage d'une cité considérable.

Au jugement de M. Oliphant, secrétaire et narrateur de lord Elgin, la vaste plaine au milieu de laquelle Han-kéou se déploie ressemble beaucoup à celle de Nijni-Novogorod, sur les rives du Volga : site consacré pour les plus célèbres foires de la Russie.

Han-kéou, dans son état actuel de renaissance, mesure seulement trois kilomètres d'étendue sur la rive gauche de l'Yang-tzé-kiang et trois autres sur la rive gauche de la rivière Han.

A plusieurs égards, les rues de Han-kéou sont supérieures à celles de beaucoup d'autres villes de l'empire : elles sont pavées avec soin, assez bien tracées et même assez larges. Lors de la chaude saison, elles sont couvertes de nattes légères, tendues entre les maisons opposées, pour préserver d'un soleil aussi brûlant que celui de l'Égypte. Les boutiques sont amplement approvisionnées, avec une richesse supérieure à celle des cinq ports de mer ouverts aux étrangers.

*L'industrie et le commerce de Han-kéou : fabriques de câbles
de bambou.*

Près de la ville et du fleuve on remarque des espèces
de tours élevées : ce sont des fabriques de câbles confectionnés avec des fibres de bambou. Ces fibres, convenablement refendues, sont portées à l'étage supérieur, élevé
de dix à douze mètres. C'est là qu'on tresse le câble,
et qu'on le fait descendre à mesure qu'on le confectionne,
pour être cueilli circulairement au rez-de-chaussée.

Ce procédé des Chinois ressemble à la disposition qu'a-
vait imaginée le capitaine Huddart[1], au commencement
de ce siècle, pour commettre des câbles dans un espace
resserré, en employant la force de la vapeur. Le câble
descendait tout commis, à mesure que la torsion, le
commettage des torons accomplissait leur assemblage.

Les marchandises anglaises sur le marché de Han-kéou.

En visitant les pays étrangers, lord Elgin a contracté
l'habitude excellente de converser avec le petit peuple,
les artisans, les boutiquiers, les paysans; il a pour but
d'obtenir d'eux une foule de renseignements cherchés par
son esprit sagace.

Auprès de Han-kéou il trouve un homme occupé à
étendre sur le sol des tissus fraîchement teints en bleu.
Quel est le transport de l'ambassadeur! c'étaient des
cotons venus d'Angleterre, et fabriqués à Manchester!
Les voilà mis en œuvre dans la ville même qu'il a fait
déclarer le plus lointain des ports intérieurs ouverts à la

[1] Voyez *Force navale de la Grande-Bretagne*, t. II.

Grande-Bretagne, sur le fleuve par excellence, l'Yang-tzé-kiang.

Ici commencent les questions de mylord. Combien dans Han-kéou sont payés ces calicots, en monnaie du pays? 700 cash ou sapèques pour un chang. Cela signifie 3 francs 15 centimes pour une longueur de 3 mètres 60 centimètres, ou simplement 87 1/2 centimes par mètre courant de calicot britannique.

D'après le dire du même teinturier, le tissu de coton chinois, d'un tiers de mètre en largeur, coûtait moitié moins que le calicot anglais de même dimension. La différence, à mes yeux, 'n'a rien d'extraordinaire.

Mais, pour qu'une semblable comparaison fût démonstrative, il aurait fallu qu'on pût comparer le poids, le fini du travail et surtout la solidité des tissus.

Prix comparés intéressants, recueillis par le capitaine Sherard Osborn.

Pendant que l'ambassadeur faisait ou faisait faire ces comparaisons, le capitaine de vaisseau Sherard Osborn prenait de son côté des renseignements plus sérieux.

Les observations recueillies par cet officier éminent ont en effet, par leur nombre, une tout autre importance; il donne, pour les tissus de coton qu'il compare, la longueur, la largeur et le prix des pièces. J'ai refait ses calculs et je les ai réduits en mesures françaises.

Voici le prix énuméré pour six pièces de tissus chinois et cinq pièces de tissus anglais :

Prix du mètre carré de tissus de coton à Han-kéou.

Tissus chinois.	Tissus anglais.
88^c	3^f 46^c
78	2 40
67	2 39
66	1 18 [1]
65	1 08
61	0 00
4^f 25	10 51
Prix moyen du mètre.. 71^c	2^f 10^c

Dans l'état actuel des choses, ce parallèle suffit pour montrer qu'il est impossible à l'Angleterre de l'emporter sur le grand marché de Han-kéou, au point de vue du bon marché.

L'inégalité des prix moyens me semble ici considérable; dans l'état actuel des choses, le prix moyen des cotons anglais serait de 148 pour cent plus élevé que le prix des cotons chinois. Cependant la libre navigation du fleuve changera beaucoup l'état des choses; elle diminuera cette grande disproportion.

Si le commerce britannique obtient enfin ce qu'il réclame de concert avec les autres nations, un passage direct à travers l'Égypte, des navires mixtes de trois cents tonneaux pourront sans rompre charge aller depuis Londres ou Liverpool jusqu'à l'embouchure de l'Yang-tzé-kiang et remonter ce grand fleuve jusqu'à la hauteur de Han-kéou. Si, de plus, dans cette ville, des comptoirs anglais vendent directement les tissus de Manchester, on sera sur-

[1] Ce prix est la rectification d'une erreur évidente dans la largeur du tissu.

pris de voir à quels bas prix ils pourront être offerts dans le centre même de l'empire du Milieu.

Les cotons n'attirent pas seuls l'attention de nos voyageurs. En poursuivant leurs recherches, lord Elgin et sa suite reconnaissent avec une autre satisfaction les estampilles bien connues des tissus anglais sur de légers draps de laine destinés à l'habillement des femmes [1].

Produits orientaux sur le marché de Han-kéou : les fourrures.

En 1858, les boutiques de pelleteries, dans la grande ville marchande, étaient bien approvisionnées et nombreuses. On y trouvait les fourrures les plus belles et les plus chères, envoyées des pays du nord par la province occidentale de Chan-si et des pays de l'est par les frontières du Tibet.

Commerce des thés à Han-kéou.

Ici nous trouvons le thé de la province de Hou-pé, regardé comme donnant la meilleure sorte, parmi toutes les espèces connues sous le nom de Congo.

Les thés jaunes exportés en Russie, et qui traversent le Hou-pé, proviennent de la province de Ngan-hoeï.

Thés amers.

Comme objet de grand luxe, dans les cités commerciales dont nous étudions le groupe, on fait usage d'un thé rare, dont le goût a quelque chose d'amer; pour l'aspect, il ressemble beaucoup au thé noir. Les Chinois

[1] Du drap superfin pour les dames était coté à 12 fr. 50 cent. le yard, environ 13 fr. 90 cent. le mètre.

opulents le boivent comme un digestif; ils en font usage après les repas somptueux qui fatiguent leur estomac. Nous prenons ainsi le café.

L'arbrisseau dont les feuilles donnent ce thé de saveur amère ne croît qu'à Pao-eurh : un territoire situé dans la province d'Yun-nan, sur la frontière du Laos et près de la rivière Meï-kou.

On vend ce thé massé sous forme de cylindres, qui sont grands ou petits, suivant sa qualité. Il est très-coûteux et plus recherché que toute autre espèce.

Deux sortes de thés sont préparées dans le Hou-pé pour exporter par terre; elles sont réduites en forme de brique et fortement comprimées. Lorsqu'on les coupe transversalement, elles ont l'aspect du tabac Cavendish. Ces thés sont inférieurs à ceux du Tche-kiang.

Rapide renaissance de Han-kéou.

Parmi les scènes les plus funestes et les plus émouvantes qu'ait présentées la grande insurrection chinoise, nous aurons à décrire la dévastation des trois cités commerciales, et surtout celle de Han-kéou.

Cette ville, en 1858, sortait comme par miracle de ses ruines; elle renaissait avec une rapidité magique depuis deux ans que les rebelles en avaient été chassés pour la seconde fois. Nous reviendrons sur ce lugubre sujet; nous ne voulons ici que constater la puissance commerciale d'une localité qui permet une résurrection si rapide et si considérable.

II. HAN-YANG-FOU.

Sur la rive droite de la rivière Han, on aperçoit une

chaîne de collines escarpées; elles sont couronnées par les fortifications de la ville de Han-yang-fou, qui s'appuie au midi sur le Grand fleuve. Ces fortifications dominantes ressemblent par leur aspect au Kremlin de Nijni-Novogorod, tandis que Han-kéou correspond au site inférieur où se tient la grande et célèbre foire de cette ville.

Han-yang-fou est le chef-lieu d'un département de la province de Hou-pé. Voici quelle est sa position :

Latitude.......................... 3o° 34′ 38″
Longitude orientale................. 111° 49′ 7″

La ville est entourée d'une muraille massive, bien construite et bien entretenue. Sa grandeur est médiocre et son pourtour n'excède pas trois kilomètres. C'était jadis un séjour aristocratique, éloigné des affaires, paisible, habité par des fonctionnaires en activité ou en retraite et par leur suite nombreuse. Ses rues étaient belles, bien pavées, décorées à l'intérieur avec des Portes d'honneur et des édifices publics.

Remarquons le caractère des habitants de la contrée circonvoisine. Les personnages formant la suite de l'ambassadeur britannique faisaient des excursions dans la campagne, aux environs de Han-yang-fou et des deux autres cités commerciales; ils se louaient au plus haut degré de la bienveillance des paysans, qui s'empressaient de leur rendre toute sorte de bons offices. Cependant on sortait à peine de la guerre.

Jugement remarquable de lord Elgin sur le peuple chinois.

Dans les papiers parlementaires publiés en 1859, on trouve un jugement précieux de lord Elgin : « Ce que j'ai vu, dit-il, me conduit à penser que la population rurale de la Chine est, généralement parlant, dans une bonne position et satisfaite. »

Nous sommes heureux de pouvoir consigner ici l'opinion développée d'un observateur aussi perspicace, à l'appui des opinions que j'ai rapportées de M. Fortune et du capitaine Forbes.

Voici comment il s'exprime dans son rapport sur son voyage aux trois cités commerciales : « J'ai travaillé très-fortement, bien que sans trop de succès, à me procurer des informations certaines sur l'étendue des propriétés rurales, sur le titre auquel les cultivateurs tiennent la terre, sur l'impôt qu'ils ont à payer et sur les questions connexes. J'en ai conclu que, pour la très-grande partie (the most part), ils tiennent leurs terres, de très-petite étendue, en pleine propriété, assurées par la couronne moyennant certaines charges de peu d'importance. Ces avantages, améliorés par une industrie constante, suffisent *abondamment* à la simplicité de leurs besoins, et pour la nourriture et pour le vêtement.

« Dans les rues des villes chinoises, quelques objets déplorables frappent la vue : chose qui doit toujours arriver lorsque la mendicité est une institution légalisée. Mais j'incline à penser que la rigueur avec laquelle sont maintenus en vigueur les devoirs de la parenté sont une puissante barrière contre l'invasion du paupérisme. Il y a quelques jours, une dame m'apprit que la nourrice de son enfant avait *acheté une petite fille* d'une mère qui possédait trop d'enfants. Voici le motif de l'achat : le mari qu'un jour aura la jeune fille sera tenu de pourvoir à l'existence de la mère adoptive. Ainsi, par le placement judicieux *d'un dollar*, qui vaut en Chine de 6 à 7 francs, la prévoyante nourrice se sera procuré pour sa vieillesse un secours certain et, chose qu'elle apprécie probablement plus encore, une sépulture décente après sa mort. »

Combien de tels faits rectifient les erreurs calomnieuses répandues en Occident sur les mœurs chinoises !

Il est temps de quitter la rive gauche du Grand fleuve, qui contient les deux premières cités, afin de passer à la troisième.

III. WOU-TCHANG-FOU, CHEF-LIEU DE LA PROVINCE DE HOU-PÉ.

Wou-tchang-fou, ainsi que nous l'avons dit, occupe seule la rive droite de l'Yang-tzé-kiang, en face des deux premières villes. C'est une très-grande cité ; dans les beaux jours de ses prospérités, elle surpassait en richesse, en étendue, la ville de Canton.

Elle s'élève par étages sur le versant septentrional d'un grand massif de collines qui s'oppose directement au choc des eaux de la rivière Han.

Elle est à la fois le chef-lieu de la province de Hou-pé et de la vice-royauté de Hou-kouang, qui comptait, en 1812, quarante-six millions d'habitants, et qu'on élève actuellement à soixante-six millions, c'est-à-dire autant que la Russie européenne.

Le milieu de la ville est occupé par une longue colline parallèle aux bords du fleuve. Cette colline est couverte d'édifices publics et de maisons, qui s'élèvent en terrasses et produisent l'effet le plus grandiose.

La rue principale, qui conduit de l'Yang-tzé-kiang au palais du gouvernement, passe en ligne directe sous la principale colline : cette galerie souterraine, embellie par deux rangées de riches boutiques, méritait d'être mentionnée ; ses abords, du côté de l'orient, ont de la grandeur et de la somptuosité. Nous regrettons que M. Oli-

phant n'ait pas satisfait notre curiosité sur des questions
semblables à celle-ci : Comment les Chinois ont-ils construit cette voûte? Comment est-elle éclairée? comment
est-elle habitée? etc.

Wou-tchang-fou, par les mouvements du sol sur lequel
on l'a bâtie, présente une vue très-imposante lorsqu'on
la contemple de la rive gauche du Grand fleuve : on
voit au premier rang la double ligne de hauts remparts
qui s'élèvent parallèlement au rivage et qui sont flanqués
de tours proéminentes; en arrière, la ville monte en couronnant plusieurs collines, dont nous avons mentionné
la principale.

Cette cité, la plus grande entre celles qu'on admire à
l'occident de la Chine, est la résidence d'un vice-roi, qui
gouverne les deux provinces de Hou-pé et de Hou-nan;
elle partage avec Han-kéou le grand commerce du point
central qui nous occupe.

Un vice-roi tartare à Wou-tchang-fou.

Wou-tchang-fou était gouvernée par un vice-roi de
race tartare lorsqu'elle fut visitée par l'ambassade britannique. Cet homme d'État et de guerre avait eu la gloire
de chasser des deux provinces soumises à son autorité
les rebelles Taï-ping, qui l'avaient indignement saccagée.
Grâce à lui, la prospérité publique renaissait avec rapidité.

Il mit son honneur à recevoir avec grandeur l'ambassadeur et sa suite et l'état-major de l'escadrille. Lorsqu'il
visita la frégate *la Furieuse*, que commandait le capitaine
Osborn, il distingua les jeunes midshipmen, ces élèves
qui sont l'espoir de la marine britannique; frappé de la
précoce assurance et de l'air intelligent qui caractérisaient
leurs jeunes physionomies, il voulut les passer en revue

et les complimenta par ces paroles : « Jeunes gens, je lis
sur vos visages les talents qu'un jour vous emploierez pour
votre pays. » Ces paroles d'un général victorieux ne pouvaient manquer d'aller au cœur des brillants élèves dignes
de les entendre.

La marine marchande entre les trois cités commerciales.

Des rangs nombreux et pressés de jonques bordent les
rivages des deux vastes cours d'eau. Dans les beaux temps
de la circulation intérieure, on a porté jusqu'à dix mille
les jonques à l'ancre dans les eaux qui baignent à la fois
les murs des trois cités commerciales. On pourrait diminuer beaucoup ce nombre, hyperbolique je le crains,
sans que le concours des jonques chinoises, au confluent
qui nous occupe, cessât d'être un juste sujet d'admiration.

L'exagération n'épargne pas même les grandes choses,
au sujet desquelles la simple vérité suffirait pour frapper
les imaginations vives, en satisfaisant les esprits raisonna-
bles. Il ne paraît pas qu'on ait jamais dû porter la population réunie des trois cités, rapprochées de commerce et
de position, à plus de trois millions d'habitants : ce
nombre est déjà prodigieux, et des voyageurs n'ont pas
craint d'élever cette population au chiffre impossible de
huit millions.

Arrivages par terre au Grand fleuve.

Pour suffire au grand commerce des trois cités commerciales, outre le parcours des affluents navigables, les
hommes du nord et de l'ouest suivent des routes nombreuses. Ils arrivent au Grand fleuve avec des chariots à
double attelage, avec des mulets et des ânes pour bêtes

de somme, avec des brouettes à doubles brancards que
tient le coulie qui les supporte, avec ses mains, tandis
qu'un compagnon tire la brouette à la corde. Quand le
vent est favorable, les Chinois déploient sur leur brouette
une légère voile et naviguent ainsi sur le pavé de leurs
étroites chaussées. Enfin d'innombrables porte-balles,
chargés de thés et d'une foule d'autres produits, complètent
ces moyens de transport.

Piraterie sur l'Yang-tzé-kiang.

Dans les temps d'une grande prospérité, à peu de distance des trois cités commerciales, on voyait trop souvent des pirates qui parcouraient nuit et jour le fleuve
sur de grandes barques bien armées; tous ces forbans
se livraient à des rapines incroyables, avec une cruauté
propre à l'Orient.

En 1846, on arrêta le capitaine d'une de ces barques;
on le soumit à la torture, afin d'apprendre par lui le nom
de ses complices. Il avait pillé nombre de jonques et
commis ou fait commettre plus de cinquante assassinats.
La bande de scélérats dont il était le capitaine coupait
la langue, arrachait les yeux et taillait en morceaux les
hommes, les femmes et les enfants capturés. L'effroyable
dépravation de ces monstres leur faisait une volupté d'infliger de tels supplices aux innocentes victimes de leurs
spoliations et d'en repaître leurs regards.

Les malfaiteurs qui chassent ainsi de leur cœur tout
sentiment d'humanité affectent de se montrer, pour leurs
propres corps, supérieurs à toute crainte, à tout supplice,
et méprisent toutes les lois. Ils ne sont que trop nombreux et forment les associations les plus redoutables dans
les rangs infimes de la société. On vend des légendes qui

célèbrent également les scélératesses commises par de
tels hommes et leur impassibilité dans les tortures; le
bas peuple, fasciné par une force qui l'épouvante, éprouve
un stupide intérêt pour ces fanfarons du crime.

La concentration des plus grandes richesses appelle la
tentation des plus hardis déprédateurs. C'est ainsi que
le port de Londres, au commencement du siècle, était
le théâtre des spoliations les plus multipliées et les plus
audacieuses (voyez t. I, p. 28).

Difficultés croissantes que fait éprouver la remonte du Grand fleuve.

Si nous reprenons notre voyage au-dessus de la grande
cité qui est le chef-lieu de la province de Hou-pé, nous
commencerons à trouver des obstacles naturels que les
Chinois, depuis des siècles, auraient dû faire disparaître.
D'espace en espace, nous avons à franchir des rapides qu'il
est presque impossible de remonter, à moins que les eaux
ne soient hautes, et qu'il est toujours plus ou moins dangereux de descendre.

Continuation du voyage au-dessus des trois cités commerciales.

En partant des trois cités commerciales pour remonter
le Grand fleuve, nous nous dirigeons vers le sud-ouest et
nous avançons dans cette direction jusqu'à la ville de
premier ordre *Yo-tcheou-fou.* Cette ville, bâtie entre trois
grands cours d'eau, est pour cela surnommée *la Porte
des trois rivières.*

Yo-tcheou-fou, dont la position est très-importante,
élève ses remparts auprès du point où le plus vaste lac de
la Chine, le Tong-ting, communique avec le Grand fleuve.
Dans ce lac viennent s'écouler toutes les eaux de la pro-

vince de Hou-nan, qui surpasse en étendue le tiers de la
France.

Province de Hou-nan.

Jusqu'ici, plus nous remontons et plus nous voyons
diminuer la densité de la population; voilà ce qu'on remarque surtout pour la province très-étendue de Hou-nan.

Territoire et population en 1812.

Superficie. . . . .   19,248,100 hectares.
Population. . . . .   18,652,207 habitants.
Habitants par mille hectares. . .   969 habitants.

La province de Hou-nan exporte de nombreux produits d'agriculture, des bois, des houilles et des métaux.
Ces richesses, et surtout les bois, trouvent un magnifique
débouché par la voie des rivières qui déversent leurs eaux
dans le lac Tong-ting.

Le lac Tong-ting.

Ce lac est le plus grand de ceux que renferme l'empire
du Milieu; il n'a pas moins de quatre-vingts lieues de circonférence. Sa pêche seule est une richesse inestimable.
Il est placé, comme le lac Po-yang, sur la rive droite de
l'Yang-tzé-kiang; et l'endroit par lequel il verse ses eaux
dans ce fleuve est, comme pour le Po-yang, le plus avancé
vers le midi. Auparavant le Grand fleuve vient du nord,
après il retourne vers le nord. En ce point très-remarquable nous avons déjà remonté de cinquante lieues
au-dessus du groupe des trois cités commerciales.

Parmi les nombreux affluents du lac il faut distinguer surtout la belle rivière Tchang-kiang, dont le parcours surpasse *deux cent cinquante lieues;* sur ses bords on a bâti des cités considérables.

Sur la rive droite de ce grand cours d'eau s'élève la cité de *Tchang-cha-fou,* chef-lieu de la province de Hou-nan.

Nouvelle direction du Grand fleuve.

Quand on a dépassé le débouché des eaux du lac Tong-ting pour suivre le cours du Grand fleuve, on remonte de nouveau vers le nord-ouest. Après les sinuosités les plus bizarres, on passe devant *King-tcheou-fou,* grande et riche cité bâtie sur sa rive septentrionale, au débouché des eaux de nombreux lacs placés dans la presqu'île que vient de figurer le Grand fleuve entre trois cités : Wou-tcheou-fou, Yo-tcheou-fou et King-tcheou-fou.

Nous remontons toujours, et nous trouvons une ville du troisième ordre qui, malgré son peu de grandeur, va nous offrir un intérêt inattendu.

Nouveau guide pour le parcours de la partie supérieure du fleuve.

Parmi les voyageurs modernes dont les relations ont été publiées, M. l'abbé Huc est, je crois, le seul qui ait parcouru les bords du Grand fleuve au-dessus de Han-kéou, ce port intérieur où lord Elgin s'est arrêté.

Nous avons vu (page 3o) le spirituel missionnaire obligé de quitter la capitale du Tibet, gardé successivement par une escorte tartare et par une escorte chinoise, pour être conduit jusqu'à Canton et banni du Céleste Empire. Son itinéraire forcé le conduit de la frontière occidentale aux rives de l'Yang-tzé-kiang, fleuve qu'il

côtoie et que parfois il parcourt jusqu'au débouché des
eaux du lac Po-yang.

Il donne peu de détails, et ces détails sont rarement
exacts, sur la population, le commerce et l'industrie
des villes riveraines du Grand fleuve au-dessus des trois
grandes cités qui l'ont si fort ébloui : ces villes qu'il croit
peuplées ensemble de huit millions d'habitants. Son attention s'est portée plus volontiers sur les personnes et sur
les mœurs, au moins apparentes.

D'après ses récits, les mandarins avec lesquels il eut
des rapports se faisaient remarquer, en majorité, pour
leur affabilité, leur politesse, et quelques-uns pour des
qualités plus importantes. Parmi tous ces fonctionnaires,
il en est un qui le charme à juste titre : c'est le préfet de
la ville d'I-tou-hien et du pays circonvoisin. Le portrait
de ce mandarin appartient à notre étude de la Chine.

Rencontre pleine d'intérêt avec le préfet d'I-tou-hien,
sur les bords du Grand fleuve.

Sur la rive gauche de l'Yang-tzé-kiang, à soixante lieues
au-dessus du grand lac Tong-ting, on trouve *I-tou-hien*,
ville d'assez peu d'apparence et de médiocre étendue. Là,
le voyageur français est accueilli par un magistrat qui
serait l'ornement d'une cité du premier ordre.

C'est un mandarin bien jeune encore, parvenu sans la
moindre protection, et reçu docteur à Pékin même. Il a
la vue basse; il est docteur, il est docte, et pourtant il
n'annonce pas son érudition en cachant ses yeux sous
d'énormes roues de carrosse, inventées pour le moins
dès Confucius. Il dédaigne ces bizarres binocles, retenus sur le nez des Chinois avec deux gros cordons noirs
qui, faisant le tour des oreilles, sont tendus par des contre-

poids qui descendent vers la naissance du cou; il ose
porter d'élégantes lunettes, à monture d'or, qu'un Lere-
bours ne désavouerait pas, et qui ne cachent ni ses yeux
ni le jeu mobile et fin d'une physionomie prévenante
avec dignité. Notre voyageur, à figure ouverte, ronde et
réjouie, devient à son tour un objet de surprise pour son
hôte, qui l'entend prononcer avec facilité la langue du
Céleste Empire, telle qu'on la parle à Pékin, à Nankin, à
Sou-tcheou-fou. En un clin d'œil, en quelques mots, deux
esprits également distingués s'apprécient. Entre eux, ce
n'est plus seulement un échange de politesses formulées
et glacées par les rites; la sympathie fait naître la confiance
et cet accueil affectueux qui part de l'âme. Le Chinois a
de son côté tous les avantages : c'est lui qui reçoit l'étranger; c'est à lui qu'appartiennent les prévenances délicates;
c'est à lui qu'appartiennent les séductions de l'hospitalité.
L'heure du repas arrivée, notre concitoyen témoigne sa
surprise en voyant réunis sur la table du mandarin des
mets à la fois rares et choisis et des fruits précieux d'une
origine lointaine : « Lorsqu'on veut être agréable à ses
amis, lui répond son hôte, on finit toujours par en trouver le moyen : le cœur n'a-t-il pas des ressources inépuisables! » Pendant et surtout après le repas, le mandarin
adresse à son agréable convive les questions les plus
variées et les plus judicieuses. Il ne se perd pas en lieux
communs à l'occasion de nos pays d'Occident et de nos
usages vulgaires. Ses paroles montrent qu'il a des notions
exactes sur l'ensemble des parties du monde, sur l'espace
occupé par son pays mis en parallèle avec le reste du
globe, enfin sur les moyens de faciliter les relations entre
l'Orient et l'Occident, qu'il cherche encore à mieux connaître. Au milieu de ces questions si variées, il en fait
une éminemment remarquable.

*Un mandarin, des extrémités lointaines de la province de Hou-pé,
s'enquiert au sujet du percement de l'isthme de Suez.*

« Il nous étonna beaucoup, rapporte le missionnaire,
quand il nous demanda si les gouvernements européens
n'avaient pas encore accompli le projet de couper l'isthme
de Suez, afin de joindre l'Océan à la Méditerranée? »
(M. Huc, t. I, p. 370.)

N'est-il pas merveilleux de voir un des grands intérêts
du genre humain occuper, à deux points opposés de la
terre, deux mandarins bien différents de situation et de
génie !

L'un est le modeste administrateur d'une ville du
dernier ordre, qualifiée du titre le plus modeste, *hien*,
dans un endroit encore moins éloigné de la muraille de
la Chine que des bords de l'Océan. Ce Chinois élève sa
pensée jusqu'à l'utilité d'une entreprise dont l'avantage
influera sur l'univers; sa curiosité, ses vœux, sont dirigés
de ce côté.

L'autre est premier ministre d'un des empires les plus
puissants et les plus éclairés. Il met en jeu son rare
esprit, toujours jeune et quelquefois juvénile, en s'appuyant de sa longue autorité sur les affaires de la terre;
et pour quel objet? Pour empêcher que sa grande nation
reçoive un bienfait réclamé par le monde entier : l'unique
objection présentable, même à ses yeux, c'est que le
bienfait serait utile en même temps à tous les peuples !

Entre ces deux hommes remarquables, si l'on demandait quel est l'esprit supérieur et l'ami du genre humain,
j'ai peur qu'on ne le trouvât cette fois non pas dans la
patrie de Newton, de Milton et de Bacon, sur les bords
glorieux de la Tamise, mais à trois cents lieues en re-

montant l'Yang-tzé-kiang, dans un district tertiaire et reculé du Hou-pé.

Lorsque nous décrirons l'Égypte du XIXe siècle, et lorsque nous apprécierons son influence sur le monde, nous aborderons avec sollicitude et sincérité l'une des plus graves questions qui puissent intéresser notre époque et concourir au bien-être du genre humain.

Questions désirables à faire aux mandarins d'un mérite supérieur.

Dans son récit, le voyageur français, tout occupé de faire valoir le caractère et l'esprit du plus hospitalier et du plus éclairé des mandarins, nous entretient uniquement des questions qui lui sont faites par le jeune administrateur d'I-tou-hien, et ne paraît guère en avoir fait de son côté ; j'en aurais accablé mon hôte : « Vous avez été nommé docteur à Pékin, par voie de concours, et si jeune ! et vous administrez plusieurs centaines de mille hommes..... On parvient donc encore aux grades, aux fonctions, par le savoir et le mérite ? Est-ce que les exceptions par lesquelles on reçoit les mandarins à prix d'or sont déjà devenues nombreuses ? Est-ce qu'elles tendent à le devenir de plus en plus ? Les effets de cette innovation se font-ils gravement sentir ? et comment ? et jusqu'à quel degré ? Les jeunes docteurs de votre âge s'intéressent-ils comme vous à la destinée des nations ? Comme vous, désirent-ils connaître la force des autres États et les secrets de cette force ? Ont-ils quelque idée des services que pourraient rendre à la Chine les sciences et les arts de l'Occident, etc. etc. ? » Combien les réponses à toutes ces questions auraient eu d'intérêt pour nous, et combien il est à désirer qu'elles soient adressées, lorsque l'oppor-

tunité s'offrira de trouver un mandarin vraiment digne
d'y répondre! C'est pour cela que je les énumère.

La ville de Pa-toung.

A quelque distance au-dessus d'I-tou-hien, nous rencontrons, toujours sur la rive septentrionale du Grand
fleuve, la ville de *Pa-toung;* elle est plus remarquable
comme séjour des lettrés et pour l'excellence des études
qui s'y font que pour la grandeur de son commerce.

En suivant la rive méridionale, depuis le grand lac
Tong-ting, nous ne trouvons sur notre route aucune
ville considérable, dans un parcours de deux cents
lieues, le long des provinces des deux Hou et de Koueï-
tcheou.

La raison de cette absence de grandes cités est fort
simple du côté de la province de Hou-nan, dont les produits descendent naturellement par les rivières jusqu'au
lac Tong-ting, et de là débouchent dans l'Yang-tzé-kiang.
Un autre motif s'applique au Koueï-tcheou.

PROVINCE DE KOUEÏ-TCHEOU.

La province de Koueï-tcheou semble peu productive.
Elle est pauvre; elle ne donne pas, à titre d'impôt, de riz
surabondant au trésor public. Ce qu'elle peut exporter de
ses produits, conduit au Grand fleuve, y débouche par la
cité du deuxième ordre Fou-tcheou.

Avec ces explications on ne sera pas surpris lorsqu'on
apprendra que la vaste province de Koueï-tcheou, proportion gardée avec l'étendue de son territoire, ne soit
pas plus peuplée que ne l'est aujourd'hui notre département des Landes.

Territoire et population en 1812.

Superficie. . . . . 16,744,690 hectares.
Population. . . . .   5,288,219 habitants.
Habitants par mille hectares. . . .   315 habitants.

Cette province offre pourtant, comme élément de prospérité, l'immense vallée dans laquelle coule la rivière Ou-yang, dans un parcours de deux cents lieues.

Peuplades barbares dans les monts de Koueï-tcheou.

Mais, au sein des montagnes et dans les étroites vallées, le peuple de cette province est barbare; il ne parle pas la langue nationale et sa race végète à part; il vit insoumis, avec une agriculture dans l'enfance et des arts grossiers.

On a peine à concevoir que les souverains tartares-mandchoux, même au faîte de leur puissance, n'aient pas compris la nécessité de soumettre complétement de tels sauvages et de leur transmettre comme un bienfait indispensable les arts et la civilisation du reste de l'empire.

Ce peuple ne connaît pas même l'usage de l'écriture; il se contente de simples marques, tracées sur des planchettes, pour tenir lieu de souvenirs et de comptes. Les hommes marchent pieds nus; ils ont les cheveux longs, qu'ils laissent en désordre sur leur tête, mais qu'ils sont fiers de conserver, parce que jamais les Tartares n'ont étendu jusque chez eux le despotisme de la coiffure. Les dominateurs n'auraient pas osé leur commander, sous peine de mort, de porter, comme les Chinois de la plaine, une natte servile, et d'avoir le reste de la tête ignominieusement rasé par ordre.

Lorsque nous étendrons nos regards sur l'orbe de Canton, nous compléterons le tableau sinistre des provinces montagneuses du midi, leur état demi-sauvage, leur indépendance et leur pauvreté. Nous verrons alors la plus terrible des insurrections sortir des gorges inaccessibles que renferment les provinces d'Yun-nan et de Kouang-si, pour s'unir bientôt après aux indépendants du Koueï-tcheou, qui vient de nous occuper.

PROVINCE DE SSÉ-TCHOUAN.

Revenons au nord du Grand fleuve, si tristement habité dans le midi de sa partie supérieure. Abordons, avec un juste sentiment de plaisir, la spacieuse et belle province de Ssé-tchouan.

Son nom rappelle un précieux bienfait de la nature : il signifie *les quatre vallées* au milieu desquelles quatre cours d'eau, fort importants, produisent la fertilité de la province qui porte leur nom collectif.

La partie du Ssé-tchouan la plus avancée vers le midi ne se trouve pas à trois degrés du tropique, et son point le plus avancé vers l'occident est situé sur le parallèle 33°, en des lieux où de hautes montagnes sont couronnées de glaces éternelles. Il possède ainsi tous les climats.

Territoire et population en 1812.

Superficie...................	43,149,440 hectares.
Population...................	21,435,678 habitants.
Habitants par mille hectares....	516 habitants.

La superficie du Ssé-tchouan est égale aux quatre cinquièmes de la France; on affirme qu'elle possède aujourd'hui trente et un millions d'habitants.

S'il faut en croire les derniers résultats, qu'on peut attribuer au plus tard à l'année 1860, nous arriverons au parallèle suivant :

Populations comparées pour 1860.

La France......... 679 ⎱
Le Ssé-tchouan..... 715 ⎰ habitants par mille hectares.

Ainsi la province de Ssé-tchouan, si défavorisée par l'éloignement de la mer, qui s'en trouve à plus de quatre cents lieues suivant les détours du Grand fleuve, cette province, néanmoins, serait aujourd'hui d'un vingtième plus peuplée que ne l'est la France pour une même étendue de territoire.

Hydrographie de la province.

Son nom même, dont nous avons donné l'étymologie, suffit pour annoncer qu'elle est admirablement arrosée. Sans compter ses grandes voies navigables, que nous allons spécifier, et qui toutes descendent du nord, il en est une cinquième qui coule du midi vers le septentrion: c'est la moins étendue, et cependant son parcours sur-passe quatre-vingt-dix lieues.

Nous ne comptons pas non plus le Grand fleuve, l'Yang-tzé-kiang, qui dans la province offre un développement de cinq cents lieues, par les incroyables replis que les inégalités du terrain l'obligent à suivre.

Les quatre rivières, qui descendent du nord au midi, reçoivent elles-mêmes le tribut de beaucoup d'autres avant de verser leurs eaux dans le sein du Fils aîné de la mer.

La première, du côté de l'orient, a de parcours plus

de deux cents lieues; la seconde, au moins cent; la troisième, cent quatre-vingts, et la quatrième, plus de trois
cents lieues.

L'art des irrigations tire un très-habile parti de cet
immense réseau de voies naturelles hydrauliques.

Produits minéraux du Ssé-tchouan.

Le Ssé-tchouan est, par excellence, la province des métaux et des minéraux les plus utiles aux arts. Ses montagnes renferment la houille, le fer, le plomb, l'étain, etc.
on les exploite activement, et les produits sont envoyés
au triple marché de Han-kéou, de Han-yang-fou et de
Wou-tchang-fou.

Produits végétaux.

La grande province de Ssé-tchouan réunit, avons-nous
dit, tous les climats; ses plaines du midi sont voisines de
la zone torride, et ses montagnes du nord-ouest ont des
glaces éternelles. Elle produit le sucre, l'indigo, le tabac;
le mûrier lui donne la soie; en un mot, elle cultive les
plantes, les arbrisseaux et les arbres des parties les plus
fécondes de la Chine. Ses montagnes offrent à l'art de
guérir les plantes médicinales les plus estimées, et qui
sont l'objet d'un grand commerce.

Faits intéressants sur l'insecte de l'arbre à cire dans la province de Ssé-tchouan.

Dans le Ssé-tchouan, on cultive avec un succès particulier l'arbre à cire, c'est-à-dire l'arbre sur lequel ce
produit est donné par un insecte rival de l'abeille.

En automne, les arbres à cire animale portent des
tumeurs dont la grosseur est à peu près celle d'une noi-
sette : ce sont les nids de l'insecte producteur. En hiver,
on les détache de l'arbre pour les poser plus tard sur des
lits de paille qui seront attachés aux branches de l'arbre.
Au mois de mai, les nids s'entr'ouvrent, les larves éclosent
et donnent le jour à des insectes qui rampent le long des
branches ; il ne faut pas plus d'un mois pour que chacun
d'eux choisisse la feuille sur laquelle il se fixe à demeure.
La feuille se replie pour procurer à l'insecte une espèce
d'alvéole. Dans ce réduit il secrète un duvet gommeux qui
s'épaissit et finit par l'envelopper. Telle est la cire animale,
bonne à récolter dès le mois de septembre. Il est aisé de
la clarifier. Quand elle est épurée, elle se montre blanche,
brillante et plus diaphane que la porcelaine. Lorsqu'on
l'emploie seule, on en fait des bougies d'une rare beauté.

Ne confondons pas la cire animale, ainsi recueillie sur
des feuilles, avec la matière donnée par l'arbre à suif. Le
premier produit est parfaitement comparable à la cire des
abeilles ; le second est extrait d'un fruit tel que la faîne de
nos hêtres, qui donne de l'huile. Quoique la province de
Ssé-tchouan, où l'on récolte la cire sur les arbres, soit limitrophe du Tibet, l'insecte producteur dégénérerait et la
quantité de sa cire diminuerait si l'on n'allait pas chercher
au Tibet même les œufs nécessaires à la reproduction.
Lorsque l'insecte a pris tout son développement, sa
longueur est d'à peu près deux centimètres et demi ; sa
couleur est d'un gris pâle. Si l'insecte est laborieux, il produit pendant la chaude saison près de trente grammes
de cire : on a calculé qu'il faut à peu près trente-cinq de
ces insectes pour en obtenir un kilogramme. Ils sont
vivaces ; ils bravent les vents et la pluie ; leur existence
finit à la chute des feuilles. C'est le moment de recueillir

la cire; pour l'épurer, on la liquéfie dans un drap qui
plonge au milieu d'une eau bouillante. Ensuite on la
coagule en larges pains cylindriques, cristallisés à l'intérieur.

Dans les boutiques de Han-kéou, cette cire est vendue
3 fr. 5o cent. le kilogramme. Sa blancheur est éclatante
et justifie cette enseigne vraiment chinoise : *Voilà la cire
qui brave la chaleur et qui rivalise avec la neige!* Nous
avons expliqué le parti qu'on tire de cette qualité pour
recouvrir d'une couche légère et résistante la chandelle
de suif végétal.

Tching-tou-fou, chef-lieu de la province.

Sur la troisième des quatre rivières situées au nord du
Grand fleuve, si l'on remonte à soixante et dix ou quatre-
vingts lieues, on arrive à la ville de *Tching-tou-fou.*

Latitude......................... 3o° 4o' 41"
Longitude orientale............... 101° 19' 3o"

C'est le chef-lieu du grand et beau pays de Ssé-tchouan.
Parmi toutes les cités du Céleste Empire, elle est aujour-
d'hui la mieux bâtie; celle dont les édifices ont, dans leur
ensemble, le plus d'élégance; enfin, chose prodigieuse
à la Chine, sa voie publique est d'une propreté parfaite.

Sa bonne fortune a voulu qu'elle fût complétement
brûlée vers le commencement du siècle; on l'a recons-
truite avec soin, avec ensemble et sur un plan régulier.
Les rues principales sont larges, pavées en dalles de
pierre, et bien arrosées par des eaux naturelles. Ses édifices
publics sont aussi remarquables dans leur genre que les
plus belles habitations privées.

Les palais d'hospitalité du Ssé-tchouan.

Une autre bonne fortune, et cette dernière il n'a fallu la payer par aucun grand sacrifice, c'est que la province de Ssé-tchouan ait eu pour vice-roi l'éminent Ki-chan, que nous avons trouvé si supérieur dans Lha-ssa. Pour chacune des villes de cette province il a fait ériger un *palais d'hospitalité,* remarquable par la grandeur des constructions, le bon goût ainsi que la richesse des intérieurs, et l'agrément des jardins. Ces beaux établissements ne sont pas moins distingués par la somptuosité du service de table, lorsqu'il faut traiter des voyageurs officiels d'un rang élevé. L'auteur de ces bienfaits est maintenant un des ministres principaux à la cour de Pékin : puisse-t-il détourner les dangers immenses qui s'amoncèlent aujourd'hui sur son pays !

Un grand pont suspendu, en chaînes de fer.

Il existe dans la province de Ssé-tchouan un célèbre pont suspendu, construit dès la première année du XVIIIe siècle. Il n'a pas moins de trente et un mètres d'ouverture. Suivant l'usage universel à la Chine, il n'est pas destiné pour des voitures, et sa largeur est seulement de trois mètres. Ce pont a pour objet de joindre deux rives extrêmement élevées, à pente abrupte, pour passer au-dessus de la rivière Lou, qui coule en cet endroit avec la rapidité d'un torrent irrésistible.

Caractère laborieux et politique des habitants du Ssé-tchouan.

Quoique le Ssé-tchouan, proportion gardée avec son territoire, ne soit guère plus peuplé que la France, et le soit beaucoup moins que le bas pays du Grand fleuve, sa population n'est pas pour cela moins laborieuse, soit qu'elle s'adonne à l'agriculture, soit qu'elle préfère les métiers ou le mouvement du commerce.

Des hôtelleries et des *restaurants* sont établis au bord des routes, à de courts intervalles. Ce n'est pas tout : un nombre incroyable de petits marchands offrent aux voyageurs les comestibles les plus variés : des fruits, du vin, du thé, de la liqueur tirée du riz, des morceaux frais de canne à sucre, et mille menues friandises qu'on doit à l'industrie du pays.

Ajoutons que les habitants ont un caractère plein d'aménité ; leur doux langage est à la fois correct et poli.

Condescendance merveilleuse des Chinois du Ssé-tchouan pour un missionnaire français.

Afin de montrer que les Chinois ne traitent pas toujours nos missionnaires en persécuteurs terribles, et que leur condescendance atteint parfois les plus extrêmes limites, il est utile et juste de rapporter ce qui suit.

En arrivant à la frontière occidentale de la Chine, notre spirituel et joyeux missionnaire, M. l'abbé Huc, s'était empressé de commander pour son compagnon de voyage et pour lui deux belles robes d'un riche bleu d'azur, d'après la plus parfaite mode de Pékin. Il avait choisi pour coiffure la calotte en soie jaune, à broderies, qui n'appartient qu'à la famille impériale, et qu'aucun Chinois ne pourrait porter sans encourir la peine de l'exil à perpétuité. Enfin, pour compléter ce fastueux et fantastique équipage, une large ceinture de couleur écarlate était empruntée au costume des membres de la famille régnante.

Les mandarins de l'extrême frontière, effrayés et scandalisés, firent à ce costume les plus vives objections. Notre intrépide voyageur répondit qu'étant né dans un pays où la liberté du costume appartient à tout le monde, il avait le droit de porter sur sa personne, en tout pays, tout vêtement qui lui plaisait.

Les mandarins du Ssé-tchouan ayant reçu du grand ambassadeur Ki-chan l'ordre de traiter notre voyageur avec une extrême courtoisie, leur embarras était extrême. Si les petits fonctionnaires à qui celui-ci parlait avec une rare assurance avaient connu l'Occident, ils auraient pu répliquer avec la plus exquise politesse : « Dans votre pays natal, en votre qualité de simple bonze, vous auriez l'honneur et le devoir de revêtir la robe noire, le chapeau noir, la calotte sombre et la ceinture noire; vous n'auriez le droit de porter ni la robe et le manteau pourpres, ni la ceinture écarlate, ni la barrette et le chapeau rouges, qui montreraient en vous un prince de l'Église. Si vous faisiez dans votre Lha-ssa, dans Rome, un pareil usage de votre *droit au costume*, en ne craignant pas d'usurper la pourpre sacrée, n'iriez-vous pas en reclus, au fond de quelque lamaserie de votre Seigneur du ciel, réfléchir sur cette liberté, sans bornes dites-vous? Comment donc auriez-vous dans notre pays une prérogative que vous n'avez pas dans le vôtre? »

A présent laissons parler M. l'abbé avec un aplomb miraculeux : «On insista; on se mit en colère, on entra en fureur. Nous demeurâmes calmes et impassibles, mais affirmant toujours que nous ne ferions jamais un pas sans ceinture rouge et calotte jaune. Nous fûmes fermes, et les mandarins plièrent... *Cela devait être.* » (*Voyage en Chine*, t. I, p. 6.)

Une fois vêtu comme un prince du Céleste Empire,

notre intrépide missionnaire en avait pris l'assurance et
le ton. Il croyait commander à l'escorte chargée de le
garder à vue, sauf des égards infinis; il discutait partout,
et vertement, avec les mandarins. Transporté dans un palanquin de grand seigneur, aux frais du trésor impérial,
et trouvant l'hospitalité dans les palais réservés à recevoir
les dignitaires, il avait la bonne fortune de changer son
voyage pénitentiaire en joyeux train de plaisir.

Extrême frontière de la Chine vers le Tibet;
commerce qu'elle présente.

Dans la ville assez considérable de *Ta-tsin-fou*, la plus
voisine de la frontière, les Chinois font avec les Tibétains un commerce fort actif; nous citerons seulement
deux objets principaux, envoyés par les Chinois.

Les briques de thé.

On voit sur la route qui conduit du Céleste Empire
aux États du Grand Lama une interminable file de porteurs chargés de ces masses compactes qu'on a nommées
briques de thé. Ce sont des briques semblables à celles
qu'on expédie pour la Russie par la voie de Kiakhta. On
les prépare dans la ville de Kioung-tcheou, puis on les
transporte au marché de Ta-tsin-fou. Ces briques de thé
sont empaquetées dans des nattes végétales.

Les écharpes de bonheur et leur grand usage au Tibet.

Un important objet d'échange est celui des *écharpes
de bonheur*, appelées *khata*. Ces écharpes sont d'une soie

presque aussi fine que la gaze ; elles sont terminées par
des franges ; leur couleur est d'un blanc azuré ; enfin, leur
longueur est à peu près triple de leur largeur. Pour
satisfaire à toutes les fortunes, il faut les fabriquer en
leur donnant une grande variété de grandeur, d'élégance
et de prix ; car les personnes les moins opulentes parmi
les Tibétains veulent en faire usage aussi fréquemment
que les riches. C'est un présent qu'il convient et qu'il est
habile d'adresser à toute personne dont on désire obtenir
quelque service. Ici le devoir même qu'on s'impose est intelligent ; car on aurait mauvaise grâce en refusant de vous
obliger après avoir accepté votre offrande. On adresse
encore l'écharpe gracieuse à toute personne qu'on veut
remercier ou seulement près de qui l'on fait une visite
d'étiquette. Deux amis qu'une longue absence a séparés
s'offrent l'un à l'autre le khata, l'écharpe de bonheur ;
c'est comme un langage muet pour se dire, avant la parole,
combien ils sont heureux de se réunir. Les lettres que
l'on envoie, si l'on écrit à quelque personne que l'on
chérit ou que l'on respecte, sont enveloppées dans un
khata. Le même usage s'est étendu, par degrés, des Tibétains chez les autres Mongols ; il a pénétré jusqu'au sein
de leurs couvents, appelés *lamaseries*. On peut concevoir
d'après cela quelle consommation l'on doit faire de ces
écharpes de bonheur.

Contrebande terrestre de l'opium anglais par l'occident de la Chine.

Faisons remarquer un fait étrange. La contrebande de
l'opium anglais ne se contente pas de la voie maritime
et des immenses dépôts dans les navires recéleurs ; elle
envahit la voie de terre. L'opium arrive de l'Inde ; il sort
du Bengale et traverse l'empire des Birmans. Des troupes

de contrebandiers, tartares ou chinois, vont le chercher jusque-là, ou seulement jusque dans la province d'Yun-nan, qui touche à la Cochinchine; ils sont armés pour lutter au besoin contre les troupes mandarines. Ces contrebandiers, une fois en campagne, s'ils rencontrent d'opulents voyageurs, s'empressent de les piller. Enfin, pour compléter le tableau, lorsque les troupes impériales capturent le narcotique délétère, c'est pour se partager la proie, *à titre de prise*, au lieu de l'anéantir. N'en soyons pas étonnés. On sait quelles difficultés éprouvait Napoléon Ier pour qu'on détruisît les marchandises anglaises prohibées; les difficultés sont plus grandes en Chine avec un souverain d'une moins forte volonté.

Dans les premiers temps du XVIIIe siècle, un colonel Watson s'adjoignit un certain Wesler, administrateur au Bengale pour la compagnie des Indes; ils imaginèrent de commencer entre l'Hindostan et la Chine le commerce de l'opium, qui devait de nos jours faire un progrès si déplorable.

La loi qui punit de mort l'usage de l'opium n'est point abolie. Il n'y a pas quarante ans, un empereur, afin d'effrayer par l'exemple, voulut l'appliquer en condamnant au dernier supplice un prince de sa maison. Aujourd'hui, si l'on excepte les rangs élevés du gouvernement, on n'aperçoit qu'un trop grand nombre de mandarins, de soldats et de marins qui se permettent de fumer. Il semble que ce soit à qui fermera les yeux sur la plus immorale et la plus odieuse des contrebandes.

Visite du canal Impérial au midi du Grand fleuve.

Redescendons par la pensée l'Yang-tzé-kiang jusqu'au point où ce fleuve est croisé par le grand canal Impérial.

Déjà nous avons fait connaître au lecteur les faits essen-
tiels propres à la partie de ce canal qui s'étend au nord
dans la direction de la capitale. Il nous reste à parcourir
la partie méridionale, et nous aurons complété l'examen
de l'orbe de Chang-haï.

Nous n'avons pas à revenir sur la place forte de Chin-
kiang-fou, qui s'élève à l'entrée de cette partie du
canal; nous avons fait apprécier son importance, à laquelle depuis vingt ans elle a dû tous ses malheurs. Aujourd'hui cette ville n'est plus entre les mains des rebelles
et commence péniblement à sortir de ses ruines. Les insurgés ne possèdent plus aucune place sur la belle voie
artificielle que nous allons parcourir; par conséquent, les
nombreuses jonques chargées du riz qu'envoient les plaines
du centre pourront de nouveau suivre la voie du canal
et parvenir, sans prendre la mer, jusqu'à la capitale de
l'empire. Mais il faudra pour cela qu'on ait réparé les
immenses désastres occasionnés dans la partie du nord par
les débordements du fleuve Jaune. Ces désastres datent
déjà de cinq ans, et les malheurs de l'État n'ont pas encore permis d'en compléter la réparation.

La partie du canal qui se trouve au midi du Grand
fleuve offre deux cités principales; toutes deux méritent
de fixer notre attention. La première, *Sou-tcheou-fou*, se
trouve à peu près au milieu de cette ligne; la seconde
s'élève à l'extrémité occidentale : c'est *Hang-tcheou-fou*.

Sou-tcheou-fou : sa position avantageuse.

Latitude. . . . . 31° 23′ 25″
Longitude orientale. . . . . 118° 22′ 55″

Dans la province de Nankin, sous un des plus beaux

climats de la zone tempérée, au centre de l'immense plaine, à la fois si fertile, si bien mise en valeur et si complétement sillonnée de rivières et de canaux, au milieu de la campagne la plus populeuse et qui produit le plus de richesses, au rendez-vous de tous les trésors, admirons la cité célèbre de Sou-tcheou-fou.

Ce qui fait la fortune et la beauté de sa position, c'est qu'elle s'élève à l'endroit où le magnifique fleuve artificiel si justement appelé le grand canal Impérial se croise avec la rivière navigable qui descend en ligne directe à Chang-haï, le principal port du centre et du nord de la Chine. Par ces deux voies, la cité qui fixe maintenant notre attention réunit le double avantage d'un grand commerce intérieur et d'un grand commerce maritime.

Les tributs variés de la terre et ceux de la mer affluent dans ses murs; ils y déploient à l'envi leurs trésors: les uns pour satisfaire aux besoins des habitants, les autres pour s'échanger sur un marché splendide. De là le mouvement incessant qui fait la vie et la prospérité du puissant foyer d'affaires que cette ville présente.

Sou-tcheou-fou dans ses rapports avec la navigation.

Lorsqu'on s'avance vers Sou-tcheou-fou en naviguant sur le canal Impérial, on en est encore à plusieurs lieues d'éloignement, et déjà des villes florissantes, des bourgs, des villages presque contigus, embellissent les deux rives. Tout révèle l'approche d'une cité de premier ordre, et ses tours bouddhiques, par leur grande élévation, l'annoncent au loin.

Le canal, aussi large que la Seine à Grenelle, au-dessous de Paris, sert de vaste fossé pour protéger deux lieues de remparts et présente un port où viennent mouiller d'innombrables jonques. Il en est de fort anciennes qui ne pourraient pas résister aux fatigues de la navigation; elles sont transformées en habitations par les familles d'un menu peuple véritablement amphibie.

Des embranchements du canal pénètrent dans la ville et s'y ramifient, ce qui donne un puissant moyen de transporter le commerce et ses bienfaits jusqu'au cœur des habitations. Des lacs intérieurs décorent la cité; leurs eaux rafraîchissent l'atmosphère, sous un climat qui rappelle celui de l'Égypte et la latitude d'Alexandrie.

La navigation très-active des canaux, hors de la ville et dans la ville, présente un mouvement de choses et de personnes qui n'appartient qu'aux ports de mer. On ne remarque pas seulement à leur grandeur, à leurs formes, à leurs pavillons officiels, les jonques impériales qui, dans les temps ordinaires, transportent les riz du trésor, destinés à la capitale; on est frappé de la variété des jonques privées qui transportent dans tout l'empire les autres produits de l'agriculture et ceux des arts les plus variés. Au milieu de cette marine marchande, on voit dominer et briller les somptueuses barques mandarines, aux mâts desquelles flottent les bannières de commandement; sur leurs ponts élevés jouent des orchestres qu'annoncent au loin les bruyants tam-tam; enfin des licteurs, portant les insignes du pouvoir, entourent le haut dignitaire assis sur le gaillard d'arrière. Ces palais flottants font admirer la richesse et l'élégance de leur architecture, plutôt urbaine que navale.

Les remparts et les monuments.

Au seul aspect des remparts et des anciens monuments de Sou-tcheou-fou, aujourd'hui même on devinerait son

état de prospérité ; leur lustre primitif conserve son éclat
par un entretien trop rare en Chine. Grâce à la majesté
des constructions antiques, le temps ajoute à la dignité
d'une ville orgueilleuse de posséder les tours, les pagodes
hardies et splendides, qui datent déjà de neuf siècles. De
tels monuments font voir ce qu'elle pouvait accomplir dès
cette époque reculée.

L'intérieur de la cité.

Près du port marchand, le quartier de l'est est celui du
trafic, de l'industrie et du labeur infatigable : là sont-les habitations exiguës, les rues étroites et sinueuses ; là fourmille
et travaille une population incroyablement condensée.

Le quartier de l'ouest, le Westminster de cette Londres
chinoise, est le séjour des hautes classes, des doux loisirs
et de l'opulence. Non-seulement les édifices y sont plus
magnifiques, les hôtels plus grands et plus somptueux ;
les boutiques mêmes et les simples maisons annoncent
le luxe d'un séjour aristocratique : là s'est réunie, avec les
attraits infinis de la fortune, la fleur des habitants d'une
cité riche entre toutes, renommée pour la recherche et
pour le luxe de toutes ses habitudes. Ses arts et son
opulence étaient célèbres dès la fin du XVIIe siècle.

Entrée mémorable de Khang-hi dans Sou-tcheou-fou.

Il y a cent cinquante ans, l'illustre et bienfaisant empereur Khang-hi voulut jouir par ses yeux du bien-être
qu'il répandait dans son empire. Il partit de Pékin pour
visiter le Grand canal, œuvre de son ancêtre Koubilaï,
remonta le Grand fleuve jusqu'à Nankin, et de cette ville
se rendit à Sou-tcheou-fou. Depuis longtemps cette der-

nière ville était l'une des cités célèbres pour leur industrie et pour leur richesse. Jalouse de recevoir le grand monarque avec une magnificence digne de lui, elle tendit contre les murs ses soieries somptueuses, et, de ses tapis les plus précieux elle couvrit le pavé des rues et des places que devaient parcourir l'empereur et son cortége. Mais le souverain descendit de cheval avec toute sa cour; il se rendit à pied jusqu'au palais du gouvernement, pour ne pas endommager les chefs-d'œuvre de l'industrie chinoise.

Une cité modèle du luxe et des élégances.

Au sein de chaque État considérable, on trouve presque toujours une cité privilégiée, où sont réunis les avantages qui peuvent ajouter à la beauté de la situation, aux douces largesses de la nature, les recherches de l'art et les séductions de la société. Dans cette arène enchanteresse, la cupidité, l'intelligence et la beauté se précipitent pour lutter à l'envi avec la sagesse, qui n'admet pas même le plaisir sans modération et sans élégance délicate, avec la folie, qui prodigue à la fois la jeunesse, la santé, la vie même, et sacrifie tous les trésors qu'ont gagnés si difficilement les longues veilles de la raison, du travail et de l'industrie. C'est là qu'on peut trouver le dernier terme d'une civilisation sous quelques points de vue perfectionnée, sous quelques autres corrompue; dernier terme qu'il faut étudier si l'on veut savoir à quel point d'un côté peut s'élever, de l'autre peut descendre la nation qu'on s'est proposé de connaître.

Parmi toutes les cités du grand empire de la Chine, celle qui remplit au plus haut degré ce double rôle est Sou-tcheou-fou. Et comme aujourd'hui, parmi tous les

peuples de l'Orient, le peuple chinois est celui dont la
civilisation s'est élevée au premier rang, la ville que nous
signalons surpasse toutes celles de l'Asie au point de vue
de la recherche la plus élégante, des jouissances les plus
raffinées et des plaisirs les plus entraînants que puissent
goûter dans un même lieu la modération maîtresse d'elle-
même et l'extrême intempérance.

La société de Sou-tcheou-fou et ses charmes.

Quoique Sou-tcheou-fou soit la concentration d'une
foule de fortunes, les unes héritées, les autres récemment
acquises, la rare fertilité de la campagne environnante et
la fécondité des eaux poissonneuses maintiennent à bas
prix tous les produits de la terre indispensables à la vie.
Cette économie dans la satisfaction des principaux besoins
matériels permet que les lettrés, dont la fortune en général est médiocre, fassent leur séjour d'une cité qui, sous
tant d'autres rapports, convient à leurs goûts délicats.
Sou-tcheou-fou leur offre les charmes d'une société qui
réunit l'élégance à la politesse, et dont ils sont eux-mêmes
l'ornement. Elle ne joint que trop aux plaisirs de l'esprit
d'autres plaisirs qui flattent les sens. Dans cette ville aux
séductions sans bornes, la facile philosophie d'un Aristippe
ne trouverait guère à rougir en oubliant jusqu'à l'ombre du
rigorisme; comme autrefois dans la Grèce, au centre de
l'isthme où deux mers apportaient les trésors et les passions de l'Occident et de l'Orient, cette philosophie commode trouverait de nouveau le luxe séduisant des arts et
la séduction supérieure de ces hétaires si célèbres que
le demi-sage de Cyrène prétendait posséder sans être
possédé par elles.

C'est qu'en effet dans la molle cité de l'extrême Orient,

comme au sein de la vraie Corinthe, viennent régner de
fastueuses et belles Phrynés dont l'esprit cultivé s'ajoute
à la puissance de leurs charmes. Formées dès l'adoles-
cence à tous les talents de la séduction, elles animent
tous les arts, menacent toutes les richesses et renversent
les existences que ne défend pas une raison supérieure, si
rare partout !

La corruption, cependant, ne trône pas seule à Sou-
tcheou-fou. Dans l'intérieur des palais et des maisons
opulentes brillent d'autres beautés, dans le cercle sacré
de la famille; cercle interdit à l'étranger, sans que la
femme soit recluse au fond d'un sérail, comme à l'occident de l'Asie.

Ces deux classes d'un même sexe rivalisent dans l'art
d'ajouter par la parure à leurs charmes naturels. Pour
concourir à leur toilette, la perfection des tissus, le choix
des couleurs, l'embellissement des broderies et le grand
secret de bien draper, de bien porter les ajustements,
tout rehausse par le bon goût la somptuosité même.

Par un raffinement particulier à la Chine, les beautés
qui vivent de leurs talents, tels que la poésie, la musique
et la danse, celles mêmes qui vivent seulement de leurs
attraits, ont appris l'art réfléchi d'être parées avec la recherche décente qui convient aux femmes honnêtes et de
condition supérieure. Elles savent, même au milieu des
spectacles, des assemblées et des festins joyeux, conserver
un maintien qui réunit la retenue à la distinction; c'est
un charme qui s'ajoute à celui de leurs manières sédui-
santes et de leur esprit cultivé.

Il semble qu'à Sou-tcheou-fou les arts d'agrément et les
beaux-arts aient trouvé ce dernier degré qui naît de la
perfection des sens et de l'esprit; là sont les juges les plus
exercés, et leur suffrage met le comble à la renommée

d'un artiste. Les comédiens, les musiciens, n'apposent à leur célébrité le dernier sceau qu'en obtenant les applaudissements difficiles et délicats de l'Athènes orientale.

Le théâtre y présente un moyen unique de charme et de perfection. Dans tout l'empire du Milieu, les mœurs publiques seraient offensées si l'on voyait des femmes paraître sur le théâtre et jouer les rôles de leur sexe; mais la société de Sou-tcheou-fou n'affecte pas ce rigorisme. Par cette tolérance gracieuse, la scène acquiert à la fois plus de convenance et d'attrait; c'est un plaisir qu'elle ajoute à tous ceux dont elle est la réunion.

Cessons à présent d'être étonnés de la suprématie conquise par une simple ville provinciale sur les goûts de tout un peuple.

Ce n'est pas en Chine, comme en France, la capitale qui dicte les lois de la mode; Sou-tcheou-fou donne le ton de la parure et des manières distinguées aux autres cités du grand empire oriental.

Faisons remarquer un contraste qui ne surprendra pas les observateurs du cœur humain. Par un même désir qui porte un sexe ambitieux à réunir les succès les plus opposés, tandis que les courtisanes de Sou-tcheou-fou jettent sur la licence de leurs mœurs le voile étudié de la décence et la tunique sévère de la femme honnête, d'autres femmes, vouées par état à l'austérité des cénobites, rêvent l'attrait des beautés d'un monde léger, où plaire est le premier besoin de l'existence. Les religieuses que le bouddhisme consacre à la vie semi-monastique, les bonzesses, dédaignent l'étoffe modeste qui convient partout au costume religieux : elles y substituent une robe de soie aux brillants reflets, aux larges plis ondoyants; et leur vertu, si j'en crois les insinuations d'un missionnaire anglican presque satirique à leur égard, leur vertu n'est pas moins ondoyante que leur parure.

Croira-t-on que des religieuses si mondaines, et qui par cela même devraient mettre tant de prix à leur fraîcheur, à leur beauté, en aient compromis l'éclat par l'usage et l'abus de *l'opium?* Croira-t-on qu'elles osaient s'enivrer avec ce stimulant qui donne à l'imagination des rêves que la conscience et la pudeur n'ont pas le pouvoir de repousser, et qui laissent dans la mémoire des souvenirs indignes de la chasteté! Il ne manquait aux Occidentaux, introducteurs d'un si détestable excitant, que d'avoir poussé jusque-là les tristes succès de leur commerce corrupteur.

Il y a peu de temps, le Conseil suprême des rites, offensé surtout de ce dernier excès et voyant les désordres que les bonzesses de Sou-tcheou-fou ne prenaient plus le soin de voiler, les a chassées d'une ville dont les séductions avaient triomphé de tous les devoirs monastiques.

Une paroisse catholique est cachée dans la moderne Sybaris.

C'est pourtant au sein de la bouddhique Sou-tcheou-fou, c'est au pied de ses pagodes idolâtres, c'est là qu'en dépit d'un siècle de mépris ou de persécutions, s'est en secret développée une paroisse catholique, ou, comme les fidèles disent à la Chine, *une chrétienté,* digne du temps des cryptes et des catacombes. Elle prospère aujourd'hui sous la direction du vénérable M. Chen, pasteur qu'a vu naître la patrie de Confucius. Cette paroisse, invisible au mandarinat, le consul français de Chang-haï nous a révélé comment elle aime la France, et comment elle sait favoriser nos industries utiles et probes.

Appel aux sœurs de la charité dans la ville chinoise.

C'est à Sou-tcheou-fou que je voudrais qu'on pût envoyer la majeure partie des cinquante sœurs de charité débarquées dans le port dont je viens de rappeler le nom. Celles-là, bien différentes des sœurs de Bouddha, ne changeraient pas le trésor de leur bure contre ce qui fait à leurs yeux la pauvreté du brocart et des soieries. Sou-tcheou-fou verrait ces femmes évangéliques soigner les pauvres accablés de maux et dénués de secours, sauver les enfants en danger, prodiguer leurs soins à la vieillesse et la consoler jusque sur le seuil de la tombe. L'incrédulité même oublierait ses dédains en voyant les humbles sœurs, toujours dévouées et désintéressées, toujours vivant au milieu du monde, ou plutôt à côté du monde, sans jamais cesser d'être simples, modestes et vertueuses. Cette prédication par les bonnes œuvres aurait cent fois plus de puissance que ces milliers de petites traductions en caractères chinois, que ces fragments infinis de bibles variables, répandus avec une incessante profusion par des sectes rivales les unes des autres.

Les édifices de Sou-tcheou-fou.

Quittons l'étude des mœurs et disons quelques mots des monuments.

Nous n'avons à présenter aucune description particulière aux édifices de Sou-tcheou-fou ; ils ressemblent pour la plupart à ceux que nous avons décrits en visitant la capitale de l'empire et Chang-haï.

Attendons que les Européens parcourent en liberté les cités de l'intérieur. Lorsque nos artistes pourront mesurer, dessiner, photographier les monuments, ils nous offriront des plans, des vues et des descriptions que rien aujourd'hui ne saurait remplacer.

Les pagodes de Sou-tcheou-fou.

Nous demanderons qu'on nous donne une représentation fidèle des pagodes célèbres de Sou-tcheou-fou. Chose unique peut-être à la Chine, on en remarque deux qui sont bâties à six mètres seulement l'une de l'autre, comme on construit en Occident les deux tours dont la symétrie caractérise une cathédrale.

La principale pagode admirée dans Sou-tcheou-fou ne le cède pour la grandeur qu'à la tour de Nankin, et l'égale presque en renommée. Son érection remonte au xe siècle de notre ère, et l'on a mis soixante ans à la construire. Elle mesure à sa base quatre-vingt-treize mètres de circuit. Elle avait originairement onze étages; mais lorsqu'il est devenu nécessaire de la réparer, dans le siècle dernier, on en a supprimé deux. Au-dessous de chaque toit concave qui caractérise un étage, la pagode présente une galerie extérieure avec une balustrade qui l'embellit et la protége.

Aucun lieu n'est plus favorable que ces grandes galeries, d'où l'œil peut saisir le panorama d'un horizon, panorama qui grandit à chaque étage où le visiteur s'élève pour contempler la beauté d'une plaine immense : on dirait le spectacle d'un autre Océan, qu'on pourrait appeler comme en Mongolie *la mer des herbes,* et qu'en Chine on appelle la terre des fleurs.

Si le nom de pagode voulait dire, dans le principe, une habitation divine, jamais étymologie ne fut mieux justifiée que dans la cité dont nous esquissons la peinture;

on a calculé que la principale pagode de Sou-tcheou-fou
ne contient pas moins de *cinq cents effigies divines.* Voilà
certes une maison des dieux copieusement habitée.

Industrie avancée de Sou-tcheou-fou.

Dans une ville aussi riche et d'un goût aussi raffiné,
on conçoit que l'industrie doit être très-perfectionnée. Elle
l'est surtout pour les broderies délicates, aux couleurs
splendides, habilement assorties; pour la confection des
plus beaux tissus de soie, tantôt unis ou décorés d'ornements et de figures, tantôt entremêlés d'or ou d'argent,
à la manière du brocart. Il faut citer ensuite les riches
ameublements ornés de ciselure et de sculpture; puis l'é-
bénisterie des bois de lit, revêtus d'incrustations en métal,
en nacre, en ivoire; puis les vases de bronze ciselés d'a-
près la manière antique : enfin, comme objet de commerce,
les plus somptueuses porcelaines que n'ait pas accaparées
la maison de l'empereur.

Lorsque les Européens demandent aux maisons de
Chang-haï de très-beaux objets de luxe, c'est à Sou-tcheou-
fou que ces maisons s'adressent afin de les obtenir.

Commerce des fleurs.

Grâce aux besoins d'une ville élégante et riche, et pour
suffire aux demandes extérieures, Sou-tcheou-fou fait un
très-grand commerce de plantes et de fleurs.

Pour les cultiver en hiver, les Chinois n'ont pas comme
nous de serres vitrées. Les jardiniers les préservent contre
l'inclémence de la saison rigoureuse dans leurs maisons
et sous leurs abris; ils bouchent avec de la paille les cre-
vasses des fenêtres et des toits, et quand le froid est à

craindre, ils chauffent avec un feu de charbon de bois.
Ces moyens sont bien imparfaits; cependant ils suffisent
pour que d'intelligents cultivateurs puissent élever en
abondance et vendre en tout temps des fleurs aussi belles
que variées.

Monument d'Yu, le grand régulateur des eaux.

A quelque distance de Sou-tcheou-fou, l'empereur
Khang-hi, lorsqu'il visita la partie méridionale du grand
canal Impérial, voulut voir les lieux où fut inhumé l'immortel Yu. C'est Yu qui le premier, au moyen d'immenses
travaux, a maîtrisé, puis aménagé les eaux de la Chine.
Khang-hi donna l'ordre d'ériger à ce bienfaiteur de l'empire un monument qui subsiste encore.

Confucius, dans ses Annales, a pris soin de transmettre
à la postérité l'énumération de ces travaux auxquels la
Chine a dû sa grandeur : prenons-le pour guide.

Explication du système des travaux d'Yu, qui parvint à l'empire.

Yu descendait de l'empereur Hoang-ti, comme Con-
fucius. Il fut choisi vers le milieu du XXIIIe siècle avant
notre ère pour réparer de grands désastres causés par le
débordement des eaux; il acheva cet immense travail dans
l'année 2278 avant Jésus-Christ. On admire encore aujourd'hui les canaux qu'il fit creuser, et les levées qu'il
érigea pour maîtriser le cours des deux grands fleuves,
l'Yang-tzé-kiang et le Hoang-ho.

Yu commença par régler ce cours dans les vallons les
plus élevés, vers les frontières d'occident. Il fit percer
une grande montagne pour donner au Hoang-ho une
direction meilleure; il descendit graduellement d'obstacle

en obstacle; il régularisa les principaux affluents, les obligeant eux-mêmes à rentrer partout dans leur lit. Il fit disparaître des plaines les amas d'eau qui restaient auparavant à l'état d'inondation permanente et marécageuse.

De pareils travaux ont amélioré non-seulement le bassin du fleuve Jaune, mais cinq cents lieues du cours de l'Yang-tzé-kiang; ils ont permis la culture de territoires aussi spacieux que fertiles, et, suivant le récit de Confucius, *les naturels ont pu descendre des hauteurs afin d'habiter les plaines.* Le grand annaliste donne, province par province, le récit détaillé des entreprises d'Yu. « Aujourd'hui, disait-il cinq siècles avant notre ère, chaque fleuve, chaque rivière et chaque lac sont régularisés et fixés dans leurs limites, telles que Yu les a posées. »

Cet homme, doué d'un talent à peine croyable pour des temps si reculés, était beaucoup plus qu'un grand ingénieur; c'était un sage. Il ne déployait pas moins de supériorité pour administrer les hommes que pour maîtriser les eaux; la grandeur de tels services le conduisit au rang de premier ministre, et plus haut encore. Je ne puis résister au plaisir de citer les paroles de l'empereur Chun, qui voulut enfin partager avec Yu le pouvoir suprême :

« Pour dompter la grande inondation, vous avez travaillé, lui dit-il, avec ardeur et génie; vous avez rendu les services les plus signalés, et rien n'égale vos talents. Néanmoins vous êtes sans orgueil, et par vos qualités vous surpassez tout le monde. Nul n'a fait de si belles choses, et vous n'en tirez pas la moindre vanité. Quelle idée ne dois-je pas avoir de votre mérite! Oui, les nombres écrits dans le ciel vous désignent pour régner à côté de moi. »

Ainsi fut choisi le prince éminent qui commença la première dynastie; c'est à dater de son fils que l'héritier fut toujours pris dans la famille régnante.

Postérieurement à l'œuvre fondamentale accomplie par Yu, les progrès successifs de l'agriculture ont conduit les Chinois à creuser ces innombrables canaux distributeurs qui sillonnent en tout sens les deux bassins jumeaux du fleuve Jaune et de l'Yang-tzé-kiang. C'est longtemps après que fut accomplie la plus belle œuvre de ce genre, si justement appelée *le grand canal Impérial*, celui que nous parcourons en ce moment.

La cité de Hang-tcheou-fou.

Après avoir visité Sou-tcheou-fou, nous reprenons notre navigation sur ce canal; nous traversons plusieurs villes plus ou moins opulentes, en ne nous arrêtant qu'au point où finit, du côté du midi, cette navigation intérieure. Là s'élève la cité la plus populeuse et la plus considérable que nous ayons rencontrée en parcourant cette incomparable voie hydraulique.

Nous voulons parler de *Hang-tcheou-fou* : c'est le chef-lieu du Tche-kiang, qui compte parmi les provinces les plus fertiles, les plus peuplées et les plus industrieuses.

Tout favorise cette ville. Sa latitude, $30°20'$, est à peu près celle du Caire et de la Nouvelle-Orléans. Elle s'élève au voisinage de la mer, au fond d'un golfe magnifique, à proximité d'un lac dont nous décrirons dans un moment les délices.

Somptuosité de cette place de commerce.

Dans Hang-tcheou-fou, comme dans Sou-tcheou-fou, qui n'en est éloignée que d'environ trente lieues, le bel entretien des monuments et des fortifications démontre l'état prospère des finances de la province et de la cité. Parmi ses édifices spéciaux, il faut mentionner particulièrement l'hôtel des douanes, où l'on inspecte chaque année d'immenses quantités de marchandises.

Le chef-lieu d'une province qui dès 1812 comptait vingt-six millions d'habitants possède une administration considérable; dans sa partie retranchée comme une citadelle habite une puissante garnison tartare.

De nombreux et solides marchands sont établis dans cette ville. A la grande activité commerciale elle réunit la disposition d'énormes capitaux. Ses banquiers sont justement renommés, et le crédit qu'ils ont acquis s'étend par tout l'empire. En même temps, l'accumulation des richesses fait naître un luxe inexprimable au sein de Hang-tcheou-fou; l'on y voit affluer en grand nombre les oisifs opulents qui cherchent à dissiper avec éclat leur fortune. Cette ville est pour la province de Tche-kiang ce qu'est Sou-tcheou-fou pour celle de Kiang-nan, mais avec moins d'élégance.

Lac suburbain de Si-hou : ses trois îles féeriques.

Les habitants de Hang-tcheou-fou trouvent à l'occident et pour ainsi dire à la porte de leur ville un lac dont les beautés font l'admiration de tout l'empire; il a deux lieues de circonférence. Trois îles naturelles semblent sortir de son sein pour rompre la monotonie du cristal des eaux.

On arrive à l'île la plus rapprochée de la cité, c'est l'île orientale, par une chaussée qu'on a fondée sur pilotis et qu'on a pavée, chose rare à la Chine, en larges dalles carrées; deux autres chaussées pareilles entrecoupent deux anses du lac. Pour que ces levées n'entravent pas la navigation, des ponts élégants ouvrent passage aux barques, aux nombreuses gondoles qui cir-

culent, embellies par leurs gaies bannières. Ces chaussées sont assez larges pour qu'on les ait, des deux côtés,
bordées de saules pleureurs, de bananiers et de pêchers
dont les fleurs, au printemps, sont d'un effet délicieux.

Une seconde île embellit la partie méridionale. Comme
l'île orientale, sa surface s'élève à peine au-dessus des
eaux; un niveau si bas produit la plus riche végétation
des arbres et des plantes dont les espèces prospèrent surtout par l'influence aquatique. Vers le bord de ces deux
îles, le lotus ou nénuphar déploie ses larges feuilles et
fait briller ses fleurs éclatantes.

Par un contraste pittoresque, on dirait que la troisième
île a surgi du sein de l'onde comme un grand cône vol-
canique. Elle domine au centre de la vaste nappe d'eau
par une colline élancée, que des arbres magnifiques
ombragent jusqu'au sommet.

La ville de Kiu-king-fou, au bord du lac.

Presque en face de la vaste cité de Hang-tcheou-fou,
sur le bord opposé du lac, on a bâti la ville de *Kiu-king-
fou,* chef-lieu d'un département, et comme telle entourée de remparts du premier ordre. Lorsqu'on arrive en
bateau et qu'on la contemple à quelque distance, on
croit voir une des villes qui charment les regards sur les
bords enchantés du lac Majeur ou du lac de Garde. Lorsqu'ensuite on pénètre dans la cité chinoise, on se rappelle
encore l'Italie à la vue des portiques élégants qui décorent
les rues; ils permettent de circuler, suivant les saisons, à
l'abri de la pluie ou du soleil.

A partir du lac, le sol s'élève en pente douce vers
un amphithéâtre de collines et de montagnes couvertes
de bois et de riches cultures.

Comme un contraste à ces beautés de la nature, on aperçoit au bord de l'eau de nombreux villages qui sont peuplés par des pêcheurs et des gondoliers. A proximité du rivage, on voit les gracieuses et fraîches villas qu'ont bâties les habitants de la grande et riche cité; c'est leur séjour de plaisance et de refuge dans les jours et même les heures que n'absorbent pas les affaires. On admire aussi des palais, dans l'un desquels reposait quelquefois l'empereur Khang-hi, lorsque ce prince infatigable visitait ses provinces. L'imagination s'élève à la vue d'autres monuments publics, tels que des Portes d'honneur ou de triomphe. Çà et là, l'œil distingue des tombeaux qui dictent leurs graves leçons à côté de cette splendeur pleine de vie et de charme. Enfin le culte de Bouddha met ses temples en évidence, au milieu des sites les mieux choisis. Ses pagodes s'élèvent au-dessus des magnifiques ombrages; elles dominent les cités, les collines et les montagnes lointaines, que la perspective abaisse aux derniers plans de l'horizon.

Pour imaginer tout ce que ces beaux lieux ont d'enchanteur, il faut nous placer par la pensée sous une latitude aussi délicieuse que celle de Naples, de Smyrne et des îles de la Grèce, où l'hiver ne dure que peu de mois, où dans le reste de l'année les nuits mêmes sont tièdes et parfumées.

Dans les climats du Midi, la suavité de ces nuits transporte le printemps au milieu de l'été; les cieux ont plus d'azur et d'éclat que dans le Nord. C'est là qu'on peut comprendre la vertu de cet Arabe qui, pour montrer à Jéhovah sa fidélité, s'écrie : « Dans le calme des nuits, j'ai contemplé la splendeur des astres, et ne les ai pas adorés ! » Une obscurité lumineuse révèle à demi les beautés de la nature à peine assoupie; l'imagination complète le spectacle, et le silence ajoute au charme de cette douce vision. Dans ce bien-être, je dirais presque dans ce bonheur contemplatif, les visiteurs aiment à prolonger leur promenade aquatique. De tous côtés on voit errer des lumières groupées en guirlandes mobiles, voilées à demi sous des transparents aux mille couleurs et doucement réfléchies par les eaux ; les gondoliers suspendent ces feux à leurs bateaux de plaisance appelés *serpents de mer*, tant la souplesse de leur marche a de vitesse et de facilité.

Si l'on imaginait, parsemé de trois îles pittoresques, un lac aussi spacieux que le bois de Boulogne, y compris ses jardins et ses hippodromes ; si l'on étageait à l'entour un amphithéâtre de riantes collines et des hauteurs couronnées de futaies magnifiques, comparables à Saint-Cloud, à Meudon, à Bellevue, et quelque mont Valérien dominant l'horizon, alors on aurait une idée du beau lac Si-hou, qui déploie ses enchantements, pour ainsi dire, à la sortie de la grande cité chinoise.

Délices et grandeur de Hang-tcheou-fou.

A l'époque où Marco Polo visitait l'Empire des fleurs, il s'extasiait devant la grandeur et les attractions de cette cité, célèbre déjà sous le nom de Quin-sai.

La renommée d'un climat délicieux et de tous les plaisirs réservés au séjour de Hang-tcheou-fou et de Sou-tcheou-fou, les deux villes enchanteresses qui sont l'ornement du canal Impérial, cette renommée s'est répandue depuis des siècles dans toute la Chine. Un proverbe fort ancien s'exprime ainsi : *En haut est le paradis du ciel, en bas est celui de Sou-tcheou-fou et de Hang-tcheou-fou.*

On peut se figurer quelle doit être la cité dont les habitants ont tant fait pour embellir ses dehors. Sa grandeur annonce à la fois sa population et sa richesse.

Hang-tcheou-fou n'a pas moins de quatre lieues de circuit. Comme les villes chinoises de première importance,
elle renferme une citadelle tartare, avec garnison mandchoue. Ses principales rues sont pavées, et le sont en
larges dalles de pierre. Dès le siècle dernier on estimait
qu'elle renfermait un million d'habitants : ce nombre
ne doit pas sembler exagéré pour le chef-lieu d'une province presque aussi peuplée, dès 1812, que la France
l'était à cette époque, et qui depuis deux cents ans a joui
d'une paix profonde.

Le commerce de Hang-tcheou-fou.

Il aurait été facile de procurer à la cité de Hang-tcheou-
fou tous les avantages d'un port très-fréquenté par le
commerce maritime; car elle s'élève au fond d'une vaste
baie qui fait face à l'île de Chousan, placée comme Chang-
haï à proximité des îles du Japon. La méfiance des Chinois au sujet du commerce extérieur n'a pas permis cette
importante appropriation. Jusqu'à ce jour, le canal Impérial a continué de jouer à l'orient le même rôle que
jouait à l'occident, pendant un grand nombre de siècles,
la grande et répulsive muraille de la Chine; c'est contre
le commerce étranger que cette bienfaisante voie hydraulique oppose ses eaux jusqu'à ce jour inhospitalières.

Hang-tcheou-fou, barrière élevée contre l'extension du commerce étranger à l'intérieur de l'empire.

Hang-tcheou-fou, l'une des cités les plus peuplées et les
plus florissantes de l'empire, est une de celles que les
Chinois ont, avec tant de jalousie, interdites non-seulement à la fréquentation, mais à l'approche des étrangers.

C'est là qu'ils maintiennent *une grande douane intérieure* que les Anglais considèrent avec exaspération, comme prélevant des droits contraires à ces traités par lesquels ils ont eu l'habileté d'enchaîner les Chinois : traités qu'ils ont eu la force de faire accepter, et qu'eux-mêmes respectent infiniment peu dans leur commerce.

Les produits arrivés de l'étranger ne peuvent entrer dans Hang-tcheou-fou qu'après avoir été transbordés des navires occidentaux sur des jonques indigènes. Dans ce port, ils sont taxés au gré des Chinois, avant de pénétrer plus loin. Les derniers traités de 1858 ont eu pour objet capital de briser cette barrière et de s'opposer aux taxes intérieures.

De toutes parts arrivent au grand entrepôt de Hang-tcheou-fou, apportés sur des barques du pays, les fruits d'une terre aussi fertile que l'Égypte et les produits de plusieurs industries célèbres chez toutes les nations : par exemple, celles qui mettent en œuvre la soie. C'est encore là qu'arrivent des monts Bohées les thés destinés soit au centre, soit au nord de l'empire.

Industries de Hang-tcheou-fou : les soieries.

Le principal commerce de Hang-tcheou-fou, comme on vient de l'indiquer, a pour objet la soie sous toutes les formes.

Cette cité n'est pas seulement un grand marché des soieries de l'empire; elle est un centre où l'on fabrique les plus beaux et les plus précieux tissus : le satin, le velours, le crêpe, les soieries légères, enfin les brocarts d'argent et d'or.

Les Chinois fabriquent ces mouchoirs de soie qu'on appelle *foulards*, si forts, si souples, et d'un prix si bas, que l'Europe ne peut pas en soutenir la concurrence. Lyon les reçoit écrus, puis les embellit par ses dessins et ses teintures; néanmoins la France en reçoit trois fois moins d'écrus que d'imprimés.

Dès le siècle dernier, on portait à *soixante mille* le nombre des artisans occupés dans la ville à mettre en œuvre cette belle matière.

Le crêpe de Chine.

Les Européens, et surtout les fabricants de Lyon, surpassent les Chinois pour la perfection des tissus de soie, non-seulement ornés, mais unis.

Jusqu'à ce jour, ils n'ont cependant rien pu fabriquer de plus moelleux, de plus léger, de plus aérien que les crêpes de la Chine, admirés aussi pour l'incomparable éclat de leurs couleurs.

Les crêpes ornés de fleurs, un des produits les plus élégants du Céleste Empire, sont fabriqués dans une ville assez voisine de celle qui nous occupe : on l'appelle *Hou-tcheou.*

Les broderies.

Une partie considérable des habitants de Hang-tcheou-fou confectionne à l'aiguille ces charmantes et somptueuses broderies qui doublent la valeur des tissus, et que les Européens admirent à juste titre.

Les éventails de soie fabriqués et brodés dans cette ville sont plus brillants et mieux ouvragés que ceux des autres cités manufacturières.

Plusieurs industries spéciales exercées dans les ateliers de Hang-tcheou-fou rivalisent pour les mêmes arts pratiqués avec un grand succès à Sou-tcheou-fou, à Canton, etc.

Suivant l'usage ordinaire en Chine, pendant le jour, les marchands découvrent complétement le côté de leur maison qui borde la rue; les passants voient d'un coup d'œil ce que renferme l'intérieur des boutiques. Nos marchands, au contraire, interceptent la vue de l'intérieur en étalant les principaux objets sur ce qu'ils appellent leur devanture, afin de former ainsi la montre de leur commerce.

Les monuments de Hang-tcheou-fou.

La richesse générale est le fruit des industries et du commerce que nous venons d'indiquer; elle éclate à tous les yeux par les monuments publics et les édifices privés. La ville a quatre pagodes, qui le cèdent seulement à celle de Nankin; elle a des Portes d'honneur pour illustrer la vertu. Ses ponts, très-nombreux, réunissent la hardiesse à l'élégance. Enfin, ses vastes quais sont dignes de border le plus grand canal de l'Asie; disons plus, du canal qui dans son ensemble, et vu ses proportions, surpasse tous ceux des autres parties du monde.

Somptuosité exagérée des vêtements.

Ce n'est pas uniquement par la magnificence de l'architecture que les habitants révèlent leur opulence : on est surpris à la vue des vêtements fastueux et d'un goût excessif de parure qu'étalent en tous lieux les habitants des deux sexes. Le plus commun peuple a son luxe joyeux qui dédaigne toute épargne. Les soieries d'un tissu plus ou moins recherché sont prodiguées dans le costume des hommes et des femmes, non-seulement chez la classe moyenne, mais chez la classe inférieure.

« Dans la cité de Hang-tcheou-fou, dit un moderne et bon observateur, toutes les personnes que j'ai rencontrées et dont la condition était au-dessus de l'humble homme de peine, du coulie, toutes étaient vêtues de soieries et de crêpes brillants. Les coulies eux-mêmes possèdent au moins un vêtement de soie pour les jours de fête. »

On trouve en d'autres parties de la Chine beaucoup de personnes opulentes, simples dans leurs goûts, qui sont vêtues avec confort, mais sans vaine ostentation; dans Hang-tcheou-fou, riches et pauvres ne peuvent se croire satisfaits s'ils ne portent des vêtements, nous venons de l'indiquer, qui brillent à la fois par la matière et les ornements. Aussi dit-on dans toute la Chine qu'on ne peut rien conclure au simple aspect de la personne sur les ressources d'un habitant de Hang-tcheou-fou, parce que souvent celui-ci porte sur son corps la majeure partie ou la totalité de ce qu'il possède.

Après avoir quelques instants abaissé nos regards sur ces frivolités, ramenons-les vers une classe respectable et respectée des habitants dans la cité vaniteuse : nous voulons parler des mahométans.

Les mahométans dans la ville de Hang-tcheou-fou.

La ville que nous décrivons doit être remarquée comme le séjour principal des mahométans, dont le culte est public et toléré dans tout l'empire. Au moyen âge, les Arabes étendirent leur commerce encore plus loin que leurs conquêtes : ils abordèrent la Chine, non pas en maîtres, en tyrans des peuples et des consciences, mais en amis de la paix civile et religieuse; ils se contentèrent d'être des marchands actifs, intelligents, honnêtes. Nul n'éprouva le désir de les inquiéter, ni de les défavoriser dans leur

croyance, parce que jamais, en Chine, ils ne furent into-
lérants ni même propagandistes.

Après la conquête de la Petite Boukharie, où le mahométisme règne sans partage, ce culte fit, à plus forte
raison, partie des religions autorisées dans l'empire. Sans
compter les sujets conquis, on n'évalue pas à moins de
5oo,ooo les mahométans établis dans la partie orientale
de la Chine. Leur métropole est Hang-tcheou-fou; les musulmans l'ont choisie pour y publier le diurnal indiquant
les jours de fête, de jeûne et de repos qui sont particuliers à leur croyance.

Les mahométans sont considérés en tout comme indigènes. S'ils satisfont aux examens, ils peuvent être mandarins de l'ordre civil; en général, ils restent dans les
rangs secondaires. Cependant ils peuvent parvenir dans
l'armée aux grades supérieurs. C'est ainsi qu'un colonel
musulman accompagnait en 1859 le plénipotentiaire
américain qui se rendait du golfe du Pé-tchi-li à Pékin
pour échanger les ratifications de son traité.

Le commerce et l'industrie sont le grand moyen de
fortune et de considération chez les musulmans chinois.

Nous quittons maintenant le canal Impérial, et nous
reprenons, pour ne plus les quitter, les côtes du Céleste
Empire au midi de l'Yang-tzé-kiang.

ARCHIPEL DES ÎLES CHOUSAN.

Cet archipel s'étend, vers le sud-est, à quelque distance
de l'embouchure du Grand fleuve. Par sa position et par
sa proximité de la riche province appelée le Tche-kiang,
les îles dont il se compose ont une très-grande importance. Le groupe entier est soumis à l'autorité supérieure

qui réside à Ning-po, l'un des cinq ports ouverts aux
Européens par les traités de 1842.

Ile de Chousan.

L'île la plus étendue, celle de Chousan, qui donne son
nom à l'archipel même, est le siége de l'administration
qui régit immédiatement tous les insulaires. Sa superficie
est d'environ 64,000 hectares, et le docteur Gutzlaff, il
y a vingt ans, portait à 270,000 le nombre des habitants.
Quelque fertile et bien cultivée que soit cette île, je crains
qu'une telle évaluation ne soit beaucoup exagérée.

Chousan, par sa position, est la clef des ports de la
province de Tche-kiang, province maritime dont nous
allons bientôt parcourir les côtes; elle commande à la
fois l'embouchure des deux fleuves qui conduisent, l'un
près de Hang-tcheou-fou, l'autre au port important de
Ning-po.

L'île est entrecoupée de routes pavées en larges dalles
de pierre. Ces routes, suffisamment entretenues, ont
environ deux mètres de largeur; elles ne sont destinées à
servir qu'à des gens de pied, tout au plus à des cavaliers,
et seraient trop étroites pour des voitures.

Pour le voyageur, rien n'est plus charmant que les
aspects de l'île de Chousan, lorsqu'on la contemple dans
les beaux jours du printemps. Ses vallons, ses coteaux,
sont ornés d'une riche végétation ; de gracieux tapis de
fleurs se déploient en grandes nappes homogènes, mais
dont la succession est pourtant très-variée par la diversité
des cultures. Ce spectacle ravissant annonce la fécondité
des récoltes, autrement colorées, qui seront la beauté de
l'été.

Le caractère des habitants de l'île est doux, paisible

et tolérant; en général ils sont bouddhistes, mais un grand nombre est catholique. L'île possède un vicaire apostolique français, qui, sans la moindre représentation, vit heureux au milieu de ses fidèles.

La ville et le port de Ting-haï.

La ville de *Ting-haï*, chef-lieu de l'île principale, compte vingt-six mille habitants. Voici quelle est sa position :

```
Latitude. . . . . . . . . . . . . . . . . . . . . . . . . . . . . . . . .   30° 10'
Longitude à l'est de Greenwich. . . . . . . . . . .   122° 14'
```

Les Anglais avaient pris en 1840 la ville et le port de Ting-haï, port qui fait face au chef-lieu du Tche-kiang. Par l'habileté de Ki-chan, alors vice-roi de Canton, l'île fut restituée au Gouvernement chinois en janvier 1841.

Les Chinois firent ensuite des préparatifs de défense, considérables à coup sûr, mais incapables de résister aux armes européennes; ils mirent en batterie une énorme quantité de bouches à feu, mais imparfaitement fabriquées. Ces armements ne pouvaient pas empêcher que les Anglais ne prissent la ville et le port une seconde fois avant la fin de 1841.

Je dois, à ce sujet, rappeler un trait de caractère qui fait honneur à la Chine. Un vénérable amiral commandait l'escadrille des jonques chargées de protéger le port de Ting-haï. Lorsqu'il vit la flotte anglaise prendre position devant la ville avec le dessein de se rendre maîtresse de l'île, il protesta, plein d'émotion, contre l'injustice que commettaient les étrangers lorsqu'ils se vengeaient des injures commises par les Cantonais en sacrifiant, si loin des offenseurs, les défenseurs de si faibles retranchements.

Ce noble vieillard, animé d'un courage plein de dignité, bien qu'il reconnût que la flotte britannique était trop puissante pour qu'il pût y résister avec ses jonques, déclara qu'il voulait, suivant ses ordres et son devoir, mourir à son poste. Il vint se ranger à bout portant par le travers de l'amiral anglais, résolu de subir le sort qui l'attendait inévitablement dans la journée du lendemain.

Si je rappelle le souvenir de ces pénibles événements, ajoute le narrateur britannique[1], c'est pour protester contre leur reproduction dans les campagnes futures.

La guerre finie, les conquérants durent abandonner l'île et le port de Ting-haï pour la dernière fois, en vertu du traité de 1842; mais l'abandon n'eut lieu qu'en 1846, après que les Chinois eurent parfait le troisième et dernier payement du tribut auquel le traité les avait condamnés.

La ville, éloignée d'un kilomètre du rivage, est au milieu d'une plaine sillonnée par des canaux dont plusieurs sont navigables; ils conduisent à la baie qui donne à Ting-haï sa principale importance.

Cette baie se trouve au midi de l'île. Elle est protégée par un assez grand nombre d'îlots, entre lesquels il faut passer, soit pour entrer, soit pour sortir.

Les Anglais ont reconnu qu'on pourrait profiter d'une position très-favorable dans le cas où l'on voudrait établir auprès de Ting-haï un arsenal de constructions navales, avec des cales de construction et des bassins flottants. Ils se sont également assurés que la rade peut contenir à la fois cent navires européens d'un fort tonnage.

Le mouillage destiné aux bâtiments de guerre est à l'ouest de la ville et du port de commerce.

Les Anglais ont également apprécié la rade importante

---

[1] Wingrove : *China*, 1857-1858.

de Sing-kong, sur la côte occidentale de Chousan. Cette rade est abritée contre les vents d'ouest par une rangée de petites îles qui s'étendent sur une longueur d'au moins deux lieues et demie; elle offre l'ancrage le plus sûr à des vaisseaux de guerre, ainsi qu'aux grands navires du commerce.

Projet d'une possession définitive de Chousan.

Dans la guerre que la Grande-Bretagne a faite aux Chinois de 1840 à 1842, nous avons vu qu'elle a deux fois occupé militairement l'île de Chousan. Elle a fait une grande concession au Céleste Empire en restituant cette île, étendue, fertile et si bien située, pour obtenir en échange les stériles rochers de Hong-kong : rochers que nous apprécierons plus tard avec une profonde attention.

Dans la collection des papiers parlementaires publiés pour l'année 1857, j'ai découvert un mémoire adressé par les colons de Hong-kong au Gouvernement métropolitain. Ils avaient pour objet de démontrer à ce gouvernement les grands avantages que l'Angleterre trouverait à conserver Chousan sans quitter Hong-kong.

Avant tout, ils repoussent la pensée qui faisait regarder cette dernière île comme trop malsaine, et présentent pour démonstration les faits suivants :

Mortalités annuelles comparées des Européens, en 1843.

A Chousan, deux décès par 59 habitants.
A Kou-loung, auprès d'Amoy, deux décès par 25 habitants.
A Hong-kong, deux décès par 27 habitans.

A Chousan, on pourrait tirer le parti le plus avantageux des classes laborieuses, qui sont douces et sociables. Voyez combien de facilités présente la possession de cette île!

Les ouvriers de la ville de Ting-haï, port et chef-lieu de l'île, sont pleins d'industrie et d'intelligence; ils avaient appris rapidement à confectionner tous les objets qui servaient au vêtement ainsi qu'aux usages de la vie pour la garnison et la flotte britanniques. Au bout d'un temps fort court, ils avaient ouvert des magasins d'effets confectionnés à l'européenne; ils prodiguaient des enseignes en mots anglais, qu'ils estropiaient sous la direction facétieuse de leurs amis les soldats et les matelots. Leurs orfévres avaient promptement appris à fondre, à décorer des cuillers, des fourchettes et d'autres objets en argent.

La subsistance, ainsi que la main-d'œuvre, était à bas prix, et les vivres abondants.

En présentant de pareils faits, les marchands de Hong-kong dans leur mémoire, qui porte la date du 10 avril 1845, avaient le dessein de s'opposer à la restitution de Chousan. Cette île, encore occupée par les Anglais, devait être restituée, nous l'avons indiqué déjà, dès que les Chinois auraient payé le dernier terme des 21 millions de dollars imposés comme contribution de guerre, y compris 6 millions de dollars pour récompenser les détenteurs de l'opium chez lesquels les mandarins avaient saisi cette drogue délétère, frauduleusement introduite.

Sans nous arrêter longtemps sur les considérations ambitieuses des pétitionnaires de Hong-kong, nous nous bornerons à rapporter leurs conclusions; quatorze ans plus tard, elles devaient guider la diplomatie britannique, toujours aux ordres du commerce.

Propositions adressées au Gouvernement britannique en 1845.

1° Exiger que la cession finale de Chousan soit faite à la couronne britannique. S'il était impossible d'obtenir une cession absolue, obtenir du moins un protectorat comparable à celui des îles Ioniennes.....

Cela voulait dire en réalité : Nous demandons la domination politique, militaire et maritime la plus absolue.

2° Si le Gouvernement chinois cédait Chousan, le Gouvernement britannique pourrait retirer ses consuls d'Amoy, de Fou-tcheou-fou, et peut-être aussi de Ning-po.....

Par cette proposition, le consulat de Hong-kong aurait porté son action sur une bien plus grande étendue de littoral.

3° Si le Gouvernement chinois refusait de céder Chousan, on pourrait demander *le séjour permanent d'un ambassadeur à Pékin ; il devrait avoir pour garde d'honneur un bâtiment de guerre, qui resterait constamment stationné dans la rivière Peï-ho. On exigerait que toutes les relations officielles fussent traitées à Pékin.*

Pour juger cette troisième condition, nous pourrions nous demander quel serait chez nous l'effet produit par un pacifique ambassadeur d'Angleterre, s'il se donnait pour garde d'honneur un vaisseau de guerre constamment stationné dans la rivière de Seine ?

4° Nous devrions demander que les sujets britanniques eussent la faculté de résider dans toutes les parties de la Chine, avec pleine sécurité pour leur vie et leurs propriétés, pour le libre exercice de leur religion et la libre poursuite de leurs affaires privées.

5° Il faut obtenir que d'autres ports soient ouverts au commerce maritime de l'Angleterre dans l'Yang-tzé-kiang, ainsi qu'au delà vers le nord, *avec la faculté de naviguer sur les rivières de la Chine.*

6° A l'égard des autres îles du groupe de Chousan, obtenir d'avoir le droit de mouillage dans une ou deux des principales, où le mouillage est excellent. On indiquait :

1° L'île Lowang, ayant douze lieues de circonférence;

2° Une autre île ayant quatre lieues de largeur; cette dernière est située à l'ouest de Chousan.

Par l'adoption d'un système politique fondé sur certaines vues définies comme celles qui précèdent, on établirait en Chine, disaient les intelligents pétitionnaires, un pouvoir et physique et moral de la plus haute importance pour la nation britannique; ses heureux effets seraient pleins de grandeur.

En 1858, l'ambassadeur lord Elgin n'a pas un seul instant perdu de vue ces directions tracées d'une main fière et ambitieuse par les marchands-princes de Hong-kong.

Description des côtes de la Chine au midi du Grand fleuve.

Si l'on part de l'embouchure de l'Yang-tzé-kiang, qu'on se dirige vers le sud et qu'on suive le littoral, on longe l'importante province de Tche-kiang. Le premier port que l'on rencontre est celui de *Cha-pou.*

La ville et le port de Cha-pou.

Le port ou plutôt le havre de Cha-pou présente une plage à pente douce, sur laquelle assèchent, de mer basse, des jonques destinées au cabotage. Ce port est également fréquenté par les jonques occupées au commerce du Japon.

Cha-pou se compose d'une ville ou pour mieux dire d'une citadelle tartare, de forme carrée, et n'ayant guère que cinq kilomètres de circuit. La garnison tartare, avec ses familles, forme une espèce de colonie dont les membres, suivant l'usage constant, s'allient et vivent entre eux. La population chinoise, beaucoup plus nombreuse, habite une longue ville, de forme rectangulaire, et rejointe à la citadelle par une enceinte fortifiée; la ville est naturellement commandée par les remparts de la citadelle.

Dans les boutiques de Cha-pou l'on trouve une grande variété de produits apportés du Japon.

Relativement à la terre ferme, la situation de Cha-pou mérite d'être remarquée : la ville s'élève au point où commence, par de faibles collines, la longue chaîne de montagnes qui se prolonge dans la direction occidentale, en s'élevant par degrés jusqu'au Tibet pour y former un des contre-forts des Himâlayas.

Province de Tche-kiang.

Le port de Cha-pou se trouve à la limite de la province de Nankin, le Kiang-nan, qui nous est bien connu, et d'une autre province maritime, le *Tche-kiang*, qui va maintenant nous occuper.

Territoire et population en 1812.

Superficie............................	10,139,440 hectares.
Population..............................	26,256,784 habitants.
Habitants par mille hectares	2,586 habitants.

Dès 1812, pour une même étendue de territoire, la population surpassait du double la population de l'An-

gleterre et des contrées les plus fécondes du continent
européen.

Nous avons déjà décrit la grande capitale de cette province : c'est la ville de Hang-tcheou-fou, dont nous allons
à présent étudier les abords du côté de la mer.

L'importance maritime de la province est concentrée
dans une vaste baie qui doit attirer toute notre attention.

La baie de Hang-tcheou-fou.

Si, partant de Cha-pou, l'on s'avance de trente lieues
en côtoyant la province de Tche-kiang, on arrive à la
vaste baie triangulaire dont le sommet se trouve à la
hauteur de Hang-tcheou-fou. Cette ville opulente, dont
nous avons présenté la description, donne son nom à la
baie, quoique les Chinois l'aient privée d'avoir un port
maritime communiquant avec les eaux du grand canal
qui se termine au milieu de ses murs. L'ouverture de
la baie du côté de la mer n'a pas moins de trente lieues,
et sa profondeur au milieu des terres est de quarante
lieues.

Quand arrivent les grandes marées des équinoxes,
l'eau remonte en masse énorme de la mer; trouvant
la largeur de la baie rétrécie par degrés rapides, ses
ondes se gonflent; elles deviennent de plus en plus
courtes et profondes; lorsqu'elles parviennent au voisinage
de Hang-tcheou-fou, elles forment un mascaret imposant
et dangereux. Chaque année, pour contempler un tel
spectacle, les habitants de la ville accourent au bord du
fleuve Tzin-tang, lequel verse ses eaux dans la baie précisément en cet endroit.

La ville et la rade de Ching-haï.

Sur la rive occidentale de la baie de Hang-tcheou-fou débouche le fleuve Ta-tsie, qui va dans un moment nous conduire au port de Ning-po.

La ville de *Ching-haï* domine en amont le confluent du fleuve et de la baie; elle s'élève sur un promontoire qui protége une rade intérieure qu'on doit considérer comme l'avant-port de Ning-po. Là sont habituellement mouillées des jonques nombreuses : les unes, en simple relâche de cabotage; d'autres, descendues de Ning-po, s'apprêtent à déboucher.du fleuve pour prendre le large; d'autres s'apprêtent à remonter jusqu'à Ning-po.

Deux forts commandent les deux côtés de l'embou-chure, mais ils sont bien peu redoutables. « Du haut d'une pagode érigée dans le fort établi sur la rive droite du Ta-tsie, on voit, dit M. Wingrove, la plaine où fut accompli le plus terrible carnage : dix mille Chinois mis en fuite ont été précipités sur une ligne de baïonnettes anglaises et détruits avec tant de furie, qu'avant qu'on ait pu suspendre le carnage cinq mille de ces malheureux étaient noyés ou massacrés. La même effroyable leçon fut répétée devant Ning-po, et bientôt après sur les monts en arrière de ce port. » Telle était la guerre féroce qu'on poursuivait sans merci contre les Chinois, malgré la pla-cide invocation de l'éloquent Macaulay.

Le fleuve Ta-tsie, l'Yoang et le port de Ning-po.

Un grand inconvénient de la géographie chinoise, c'est qu'elle applique des noms différents au même cours d'eau pour des parties souvent peu considérables. Ainsi;

le fleuve *Ta-tsie*, qui débouche dans la baie du côté de
l'occident, ne garde ce nom que pendant six lieues de
parcours, jusqu'à la ville de Ning-po; plus haut il s'appelle *Yoang*.

Les trois mouillages de Ning-po.

A partir de la baie, si l'on suit le fleuve Ta-tsie, on
remonte vers le sud-ouest. En approchant de Ning-po, le
cours du fleuve présente deux sinuosités importantes.

La première sinuosité forme un arc rentrant sur la rive
gauche; le fleuve, en conséquence, est profond auprès de
cette rive. Là viennent mouiller les navires étrangers, qui
généralement sont d'un fort tonnage et d'un tirant d'eau
considérable. Dans cette position, ils se trouvent immédiatement au-dessous de la grande cité de Ning-po.

Une seconde sinuosité succède à la première : elle
forme au contraire un arc rentrant sur la rive opposée,
je veux dire la rive droite; c'est de ce côté que l'eau
devient profonde. Là se trouve le mouillage des grandes
jonques chinoises.

Sur la rive gauche, faisant face à ce second mouillage,
la ville de Ning-po s'élève en arrière d'un faubourg qui
borde le fleuve : ce littoral est en saillie, il est convexe.
Ici le lit de la rivière est à pente fort douce; il ne permet
pas que des navires d'un fort tirant d'eau puissent approcher du rivage. C'est la place réservée pour la petite batellerie chinoise, précisément vis-à-vis des grandes jonques.
Tel est le troisième mouillage.

Chantiers de construction, cales et bassins.

Immédiatement au-dessus des deux derniers mouillages,

réservés aux Chinois, on trouve un pont de bateaux. Plus haut, le fleuve se détourne brusquement; on le remontait en allant vers le sud, on va le remonter en allant vers l'ouest. Dans cette partie supérieure nous trouvons, sur les deux rives, *de vastes chantiers de bois de charpente*, abondamment approvisionnés; cette position convenait à beaucoup d'égards pour établir *les cales et les bassins qu'exigent la construction et le radoub des navires.*

Sur la rive gauche du fleuve, en aval de la ville, entre les deux ports de la batellerie chinoise et celui des grands navires étrangers, la belle rivière Tsi-kie descend du nord au sud et passe devant la ville de *Tsi-kie;* cette ville donne à la rivière son propre nom, qu'elle tient elle-même de la grande province de Tze-kiang ou Tche-kiang que nous côtoyons actuellement. La Tsi-kie verse ses eaux dans le fleuve qui s'appelle Yoang au-dessus du confluent et qui s'appelle Ta-tsie dans la partie inférieure.

Positions comparées de Ning-po et de Lyon.

Si l'on supposait que ce fleuve fût le Rhône et que la rivière fût la Saône, on pourrait comparer à la grande cité de Lyon la ville de Ning-po, qui s'élève de même au confluent de deux superbes cours d'eau. Elle n'est pas moins populeuse et possède un immense avantage : tandis que Lyon se trouve à quatre-vingts lieues de la mer, Ning-po n'en est qu'à six lieues.

A défaut de carte topographique, j'ai tâché de figurer, dans le tableau suivant, la position respective des points principaux de ce grand et bel ensemble de ports et d'établissements à terre :

TOPOGRAPHIE DE NING-PO ET DE SES EAUX.

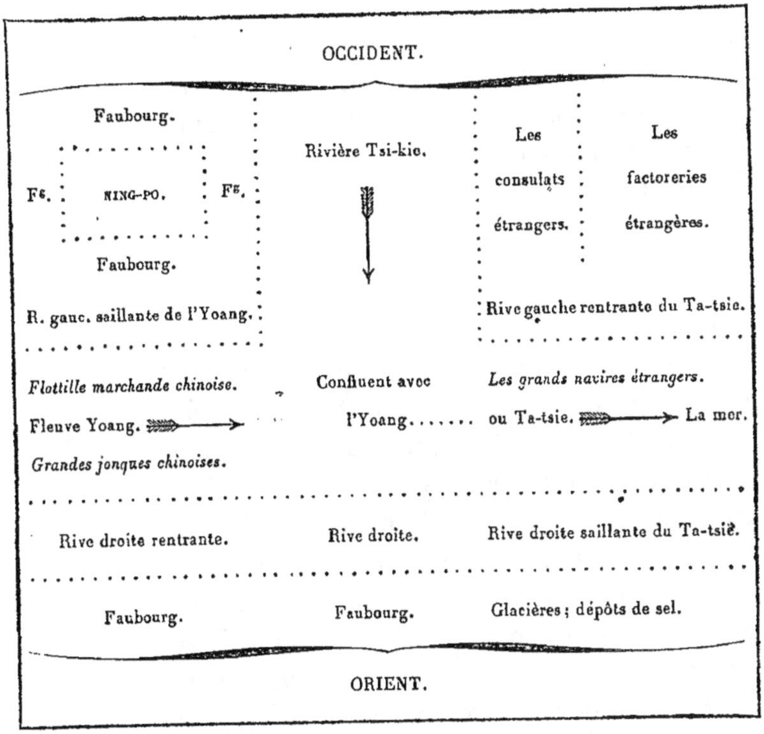

Cette topographie sous les yeux, remontons le fleuve à partir de la mer. Sur la rive droite, nous remarquons d'abord des dépôts considérables de sel; ils appartiennent au Gouvernement à titre de monopole. Nous voyons ensuite de nombreuses glacières érigées sur des monticules; elles sont l'objet d'un commerce important pour conserver le poisson frais qu'on transporte au loin, sur des jonques, en bravant les chaleurs d'un climat brûlant.

En longeant la rive gauche, dans une étendue de deux kilomètres, nous parcourons le mouillage des navires européens. Nous passons devant les magasins et les habitations privées, qui constituent les factoreries.

Les consulats.

Nous arrivons au confluent du fleuve et de la rivière.
A l'angle d'aval de ce confluent s'élèvent le consulat et
le pavillon de la France. En remontant la rive gauche
de la rivière, nous trouvons ensuite les consulats des États-
Unis, de l'Angléterre et du Portugal.

Navigation et commerce de Ning-po.

La navigation et le commerce de Ning-po sont loin
d'avoir réalisé les calculs que les Anglais avaient formés
lorsqu'ils ont obtenu l'ouverture de ce port. Ce point était
pour eux un objet particulier d'ambition; ils avaient
conçu les plus vives espérances à la pensée du voisinage
des montagnes où les Chinois récoltent leurs thés verts.
Le tableau suivant fait voir à quel point, jusqu'en 1853,
le commerce de la Grande-Bretagne avec ce port était
peu considérable. Dans les trois années suivantes il s'est
accru rapidement; mais combien il est faible encore,
quand on le compare avec les importations et les exportations de Canton et de Chang-haï!.....

TABLEAU DU COMMERCE BRITANNIQUE DANS LE PORT DE NING-PO.

ANNÉES.	IMPORTATIONS.	EXPORTATIONS.
	francs.	francs.
1853...	667,350	30,250
1854...	1,764,200	2,249,300
1855...	1,930,200	3,319,400
1856...	3,408,975 [1]	3,736,226

[1] Plus en espèces apportées à Ning-po, 14,617,800 francs.

Nous ne pouvons pas présenter pour les autres nations la valeur comparée des importations et des exportations particulières au port de Ning-po; nous y suppléerons en donnant le tableau des mouvements de la navigation pour les diverses puissances. Voici l'état des entrées :

NAVIGATION DES DIVERSES PUISSANCES DANS LE PORT DE NING-PO.

PAVILLONS DES PUISSANCES.	ANNÉE 1855.			ANNÉE 1856.		
	TOTAUX.		MOYENNE.	TOTAUX.		MOYENNE.
	Nombre de navires.	Tonneaux.	Tonneaux par navire.	Nombre de navires.	Tonneaux.	Tonneaux par navire.
Britannique............	171	23,387	136	202	24,948	123
États-Unis............	10	5,782	578	12	3,946	329
Néerlandais...........	6	1,972	329	8	2,881	360
Hambourg............	4	920	230	22	4,778	217
Portugais (Macao).....	1	272	272	4	1,162	291
Péruvien.............	2	750	375	1	1,200	1,200
Siamois..............	3	1,150	575	6	2,686	472
Brême................	"	"	"	3	1,150	383
Danemark............	"	"	"	6	1,571	262
Divers pays..........	"	"	"	4	1,563	391
TOTAUX......	197	34,233	"	268	45,885	"

Il est déplorable d'avoir à remarquer qu'au nombre des navires étrangers entrés à Ning-po dans les années 1855 et 1856 nous ne voyions pas figurer un seul bâtiment français. Il ne faut pas qu'ils soient découragés par des dangers qui n'atteignent que les Orientaux.

La piraterie dans ses rapports avec Ning-po.

Toute la côte chinoise est à tel point infestée par les pirates, qu'une simple flottille de bateaux pêcheurs ne peut pas appareiller sans navires armés pour la protéger.

On a calculé que les bateaux pêcheurs qui sortent du fleuve Ta-tsie payaient par an 260,000 francs pour protection de convois et que la totalité des jonques ou bateaux du port de Ning-po payait 1,750,000 francs.

Pour navires protecteurs, on fit choix de *lorchas portugaises*, bien armées et bien équipées; elles devinrent maîtresses de la côte. Bientôt on accusa les convoyeurs d'avoir opéré des désastres sur le littoral, tué des hommes, enlevé des femmes, brûlé des maisons; ils se rendaient plus funestes que les pirates eux-mêmes. On accusait aussi leur consul de fermer les yeux sur de pareils excès et d'assurer l'impunité de si grands coupables.

Pour se délivrer de la protection des Portugais, devenue si désastreuse, les Chinois traitèrent avec l'ancien chef des pirates, A'Pack; il fut nommé, sans examen, mandarin de troisième classe. Sa flottille, montée par des marins cantonais naguère pirates et se donnant pour honnêtes, fit concurrence aux lorchas de Macao dans la mission de convoyer les jonques marchandes. Cette flottille acquérait par degrés plus de valeur en se recrutant d'un bon nombre de déserteurs anglais, américains et français. Telle était la position depuis trois ans.

Les nouveaux convoyeurs l'emportaient chaque jour davantage. Les Portugais, furieux, affamés, devenaient encore plus pillards; ils attaquaient les protecteurs cantonais dès que l'occasion s'en présentait. Pour se venger, A'Pack entreprit la destruction de ses antagonistes. Des divers points de la côte, il appela ses bateaux serpents et ses jonques de convoi; il réunit une vingtaine de navires montés par cinq cents de ses marins les plus déterminés. Les Portugais, frappés de terreur, se sauvèrent. Avec sept de leurs lorchas ils remontèrent le Ta-tsie jusqu'à Ning-po. Ils se réfugièrent en face du consulat portugais; ils débarquèrent aussitôt leurs plus gros canons et les mirent en batterie devant le consulat. Cependant la flotte cantonaise remonte la rivière, et le consul prend la fuite. Les lorchas, mouillées devant le consulat de leur nation, font feu d'un de leurs bords; puis leurs équipages, portugais et manillais, se jettent à terre. Les Cantonais forcent la maison du consul; ils poursuivent les fugitifs non-seulement à travers les rues de Ning-po, mais dans la campagne et jusque dans l'asile des tombeaux. Les vainqueurs massacrent tous les fuyards qu'ils peuvent atteindre.

Une frégate française eut l'honneur de mettre un terme à ces horreurs. Elle sauva le consul; ensuite, elle conduisit à Macao les Portugais qui purent être soustraits à cette boucherie, afin qu'ils fussent jugés sur les crimes de piraterie dont ils étaient accusés.

Les lorchas de Ning-po commandées par des Anglais.

Faisons remarquer, dans le port de Ning-po, une classe de bâtiments devenus célèbres et qui montrent l'influence croissante du commerce britannique. Dans ce port, tout négociant, tout armateur considérable tient à sa disposition, pour ses transports et ses voyages, une lorcha pontée, que commande *un capitaine anglais*, avec un équipage chinois. C'est un bâtiment bon marcheur, ras sur l'eau, qui porte

une grande voile, avec une misaine, et qu'on pourrait
comparer à nos goëlettes. Un tel bâtiment, sous la protection britannique, offre une garantie contre les pirates.
C'est en même temps une première transformation des
navires marchands du Céleste Empire.

Description de la cité de Ning-po.

Sur la rive droite de la rivière et sur la gauche du
fleuve, au delà d'un étroit faubourg, s'élèvent les remparts,
les tours, les pagodes, les minarets et les clochers de Ning-
po. La cité n'a de circuit que dix kilomètres, mais des faubourgs l'entourent de toutes parts sur la rive gauche du
fleuve. On doit mentionner spécialement un faubourg
plus vaste que tous les autres; il s'étend au loin sur la
rive droite et longe le mouillage des grandes jonques.

Les édifices religieux et civils.

On remarque à Ning-po une église catholique, plusieurs
chapelles protestantes, une mosquée, un temple de Confucius et le palais des compositions littéraires, la grande
pagode *Tien-foung*, érigée pour honorer le culte du Ciel,
plusieurs temples consacrés au culte du Tao, d'autres
temples avec des couvents affectés au culte de Bouddha,
la bibliothèque de Thien-ye-koh, la grande école gratuite
fondée par une dame anglaise pour les jeunes filles chinoises, enfin l'hospice des enfants trouvés. Disons quelques
mots sur ces divers établissements.

La tour dite le Tambour élevé.

On voit au centre de la ville un édifice qui domine

les habitations des citoyens et qui servait autrefois d'observatoire, puis de vigie pour signaler de loin les mouvements hostiles ; il sert aujourd'hui de logement pour la police urbaine. Dans son étage supérieur est un énorme tambour, sur lequel on frappe les heures ; de là le nom que reçoit aujourd'hui cet édifice : il est appelé *le Tambour élevé*. Les Chinois devraient remplacer cet appareil incommode et d'un effet très-borné par une horloge à sonnerie puissante, empruntée aux Occidentaux.

Tour penchée de Ning-po : pagode.

La ville de Ning-po, comme la plupart des grandes cités, possède un très-haut édifice que les étrangers nomment indifféremment la pagode, l'obélisque et la tour de Ning-po. C'est la construction proéminente, celle qui s'offre la première à la vue du navigateur quand il remonte le fleuve en venant de la mer : elle est élevée de quarante-huit mètres au-dessus du sol.

L'inégale et trop faible résistance d'un terrain d'alluvions a produit ici le même résultat qu'à Pise et dans quelques autres cités d'Italie ; ce haut édifice a sensiblement dévié de sa direction première, et l'on pourrait appeler ce monument *la Tour penchée de Ning-po*.

Cette tour a la forme d'une pyramide hexagonale, composée de sept étages, avec une ouverture à chaque face de chaque étage. Dans les soirs de fête, cette ouverture est éclairée par une puissante lanterne, ce qui produit d'autant plus d'effet que les maisons ont très-peu d'élévation. Un prêtre de Bouddha, qui tient les clefs de la tour, vit des largesses qu'il reçoit des visiteurs.

Cette tour, érigée vers le milieu du viiie siècle, a souvent été frappée de la foudre et mutilée par les hommes, sans compter les ravages du temps. On l'a plusieurs fois rebâtie; mais elle est aujourd'hui dans un état déplorable. Un monument élevé pour attirer la protection du Ciel sur tout un peuple même à titre de superstition, cher à l'orgueil national et qui par sa grandeur est l'ornement d'une ville opulente, lorsqu'il tombe de vétusté, devient pour les habitants le monument de leur propre honte.

Dans l'enceinte de l'édifice, aucun acte religieux ne rappelle quelque chose qui ressemble à la vie; aucun symbole intérieur ne commande la vénération. L'opprobre s'est emparé de l'extérieur; les pauvres ne rougissent pas d'entasser à l'abandon, contre les murailles de la pagode, les cercueils de leurs morts. Que penser des mandarins dont l'incurie permet un usage à la fois si révoltant et si contraire à la salubrité publique?

Temples consacrés au culte du Tao.

Il y a dans Ning-po des temples considérables consacrés au culte dont l'origine remonte au philosophe *Lao-tseu*. Sur le portail du principal de ces édifices on voit une figure monstrueuse; elle a trois yeux et porte cette inscription : « *Voici les trois yeux auxquels ne peuvent échapper ni le bien ni le mal.* » Les prêtres de cette croyance relèvent sur le sommet de leur tête une touffe de cheveux qu'ils ne rasent pas : aux yeux d'une population ignorante, c'est la grande différence entre eux et les prêtres bouddhistes, qui rasent complétement leurs cheveux.

Grand monastère bouddhique.

La ville possède un couvent de bouddhistes qui ne compte pas moins de cinquante bonzes; autrefois, ce n'était pas le plus considérable qu'elle renfermât. Ses dépendances peuvent loger jusqu'à *mille prêtres* appelés à s'y rendre, à certaines époques, des divers points de l'empire.

Mosquée musulmane.

Il y a peu d'années encore, le plus ancien mollah de cette mosquée était un descendant des Arabes, quoiqu'il fût né dans la province de Chen-si ; ses ancêtres étaient originaires de Médine. Il lisait le koran et parlait arabe ; il parlait aussi le chinois, mais il ne pouvait ni comprendre ni lire les caractères de la langue idéographique. Aujourd'hui Ning-po ne compte pas trente familles qui soient musulmanes ; c'est dans la grande cité de Hang-tcheou-fou que le mahométisme a le plus de sectateurs, et c'est là qu'ils ont le plus fixé notre attention.

La rue des Portes d'honneur dédiées aux femmes les plus vertueuses.

Chez le peuple chinois, ne pas être mariée semble pour une fille le comble de l'infortune ; elle désire, elle attend le mariage légitime comme un bonheur indispensable. Sa vie entière est vouée à l'obéissance : avant l'âge nubile, elle grandit sous l'autorité paternelle ; pendant le mariage, elle subira l'autorité non moins complète d'un époux, et, dans son veuvage, la direction de ses fils.

On sait que les Chinois n'ont en réalité qu'une épouse, que j'appellerai *de premier ordre*, la seule qu'ils puissent prendre *avec des noces officiellement célébrées*. Les Chinois méprisent la femme qui, devenue veuve, contracte un second mariage ; ils n'estiment pas celle qui condescend à n'être qu'une femme *de second ordre*, c'est-à-dire une *concubine*, si je puis ainsi parler, *légalisée*.

Si des femmes légitimes, lorsqu'elles sont devenues veuves, restent avec dignité dans cet état jusqu'à la fin de leur vie, et si d'éminentes vertus les ont distinguées, elles sont honorées après leur mort par des monuments publics.

On a voulu qu'à la puissance des mœurs s'ajoutassent ainsi des témoignages éclatants et perpétuels.

Afin de glorifier la mémoire des femmes les plus ver-- tueuses de la ville et du département de Ning-po, les habitants ont choisi l'une de leurs plus belles rues pour y bâtir des portes monumentales, ornées d'inscriptions et de sentences. Elles sont nombreuses et d'un aspect qui frappe le voyageur étranger; les Européens en admirent, dit-on, les sculptures.

Projet des Anglais pour transporter à Londres les Portes d'honneur de Ning-po.

On rapporte que les Anglais, après avoir pris la ville, en 1842, voulaient démolir ces Portes d'honneur, en numéroter les pierres et les transporter à Londres, pour les ériger dans une rue qui cette fois eût bien été la rue triomphale. Ils auront probablement reculé devant la dépense et les difficultés du transport.

Ils auraient dû reculer devant une autre pensée : celle d'enlever du milieu d'un peuple les monuments qui rappellent un sexe entier à la vertu : monuments qui sont des témoignages de gratitude et d'honneur pour des familles dont la plupart doivent subsister encore.

Bibliothèque précieuse de Ning-po.

Parmi les établissements les plus remarquables de Ning-po plaçons la bibliothèque appelée Thien-ye-koh, qui

possède principalement une collection d'ouvrages publiés
avant la présente dynastie. C'est la propriété d'une famille privée, celle des Fan. Les ouvrages qu'elle contient
sont distribués en trois classes distinctes, et les comparti-
ments qui distinguent chaque partie sont soigneusement
fermés : on ne les ouvre qu'en des occasions particulières.
Ne serait-il pas à souhaiter qu'un savant sinologue, de
France, d'Angleterre ou d'Allemagne, obtînt la faculté
d'explorer ces trésors littéraires?

Institution commerciale des hôtels provinciaux.

Ici, comme en d'autres grands ports, les voyageurs,
les marchands et les résidants originaires d'une même
province, qu'ils soient à demeure ou de passage, érigent
un temple à frais communs et le dédient à quelque dieu
de leur pays. Autour d'un espace central et vide, ils bâtissent des galeries subdivisées en petites chambres pour
loger les visiteurs. C'est un hôtel collectif; c'est en même
temps une bourse d'affaires pour des individus dont les
intérêts sont analogues et qui parlent un même dialecte.
On peut y loger, moyennant loyer, quoiqu'on ne soit pas
de la province à laquelle est consacré l'établissement.

Résidences officielles.

Dans les villes chinoises, lorsque les résidences officielles sont rares ou tombées en ruine, on fait servir à
loger les fonctionnaires des temples, des monastères, et
même des couvents de femmes.

S'il faut en croire le récit des écrivains britanniques,
pendant la guerre poursuivie de 1840 à 1842, les troupes
anglaises dévastaient les édifices occupés par des fonction-

naires; les soldats pillaient le mobilier et souvent détruisaient ou brûlaient le palais gouvernemental.

Un temple de Confucius devenu caserne britannique.

Dans le même siècle où fut érigée la tour de Ning-po,
on construisit le temple ou palais de Confucius; cinq
cents ans plus tard il fut reconstruit sur un plus vaste
plan. Le temple ne contient ni sculptures ni peintures qui
puissent être un objet de vulgaire idolâtrie. Seulement
deux fois l'année, dans le printemps et dans l'automne,
le peuple y vient offrir en hommage au précepteur des
vertus et des lumières nationales les prémices de l'agriculture, des animaux domestiques et de la principale
industrie chinoise : la mise en œuvre de la soie.

«Lors de l'avant-dernière guerre, les Anglais, dit leur
compatriote M. Fortune, avaient saccagé le palais des
compositions littéraires du département de Ning-po; dix
ans plus tard, les Chinois n'avaient pas restauré ce monument : comme s'ils eussent voulu laisser subsister ce témoignage d'un sacrilége barbare à leurs yeux.»

Dans les temps reculés, le mandarin qui présidait aux
intérêts littéraires de la contrée avait pour habitation cet
édifice; le Gouvernement le chargeait d'aider au progrès
des études et de favoriser l'avenir des candidats parvenus
au premier degré. Dans ce vaste collége, les jeunes lettrés
poursuivaient leurs études et subissaient leurs examens
de chaque mois.

Maison publique de bains : rare bon marché.

Toujours les bains sont à l'eau chaude, parce que les
Chinois détestent l'eau froide pour se laver, *et même pour*

boire. Dans les bains publics, chacun paye seulement deux centimes et demi; c'est à coup sûr très-bon marché. Mais les bains sont pris dans une eau qui reste la même pour tous les baigneurs depuis le matin jusqu'au soir; elle finit par devenir d'une horrible malpropreté.

Bienfaisante école fondée par Mme Aldersey.

Mme Anne-Marie Aldersey, animée par le zèle le plus digne d'éloge, consacre ses efforts et sa fortune à l'éducation chrétienne des jeunes filles de Ning-po, ainsi qu'à la conversion des femmes adultes; elle entretient dans la ville une école à ses frais.

Je regrette profondément de ne pas pouvoir donner au lecteur de plus amples détails sur cette école, sur ses bons résultats et sur la vertueuse bienfaitrice; mais le nom seul de l'institution parle pour cette femme généreuse et fait honneur à l'Angleterre.

Une pétition contre le trafic frauduleux de l'opium, signée par Mme Aldersey et ses coreligionnaires.

Parmi les documents publiés en 1857 par ordre de la Chambre des lords, j'ai trouvé la plus courageuse pétition adressée par quatre chrétiens de Ning-po contre l'infâme commerce de l'opium (t. XVI). Au nombre des signataires j'ai reconnu, non pas avec étonnement, mais avec bonheur, le noble nom de Mme Anne-Marie Aldersey. Les vertus sont sœurs; et la même charité qui prodigue l'enseignement aux jeunes filles de la Chine fait entendre sa voix contre les vils profits du commerce le plus propre à l'abrutissement, à la corruption de l'âge mûr.

Les belles industries de Ning-po.

A Ning-po, les Chinois se font donner les modèles des parures européennes et sont adroits à les imiter; ils savent broder, avec un art digne d'être distingué, des châles, des écharpes, des tabliers, des sacs à ouvrage, etc.

Les Chinois excellent à sculpter ainsi qu'à graver la belle pierre noire appelée *jade*.

On vend à Ning-po des ouvrages très-admirés en laque vernie, qui sont apportés du Japon.

Une rue de Ning-po est presque remplie de boutiques destinées à vendre des meubles recherchés pour leur beauté; tous ces meubles ont des formes particulières à la Chine. Ils sont décorés par des marqueteries de bois, de métal ou d'ivoire, qui représentent les scènes de la vie chinoise, et qui sont travaillées avec une rare délicatesse. Les boutiques des autres ports ouverts aux Européens ne présentent pas d'aussi beaux ouvrages.

Malgré le bas prix de la main-d'œuvre, des meubles qui demandent un si grand travail et tant de fini sont nécessairement dispendieux et réservés pour le seul usage des riches.

Des banques établies à Ning-po.

Dans toutes les villes de l'empire il existe des banques plus ou moins puissantes et nombreuses; Ning-po réunit les plus opulentes.

Cette ville est regardée comme un régulateur, en d'autres ports de la Chine, pour établir un taux uniforme de hausse et de baisse dans la valeur des monnaies.

Dans la ville et ses environs sont établis beaucoup

d'anciens banquiers qui, leur fortune faite, ont quitté les affaires et jouissent en paix de leur opulence : probablement ils ont encore une partie de leur argent placé dans les maisons restées actives.

L'intérêt légal des banques peut aller jusqu'à 3o pour cent par année; souvent les Européens y placent des fonds qui ne leur produisent pas moins de 20 pour cent. De tels intérêts sont extrêmement favorables au rapide accroissement des capitaux monétaires.

Les banques chinoises ont un système d'opérations qui ressemble beaucoup à celui des établissements de même nature en Angleterre; leurs billets inspirent une grande confiance.

Des monnaies.

L'unité monétaire est l'once d'argent. Sa valeur intrinsèque est de 7 francs 5o centimes.

La moindre monnaie de cuivre est la sapèque. Sa valeur primitive était un millième de l'once d'argent, c'est-à-dire trois quarts de centime.

La sapèque, aujourd'hui, ne représente plus que la quinze ou seize centième partie de l'once d'argent, c'est-à-dire 45 centièmes du centime. Cela signifie que cent sapèques valent 45 centimes.

Du papier-monnaie.

Les Chinois ont inventé ce papier longtemps avant l'ère chrétienne. On commença par prendre, dans les parcs impériaux, des peaux de daim qui furent taillées en carrés de trois décimètres de côté. Chacun de ces carrés, en recevant une marque officielle, représentait 4o taels, c'est-à-dire 40 onces d'argent ou 300 francs. Un papier de cette valeur ne pouvait guère convenir qu'aux opérations qui sont au-dessus du petit commerce.

Huit cents ans après Jésus-Christ, le Gouvernement chinois inventait *l'emprunt forcé* de l'argent, qu'il échangeait contre *un assignat* en papier ; les riches étaient obligés, *sous peine de mort*, d'échanger ainsi leurs épargnes.

Deux cents ans plus tard, le Gouvernement, pour se tirer d'une pénurie d'argent, accepta que les négociants lui fissent dépôt de leurs marchandises, moyennant un papier-monnaie qu'il établissait et dont le cours devenait obligatoire ; on rendait au commerce un service intelligent. Dans les temps de détresse, les gouvernements européens ont quelquefois imité cet exemple.

Les jardins cultivés autour de Ning-po.

Un cercle de montagnes ayant Ning-po pour centre, et d'un rayon d'environ dix lieues, circonscrit l'horizon de toutes parts, excepté vers le nord-est : de ce côté, le cercle s'ouvre pour faire place à la ville de Chin-haï, laquelle est pour Ning-po ce que Greenock est pour Glasgow. L'intérieur de cette vaste circonférence est une plaine admirablement arrosée par la nature et par les hommes, qui sont parvenus à changer l'agriculture en jardinage.

A Ning-po, les lettrés, comme les connaisseurs horticoles de la Hollande, sont possesseurs de beaux jardins à plantes rares, et semblent peu jaloux de les montrer. Les jardins de ce port et des environs sont très-remarquables ; ils offrent des collections d'arbrisseaux et d'arbres les plus curieux. On y voit beaucoup d'arbres nains.

Arboriculture, arbres nains.

Les arbres sont taillés en formes fantastiques, en imitation de vases, d'animaux même, et surtout de cerfs.

Ces tours de force ont peu de prix aux yeux des gens de goût, mais ils démontrent l'habileté des jardiniers.

Pour obtenir des arbres nains, il suffit de ralentir le mouvement de la séve. On arrive à ce but lorsqu'on la contrarie et qu'on la prive d'alimentation. Tout moyen de gêner le développement des racines, comme l'emploi des pots étroits et peu profonds; tout ploiement forcé, toute torsion, toute contorsion des branches, conduisent au même résultat. Les Chinois ont fait de ces moyens une étude approfondie.

Les arbres et les arbrisseaux nains les plus ordinaires sont : les pins, les cyprès, les genièvres, les bambous, un orme à petites feuilles, les pruniers et les pêchers.

Dans leurs jardins, les Chinois excellent à construire les rochers artificiels, les grottes, les souterrains, où le visiteur disparaît complétement; ils se plaisent également à faire des lacs en miniature, des ruisseaux, des ponts et des rochers nains, pour correspondre à leurs petits arbres.

Les sépultures négligées aux environs de Ning-po.

La Chine est le pays des contrastes. Cette contrée, si célèbre pour les honneurs qu'elle rend aux ancêtres et pour son respect des sépultures, présente un horrible spectacle d'indifférence et d'insensibilité pour les restes du pauvre. Autour de Ning-po, comme autour de Changhaï, on voit des cercueils à fleur de terre; beaucoup tombent de vétusté, et l'œil aperçoit de hideux squelettes. On rencontre parfois des piles de trente à quarante cercueils, surtout ceux des jeunes enfants. On les enfouit à certaines époques, et pourtant on en voit qui doivent avoir pourri sur place par un abandon prolongé.

Le grand monastère bouddhique de Tien-tung, aux confins de la plaine de Ning-po.

A huit ou neuf lieues de Ning-po, sur un point avancé du cercle de montagnes dont ce port est le centre, on trouve les principaux monastères consacrés à la religion bouddhique. Là sont érigés en grand nombre des temples, des pagodes, des oratoires et des couvents, au milieu de la nature la plus riche et la plus variée. Cette thébaïde opulente est habitée par environ deux cent cinquante cénobites. Pour ajouter à leur aisance, ils envoient leurs frères quêteurs dans toute la Chine et même jusqu'au Tibet; un cinquième de leur ordre est sans cesse occupé de ces plantureux voyages.

Le groupe des monastères est dans une situation admirable de beauté : le temple, principal édifice, s'élève entre deux montagnes, sur un tertre d'où l'on découvre la plaine immense qui s'étend jusqu'à la cité de Ning-po.

Environ soixante des cénobites les plus éminents sont réservés pour le culte, à titre de prêtres. Les autres, desservants ou frères lais, sont employés au labeur de l'agriculture; dans l'intervalle des travaux, ces derniers vont aux quêtes lointaines dont nous avons fait mention plus haut.

Cette pléiade de couvents avait commencé par être un simple ermitage qu'ont enrichi successivement les donations des empereurs, les présents des villes et ceux des simples croyants.

Conduite des eaux avec des bambous.

Il faut signaler, dans le couvent de Tien-tung, l'intelligente économie avec laquelle sont établies des conduites
d'eau à travers tous les établissements, et dans les directions désirées pour amener partout une eau délicieuse.
On emploie à cet effet des bambous creux, et leur longueur totale approche de trois lieues : *onze kilomètres.*

Processions en l'honneur du dieu de l'agriculture.

Le capitaine Forbes, en décrivant avec beaucoup de
détails les établissements bouddhiques de Tien-tung, a
donné la description d'une espèce de procession qui dans
son but est comparable à nos Rogations ; on la célèbre
au printemps pour honorer le dieu de l'agriculture.

Sur une table immense, on voyait une énorme pyramide composée du produit des basses-cours de la plaine
voisine. Tout était rôti ; tout était prêt aux consommations, non du dieu, mais de ses idolâtres représentants.
Des infirmes et des malades, des convalescents et des
individus récemment guéris, se prosternaient devant la
table, qui gémissait sous le poids de leurs offrandes ; là,
s'inclinant à trois reprises de neuf prostrations chacune,
ils frappaient la terre avec leurs fronts humiliés et plus ou
moins reconnaissants.

Acheminée sur une longue route champêtre, l'immense masse des fidèles bien portants s'avançait au milieu
d'une double haie de lanternes portées avec pompe. Les
chants se mêlaient au son étourdissant des tam-tam ; des
chaises à porteurs étaient remplies de musiciens ; d'énormes
dragons-flamboyants étaient portés sur les épaules des

dévots comparses; des files de cénobites sanctifiaient le cortége; enfin des mandarins, avec tout l'appareil de leur puissance, ajoutaient à la pompe de cette procession.

Statistique des missionnaires protestants à Ning-po.

Il y a cinq ans, on comptait dans Ning-po dix-sept missionnaires protestants, envoyés comme il suit :

Trois par la société des missions de l'Église anglicane;
Trois par la société d'évangélisation chinoise;
Onze par la société des États-Unis.

Au nombre des missionnaires les plus recommandables qui soient venus dans ce pays, on doit compter M. Milne, dont nous avons déjà cité l'ouvrage, *Real life in China*, imprimé à Londres en 1858. Ce livre a pour but de prouver que les mœurs, les coutumes, les qualités des Chinois, comparées aux qualités, aux coutumes, aux mœurs européennes, s'en éloignent beaucoup moins qu'on ne le croit communément. Citons encore avec plus d'éloges le révérend Mac-Gowan, médecin-missionnaire des États-Unis, auteur d'un courageux mémoire contre les méfaits et les crimes des étrangers sur les côtes de la Chine : je reviendrai sur les faits qu'il a révélés et qui sont d'une extrême gravité.

Les bonzes de Ning-po.

La majorité des bonzes est tirée des plus basses classes de la société. Souvent de jeunes garçons ayant perdu leur père sont vendus aux prêtres de Bouddha par quelque veuve sans ressources, pour un peu d'argent; souvent aussi des enfants sont vendus par le père et la mère, quand ils se trouvent trop pauvres pour les élever. Cinq bonzes étant questionnés sur l'âge auquel ils étaient entrés dans le noviciat de leur profession, répondirent : un premier, à six ans; un deuxième, à huit ans; un troisième, à neuf ans; un quatrième, à douze ans; un cinquième, à quatorze ans.

Les prêtres de Bouddha ne mangent que du maigre; mais, pour se donner un vernis mondain, ils font accommoder leurs végétaux sous les apparences les plus variées de grosse viande et de gibier. Quel malheur pour le révérend missionnaire anglican, né dans le pays qui savoure avec délices et le *roast-beef* et le *beef-steak!* les bouddhistes, croyant lui plaire, lui servirent ces mets succulents *transformés en végétaux :* ce qui le révolta profondément. Il résolut de se venger en vrai dissident; il voulut jouer pièce contre pièce au supérieur du couvent bouddhique dans l'enceinte duquel il s'était logé, et qui l'osait traiter en disciple de Pythagore! L'amateur de la *Vie réelle*, non pas en Chine mais en Albion, fit accepter à son hôte un véritable jambon, *ham*, saupoudré de pelures de pain et couronné de lauriers-roses, seules parties végétales d'un mets qui fut probablement trouvé parfait sur la table des ministres de Bouddha. Le tour était gai; néanmoins je voudrais savoir, s'il existe des casuistes anglicans, comment ils jugent un de leurs ministres qui fait pécher un bouddhiste contre sa croyance bouddhique : la simple morale n'oserait pas louer cette action.

Couvent des bonzesses à Ning-po.

Soit inconstance ou peu de satisfaction, le révérend M. Milne quitte le couvent des bonzes pour prendre un appartement chez les bonzesses, lesquelles bientôt lui plaisent moins encore.

La distorsion des pieds féminins étant un luxe à la Chine, les nonnes ont le bon esprit d'en être moins ambitieuses que de damas ou de satin. Elles respectent, par modestie, cette beauté de la nature; c'est un des côtés les plus tolérables de leur institution.

Les nonnes bouddhiques ne prononcent qu'à seize ans des vœux irrévocables. Auparavant, quoique novices, elles portent la queue chinoise; mais, à l'instant où leurs vœux sont prononcés, leur tête est complétement rasée, comme celle des religieuses catholiques.

La Notre-Dame des Chinois, patronne des bonzesses.

Ces religieuses avaient pour patronne LA DÉESSE DE LA MERCI, *Kouan-yin.* On la représente assise avec un enfant dans ses bras. Cette divinité des miséricordes est une des plus invoquées dans les souffrances du peuple; elle est particulièrement l'objet des prières adressées par les femmes, surtout dans les douleurs de l'enfantement. C'est peut-être pour cela que cette Lucine chinoise est représentée tenant dans ses bras un jeune enfant nu : on dirait une sainte Vierge.

Dans le seul département de Ning-po l'on ne compte pas moins de trente couvents de femmes et de trois cents bonzesses. Leurs congrégations sont recrutées avec des enfants plus jeunes encore que les néophytes du sexe *masculin.* La nécessité fait descendre jusqu'à des néophytes à peine sorties du berceau.

Des saintes bonzesses qui font office de directeur auprès des dévots masculins.

Ce qu'il y a de curieux, c'est que les dames bonzesses

font office de directeur non-seulement auprès des femmes,
mais encore auprès des hommes. Cela n'a-t-il pas lieu
parfois avec quelque danger pour la grave directrice et
pour le mondain dirigé, quand, pour comble de malheur,
l'un est jeune et l'autre belle?

Jugement sévère prononcé par un anglican.

Il faut entendre le révérend missionnaire anglican prononcer sur les religieuses du Céleste Empire sa sentence
définitive, dont nous lui laissons la responsabilité. « Comme
les prêtres mâles de Bouddha, elles ne sont pas respectées
par le peuple; elles sont, assure-t-il, détestées pour leurs
débauches; elles sont redoutées pour *le mauvais sort* qu'on
les suppose capables de jeter sur le destin d'une famille
entière par leur commerce avec les esprits invisibles. Dans
la persuasion du commun peuple, rencontrer une bon-
zesse en passant dans la rue est d'un funeste présage. »

Les mandarins en action dans le département de Ning-po.

Au milieu des accusations si multipliées contre la corruption des fonctionnaires, nous croyons devoir présenter
comme peinture de mœurs, et de mœurs toutes récentes,
la conduite simultanée d'un bon et d'un mauvais mandarin. On verra quelle récompense l'estime publique
réserve encore à la vertu et quels châtiments la vindicte
populaire ne craint pas d'infliger au vice.

Le bon mandarin.

A Ning-po résidait un préfet chargé d'administrer plusieurs millions d'hommes, dans la fertile et riche province

de Tche-kiang : c'était le respectable et bon Koung-chou.
Par son mérite, il avait atteint l'un des hauts degrés du
mandarinat. Il n'était pas seulement équitable envers ses
administrés ; à la justice éclairée qu'il devait à son instruction il ajoutait la bienveillance, cette lumière que
le cœur ne reçoit d'aucun professeur. Il était bon sans
oublier sa dignité et sans tomber dans la faiblesse ; à la
ville et dans les campagnes, ses vertus obtenaient le
respect et l'amour de ses administrés.

Pendant la première guerre contre les Anglais, il avait
rempli de hautes fonctions ; il avait préparé et dirigé les
travaux de défense pour le port de Ting-haï, dans l'île de
Chousan. Mais, hélas ! il n'est de fortifications et de batteries imprenables que celles dont les défenseurs consen-
tent à tenir sur les remparts et, s'il le faut, à mourir sur
leurs canons : tels sont rarement les Chinois du xixᵉ siècle.
Aussi, lorsqu'en 1841 les Anglais attaquèrent la capitale
maritime de Chousan, les batteries et les remparts, écra-
sés par un feu savamment dirigé, furent pris d'assaut et
sans résistance opiniâtre.

La proscription.

L'orgueil du Gouvernement impérial chercha quelque
temps une excuse à cette défaite ; il se souvint que les
fortifications et les batteries si promptement emportées
étaient un ouvrage exécuté sous l'autorité supérieure de
Koung-chou, qui ne les avait pas rendues imprenables !
La perte du bon mandarin devint dès lors inévitable. On
commença par lui retirer sa préfecture de Ning-po, et ses
honneurs, et son rang d'un ordre très-élevé, pour le
ravaler au-dessous du dernier grade. En même temps,
on le traduisit au Conseil des châtiments ; dans un pareil

cas, ce Conseil ne sait prononcer qu'une sentence, et c'est la peine capitale.

Après la perte de Chousan, l'infortuné Koung-chou, prévoyant l'avenir, avait deux fois tenté de se donner la mort; deux fois ses amis, qui veillaient sur sa personne, l'avaient sauvé de son désespoir.

Il reçut bientôt la nouvelle du malheur qui le menaçait. Peu de jours auparavant, il avait accueilli gracieusement le révérend M. Milne, dans le sein duquel il versait cette plainte amère et trop fondée : «Ah! nous autres officiers de l'empire du Milieu, que nous sommes infortunés! Trois fois heureux, au contraire, sont vos peuples et vos princes, avec des lois justes qui, pour vous tous, sont le salut!» Il parlait ainsi dans l'attente de sa condamnation finale et si peu méritée.

Cependant les habitants de Ning-po ne s'étaient pas endormis sur le péril du vertueux fonctionnaire qui les avait rendus heureux en les administrant plusieurs années. Ils avaient adressé leurs supplications au vice-roi de leur province, afin qu'il intervînt en faveur du proscrit; le vice-roi s'était entremis pour sauver un magistrat à ce degré chéri dans son malheur, et n'avait pas réussi. De leur côté, les officiers, les marchands et les propriétaires de Ning-po avaient ouvert une large souscription dans le dessein de racheter tant d'infortune auprès d'un pouvoir où presque tout s'achète au poids de l'or, même l'équité! Un ordre venu de Pékin avait interdit cet élan de la générosité publique. Dès lors tout le monde avait regardé Koung-chou comme une victime irrévocablement vouée à la destruction.

Le salut inespéré.

Heureusement les vicissitudes des combats avaient

naguère fait tomber entre les mains du préfet de Ning-po
des dames anglaises et des prisonniers de la même nation; il avait traité les premières avec le respect qu'on
doit au sexe faible et les derniers avec la bonté qu'on doit
au malheur. Dès l'instant où des négociations étaient
devenues possibles entre la Chine et l'Angleterre, le bienveillant Koung-chou s'était prononcé pour la conciliation
et pour la paix la plus prochaine : aussi l'armée britannique avait-elle à son égard les mêmes sentiments que le
peuple chinois. De là devait sortir le salut.

Tous les recours épuisés, le bienveillant missionnaire
veut à son tour servir son ami du Céleste Empire. Il se
fait remettre une pétition des habitants, adressée au plénipotentiaire anglais qui venait d'obtenir la paix, et la
transmet à ce diplomate. Sir Frédéric Pottinger répond
qu'il n'a pas besoin d'une telle pétition pour s'intéresser
et pour agir en faveur de Koung-chou, dont il apprécie
le mérite et connaît la vertu. Devant une si haute intervention, l'autorité suprême de Pékin daigne faire au
préfet destitué grâce définitive de la vie, mais rien de
plus. Il restera pendant sept ans disponible pour remplir
le dernier des emplois possibles, à titre de punition.

Le fonctionnaire ainsi disgracié vécut à Ning-po dans
la simplicité calme et digne d'un abaissement immérité.
Il resta chéri, vénéré de la ville entière, comme en Occident ont pu vivre peu de préfets, dans la multitude infinie
de ceux qu'ont renversés les abatis illimités de nos révolutions.

Un mauvais mandarin; révolte du peuple et ses conséquences.

Le temps réservait à tant de malheurs une réparation
imprévue et glorieuse. On avait remplacé Koung-chou par

un autre mandarin qui n'était guère soucieux d'une popularité si peu fructueuse. Bientôt une mauvaise récolte
vient désoler un de ses arrondissements. Loin de distribuer au peuple les secours qui dans pareil cas sont
accordés par la munificence impériale, il exige impitoyablement des pauvres cultivateurs les mêmes contributions
que si la disette n'eût pas réduit les paysans à la misère;
ceux-ci refusent un payement impossible. Contre eux
aussitôt marchent des soldats, préfet en tête. Les soldats
sont battus et les mandarins qui les guidaient faits prisonniers, y compris le préfet concussionnaire; celui-ci
tremble pour ses jours.

Au fort du conflit apparaît l'ancien fonctionnaire. Il est
semblable à cet homme, grave par ses mérites et sa piété,
que Virgile invoque au nom d'un hasard fortuné[1] pour
s'interposer entre l'émeute et l'autorité méconnue. A la
seule voix de l'ancien magistrat dont le souvenir est resté
dans tous les cœurs, l'insurrection s'apaise et le peuple met
bas les armes. Que les vainqueurs rendent à Koung-chou
les mandarins et les soldats capturés, il promet d'obtenir
que l'impôt accablant ne sera pas exigé; il attendrit les
cœurs, et les révoltés croient à sa promesse.

Le ministère impérial, qui tremble toujours à la seule
pensée d'un soulèvement populaire, s'empressa de faire
droit à la parole de Koung-chou; en sa faveur il fit davantage. Pour le récompenser d'avoir rendu le service que la
cour de Pékin apprécie au delà de tout autre, l'apaise-

---

[1] Ac veluti magno in populo cum sæpe coorta est
  Seditio, sævitque animis ignobile vulgus;
  Jamque faces et saxa volant, furor arma ministrat;
  Tum pietate gravem ac meritis, si forte virum quem
  Conspexere, silent, arrectisque auribus adstant:
  Iste regit dictis animos, et pectora mulcet.

Æneid. lib. I.

ment d'une insurrection, le souverain lui restitua non-
seulement les honneurs et le rang dont il avait été privé,
mais l'administration supérieure de Ning-po.

*Conséquences tirées sur le personnel des administrateurs actuels
de la Chine.*

Tirons de ce récit quelques enseignements. L'administration tartare a des lois militaires impitoyables au
malheur, et qui ne pardonnent qu'au succès. Mais ces
lois, bonnes dans les combats entre les peuples de l'Asie
dont les armes sont égales, ne sauraient convenir à des
troupes qui sont énervées par un siècle de stagnation
pacifique et par un long relâchement de la discipline;
elles sont le comble de l'injustice, à présent que l'armée
chino-tartare est incapable de rien opposer non-seulement à la supériorité de la bravoure européenne, mais
à l'excellence des armes, mais à la science militaire, qui
rendent aujourd'hui les Occidentaux irrésistibles. Si l'on
veut arrêter la chute d'un État déjà si près de sa ruine, il
faut reprendre en sous-œuvre l'organisation, l'armement,
la stratégie et le moral des troupes du Céleste Empire.

Une autre réflexion s'offre d'elle-même. Pour qu'un
homme aussi capable, aussi droit, aussi sage que Koung-
chou puisse arriver par son mérite aux emplois les plus
élevés, il faut donc que la vertu soit encore en Chine une
chose révérée! Par conséquent, on calomnie cet empire
lorsqu'on le dépeint comme la proie universelle de la
vénalité, de l'injustice et de l'imbécillité!

Contraste frappant : lorsque la capacité, jointe à la
bonté, vertu charmante de Koung-chou, l'élevait sur l'é-
chelle des honneurs, la rude, l'implacable intégrité d'Yeh
l'élevait aussi par le mérite; Yeh, dont nous parlerons,

sauvait peut-être l'empire en écrasant avec ses mains de fer l'insurrection dans les provinces dont elle fut le berceau.

Mais ce service rendu, si le Gouvernement chinois avait confié la vice-royauté de Canton à des vertus conciliantes comme celles de Koung-chou, les Anglais, j'ose l'espérer, auraient été fléchis par un magistrat dont ils avaient éprouvé les bienfaits, d'un magistrat auquel eux-mêmes avaient sauvé la vie. La dernière guerre, en ce cas, n'aurait pas eu lieu; or, qui peut dire si les nouvelles défaites de la dynastie tartare ne seront pas le signal de sa perte irrévocable?

Il est temps de quitter la province de Tche-kiang; continuons notre route sur les côtes.

Province de Fo-kien.

Population en 1812.......... 14,777,410 habitants.
Superficie.................. 13,850,750 hectares.
Habitants par mille hectares... 1,068 habitants.

Cette population, comme on le voit, est beaucoup moins condensée que celle du Tche-kiang. Le pays est montueux; il n'offre plus ces plaines, si vastes et si fertiles, qu'on trouve dans le bassin du Grand fleuve.

Et pourtant le Fo-kien nourrissait dès 1812 plus d'habitants que n'en nourrit aujourd'hui la Grande-Bretagne pour un même territoire!

Le pays produit le mûrier, et l'on y récolte la soie en abondance. Il faut surtout remarquer la vaste étendue des collines couvertes d'arbrisseaux à thé : ce sont les monts *Bohées*, lesquels ont donné leur nom à l'une des espèces de thé que les Européens consomment en plus grande quantité.

Un certain nombre d'industries prospèrent dans le Fo-kien : par exemple, la fabrication de ce papier de riz qu'on fait avec le bambou et d'autres papiers dont la pâte est empruntée à l'écorce du mûrier.

La céramique grossière produit d'énormes quantités de briques, de tuiles et de poteries communes, qui ne servent pas seulement à satisfaire les besoins locaux; on les transporte par mer dans les autres provinces.

TROISIÈME PORT OUVERT AUX ÉTRANGERS : FOU-TCHEOU-FOU.

Voici l'un des cinq ports que les traités de 1842 déclarent ouverts au commerce étranger.

Ce port n'est pas au bord de la mer, mais à plusieurs lieues de l'embouchure et sur les bords du fleuve Min, dont la navigation est difficile.

Latitude. . . . . 26° 2′ 14″
Longitude orientale. . . . . 117° 7′ 30″

Parmi les ports intérieurs accessibles aux navires de l'Océan, Fou-tcheou-fou est le plus important qu'offre la province de Fo-kien. Cette province, vraiment maritime, est justement renommée pour le courage et le nombre de ses matelots; ils se partagent entre la pêche de mer, le cabotage sur le long littoral de l'empire et la navigation extérieure, depuis les ports du Japon et des Philippines jusqu'à ceux des îles de la Sonde.

En aspirant à la libre entrée de Fou-tcheou-fou, les Anglais espéraient y créer un grand commerce; mais leur attente n'a pas été satisfaite. Jusqu'à ce jour, ils sont loin d'avoir ouvert des communications très-actives entre l'Europe et ce marché.

Les états officiels publiés en 1859 vont nous permettre

de bien caractériser pour ce port la navigation et le commerce, qui prendront quelque jour peut-être un vaste développement.

PROGRÈS DE LA NAVIGATION BRITANNIQUE À FOU-TCHEOU-FOU.

ANNÉES.	NAVIRES BRITANNIQUES.	TONNAGES TOTAUX.	TONNAGE MOYEN par navire.
1846............................	2	494	247
1851............................	7	798	112
1852............................	13	1,501	113
1853............................	47	4,568	96
1854............................	81	8,044	99
1855............................	171	23,761	130
1856 (paix).....................	202	25,347	125
1858 (guerre)...................	125	18,553	148
Totaux............	648	83,066	128

Je ferai remarquer qu'une capacité moyenne de 128 tonneaux de 1,000 kilogrammes appartient presque entièrement *au cabotage asiatique*. Le commerce n'oserait pas exposer d'aussi petits bâtiments aux longs et dangereux voyages opérés entre l'Europe et la Chine par le cap de Bonne-Espérance.

Dans le même temps, à l'égard de l'Europe, nous trouvons que la Hollande, le Danemark, Hambourg et Brême offrent réunis 44 navires, jaugeant 88,000 tonneaux : ce qui représente 200 tonneaux par navire de capacité moyenne.

L'ensemble des bâtiments étrangers entrés dans le port

de Fou-tcheou-fou ne s'est élevé, pour 1856, qu'à 268 navires, jaugeant en somme 46,619 tonneaux.

Nouvelle importance donnée à Fou-tcheou-fou par le commerce
des thés.

Chose étrange! les thés destinés à l'étranger et que fournit le Fo-kien n'étaient pas envoyés à Fou-tcheou-fou, port le plus voisin des lieux de production; ils étaient transportés par une route longue et détournée, en partie montueuse, en partie fluviale, qui conduit au port de Canton.

Cependant, à l'époque où la grande rébellion sortie des provinces occidentales envahissait le cœur de l'empire, une maison américaine, animée d'un vrai génie commercial, entrevoyait un rôle nouveau pour le port de Fou-tcheou-fou; elle avait deviné les graves difficultés qu'allait éprouver l'envoi des thés à Canton par la voie longue et menacée que nous venons de signaler. Elle entreprit de les faire arriver à la mer en suivant la route désormais la plus sûre, et qui se trouvait être la plus directe : elle réussit à merveille. Avec une économie considérable, elle fit arriver par la nouvelle voie de grandes quantités de thé, lesquelles furent chargées à Fou-tcheou-fou pour les États-Unis. Cette spéculation hardie, mais dirigée avec une rare intelligence, ajouta beaucoup à la fortune de la puissante maison qui l'avait conçue.

Pour obtenir de tels résultats, cette maison avait choisi des agents chinois *dignes d'estime;* elle leur avait confié des sommes importantes, afin qu'ils allassent dans les monts, au-dessus de la vallée du Min, faire aux cultivateurs de nombreuses avances, développer ainsi la production des thés et procurer des récoltes de plus en plus considérables. L'intelligence des planteurs et la probité des envoyés indigènes concoururent au succès.

Les négociants des États-Unis ont été bientôt après imités par les marchands britanniques.

Descente et commerce des bois.

Un commerce plus ancien, et toujours très-considérable, est celui des bois. D'énormes radeaux, composés de pièces de charpente, descendent le Min jusqu'à Fou-tcheou-fou. Là, ces pièces sont chargées sur des jonques; puis on les conduit dans les principaux ports maritimes, en remontant vers le nord jusqu'au golfe du Pé-tchi-li.

Le bois convoyé de la sorte est une espèce de pin qui couvre à Fou-tcheou-fou de vastes chantiers. Pour l'expédier par voie de mer, on l'embarque tout débité, soit en poutres, soit en madriers, comme bois de constructions ou civiles ou navales. Non-seulement l'intérieur des jonques est rempli de ces pièces; mais avec de forts cordages on attache en dehors et par longues dromes, depuis la proue jusqu'à la poupe, des masses de ces poutres et de ces madriers, ce qui triple presque la largeur du navire. Avec un tel système de chargement, il est prudent de rester toujours assez près de la côte; il faut se tenir à portée d'atterrir quand la tempête menace et quand les lames de la mer deviennent trop redoutables.

Industrie et commerce des métaux.

Dans le port que nous étudions en ce moment, on envoie des îles Lou-chou beaucoup de cuivre tiré du Japon. De nombreuses boutiques offrent ces cuivres ouvrés par les Chinois sous toutes les formes d'ustensiles et d'instruments; on y voit, entre autres, beaucoup d'instruments musicaux appelés *gongs*. Les mines du Fo-kien envoient au même marché des quantités considérables de fer et d'autres métaux.

Le fleuve Min.

Le fleuve Min, si précieux pour le commerce, présente en grand nombre des obstacles et des dangers dans sa partie supérieure; il en présente aussi de redoutables à son embouchure. Le navigateur qui le remonte jusqu'à Fou-tcheou-fou rencontre fréquemment des écueils et des bancs de sable dont la position n'est pas constante. Malgré l'intérêt pressant du commerce, l'art n'a rien fait jusqu'ici pour obvier à ces dangers de la nature.

Lors de la première guerre avec les Anglais, les Chinois avaient bâti des forts et construit des batteries sur les rives du Min, dans les positions les plus favorables à la défense; ils avaient obstrué par des blocs de rochers la partie du fleuve la plus voisine de Fou-tcheou-fou, dans l'espoir d'arrêter les navires britanniques; ils avaient mis en batterie de nombreux canons sur les deux rives. Ils ignoraient combien peu de pareilles difficultés arrêteraient une marine européenne.

Le pont des Dix mille années.

Au point où finit le port maritime, à Fou-tcheou-fou, le fleuve Min est traversé par un pont célèbre pour sa grandeur. Le nom qu'il a reçu semble attester, quoique avec un excès d'hyperbole, une très-haute antiquité : on n'a pas craint de le nommer le pont *des Dix mille années*.

Sa longueur, dit-on, n'est pas moindre de 600 mètres; faisons remarquer sa structure monumentale.

Il présente cinquante piles en maçonnerie, portant
d'énormes tables de granit qui vont d'une pile à l'autre;
c'est ainsi qu'ils remplacent les arches de nos ponts. Pour
la difficulté de poser des matériaux aussi gigantesques et
pour la solidité, démontrée par le temps, cette construction fait honneur aux anciens ingénieurs de la Chine.

Faubourgs nautiques et ville de Fou-tcheou-fou.

A proprement parler, ce sont les faubourgs, et non pas
les quartiers de la cité, qu'on voit s'étendre aux bords du
Min; ils sont bâtis sur des terrains bas que le fleuve inonde
lors de la saison des grandes pluies. La ville est au nord, à
près d'une lieue du pont des Dix mille années. Elle est entourée de remparts de premier ordre, comme il convient
au chef-lieu d'une province honoré du titre de *fou* : titre
qui signifie, suivant les cas, le père, le chef d'une famille,
ou la cité capitale d'un territoire départemental.

La population.

On n'élève pas à moins de cinq cent mille âmes les
habitants réunis de la ville et de ses vastes faubourgs. Cette
population est turbulente, et prend place immédiatement
après celle de Canton dans sa haine de l'étranger. Elle se
montre à la fois pleine d'activité et de résolution; elle a
beaucoup d'industrie et tire un habile parti de ses capitaux.

Les banques de Fou-tcheou-fou.

Des banques nombreuses sont établies à Fou-tcheou-fou.
Leur papier suffit à tous les usages monétaires. Les habitants
le préfèrent même aux *dollars* : tant est grande la con-

fiance qu'il inspire. Pour satisfaire aux besoins de tous les
degrés, il y a des billets en circulation qui ne valent pas
tout à fait *deux francs;* il en est d'autres dont la valeur
est fort élevée.

Aimable luxe des femmes.

Les habitantes de Fou-tcheou-fou montrent dans le
choix de leur parure un goût simple et gracieux, préférable à celui des parties septentrionales de l'empire.

Les femmes et les jeunes personnes de toutes les conditions se plaisent, encore plus que dans les autres provinces, à couronner leur tête avec les plus charmantes
fleurs.

Les classes inférieures, moins raffinées à la campagne
ainsi que dans la cité, préfèrent les couleurs éclatantes et
surtout le rouge écarlate; les femmes d'une classe plus
élégante choisissent les nuances délicates, les couleurs
tendres et le blanc velouté.

Par un raffinement plus contestable, un certain nombre
de belles Chinoises préfèrent déjà les fleurs artificielles au
charme plus doux, mais plus passager, des fleurs données
par la nature; elles se rapprochent, en cela, des beautés
européennes.

Le pays qui s'étend autour de Fou-tcheou-fou semble
être, par excellence, le grand jardin des camellias dans
l'empire des fleurs; là, leur culture est parfaite, et leur
éclat, comme leur grandeur, est admirable. Là, beaucoup d'autres fleurs propres à la Chine, et dignes d'admiration, sont également propagées avec succès; on cultive
en particulier avec abondance le jasmin à senteur douce
et suave, dont les riches couvrent leurs tables et dont
les dames élégantes parent leurs chevelures.

On cultive aussi, pour leurs parfums variés et puissants, certaines fleurs telles que l'aglaïa odorata, sans compter la fleur par excellence empruntée à l'oranger. Nous avons vu qu'on les emploie pour procurer en même temps au consommateur deux sensations dont la suavité s'allie, par le goût et l'odorat, afin d'obtenir les thés les plus délicieux.

C'est surtout quand on arrive au voisinage de la zone torride que le parfum des fleurs acquiert la puissance nécessaire à cet usage; or la province de Fo-kien, par son extrémité méridionale, atteint le 23ᵉ degré de latitude, degré qui fait partie de cette zone.

Vallée du Min, qui conduit aux districts à thé du Fo-kien.

En visitant le pays dont le centre est Fou-tcheou-fou, on parcourt des vallons et des coteaux où l'habitant cultive la canne à sucre, le riz, le tabac, le gingembre. A mesure qu'on s'élève, la terre diminue de fertilité pour les cultures ordinaires.

Les districts à thé sont situés à des hauteurs de 600 à 1,000 mètres au-dessus de la mer. Les coteaux sur la pente desquels on plante l'arbrisseau qui procure ce feuillage précieux n'offrent pas un terroir de la plus riche nature; ils donnent cependant une récolte abondante et lucrative.

Dans les montagnes Bohées, M. Fortune trouve que l'arbrisseau qui produit le thé est absolument de même espèce que dans les contrées plus avancées vers le nord; c'est la même plante, appelée par les botanistes *thea viridis*, avec laquelle on fabrique et les thés verts et les thés noirs, comme nous l'avons expliqué. Ainsi, la différence que les Européens remarquent dans la couleur, le goût et l'arome des deux grandes variétés de la même boisson, cette différence provient non pas de la plante, mais des procédés de préparation.

QUATRIÈME PORT OUVERT AUX ÉTRANGERS : AMOY.

Sans quitter les côtes du Fo-kien, si l'on avance de trente lieues à l'ouest de l'embouchure du Min, on découvre une baie large et profonde, baie rendue plus sûre par l'*île d'Amoy*, laquelle protége un mouillage aussi vaste que bien abrité.

A proximité de l'île d'Amoy, sort du sein des eaux l'îlot ou rocher granitique de *Ko-long-siu,* qui contribue à rendre encore plus paisibles les eaux du port d'Amoy.

Les Anglais n'ont évacué cet îlot qu'en 1846, après l'accomplissement final des conditions du traité conclu quatre années auparavant. Ils commandaient de là le port et la ville, dont la population est hardie, turbulente, indomptable.

On ne donne pas à l'île d'Amoy plus de quatre lieues de circuit; on évalue la population du chef-lieu à deux cent mille âmes. Cette ville n'est pourtant classée qu'au troisième et dernier rang.

L'île d'Amoy, surtout dans la partie du levant ainsi qu'au nord-est, est sujette aux fièvres, au choléra; le danger des épidémies redouble quand règne la mousson du sud-ouest : il en résulte une grande mortalité. Comme on peut le remarquer, beaucoup d'autres parties de la Chine sont loin d'être à citer pour l'excellence du climat; cependant cette insalubrité n'empêche pas l'étonnant progrès de la population, dont nous avons expliqué avec tant de soin le phénomène.

Commerce d'Amoy : l'opium.

Dans Amoy, les jonques apportent des produits de l'Océanie, dont Singapore est le lieu d'achat; les Anglais et les Yankies apportent des tissus de coton britannique, indien, américain, et de l'*opium*.

«Depuis 1845, époque de l'arrivée du consul d'Angleterre, dit l'Anglais M. Fortune, les navires européens qui s'adonnent à la contrebande, les *opium-ships*, ne sont plus établis dans l'intérieur du port: la pudeur publique y met obstacle. Il leur suffit de stationner, mouillés sur leurs ancres, précisément à la limite du port. En cet endroit, les contrebandiers chinois les abordent avec une parfaite impunité. »

L'intérieur de la ville est d'une saleté révoltante, et l'odorat est offensé par d'infâmes exhalaisons. Suivant un usage indispensable pour les cités méridionales, pendant une grande partie de l'année, les rues, généralement étroites, sont abritées par des nattes suspendues : on intercepte ainsi les rayons d'un soleil brûlant.

A tous les coins de rue et sur les places, des boulangers et des cuisiniers ambulants sont à l'œuvre pendant le jour et vendent au peuple des aliments économiques.

Les navigateurs d'Amoy et du Fo-kien en général.

C'est ici le centre naval de ces audacieux marins du Fo-kien, bons navigateurs, pirates déterminés et bravant les défenses officielles de s'éloigner du pays. Ils sont toujours prêts à chercher fortune hors du Céleste Empire, à Singapore, à Batavia, à Manille, en Australie et jusqu'en Californie, où nous les avons signalés; mais ils sont aussi toujours prêts à rentrer dans leur patrie, dès qu'ils ont acquis, à force d'économie, un modeste capital.

Caractère des émigrés d'Amoy et du Fo-kien : envoi de leurs économies.

Remarquons avec soin les contrastes du cœur humain. Ces habitants du Fo-kien, qui sur la mer deviennent si facilement des pirates sans conscience, eux qui doués d'un caractère aventureux émigrent si volontiers, et qui n'ont certes pas toujours une rare délicatesse à l'égard des barbares chez lesquels ils vont gagner de l'argent, ce ne sont plus les mêmes hommes dans leurs rapports mutuels quand ils sont à l'étranger ; ils offrent alors de nombreux exemples d'une parfaite probité. Cela se remarque surtout lorsqu'il faut accomplir l'œuvre d'un généreux et tendre amour de la famille.

Ils s'efforcent d'amasser une petite fortune, et la rapportent ensuite au sein de la patrie qu'ils chérissent. Ce n'est pas tout : pendant l'émigration, ils envoient une part de leurs économies pour secourir leurs parents et leurs enfants. Moyennant une faible rétribution, un de leurs compatriotes, *dont la probité est éprouvée*, recueille ces épargnes, pour les faire passer par une voie sûre et les remettre fidèlement aux familles. On a vu, sur une même jonque, envoyer ainsi de Singapore ou de Batavia jusqu'à 350,000 et 400,000 francs [1].

La fête des Intelligences et des Lettrés.

Au voisinage d'Amoy, parmi les fêtes qu'on célèbre pour honorer la mémoire de Confucius, citons celle que

[1] Jurien, t. I, p. 390.

nous pouvons appeler la fête des Intelligences. Notre sympathique et curieux capitaine Forbes en fut spectateur
pendant son séjour sur les côtes du Fo-kien.

C'était par un beau soir du printemps. Dans un rayon
très-étendu on avait réuni les mandarins de tous les
ordres, auxquels s'étaient adjoints les simples lettrés ayant
acquis au moins leur premier degré par voie d'examen;
ils constituent, au milieu du peuple, la classe éclairée et
polie. Le rendez-vous que la procession devait atteindre
était un temple très-révéré dans la contrée.

Tous les lettrés avaient revêtu leurs plus beaux habits
de fête; ils portaient chacun, élevé dans l'air au bout d'une
lance ornée de fleurs, le simulacre de quelque fruit, de
quelque arbuste, de quelque quadrupède ou de quelque
oiseau. C'était une imitation transparente, illuminée par
une clarté intérieure : on semblait annoncer ainsi que
l'intelligence de l'homme pénètre de sa lumière et qu'elle
soumet à ses lois tout ce qui végète ou respire dans la nature. Les simples lettrés cheminaient, deux par deux, à
pied; les mandarins, plus pompeux, suivaient en palanquins officiels à deux, à quatre, à huit porteurs, suivant
l'importance du personnage. Des joueurs d'instruments
faisaient entendre une musique, sinon d'une grande harmonie pour l'oreille des Européens, au moins éclatante et
joyeuse. La procession n'avait pas moins de cinq quarts
de lieue d'étendue. Tout ce long cortége allait au temple
remercier le sage moraliste fondateur de leurs études, de
leurs examens, de leurs honneurs, et de la puissance gouvernementale, confiée à la supériorité des intelligences.

Voilà des fêtes, si ce n'est religieuses dans le sens
absolu du mot, politiques du moins, et morales, et dignes
d'un grand état civilisé.

Dans une de nos cités placées au centre de la France,

à Auxerre, on semble chaque année parodier cette fête.
Les tambours, les pistons, les clairons de la force armée,
remplacent les lettrés et les mandarins; leurs corps sont
entourés de transparents imitant aussi des plantes et d'autres
objets. Leur procession se borne à battre la retraite à
travers la ville au milieu de mille enfants, afin d'annoncer
l'illumination, le feu d'artifice : et ce spectacle cause une
indicible gaieté. En France, on ne concevrait pas de fête
sans soldats, au moins déguisés; leur politesse et leur
popularité, l'ordre et la gravité de leur maintien, con-
trastent avec l'abandon joyeux des spectateurs.

La fête populaire et nocturne.

La solennité la plus grave une fois accomplie par les
lettrés du Fo-kien, le peuple à son tour avait sa fête, toute
à l'ivresse de la joie. A peine minuit arrivait, le mandarin
chargé de la suprême autorité faisait donner le signal par
un coup de canon. Tous les tamtam, tous les instruments
sifflants, sonnants et contondants, et les chapeaux chinois
à clochettes, attaquaient l'atmosphère. Leurs sons étour-
dissants s'unissaient au sifflement des fusées, et surtout à
la détonation des pétards, sans lesquels il n'est pas de
fête, pas de plaisir chez les Chinois; on les lançait de toutes
parts avec autant de profusion que les Romains du Corso
lancent leurs dragées dans leurs jours de saturnales. La
ville entière était illuminée par des guirlandes aux mille
lanternes, avec des transparents fantastiques. Les dames
les plus élégantes, spectatrices elles-mêmes de la fête dont
elles formaient le plus charmant spectacle, étaient groupées sur des estrades richement ornées, en avant de chaque
maison opulente. Les beautés indigènes portaient leurs
plus brillants joyaux; les fleurs les plus propres à faire

contraste couronnaient leurs noirs cheveux, relevés et
retenus par de grandes aiguilles d'or; sur le fond mat de
leur pâle carnation, leurs sourcils, leurs cils et leurs
yeux le disputaient en éclat à l'ébène brillant de leur chevelure. Elles se montraient drapées avec leurs soieries variées et splendides et leurs écharpes ondoyantes en vapo-
reux crêpe de Chine. Tout cela donnait à la fête un air
incroyable d'opulence nationale et de gracieuse beauté.
Ajoutons, comme la plus naturelle et la plus charmante
magie, cette bonne humeur intarissable, et ces cris, et
ces chants, et ces rires bruyants si propres aux nations
méridionales : en un mot, ces élans d'une joie populaire
sans laquelle il n'est pas de vraie fête sur la terre.

L'ÎLE DE NAMOA.

Lorsqu'on part d'Amoy pour avancer vers l'occident, à
quarante lieues de distance, on trouve l'île de Namoa, en
avant de l'embouchure d'une rivière assez considérable au
bas de laquelle est la ville maritime de *Tchao-tcheou*. La
position de cette île est éminemment favorable au commerce frauduleux de l'opium. Cette île, longue de sept
lieues, est peuplée de Chinois trop voisins de l'état primitif; j'ai peine à croire ce qu'on affirme, qu'ils vont complétement nus, comme les plus sauvages des sauvages.

Aux abords de Namoa, les navigateurs européens, contrebandiers d'opium, ont établi l'une de leurs stations. On
dirait que l'île appartient à ces hardis fraudeurs. Sans respect pour le traité de 1842, ils ont occupé le territoire
comme s'ils en étaient les souverains; ils ont ouvert des
routes, sans autre utilité que celle de s'y promener à cheval. Sur le littoral, auprès des étables qu'ils ont bâties
pour les petits chevaux ou poneys destinés à leurs excur-

sions joyeuses, ils ont construit une grande taverne ou
tabagie; c'est leur pied-à-terre, quand chaque soir ils
débarquent à l'heure de la fraîcheur. Pour apprécier ce
plaisir, il suffit de faire remarquer que l'île de Namoa,
déjà sous la zone torride, est un peu plus rapprochée de
l'équateur que le tropique du Cancer.

Lorsque l'on voit agir de la sorte ces étrangers sans
peur et sans souci, on dirait les seigneurs de l'île. Des
centaines de barques chinoises pullulent autour de leur
station, pour l'approvisionner en comestibles; elles apportent leurs produits dans une espèce de bazar, à côté
de l'embarcadère britannique. Si, pour un motif quelconque, les navires contrebandiers vont stationner aux
abords d'une autre partie de l'île, la flottille chinoise en
masse accourt au nouveau rendez-vous; elle y transporte
son bazar avec ses comestibles, et le petit village de ces
fournisseurs ambulants s'élève au nouveau rendez-vous,
laissant le premier désert.

En 1846, le Gouvernement chinois parut enfin s'offen-
ser qu'on fît invasion sur son territoire; il se plaignit qu'on
osât y pratiquer des routes, y bâtir des maisons, des débits
publics, etc. On avait remplacé l'amiral chinois du port
d'Amoy, dont l'insouciance coupable avait souffert de telles
usurpations, et c'était le nouvel amiral qui transmettait
ces plaintes animées. Le gouverneur de Hong-kong, ayant
reconnu la légitimité des griefs, éprouva le besoin d'exprimer un blâme; il *blâma,* mais ce furent les autorités
chinoises. Il leur reprocha d'avoir si longtemps souffert
de tels abus sans porter plainte; il demanda *six mois* pour
avoir le temps de faire respecter le territoire violé. Le
commandant chinois des forces de mer, considérablement radouci par quelques caisses de vins et de spiritueux,
finit par trouver suffisant qu'on abattît la taverne de

Namoa, sans discontinuer pourtant les débarquements
ni les courses, ni, bien entendu, la contrebande[1].

Soua-tou, nouveau port ouvert aux étrangers.

L'île de Namoa se trouve en avant d'un golfe sur le
rivage duquel, à l'ouest, s'élève la ville de *Soua-tou.* Cette
ville présente une position qui convient beaucoup au
commerce de cabotage; sa rade, excellente, offre un point
avantageux de relâche.

Sans respecter les limites imposées par le traité de
1842, les Anglais ont voulu fréquenter et même habiter
Soua-tou; ils y possèdent des comptoirs. C'est peut-être
un de ces endroits qui n'ont pas de grandes douanes chinoises et qui sont merveilleusement convenables pour
éluder les lois commerciales du Céleste Empire.

Dans les traités de 1858, on n'a pas manqué d'ajouter le port de Soua-tou à ceux dont l'accès doit désormais
être permis aux étrangers. Depuis les premiers jours de
janvier 1860, les Américains jouissent, par leur traité,
de cet avantage, grâce à leur amour de la paix. Le Gouvernement chinois, voulant traiter tous les Européens
comme la puissance la plus favorisée, leur a de lui-même
ouvert Soua-tou et les autres nouveaux ports spécifiés par
les traités de 1858, quoique ceux-ci ne soient pas ratifiés.

Nous ne quitterons pas la province de Fo-kien sans
dire quelques mots sur sa plus riche dépendance.

ÎLE DE FORMOSE.

L'île belle par excellence, que les Latins et les Italiens

---

[1] *Fortune's two visits to the tea countries of China.*

eussent nommée *Formosa*, que les Portugais appelèrent
Hermosa, située à trente lieues seulement de la province
de Fo-kien, présente presque une moitié de son territoire dans la zone tempérée, et l'autre partie dans la zone
torride. Sa largeur approche de quarante lieues et sa longueur est de cent lieues.

Territoire et population.

Superficie.................... 3,500,000 hectares.
Population.................... 2,500,000 habitants.
Habitants par mille hectares..... 714

La densité de cette population est beaucoup moindre
que celle de la province de Fo-kien dont Formose est une
dépendance et, pour ainsi dire, une colonie. Les capitalistes de cette province, animés par le désir d'étendre
graduellement leurs entreprises agricoles, font passer
dans la belle île leurs industrieux cultivateurs; ceux-ci
défrichent constamment de nouveaux territoires, et ce
progrès donne plus de valeur aux terrains précédemment
défrichés.

Croira-t-on que ce magnifique fleuron du Céleste Empire ne soit pas complétement soumis à la nation chinoise? La seule partie dont la population obéisse aux
lois de la grande patrie est celle qui fait face au Fo-kien
et dont les eaux descendent vers l'occident.

Une race barbare et presque sauvage habite le versant
oriental et l'intérieur de la chaîne de montagnes qui
s'étend du nord au midi. Les principales sommités de
cette chaîne s'élèvent à des hauteurs d'au moins trois
mille mètres, et, quoique situées sous un climat tropical,
elles sont couvertes de neiges éternelles.

Ces montagnes attirent les eaux du ciel, qui descendent par torrents. Lorsqu'elles arrivent dans les plaines, elles fournissent des irrigations dont l'industrie chinoise tire un admirable parti pour les rizières et pour la culture de la canne à sucre.

Tous les produits coloniaux de nos Antilles sont produits avec avantage dans les plaines de Formose; il faut encore y joindre le thé. Les cultivateurs n'en manipulent les feuilles que pour obtenir des thés verts.

Une découverte qui deviendra de plus en plus précieuse date de 1848 : vers l'extrémité nord-est de l'île, on a trouvé du charbon fossile; il n'est encore exploité qu'à la surface du sol, et n'a pas les qualités qu'on peut espérer d'obtenir à certaines profondeurs.

Taï-ouan-fou, port ouvert aux étrangers.

En vertu des traités de 1858, la capitale de Formose, *Taï-ouan-fou*, est au nombre des ports ouverts au commerce étranger.

```
Latitude......................... 23° 34' 48"
Longitude orientale............... 117° 39' 20"
```

Le commerce que feront les étrangers avec Formose pourra devenir considérable; ils demanderont à cette île de la soie, du sucre et beaucoup d'autres produits coloniaux. Qu'ils obtiennent ou non la permission de fréquenter d'autres ports que le chef-lieu de l'île, rien ne pourrait les empêcher d'aller directement à la partie de la côte où l'on trouverait une houille reconnue bonne.

Les Hollandais, en 1624, au temps où leur puissance asiatique était prépondérante, avaient fondé dans l'île de Formose un établissement maritime qui n'a jamais eu beaucoup d'importance.

Progrès de la colonisation et de la civilisation dans l'île de Formose.

C'est seulement en 1683, sous le grand règne de Khang-hi, que la Chine s'est établie en souveraine dans Formose et qu'elle a commencé de peupler cette île avec ses colons. Il va sans dire que les Hollandais n'ont pas pu se maintenir en présence d'un peuple toujours croissant et peu tolérant vis-à-vis des étrangers.

Culture de l'esprit dans l'île de Formose.

Jusqu'à ce jour il ne paraît pas que les Anglais aient conçu quelque désir de posséder Formose, quoiqu'elle soit une île belle à tenter toutes les convoitises.

La colonie n'est pas seulement remarquable pour les travaux de la terre. Elle s'adonne avec succès à la littérature; elle fournit beaucoup d'habiles candidats pour les examens qui conduisent au mandarinat. *Telle est la réputation de ses études, que les familles aisées du Fo-kien confient beaucoup de leurs enfants aux écoles de Formose.*

L'ÎLE ANGLO-CHINOISE DE HONG-KONG.

En 1841, avec cette modestie ingénieuse qui prévient tous les ombrages, les Anglais demandèrent qu'on leur concédât sur la côte de la province de Canton un rocher, pas davantage; un simple rocher, flanqué seulement de quelques tristes bancs de sable. Ce lieu désolé leur servirait uniquement pour s'échouer, en cas de besoin, et pour radouber leurs navires endommagés par la mer. Telle

était une île sans utilité pour la Chine, presque déserte,
à peine connue, et qui s'appelait *Hong-kong.*

Les négociateurs chinois, malgré leur finesse et leur
perspicacité, n'aperçurent pas la conséquence et le péril
d'une telle concession; mais l'expérience ne tarda pas à
révéler leur imprévoyance. Après le rocher de Gibraltar,
et peut-être avant, Hong-kong est l'exemple le plus frappant du parti que le génie britannique est habile à tirer
des lieux en apparence les plus disgraciés de la nature.

L'île ainsi concédée présente un amas de monts granitiques, aux formes les plus singulières, avec des pics
nombreux qui les dominent. De ces masses toutes pier-
reuses n'espérez pas que des alluvions puissent descendre
pour féconder les plus étroits vallons; il n'en descend que
des eaux parfaitement pures et transparentes. A peine
rencontre-t-on dans les bas-fonds quelques petits territoires où l'on puisse labourer. Au bout de quinze années
de colonisation, le total des champs cultivés n'excède
pas *vingt hectares* de guérets et de marais desséchés.

La longueur de l'île est seulement de quatre lieues, et
sa largeur de trois lieues. Elle est si découpée, qu'avec de
telles dimensions elle n'a guère plus de cinq lieues carrées
en superficie.

Le golfe et la rade de Victoria.

Le contour de l'île est incroyablement accidenté; ce
qui présente un grand nombre de baies et de mouillages.
A l'est, au sud, elle est flanquée de deux moindres îlots.

Entre le continent et l'île principale règne un chenal
fort irrégulier, lequel se resserre, au nord-est, jusqu'à
n'offrir qu'une largeur d'un demi-kilomètre : c'est une
voie qui n'est pas à dédaigner pour le cabotage.

Du côté septentrional, le détroit se transforme en large baie qui s'enfonce dans la côte chinoise. Telle est la baie, dite *Cou-long*, qui se prolonge dans la direction de l'ouest, et de là communique avec la rade célèbre à laquelle les Anglais ont donné le nom de leur reine, Victoria. Là peuvent mouiller, à l'abri des tempêtes, les flottes les plus nombreuses et les navires du tirant d'eau le plus considérable. De cette rade si vaste et si bien abritée, les bâtiments de guerre anglais de toute grandeur surveillent et commandent l'entrée de la rivière ou fleuve de Canton.

Si les Français avaient donné leur grande rade de Brest aux Anglais, pour commander à la Bretagne et la désoler, ils ne leur auraient pas fait un cadeau plus précieux que celui de la rade de Victoria; elle adhère aux flancs de la Chine comme un ulcère éternel.

La ville de Victoria.

Dans la partie rentrante de la rade, sur la côte nord de Hong-kong, s'élève la cité splendide, une des créations les plus remarquables du génie britannique.

En prenant pour point d'observation le clocher de la cathédrale, la latitude de la ville est de 22° 16′ 30″; sa longitude orientale est de 111° 54′ 30″.

Toujours animés par un sentiment de tendre vénération pour leur souveraine, les Anglais ont honoré du même nom que la rade admirable la capitale de l'île, cité qu'ils ont fondée dès 1843 sur la côte septentrionale. Cette position était commandée par le voisinage de la marine; mais par combien d'inconvénients, de maux et de sacrifices ne fallait-il pas racheter cet avantage!

L'air qu'on respire dans la ville de Victoria ne peut pas être purifié par les vents dominants du large; ceux de la mousson du sud, qui soufflent dans la chaude saison, purifient au contraire l'air de Macao. Nous montrerons quelle mortalité résulte de cette fâcheuse position.

Malgré cet obstacle de la nature, il faut admirer la rapidité des progrès d'une cité qui compte aujourd'hui parmi les établissements les plus merveilleux des Européens dans l'Asie orientale. On célèbre Singapore pour les développements admirables de son commerce; mais ses constructions disparaissent devant la grandeur monumentale de Victoria.

Il faut attribuer la colonisation de Hong-kong aux sollicitations ardentes et réitérées des grands commerçants d'Angleterre établis à Canton. Ces hommes puissants se proposaient d'en tirer un parti que personne alors ne pouvait entrevoir. Indignés de se voir exposés sans cesse aux avanies populaires dans le seul port qu'il leur fût permis d'habiter, las, honteux d'être parqués, emprisonnés dans les factoreries étroites d'une ville inhospitalière, ils sollicitèrent, ils reçurent du sable et des rochers comme une terre promise. Accordez-leur l'indépendance et la liberté, qui fécondent tout; aussitôt cinq lieues d'Arabie Pétrée deviendront à leurs yeux une immense et fertile oasis. Les magiciens en vont faire un jardin d'Armide, et, pour accomplir la métamorphose, il suffira de leur baguette d'or. Assistons à ce spectacle.

A l'appel des colons, les Chinois de terre ferme, qu'attirait l'amour du lucre, se sont empressés d'accourir par milliers; ils ont érigé leurs légères demeures sur l'arène de la plage qui touche à la grande rade ou baie de Victoria. C'est le quartier marin de la cité.

Aujourd'hui, dans la partie basse de la ville, on admire une grande rue, bordée de larges trottoirs et plantée d'arbres, comme nos boulevards intérieurs. Déjà cette rue dépasse une lieue de longueur; elle est parallèle au littoral, et plusieurs de ses hôtels sont magnifiques.

En arrière de ce boulevard intérieur, le pic élevé de Victoria domine du côté du sud-ouest; un autre pic s'élève à l'est de la ville. Le Gouvernement et les *marchands-princes* (on les désigne sous ce nom, tant ils sont riches, puissants et superbes, avec le secours de leurs millions) établirent le centre de la ville européenne entre les deux pics et sur le versant incliné vers la rade. Ils taillèrent en plein rocher avec le secours du mineur et de la poudre; ils ouvrirent de larges tranchées afin de pratiquer des rues; ils bâtirent des palais aux deux côtés de ces excavations, dans une île qui n'avait jamais vu que des cabanes de pêcheurs. Pour accomplir ces travaux, il ne fallut pas la demi-durée d'une génération : très-peu d'années suffirent.

Création de jardins établis sur le roc.

Les marchands-princes, établis ainsi, ne se contentèrent pas de leurs constructions splendides. Pour ajouter au luxe de leurs palais, il leur fallait des jardins aux tapis veloutés qu'embellirait un vert d'émeraude; ces cultures, ces gazons, on les importa, c'est le mot, sur les carrières déblayées. Dans la cité de Sémiramis, les jardins reposaient sur de la brique élevée dans les airs; dans la cité de Victoria, les jardins reposent sur le sol des carrières nivelées en faisant sauter les blocs de rocher. Il ne manquait plus que la terre végétale; des navires l'apportèrent. En peu d'années, les plantes les plus rares et les fleurs les plus belles furent empruntées aux deux mondes. Des arbrisseaux, des arbres même, vinrent prêter leurs ombrages à ce rocher calciné par le soleil et situé plus près du midi que *Syène*, cité la plus méridionale de la haute Égypte.

Les chevaux et les courses introduits sur le rocher de Hong-kong.

Avec des rochers, des bancs de sable et des jardins artificiels, il est impossible de créer de vastes prairies; or, sans
prairies, comment élever des chevaux? Là n'était pas toute
la difficulté : les races chevalines du Céleste Empire sont
imparfaites, rabougries et dégénérées. Tant d'obstacles
n'arrêteront pas. On aura des chevaux tirés d'Angleterre et
d'Arabie; pour les nourrir, on transportera par mer des
foins exotiques. On poussera plus loin l'art de surmonter
les difficultés. D'un ravin, auquel on donnera le nom
charmant de *Vallée heureuse* (the happy valley), on saura
faire un champ de courses qui rappellera les plaisirs
nationaux d'Epsom et de Newmarket. Voilà comment une
force de volonté supérieure à tous les obstacles emploie
son or à satisfaire tous les goûts de l'opulence.

Afin de varier les plaisirs équestres des colons anglais,
un cirque de Londres, celui d'Astley, le Franconi de
l'Angleterre, a fait parcourir en mer six mille lieues à
ses coursiers, à ses écuyers des deux sexes. Ils ont pris terre
sur la plage de Victoria, pour transporter en Asie un spectacle de voltige dont le Céleste Empire n'avait jamais eu
l'idée.

Si nous voulons résumer les progrès merveilleux de
Hong-kong, disons simplement : après six ans de premiers
efforts, dès le milieu de ce siècle, huit à dix grandes compagnies marchandes groupaient autour d'elles un millier
d'Européens et trente-deux mille Chinois; quatre ans
plus tard, l'immigration dépassait soixante et douze mille
âmes. Tout cela prospérait en des lieux dont les plages
arides laissaient à peine végéter, jusqu'en 1843, quelques

centaines de pêcheurs que la piraterie sauvait de l'indigence.

Édifices publics de Victoria.

Le Gouvernement métropolitain, sans prévoir au juste tout ce que ferait en si peu de temps l'industrie princière de ses colons, a pris sa part des premiers sacrifices, afin d'avancer vers un but dont il concevait toute la grandeur. Il a fait pour l'érection des édifices publics les dépenses auxquelles ne pouvait pas subvenir une cité naissante et privée de tout; il a construit l'opulent hôtel du gouverneur, intendant général du commerce britannique dans l'empire de la Chine, le palais de justice, la cathédrale anglicane, les casernes et le vaste hôpital d'une garnison qu'on s'efforce de défendre contre la mort.

Le Gouvernement a pris sur ses fonds la première création de la voirie urbaine et des routes extérieures.

Établissement sanitaire au sommet du pic de Victoria.

Le génie de l'homme avait pu tout faire, excepté de changer les conditions immuables de l'atmosphère. On verra bientôt à quel point le climat de Hong-kong est funeste aux Européens, et surtout à leurs troupes.

Il était de la plus haute importance de créer un asile où les convalescents, au moyen d'un air frais, vif et salubre, pussent recouvrer les forces avec la santé.

Pour y parvenir on vient, dans ces derniers temps, de tailler dans le roc, sur les flancs du pic de Victoria, une route qui conduit jusqu'au sommet. Au-dessous du point culminant, et du côté le mieux abrité du soleil, on a bâti l'hospice destiné pour les soldats. Cette entreprise honore l'administration britannique.

Auprès de cet hospice militaire on créera sans doute un autre asile de convalescence. Dans ce dernier, la population civile européenne viendra chercher aussi la santé quand le climat l'aura frappée de ses plus funestes atteintes. Au moment où j'écris, on met en vente des portions de rocher dans les parties les plus élevées et les plus saines, pour des constructions projetées par les citoyens.

Gouvernement de Hong-kong.

Le gouvernement de Hong-kong est simple dans ses formes. Un gouverneur et son secrétaire colonial constituent le pouvoir exécutif; un sous-gouverneur commande les troupes. Le conseil législatif est composé de cinq membres : trois nommés par le pouvoir qui représente la royauté, deux élus par les citoyens, qui ne comptent pas quatre cents personnes en âge de voter. Dans ce petit nombre, à peine une douzaine de Crésus sont puissants, et tout-puissants. L'aristocratie absolue de la richesse et ses intérêts mercantiles, servis par une presse passionnée, voilà les vrais pouvoirs dominateurs de la colonie. Dans la réalité des choses, Hong-kong peut être appelée une oligarchie, où tous les magnats sont libres, excepté le gouverneur. Nous verrons bientôt l'usage formidable que cet embryon d'État a fait d'une pareille liberté.

Valeur monétaire des rochers de Hong-kong.

Un fait curieux constaté dans les rapports du gouverneur au ministre des colonies, c'est que l'administration des domaines coloniaux a trouvé l'art, au milieu des rochers, dans les petits vallons et sur les plages de Hong-kong, de se créer un revenu. Il est produit par la vente de ces superficies de sable et de pierre qu'en vérité nous n'osons pas honorer du nom de *terrains*.

Dans la seule année 1855, signalée par un accroissement de 17,000 immigrants, la superficie, sable ou pierre, vendue par le domaine public, a rapporté 393,000 francs.

Si nous voulons justifier cette recette, n'oublions pas qu'on accroît la cité de Victoria aux dépens des rochers du domaine public. Quand on veut bâtir des maisons nouvelles, il faut acheter des mètres carrés de sol granitique, quoique incapables de toute culture, aussi chèrement que si l'on construisait sur la terre la plus féconde.

Dépenses et revenus de la colonie.

Il serait curieux d'étudier le progrès des revenus et des dépenses publiques dans la colonie de Hong-kong. Pendant douze ans, le Gouvernement métropolitain a fourni des subventions gratuites pour les principales constructions appropriées à l'utilité générale.

Les citoyens subviennent maintenant à toutes les charges urbaines et coloniales, à la voirie, aux routes, etc.

Progrès de la population.

Le progrès de la population dans la colonie de Hong-kong a surpassé toute attente; il est digne, en lui-même, d'une étude spéciale.

ANNÉES.	HABITANTS.	ANNÉES.	HABITANTS.
1848.............	23,998	1853.............	38,823
1850...........	33,143	1854.............	55,715
1851...........	32,820	1855.............	72,607
1852......:.....	36,788	1856.............	71,730

Ce tableau fait voir que dans l'année de l'exposition universelle, en 1851, la colonie de Hong-kong, fondée seulement depuis huit années, comptait déjà 32,820 habitants; quatre ans après elle en comptait 72,607, et très-probablement elle en possède aujourd'hui plus de 80,000. Voilà certes de beaux et rapides progrès. Expliquons à travers quelles difficultés, opposées par le climat, les Européens ont pu parvenir à de tels résultats.

État sanitaire de Hong-kong.

Afin d'obéir à l'intérêt principal, à celui du commerce et de la navigation, il a fallu que la cité de Victoria fût bâtie du côté septentrional de la montagne appelée le pic de Victoria. Or, ce côté ne permet pas aux habitants de respirer les brises d'air pur et rafraîchissant qui viennent du large, dans la direction du sud-ouest, au temps des grandes chaleurs. On subit tour à tour des pluies excessives et des chaleurs accablantes, sous un soleil des tropiques.

La mortalité, dans le principe, était excessive; elle paraît moindre aujourd'hui, mais partout ailleurs on la trouverait encore effrayante. Ajoutons qu'elle a lieu quoique les habitants de Victoria fassent un emploi prodigieux de quinine et de ce qu'ils appellent des *pilules bleues*. La dyssenterie, les obstructions, les affections du foie et les fièvres pernicieuses sont les maladies qui prédominent.

Mortalité déplorable de la garnison.

C'est sur la garnison que les effets funestes du climat se sont fait et se font encore sentir. En 1858, au mois de juillet, temps de la saison malsaine, une garnison de six cents hommes en comptait cent cinquante à l'hôpital : tel est l'état le plus récent.

Le 59e régiment d'infanterie britannique est resté pendant huit années en garnison dans Hong-kong ; au bout de ce temps il ne restait pas dix hommes de la première arrivée. Le climat et le brûlant spiritueux appelé *cham-chou*[1] furent les causes principales de cette effrayante destruction. Sur un régiment entretenu seulement à l'effectif de mille baïonnettes, on évaluait à deux mille le nombre des hommes enterrés dans l'île ou renvoyés en Europe à titre d'invalides ; on a ruiné successivement deux bataillons entiers pour recruter ce corps[2]. Comment l'Angleterre pouvait-elle ainsi condamner à mort un régiment aussi digne que les autres d'un constant intérêt, et qui méritait au moins la pitié? Pourquoi donc le privait-elle de la faveur générale qui, de trois en trois ans, fait permuter les garnisons dans les diverses possessions de son vaste empire?

Faisons remarquer ici que la destruction si rapide des forces, de la santé, de la vie même des militaires n'a pas cessé d'avoir lieu malgré les précautions les plus attentives et les plus dignes d'éloges. Pour fortifier l'estomac des soldats de garde, pour les préserver contre les miasmes

---

[1] Eau-de-vie de riz.

[2] Wingrove. (Correspondance du *Times.*)

pendant le jour et contre la température effrayante des nuits, on distribuait aux sentinelles des toniques amers et des rations d'un vin très-fortifiant tiré de l'Espagne.

Les équipages des navires stationnés dans la baie de Victoria, entre la ville et le continent, présentaient une proportion de malades plus forte encore que celle de la garnison. Afin d'obvier à ce danger, on fait séjourner les navires de l'État, à tour de rôle, auprès des îles plus saines qui sont à l'entrée de la baie de Canton.

Station militaire des bains de mer, au sud-est de Hong-kong.

Sur la côte orientale de l'île, on trouve une place de bains dans une position que rafraîchissent les brises du large; on y conduit les soldats qui peuvent recouvrer la santé par l'usage des bains de mer, en respirant un air moins funeste que celui de Victoria.

Recherches qui concernent la population civile.

Nous mettrons à profit les documents statistiques présentés très-récemment sur la population de Hong-kong par le Gouvernement britannique.

Mouvements totaux de la population en 1853, 1854 et 1855.

	Naissances.	Décès.
Européens	89	291
Chinois	622	1,439
Asiatiques de Macao et des Philippines	102	100
Indiens et Malais mahométans	19	135
Totaux	832	1,965

Ce tableau nous fait voir qu'il faut attribuer le rapide accroissement de la population à l'extrême abondance de l'immigration. Si, par une cause quelconque, cette immigration était suspendue, loin que la population fût progressive, elle diminuerait; la diminution serait d'une extrême rapidité pour la race blanche.

Du tableau précédent nous concluons celui qui va suivre, et dont les résultats sont frappants.

Nombre de décès par CENT *naissances à Hong-kong.*

Décès.

Européens. 327
Chinois 231
Asiatiques de Macao et des Philippines. 98
Indiens et Malais mahométans. 711

Il faut remarquer, pour les Chinois, les Indiens et les Malais, qu'ils ont avec eux très-peu de femmes et par conséquent peu de naissances. Il en est autrement des émigrés provenant de Macao et des Philippines.

Population annuelle donnée par race et par sexe.

Afin qu'on puisse apprécier les effets très-divers de la mortalité dans les années les plus récentes, nous distinguons avec soin les races.

Nous appelons, en conséquence, toute l'attention du lecteur sur le tableau suivant; il est doublement remarquable par l'extrême inégalité des deux races et par celle des deux sexes qui peuplent la colonie de Hong-kong.

TABLEAU TRIENNAL DE POPULATION PAR RACE ET PAR SEXE.

| ANNÉES. | RACES | | | | TOTAL. | | TOTAL des deux SEXES. |
| | BLANCHE. | | COLORÉE. | | | | |
	Sexe masculin.	Sexe féminin.	Sexe masculin.	Sexe féminin.	Sexe masculin.	Sexe féminin.	
1853.....	533	243	29,271	8,776	29,804	9,019	38,823
1854.....	658	358	39,859	14,840	40,517	15,198	55,715
1855.....	821	426	52,837	18,533	53,658	18,959	72,617
1856.....	"	"	"	"	"	"	71,730

Il est, à nos yeux, d'un haut intérêt de comparer à ces populations leurs décès par races pendant les mêmes années ; nous allons trouver d'énormes différences.

DÉCÈS ANNUELS PAR RACES.

| ANNÉES. | RACES | |
	BLANCHE.	COLORÉE.
1853..	66	342
1854..	69	463
1855..	166	869
Totaux......................	301	1,674

Sir John Bowring, lorsqu'il était gouverneur de Hong-kong, rendait compte au Gouvernement de l'état sanitaire observé dans cette colonie; état, selon lui, satisfaisant, même à l'égard de la race blanche, dans les années dont nous rapportons l'effrayante mortalité.

A l'égard de la race colorée, je ne puis pas croire que ses décès aient été constatés avec exactitude. Je ferai, de plus, remarquer qu'à Victoria cette race, très-sobre, est essentiellement passagère, qu'elle compte très-peu de femmes, par conséquent très-peu d'enfants, et que les hommes retournent sur le continent de la Chine avant d'être usés par le climat. Je le répète, dans Hong-kong, les indigènes n'attachent aucune importance à faire constater les décès des leurs par l'autorité publique, et presque tous emportent leurs morts sur le continent. Ces observations aideront à comprendre le tableau résumé suivant :

NOMBRE DE VIVANTS POUR UN DÉCÈS ANNUEL SUIVANT LES RACES.

ANNÉES.	RACES	
	BLANCHE.	COLORÉE.
1853..	14	138
1854..	16	117
1855..	8	80
Les trois années réunies (moyenne)...	10	104

Parallèle définitif de l'inégalité numérique des deux races.

Un des faits qui méritent le plus de fixer notre attention, c'est la grande disproportion entre le nombre des habitants de race blanche, presque tous Anglais, et le nombre des habitants de race colorée, presque tous Chinois.

Proportion des races humaines à Hong-kong.

Années.	Blancs.	Colorés.
1851	100	4971
1855 . . . , ...	100	5723

Conséquences commerciales.

A quelle industrie s'adonnent les soixante et douze à quatre-vingt mille Chinois de Victoria? Ce n'est pas seulement à servir un millier d'Anglais, malgré le luxe infini qu'on suppose à ces modernes Crésus. Ils sont en même temps les serviteurs et les pourvoyeurs d'une immense marine de guerre et de commerce; ils sont les intermédiaires indispensables pour mettre par degrés entre les mains de l'Angleterre le cabotage de mille lieues de côtes. Dans le trafic interlope avec les populations riveraines, ils servent à préparer les pacotilles frauduleusement destinées pour ces populations, puis dirigées sur tous les points de l'intérieur où l'on peut éviter la douane chinoise : douane abhorrée de tout marchand, honnête ou non, qui réside à Victoria.

Cette poignée d'Européens ne peut évidemment exercer d'influence appréciable sur les produits occidentaux consommés dans les colonies; quant aux Chinois, aux Malais, aux Indiens, les denrées indigènes sont à très-peu près les seules qu'ils consomment.

Ainsi les produits de l'ancien monde apportés et conduits au port de Victoria sont, en presque totalité, destinés aux Chinois des provinces, depuis Canton jusqu'à Pékin.

Des barques nombreuses et petites, qui n'entrent pas dans l'évaluation des tonnages, viennent chaque jour de la terre ferme apporter le riz, les légumes, la volaille, le cham-chou si funeste à la garnison, et les nombreux objets nécessaires à l'existence d'une population qui doit surpasser aujourd'hui quatre-vingt mille habitants.

Absence motivée des douanes.

Une douane établie pour percevoir de misérables droits sur les importations nécessaires à la vie d'un millier d'Européens n'eût procuré qu'un revenu sans valeur; ce revenu n'aurait pas compensé le déplaisir qu'occasionnent des formalités gênantes et le moindre droit à payer. On a donc agi sagement de ne pas établir une douane dans l'île de Hong-kong; on s'est guidé d'après les mêmes vues que dans la création, si célèbre et si prospère, du port franc de Singapore.

Le seul inconvénient qui s'en soit suivi, c'est d'avoir mis le Gouvernement dans l'impossibilité d'établir des calculs fondés sur la valeur des importations et des exportations: valeur dont l'expression annuelle eût répandu tant de jour sur l'histoire la plus récente du commerce entre la Chine et l'Occident.

Idée de la grandeur des transactions commerciales de Hong-kong.

Je trouve cependant un document précieux fourni par la grande association des transports accélérés connue sous le nom de *Compagnie péninsulaire orientale.* Elle a transporté de l'Europe et de l'Inde, dans le port de Hong-kong, les quantités suivantes d'opium et de métaux précieux :

IMPORTATIONS D'OPIUM ET DE TRÉSORS PAR LA COMPAGNIE PÉNINSULAIRE
ORIENTALE.

ANNÉES.	OPIUM provenant DE L'INDE.	ESPÉCES ET MÉTAUX précieux VENUS D'ANGLETERRE.	
	caisses.	dollars.	francs.
1853...........................	36,409	10,776,085	75,432,595
1854...........................	46,765	20,770,463	145,393,231
1855...........................	33,446	12,291,202	85,045,414

Il est essentiel ici de remarquer qu'aux valeurs monétaires apportées dans Hong-kong il faut ajouter d'autres
valeurs considérables envoyées par l'Angleterre à Chang-
haï. En voici le chiffre pour deux années :

Valeurs complémentaires envoyées d'Europe à Chang-haï.

Francs.

	Francs.
1853...............................	39,152,730
1854...............................	39,421,410

Jetons un regard attristé sur le commerce de l'opium,
commerce dont le port de Victoria s'est fait le foyer
principal, mais non pas l'unique.

*Évaluation de l'opium apporté dans le port de Hong-kong,
à raison de 2,500 francs la caisse.*

Années.	Francs.
1853...............................	91,022,500
1854...............................	116,912,500
1855...............................	83,615,000

Par les indications qui viennent d'être présentées, on peut juger des valeurs énormes qu'il faut attribuer aux importations ainsi qu'aux exportations du port de Hong-kong, en y comprenant toute espèce de marchandises, pendant le cours d'une année.

Navigation générale propre à la colonie de Hong-kong.

On appréciera d'une autre manière l'importance du commerce de Hong-kong par l'énumération du tonnage des navires arrivés dans le port de Victoria pendant le cours de trois années.

ENTRÉES ANNUELLES DU PORT DE VICTORIA, DE 1854 À 1856.

ORIGINE DES NAVIRES.	1854.		1855.		1856.	
	NAVIRES.	TONNAGE.	NAVIRES.	TONNAGE.	NAVIRES.	TONNAGE.
Royaumes britanniques...	53	29,070	46	27,839	64	40,436
Possessions britanniques..	174	106,317	189	100,018	235	114,989
États-Unis............	102	73,336	77	57,176	108	60,206
Autres pays non chinois...	224	66,287	381	126,260	658	303,359
Pays chinois............	547	168,314	1,043	293,277	1,036	292,117
TOTAUX........	1,100	443,324	1,736	604,570	2,101	811,107

Observations essentielles déduites du tableau précédent.

En arrêtant notre attention sur le tableau qui précède, nous aurons à présenter plusieurs observations qui nous semblent essentielles.

Notre première observation portera sur la proportion, *si peu* considérable, des navires qui viennent directement du Royaume-Uni. Si l'isthme de Suez était ouvert par un canal maritime, au lieu d'avoir un grand nombre de navires prenant ou portant à Suez des chargements pour la Chine ou venant de la Chine, les mêmes bâtiments iraient jusqu'en Angleterre avec une économie incomparable, et le commerce prendrait un nouvel essor. Par là, le tonnage direct des transports entre le Royaume-Uni et le Céleste-Empire serait notablement accru.

Notre seconde observation portera sur la grandeur du commerce fait entre la Chine et les possessions extérieures de la Grande-Bretagne : l'Hindostan, Singapore, l'Australie, etc. Rien ne montrera mieux, au point de vue de la force navale, quel avantage cette puissance retire de ses possessions extérieures.

Notre troisième observation, et c'est de beaucoup la plus importante, portera sur le progrès extraordinaire de la navigation des pays chinois avec Hong-kong.

ENTRÉES MISES EN PARALLÈLE DES NAVIRES NON CHINOIS
ET DES NAVIRES CHINOIS.

ORIGINE DES NAVIRES.	1853.		1854.		1855.	
	NAVIRES.	TONNAGE.	NAVIRES.	TONNAGE.	NAVIRES.	TONNAGE.
Univers étranger.........	655	306,300	553	275,010	693	311,293
Pays chinois.............	448	140,753	547	168,314	1,043	293,277[1]

[1] Ces 293,277 tonneaux ne comprennent que des navires portant pavillon britannique.

En 1853, le commerce avec les pays chinois est, représenté par un tonnage qui n'est pas encore moitié du commerce avec l'univers étranger.

Dès 1855, le commerce avec les pays chinois est presque égal en tonnage au commerce avec l'univers étranger.

Telle est, en effet, l'époque où les *marchands-princes* de Hong-kong accomplissent leur grande conquête dans le commerce avec les côtes de la Chine, en décidant les Chinois à leur confier le transport de leurs propres marchandises expédiées de Chine en Chine; par ce moyen, les Anglais délivrent les commerçants indigènes de la peur d'être spoliés par les pirates, qui tremblent devant le pavillon britannique. Applaudissons à ce succès dans l'intérêt réuni de la sécurité maritime et de la probité.

Notre quatrième observation sera relative au développement si remarquable du commerce des États-Unis, considéré dans ses rapports avec Hong-kong. Sans faire aucun frais de colonisation, sans déclarer la guerre à personne, cette puissance met son génie et son activité à déployer rapidement sa navigation et son commerce dans toutes les parties du monde.

Commerce des États-Unis avec la Chine, année 1855.

Tonnage.	Entrées.	Sorties.
Par navires américains.	55,048ᵗ	101,650ᵗ
Par navires étrangers.	15,767	15,768
Totaux.	70,815	117,418

Valeur des produits transportés.

Importations.	Exportations.
9,181,730ᶠʳ	59,001,200ᶠʳ

On sera frappé de la grande supériorité des exportations sur les importations. Les Américains achètent beaucoup de soies et de thés, tandis que les Chinois n'ont besoin que d'un fort petit nombre d'objets produits par les Américains.

Faisons remarquer combien est grande la navigation qu'accomplissent en Chine les bâtiments réunis de l'Angleterre et des États-Unis.

Les pays non chinois, d'Europe, d'Afrique et d'Asie, autres que l'empire britannique et la grande république américaine, font moins de navigation que les deux premières puissances prises ensemble.

Appréciation du génie commercial des marchands-princes de Hong-kong.

Nous n'avons rien négligé pour faire apprécier les progrès de l'établissement commercial de Hong-kong. Il faut voir ici l'œuvre des marchands anglais de Canton. Humiliés et fatigués du rôle obscur qu'ils jouaient dans le port chinois, ils avaient eu l'espoir d'en déplacer le négoce et, qui plus est, les grands négociants indigènes. Ce dernier espoir est le seul dans lequel ils aient été déçus. Pas une grande maison chinoise n'a voulu quitter le chef-lieu du Kouang-toung, ni perdre le premier rang dont elle jouissait dans cette importante cité, pour aller jouer un rôle secondaire sur un rocher brûlant et malsain. Malgré ce mécompte, il n'en faut pas moins apprécier le mérite d'une des créations les plus surprenantes du xixe siècle.

Que le lecteur se rappelle les faits dont nous avons présenté l'ensemble, et les difficultés vaincues, et les dangers perpétuels de maladie, de mortalité même, bravés avec intrépidité; ces obstacles, qu'il les oppose aux travaux accomplis, aux richesses conquises. Alors il pourra se faire une haute et juste idée de l'énergie déployée par le petit nombre d'Anglais qui sont parvenus, en si peu d'années, à de si magnifiques résultats.

Nous voyons ici l'un des spectacles les plus dignes d'une attention profonde : de grands capitalistes britanniques, aux espérances infinies, aux désirs plus vastes encore que leur opulence; doués d'une force indomptable de volonté, caractère de leur race; mesurant leur soif de trésors à conquérir d'après l'immensité des trésors déjà conquis, et, pour assouvir cette soif à jamais insatiable, sacrifiant tout; dédaignant la terre natale, et les plaisirs, et les enivrements si doux qu'avec leur or ils pourraient savourer dans la mère patrie; s'exilant à six mille lieues sur un îlot rocheux, sans terre, étroit, malsain, mortifère; soumettant leur santé, leurs jours, à l'action d'un climat qui commence par affaiblir et finit par dévorer : d'un climat qui, pourtant, n'énerve que le corps et ne tue pas les passions! Étudions ces sombres courages qui, de sang-froid, quadruplent la chance de leur mortalité, en préférant la fournaise brûlante et méphitique de Plutus et de Pluton au climat si tempéré, si salubre, de l'Angleterre. En proie aux ardeurs de la zone torride, voyez-les, du milieu de leur tartare mercantile, tourner leurs regards altérés vers cet élysée de la Chine, qui leur paraît en réalité le Céleste Empire; séjour plein d'attraits où tout sourit à leur cupidité, moins pour l'habiter que pour en tirer la richesse extirpée dans ses dernières profondeurs. Ils comparent, surface à surface, leurs cinq lieues de rochers dénudés aux huit cent mille lieues que comprennent : à l'occident, les vastes conquêtes de la *mer des herbes;* à l'orient, l'empire du Milieu, justement appelé *la terre des fleurs.* Ils mesurent en idée les immensités de tissus manchestériens dont ils seront les pourvoyeurs, afin d'en vêtir, des pieds à la tête, un demi-milliard de consommateurs à conquérir : tandis que ceux-ci se permettent jusqu'à ce jour de conserver pour leur propre usage les fuseaux, les métiers et la douce aisance de leurs filles et de leurs femmes. Le même demi-milliard de consommateurs convoités ne perdent encore très-partiellement la force et la santé qu'en achetant chaque année pour deux cents millions de francs d'opium ! Ce premier résultat, minime aux yeux des heureux fraudeurs, est obtenu péniblement par *dix dépôts* armés, aventurés dans les replis de la côte ; tandis qu'on voudrait à ciel ouvert couvrir un pays immense avec des réservoirs d'opium, comparables, quant au rapprochement prodigieux et quant au débit inépuisable, à ces *entrepôts de tabac* qui couvrent le sol français comme un triste sol allemand. En un mot, jusqu'à ce jour, aux yeux des princes du commerce, le pactole du grand empire n'a coulé vers Hong-kong que par maigres filets, quand il pourrait inonder à flots d'or ce réceptacle britannique. Et ce peuple chinois, si récalcitrant, retenu par des lois et des mandarins, ce sont avec lui des luttes qu'il faut recommencer sans cesse, les unes afin de violer le droit des gens, les autres afin de corrompre les personnes.

En osant présenter ces appréciations des choses et des hommes, si loin que nous sommes du théâtre des entreprises extraordinaires et de succès à peine croyables, nous pourrions craindre de juger avec exagération, trompés sans le savoir par l'illusion des distances ; mais un Anglais, témoin oculaire, vient nous offrir un témoignage que le journal le *Times*, si bon juge en ces matières, accepte sans objection. Voici ce que lui confiait un de ses correspondants dans une lettre datée de Hong-kong, lettre que

le célèbre journal a reproduite avec empressement dans
l'année 1859.

Comment les Anglais apprécient les destinées commerciales
de Hong-kong.

« Hong-kong est le grand centre du cabotage chinois,
lequel entretient d'innombrables navires. Ils viennent
chargés des produits qu'offrent l'Inde, Siam, Manille,
Batavia et Singapore, avec le tribut réuni de l'archipel
malais, de l'Angleterre, de New-York, de San-Francisco, etc. Ce n'est pas tout encore : Hong-kong est devenue la station centrale, postale et financière d'où
reçoivent l'impulsion tous les fils dirigeants du grand commerce de la Chine avec l'Europe et l'Amérique. Ces fils
sont placés dans la main des chefs de maison habitants de
la colonie, qui déterminent la destination ultérieure de
tous les navires et de toutes les cargaisons qui gagnent
ou quittent les mers de cet empire.

« Quel est le secret de cet accroissement soudain,
énorme, dans la population et l'importance commerciale
de ce roc désolé ?

« Le continent voisin a des ports bons et commodes,
beaucoup plus rapprochés des marchés producteurs et
des acheteurs de marchandises étrangères; sous tous les
rapports, ils semblent mieux appropriés au négoce. Mais
il est un secret connu, définissable en peu de mots,
quoique certains faits ne soient pas acceptables par les
parties qui le concernent. La sécurité des personnes et
des propriétés présente la première et la plus large base
pour une telle prospérité. La seconde condition est une
magnifique baie, d'un accès facile. Enfin, l'éloignement
des douanes établies en des ports chinois avec une force

répressive plus ou moins appropriée, cet éloignement achève d'offrir la parfaite solution de ce problème :

« Étant donné un roc dénudé, dans le voisinage d'un empire opulent, avec une administration basse et corrompue, comment le commerce de cet empire pourra-t-il ÊTRE DÉTOURNÉ VERS CET ÎLOT? C'est vers ce point qu'une population active et industrieuse pourra convoyer les produits de toute la côte, à des conditions de transport avantageuses pour les consommateurs chinois, puisqu'on ne déclare pas ces produits (soustraits aux droits) comme destinés pour les marchés étrangers. C'est en ce point aussi qu'on leur apportera des cargaisons de retour, avec une exemption semblable des droits d'importation. *Hong-kong est à la Chine ce que Gibraltar est à l'Espagne :* UN GRAND ENTREPÔT DE CONTREBANDE..... Il en résulte que Hong-kong, quoique favorisant dans un sens accessoire le commerce régulier avec la Chine, le seul qu'aient entendu stipuler les traités avec les puissances, ce commerce trouve en réalité sa croissance et sa prospérité merveilleuse dans un vaste trafic de contrebande avec tout le littoral de terre ferme, trafic exécuté par les Chinois eux-mêmes (pirates ou non). Dans Hong-kong, ils peuvent obtenir l'opium, les tissus, les fils, les laines, soustraits à tous droits, avec la chance de les introduire au point de consommation, moyennant une prime légère *pour corrompre l'officier de la douane.* Ici, ils peuvent acheter leur rhubarbe, leur sucre, leur camphre et bien d'autres produits, et faire venir de Macao leurs thés à plus bas prix que dans les ports consulaires; par la même raison qu'ils peuvent, dans le transit, échapper au payement des droits.

« De cet état de choses, dont les autorités chinoises ont droit de se plaindre, et se plaignent en effet, nous ne sommes pas entièrement à blâmer.

« Ce n'est pas à nous d'y porter remède, et la chose n'est pas en notre pouvoir. Comme grand dépôt de nos produits anglo-indiens, où règne une ample sécurité, il y aurait impossibilité, il y aurait suicide à faire de cette île autre chose qu'un port franc. On ne doit souffrir aucune inspection des embarcations chinoises en vue de prélever des droits. On ne doit pas permettre aux officiers chinois d'y procéder, comme ils le pourraient suivant l'une des clauses du traité supplémentaire de 1843. Ce traité subsidiaire, *qui n'a jamais été exécuté*, serait destructif de tout développement du commerce. »

Déclarations extraordinaires.

L'ingénu correspondant continue avec une inflexible logique, et conclut ainsi :

« Il serait parfaitement inutile de discuter en ce lieu la question de savoir si nous serions prêts à sacrifier tout ce qui n'est pas légitime et tout ce qui n'est pas concordant avec les traités. En effet, très-certainement il n'y aura jamais en Angleterre un ministre colonial, ni dans Hong-kong un gouverneur colonial *assez audacieux* pour essayer les mesures extrêmes qui seraient nécessaires afin de donner force au principe.

« Le premier fruit de cette conduite serait, à coup sûr, de priver l'île de sa population chinoise, d'éloigner tout le cabotage chinois et d'enlever aux poches de nos propres négociants les gros bénéfices que rapporte un commerce chinois : lequel, il est vrai, n'est pas d'un accord exact *avec la bonne foi et les traités*. Même en admettant la chance qu'un ministre des colonies ou qu'un gouverneur colonial voulussent braver *la clameur et le soulèvement* qu'exciterait *une tentative* de cette espèce, *quelle que fût la*

douceur de sa forme, il y aurait encore une autre considération très-fatale au succès d'un pareil projet. Le sacrifice
des intérêts de Hong-kong ne ferait que produire *l'enrichissement de Macao;* il ne profiterait en rien au Gouvernement chinois. Macao deviendrait simplement ce qu'est
Hong-kong aujourd'hui. La contrebande avec la Chine,
la piraterie et le soulèvement des contrées ne feraient que
prendre de nouvelles proportions et de plus grands développements, sous la plus parfaite impunité qu'un gouvernement complaisant puisse leur accorder. »

Nous reviendrons sur cet étrange et dernier argument
lorsque nous étudierons la situation et les destins de Macao.
Nous nous contenterons à présent de faire une seule réflexion. Nous avons loué avec enthousiasme cet éloquent
tableau présenté par le célèbre Gladstone, tableau qui
nous montre le colon d'Angleterre portant sur tous les
points du globe non-seulement son amour du travail et
son génie pour les arts utiles, mais son respect des lois de
son pays, sa justice à l'égard de ses concitoyens et son
amour inné de la liberté! Pourquoi faut-il que ces rares
vertus ne s'appliquent pas aux rapports de tels hommes
avec les autres nations, et surtout avec les Chinois?

Un gouverneur de Hong-kong : sir John Davis.

Je ne quitterai pas la colonie de Hong-kong sans mentionner avec un juste hommage un de ses gouverneurs les
plus instruits, les plus sages et les plus modérés. Sir John
Davis est l'auteur très-positif et très-substantiel d'un des
ouvrages les meilleurs que les Anglais aient publiés sur la
Chine au XIXᵉ siècle. L'écrivain était d'autant plus compétent, qu'avant de prendre la plume il avait longtemps
résidé dans cet empire, à titre de membre du conseil

commercial de la Compagnie des Indes, à Canton ; il avait accompagné lord Amherst jusqu'à Pékin lors de l'ambassade de 1816. Sir John Davis s'élève au-dessus des préjugés européens contre les Chinois ; il est pénétré des maximes modérées et pacifiques de la grande Compagnie, dont nous étudierons en temps et lieu les actes et les succès : maximes qu'elle a pratiquées tant qu'elle a conservé le privilége exclusif du commerce avec le Céleste Empire.

En 1847, des meurtres furent commis par des paysans cantonnais sur la personne d'imprudents touristes anglais. On n'avait pas obtenu de satisfaction assez rapide, assez complète. Alors les passions véhémentes des marchands anglais, soit de Hong-kong, soit de Canton, avaient poussé le surintendant Davis à de graves hostilités. Avec les bâtiments de la station britannique, il avait fait éteindre le feu des cent quatre-vingts bouches à feu chinoises qui protégeaient la rivière de Canton ; maître de la navigation, sans que le blocus eût procuré de résultat décisif, il reculait devant l'idée barbare de brûler une telle cité.

L'impatience de l'autorité métropolitaine est révélée par la correspondance du ministère des affaires étrangères, peu concordante avec l'esprit conciliant de sir John Davis. (Voyez cette correspondance, publiée parmi les documents parlementaires.)

On aurait dit qu'en désespoir de cause le surintendant du commerce allait pousser les hostilités jusqu'aux derniers termes. Dès la fin de 1847, il avait rappelé les négociants anglais de Canton, qui s'étaient retirés à Victoria, dans Hong-kong ; il avait demandé des troupes et de l'artillerie à Pénang, à Calcutta. Il n'espérait plus que dans les chances de paix laissées par le temps nécessaire pour obtenir ces renforts.

A ce moment même, Ki-ying, vice-roi de Canton, et sir John Davis, gouverneur de Hong-kong, se montraient tous deux animés du désir de mettre fin à la querelle; la justice chinoise, fidèle à ses règles, condamnait à mort un nombre de coupables égal à celui des Anglais qui avaient péri sous les coups des villageois voisins de Canton. Pour éviter le retour de semblables violences, le vice-roi Ki-ying offrait de tenir toujours aux ordres du consul anglais de Canton vingt hommes de police, afin d'accompagner les habitants des factoreries lorsque ceux-ci voudraient visiter la campagne ou parcourir les bords du fleuve. Sir John Davis accepta ces propositions, comme base d'un armistice, et se hâta d'en référer à Londres.

Pour toute réponse, une décision métropolitaine, prise dans les derniers jours de 1847, fit cesser les pouvoirs de sir John Davis, cet administrateur trop ami de la paix. Il fut remplacé par M. Bonham, qui pendant longtemps avait administré Singapore.

Afin d'apprécier le mérite du caractère que sir John Davis déployait alors, il nous suffira de citer les observations faites sur les lieux, à ce moment même, par un excellent observateur, le commandant de *la Bayonnaise* : « La Chine, n'ayant pas besoin des produits européens, ne pouvait pas être domptée par un blocus. Aussi n'était-ce point là le plan suggéré par la presse de Hong-kong. Les journaux de la colonie, écho des opinions les plus passionnées et les plus extrêmes, ne se contentaient point de formuler des exigences inadmissibles; ils voulaient, avant tout, mettre à feu et à sang les quarante-deux villages qui se trouvent groupés autour de Canton. Il fallait, disaient-ils, faire justice de l'insolent mépris que ces populations turbulentes affichaient depuis deux siècles pour les barbares; inscrire dans ces mémoires rebelles le

respect des traités et du droit des gens avec la pointe de
la baïonnette; sceller, en un mot, par une copieuse sai-
gnée (*a copious blood letting*) la nouvelle alliance des deux
peuples.

« Ces sauvages déclamations ne pouvaient qu'épouvanter
l'esprit modéré de sir John Davis et le ramener aux
tendances naturelles de sa politique, celles de la Compagnie des Indes..... Il avait toujours conservé l'espoir
qu'une transaction épargnerait à son pays la nécessité de
ces faciles et sanglants triomphes, dont les conséquences
auraient pu trahir encore une fois les prévisions des terro-
ristes de Hong-kong. »

Admirons maintenant les vicissitudes humaines. Deux
mois à peine étaient écoulés depuis la destitution d'un
gouverneur trop ami de la paix qu'il aurait voulu conserver, et voici qu'éclate comme un coup de foudre, à six
mille lieues de distance, la grande perturbation française
du 24 février 1848. Les nations se prennent à trembler
pour la tranquillité de l'univers. L'Angleterre pense
avec raison que c'en serait trop pour l'amour guerrier
le plus passionné d'un embrasement général de l'ancien
monde, et du nouveau par contre-coup. Elle écrit en Chine
afin de modérer l'ardeur effrénée des colons britanniques; elle recommande de ne plus insister sur des conditions qui ne pourraient être obtenues qu'avec des flots
de sang : par exemple, sur la libre entrée dans Canton,
réclamée pour les marchands et les administrateurs anglais. Elle craint que le nouveau gouverneur, en route
pour Hong-kong, ne procède intempestivement à des
hostilités, et elle lui retire le droit d'y procéder. Elle rend
indépendant de son autorité le commandant supérieur
des forces navales et militaires. En définitive, elle prescrit
de ne faire la guerre en Chine qu'après en avoir demandé

l'autorisation métropolitaine, mesure dont l'admirable sagesse aurait dû survivre à la République française, éphémère ou non.

Voilà l'un des rares services rendus au genre humain par l'épouvante qu'inspira la révolution de février, même en Angleterre.

A partir du moment que nous venons d'indiquer, les Anglais consentirent tacitement à ne plus insister pour que leurs marchands et leurs consuls fussent admis dans l'intérieur de la cité de Canton. Mais il convient de remettre l'étude qu'offrira l'histoire subséquente à l'époque où nous aurons décrit Canton, son commerce et ses intérêts.

Édit remarquable de l'empereur Ta-kouang.

Nous terminerons cette première phase des querelles suscitées entre les Anglais et Canton par la citation d'un édit qui montre la Chine sous un jour bien différent de celui qu'on présente en Europe, celui d'un despotisme absolu.

Le 3 avril 1848, presque à l'arrivée du nouveau surintendant Bonham, l'empereur faisait parvenir à Sé-ou, vice-roi des deux Kouangs, le rescrit qui va suivre :

« Les cités ont été bâties pour protéger le peuple, et *la volonté du peuple sert de base aux décrets du ciel.* Si les habitants de Canton refusent aux étrangers l'entrée de leur ville, comment puis-je promulguer un édit qui méconnaisse ce vœu populaire ? »

C'est dans le même mois d'avril que le surintendant gouverneur de Hong-kong fait savoir à la colonie de Canton qu'elle ait à ne pas insister dans un sens contraire à cette pensée suprême.

MACAO, POSSESSION DES PORTUGAIS.

A l'embouchure de la grande baie de Canton, la position de Macao, point le plus avancé de la rive méridionale, est comparable à celle de Hong-kong, point le plus avancé de la rive septentrionale ; on évalue à 68 kilomètres la distance de ces deux établissements.

La presqu'île de Macao.

Près de la rive droite de la baie, l'île de Macao se termine, du côté de la mer, par une péninsule à l'extrémité de laquelle les Portugais ont bâti la ville du même nom. L'importance de cette ville était beaucoup plus grande qu'aujourd'hui pour les Occidentaux, et surtout pour les Anglais, avant que ces derniers eussent obtenu la possession de Hong-kong.

La principale rade de Macao, la plus profonde et la plus sûre, est située du côté de l'occident.

Il s'en faut de beaucoup que cette rade ait l'étendue ni la profondeur d'eau qui donnent un si grand prix à la rade de Hong-kong. En 1848, si la guerre entre la France et l'Angleterre avait éclaté, pour qu'une corvette française eût pu se réfugier sous la protection de la neutralité portugaise, il aurait fallu qu'elle débarquât son artillerie, afin de tirer moins d'eau et de pouvoir se placer sous la protection rapprochée du pavillon neutre portugais.

La moitié tout au plus de la péninsule est occupée par la ville, qui touche à la mer du côté de l'orient et du côté de l'occident. Du côté du large, à l'est, se trouve la rade extérieure, dont les eaux sont encore moins profondes que celles de la rade intérieure.

Condition subordonnée de Macao.

En travers de la langue de terre qui réunit la péninsule au reste de l'île, les Chinois ont construit une barrière continue, au milieu de laquelle ils ont bien voulu concéder l'ouverture d'une porte; mais elle est surveillée par leur corps de garde et fermée chaque nuit. C'est ainsi qu'ils tiennent les Portugais dans un état permanent de blocus.

Lorsqu'en 1556 les Chinois accordèrent aux Portugais une étroite langue de terre, dont la superficie n'excède guère une lieue carrée, ils ne leur en firent pas un pur don; ils leur affermèrent purement et simplement ce territoire. Telle est, du moins, leur prétention.

Les indigènes qui sont domiciliés dans la péninsule y restent sous l'autorité d'un mandarin spécial *et ne cessent pas d'être sujets du Céleste Empire.*

Les Portugais, par l'édit impérial qui leur permet de résider à Macao, sont tenus de payer un droit d'entrée sur les marchandises importées dans la presqu'île. Voilà pourquoi dans cette ville on trouve à la fois la douane portugaise et la douane chinoise.

Situation de la ville.

Latitude...................... 22° 10′ 30″.
Longitude orientale............ 111° 15′ 00″.

Dans Macao et sa banlieue on compte environ trente mille habitants, dont les cinq sixièmes sont Chinois; l'autre sixième offre une race acclimatée de Portugais catholiques. Cette race métis est bien dégénérée depuis les temps où le Portugal brillait d'un si grand éclat dans les mers de l'Inde orientale, de la Chine et du Japon.

Auprès de la ville, et dans un charmant jardin, le voyageur contemple avec respect le tombeau du Camoëns. Dans les temps les plus glorieux, cet héroïque soldat, noblement mutilé par la victoire, avait pris sa part des périls et des triomphes de sa patrie; son poëme épique illustrait à la fois des combats et des découvertes.

La presqu'île de Macao reçoit de toutes les directions les vents qui peuvent rafraîchir et purifier son atmosphère. Aussi considère-t-on cette péninsule comme la résidence la plus salubre de toute la côte orientale.

Les marchands-princes de Hong-kong bâtissent en dehors de la cité des maisons de plaisance, ou *bungalos*, qu'ils viennent habiter pendant le temps de la saison la plus funeste sur leur triste rocher. Ils n'ont à traverser que l'embouchure de la baie, qu'on franchit facilement en cinq heures avec l'aide de la vapeur.

Dans cette courte traversée, lorsque la Grande-Bretagne est en guerre avec la province de Canton, les passagers sur les navires qui vont et viennent entre Hong-kong et Macao courent le risque d'être enlevés par des pirates, s'ils ne sont pas assassinés par des passagers chinois. Ils sont exposés à de pareils dangers, à moins que le capitaine du paquebot ne prenne les plus grandes précautions contre une race hardie, dissimulée, ingénieuse, habile à conspirer et toujours prête à tenter quelque coup de main.

Les pirates ici sont d'autant plus dangereux qu'ils pullulent sur la côte méridionale de Hong-kong; ajoutons qu'ils peuvent s'approcher sans inspirer la méfiance, ou comme pêcheurs ou comme caboteurs, jusqu'au moment le plus opportun pour s'élancer sur leur proie.

Afin de parer à de tels dangers, les navires à vapeur

qui transportent les passagers entre Hong-kong et Macao sont très-armés; leur pont est garni de canons, et chaque homme de l'équipage ainsi que chaque passager de race européenne porte à sa ceinture un révolveur.

En 1859, on citait un de ces paquebots qui faisait descendre les passagers chinois à fond de cale, qui retirait l'échelle après eux, et qui plaçait à l'écoutille un matelot de garde veillant sur les suspects, le sabre à la main. Un autre navire à vapeur portant pavillon anglais présentait amarrée sur le pont une cage en fer; dans cette cage, le capitaine, tant que durait la traversée, tenait renfermés sous clef les passagers chinois.

On justifiait de si grandes précautions en alléguant que sur cinq bateaux de passage, trois avaient été pris en traîtrise par les fils du Céleste Empire et les passagers occidentaux assassinés.

Les Portugais dans Macao ne pourraient pas violer les lois de la Chine, comme les Anglais de Hong-kong.

C'est à présent qu'on peut apercevoir combien est futile et gratuite l'excuse impudente et misérable qu'on présente afin de justifier le système illimité de contrebande britannique, système que professe avec tant de cynisme la cité de Victoria : « Si les Anglais ne faisaient pas de Hong-kong le foyer d'une contrebande universelle, Macao s'approprierait ce riche héritage; par conséquent, alors, la violation des lois chinoises continuerait sans affaiblissement, et l'empire Chinois ne serait pas plus respecté. »

La Chine exerce sa suzeraineté dans Macao même, où fonctionnent officiellement ses officiers du revenu public. Si les Portugais se faisaient ouvertément, effrontément contrebandiers, s'ils le faisaient surtout au moyen de la force armée, l'empereur renverrait ces déhontés locataires, et tout serait fini.

Même en se conduisant comme doit le faire un peuple à peu près honnête, ils ont mille peines à se conserver exempts de toute oppression chinoise.

Essai de résurrection sous le gouverneur Amaral.

Le Portugal, bien servi par le hasard, au milieu du plus profond abaissement de sa colonie, envoya pour la gouverner un homme supérieur : c'était l'héroïque Amaral. Doué d'une intelligence supérieure et d'une rare activité, il tira de la léthargie le peuple de Macao ; il remit sur un pied respectable les fortifications, les batteries et la garnison ; enfin, il sut tenir vis-à-vis des autorités chinoises une conduite à la fois digne et ferme, en exigeant d'elles un juste respect pour lui, ses compatriotes et le pavillon de son pays.

Une horde de bandits, suscités, à ce qu'on a cru, par les mandarins de Canton, avait tenté de prendre Macao par surprise ; Amaral les repoussa les armes à la main.

Cet entreprenant gouverneur prétendait qu'à raison des plus glorieux services, à l'époque surtout où régnait l'illustre Khang-hi, le Portugal avait payé sa dette à la Chine ; il proclamait que, désormais, la colonie devait dépendre uniquement de la couronne de Portugal. En conséquence, il avait muré l'entrée de la douane chinoise et renvoyé par-delà les barrières le délégué de la douane de Canton.

Cet acte n'établissait de rupture qu'entre les gouvernements ; une autre imprudence aliéna les nations. Une route ouverte par Amaral avait empiété quelque peu sur l'emplacement de certains tombeaux chinois ; on avait payé

d'amples indemnités·aux parents des décédés, en leur laissant le temps nécessaire pour enlever les ossements de
leurs ancêtres. Ces soins, ces égards, n'apaisèrent pas
chez les enfants du Céleste Empire une soif de vengeance qui n'attendait qu'une occasion pour s'assouvir.
On vit tout à coup, en 1849, Macao privée de sa population et de ses habitants indigènes; tous les Chinois,
obéissant à des signes secrets, avaient quitté la péninsule.
Pour les rappeler, Amaral prononça la confiscation de
leurs demeures, s'ils ne rentraient pas à jour fixe; alors
ils revinrent. Tel était le triomphe apparent obtenu par
le caractère d'un homme, quoiqu'il disposât des plus
faibles moyens.

Cependant les autorités de Canton avaient mis à prix la
tête du gouverneur, et ce prix était de trente mille francs.
Indifférent au danger et dédaignant les avertissements de
ses amis, chaque soir il continuait de sortir à cheval, suivi
d'un seul officier. Le 26 août, au voisinage de la barrière
limite de la péninsule, il est assailli par six scélérats.
Amaral avait perdu glorieusement son bras droit dans un
combat naval; les meurtriers frappent de leurs sabres son
bras gauche. L'infortuné tombe de cheval; aussitôt sa tête
et 'la seule main qui lui restât sont tranchées; les assassins emportent en fuyant ces abominables trophées.

Les Chinois voulurent profiter d'un si lâche attentat
pour envahir Macao; mais les soldats d'Amaral conjurèrent
ce premier péril. Les autorités consulaires et les bâtiments
de guerre mouillés dans la rade, anglais, français, yankies,
prirent les Portugais sous leur protection; par ce concours, la colonie fut préservée d'une invasion.

On ne pouvait pas espérer que le petit royaume de
Portugal trouvât sur-le-champ, pour son mince établissement de Macao, un autre homme d'État qui fût, comme

Amaral, supérieur au commun des administrateurs par
les talents, le courage et l'activité.

Cet établissement, écrasé par la concurrence de Hong-
kong, est devenu plus insignifiant que jamais.

Il aurait pu jouer un rôle considérable par ses lorchas
bien construites, bien armées et commandées avec courage ; mais nous avons vu que la flottille montée par les
métis portugais, chargée de sauvegarder les jonques chinoises sur les côtes du Fo-kien, s'était faite à son tour
pirate et qu'elle avait été détruite avec ignominie.

*Un vertueux comprador chinois dans Macao : Ayo, le vrai représentant
de la classe moyenne honnête, en Chine.*

Partout où je puis trouver des caractères étudiés d'après
nature, je m'en saisis pour faire apprécier la Chine.

Je présente avec une pleine confiance le portrait
d'un des hommes honnêtes et patriotes, choisi dans la
classe intermédiaire entre les paysans et les artisans, d'un
côté, et, de l'autre, la corporation des lettrés. Je copierai
textuellement l'esquisse pleine d'intérêt tracée en 1848
par un observateur français, M. Jurien, alors capitaine de
frégate et maintenant contre-amiral.

Le croira-t-on ? ce Chinois galant homme était *un fournisseur ;* c'était le *comprador* de la marine américaine et de
la marine française, à Macao.

« Ayo, le comprador modèle, aborde avec son bateau
la corvette *la Bayonnaise* au milieu des clameurs confuses
qui accompagnent toujours les plus habiles manœuvres
des Chinois. Voici ce nouveau personnage, montrant
sa figure calme et grave à l'entrée du dôme de bambou
sous lequel il avait sommeillé jusqu'alors, à côté de ses
dieux lares. Une longue robe de coton bleu, retenue sur

le côté droit par deux boutons de métal, une calotte
noire surmontée d'un nœud rouge, faisaient reconnaître
dans l'impassible passager un des membres industrieux
de cette classe moyenne qui, sans avoir conquis dans
les concours littéraires le droit de porter la robe des
lettrés et sur son bonnet le bouton des mandarins, se
distingue toutefois de la classe inférieure, sinon par la
richesse, du moins par le confortable et par l'ampleur du
costume.

« Cet homme important était le *comprador*, le fournisseur
chinois de la station française et de la division américaine.
Quiconque alors eût assisté à l'inscription des commandes
ou au règlement de ses comptes eût pu voir les doubles
pages fabriquées avec les tiges macérées du bambou se
couvrir d'hiéroglyphes que traçait, en se jouant, la pointe
amincie du pinceau; il aurait pu suivre les boulettes de
ses tablettes à calcul, pendant qu'elles glissaient sous les
doigts agiles du Chinois et accomplissaient avec rapidité
leur calcul mécanique.

« Ayo n'avait pas craint d'enfreindre les sévères édits du
Fils du Ciel et de s'égarer un jour loin de la terre des
fleurs. Embarqué sur un navire américain, il avait visité
les rivages du nouveau monde. Pendant ce long voyage,
il avait acquis sur la configuration de notre planète, sur la
puissance des divers États qui s'en partagent l'étendue, des
notions dont l'exactitude contrastait singulièrement avec
les idées confuses qui amusent encore aujourd'hui la crédulité de ses compatriotes. Ayo était peu versé dans la
lecture des *King* et des autres ouvrages de Confucius;
mais à cette *morale officielle* son esprit intelligent avait
substitué, *avec avantage*, les lumières d'une conscience
droite et honnête. Actif et industrieux, poursuivant avec
ardeur des profits légitimes, il n'eût point voulu s'abaisser

aux supercheries qui déshonorent le petit commerce de Canton. Il vivait entouré d'une famille laborieuse, qu'il gouvernait avec la gravité et l'autorité absolue d'un patriarche. Vénéré de ses nombreux descendants, qui promettaient à son tombeau le religieux hommage de deux générations, cet homme, auquel le stigmate de l'émigration interdisait à jamais l'honneur des rangs littéraires, était peut-être un des habitants les plus heureux et les plus éclairés de la Chine. Affranchi depuis longtemps des préjugés de son enfance, désabusé des fables du bouddhisme et des rites superstitieux de la nécromancie chinoise, Ayo témoignait cependant une ardente déférence envers les opinions généralement admises par la société au milieu de laquelle il vivait. Ce philosophe sceptique avait conservé pour son pays et pour les traditions de ses ancêtres un attachement passionné qui avait dû, malgré ses constantes relations avec nos missionnaires, contribuer à son éloignement de la foi catholique. Il appréciait sincèrement les avantages de notre civilisation, mais il défendait avec chaleur les antiques coutumes du Céleste Empire. Il lui semblait que si le ciel eût voulu rendre à la Chine les paternels mandarins de la dynastie des *Thang* ou de la dynastie des *Ming*, si l'on avait pu proscrire la vénalité des offices et les exactions des fonctionnaires subalternes, il n'y aurait pas eu sur la terre de gouvernement plus parfait que celui qui siége à Pékin, d'institutions plus bienfaisantes que celles dont la Chine jouit depuis près de trois mille ans. Ce type intéressant de la bourgeoisie chinoise avait écouté patiemment les critiques et les railleries des étrangers sans rien perdre de ses tendances conservatrices. Victime résignée des abus qu'il déplorait, il s'occupait d'échapper de son mieux à la rapacité des mandarins et n'en continuait pas moins de considérer comme le meilleur des systèmes politiques celui sous lequel avaient vécu ses pères et devaient vivre ses fils. »

Présentons maintenant quelques observations pour rectifier un seul point de ce charmant tableau. Le comprador Ayo n'est point une anomalie, une rare exception. Si des voyageurs aussi loyaux, aussi perspicaces que M. l'amiral Jurien parcouraient l'intérieur de la Chine, je suis convaincu qu'ils y trouveraient partout nombreux et respectés les individus de cette classe moyenne, industrieuse, honnête et n'ayant d'autre ambition que d'élever ses enfants dans les vertus de la famille et dans le culte des aïeux. Peut-être un certain nombre d'entre eux n'a pas lu les livres moraux de Confucius; eh! qu'importe en réalité? L'observateur français paraît croire que c'est pour n'avoir pas lu cette *morale officielle* que son comprador, *grâce à cet avantage*, montre tant d'honnêteté. Un tel jeu d'esprit n'est pas digne du séduisant portraitiste. Cette pratique des vertus héréditaires, cette autorité paternelle incontestée, aussi religieusement transmise que religieusement héritée, cette piété pour les ancêtres conservée par tous les enfants, même par ceux d'Ayo, cet amour persistant des institutions séculaires, disons mieux millénaires, ce procieux trésor moral, ce n'en est pas moins le sage des sages qui, le transmettant à travers les siècles, en a, pour ainsi dire, imprégné l'atmosphère de la patrie. Tous respirent les bienfaits de ce grand homme, sans s'apercevoir que la partie vertueuse de la société lui doit ces derniers sentiments de sagesse, d'esprit de famille et de nationalité : vertus persistantes, qui sont aujourd'hui la seule ancre de salut d'un empire qu'un trop vaste naufrage menace de toutes parts.

Provinces de Kouang-toung et de Kouang-si.

Nous allons pénétrer dans la dernière province maritime du grand empire de la Chine, le Kouang-toung, le
Kouang oriental ; elle forme un seul gouvernement général ou vice-royauté avec le Kouang-si, le Kouang occidental.

SUPERFICIE ET POPULATION DE LA VICE-ROYAUTÉ DE CANTON.

PROVINCES.	SUPERFICIE en HECTARES.	POPULATION	
		EN 1812.	EN 1860.
Kouang-toung................	20,578,270	19,174,030	27,610,128
Kouang-si....................	20,265,910	7,313,895	10,584,429
Totaux............	40,844,180	26,487,925	38,194,557

On voit par ce tableau que la vice-royauté de Canton
est égale en étendue aux quatre cinquièmes de la France.
S'il fallait en croire les nombres donnés par les derniers
renseignements, nombres que nous rapportons à 1860, la
population de cette vice-royauté serait déjà de deux millions supérieure à celle de la France.

Population par mille hectares.

	1812.	1860.
Kouang-toung......	932 habitants.	1,341 habitants.
Kouang-si.........	361	522
Toute la vice-royauté.	649	935

Dès 1812, la densité de la population, dans la province de Canton, surpassait celle de l'Angleterre. Un tel résultat ne pouvait être obtenu qu'au moyen d'une agriculture avancée. Cela fait à l'énergie des habitants un honneur infini : songeons en effet qu'un si beau résultat est produit par *un travail libre accompli sous la zone torride.*

La Chine, pendant longtemps, n'était accessible aux Européens que par la rivière et le port de Canton.

Une vaste baie forme l'embouchure de cette rivière. Depuis le cap continental qui s'avance à l'est dans la rade de Victoria, au nord de Hong-kong, jusqu'au cap Target, qui s'élève à l'ouest, nous avons déjà dit que la distance est égale à soixante-huit kilomètres ou dix-sept lieues.

Une foule d'îlots et deux grandes îles occupent l'intervalle compris entre ces deux promontoires.

L'île principale du côté oriental est celle de Lantao, longue de vingt-deux kilomètres, large de cinq seulement, et de la configuration la plus irrégulière; ses baies ont servi longtemps de refuge aux contrebandiers d'opium.

Lorsqu'on vient du large on passe entre Hong-kong et cette île pour arriver à la rade de Victoria. Lorsqu'on veut aller de cette rade à Canton par la voie la plus courte, on passe entre le continent et l'île de Lantao.

Du côté occidental on trouve une île beaucoup plus grande que Lantao, île que les Portugais ont rendue célèbre sous le nom de *Macao.* Elle a dix lieues de longueur sur sept de largeur.

Nous avons expliqué déjà tout ce qui concerne la presqu'île exiguë, la modeste ville et le port de Macao, protégé par quatre îlots contre l'impétuosité de la mer du large.

Le large chenal qui forme la principale entrée de la baie de Canton se trouve immédiatement à l'est de ces îlots; il longe la rade orientale de Macao. Ce voisinage explique et justifie le choix que les Portugais avaient fait d'une telle position dès le temps du grand Albuquerque.

Station britannique pour la contrebande de l'opium.

Quand les navires longent l'île de Macao, ils doublent le cap *Black-Head;* ils abordent ensuite un îlot devenu très-important, parce que les Anglais en ont fait leur plus récente et leur principale station pour les fraudeurs d'opium dans la baie de Canton. Telle est l'île de *Cumsing-moun;* sa rade est excellente, et sa position est merveilleuse pour la contrebande.

Une autre position, préférée d'abord pour cet objet illicite, avait été l'îlot de Lintin, qui divise presque en deux parts égales l'espace compris entre Lantao et la côte orientale de la baie; déjà cette baie présente une largeur très-diminuée quand on atteint cette partie de sa profondeur.

Les barques et les jonques adonnées au cabotage, lorsqu'elles viennent du sud-ouest, trouvent au couchant de Macao deux voies navigables dirigées sur Canton. On préfère souvent y passer pour atteindre la branche la plus occidentale : ce sont autant d'embouchures de la rivière de Canton. Occupons-nous de la voie que suit le grand commerce.

Quand on s'est avancé d'environ seize lieues dans la baie, la mer est tout à coup remplacée par le cours principal du fleuve *des Perles*, communément appelé *la rivière de Canton.*

Il existe à l'occident une branche moins importante, moins large et moins profonde; c'est celle du cabotage, que nous avons déjà signalée. Revenons à la principale.

Entre les deux voies navigables, cinq îles, séparées par des canaux assez restreints, forment le delta du fleuve.

L'île et la bouche du Tigre : bocca Tigris.

Des cinq îles, la première, en venant de la baie pour pénétrer dans la rivière, est celle de Ty-kok-tou. En face, du côté de l'est, le promontoire de Chuen-pi limite la rive gauche de l'embouchure.

A partir de ce promontoire, sur la même rive gauche, une rade intérieure est garnie d'ouvrages défensifs. Sous leur protection se tient d'ordinaire à l'ancre la flotte impériale, composée des grandes jonques militaires. Ni l'étendue et l'élévation des remparts, ni le grand nombre et la force des canons, ne manquent au système de défense qui sert à protéger toute la rivière.

En remontant, on double une petite île qu'on a nommée *l'île du Tigre,* parce qu'en venant de la mer sa perspective ressemble, dit-on, à cet animal accroupi. Des deux côtés de l'île on franchit un passage resserré : c'est ce qu'on appelle *la bouche du Tigre.*

Les difficultés de la navigation pour remonter le fleuve offrent de nombreux obstacles à cause des barres, des îlots et des bancs de sable, qui sont aussi multipliés que variables de position, de grandeur et d'altitude.

Afin de guider les navires qui remontent, de petits batelets montés par un seul homme et stationnant de chaque côté du chenal praticable indiquent les parties du fleuve que le navire ne doit pas dépasser. Indépendamment de ces précautions, les pilotes chinois sont pleins d'expérience et d'habileté. Depuis plus de deux siècles, on ne cite qu'un seul navire étranger qui se soit échoué sous leur direction pleine d'expérience et de sagacité.

L'île de Wam-poa et ses mouillages.

A quatre lieues au-dessous de Canton , les navires étrangers s'arrêtent et jettent l'ancre près de l'île *Wam-poa*, la
quatrième des cinq qui forment le delta. Il leur est interdit
de remonter plus loin. S'ils apportent des cargaisons étrangères, elles sont transbordées sur des barques chinoises.

Ce n'est pas seulement l'arbitraire des règlements qui
fixe ces mouillages ; plus haut, et surtout devant Canton,
le fleuve n'a plus assez de profondeur pour la navigation
des grands navires européens.

Les chantiers, les bassins et les constructions navales.

En arrivant à Wam-poa, nous voyons les rives de l'île
occupées par de nombreux chantiers de construction.
On prendrait une pauvre idée des constructeurs chinois
si l'on ne considérait que les grossières et lourdes jonques
de guerre, qui depuis des siècles restent dans le même
état d'imperfection. Ces intelligents charpentiers de marine construisent aussi les agiles et gracieuses *jonques
mandarines*, comparables aux galères par l'élégance et la
légèreté, comme par la vitesse que leur impriment des
rameurs souvent au nombre de quarante. Ils savent également construire, d'après les idées et suivant les formes
occidentales, des *lorchas*, des cutters et d'autres légers
navires qu'on croirait sortis des chantiers européens.

On porte à plus de trois cents par année le nombre
des bâtiments arrivés d'Europe ou d'Amérique et qui
viennent mouiller à Wam-poa, station qu'on doit regarder
comme la rade extérieure de Canton.

Les Anglais sont mouillés en aval, avec leurs navires

venus directement de Calcutta et de Bombay. Au-dessus sont mouillés les Yankies, rivaux de plus en plus redoutables.

Entrons dans les chantiers de construction et de radoub que les Chinois ont établis vis-à-vis de la station des Américains. Si nous considérons sans préjugés leurs travaux, nous en serons émerveillés; les chantiers de Macao, et même ceux de Hong-kong, n'offrent pas autant de ressources. A-t-on besoin de réparer la carène d'un navire : le Chinois creuse dans la terre d'alluvion, peu résistante, un bassin temporaire. Il introduira le bâtiment lors de la haute mer; dès que la mer sera basse, avec une rapidité dont rien n'approche, il fermera l'entrée du bassin, mis à sec, par un barrage de terre et de boue; le radoub achevé, on enlèvera ce grossier barrage à coups de pioche et le navire sortira parfaitement réparé. Tous les travaux sont accomplis par des hommes adroits, actifs, infatigables.

Nous remontons de Wam-poa jusqu'à Canton sur des barques chinoises, aussi variées de formes que de grandeur, qui viennent mouiller entre cette ville célèbre et l'île de Ho-nan, dont nous avons déjà parlé comme celle où s'opère l'ingénieux parfumage des thés (voyez p. 188).

La ville de Canton.

La ville avec ses faubourgs, en la mesurant de l'est à l'ouest, n'a pas moins de six kilomètres de longueur; sa largeur n'est pas à beaucoup près aussi considérable.

La partie entourée de fortifications a seulement trois kilomètres de longueur; sa forme est celle d'un D, dont le jambage rectiligne est parallèle au fleuve et percé de trois portes. En avant est une ligne irrégulière de quais, de débarcadères, d'îlots et de maisons habitées; ce qui

présente l'aspect le plus irrégulier sur la rive gauche du
fleuve. N'en soyons pas étonnés : les rives de la Tamise,
à Londres même, n'offrent pas un plus bel ordre.

Un canal fait le tour presque complet de la ville et
devrait servir à sa défense.

Les fortifications.

Les remparts, suivant la règle adoptée pour les cités
de première classe, sont remarquables à la fois par leurs
proportions massives et pour leur élévation; les murailles
varient depuis huit jusqu'à douze mètres de hauteur, et
leur épaisseur depuis six jusqu'à sept mètres et demi. Ces
murs sont flanqués de tours.

Du côté du midi, un rempart intérieur s'étend de l'est
à l'ouest; il forme la ville neuve, entre laquelle et la
ville ancienne un large fossé complète la défense.

La ville ancienne.

La ville ancienne ou ville du nord est la plus vaste;
elle se présente aux étrangers comme un inextricable
labyrinthe, aux mille rues étroites et tortueuses.

Dans cette antique cité, quand les mandarins veulent
visiter un quartier éloigné de leur demeure, ils prennent
un grand éventail sur lequel est tracé le plan de la ville;
quelques mandarins plus habiles ont une boussole dans
leur palanquin.

Si vous prenez pour guide un Chinois d'un quartier
de l'est, il ne connaît pas la topographie des quartiers de
l'ouest; et le Chinois d'un quartier de l'ouest ignore également les places et les rues des autres parties de la ville.

On peut cependant indiquer comme un moyen de

repère une grande rue percée en ligne droite qui traverse l'ancienne ville : c'est la rue *de la Bienveillance et de l'Amitié,* qui s'étend de la porte de l'est à la porte de l'ouest.

En partant de la première porte pour avancer vers la seconde, nous trouvons successivement, sur le côté nord de la rue, les *yamons,* hôtels ou palais appartenant au receveur des impôts du département, au trésorier général, au gouverneur de la ville et de la province, au commandant de la garnison tartare. En avant de la porte colossale de l'yamon de ce général, nous trouvons le quartier des troupes mandchoues, qui s'étend au midi jusqu'à la rue du Sud.

Au centre de la ville s'élève l'yamon du chef de la justice ou juge de la province; à l'ouest, vers les remparts, est situé l'important hôtel des examens littéraires.

Le plus grand nombre des rues a si peu de largeur qu'un homme, les bras étendus, en touche presque les murs opposés; et la petitesse de la plupart des habitations correspond à cette exiguïté des rues. Par cela seul nous comprenons comment un million d'hommes logés en des maisons ayant seulement un rez-de-chaussée surmonté d'un modeste attique peuvent être concentrés dans un espace qui n'est pas le quart de Paris, la ville aux maisons à cinq, à six, à sept et huit étages.

Canton, cependant, offre quelques places publiques et des palais avec des cours, des jardins, et même des parcs, dont l'étendue paraît incompréhensible dans une cité resserrée par des murailles et qui regorge d'habitants.

Une ville aussi manufacturière, aussi commerçante, est remarquable surtout par la multitude et par la diversité de ses boutiques; elles abondent en objets d'une incroyable variété.

Les deux monuments les plus considérables pour leur masse et pour leur hauteur sont les deux pagodes; la principale a cinquante-deux mètres de hauteur, et sa construction remonte au vi[e] siècle de notre ère. On remarque aussi la grande mosquée mahométane. Lorsqu'en 1858 les Français et les Anglais ont pénétré dans la ville, et qu'ils en ont visité les monuments, ils ont été surpris de leur déplorable délabrement. La grande pagode surtout offrait l'aspect d'une ruine; l'escalier qui conduit au sommet de l'édifice avait ses marches brisées ou détachées; on ne pouvait monter et surtout descendre sans péril.

La ville neuve.

La ville neuve, de beaucoup la moins étendue, a la forme d'un long rectangle; elle contient le palais du vice-roi, l'hôtel de la douane, etc. A l'ouest, en dehors de la cité, se trouvent les établissements consulaires.

Les factoreries et les consulats.

Il est étrange que les consulats aient été placés le plus loin possible de la station des navires étrangers. Au lieu d'être en aval, ils sont en amont de la ville, dans le faubourg occidental; érigés sur les bords du fleuve, ils touchent aux fortifications de la ville neuve.

Les factoreries, les magasins et les consulats sont relégués dans un espace misérablement exigu : il n'occupe guère que le quart d'un kilomètre au bord du fleuve. Les bâtiments ont leurs fondations construites en blocs de granit, et les murs sont en brique revêtue de stuc. La plupart des hôtels consulaires ont deux et même trois

étages; leur ensemble, imposant et somptueux, fait contraste avec les petites maisons chinoises.

Un résultat de la dernière guerre sera d'assurer aux
étrangers un espace beaucoup moins insuffisant.

Les consulats sont en face d'un petit bras du fleuve
des Perles. Ce petit bras est appelé par les Européens *la
Némésis;* il contourne à l'ouest l'île de Ho-nan et plus
bas communique avec le mouillage des navires étrangers, à Wam-poa.

Les Anglais ont, de leur pure autorité, donné les noms
de leurs chefs de terre et de mer, Gough et Belcher, à
deux îles qui sont en amont de leurs factoreries.

Les magasins de thé connus sous le nom du grand
marchand Haou-qua sont établis à la pointe occidentale
de l'île de Ho-nan, presque à la hauteur des consulats.

Ville extérieure ouverte aux étrangers.

La ville extérieure, la seule qui soit ouverte aux
étrangers, est le faubourg occidental, dont l'angle, qui
touche à la fois le fleuve et les fortifications, est occupé
par les consulats. On y remarque en trop grand nombre
des lieux ouverts aux consommations abusives des classes
inférieures.

Les plus tristes tavernes des bords de la Tamise maritime sont des modèles de chasteté, de décence et de probité, en comparaison des bouges infâmes où sont attirés
les matelots européens, qu'on enivre avec la liqueur de
riz trois fois distillée : le *cham-chou,* mêlé de poudres
stimulantes. Lorsque ces imprudents ont perdu la raison,
on les rançonne avec impudence, on les dépouille; et
s'ils résistent, on les bat. Des cris furieux s'élèvent; bientôt
les amis viennent au secours des victimes, et la bataille

s'agrandit. Ces rixes déplorables sont des événements communs; elles donnent aux Chinois sensés peu d'envie de transporter ces désordres dans l'intérieur de leur cité.

Par le traité de Nankin, les Européens obtinrent en 1842 le droit, refusé depuis deux siècles, de parcourir et d'habiter la ville entourée de remparts. Cette concession fut obtenue comme par force; mais à l'exécution les difficultés parurent si grandes, l'opposition des habitants fut si violente, que le Gouvernement chinois n'osa pas satisfaire à la lettre du traité : on négocia longuement, et sir John Davis, surintendant du commerce et gouverneur de Hong-kong, finit par ajourner une résolution définitive jusqu'au 6 avril 1848. Il transmit à son successeur cette grave difficulté, devant laquelle celui-ci recula.

Rues marchandes remarquables du faubourg oriental.

En arrière des factoreries, et parallèlement au fleuve, s'étend l'étroite et longue rue que les Anglais appellent *Physic-street;* elle est, à la lettre, parcourue du matin au soir par un torrent de Chinois affairés et de coulies porteurs soit de fardeaux, soit de palanquins, seuls véhicules en usage. C'est véritablement la rue des comestibles, où les Chevets de la Chine étalent les délicatesses réservées pour les Lucullus de Canton. A côté des mets les plus exquis, on étale les comestibles qui sont à nos yeux les plus repoussants et les plus vulgaires : les chats, les rats, les chiens écorchés, dépecés, prêts à cuire et dévorés des yeux par un public connaisseur.

Les rues consacrées au luxe commercial.

Au delà de Physic-street on distingue deux rues plus

larges, plus droites et plus riches que les autres : l'une est la *rue de la Chine*, et l'autre, la *rue Neuve de la Chine*. Elles sont pavées en larges dalles de granit; elles plaisent à la fois par leur régularité, leur grandeur et la somptuosité de leurs boutiques. Dans ces deux rues sont étalés les produits des deux mondes. Comme les Anglais et les Américains forment réunis plus des trois quarts des étrangers, les Chinois, à côté de leurs caractères hiéroglyphiques, ont soin d'écrire en anglais l'indication de leurs produits et le nom du vendeur, plus ou moins défiguré, pour faciliter l'interprétation britannique.

Langage populaire, moyen de communication des Chinois avec les étrangers.

C'est ici le lieu de mentionner ce jargon bizarre qui sert de langue commune entre les Chinois et les Anglo-Saxons; il offre un mélange de mots empruntés aux deux langues et défigurés avec une espèce de méthode : tel est le *parler pigeon*, mot qui lui-même ne veut dire ni jargon ni dialecte dans les idiomes primitifs. Ce langage informe, analogue au parler créole des nègres, est en grande partie formé de noms, d'adjectifs et de verbes réduits à l'infinitif employé pour le temps présent. Ce langage a supprimé, d'un côté, les sifflements britanniques et la multiplication, le heurt des rudes consonnes anglaises; de l'autre, les sons gutturaux chinois. Le parler pigeon présente, au contraire, des syllabes faciles, adoucies, et de molles désinences; on le dirait modelé sur l'italien ou le vénitien. Nous trouverons quelques analogies avec ce langage lorsque nous entendrons, dans les ports du Levant, la langue franque, imaginée comme un moyen de communication entre les races latines et les populations arabes ou turques.

Caractère des marchands chinois en présence des Européens.

A Canton, les marchands sont doués d'une prévenance, d'une politesse et d'une complaisance à toute épreuve; ils ont une patience à lasser tous les acheteurs, si l'habile vendeur peut lire sur leur visage le moindre désir de posséder quelque objet offert à leurs regards.

La perle des vendeurs de Canton et son parler anglo-chinois.

Je veux citer ici la perfection de ce genre de vendeurs. A peine débarqués, en 1847, les officiers de *la Bayonnaise*, empressés d'acheter les curiosités les plus attrayantes, parcourent à l'envi les magasins d'une rue qu'on peut appeler la rue Vivienne du quartier qui leur est ouvert. Écoutons le charmant récit de leur capitaine : « Entre tous les marchands, celui qui captiva le mieux notre patience fut le vénérable *Sao-qua*, vieillard au chef branlant, à la queue grisonnante, et chaudement enveloppé dans la longue robe ouatée qui se croisait sur sa poitrine. Son habile étalage mettait chaque objet en lumière et faisait valoir l'un par l'autre tous ses vases précieux, montés sur des trépieds de bois aux délicates ciselures, etc.

« Le digne Sao-qua connaissait toutes les ressources du *parler pigeon;* il ne pouvait donc manquer de nous fasciner par son éloquence. Il avait cru devoir accepter l'honorable surnom de *Talkee-true* (M. Parler-vrai), que les Anglais avaient décerné, disait-il, à sa vieille loyauté, à sa farouche franchise. Avec quel abandon, avec quelle familiarité câline le vieux fumeur d'opium penchait sa face jaune et amaigrie sur l'épaule de l'acheteur hésitant, mais tenté, et lui disait de cet air qui n'appartient qu'au marchand qui se sacrifie : *You ele my fliend, me Talkee-true : foty tolas* (vous être mon ami, à moi Parler-vrai : quarante dollars). Les officiers européens, enchantés de cette éloquence, croyaient céder à la probité même en prodiguant les dollars pour l'objet de leur convoitise. »

Les industries de Canton et de Fa-tchan.

Déjà nous avons signalé les industries délicates pratiquées dans le faubourg de Canton que contient l'île de Ho-nan, qui fait face à la ville. Ce faubourg contient de nombreux et vastes magasins.

Quatre-vingt-seize villages circonvoisins sont habités par un peuple laborieux, industrieux, brave, et qui déteste les étrangers.

On peut regarder comme un appendice de Canton la ville qu'on trouve en remontant de trois à quatre lieues le fleuve des Perles : c'est la populeuse *Fa-tchan*, qui s'adonne surtout à la confection des soieries et des tissus de coton préparés pour être vendus dans la grande cité. D'autres villes industrieuses y envoient également leurs soieries pour être teintes ou brodées.

A l'égard de ces produits, Canton n'est pas seulement un marché; c'est une fabrique puissante. On évalue à *cinquante mille* le nombre des tisserands qui, dans cette ville, mettent en œuvre la soie et le coton.

Les diverses industries forment des espèces de confréries ou de corporations, dont les membres se soutiennent mutuellement; ces associations sont facilitées par la coutume qu'ont les habitants de grouper dans les mêmes quartiers et les mêmes rues les professions pareilles.

Les beaux-arts dans le chef-lieu du Kouang-toung.

Il ne faut pas croire qu'à Canton les ouvriers ne soient habiles que dans les arts mécaniques; cette cité possède aussi des artistes qui savent ciseler et sculpter le bois, l'ivoire et les métaux avec beaucoup de délicatesse.

Les charmants dessins à la gouache.

Canton possède des peintres à la gouache parmi lesquels, dans ces dernières années, on a distingué Lam-qua. Les dessins de cet artiste conservent l'originalité du genre fantastique; ils sont embellis par un coloris velouté toujours éclatant et quelquefois plein de vérité. Tantôt il peint les divinités effrayantes du bouddhisme, et tantôt les grâces mignardes des belles Cantonnaises : il donne à celles-ci des bouches presque aussi petites et des joues aussi roses que nos meilleurs journaux de modes, quand ceux-ci prodiguent l'afféterie de leurs grâces à des formes poussées au delà d'un terme que la belle nature se garderait bien d'atteindre.

La ville flottante.

Un spectacle vraiment extraordinaire est celui que présente l'ensemble des navires mouillés dans la longueur de deux lieues sur le vaste fleuve, entre la ville et son faubourg de Ho-nan. C'est une grande cité flottante ayant ses rues et ses quartiers. On porte à plus de 200,000 âmes les habitants amphibies qu'elle contient.

La ville flottante comprend d'abord ce nombre infini de bateaux si petits, que l'on conçoit avec peine comment chacun peut loger une famille dont il est la demeure perpétuelle. De grands bateaux habités ont deux étages et semblent des hôtels flottants. On voit ensuite les jonques descendues par le fleuve des Perles et ses nombreux affluents; ils apportent les produits des deux Kouangs, ceux des provinces de l'ouest et des provinces centrales.

Depuis le Grand fleuve et le lac Po-yang, des marchandises de toute nature, des thés, des soieries, des porcelaines, etc. moyennant un court portage, arrivent par eau. Cette navigation, malgré sa longueur, est d'une économie considérable.

Les produits de l'Europe, de l'Amérique, de l'Océanie et de l'Inde, arrivés par mer et transbordés à Wam-poa, sont apportés sur des alléges en face de Canton.

Déjà des bateaux à vapeur arrivent avec régularité, venant du nord et surtout de Hong-kong.

Après les navires consacrés au commerce, aux longs voyages, il faut dire un mot de ceux qui servent aux plaisirs d'une cité riche et voluptueuse.

Les *bateaux fleuris* de la Chine sont remarquables pour une finesse de formes que ne réprouverait pas l'architecture navale européenne. A l'arrière, une dunette légère est recouverte d'un tendelet de figure cylindrique et supporté par quatre montants pour procurer à la fois de l'ombre et de l'air; au centre, une cabine spacieuse, richement revêtue de laque vernie, est sculptée, est embellie par des dorures et gracieusement meublée. Une partie de ces bateaux sert pendant le jour à de riches promeneurs qui veulent faire des excursions; l'autre partie, sédentaire, plus grande et plus spacieuse, pourvue de nombreux et confortables cabinets, sert à des plaisirs moins honnêtes; elle reçoit les visites furtives de bateaux mystérieusement fermés pour cacher la honte des visiteurs.

Commerce de Canton avec les Européens.

Je ne présenterai pas ici de détails statistiques sur le commerce de Canton, mais j'arrêterai l'attention du lecteur sur un commerce frauduleux auquel appartiennent des événements d'une excessive gravité.

Commerce de l'opium à Canton.

Aussi longtemps que le port de Canton était le seul qui fût ouvert aux Occidentaux, c'était aussi le seul par où pût s'opérer le commerce frauduleux de l'opium : commerce dont la répression trop tardive a produit les plus grands malheurs et presque la subversion du Céleste Empire.

C'est à partir de l'année 1798 que l'opium est introduit dans cet empire en quantités qui méritaient d'alarmer les amis des mœurs, quantités qui depuis se sont accrues avec la rapidité la plus déplorable.

Envois d'opium à Canton par la Compagnie des Indes britanniques
dans l'année 1798.

Caisses provenant de Malwa et de Patna...   4,170
Prix reçus par la Compagnie des Indes... 4,327,853 fr.

Dernière année du commerce de la Compagnie des Indes
avec la Chine : 1833.

Caisses provenant de Patna et de Malwa...   10,864
Prix reçus par la Compagnie........... 30,883,905 fr.

A partir de 1834, la Compagnie, qui reste maîtresse

du monopole de l'opium dans l'Hindoustan, ne cesse pas d'être poussée par le besoin d'augmenter ses recettes pour suffire à des dépenses qui croissent toujours; elle multiplie si rapidement ses envois à Canton, qu'entre les années 1837 et 1840 ils s'élèvent en moyenne à 18,694 caisses.

L'empereur de la Chine, informé des funestes effets de ce commerce interdit par les lois, prend enfin la rigoureuse mesure de faire saisir dans les magasins mêmes de Canton tout l'opium introduit par les Anglais, et cet opium est impitoyablement détruit.

La guerre de l'opium.

Le Gouvernement anglais, pour venger ses contre-bandiers, déclara la guerre à la Chine. Cette guerre odieuse fut poursuivie dans la rivière des Perles avec une rigueur implacable; une armée britannique assiégea Canton, qu'elle réduisit à capituler. L'immoralité des agresseurs semblait être en harmonie avec l'injustice de la cause; on en jugera par l'extrait que je vais faire d'un écrivain britannique digne d'être cité. Disons auparavant que le ministère auteur de la guerre de l'opium, obligé de faire face à des dépenses militaires et navales qu'il n'avait pas calculées, et se présentant à la Chambre des communes avec un budget en déficit, fut renversé par le célèbre sir Robert Peel; faible châtiment pour l'entreprise d'une guerre dont la cause fait rougir les amis de l'humanité. J'arrive à la citation que j'ai promise.

M. Wingrove Cooke : son jugement sur la guerre de 1840 à 1842.

M. Wingrove est un de ces écrivains éclairés, perspicaces et courageux que sait choisir le grand journal *le*

Times chaque fois qu'il faut suivre sur les lieux les événements d'une guerre importante. Sa mission s'est étendue à la guerre recommencée par l'Angleterre de 1857 à 1858, guerre sur laquelle nous reviendrons. L'habile observateur a réuni dans un volume [1] les lettres qu'il adressait à son commettant pour dire au public anglais ce que ne diraient pas aussi complétement, aussi promptement, et ce que trop souvent tairaient les comptes officiels. J'ai lu, j'ai médité la collection de ces lettres, qui sont très-honorables pour l'auteur; elles m'ont fourni des lumières que j'aurais cherchées vainement ailleurs.

Offrons un exemple de la liberté généreuse avec laquelle M. Wingrove ose parler des hommes et des choses. Voici comment il caractérise les événements de la première guerre déclarée par l'Angleterre à la Chine [2] :

« La guerre qui recommence en 1857 est le résultat des souvenirs qu'ont laissés les difficultés dues au général

---

[1] *China, the Times' special correspondence from China.* London, 1859.

[2] The recollections of general Gough's difficulties have led to the present war. The Cantonese remember that while he was waiting for the black mail, he was attacked by the « patriotic volunteers, » who, surrounded part of his force and put it to great difficulties. They remember also that these « patriotic volunteers » were not swept away by barbarian cannon, but were coaxed away by the chinese authorities, who acted under threat of a bombardment of the city. This capital error in morals and in policy; this egregious mistake of that gallant, eager, and wrong headed little man, admiral Elliot; this unworthy, money-grasping, ransom taking policy has produced the present war. Since that day the Cantonese look upon us as robbers and booty-seekers, whom it is right to exterminate when they can; whom they could trash if they pleased, but whom they can always yet red of by tossing to us a heap of silver. So they pointed derisively at us whenever they saw us; they called out after us « Tâh » (beat them)! and « Shât » (behead them)! They encouraged each other to acts of violence, and they wrought that intolerable condition of things which makes it necessary for us, by more imposing force, and by higher conduct, to take an attitude of dignity to

Gough. Le peuple de Canton se souvient qu'à l'époque où ce général attendait la perception du *black-mail* (la taxe d'absence de pillage), il fut attaqué par les volontaires patriotes, qui bloquèrent une partie de sa troupe et le jetèrent dans un grand embarras. Le peuple de Canton se souvient aussi que ces volontaires patriotes ne furent pas dispersés par le canon des barbares; ils furent simplement joués, déçus par les autorités chinoises, qui les trompaient ainsi parce qu'elles cédaient à la peur du bombardement dont leur ville était menacée. Ce fut une erreur capitale, au double point de vue de la morale et de la politique; ce fut l'insigne égarement de la brave, empressée, violente et mauvaise tête de ce petit homme appelé l'amiral Elliot.

« Une semblable politique, indigne et rapace, *qui mettait la main sur l'argent et se faisait donner des rançons*, a produit la seconde guerre (de 1857 et 1858). Depuis ce jour, les habitants de Canton nous regardent comme des quêteurs de butin, comme des voleurs qu'ils ont le droit d'exterminer quand ils le peuvent, qu'ils sauraient battre s'ils le voulaient, et dont ils peuvent toujours se débarrasser en accumulant devant eux *un monceau d'argent*. Voilà pourquoi, chaque fois qu'ils nous apercevaient, ils nous montraient au doigt avec dérision et criaient après nous tour à tour : *Táh* (bats-les) et *shát* (décapite-les). Ils s'encourageaient les uns les autres à la violence. Ils préparaient cette intolérable situation qui nous rend nécessaire, par une force plus imposante et par une con-

show these Cantonese that we are not petty pirates and plunderers like themselves, but a mighty necessity for good and for evil, which to them is irresistible as natural death.

We must do strong violence, because whe have been weak and foolish in time past..... (Hong-kong, 8 juillet 1858.)

duite plus élevée, de prendre l'attitude qui convient à notre dignité.

« Il faut montrer au peuple de Canton que nous ne sommes pas des pirates et des pillards, mais qu'à leur égard nous sommes *la nécessité puissante*, au sujet du bien comme au sujet du mal; nécessité pour eux irrésistible, *comme l'est la mort naturelle.*

« Nous devons à présent exercer une forte violence, parce qu'autrefois nous avons été fous et faibles, etc. »

Je rapporterai plus tard la noble opinion émise par lord Ellenborough sur une autre guerre de Chine, *qu'il ne peut voir sans horreur :* opinion pleine d'autorité, et qui justifie pleinement la mâle franchise de **M. Win-grove.**

Si dès 1840 le rapporteur de quelque grand et puissant journal, un Russell, un Wingrove, avait rendu, semaine par semaine, compte des faits et des méfaits de la flotte et de l'armée, il se serait produit un grand bien pour la morale publique et pour l'humanité. La terreur salutaire de stigmates à la fois inexorables et justes aurait promptement mis un terme à des excès, à des iniquités dont les auteurs auraient subi l'opprobre devant tous leurs concitoyens.

Honorons l'état social d'un pays où le Gouvernement respecte la liberté de la censure, même quand elle attaque au vif la conduite de ses chefs de terre et de mer, et qu'elle verbalise en quelque sorte sur le champ de bataille.

Il faut maintenant montrer au lecteur les funestes effets de la guerre de l'opium, la déconsidération du Gouvernement vaincu, et le succès qui s'en est suivi d'une insurrection sans exemple dans un empire si fécond en révolutions profondes.

LA GRANDE INSURRECTION CHINOISE.

Dans cet ouvrage, on a surtout en vue de faire comprendre, sur la force et la faiblesse du Céleste Empire, des faits qui n'ont pas encore été compris, et qui ne l'ont pas été parce que leur enchaînement serait impossible au sein de nos sociétés. Au premier rang, il faut placer l'immense révolution qui de nos jours s'est developpée dans la Chine, et qui s'est propagée avec autant de perversité que d'étendue. L'importance du sujet justifiera les développements de notre étude et de notre narration.

Les commandements du maître d'école qui deviendra Dieu,
puis aspirant à l'empire.

Le troisième et dernier fils d'un très-petit cultivateur est l'instigateur et le directeur de l'insurrection politique et religieuse qui depuis douze ans verse le sang à flots et fait le malheur de la Chine : *Houng-siéou-tsiuen* est le nom de ce novateur.

Il naquit en 1813, dans un modeste village, à douze lieues au nord-est de Canton. Dès l'âge de sept ans, on l'envoya dans une école voisine; il y fut remarqué. Toute sa famille, rêvant déjà pour lui les honneurs du mandarinat, subvint aux frais qu'exigeait son instruction secondaire, sacrifices qui durèrent jusqu'à sa seizième année. Il servit ensuite chez son père à garder quelques brebis. C'était un métier plein de loisirs qui le laissaient tout à ses pensées d'avenir; mais bientôt il quitta la houlette pour devenir maître d'école en son village. Dans sa position nouvelle, il reprit les études qui souriaient à son ambition.

Le maître d'école aspire à l'existence des lettrés : revers.

Il eut le bonheur de subir avec succès, au chef-lieu de son district, un examen préparatoire qui ne donnait encore aucun titre aux distinctions littéraires. Sa capacité scolaire ne dépassait pas des bornes assez restreintes ; il ne put point satisfaire aux concours d'un ordre supérieur, ni mériter d'être admis au rang de bachelier par l'examinateur de la province, à Canton. Il éprouvait cet échec en 1833, et par conséquent à l'âge de vingt ans.

D'autres destins l'attendaient dans la capitale du Kouang-toung. Un jour il rencontra sur la voie publique un catéchiste protestant qui tenait son prêche en pleine rue et qui distribuait aux passants de petits livres bibliques. Il reçut plusieurs de ces livrets, qui jetèrent dans son esprit quelques vagues imaginations, mais sans porter aucun fruit salutaire.

Quatre ans plus tard, en 1837, toujours animé du désir de prendre rang parmi l'aristocratie officielle des lettrés, il résolut d'affronter un nouvel examen et le subit sans plus de succès que la dernière fois. Il avait tout espéré dans la carrière des honneurs, et la loi, l'équité du pays, ferment la carrière à son esprit insuffisant ! Un sombre désespoir s'empare de lui. Sa santé s'altère ; il fuit Canton ; il retourne dans son village, encore moins souffrant du corps que de l'âme. Pendant quarante jours il demeure entre la vie et la mort, et pendant quarante nuits il est obsédé par les rêves les plus étranges.

La vision fantastique.

Voici sa principale vision, qui devait avoir tant d'influence et sur son sort et sur la paix de l'empire. Il vit entrer dans sa chambre un coq, un serpent, un tigre : trois animaux qui personnifiaient l'audace, les voies tortueuses et la cruauté. L'instant d'après s'avancèrent une foule d'hommes qui jouaient des instruments. Ils le firent monter dans un palanquin magnifique, et l'eurent bientôt conduit au milieu d'une place publique éblouissante de lumière; là, de beaux jeunes gens et de belles jeunes filles le saluent avec l'expression d'une grande joie. A peine est-il descendu de son palanquin, voilà qu'une femme, imposante d'aspect et d'âge, l'entraîne au bord d'une rivière et lui dit : «Être souillé! Comment oses-tu sans rougir te présenter à la compagnie que tu vois là-bas si resplendissante? Il faut qu'à l'instant je te purifie dans les eaux du fleuve. »

La purification achevée, Houng-siéou-tsiuen se voit entouré d'un grand nombre d'anciens, à l'air vénérable, en qui respire la vertu; au milieu d'eux il reconnaît les *saints hommes*, les sages qui sont l'honneur des premiers siècles de la Chine. Les anciens l'ayant introduit dans un palais imposant, ils s'emparent de sa personne. Armés du couteau des sacrifices, ils ouvrent son corps; puis, retirant ses entrailles et son cœur, ils les remplacent par un autre cœur et par d'autres entrailles. Un instant après son corps se referme, sans qu'il reste aucune trace de cette opération pleine de mystère.

La rénovation accomplie, les initiateurs le conduisirent dans une salle nouvelle, dont la richesse et la beauté surpassaient toute description. Un vieillard majestueux, dont la barbe était d'or et dont le corps était couvert d'une tunique sombre, occupait la place d'honneur; il était assis sur un trône. A peine a-t-il aperçu le héros du rêve, il se prend à pleurer et lui dit : «Tous les êtres humains sont mis au monde et nourris par moi. Tous mangent ma nourriture et portent mes vêtements; mais pas un d'eux ne possède un cœur qui lui rappelle ma personne et qui me révère! Pour mettre le comble à l'abomination de ces impies, ils osent faire de mes présents une offrande aux démons, puis ils se révoltent contre moi; et leur ingratitude a soulevé ma colère! Les imiteras-tu?» Ces mots prononcés d'une voix foudroyante, il met un sabre dans la main du visionnaire et lui commande d'exterminer tous les démons : «Seulement, dit-il, épargne tes frères et tes sœurs. » Il lui donne ensuite un cachet dont le porteur triomphera partout des mauvais esprits. Pour dernier don, l'auguste vieillard le revêt des *insignes de la royauté*. Aussitôt l'initié s'adresse aux anciens réunis dans la salle et les exhorte à rendre hommage au divin personnage assis sur le trône. Quand ils entendent ses reproches accompagnés de menaces, les plus sensés lui répondent, «Nous avions vraiment oublié nos devoirs envers le bienfaiteur suprême;» mais d'autres répliquent avec insouciance : «Pourquoi le révérerions-nous? contentons-nous d'être joyeux et de boire avec nos amis. » Houng-siéou-tsiuen, en découvrant l'ingratitude et la légèreté de tels hommes, pleura sur eux et leur adressa d'autres exhortations plus ardentes que les premières. Le vieillard charmé le félicita : «Prends courage, lui dit-il, accomplis ton œuvre. Marche! et je t'aiderai dans toutes tes difficultés. » Puis il se tourna vers le groupe des plus sages et prononça ces paroles : «Houng-siéou-tsiuen suffira pour la mission dont je vais le charger. » Après avoir dit ces mots, il le fit sortir du palais, le conduisit sur une éminence et lui commanda de regarder à ses pieds : «Vois les peuples de ce monde; leurs cœurs sont cent fois pervers. » Houng-siéou-tsiuen regarda; il découvrit un si grand degré de perversité parmi les hommes, que ses yeux n'en purent supporter la vue, ni ses paroles l'exprimer..... A cet instant, tout disparut.

Voilà quel fut le premier rêve : mélange incohérent où l'on reconnaît, à travers des souvenirs propres à la Chine, quelques réminiscences bibliques, mal comprises et corrompues.

Pendant les quarante jours que dura la maladie de l'infortuné maître d'école, ses visions continuèrent avec la même extravagance, en flattant toujours la même ambition désespérée et le même penchant à la cruauté. Toujours il apercevait le Divin vieillard. Il faisait connaissance avec un autre personnage divin qu'il osait nommer *son frère aîné*. Ce frère lui révélait les moyens d'agir; il le dirigeait, au milieu des excursions imaginaires, jusqu'aux plus lointaines contrées, pour y faire la guerre aux mauvais esprits; or ce divin guide lui prêtait son aide, *afin de les exterminer*.

Après tant de rêves d'un cerveau souffrant, *ægri somnia*, sa santé finit par se rétablir. Il parut changé d'esprit et de caractère, d'aspect et de tempérament. Il devint plus fort, son pas s'affermit et son aspect prit quelque chose d'imposant; ses vues, assure-t-on, semblaient élevées et grandes.

Nouvel examen infructueux.

Houng-siéou-tsiuen tenta de nouveau les examens, mais sans obtenir de succès; ce qui fit voir que son esprit n'avait pas acquis de nouvelles facultés. Resté maître d'école obscur, en dépit de ses visions, il atteignit et dépassa sa trentième année sans que rien changeât sa misérable fortune.

Le maître d'école devient commis des Anglais, quand ceux·ci produisent une révolution dans certains esprits des Chinois.

Jusqu'en 1840, il n'avait vu dans les Anglais que des marchands ou des artisans qu'on disait experts dans les ouvrages de filature et de tissage, habiles à fabriquer des montres, des mécanismes, et surtout à construire de grands navires. Pour subsister à Canton, il avait fini par s'introduire dans un comptoir britannique, en qualité de commis. A cette seconde époque, il fit un peu plus connaissance avec les croyances anglicanes; mais son orgueil de Chinois ne cessait pas de les regarder comme les superstitions dépravées et fausses des barbares occidentaux.

Cependant les Anglais commandaient de plus en plus l'attention, dans le voisinage de Canton, par leur opposition à main armée contre les mesures impériales qui prohibaient le fléau de l'opium. Les combats de 1841 et de 1842 démontrèrent que les barbares d'Occident étaient irrésistibles dans la guerre, autant sur terre que sur mer. Il fallut bien reconnaître qu'ils possédaient une organisation militaire et maritime en vertu de laquelle ils avaient vaincu les invincibles Mandchoux et réduit l'empereur tartare à subir une paix ignominieuse. Ce fut un nouveau motif de mépris chez les fiers enfants du Céleste Empire, quand ils surent que leur vice-roi Ki-ying, un prince de la maison souveraine, se dégradait jusqu'à rendre des visites familières à des envoyés barbares. Les vrais Chinois virent le commerce étranger renaître à Canton, affranchi de plusieurs restrictions et d'humiliations qui jusqu'alors attestaient la prépondérance des indigènes et flattaient leur orgueil. Enfin, pour dernier déplaisir, on apprit que la paix ouvrait quatre nouveaux ports à ces mêmes barbares : je parle ici la langue des Cantonnais.

Que de motifs pour lever l'étendard de la rébellion contre une dynastie tartare qui dégradait à ce point l'honneur de l'empire!..... Mais il fallait du temps pour que ce ferment de révolte portât ses tristes fruits.

Comment il devient un révérend prédicant.

Sur ces entrefaites, un autre Chinois, le catéchiste *Le*, détermine Houng-siéou-tsiuen à lire plus que jamais ses petits livres. En les relisant, celui-ci se croit frappé d'un trait de lumière. Son orgueil découvre enfin la clef de la grande vision qu'il avait eue six ans auparavant, et dont le souvenir n'était jamais sorti de sa pensée. Le vieillard que chacun devrait honorer, et qui l'avait nommé Roi, c'était Dieu le Père. L'homme entre deux âges qui l'avait instruit, qui devait l'aider pour exterminer les démons, c'était Jésus, le Sauveur du monde, qui s'était nommé le Frère céleste. Le Frère! ce titre supposait un autre frère. Les démons, qu'il fallait finir par exterminer, c'étaient les idoles, les idolâtres et surtout les Mandchoux. Il fait un mélange de ses conceptions sacriléges avec les leçons du catéchiste Le, et tous deux vont prêcher un étrange christianisme.

De prédicant, le maître d'école se fait Dieu : sa propagande.

Houng-siéou-tsiuen ne se borne pas à l'humble rôle d'apôtre; c'est trop peu pour lui d'être l'envoyé de Dieu, pour sauver la Chine en la gratifiant de la vraie religion. Il va plus loin : lui-même a l'audace de se présenter comme un Dieu. Il consent à n'être que le *frère puîné* du céleste

Jésus, auquel il donnera désormais le nom de *Frère aîné*. Nous verrons bientôt quel partage il entend faire, dans l'héritage d'ici-bas, avec sa céleste famille.

Les premiers qu'il convertit dans sa province étaient, comme lui, *des maîtres d'école*. L'esprit de corps ajoutait à l'attraction de la foi nouvelle, et leur orgueil s'enivrait à la pensée d'être tout à coup les apôtres d'un Dieu sorti de leurs rangs. Aux premiers convertis il joignit ses propres parents, et les femmes et les enfants de ses frères, enorgueillis à leur tour d'être du sang de ce Très-Haut, né dans le sein de leur famille; il les baptisa tous à sa manière.

Les pédagogues et lui, d'un commun accord, refusèrent d'adorer les idoles, et ce n'était pas pour eux le plus grand péril; mais ils ne voulurent plus respecter Confucius, qui pourtant n'avait rien de commun avec l'idolâtrie. Ici commencent le scandale et la pénurie; les parents retirent les élèves à ces prédicants d'école primaire aussitôt qu'ils voient enlever des classes les tablettes révérées du sage par excellence. Voilà les pédagogues sans emploi, sans salaires; force leur est de chercher ailleurs des moyens de vivre. Ils partent pour aller enseigner dans les provinces voisines; chemin faisant, afin de subsister, ils font un petit commerce de bâtons d'encre et de pinceaux propres à l'écriture.

Au commencement de 1844, ils pénètrent dans la province de Kouang-si; quelques conversions sont opérées par eux en parcourant les basses terres. Bientôt ils s'enfoncent dans les montagnes, afin de propager leur foi chez des peuplades à demi sauvages; mais ils ne connaissent pas la langue des aborigènes. Ils errent quatre jours avant de trouver un *maître d'école,* appelé *Kéang,* qui la connaissait et qu'on avait chargé d'enseigner le chinois aux montagnards. Ils le convertissent et lui laissent, à la manière protestante, de petits livrets sectaires.

Nouvelles associations des Adorateurs de Dieu.

Un autre converti, Fung-yun-chan, sera le saint Paul de la secte. Il fait un grand nombre de prosélytes; il institue des congrégations qu'il désigne sous le titre pompeux de *Sociétés des Adorateurs de Dieu*. Ces congrégations reconnaissent toutes pour chef et pour Divin seigneur le maître d'école primitif. Voilà le noyau préparé pour la rébellion future.

En 1845 et 1846, on trouve Houng-siéou-tsiuen revenu dans sa province natale de Kouang-toung, toujours écrivant de petits traités, débitant des sermons sur ce qu'il ose appeler sa religion, et composant de pauvres poésies sur les sujets religieux de son système. Parmi les fondateurs d'une religion, c'est le seul dont les écrits ne soient pas même restés dix ans entre les mains de ses adeptes, tant ses productions étaient médiocres.

Plus tard, il retourne dans la province occidentale, le Kouang-si, pour se mettre à la tête des Adorateurs de Dieu, lesquels lui fournissent déjà deux mille adeptes. L'agrégation, la secte, se répand avec rapidité, de district en district : quelques propriétaires, quelques commerçants, quelques bacheliers et même des licenciés sont entraînés dans cet obscur torrent.

Les iconoclastes et la persécution.

Aussitôt que Houng se voit appuyé par une certaine force numérique, il brise une idole généralement révérée dans le Kouang-si; l'exemple est suivi par ses sectateurs.

Mais de pareils actes révoltent la généralité des habitants.
la justice et les magistrats sont sommés de sévir; on
poursuit les iconoclastes, et deux zélateurs des plus ardents
parmi les coupables sont jetés en prison. L'un y meurt
par suite de mauvais traitements; l'autre, Fung-yun-chan,
l'orateur de la secte, sera jugé par les tribunaux de Canton; conduit par deux agents du mandarinat, il les convertit en route et fuit avec eux vers les montagnes.

Le songe et tous les faits que je viens de rapporter sont
consignés dans un livre très-curieux qu'a publié M. Hamberg sur le soi-disant *protestantisme* de Houng-siéou-tsiuen [1].

Un grand événement de 1848 pour le Dieu maître d'école.

La fin de 1847 et l'année 1848 s'écoulent sans que
nous ayons connaissance de la vie de Houng-siéou-tsiuen.
En lutte alors avec les lois, il est réduit à se cacher, parce
qu'il est encore incapable de lutter ouvertement contre
la force armée d'un gouvernement établi. Dans un acte
communiqué plus tard aux étrangers, les sectaires déclarent qu'en 1848 le Père céleste et le Frère aîné descendirent sur la terre, évidemment pour entrer en relations plus intimes avec le Frère puîné. Mais tout devient
obscur quand on remonte à cette époque.

Les pirates s'adjoignent aux sectaires.

Chose étonnante! c'est du côté de l'Angleterre que

---

[1] En 1851, Hung-jin, parent du novateur Houng-siéou-tsiuen, veut éviter
les recherches des mandarins. Il se réfugie dans l'île de Hong-kong; il y voit
M. Hamberg et lui remet, sur les commencements de la rébellion dans le
Kouang-si, les documents qui furent plus tard le sujet du curieux petit
livre publié par cet auteur.

devait venir, involontairement il faut le dire, le plus puissant secours qu'aient reçu la croyance sanguinaire et la rébellion qui devaient ébranler l'empire de la Chine jusque dans ses fondements.

Écoutons, à ce sujet, un auteur qui nous a fait connaître la narration de M. Hamberg. Je le citerai plus d'une fois, parce qu'il écrit avec une pleine conviction. C'est M. Thomas Taylor Meadows[1], l'historien, je dirais presque enthousiaste, *des insurrections chinoises;* insurrections qu'il a transformées en savante et complaisante théorie. On dirait qu'il aperçoit dans la révolte armée, comme notre célèbre Lafayette, *le plus saint de tous les devoirs.*

« Nous avons été, dit-il, l'instrument fatal de la ruine pour la famille mandchoue; combien a nui notre tentative en leur faveur! Dans le dessein de porter secours au commerce du littoral, une escadrille anglaise avait poursuivi sur les côtes du Kouang-toung un ramas de pirates; c'étaient les plus audacieux déprédateurs des côtes du sud-est. Le 23 octobre 1849, les bâtiments de guerre anglais détruisirent cinquante-neuf de leurs jonques dans une baie située vers les confins de la Chine et du Tonquin. Presque tous les forbans se jetèrent à terre avec leurs armes et se sauvèrent en fuyant jusqu'au fond des montagnes du Kouang-si; de là, comme d'un repaire de brigands, ils commencèrent sans retard une guerre active et telle qu'on la pouvait attendre d'eux contre les autorités légitimes. A partir de cette époque, la rébellion n'a pas cessé d'étendre ses ravages.

« Ils s'associèrent avec des hommes qui n'étaient ni Tartares ni Chinois : c'étaient les peuplades connues et redoutées sous le nom de Ki-keos. Ces peuplades, réfugiées

---

[1] *The Chinese and their rebellious.* Londres, 1856, un fort volume in-8°.

depuis un temps immémorial dans le haut pays, y possèdent quantité de bourgs et de hameaux, moins nombreux
toutefois et moins considérables que les villes et les villages occupés par les Chinois des basses terres. »

Un communisme religieux, puis PIRATESQUE[1].

C'était précisément au milieu de ces Ki-keos que
Houng-siéou-tsiuen était venu chaque fois qu'il s'était
sauvé du Kouang-toung; il avait eu la bonne fortune d'y
recevoir l'hospitalité chez un parent éloigné. De cet endroit il veillait sur ses disciples, réfugiés comme lui dans
les montagnes, et sur les congréganistes groupés sous le
titre d'Adorateurs de Dieu.

Le maître d'école avait lu, sans doute dans les petits
traités dont il devait faire un si funeste usage, qu'aux
temps des premiers apôtres, les biens étaient mis en
commun[2] pour suffire aux besoins des hommes qui
devaient convertir le monde. Dans un dessein moins pacifique, les Adorateurs de Dieu vendaient leurs terres et
leurs maisons pour en verser le prix dans un seul trésor;
chacun recevait sur ce fonds commun sa nourriture et
son vêtement[3]. Cela fit la puissance d'une telle association, renforcée par les réfugiés ex-pirates, qui bientôt
apporteront au trésor sacré des tributs moins innocents.

La rébellion sectaire.

Déjà le divin dispensateur de la dépouille commune
avait osé s'appeler Roi, *Wang*, et deux des plus influents

---

[1] On ose demander pardon pour ce mot.
[2] Actes des apôtres, chapitre v.
[3] Récit de M. Hamberg.

parmi ses disciples avaient reçu de lui le titre de *prince;*
il comptait dix à quinze mille adeptes ou sujets.

Au milieu de tant d'apprêts, une querelle de mariage
suscite la guerre entre quelques montagnards voisins
des basses terres et les Chinois de la plaine; ces derniers
obtiennent l'avantage et brûlent les maisons de leurs
adversaires. Les vaincus fuient vers les Adorateurs de
Dieu, cachés en des hauts lieux inaccessibles et groupés
par congrégations de cent, deux cents et trois cents
personnes; les nouveaux venus acceptent sans examen
la croyance de ceux qui leur donnent un asile et la subsistance. Voilà les sectaires agglomérés plus intimement
que jamais avec les transfuges, avec les voleurs anciens
et nouveaux de terre et de mer, au milieu des tribus sauvages : tout est prêt pour une rébellion pleine d'avenir.

En février 1850, vers le temps où ces préparatifs secrets
s'accomplissaient, le vieil empereur Tao-kouang mourait,
après un règne long et malheureux. Son quatrième fils,
qui lui succéda, prit pour titre symbolique Hien-foung
« prospérité générale. » Jamais qualification ne fut moins
justifiée par les événements.

Les autorités, qui poursuivaient depuis longtemps les
iconoclastes, tentèrent de nouveau d'arrêter Houng-siéou-
tsiuen et son partenaire Fung-yun-chan : celui-ci comme
ayant fondé les associations factieuses connues sous le
nom des *Adorateurs de Dieu* et les propageant de plus en
plus. L'un et l'autre se réfugient encore au plus profond
des montagnes; ils échappent avec peine à d'extrêmes
dangers.

Le premier lieutenant de Houng-siéou-tsiuen, voyant
le péril imminent des chefs bien-aimés, tombe sur les
soldats qui venaient procéder aux arrestations. Dès lors
la guerre est engagée contre les forces impériales.

A l'époque dont nous parlons, le divin maître d'école était de fait ce qu'il est aujourd'hui de nom, le premier chef et l'autorité suprême. On se trouvait en octobre 1850, et toutes les forces de la secte, secondées par tous les transfuges, étaient réunies en faisceau ; elles entouraient le Fils puîné du divin Père, Jésus étant le fils aîné.

Les carbonari de la Chine.

En ce moment où la puissance militaire de Houng-siéou-tsiuen commençait à frapper tous les esprits, il voit arriver à lui la société secrète la plus formidable et la plus répandue dans l'empire. Arrêtons nos regards sur cette phase importante de la rébellion.

Pendant les règnes glorieux de la dynastie mandchoue, les sociétés secrètes n'avaient été qu'une impuissante franc-maçonnerie ou des associations vulgaires de voleurs et de pirates.

Ainsi resta sans efficacité jusqu'à la fin du xviiie siècle l'association devenue par degrés si turbulente, si criminelle, et connue sous le nom de *la Triade*.

Les frères de la Triade.

Les montagnes d'un accès très-difficile situées au sud-ouest de l'empire, et particulièrement celles du Kouang-si, le Kouang occidental, furent les dernières où les grands empereurs mandchoux aient fait connaître leur autorité. Les montagnards n'ayant jamais été qu'imparfaitement assujettis, leur esprit resta rebelle : aussi, dans mainte circonstance, fallut-il affronter des soulèvements qu'on réprima beaucoup plus par l'adresse et la corruption que par la vigueur. La répression devint encore plus illusoire lorsque l'empire, penchant vers la décadence, ne fut plus en état de triompher par la force de ses armes.

C'est dans cette partie de la Chine que devait naître et que naquit l'association de la Triade, *san-ho-houï :* hostile dès le principe aux conquérants, elle a pour mot d'ordre implacable *l'expulsion des Tartares et l'extinction de leur dynastie.*

Aucune distinction sociale, aucun titre *littéraire,* ou *militaire,* ou *civil,* ne procurent autorité ni prépondérance au milieu des associés, des *frères,* comme ils s'appellent. La préséance est fixée par l'époque où chacun s'est fait affilier, et les supérieurs sont les premiers venus, suivant l'ordre matériel des réceptions.

Dans tous les pays, cette égalité de franc-maçonnerie est le meilleur préliminaire quand on veut ébranler un ordre social et renverser le gouvernement hiérarchique dont cet ordre est l'inséparable soutien.

En 1850, les chefs réunis de huit bandes rebelles, toutes appartenant à l'association de la Triade, adressèrent à Houng-siéou-tsiuen la proposition de joindre leurs forces aux siennes. Le novateur ne dédaigna pas d'y consentir, mais sous la condition que toutes adopteront la croyance dictée par son imposture.

A chacune des huit bandes armées il envoya deux catéchistes. Quinze de ceux-ci, rétribués par les néophytes de la Triade, versèrent ensuite au trésor commun l'argent qu'ils avaient reçu; le seizième osa garder sa recette, sans en dire un mot. Il avait déjà commis une désobéissance aux commandements : *il s'était permis de fumer l'opium.* On avait cru pouvoir pardonner ce premier méfait, parce qu'on attachait du prix à son éloquence. Mais, pour châtier l'irrémissible crime *de l'argent gardé,* Houng-siéou-tsiuen *lui fit couper la tête :* cela tint lieu de miracle.

Les frères de la Triade dirent alors au céleste Frère puîné : « Vos lois nous semblent trop dures; il nous serait trop difficile de les suivre, et, pour une transgression légère, peut-être aussi vous voudriez nous mettre à mort. » Ayant parlé de la sorte, sept chefs de bande et leurs affiliés se retirèrent; ils se joignirent aux impériaux et combattirent les sectateurs de Houng-siéou-tsiuen.

Plus tard, six des sept chefs ayant été faits prisonniers par les rebelles sous les ordres du Divin second Fils du ciel, cet imposteur leur fait éprouver le sort qu'ils avaient craint de subir s'ils fussent restés sous son commandement. *Il dit un mot, et ses satellites les massacrent tous.*

Après ce grand coup, il voulut détruire avec éclat le prestige que les membres de la Triade faisaient briller aux yeux des Chinois. Éclairé par l'égoïsme de sa propre position, l'ambitieux maître d'école ne craignit pas de heurter l'association conspiratrice; il versa l'odieux et le ridicule sur les vices intimes et le cri de guerre le plus chéri des factieux.

Comment le divin maître d'école pulvérise l'appel de la Triade
à la dynastie des Ming.

« Quoique je n'aie jamais fait partie de la Triade, j'ai souvent entendu dire que son objet était de renverser les Tsing (les Mandchoux) et de restaurer les Ming (souverains de la dernière dynastie chinoise). Ce motif avait son à-propos il y a beaucoup d'années, quand on répandait les premières semences de l'association; maintenant, après deux cents ans qu'une dynastie s'est éteinte, il ne saurait en être ainsi. Nous pouvons, nous devons toujours prescrire l'expulsion des Mandchoux; mais nous ne pouvons plus ni rappeler ni restaurer les Ming. Ces derniers, où sont-ils? Comment aujourd'hui pourrait-on réveiller l'énergie des Chinois en leur parlant d'une race depuis longtemps au tombeau? Quoi que vous fassiez, quand vous aurez recouvré vos rivières, vos montagnes et vos plaines, si vous voulez être gouvernés, il faudra bien qu'une dynastie nouvelle soit instituée. » L'ambitieux agitateur parlait ainsi, dans le dessein de faire adopter la sienne.

« Il est, poursuivait-il, plusieurs pratiques mauvaises attachées à la Triade, et je les déteste. Lorsqu'elle reçoit un néophyte, elle lui fait adorer les démons. Il doit jurer vingt-six serments, un sabre pointé sur sa gorge; il est contraint de payer un tribut en argent à des affiliés *dont l'objet à présent est indigne et bas.* Si nous prêchons la vraie doctrine, et si nous nous fondons sur l'aide de Dieu, notre père, un petit nombre des nôtres suffira pour lutter contre la multitude, quelle qu'elle soit, de nos adversaires. Je ne crois pas même que les chefs de guerre, si vantés dans notre histoire, méritent beaucoup d'estime; combien moins encore les conducteurs de la Triade! »

La dynastie Taï-ping du maître d'école est déclarée.

A partir de ce moment, il défendit qu'on reçût dans son armée les membres de l'association souterraine et conspiratrice, à moins qu'ils n'abandonnassent leurs obscures pratiques de conjurés et qu'ils n'adoptassent les croyances de la religion dans laquelle, lui, s'était fait Dieu.

Lorsque Houng-siéou-tsiuen répudiait avec tant de hauteur et de personnalité toute sympathie, toute alliance avec les prétendus restaurateurs des Ming, il manifestait enfin le fond de sa pensée : *il se déclarait Empereur.* Avant qu'il fût le maître complet d'une seule province, il annonçait à la Chine le commencement de la dynastie qui prenait pour symbole le nom de Taï-ping, *la paix éminente*. C'était le perturbateur de la Chine, le fourbe couvert de sang, qui donnait à sa prétendue Maison la désignation vertueuse qu'un Numa seul aurait pu se permettre !

L'effrayante nouvelle arriva bientôt à Pékin. Afin de combattre une insurrection dont le principe était si menaçant, on choisit, avec le titre de commissaire impérial extraordinaire, l'énergique *Lin*, le destructeur de l'opium anglais en 1839. Pour le malheur du gouvernement établi, ce vice-roi mourut en route.

Comme remplaçant, on fit choix d'un nouveau général mandchou, Wou-lan-taï, qui commandait la place et la garnison tartare de Canton. En même temps on envoya le premier ministre de l'empire, lequel était également un Mandchou ; mais ce fut seulement en avril 1851 que ce premier ministre entra dans la province de Kouang-si, camp retranché de la rébellion. Tant de retards étaient mortels.

Préparatifs des rebelles.

Sans perdre un moment, les rebelles, sujets du Taï-ping, avaient adopté l'espèce d'organisation militaire qu'ils ont depuis conservée.

Guidés par le sentiment du danger, ils se montrèrent habiles à choisir des positions défensives, à les rendre plus redoutables par de grands travaux de terrassements, à se concentrer en des retranchements que la nature des lieux rendait presque imprenables, et que les impériaux tâchèrent en vain de forcer. Il fallut transformer en longs blocus les attaques de vive force.

Les premières conquêtes opérées par les insurgés étaient naturellement des villages et de petits chefs-lieux de canton; plus tard, ils envahirent des chefs-lieux de district. Ils finiront par posséder jusqu'à des chefs-lieux de département.

Avant la fin de 1851, les affaires impériales étaient en réalité désespérées dans la province de Kouang-si; la cause légitime avait été défendue par des troupes trop peu nombreuses. On avait agi sans ensemble comme sans lumières, en fatiguant les soldats par des marches et des contre-marches sans but et sans résultat.

Causes d'impuissance des forces du Gouvernement.

Que pouvait tant d'impéritie contre l'action fanatique et formidable des insurgés? « Plus, écrivait Chao-tchéou-kiéou, général des forces impériales, plus nos troupes les combattent et plus elles ont peur! Les révoltés sont obéissants, robustes et *féroces*. Nos troupes sont sans discipline; elles avancent avec peine et reculent aisément. Chaque fois que je les ai commandées sur le champ de bataille, je les ai trouvées toutes également inefficaces. En définitive, pour sauver les affaires de l'État, il faut des troupes régulières très-considérables, et nous les demandons à l'empereur. » L'auteur d'une requête si sévère, mais si véridique et si sage, n'obtint pour solution que d'injurieuses réprimandes.

Citons encore une autre lettre importante écrite en 1851, l'année critique, par le général mandchou Wou-lan-taï, celui même qui commandait auparavant la garnison tartare de Canton, et qu'on avait appelé pour lutter dans le Kouang-si contre les rebelles.

*Effet prolongé de la première lutte avec l'Angleterre
pour démoraliser l'armée tartare.*

« L'armée ne s'est jamais relevée de la désorganisation causée par son défaut de succès contre les barbares (les Anglais). Les troupes n'obéissent plus à nos ordres; *elles regardent déjà la retraite au commencement du combat comme une ancienne coutume et l'abandon des places fortes comme une action ordinaire.* Je ne voulais pas le croire; je m'en suis assuré par expérience, et cela doit causer une profonde anxiété. Les troupes agissent sans attendre qu'on les commande; aux premiers coups de feu des ennemis, elles sont saisies par la peur.

« En même temps, le nombre *des voleurs, des pillards et des associations criminelles* est énorme dans le Kouang-toung et dans le Kouang-si. Les malfaiteurs se rassemblent en armes, sans la moindre hésitation, pour susciter des troubles. S'ils agissent ainsi, c'est qu'ils ont reconnu quelle était l'impuissance de notre armée quand elle avait à lutter contre les barbares (les Anglais). Auparavant, l'insurgé craignait nos soldats comme s'ils eussent été *des tigres;* il les méprise aujourd'hui comme s'ils étaient *des moutons.* Enfin, parmi les myriades de soldats irréguliers licenciés depuis la paix, très-peu sont retournés à leurs occupations premières; *la plupart se sont faits brigands.*

« Ainsi s'explique l'existence des nombreux malfaiteurs dans les deux provinces (les Kouang). Je crains que l'ordre et la tranquillité n'y soient jamais rétablis. N'hésitons pas à le proclamer : ce malheur est certain, si l'état de l'armée n'est pas amélioré. *J'ai ouï dire que les barbares étrangers déclarent sans cesse que la Chine est amplement fournie d'instruction littéraire, mais que son organisation militaire est de toute insuffisance.* »

Le général qui parle avec cette mâle liberté insiste pour qu'on punisse les officiers lâches et fanfarons, ceux qui présentent leurs défaites comme des victoires et ceux qui font payer un effectif lorsque cet effectif n'existe pas. Des propositions si sages restèrent sans résultat.

Le Gouvernement repousse les lumières.

Ce n'étaient pas les fanfarons, ni les lâches, ni les pillards, qu'on destituait; les coups portaient ailleurs. On aimait surtout à décourager l'étude des nations qui pouvaient servir de leçon. Par exemple, Siu-ki-yu, quand il gouvernait la province de Fo-kien, s'était fait connaître comme auteur d'une *géographie générale*. Cette œuvre considérable présentait sur les diverses puissances des notions saines, exactes et fort étendues; on y voyait entre autres États la France avec sa division par départements [1], et son caractère national était bien défini. Cette publication déplaît. On en disgracie l'auteur; on le fait déchoir de son rang élevé; on le ravale, en le condamnant au métier de commis dans un bureau de Pékin. Le frivole motif d'une sévérité si peu méritée, c'est, déclare-t-on, que, dans l'exercice de son haut gouvernement, l'auteur ne s'est pas sérieusement occupé d'administrer. On veut ainsi faire comprendre à tous les mandarins quel châtiment ils doivent attendre lorsqu'ils auront perdu leur temps à composer des ouvrages dans lesquels on montrera les étrangers, comme l'a fait Siu-ki-yu, sous un jour à la fois trop instructif et trop favorable.

---

[1] J'ai tenu dans mes mains cet ouvrage et j'en ai parcouru les planches.

Les princes et les fonctionnaires du nouvel empire Taï-ping.

Tandis que la cour de Pékin perdait un temps précieux à multiplier ses mesures ineptes, le maître d'école organisait son gouvernement.

Houng-siéou-tsiuen avait pris ouvertement le titre de *Prince divin* et d'empereur. Le 30 novembre 1851, il donna les titres suivants aux cinq principaux chefs de l'insurrection. Il déclara :

1° Yang-siu-tsing, prince de l'orient;

2° Siao-chaou-houï, prince de l'occident;

3° Fang-yun-chan, prince du midi;

4° Weï-ching, prince du nord;

5° Chih-ta-haï, prince-assistant.

Ensuite il échelonna tous les titres de ministres, de commandants en chef et de hauts fonctionnaires dans les départements judiciaires, civils et militaires.

Houng-siéou-tsiuen prétendait, avec de vains noms, rétablir l'organisation des anciens temps de la Chine. En fait, il n'organisait rien d'efficace pour administrer les peuples, rien pour substituer chez les conquis l'ordre à l'anarchie qu'il propageait en tous lieux.

Habillement et armement des insurgés.

Il a soin de conserver le jaune pour couleur impériale; il veut qu'elle distingue, comme par le passé, le costume du souverain et celui des princes.

Ses soldats n'ont pas d'uniformes. On les habille avec la dépouille des villes prises d'assaut, en comptant pour rien les diversités d'étoffe et de couleur; on ne prend pas même le temps nécessaire pour que le vêtement des troupes soit confectionné d'après des modèles réguliers.

La bizarrerie d'habits dissemblables séduit peu le spectateur qui contemple un corps militaire. Elle ne contribue pas à créer l'esprit de corps; mais l'esprit de secte en tient la place, et la discipline résulte d'une obéissance fanatique et passive.

Les rebelles ne songent pas à fabriquer des armes; ils ne savent que détruire. Cependant l'armée rebelle est maîtresse d'un grand nombre de canons qu'elle a capturés; elle a même entre les mains quelques mousquets à mèche. Les armes principales de l'infanterie sont la lance, la hallebarde et le sabre.

Siéges opiniâtres et infructueux.

Suivons les mouvements des insurgés. Après avoir échoué dans l'attaque de Koueï-lin-fou[1], chef-lieu du Kouang-si, ils levèrent le siége et passèrent le fleuve qui les séparait d'une province plus centrale, celle de Hou-nan. Ils vinrent en attaquer la capitale, Tchang-tcha-fou. Pendant quatre-vingts jours, ils s'acharnèrent à cette nouvelle entreprise, et furent de guerre lasse obligés de l'abandonner. Leurs dernières pertes étaient grandes; mais celles des impériaux étaient plus grandes encore.

L'entreprise des pirates sur les lacs et le Grand fleuve.

Loin d'être découragés en levant le siége, les rebelles commencent l'année 1852 par un redoublement d'au-

---

[1] Latitude. . . . . 25° 13′ 12″
Longitude orientale. . . . . 107° 52′ 50″

dace. Ils poussent toujours plus avant, jusqu'au *Tong-ting*,
le plus grand lac de la Chine; c'est là que depuis longtemps brûlent d'arriver les nombreux pirates maritimes
qui sont au milieu de leurs rangs. Les forbans s'emparent
des bateaux qui naviguaient sur cette mer intérieure. Ils
s'embarquent: ils poussent au grand fleuve Yang-tzé-kiang,
qui va changer leur fortune; ils forcent de voiles et de
rames. Leur but est d'atteindre la position la plus importante pour le commerce intérieur et la richesse de l'empire. Ils arrivent en vue des trois opulentes cités séparées seulement par le Grand fleuve et par la rivière Han.
Ils enlèvent d'abord Han-yang, sur la rive droite du
Han; ils passent cette rivière, et dès le 23 décembre
1852 ils sont maîtres de la seconde cité, nommée Han-
kéou. Ils se précipitent sur la rive droite du Grand fleuve
et, sans perdre un moment, ils ont investi la troisième
ville, Wou-tchang. Mon guide fidèle dans l'énumération
des faits, M. Meadows, affirme que les insurgés étaient
maîtres de cette cité, si grande et si riche, dès le 12 janvier 1853, et qu'ils avaient coup sur coup dévasté, pillé
ces trois centres de commerce intérieur, où prospéraient
naguère trois millions d'habitants.

Aussitôt qu'ils étaient arrivés au confluent de la rivière
Han et de l'Yang-tzé-kiang, les insurgés avaient fait main
basse sur les milliers de jonques et sur les riches chargements au mouillage entre les trois cités. Ils achèvent
l'armement de leur flotte immense et descendent en
vainqueurs sur le Grand fleuve; ils ne rencontrent plus
aucun obstacle qui les puisse arrêter. Chemin faisant, au
sixième jour de navigation, ils s'emparent de l'importante
position de Kiéou-kiang-fou, auprès du point où le Fils aîné
de la mer reçoit les eaux du vaste lac Po-yang. Au bout
de six autres jours, ils sont maîtres de Ngan-king-fou, le

chef-lieu d'une nouvelle et riche province, celle de Ngan-
hoeï.

Pour propager la dévastation, leurs détachements
mettent à contribution toutes les villes situées dans un
rayon qui s'étend à deux jours de marche, et sur la gauche
et sur la droite du Grand fleuve. L'extermination irrémissible de quiconque résiste aux insurgés inspire une telle
épouvante, qu'on subit leur joug presque en tous lieux
sans opposer le moindre obstacle.

La prise de Nankin.

Enfin le 8 mars 1853, la grande flotte rebelle jette
l'ancre devant Nankin, la seconde ville de l'empire et
longtemps la première.

Les insurgés avaient franchi les limites du Kouang-si
le 17 mars 1852, comptant seulement 15,000 hommes
dans leurs rangs; en moins de douze mois, lorsqu'ils dé-
barquaient pour assaillir Nankin, ils comptaient parmi les
leurs plus de 60,000 hommes. La violence et la terreur
les avaient recrutés.

Dès le onzième jour de siége, au moyen d'une énorme
mine qu'ils ont audacieusement pratiquée, ils font sauter
trente mètres de rempart; pour profiter sur-le-champ de
cette vaste brèche, ils se précipitent en masse à l'assaut.

A peine une ombre de résistance est opposée par quelques
troupes chinoises, ardentes à fuir. Les assaillants, sans
perdre un moment, courent à la ville impériale : on
nomme ainsi la citadelle habitée par les Tartares et leurs
familles. Ces hardis conquérants du xviie et du xviiie siècle,
aujourd'hui dégénérés, ne font aucune défense; et pourtant ils savent que Houng-siéou-tsiuen a juré d'exterminer ceux de leur nation, sans épargner un seul homme.

Ils se jettent à genoux, ils demandent grâce à des vainqueurs qui, sans pitié, massacrent avec eux et leurs femmes et leurs enfants. Les insurgés sacrifient plus de vingt mille victimes; ils en jettent tous les cadavres dans le grand fleuve Yang-tzé-kiang.

Ce succès immense obtenu, ils courent s'emparer des clefs du canal Impérial, dans l'espoir d'affamer la capitale de l'empire.

Les conséquences.

Dès le 1ᵉʳ avril, la flotte insurgée descend jusqu'au croisement du canal. Les rebelles se présentent d'abord devant la ville de Chin-kiang-fou, qui défend l'entrée du canal sur la rive droite du fleuve. Leur soif de sang les annonce et la terreur marche devant eux. La flotte impériale, qui stationnait dans cette position, s'enfuit lâchement, et pas une jonque mandarine n'essaye la moindre résistance. Les lorchas portugaises affrétées par le préfet de Chang-haï, quoique supérieures en courage, mais trop peu nombreuses, sont pareillement obligées de se retirer devant l'énorme flotte des rebelles. Environ 20,000 individus de familles tartares, y compris les soldats, évacuent la ville. Tous ceux que les *Adorateurs de Dieu* peuvent découvrir dans les villages d'alentour, même désarmés et fugitifs, sont massacrés sans pitié : leur crime impardonnable est qu'ils sont Mandchoux.

Le lendemain, la flotte se dirige vers la rive gauche du fleuve; elle attaque les deux cités voisines, Koua-tcheou et Yang-tcheou, qui ne résistent pas davantage.

Sur les deux rives du Grand fleuve, les impériaux avaient érigé des batteries dans une longueur de cinq kilomètres; pas un coup de canon ne fut tiré contre les rebelles.

Ces derniers, sans perdre un instant, fortifient leurs nouvelles positions. La plus courte distance de Chin-kiang-fou au Grand fleuve est d'environ 1,200 mètres; les insurgés, pour assurer les communications de cette place forte avec le fleuve, multiplient les retranchements et les batteries.

Koua-tcheou, ville fermée de remparts, au nord du canal Impérial, est beaucoup plus rapprochée du fleuve, et pareillement protégée de ce côté par les batteries et les retranchements qu'ont érigés les insurgés.

Travaux de défense des insurgés à Nankin.

Les envahisseurs sont encore plus empressés d'augmenter la force de Nankin, devenue leur capitale, leur ville sainte, et le séjour de leur Divin prince.

La distance du fleuve à l'angle septentrional de Nankin est à peine d'un kilomètre; ils ont soin d'assurer les communications de la ville et du port avec des lignes palissadées, garnies de fossés et munies de batteries, comme dans les deux cités déjà mentionnées. La ville avait seize portes, ils en murent dix; les six autres seront plus que suffisantes pour ce qui restera de population tenue captive.

A Nankin, les insurgés se sont empressés de rebâtir la portion de remparts qu'ils avaient fait sauter et de réparer d'un bout à l'autre les parapets de l'enceinte.

Vers cette époque, le général des impériaux Hang-yang avait établi ses troupes, dès que les forces de l'empire eurent été réunies, en face du front méridional; c'est en arrière de ce front que s'élevait la tour de porcelaine.

Un des plus grands soins du parti rebelle est d'emmagasiner dans la cité d'énormes quantités de riz, apportées sur les jonques du fleuve et si bien capturées par les pirates émérites. A chaque instant ces forbans armaient de nouvelles jonques avec de nouveaux canons qui tombaient en leur pouvoir.

Au moment où s'accomplissaient les graves événements que nous venons de raconter, les Anglais suivaient d'un œil attentif les progrès de la grande révolution, qui s'approchait avec rapidité des ports ouverts à leur commerce. Chang-haï, le plus rapproché de Nankin, avait le plus grand intérêt à connaître le véritable état d'une insurrection qui, pour le plus grand nombre, était un sujet d'épouvante, et pour quelques-uns, le croira-t-on, un sujet d'enthousiasme et d'espérance!

Exploration courageuse opérée par M. Taylor Meadows.

C'est ici le moment d'expliquer la mission dont le Gouvernement anglais, en avril 1853, avait chargé M. Thomas Taylor Meadows, secrétaire-interprète au consulat de Chang-haï, et l'auteur du livre remarquable sur les insurrections chinoises. On lui donnait pour mission d'explorer le pays envahi par les insurgés, afin d'apprécier leurs progrès. C'est ce qu'il a fait avec autant de courage que d'intelligence, et je suis charmé de lui rendre cette justice.

Un chevalier d'industrie lettrée en Chine.

Pour second de son voyage, M. Meadows choisit un vrai Figaro du Céleste Empire, un aventurier qu'il ne fait connaître que sous le faux nom de *Fang,* pour ne pas le compromettre plus tard vis-à-vis des autorités chinoises. Ce personnage représentait une classe trop peu connue et qui doit être étudiée. Il parlait avec pureté la langue mandarine. Sans être admis dans la classe officielle des lettrés, il avait pourtant beaucoup de littérature; mais il ne possédait aucune fortune. Il ne vivait que d'expédients et, pour ainsi dire, au jour le jour. Parfois il secondait quelque mandarin peu capable, ou fainéant, qui lui donnait une rétribution misérable. En exerçant ces emplois infinis, il avait acquis une rare expérience de la vie officielle et des palais de la Chine; enfin, cet homme, si souvent aux expédients, manifestait pour les dangers qui pouvaient menacer sa vie une indifférence qu'on ne voit guère égalée que par le fumeur invétéré de l'opium.

Dès la première offre de M. Meadows, Fang accepte avec enthousiasme. Il est informé qu'il s'agira d'obstacles à braver, de périls à conjurer par l'audace et surtout la ruse. Il pourra mentir, même par nécessité : le voilà dans son élément. Ses préparatifs vont être faits en peu d'heures; car à peine, en ce monde, il possède quelque chose outre les effets qui couvrent son corps.

Rien n'est plus touchant que l'acte par lequel le nouveau maître gagne le dévouement d'un tel serviteur. Quand ils étaient près de partir pour leur dangereuse entreprise, Fang se présente à son patron, qu'il trouve absorbé par la mise en ordre de nombreuses affaires. «Je viens vous prier, dit-il, d'employer l'intermédiaire de quelque ami pour faire passer à mon père ce paquet (c'était à la fois son mobilier et sa garde-robe). Vous ordonnerez qu'on le lui transmette dans le cas où nous ne devrons pas revenir» (il indiquait le cas où la mort serait la fin de l'expédition). Son maître répond : «Je n'ai pas le temps d'écrire la lettre que tu demandes; tu le vois, je laisse à l'abandon chez moi mes effets et la plupart de mes papiers. Mais regarde cette lettre cachetée; elle est pour mon frère, à Ning-po. Je le charge de payer en mon nom cent dollars à ton père, attendu que tu m'accompagnes; cela vaut dix fois tes hardes. Dispose donc de ton

bagage aussi bien que tu le pourras. » Dès cet instant, le
Chinois se sent dévoué pour son maître, à la vie comme
à la mort, et bravera tout pour le seconder.

Voyage d'exploration et constatation des faits.

Tous deux s'embarquent et prennent la voie des canaux ;
Meadows s'est déguisé pour pénétrer partout comme indigène. Ils arrivent à Sou-tcheou-fou, la ville des élégances,
des loisirs et de l'incurie. Hélas ! la fleur de la population
s'était enfuie, épouvantée par les cruautés, par les exactions des Taï-ping, par l'enrôlement des hommes robustes
afin d'en faire des soldats-pirates, par l'enlèvement de
leurs femmes et de leurs enfants afin d'en faire des otages.

Voici comment le voyageur caractérise l'étendue de
cette tyrannie et montre à quel degré social descendaient
les persécutions. Un pauvre ouvrier chinois se trouvait
dans la ville de Chin-kiang-fou, la clef du canal Impérial,
lorsque les Taï-ping en massacrèrent la population tartare ; il se sauva sans pouvoir emmener sa famille, pour
échapper au terrible recrutement obligatoire. Les insurgés
mettent la main sur ses enfants, qu'ils menacent de mort ;
ils obligent sa pauvre femme à se mettre en voyage pour
le trouver et le ramener avec elle : ainsi seulement elle
pourra sauver leur humble mais chère postérité.

L'observateur a voulu connaître la force des insurgés,
l'agrégation qu'offraient les pirates du Fo-kien, les bandits du Kouang-toung et les tribus demi-sauvages du
Kouang-si : tout cela pouvait former de trente à quarante
mille hommes. C'étaient à la fois les gardes du corps
attachés au divin maître d'école[1], les surveillants des

---

[1] L'empereur fondateur de la dynastie des Taï-ping prend le titre personnel de Tien-tsing.

enrôlés par force, et les geôliers de leurs enfants ainsi que de leurs femmes. Les hommes enrôlés de la sorte, sous la menace de la mort immédiate, et retenus par la peur qu'on immolât leurs familles, pouvaient s'élever de quatre-vingts à cent mille.

M. Meadows consulte les publications des insurgés. Quand on lit certains détails des prières ascétiques récitées par les insurgés au milieu de leurs combats les plus cruels, on croit entendre les dévotions puritaines des Caméroniens sanguinaires en Écosse, ou celles des Bien-aimés, les puritains de Cromwell, quand celui-ci décimait l'Irlande et le sabre à la main poussait tout un peuple « au Connaught ou dans l'enfer! »

Pour compléter le parallèle, la discipline des insurgés châtie l'intempérance et l'incontinence; l'usage du tabac est puni par les verges, et celui de l'opium est puni de mort! Qu'en dit le commerce britannique?

Les femmes et les enfants détenus à Nankin, à Chin-kiang-fou, sont enfermés dans des bâtiments à part. Les femmes sont divisées par brigades de vingt-cinq. La plus âgée fait fonction de sergent-fourrier; elle répartit les rations à ses compagnes de captivité, comme aux soldats d'une escouade. Les captives sont employées dans leur caserne à confectionner des habillements, à préparer des munitions. Un père, un frère, un époux même, ne s'aventureraient pas impunément dans ces ateliers-prisons; quiconque y pénètre est sur-le-champ mis à mort.

Les enfants sont séparés de leurs mères et casernés à part. Aux garçons on apprend le livre du nouveau culte et le maniement des armes. Tous les captifs sont habillés avec les vêtements et les étoffes pillés dans les cités prises de force.

« Je dois dire, ajoute l'explorateur, que toutes les idoles

de Nankin, de Chin-kiang-fou et de Yang-tcheou ont été
détruites, et que tous les prêtres qui n'ont pas renié leur
foi bouddhique *ont été tués.* »

Grave témoignage de M. Taylor Meadows.

Il importe que l'on connaisse les propres expressions
d'un témoin oculaire digne de toute confiance : on verra
que je n'ai pas été trop sévère sur le jugement des forfaits
commis à dessein par les insurgés.

« Quand les Taï-ping eurent occupé les quatre cités de
Nankin, de Chin-kiang, de Koua-tcheou et de Yang-tcheou,
fidèles aux commandements de leur prince divin, ils attentèrent avec ostentation et sans nuls remords sur les personnes et les propriétés de tous les Chinois. Ils capturèrent
tout ce qu'ils purent saisir d'hommes, de femmes et d'enfants; ils firent main basse sur tout objet transportable,
quelle qu'en fût la nature. Ils amassèrent, ils renfermèrent
ce double butin, êtres humains et dépouilles matérielles,
dans l'enceinte de Nankin : leur grande prison fortifiée
(*their great stronghold*). Cette geôle, ils l'appelèrent *la capitale céleste*, comme étant la résidence du Divin prince et
de sa cour.

« Dans les trois autres cités qui viennent d'être nommées, on laissa seulement, comme garnison, quelques
anciens et fidèles sectaires. A l'armée mobile on joignit
les hommes, en état de porter les armes, qu'on avait
recrutés dans les quatre villes. Toutes les forces dis-
ponibles furent bientôt envoyées suivant diverses directions, par corps expéditionnaires. Dans ces corps étaient
enrégimentés les Chinois capturés et robustes. Leurs
pères, leurs femmes, leurs sœurs et leurs enfants restaient
captifs à Nankin, nourris et vêtus aux dépens de magasins

inépuisables : en supposant que les richesses à voler le fussent elles-mêmes. On gardait strictement dans l'enceinte des fortifications les captifs et les captives; c'étaient des otages qui répondaient de la fidélité de leurs fils, de leurs pères, de leurs époux et de leurs frères sous les armes. Tel était le système impitoyable de conscription ou *de presse* imaginé par le roi céleste. »

Et cet infâme esclavage, qui foulait aux pieds les lois humaines et la justice divine, on l'imposait aux Chinois pour les délivrer, disait-on, de la tyrannie des Tartares, qui ne tyrannisaient personne. Voilà le bonheur prédit et. si peu réalisé, en Orient, par les fauteurs de révolutions. Aimez donc et louez les révolutions, même en Orient!

Cette alliance monstrueuse entre le despotisme et la spoliation n'était pas née de circonstances fortuites, ni commandée par la nécessité des derniers événements : c'était un développement calculé de sang-froid, et mis de longue main en pratique, afin d'accomplir un système préconçu.

Sombre résumé du système de conquête.

Je marche toujours sur les traces de mon guide, qui connaît si bien les principes mis en avant dès les premiers temps de la rébellion. Dans l'origine, ils pillaient seulement les villages et les villes qui les traitaient en ennemis; mais aussitôt que des succès répétés eurent transformé leur jeune croyance *en fanatisme* pour la divine mission du Céleste Prince, le maître d'école Houng-siéou-tsiuen se posa vis-à-vis des Chinois et des Mandchoux dans l'attitude menaçante qu'il a toujours conservée, même en bravant les nécessités du moment. Voici la doctrine que l'usurpateur osait faire prêcher par ses pirates : « Notre

Divin prince a reçu la mission d'exterminer les Mandchoux;
de les exterminer sans exception, hommes, femmes, enfants; d'exterminer tous les idolâtres : ce qui comprenait
tous les prêtres de Bouddha et de Lao-tseu. Il a reçu la
mission de s'approprier, au titre sacré de légitime souverain, l'Empire et tout ce qu'il contient, sans la moindre
réserve : ses rivières et ses montagnes, ses vastes plaines
et ses trésors publics. Vous aussi, Chinois, et tout ce
que vous avez, vous êtes à Lui! et votre famille, depuis
votre personne jusqu'à votre plus jeune enfant; et votre
propriété, depuis le terrain, depuis la maison qui viennent
de vos pères, *jusqu'au grelot de votre dernier né*, enten-
dez-vous? tout est à lui! Nous exigeons les services de
toutes les personnes et nous prenons toutes les choses
sans exception. Ceux qui nous résistent sont des rebelles
et des démons idolâtres, *et nous les massacrons sans en
épargner un*[1]. Mais quiconque reconnaîtra notre Divin
prince et s'emploiera pour sa cause en sera copieusement récompensé; il aura rang dans sa divine armée et
dans la cour de sa dynastie céleste. »

*L'admiration de M. Meadows pour la grandeur du spectacle
insurrectionnel.*

Voici la conclusion que tire notre témoin oculaire
immédiatement après avoir rapporté tant d'atrocités :
« En même temps que je vois l'indication d'*un sentiment
religieux*, puissant et même fanatique, un soigneux examen de tous les actes qu'on attribue aux insurgés me fait
conclure que leurs règles et leurs lois sont l'ouvrage d'esprits sagaces *et bien réglés* (of sagacious and *well regulated*

[1] Voilà l'extermination des démons rêvée dans chacun des songes de
Houng-siéou-tsiuen.

minds). En effet, ces lois et ces règles tendent toutes à l'extension graduelle et sûre de leur parti, par l'accroissement journalier d'un noyau composé d'adhérents triés et dévoués, qu'ils aient été dans le principe ou volontaires ou levés de vive force. »

C'est après avoir pris connaissance de toute la conduite des insurgés que l'observateur ajoute[1] : « Avec le sentiment mêlé de cette *admiration* et de cette crainte respectueuse (awe) qui pénètrent notre âme quand nous contemplons des forces puissantes, opérant des convulsions profondes et produisant de vastes transformations, soit dans la nature animée soit dans la nature inanimée, avec ce même sentiment je vis que la nation chinoise était menacée d'une révolution imminente, surpassant de beaucoup en profondeur, en gravité, tous les changements qu'elle a subis pendant sa longue existence de quatre mille ans. »

La réalité sur les destins de l'insurrection.

Pour moi, je me sens pénétré d'un tout autre sentiment que la crainte et le respect, et surtout *l'admiration*, quand je vois l'imposture, à force de sang, dévaster un puissant empire que jusqu'à notre époque les siècles avaient respecté. J'éprouve alors ce saisissement qui proteste, avec le poëte éloquent, contre le malheur non mérité par d'autres Orientaux qui, dans les siècles passés, furent aussi l'orgueil de l'Asie :

Postquam RES ASIÆ, Priamique evertere *gentem*
Immeritam VISUM SUPERIS, ceciditque superbum
Ilium, et omnis humo fumat Neptunia Troja.
Æneid. lib. III.

[1] I saw with that mixed feeling of *admiration* and awe which fills us as

Heureusement les affaires de l'extrême Asie et la race du Priam des Mandchoux et la nation superbe des Khang-hi et des Khien-loung ne sont pas renversées de fond en comble; heureusement le grand empire n'est pas en entier le débris fumant d'un incendie. La rébellion, misérable et non pas admirable, au lieu de s'accroître toujours par des règles sagaces et par des lois bien calculées, nous voyons aujourd'hui qu'elle a consumé ses forces pendant dix années. Loin d'avancer incessamment, nous trouvons que depuis cinq ans elle recule. Elle n'a plus en son pouvoir qu'une seule grande cité, c'est Nankin. Elle est chassée des bords du canal Impérial; chassée des trois cités commerciales et privée de leurs trois ports; chassée des quatre grandes provinces de Tche-kiang, de Hou-pé, de Hou-nan et de Kouang-toung. Tout fanatisme qui languit, toute insurrection qui rétrograde ou seulement qui s'arrête, n'ont pas seulement le présent pour adversaires : l'avenir doit leur être encore moins favorable.

Mais il est juste de faire observer qu'en 1853 il était impossible de juger avec les mêmes lumières qu'en 1858 et 1859 : tout semblait alors motiver des conclusions différentes.

Une marche d'armée révolutionnaire.

Le lecteur est informé des corps expéditionnaires dont nous avons expliqué la composition tyrannique. On les

we watch powerful forces working deep convulsions and grand transformations in animate or inanimate nature, that the Chinese people was imminently threatened with a revolution far exceeding in profundity and gravity any change it had undergone throughout its long duration of four thousand years. (P. 244.)

envoyait dans les provinces, non pas pour y créer un gouvernement régénérateur et régulier, mais pour y consommer l'asservissement, l'extermination et le pillage.

Parmi tant d'armées révolutionnaires, à titre d'exemple, nous suivrons seulement la plus audacieuse. Moins de deux mois après la conquête de Nankin, cette armée passe le Grand fleuve, en se proposant d'atteindre la capitale de l'empire.

Du 12 au 15 mai 1853, elle bat en rase campagne un corps de Tartares envoyé pour couvrir les provinces septentrionales. Les vainqueurs s'avancent vers le nord; ils tentent en vain d'enlever d'assaut Kaï-foung-fou, la riche et populeuse capitale de la province de Ho-nan.

Sans être découragés par cet échec, ils passent outre, arrivent au fleuve Jaune, le traversent, et vont droit à la forte place de premier ordre appelée Houaï-king-fou. Cette place, pendant deux mois, ils s'opiniâtrent à l'assiéger; s'ils pouvaient la prendre, ils commanderaient dans le bassin supérieur de ce beau fleuve, le second de la Chine pour la grandeur et la fécondité. Alors ils auraient en leur puissance le point culminant du canal Impérial; de ce point, ils descendraient vers le golfe du Pé-tchi-li, dernier espoir de Pékin pour l'apport des subsistances que cette capitale est obligée d'emprunter au midi de l'empire.

Dans le second mois du siége, des forces impériales réunies pour arrêter les rebelles viennent les attaquer. Ils se sont retranchés derrière la rivière Tan, qui coule à l'est; c'est la même rivière qui plus bas, sous le nom de Weï, joint le Grand canal à Lin-tsing, sur le côté septentrional du plus haut niveau des eaux canalisées. Ce point capital est la clef d'une communication hydraulique régulière et continue jusqu'à Tien-tsin, ville qui deviendra célèbre par le traité qu'y concluront, cinq ans plus tard, les plé-nipotentiaires de la France et de l'Angleterre.

Arrêtés dans leur dessein par les forces impériales, et repoussés mais non détruits, les insurgés font un grand détour vers l'occident. Ils se dirigent sur la province de Chan-si et s'emparent à l'improviste d'une riche cité, qu'aucune force ne gardait : fidèles à leur discipline, ils la dévastent.

Aussitôt après, ils reprennent leur marche vers Pékin. Ils rencontrent un nouveau corps de Tartares placé pour garder le passage des montagnes qui limitent, au midi, le Pé-tchi-li, la plus importante des provinces; les insurgés battent ce corps.

Les voilà qui descendent enfin dans le bassin du nord, au centre duquel s'élève la capitale d'un empire ébranlé jusque dans ses fondements. Au bout de quinze jours, ils sont maîtres d'un chef-lieu départemental, Chaou-tcheou-fou. Ils font un pont de bateaux pour traverser l'importante rivière qui descend à Tien-tsin, le véritable avant-port de Pékin. Sachons-le bien : cette reine des cités, jamais ils ne la perdent de vue dans leur marche en lacet; marche tant de fois détournée suivant la grandeur des résistances et l'opportunité des lieux faciles au pillage.

Après de nouvelles marches, les insurgés arrivent à Kéaou-ho. Un dernier effort les conduit vers le Grand canal, à huit lieues de Tien-tsin, à quarante lieues de la capitale. En cet endroit, ils sont entourés par des forces supérieures : les unes qui n'ont pas cessé de les poursuivre, les autres qui de Pékin sont venues à leur rencontre. Celles-ci faisaient partie de la garnison métropolitaine; elles étaient augmentées par un secours appelé récemment des provinces mongoles. Tant de moyens réunis arrêtent enfin l'invasion.

Voilà le plus grand danger qu'ait couru la capitale, qui depuis n'a plus été menacée sérieusement par les insurgés. Ceux-ci venaient de faire une marche de cinq cents à cinq cent cinquante lieues, toujours isolés, toujours se nourrissant et se recrutant aux dépens de leurs ennemis; ils avaient employé dix mois tantôt à des incursions, tantôt à des siéges. Ils n'avaient pour les diriger aucun de leurs soi-disant princes; de simples commandants pirates, formés par une guerre sans exemple, suffisaient à ces hommes capables d'affronter tous les périls, d'entreprendre tous les travaux, de commettre tous les excès et d'endurer toutes les fatigues.

Quand ceux de Nankin apprirent que leur armée révolutionnaire du nord allait être forcée de rétrograder, ils envoyèrent un corps auxiliaire au-devant d'elle, avec ordre de la sauver. Cet auxiliaire arriva devant Lin-tsing le 1er avril 1855.

L'armée d'invasion évacua finalement Tsing-haï le 7 avril, après trois mois de séjour dans ce poste avancé; elle fit sa retraite en combattant, à très-petites marches, et finit par rejoindre à Lin-tsing l'armée de secours. Ces forces réunies ont ensuite rétrogradé de concert.

L'armée révolutionnaire a regagné son point de départ après environ vingt-quatre mois d'excursions; elle est rentrée dans Nankin vers la fin de mai 1855. Aucun autre corps d'insurgés n'a rien fait d'aussi remarquable.

État stationnaire et derniers échecs de l'insurrection.

Pendant près de deux ans, les Taï-ping ont eu presque complétement en leur pouvoir le vaste fleuve Yang-tzé-kiang, depuis le canal Impérial jusqu'à Yo-tcheou, dans le Hou-nan. Non-seulement ils ont été maîtres des eaux, mais aussi des deux rives, sur une largeur variant de vingt à quarante lieues. Ils ont possédé les deux grands lacs de Tong-ting et de Po-yang, avec le littoral et les affluents de ces magnifiques nappes d'eau. Ils ont envahi successivement et dévasté beaucoup de villes importantes; mais ils n'ont jamais établi d'administrations urbaines ou provinciales, réglées et durables, sur les pays au milieu desquels ils ont étendu la désolation et la ruine.

Ils n'ont pas pu s'emparer de trois cités du premier ordre : Nan-tchang-fou, dans le Kiang-si; Tchang-tcha-fou, la capitale du Hou-nan, défendue par les Tartares; enfin, Kin-tcheou, sur le Grand fleuve, aussi défendue par des Tartares.

C'est seulement au mois de juin 1854 que les rebelles, après un siége de quatre-vingts jours, ont pu reprendre la magnifique cité de Wou-tchang-fou, le chef-lieu du Hou-pé, la clef du grand marché central et la résidence du vice-roi de deux provinces. Celui-ci s'étant sauvé de la ville prise d'assaut, tandis que les rebelles en massacraient la garnison tartare, l'empereur lui fit couper la tête.

Jamais les insurgés n'ont pu conserver la superbe et forte Wou-tchang-fou, qu'ils ont occupée trois fois, en 1853, en 1854, en 1855. Dans ces derniers temps, lorsque lord Elgin a remonté le Grand fleuve, il a trouvé cette cité possédée de nouveau par les forces impériales.

Les rebelles ont abandonné par degrés les places fortes qu'ils avaient envahies sur le canal Impérial, même les deux clefs de ce canal aux abords de l'Yang-tzé-kiang, et l'opulente cité de Yang-tcheou, près du même canal.

Résistance énergique faite aux insurgés par un mandarin non lettré.

Il est temps de signaler un premier effort intelligent

et courageux tenté, dès 1853, en organisant à l'européenne une force impériale : effort accompli d'un côté
d'où l'on n'attendait qu'impéritie et décadence.

L'intendant du circuit dont le point important est le
port de Chang-haï, l'administrateur avec lequel les consuls étrangers traitent les affaires internationales, se trouvait être un ancien et riche marchand de Canton; il s'appelait Wou. C'était une exception remarquable et rare
chez cette classe ignare de mandarins, que la pénurie des
finances avait fait récemment admettre en grand nombre.
Il avait acheté tous les degrés officiels jusqu'à l'intendance
d'un département. Il ne s'était pas soumis au moindre
examen, et connaissait aussi peu l'histoire nationale que
la littérature politique. Il ne pouvait pas même parler le
chinois-mandarin : celui des classes éclairées. Mais il avait
reçu de la nature un bon sens supérieur et la rectitude
d'esprit, vraies sources de succès pour mener à bien le
plus grand nombre des choses humaines. Ajoutons que
Wou possédait un génie des affaires qui le tirait de la
foule. Il avait commencé par être facteur à Canton; il
savait le grossier anglo-chinois, le *parler pigeon* de ce
port. On avait pensé qu'il serait par là propre à conférer
avec les étrangers, et c'était beaucoup dans un temps de
rébellion. Patriote au fond de l'âme, indépendant par sa
fortune, il servait son pays *pour l'honneur!*

Quand les rebelles descendirent le Grand fleuve, portant partout la terreur, il déploya pour la cause impériale un zèle plein de courage et d'intelligence. Il fit
équiper dans le port de Chang-haï un certain nombre
de navires bons voiliers, construits et gréés comme les
meilleurs que montent les pirates du Fo-kien; la plupart,
armés de six à huit canons, étaient très-préférables aux
jonques antiques, trop élevées sur l'eau, difficiles à ma-

nœuvrer et lentes à la marche, ainsi qu'aux barques marchandes que les Taï-ping avaient volées sur l'Yang-tzé-kiang. Mais la flotte des insurgés l'emportait à tel point par le nombre, qu'elle contraignit à la retraite la flottille du vigoureux intendant.

L'intrépide Wou, loin de s'abandonner au découragement, redoubla ses instances auprès des étrangers; il demanda surtout, mais il n'obtint pas, que les autorités anglaises lui prêtassent l'assistance de leurs navires à vapeur.

Sans s'arrêter à cette démarche, il fit agir les mandarins du port de Ning-po pour affréter treize lorchas portugaises, analogues aux navires qu'il avait précédemment armés avec des équipages chinois. Il acheta même des navires européens.

Ces forces réunies vinrent combattre la flotte insurgée devant les deux embouchures du canal Impérial; tandis que trois mandarins, *des plus lettrés*, contemplaient oiseusement cette scène maritime, réfugiés au sommet d'une montagne d'où n'approchait nul combattant.

Les treize lorchas firent d'abord reculer les Taï-ping; mais ceux-ci revinrent à la charge en couvrant le fleuve de leurs innombrables bateaux. Chose remarquable, non-seulement les insurgés avaient un très-grand nombre de canons, mais une énorme quantité de fusées de guerre, avec lesquelles ils incendiaient les voiles des bâtiments impériaux; on voyait en même temps brûler les temples bouddhiques érigés sur l'île d'Or. Les navires chinois de l'intendant Wou s'éloignèrent les premiers. Les lorchas portugaises, restées seules, soutinrent bravement la lutte. Lorsqu'elles durent céder la place, elles tirèrent grand parti de leurs canons de retraite, sans se laisser entamer par les forces supérieures qui les poursuivaient; elles coulèrent bas un bon nombre de jonques montées par les insurgés, et ne cessèrent de lutter qu'après avoir épuisé leur poudre. Toutes les lorchas défilèrent de nouveau devant le mont au sommet duquel se tenaient oiseusement les trois mandarins observateurs.

Les insurgés s'arrêtèrent enfin dans leur poursuite. Ils incendièrent les temples de l'île d'Argent, comme ils avaient incendié ceux de l'île d'Or; ensuite ils remontèrent le fleuve jusqu'à la ville de Chin-kiang-fou, pour débarquer et la prendre d'assaut.

Justice rendue à certains mandarins, illettrés, mais capables et courageux.

Arrêtons-nous aux faits que je viens de rapporter. Lorsque nous voyons ces nobles efforts que prodiguait l'illettré mandarin de Chang-haï, mettant de la sorte en usage son activité, son patriotisme et son admirable *sens commun*, demandons-nous simplement : Qu'aurait fait de plus, qu'aurait fait de mieux un mandarin raffiné, connaissant par cœur l'universalité des caractères chinois, et cadençant les mots les plus purs au bout de sa langue exercée?

Hélas! l'immense majorité de ces hommes grandis surtout avec le secours de la mémoire, dans la lutte paisible des examens et des compositions écrites, cette majorité lettrée n'a rien fait de vaillant et de pratique pour le salut de la patrie.

Sans doute il importait de conserver les concours; mais il fallait en rendre les programmes plus applicables aux affaires de la cité, au maniement des forces publiques, à l'exécution ainsi qu'à l'entretien des travaux d'utilité nationale. En même temps, il fallait, dans le cadre du mandarinat, réserver une place pour les talents naturels, pour le courage et la vertu; même en supposant que ces dons admirables fussent privés du charme si précieux des ornements littéraires.

En même temps il fallait ouvrir une large porte à tous les genres de talents; il fallait, par des études spéciales, les développer en variant les carrières aussi bien que les connaissances qui leur sont indispensables. En conservant avec soin les examens, il fallait les modifier, les améliorer; il fallait les fortifier par tous les éléments scientifiques et moraux qui contribuent à la sagesse, à la fortune, à la force d'un grand peuple.

Injustice de Pékin.

Voici maintenant le comble de la folie du Gouvernement de Pékin, de cette aristocratie des lettres remplaçant l'efficacité des choses.

Cet admirable intendant illettré qui méritait qu'on lui dédiât une *Porte d'honneur*, après tant d'efforts prodigués pour le salut de son pays, on rougit de sa valeur et le dépit accueille ses services. On lui retire sa place; on le relègue au fond d'un obscur bureau de Pékin, comme un commis de la moindre classe. Et les trois mandarins lettrés qui n'ont rien fait que regarder périr les forces de leur patrie, ces trois lâches! j'ai cherché vainement à savoir si l'on a puni leur pusillanimité par le retrait de leurs emplois et par la perte de leurs grades à jamais déshonorés.

Les Européens en face de l'insurrection.

En 1853, le bon citoyen qui devait être si mal récompensé, le préfet illettré de Chang-haï, s'adressait au gouverneur de Hong-kong, intendant général du commerce britannique. Il l'invitait à venir sur les lieux où s'accomplissaient les plus graves événements; il le conjurait de défendre un allié, dans l'intérêt même du commerce.

Éveillé par cet appel, sir George Bonham vint en effet, accompagné de bateaux à vapeur; mais il vint pour observer au lieu de combattre, et pour assurer les insurgés de sa neutralité parfaite entre la révolte et les lois.

Le 1er mai, les soi-disant princes du divin empereur Taï-ping firent parvenir au médiocre sir George Bonham la déclaration suivante :

Ordre suprême émané de Nankin.

Des commandements sont ici donnés à nos frères des pays lointains (les Anglais), afin qu'ils puissent comprendre nos rites.

Attendu que Dieu, le Père céleste, *a fait descendre notre souverain sur la terre*, comme le vrai souverain *de l'ensemble des nations* qui forment l'univers, tout peuple qui désire paraître à la Céleste cour doit obéir aux rites qui constituent les cérémonies de cette cour. Les requérants sont tenus de préparer leurs demandes, en faisant connaître leurs personnes, leurs titres et la contrée dont ils viennent; ensuite ils pourront avoir audience. Obéissez à ces commandements.

M. Meadows, revenu de son voyage d'exploration, servait alors d'interprète et d'émissaire à sir George Bonham; il s'efforça de faire comprendre aux chefs des rebelles que la nation britannique ne se regardait pas comme étant leur vassale. En attendant qu'il fût compris, les princes des insurgés lui remirent officiellement la proclamation suivante, écrite au pinceau sur un long tissu de soie jaune : la couleur impériale.

Proclamation du Céleste Empire de Taï-ping,

PAR COMMISSION DIVINE :

Yang [1],	Siaou [1],
Le prince de l'Orient, *le seigneur des guérisons miraculeuses*, premier ministre et commandant en chef de l'armée,	Le prince de l'Occident, ministre et commandant en second de l'armée,

Par les présentes,

Envoient un décret aux Anglais, à ces habitants d'un pays lointain, qui jusqu'à présent ont révéré le ciel, qui sont venus maintenant accomplir *leurs devoirs* envers notre souverain, et qui témoignent le désir qu'on lève certains doutes afin que leurs esprits soient mis en repos.

Le grand Dieu commença par créer la terre..... Mais depuis que les mauvais esprits sont entrés dans le cœur de l'homme, ils n'ont plus reconnu la grâce de Dieu, le Père céleste, qui donne et soutient la vie; ni le grand mérite de Jésus, le Frère céleste, dans l'œuvre de la rédemption. Ils ont souffert que les idoles exercent sur la terre leur étrange empire. C'est ainsi que les Tartares, ces démoniaques Huns, sont parvenus à s'emparer, comme des voleurs (thievishly), de notre pays céleste.

Par bonheur le céleste Père, et le céleste Frère, sont venus depuis

---

[1] Les deux princes dont les noms figurent en tête du décret, Yang et Siaou, sont mentionnés dans le curieux récit déjà cité de M. Hamberg : Yang, comme le guérisseur miraculeux et l'interprète ici-bas des volontés du céleste Père; Siaou, comme l'interprète des volontés de Jésus, le céleste Frère aîné. Le premier, écrivant au capitaine du *Rattler,* lui dit : «Quand le Père céleste descend dans ce monde afin d'instruire le peuple, ses volontés sacrées sont exprimées par la bouche du prince oriental, et ce prince est Yang; quand le céleste Frère Jésus descend dans ce monde pour instruire le peuple, ses volontés sacrées sont exprimées par la bouche du prince de l'Occident, et ce prince est Siaou. Enfin ces deux interprètes, déclarés tels par le céleste Frère puîné, le reconnaissaient lui-même comme leur souverain et divin seigneur.»

longtemps déployer leurs divines manifestations au milieu de vous, Anglais; et, par bonheur, depuis longtemps vous avez adoré Dieu le céleste Père et Jésus le céleste Frère. De sorte que la vraie doctrine a été conservée, et que la parole de Dieu a reçu ses gardiens.

Et de nouveau, par bonheur, le grand Dieu, le Père céleste, le Lord suprême, a manifesté la grandeur de sa grâce. Il a envoyé ses anges prendre le Prince céleste, notre Souverain, *pour l'enlever au ciel,* et pour lui donner personnellement le pouvoir de balayer des trente-trois cieux les esprits du mal, esprits qu'il a chassés de là-haut vers ce bas monde.

Et de nouveau, dans le troisième mois de l'année mow-shin, avril 1848, le céleste Père a manifesté son immense grâce et sa miséricorde en descendant sur la terre; et dans le neuvième mois de la même année, notre Lord, Sauveur du monde, le Frère céleste, a pareillement manifesté sa grâce et sa miséricorde, en descendant sur la terre. Depuis ce temps, pendant six ans, le Père et le Fils ont largement dirigé nos affaires. Ils nous ont aidés de leur bras puissant, se sont montrés à nous par des manifestations multipliées, ont en nombre immense exterminé nos terrestres ennemis (esprits mauvais et démons); et tous deux ont aidé notre céleste Prince *à prendre possession de la souveraineté de l'univers.*

A présent, puisque vous, Anglais, vous n'avez pas estimé d'énormes distances comme étant trop grandes, et que vous êtes venus ici nous rendre *votre hommage d'obéissance* (allegiance), non-seulement cela réjouit beaucoup les armées de notre dynastie divine; mais même, au plus haut des cieux, le Père céleste et le céleste Frère vont regarder avec plaisir cette marque évidente de votre loyauté *comme sujets,* et de votre sincérité.

Cela considéré, nous permettons aux Anglais, ou de combattre les démoniaques ennemis du céleste Frère, ou simplement de commercer avec ses sujets.

Et maintenant nous vous offrons les nouveaux livres contenant les déclarations de la dynastie Taï-ping, afin que le monde entier puisse apprendre à révérer et honorer de son culte les célestes Dieux Père et Frère, et connaître en quel lieu le Prince céleste habite.

Nous, en conséquence, rendons ce décret spécial, pour permettre, à vous chefs anglais, ainsi qu'aux frères de votre Surintendance, d'entrer ici, soit pour nous aider dans l'extermination de nos ennemis, soit pour continuer, suivant votre habitude, vos occupations mercantiles. Notre vive espérance est que vous voudrez vous donner le mérite de servir activement notre souverain, et de reconnaître avec nous la bonté du Père des âmes.

Nous vous donnons, à vous Anglais, les nouveaux livres des déclarations de la dynastie Taï-ping, afin que tout l'univers apprenne le respect et l'adoration du Père céleste et de son céleste Fils. Nous le faisons afin que le monde sache en quel lieu le Prince céleste existe ; nous le faisons afin que tous les hommes puissent lui rendre leurs actions de grâces.

Décret spécial pour l'enseignement de tous les hommes, donné le vingt-cinquième jour du troisième mois de l'an kwei-haou (1ᵉʳ mai 1853).

Un apostat mystérieux.

En lisant l'écrit important que je viens de transcrire, je ne puis m'empêcher de croire que les ignorants Taï-ping ont à leur service quelque apostat européen, chargé d'étaler la phraséologie biblique et de concilier la parodie des Saintes Écritures avec l'ambition sanguinaire et spoliatrice des dévastateurs. Peut-être cet apostat faisait-il espérer aux insurgés qu'en ayant recours à la magie de ce langage on capterait les redoutables étrangers. C'était oublier que l'erreur de ceux-ci ne pourrait pas être durable.

On remarquera que l'écrivain dont je viens d'indiquer le rôle suspect, en s'adressant à des chrétiens, n'ose pas donner au chef suprême Houng-siéou-tsiuen, le titre de céleste Frère puîné. Mais il le fait indirectement lorsqu'il substitue pour la seconde personne, le titre de *frère* à celui de fils. Il se contente d'inventer pour le second frère son étrange voyage dans les régions supérieures, et son ascension miraculeuse opérée pour chasser *des trente-trois cieux* tous les mauvais génies, sans réfléchir qu'à peine chassés des cieux il faudra les combattre sur la terre. Que dire aussi de ces prétendus princes du nouvel empire, quand ils déclarent gravement que le rédempteur des hommes leur a donné mission *d'exterminer tous les Mandchoux,* sans excepter les vieillards, ni les femmes, ni les enfants?

*Situation singulière du surintendant britannique
auprès de l'insurrection.*

A l'appui de la pièce singulière que les rebelles ont remise au surintendant venu de Hong-kong, et dont nous avons donné la traduction, remarquons le rôle mystérieux que joue l'impudent maître d'école. A peine arrivé dans Nankin, il affiche déjà les mœurs dissolues d'un monarque de l'Orient; du fond de son sérail, il a commencé son règne céleste par l'invisibilité. Il n'admet pas même le surintendant du trafic anglais à paraître en sa présence, fût-ce pour l'adorer comme on adore en Orient, par des prostrations répétées et profondes. Ce sont deux princes terrestres, deux créatures secondaires, qui seules parlent aux étrangers, et qui seules viennent traiter au nom du maître d'ici-bas, du Taï-ping, le suzerain de l'univers.

Le surintendant des marchands, Bonham, voudrait bien contracter quelques conditions d'échange, gagner à ses nationaux quelques ports rebelles; ouvrir Nankin surtout aux vendeurs de sa nation. Il manifeste ce désir.

Les sectaires du nouveau Messie de l'extrême Orient se plaisent à considérer l'ambulant sir Bonham et ses officiers comme *les mages de l'Occident,* venus de si loin pour adorer le maître du monde, le divin second Fils; en conséquence, ils leur octroient la faculté d'entrer, de sortir et de vaquer à leurs occupations de trafiquants dans le nouveau céleste Empire.

Après avoir reçu la communication hautaine des deux célestes interprètes, le surintendant déconcerté répondit : que son pays avait obtenu *par un traité* le droit de commercer dans cinq ports chinois ; que si les sujets du nouveau pouvoir nuisaient en quelque manière, soit aux personnes, soit aux propriétés britanniques, on punirait le dommage et l'injure, etc. etc. Cela répondu, l'honorable plénipotentiaire tourna vers l'océan la poupe de ses bâtiments, et disparut.

Lorsque le surintendant du commerce britannique, monté sur l'*Hermès* redescendait le grand fleuve, et passait devant les batteries extérieures de Koua-tchéou, vers l'entrée du grand canal, il reçut une bordée des insurgés ; les Anglais ripostèrent. Un peu plus bas, l'*Hermès* reçut le feu des batteries de l'autre rive, en avant de Chin-kiang ; à quoi les Anglais ripostèrent encore. Les rebelles s'excusèrent ensuite d'avoir tiré *par méprise* et faute d'avoir des ordres spéciaux ; on se contenta de l'excuse.

Contraste remarquable entre les rôles du surintendant britannique
et du mandarin illettré.

Au milieu des oiseuses et tristes démarches du surintendant britannique, le préfet chinois, le Tao-taï de Chang-haï, *l'illettré* Wou, trop sensé pour s'arrêter à la logomachie des sectaires insurgés, n'avait pas perdu le moindre moment. Déjà nous avons indiqué ses mesures, et nous les rappelons. Il avait pris à son service plusieurs bâtiments à vapeur montés par des Européens, avec douze à quinze lorchas que manœuvraient les métis portugais de Macao. Ces auxiliaires, unis à des jonques mandarines, au nombre de soixante et dix, servaient à bloquer l'importante place de Chin-kiang. Le préfet chinois offrait des salaires tellement élevés aux matelots étrangers, qu'ils désertaient leurs navires et passaient à son service; ils disparaissaient à vue d'œil des bâtiments de guerre anglais. L'embauchage devint si grand, que le commandant de la station britannique à Chang-haï dut envoyer des embarcations faire la visite des bâtiments armés par le préfet Wou, afin de ressaisir ses déserteurs[1].

Observations accidentelles des insurgés relatives à l'opium.

L'officier Taï-ping qui remettait à l'envoyé de sir Bonham la déclaration que nous avons rapportée, dit au savant interprète : «Vous ne devriez pas vendre de l'opium.» Celui-ci répond : «qu'il en était de l'opium ainsi que des navires marchands achetés par des officiers mandchoux; le Gouvernement britannique n'en prenait pas connaissance : il laissait les autorités chinoises traiter comme elles l'entendaient avec les vendeurs d'opium.» Aurait-il osé rappeler que la guerre de 1840 avait eu lieu précisément parce que ses concitoyens voulaient châtier les Chinois, pour avoir saisi et détruit l'opium introduit chez ceux-ci malgré les lois?

Le thé que les pieux Taï-ping servent à leur Trinité.

Le ridicule est venu se joindre à l'impudence. Dans les cérémonies religieuses, pour rappeler une trinomie partagée entre le ciel et la terre, les Taï-ping font figurer sur leurs tables sacrées *trois tasses de thé* : une pour chaque personne de leur Trinité, supposée sensible au goût na-

---

[1] Relation du révérend docteur Taylor, missionnaire américain, après une visite médicale faite aux insurgés, à Chin-kiang. Dans cette ville il ne voit ni femmes ni filles; toutes avaient été transportées à Nankin.

tional. Voilà comment l'idée chinoise vient à chaque instant profaner les souvenirs bibliques.

*Illusions extraordinaires des missionnaires protestants
sur le protestantisme des rebelles.*

Au premier moment, lorsque tout était mystère, les
missionnaires protestants ont pu rêver quelque grand
triomphe de la foi chrétienne; ils ont pu croire au
protestantisme du Taï-ping; ils ont pu supposer que
ce protestantisme, n'importe par quelle voie, allait régner
sur toute la Chine : on conçoit à la rigueur et l'on prend
en pitié cette étrange illusion. Mais comment ont-ils pu
jamais excuser tant de pillages, et les plus infâmes violences, et des massacres infinis? Comment ont-ils pu croire
un seul instant que ces criminels avaient dans leurs cœurs
la moindre étincelle de christianisme? Et comment ont-ils
pu tourner leurs vœux du côté de ces barbares?.....

M. Wingrove, le provéditeur du *Times* auprès des
forces anglaises, M. Fortune et M. Forbes, tous trois
dans leurs écrits sincères et courageux, ont fortement
réprouvé cette étrange aberration des ministres leurs coreligionnaires; tous trois l'ont fait avec raison.

*Mâle indépendance de M. Wingrove dans le jugement qu'il porte sur
les sympathies des prédicants pour l'insurrection sanglante.*

« Les missionnaires, dit-il, attachent leur espoir à la
cause des rebelles. La réalité ne leur promet rien de favorable, et pourtant ils continuent d'espérer. Cependant la
dévastation, les massacres dénoncent la trace des insurgés, en quelque lieu qu'ils aient passé.

« Voyez ces grands travaux publics, lesquels sont pour

les Chinois ce que sont pour les Hollandais les digues élevées contre la mer : la dévastation de ces travaux fait distinguer les lieux qu'ont parcourus les rebelles ; et plus grande encore est la ruine du trésor impérial. Les deux fleuves principaux n'étant plus contenus par leurs grandes levées artificielles, que la misère publique laisse dégrader, les eaux se déversent dans les plaines ; elles couvrent des superficies aussi vastes que certains États européens. Peut-être un homme, dont le zèle fervent serait comparable à celui qui transportait Gédéon ou Josué, pourrait ne voir dans tous ces maux que la volonté de Dieu manifestée pour atteindre un grand but religieux ; mais la réalité des faits n'a rien d'encourageant. Le chef nominal du mouvement insurrectionnel, qui se dit frère de Jésus, n'a recherché les communications d'aucun docteur chrétien. Son premier lieutenant, le prince de l'Orient, qui s'est blasphématoirement appelé le Saint-Esprit, a péri dans une lutte intestine ; les conseillers du soi-disant prétendu Frère puîné ont prouvé leur humanité chrétienne en massacrant de sang-froid deux mille adhérents de ce Saint-Esprit éphémère. »

M. Wingrove continue : « Au milieu des torrents de sang, au milieu de la famine et de la peste, dans le naufrage de tous les biens matériels que les siècles avaient accumulés, nos ministres s'imaginent qu'ils entrevoient une espérance pour la Bible. Nous ne devons pas nous attendre à ce que des missionnaires, poussés par leur zèle au milieu d'un peuple païen, montrent une foi bien sobre, une raison bien modérée. Mais, toute concession faite à leur position fortement militante, on comprend avec difficulté comment un espoir si vague et si faible peut fasciner leur vision et paralyser leurs oreilles, au point de ne pas entendre et de ne pas apercevoir les malheurs matériels et palpables qu'a produits la rébellion. Néanmoins nous trouvons ici des hommes qui sont allés audevant des rebelles avec le même élan qui conduisait Samuel vers Saül; ils ont scandalisé jusqu'à leur corporation, en conjurant ces misérables (*these ruffians*) de marcher en avant et de massacrer (*to go forth and kill*). (P. 107.)

Comment excuser les révérends sectateurs de la rébellion.

Je ne voudrais pas qu'on portât un jugement inexorable contre des ministres de paix qui, saisis tout à coup par le spectacle de la grande insurrection chinoise, sortent de leur saint caractère, transportent leurs vœux du côté des bourreaux, et crient anathème aux victimes. On a peine à concevoir que les mêmes hommes, éprouvés à d'autres égards, soient pourtant humains, charitables et prêts à sauver leurs semblables au péril de leur existence.

Les malheurs de la France ont permis qu'un observateur impassible prît sur le fait des aberrations du même ordre, et qu'il appréciât des jugements sans rectitude et sans merci, portés du jour au lendemain par des hommes qui la veille en auraient été révoltés. Le moindre effet d'un grand mouvement révolutionnaire, c'est le changement positif et matériel qu'il fait naître; un changement plus profond, plus effrayant, quoique invisible, se produit au fond des âmes que la nature n'a pas créées invulnérables. A l'instant s'accomplit dans la nature et dans l'ordre de leurs idées un changement absolu. Les aspects sont renversés, les jugements sont altérés, et chez quelques esprits le jugement même est perdu. Pour ceux-ci les vérités de la veille sont les erreurs du lendemain, et les erreurs précédentes sont transformées en vérités du jour.

Si nous contemplons un des phénomènes les plus surprenants de la lumière physique, la métamorphose intime des rayons lumineux réfléchis par un miroir, nous découvrons que ces rayons ont perdu l'unité de leur nature; refléchis de nouveau d'un certain côté, leur lumière peut encore être transmise; réfléchis d'un autre côté, leur couleur, leur clarté même disparaissent. Ces côtés paralysés, *ces pôles* donnés à chaque partie des rayons inanimés, les révolutions puissantes, ces réflecteurs de l'ordre moral, les donnent aux idées, aux sensations faussées du plus grand nombre des hommes. Voilà ce que j'ose nommer la polarisation des idées et des sentiments. Un petit nombre de sages éprouvés, et quelques caractères supérieurs, sont exemptés de ce faussement des esprits. Pour ces rares intelligences la plus saisissante des études est celle des classes mobiles de tout un peuple, à partir de l'instant où leurs facultés sont ainsi faussées par une révolution.

Ces explications nous feront comprendre peut-être l'aberration des prédicants de Chang-haï; elles remplaceront l'indignation par la pitié pour l'erreur de leurs âmes, et pour la déception de leurs faibles esprits fatalement polarisés.

*Société du poignard : des insurgés indépendants assiégent
et prennent Chang-haï.*

Tandis que la grande insurrection fanatique était arrivée jusqu'à Nankin, où s'intronisait l'invisible et céleste usurpateur, des insurgés indépendants, sans prétention d'imposer le moindre culte et brutalement animés du désir de piller, s'efforçaient d'envahir des villes opulentes afin de les mettre à rançon. Tel fut l'attentat accompli contre Chang-haï, le 7 septembre 1853. M. Fortune était dans la ville ainsi capturée; nous pouvons nous fier à la probité de son témoignage.

Cinq cents affiliés à la *Société du poignard* (Société des petits sabres), renforcés par des voleurs et des brigands, assassinent la troupe qui gardait avec nonchalance une porte de Chang-haï. Ils envahissent et saccagent les hôtels des principaux mandarins et mettent l'un d'eux, le Tchi-hien, froidement à mort.

Ils accourent en armes chez le préfet Wou, l'infatigable adversaire des Taï-ping. Ce vénérable vieillard, revêtu de ses insignes, se présente aux factieux dans l'espoir d'imposer à la rébellion. « Voulez-vous ma vie, leur dit-il, prenez-la, je vous l'offre; vous le voyez, je suis sans armes et sans défense. » Subjugués par ce sang-froid magnanime, ils n'attentèrent point à sa personne; les chefs du mouvement se contentèrent d'exiger qu'il leur livrât les sceaux de son office, et qu'il promît de ne rien entreprendre contre le parti déjà maître de la cité.

Une population supérieure à deux cent mille âmes avait laissé commettre de pareils méfaits sans opposer la moindre résistance. Il y a plus, certains Chinois habitants de la ville, très-étrangers à la rébellion et s'inquiétant peu des attentats qu'elle commet, s'empressent d'en profiter. Ils tournent les yeux vers la douane où se trouvait en réserve une portion considérable du revenu public; ils pillent de sang-froid ce trésor, sans rencontrer aucun obstacle. L'attentat s'accomplit au milieu du quartier des Européens; et pourtant les Européens, d'un froncement de sourcils, pouvaient empêcher ce pillage. Hélas! ils n'empêchent rien; leurs vœux, leurs secours sont tournés du côté des coupables.

Erreur et triste inconséquence des étrangers.

L'honnête M. Fortune accuse les étrangers, les Européens résidants de Chang-haï, non-seulement de n'avoir pas prévenu les désastres, mais d'avoir positivement encouragé l'attaque. Selon lui les sympathies de ces marchands occidentaux s'étaient portées vers les rebelles, contre le gouvernement régulier du pays. « Ce n'était pas, dit-il, que *nous, en corps*, au lieu de nous opposer à l'attaque de la ville, nous fissions entendre avec éclat nos acclamations; non. Mais en gardant la neutralité de notre attitude nos vœux mal déguisés inclinaient vers la rébellion. Sauf un petit nombre d'exceptions honorables, les négociants et les boutiquiers, les officiers du civil, ceux de la marine et nos missionnaires, étaient portés en faveur de la bande de voleurs débauchés qui capturait Chang-haï, en 1853. Un observateur affranchi de préjugés pouvait alors être témoin du plus incroyable des contrastes. Sur l'Océan, nos navires de guerre attaquaient bravement et détruisaient les pirates de mer, qui désolaient le littoral; au même instant les pirates de terre qui capturaient Chang-haï se voyaient par nous soutenus, encouragés, applaudis même. Et pourquoi? parce que ces derniers dépensaient leurs jours et leurs nuits à fumer l'opium, à se vautrer dans l'ivresse et dans toutes les débauches: sauf à déclarer très-haut qu'ils étaient les sectateurs du Taï-ping, ou, comme on appelait celui-ci, du *roi chrétien!* »

Quelle erreur des étrangers! Sans doute le christianisme supposé des rebelles sortis du Kouang-toung et du Kouang-si tendait à faire naître l'intérêt, à captiver les sympathies; peut-être aussi l'intolérance et la corruption du gouvernement actuel de la Chine induisaient-elles à désirer un

changement politique? Mais la vaste armée des rebelles
Taï-ping n'avait nul rapport avec les brigands de Chang-
haï, ni même avec la consommation de l'opium, si chérie
des contrebandiers. Aussi tous les Chinois respectables
étaient-ils unanimes, dans l'orient de l'empire, pour affirmer que les envahisseurs de ce port n'étaient autre chose
que des filous, des spoliateurs, unis à des scélérats sans
mission et sans aveu.

Reprise de Chang-haï.

Voyons actuellement ce qui s'est passé lorsque les
troupes impériales sont venues attaquer, du côté de terre,
les rebelles enfermés dans Chang-haï.

Comme nous l'avons expliqué dans notre description
de ce port, les étrangers occupent de vastes terrains en
dehors de la ville, entre les fortifications et la rivière.
Eh bien, malgré les plaintes des assiégeants, on voyait les
étrangers, par un vil amour du trafic, vendre en abondance
aux rebelles assiégés des armes et toute espèce de munitions; ils recevaient en retour l'ample dépouille des contributions légales et des richesses extorquées. D'indignes
marchands occidentaux introduisaient dans la ville, à
pleines cargaisons, la poudre de guerre, les canons et les
révolvers. Ils aidaient les insurgés de leurs conseils;
mais, quand le danger approchait trop, ils se retiraient
à l'ombre des pavillons inviolables de l'Angleterre et des
États-Unis. Telle était leur neutralité dérisoire.

Conduite admirable des missionnaires-médecins à Chang-haï.

Au milieu de ces bassesses révoltantes, citons la noble
et vraie neutralité dont fut le théâtre l'hôpital entretenu

dans Chang-haï par les missionnaires protestants. Avant,
pendant, après le siége, l'établissement charitable n'a
pas cessé de soigner avec la même humanité les blessés
des assiégeants et ceux des assiégés. Dans l'année 1853,
cet hôpital, à la fois civil et militaire, a traité sans
recevoir aucune rétribution 11,028 malades blessés;
dans l'année 1854, il en a soigné 12,181. Une généreuse
espérance faisait penser qu'au milieu de ces bons traitements la voix d'un missionnaire pouvait toucher le cœur
de quelques Chinois reconnaissants. Applaudissons à de
tels actes.

Une station française vraiment digne de la France.

Ici nous trouvons un noble éloge de la France, et c'est
à l'Anglais M. Fortune que nous en devons l'expression.

Le siége de Chang-haï, entrepris par l'armée impériale
traînait en longueur. Les chefs de la station française
dans ce port n'avaient jamais regardé les forbans comme
des amis. Après plusieurs différends avec les envahisseurs,
ils prirent parti pour la cause de l'Empire et des opprimés;
ils bombardèrent la place, assaillirent les remparts et sa-
crifièrent, à la cause de la justice et du malheur, plusieurs de leurs habiles et braves officiers.

Les consuls étrangers permirent enfin que les assiégeants
établissent une ligne de circonvallation entre la place et
leurs établissements. Alors les rebelles abandonnèrent la
ville, qui fut incendiée et pillée par les troupes de l'empereur. Des vaincus pour sauver leur vie s'étaient cachés
dans des cercueils; on les poursuivit jusqu'en cet asile.
Ce fut un motif pour piller ce que les tombeaux renfermaient d'argent, d'or et de joyaux.

Les spoliateurs pirates, qu'on a vus soutenir un siége

dans Chang-haï, déployèrent en beaucoup d'occasions une intrépidité qui montrait clairement quelle est l'énergie du caractère chinois; elle annonçait ce que leur nation redeviendrait, aujourd'hui même, si quelque chef la rappelait à de mâles sentiments.

Dévastation de Chang-haï, attestée par M. Fortune.

Le siége fini, un tiers de Chang-haï n'était plus qu'un amas de cendres et de ruines. Les habitants erraient au milieu des débris, cherchant la place où s'élevait naguère leur maison. On en voyait qui marquaient les limites de leur demeure démolie, en redressant quelques pierres tirées des décombres; mais le plus grand nombre, le cœur brisé de douleur, n'avait pas le courage de commencer à rebâtir.

Le zélé botaniste anglais, témoin de ces désastres, n'oublie pas la dévastation des riches pépinières, et de ces jardins charmants qu'il avait tant admirés, et des plantations qui répandaient leur ombrage autour de la cité. La peinture qu'il en a fait respire un douloureux intérêt.

« Voilà, s'écrie-t-il, les effets de la rébellion! Malheureusement la peinture que j'en puis offrir s'applique à beaucoup d'autres lieux que Chang-haï. Des centaines de villes et des bourgs innombrables sont tombés dans le même état de misère; leurs habitants ont été poursuivis par le fer et par le feu, victimes tour à tour des assaillants et des défenseurs; car les deux partis se valent en cruauté. Dans leur conflit l'innocent périt comme le coupable; les femmes, les enfants mêmes ne sont pas épargnés. »

L'enthousiasme des étrangers dut enfin céder la place au sens commun; on perdit la folle espérance que les révoltés de Chang-haï et de Nankin déploieraient aux yeux du monde *un caractère chrétien*. Le type immoral de ces apôtres de révolte était simplement la soif insatiable du vol, du carnage et du sacrilége.

Heureusement une vaste partie de l'empire n'a pas été spoliée, ni démoralisée par la rébellion. Même dans les provinces troublées, tout n'était pas en souffrance, et la dévastation ne pouvait pas pénétrer dans tous les lieux. Souvent, à quelques kilomètres des villes capturées, le laboureur continuait en paix ses travaux, et la campagne était tranquille. Voilà comment, malgré tant de troubles et de ravages, le commerce de l'étranger a pu s'alimenter, et continuer ses opérations sans pertes trop accablantes.

Ce que deviendrait la croyance des Taï-ping s'ils subjuguaient
toute la Chine.

Supposons accomplis les vœux irréalisables d'un certain nombre d'étrangers; supposons complète la victoire obtenue par les rebelles sur la dynastie mandchoue; supposons les Tartares, ou massacrés ou chassés de l'Empire du Milieu; supposons le bouddhisme étouffé, ses temples ruinés et tous ses prêtres apostats ou suppliciés; supposons les mandarins exterminés, le règne des lettres détruit, les examens abolis, et l'ignorance en plein triomphe; supposons les tombeaux des ancêtres démolis, la cendre des aïeux jetée au vent, et la morale de Confucius étouffée dans le sang. Ces victoires obtenues, peignons-nous, si nous le pouvons, l'ivresse orgueilleuse du Taï-ping, du maître d'école, devenu le personnage le plus considérable de l'Asie : c'est trop peu pour sa superbe! Représentons-nous cet homme, reconnu de ses sujets, c'est-à-dire de ses sectaires, pour la troisième personne de la nouvelle Trinité, dictant son propre culte à trois cents, à quatre cents, à cinq cents millions d'humains, et leur commandant, le sabre sur la gorge, d'adorer son pouvoir céleste. Concevons cette religion du nouvel empire, fortifiée par deux généraux à la fois thaumaturges, ministres, princes et prophètes : Yang et Siaou sont les interprètes absolus des décrets, l'un du céleste Père, l'autre du céleste Fils aîné. Avec le céleste Puîné, voilà trois hommes absorbant trois despotismes appesantis sur l'ordre civil, le pouvoir militaire et l'intérêt religieux : digne résultat de leur conjuration mensongère, hypocrite et mystérieuse. Enfin, pour mettre le comble à leur audace, l'univers étranger est proclamé comme une dépendance, une annexe de leur détestable et méprisable trinomie.

A présent, demandons-nous quelles perspectives de succès pourraient concevoir ces trop crédules prédicants qui rêvaient *un protestantisme de plus*, celui du Taï-ping, et qui croyaient déjà voir un avenir de béatitude ouvrant la libre carrière à leurs sectes infinies? Hélas! anglicans et presbytériens, luthériens et calvinistes, méthodistes, indépendants, anabaptistes, unitairiens, il n'est pas un des genres et pas un des sous-genres de cette flore biblique, aux mille variétés, qui ne renferme en ses croyances au moins un article de foi qui mériterait la persécution et la mort aux yeux du fanatisme intéressé dont nous venons d'offrir le tableau.

Vous êtes chrétiens, parce que vous croyez au Christ? Cela va sans dire. Lui croyez-vous un frère Puîné, un frère-Dieu, un Dieu chinois, Empereur, Taï-ping en un mot? Probablement vous répondrez, Non. Que ferez-vous donc? Que direz-vous, dans vos prêches, au milieu de ces vainqueurs? Affirmerez-vous que pareille croyance est une erreur détestable? Alors vous mériterez plus de

supplices encore que les simples moralistes héritiers de
Confucius, et que les nonchalants pontifes de Bouddha !...
Voilà pour la vanité de vos espérances.

A l'erreur des missionnaires dissidents j'opposerai la
vue plus juste d'un missionnaire catholique. Voici comment il s'exprimait dans l'année qui suivait le plus grand
triomphe des rebelles, celle où Nankin, la seconde capitale de l'empire, était emportée de vive force.

Justes appréciations de l'abbé Huc.

« Peut-on espérer que la nouvelle insurrection apportera quelques modifications au système chinois?... Il est
probable que les dispositions peu sympathiques de la
Chine à l'égard des peuples de l'Occident resteront ce
qu'elles ont toujours été. Nous pensons que nos Missions
n'ont rien de bon à espérer. Il ne faut pas l'oublier, le
christianisme (catholique) n'est nullement engagé dans la
crise qui travaille cet Empire. Les chrétiens (catholiques),
trop prudents et trop sages pour arborer un drapeau politique, trop peu nombreux d'ailleurs pour exercer une
influence sensible sur les affaires du pays, *sont restés
neutres.* A ce titre, ils sont également suspects aux deux
partis, et nous craignons bien qu'un jour le vainqueur,
quel qu'il soit, ne les punisse de la résistance du vaincu.
Si le gouvernement tartare triomphe de l'insurrection
qui, déjà plus d'une fois, a arboré la croix sur ses éten-
dards, il sera sans pitié contre les chrétiens [1], et cette longue lutte n'aura servi qu'à redoubler ses soupçons et sa
colère ; si, au contraire, Tient-ti, le Taï-ping, l'emporte
et parvient à chasser les anciens conquérants de la Chine,

____
[1] Les nouveaux traités obvient aux dangers qu'on pouvait craindre de ce
côté.

*comme il a la prétention de fonder non-seulement une dynastie,
mais encore un nouveau culte, il brisera, dans l'énivrement
de la victoire, tous les obstacles qui s'opposeront à ses projets.
Ainsi la fin de la guerre civile sera peut-être le signal d'une
grande persécution* [1].

Lorsque nous imprimons ces lignes, le pauvre abbé
Huc est frappé d'une mort soudaine, avant d'avoir atteint
un âge avancé ; nous sommes heureux que notre dernière
citation porte avec elle un éloge de l'auteur.

SITUATION ACTUELLE DE LA CHINE PAR L'EFFET DE LA RÉBELLION, SUR LES RIVAGES DE L'YANG-TZÉ-KIANG.

Au point où nous sommes arrivés, le voyage que lord
Elgin a poursuivi, depuis l'embouchure du grand fleuve
en remontant jusqu'à deux cents lieues, ce voyage va
prendre à nos yeux un nouvel intérêt.

Il nous indiquera d'abord d'importants travaux d'hydrographie, qui sont à recommencer pour l'utilité du
commerce et de la navigation. Il aura, dans notre pensée,
plus d'importance en nous attestant, d'après un témoignage
authentique, la dévastation incroyable de la Chine par
les insurgés qui depuis dix ans prétendent la régénérer.
Nous compléterons ainsi notre tableau de la rébellion.

Composition de l'escadrille de lord Elgin.

L'escadrille aux ordres de lord Elgin se composait des
deux canonnières la *Dove* et la *Lee*, de la corvette le
Croiseur et des deux frégates la *Résolution* et la *Furieuse*.
Cette dernière, qui portait l'ambassadeur, était commandée
par le capitaine Shérard.Osborn, dont l'habile diplomate

[1] *L'Empire de la Chine*, par l'abbé Huc. 2 vol. in-8°; Paris, 1854 ; 2° édition ; préface, p. XII et XIII.

a fait cet éloge remarquable : « Pendant plus d'une année j'ai fait mon domicile de la *Furieuse*, et dans ce laps de temps je n'ai pas pu voir une seule fois qu'il fût difficile à cette frégate d'aller dans un lieu quelconque, ni d'accomplir quelque chose que ce fût, quand l'intérêt du service public le rendait désirable à mes yeux. » C'est le même capitaine Osborn dont nous avons mentionné les observations à Han-kiou; c'est lui qui précédemment avait conduit d'Angleterre avec un succès complet la flottille des canonnières à vapeur; canonnières dont le faible tonnage était sans exemple pour un voyage d'Europe à la Chine, en passant par le cap de Bonne-Espérance [1].

Le 9 novembre 1858, l'escadrille a quitté le port de Chang-haï et gagné le grand fleuve.

Erreurs qu'on reconnaît dans les cartes hydrographiques du grand fleuve.

Le *Croiseur* avait pris les devants; il cherche la meilleure route pour l'escadrille, et commence par s'échouer sur un banc de sable. Cet accident révèle à l'expédition une vérité que lui confirme le reste du voyage : on ne peut plus avoir une confiance absolue dans les cartes nautiques de l'Yang-tzé-kiang publiées, il y a déjà trop longtemps, par l'amirauté d'Angleterre [2].

Depuis l'époque où ces cartes ont été dressées, les bancs de sable et de vase du Grand fleuve ont éprouvé les plus notables changements de position, de hauteur et d'étendue. C'est une hydrographie à recommencer; un travail nouveau va devenir indispensable, et devra s'accomplir dès que les navires occidentaux seront admis à remonter dans une étendue de deux cents lieues.

[1] Ces canonnières tiraient au plus deux mètres et demi d'eau.
[2] Oliphant, t. II, p. 200.

On jette l'ancre chaque soir; il le faut pour trouver une route dont les détours et les dangers, qui sont inconnus, doivent être découverts à la fois par l'œil et par la sonde.

Un jour et deux nuits sont employés pour remettre à flot le *Croiseur*. On continue de remonter jusqu'à Ferry-way, point favorable pour passer du continent dans la grande et belle île de Tsung-ming, que peuple un million d'habitants. Le 11 novembre on reconnaît qu'une langue de terre, formée par des alluvions, réunit aujourd'hui l'île principale et sa voisine, appelée Ma-son. Leur séparation par les eaux du fleuve est désormais à supprimer sur les cartes britanniques. Ce n'est pas tout : on jugeait autrefois que la remonte du fleuve, en longeant la rive méridionale, était la meilleure voie; on juge à présent qu'il faut préférer la rive septentrionale.

A mesure qu'on navigue en cherchant les plus grandes profondeurs d'eau nécessaires pour la remonte des frégates, les sondages continuent d'attester d'énormes changements, par la comparaison de l'état du fleuve avec les cartes qui servirent en 1842, lorsque la flotte anglaise remonta jusqu'à Nankin.

Premier aspect des destructions dues aux rebelles.

Le 16 novembre l'escadrille approche du grand canal impérial. Déjà sont en vue les fortifications de Tchin-kiang-fou, et plus loin la célèbre *île d'Or*. Ici s'offre à l'observateur un spectacle grand et lugubre. On discerne les ruines de cette place forte, jadis si florissante et si peuplée, à présent déserte et réduite à ses remparts. Les monuments de l'île d'Or sont abattus; à peine reste-il quelque temple spolié, mais debout encore. A l'égard des statues consacrées aux divinités bouddhiques, les sectaires insurgés les ont brisées. Voilà comment s'annonce à l'escadrille l'approche du territoire occupé par les dévastateurs.

Tandis que chacun, suivant les passions et les sentiments dont il est animé, s'indigne ou s'extasie devant ce lugubre spectacle, la frégate la *Furieuse* se trouve lancée sur un rocher que recouvrent les eaux : *rocher dont les cartes de l'amirauté n'indiquaient pas l'existence.*

L'échouage avait eu lieu près de l'*île d'Argent*, dont les prêtres étaient occupés à regarder l'escadre anglaise; ils connaissaient le danger du roc, et ne firent aucun signal pour préserver les barbares.

Les trois dévastations de Chin-kiang-fou.

Le 17 novembre, pendant l'échouement de la *Furieuse*, débarquons avec l'interprète et le secrétaire, à trois kilomètres de la ville infortunée de Chin-kiang-fou. Il n'y a pas encore une année, en 1857, la guerre civile ravageait la plaine et dévastait la ville, n'épargnant pas plus les chaumières des paysans que les maisons des citoyens et les édifices publics. Laissons parler M. Oliphant.

« Nous entrâmes dans la ville par la porte du nord; nous pouvions nous croire au milieu d'une autre Pompéïa. Nous parcourûmes des rues désertes, entre des maisons privées de leurs toits et des murs délabrés qu'envahissaient déjà de tristes pariétaires; les issues étaient obstruées par des monceaux de décombres, et pas un être vivant n'était là pour se frayer un passage. Cependant, à force d'errer, nous finîmes par découvrir deux rues où végétaient de pauvres misérables affamés. On le voit, la confiance est lente à ramener le peuple au sein d'une cité qui, dans l'espace de seize ans, a subi *trois* grandes dévastations. »

Notre guide évite de nous rappeler que la première, et non pas la moins terrible, fut accomplie par les Anglais et les Cipayes, en 1842; la seconde dévastation date de 1853, peu de semaines après la prise de Nankin par les rebelles. La troisième était antérieure à 1857.

Le 19 novembre, en attendant que l'habile Shérard Osborn ait remis à flot sa frégate, un léger bateau nous mène à l'île d'Or. Voici d'abord un changement opéré par la nature : cette belle position dont Marco Paolo, le grand descripteur, avait annoncé les merveilles, elle a cessé d'être une île, sans qu'aucun moderne en ait fait mention. Des champs cultivés la réunissent à la rive droite du fleuve. C'est encore une rectification qu'il faut apporter aux cartes du fleuve.

Dévastation de l'île d'Or.

La main de l'homme a produit d'autres changements qui n'ont rien de séculaire et n'apportent pas avec eux la fertilité. Les beaux monuments de l'île d'Or ne sont désormais signalés que par des monceaux de décombres. Si l'on excepte la pagode, aujourd'hui dilapidée, l'on n'aperçoit pas une pierre posée sur l'autre qui puisse rappeler les édifices tant admirés, il n'y a pas encore dix années. Ils sont remplacés par quelques terrassements militaires et par de médiocres bouches à feu. Au-dessus de ces défenses imparfaites flottent d'innombrables petits drapeaux; les drapeaux de la révolte et de la dévastation.

Le 20 novembre, *la Furieuse* est à flot. On double l'île d'Or. On passe devant Koua-tchéou, la ville forte qui défend la partie septentrionale du grand canal; cette ville, prise par les rebelles en 1853, fut reprise en 1857, peu de temps après Chin-kiang-fou.

Dévastation de Koua-tchéou.

Les révoltés n'ont pas mieux traité Koua-tchéou que Chin-kiang-fou. Les marins anglais découvrent, du haut de leurs mâts, des corps de cavalerie impériale qui sont au bivouac sur les décombres des maisons. Aussi loin que peut s'étendre la vue ils n'aperçoivent pas une jonque sur ce grand canal qui servait autrefois pour les plus riches communications entre le nord et le midi de l'empire.

Le 20 novembre l'escadrille traverse la flotte des jonques de guerre impériales, réunies du côté d'aval pour bloquer Nankin et pour interdire aux rebelles toute communication, soit avec la mer, soit avec le grand canal.

Combat de l'escadrille anglaise avec les forts des insurgés
devant Nankin.

L'ambassadeur envoie la canonnière *Lee* en avant-garde; elle a mission de naviguer pacifiquement et de sonder les intentions de la force insurgée. *La Lee* remonte devant toutes les batteries, d'où l'on n'a pas l'air de l'apercevoir; mais à peine la dernière va-t-elle être dépassée qu'elle tire un boulet sur la canonnière. Celle-ci, pour toute réponse, arbore un pavillon parlementaire; sept autres boulets hostiles sont coup sur coup tirés contre elle : néanmoins *la Lee*, fidèle à ses instructions, s'abstient de riposter. Pendant ce temps l'escadrille anglaise prend position, et livre ensuite le combat. Une heure trente-cinq minutes suffisent pour qu'elle mette à la raison les batteries agressives, armées sur les deux bords du fleuve. Dans cette lutte à courte distance les bâtiments britanniques perdent seulement deux matelots :

tant l'artillerie des insurgés est misérablement servie. Les vainqueurs jettent l'ancre au-dessus de Nankin.

Guerre sociale et combats sans énergie des condottieri chinois.

Pour profiter de la consternation répandue par la victoire des Anglais sur les insurgés, la flotte des jonques impériales veut à son tour attaquer ces derniers. Elle tire, à cinq kilomètres de distance, contre les batteries d'aval, lesquelles ont moins souffert que les autres; à cette distance de mauvais canonniers, qui font un feu formidable en apparence, livrent une bataille qui finit à peu près sans dommages des deux côtés.

Une seconde flotte impériale bloquait du côté d'amont la même cité; elle attaqua les défenses du fleuve au-dessus de la ville, sans produire un plus grand effet que la flotte stationnée du côté d'aval.

A l'occident, on aperçoit l'armée de terre impériale attaquant la ville de Nankin, avec aussi peu de succès et de péril : on dirait un simulacre de combat entre des condottieri du moyen âge en Italie.

L'escadrille remonte devant la ville de Taï-ping: effets de la victoire.

Le jour même où se livrait le combat des impériaux devant Nankin, les Anglais remontaient et jetaient l'ancre près de la ville importante appelée Taï-ping. Le gouverneur, dans son style de fanatique, faisait aussitôt parvenir à lord Elgin une lettre ainsi conçue :

Votre jeune frère, commandant la flotte, complimente *avec respect* les étrangers. Le 1ᵉʳ jour de la 10ᵉ lune de la 8ᵉ année du céleste Royaume de Taï-ping.....

Attendu que votre plus jeune frère commande en chef la flottille du céleste Royaume, et qu'il a combattu pendant plusieurs années les jonques *des démons, sans pouvoir les exterminer,* il prie instamment Vos Excellences de l'assister de toutes vos forces pour anéantir les navires ennemis. Votre plus jeune frère présentera un mémoire au *céleste Souverain,* pour qu'il accorde à Vos Excellences des titres et des récompenses.

Ces prières obséquieuses étaient ainsi formulées parce que le gouverneur de la ville rebelle avait appris, avec une rapidité extraordinaire, la victoire obtenue la veille devant Nankin par les redoutables étrangers.

Le 23 novembre l'escadrille se présente pour franchir le formidable passage appelé *les Portes Célestes.* En ce point les rebelles, bien armés, pouvaient arrêter la flotte la plus puissante; mais, intimidés par la nouvelle du combat de l'avant-veille, qui volait de bouche en bouche avec la rapidité de la renommée, les Taï-ping n'osent pas tirer un seul coup de canon.

Insurgés qui demandent des capsules à percussion.

Tandis que les canonnières sondent la rivière et cherchent les meilleures passes, plusieurs barques des insurgés les abordent amicalement; elles font excuse des malentendus précédents. On voudrait devenir de parfaits amis; si les étrangers donnaient aux Taï-ping quelques armes, quelques munitions de guerre, et surtout *des capsules à percussion,* de tels présents seraient reçus avec reconnaissance.

Cette demande fait voir que les rebelles comptent déjà parmi leurs armes des revolvers ou des fusils à piston : notons attentivement ce progrès.

On aperçoit un fort, adjacent aux Portes Célestes; il contient, dit-on, une grande partie des trésors pillés par le gouvernement rebelle ; ce fait me paraît extrêmement douteux.

Nous avons toujours à mentionner le ton hypocrite et si faussement biblique, par lequel avaient été séduits les missionnaires protestants. Sur la rive méridionale du grand fleuve on aperçoit la pagode de Wou-hou-tchéou ; le commandant de cette place écrit à lord Elgin.....

Missive fanatique d'un commandant des insurgés.

Attendu que, grâce à la céleste bonté du Père céleste et du divin Frère aîné Jésus, la céleste dynastie a été fondée récemment, et que notre vraiment saint maître le céleste Roi, ayant été désiré sur la terre, *y est descendu* pour gouverner l'univers. Il a posé son trône dans la céleste capitale de Nankin ; et, pendant plusieurs années, le peuple du pays des quatre mers a tourné vers lui ses cœurs. Alors des milliers de cités ont ressenti son influence divine.

Cinq navires étrangers appartenant à vous, frères en Jésus, sont maintenant dans le royaume central de la dynastie céleste et sont arrivés de Ning (Nankin) ; ignorant vos propositions, j'envoie pour les recevoir, etc.

Le commandant épicier.

Un envoyé de l'ambassadeur est mis à terre et se rend au palais, à l'yamon de ce gouverneur si poli. Rien n'est plus misérable que la chambre du conseil où l'on reçoit l'envoyé, qui vient simplement demander des vivres frais en les payant. Le commandant de la place exerçait en même temps les fonctions de juge et de grand-prêtre ; il avait été *petit boutiquier à Canton*. Ce saint épicier n'avait rien perdu de son génie primitif. La première question qu'il adresse à l'envoyé britannique est celle-ci : *Qu'avez vous à vendre ?* Jamais il ne parvient à croire que le mot *rien* puisse être une réponse sincère.

Destruction de la grande ville de Wou-hou-tchéou.

Wou-hou-tchéou[1], la ville où commandait ce misérable rebelle, avait compté, dans les temps prospères, parmi les plus grandes et les plus riches du second rang ; bien percée, bien bâtie, pleine de vastes magasins et de boutiques richement fournies, elle communiquait avec le grand fleuve par un canal d'une demi-lieue. Hélas ! les visiteurs anglais trouvent la ville détruite ; elle n'a plus d'habitants que dans deux rues pauvres et dépouillées, où quelques maisons restent encore sur pied. Ces rares habitations ont pour garnisaires les soldats rebelles.

Le saint boutiquier, grand prêtre et commandant, remit aux Occidentaux un manifeste adressé par le Taï-ping aux étrangers. En voici quelques versets :

Le divin, le sacré Père étend son pouvoir sur l'univers.
Notre aîné, *frère utérin,* est Jésus.
Notre puîné, *frère utérin,* est Sin-tsing (Houng-siéou-tsiuen).
Dans la 3ᵉ lune de l'année 1848, Sin-tsing descendit sur la terre, etc.

Tableau des paysans qui fuient les rebelles ; dévastation
des campagnes.

Le 24 novembre, au-dessus de Wou-hou-tchéou, nous apercevons des troupes d'insurgés aux prises avec les troupes impériales. Ces combats semblent fort peu périlleux ; ils n'en sèment pas moins autour d'eux une épouvante trop fondée à raison de leurs conséquences.

[1] Distance de Wou-hou-tchéou à son chef-lieu Taï-sung-fou : vingt lieues.

Désolation des campagnes et des paysans par les insurgés.

Les écrivains qui ne peuvent nier l'anéantissement des cités par les rebelles semblent se consoler dans la pensée que l'insurrection respecte du moins les campagnes, et que les sévices n'atteignent pas les paysans. C'est ce que dément l'escadre de lord Elgin, à la vue d'étranges spectacles. Écoutons le secrétaire de l'ambassadeur.

«A mesure que nous avancions, nous devenions plus enchantés des paysages. Un amphithéâtre de collines boisées s'élevait à la hauteur d'environ six cents mètres; il dominait une plaine gracieusement variée par des bocages et de riches cultures; mais on remarquait avec consternation que des campagnes si charmantes allaient être privées de leur population. Elles n'avaient jamais été visitées par ces hordes impitoyables qui maintenant s'abattaient sur leur proie comme des vautours. Les paysans, craignant que les insurgés ne remportassent la victoire, fuyaient avec empressement pour échapper aux scènes de rapine et de violence qui, partout, ont signalé le passage de ces dévastateurs. On voyait des familles entières suivant les sentiers étroits; des hommes, succombant sous le faix de leurs fardeaux; des femmes, boîtant sur leurs petits pieds et portant leurs enfants dans leurs bras; enfin les quadrupèdes et les volatiles étaient poussés ou portés par les petits garçons et les jeunes filles. C'était une complète émigration. Quelques colonnes paisibles de fumée, derniers signes des feux utiles et domestiques, ondoyaient encore dans l'air; elles s'élevaient sans doute pour la dernière fois au-dessus des chaumières et des hameaux destinés bientôt à partager le destin qui s'était appesanti sur la contrée circonvoisine : sur la contrée où des monceaux de cendre noire et des amas de briques rompues restaient seuls pour attester le caractère jadis vivant et populeux des campagnes, à présent, hélas! ruinées et désertes. »

En arrière de la chaîne de collines qui bordait le grand fleuve, à cinq ou six lieues d'éloignement, était la ville de Fou-chang, le quartier principal des rebelles; les impériaux occupaient les collines et de là dominaient le grand fleuve. Leur point important était Kiéou-hien, près du littoral; c'est ici que s'est arrêtée *la Résolution*, frégate d'un trop grand tirant d'eau pour remonter plus haut.

La ville recouvrée de Kiéou-hien devient le refuge
des pauvres paysans.

La ville de Kiéou-hien, que nous venons de mentionner, est à moitié démolie par les rebelles, qui l'ont d'abord occupée, puis abandonnée. Nous y trouvons trois mille impériaux commandés par le Cantonnais *Li*. C'est lui qui dirigeait les assiégeants de Chin-kiang, en mai 1853, ayant sous ses ordres trois vapeurs européens et vingt-cinq lorchas affrétés par le préfet de Chang-haï. Ce chef réunissait, dans Kiéou-hien, des braves du Tché-kiang, du Kouang-toung et du Chan-toung; il avait encore sous ses ordres une douzaine de jonques mandarines et dix canonnières.

Cette ville est devenue le refuge des familles de cultivateurs qui jadis habitaient le pays circonvoisin, lorsque épouvantées par les insurgés elles se sont enfuies avec tout ce qu'elles pouvaient emporter. Voilà comment une portion du territoire que couvre l'insurrection s'est tristement dépeuplée.

Sort des paysans qui ne prennent pas la fuite.

Il y a souvent des combats entre les rebelles et les paysans qui n'ont pas pris le parti d'émigrer. Les rebelles s'avancent à la pointe du jour; si les paysans, surpris par eux, ne veulent pas prendre service dans leurs rangs, des rixes ont lieu, qui finissent par la ruine ou la mort des campagnards. Les habitations rurales sont alors réduites en cendres, et dans une longue étendue de pays on ne trouve plus que des maisons privées de leurs toits et de leurs portes. Les nouveaux captifs, qu'on enrôle au service de la révolte, n'ont pas même la faible liberté dont jouissaient les rebelles primitifs du midi. Lorsqu'il s'agit de lutter contre les impériaux, ils sont placés aux premiers rangs, attachés, assure-t-on, les uns aux autres par leurs longues queues.

Ici nous avons encore un témoignagne oculaire : un des membres de l'ambassade met pied à terre et chemine jusqu'à la ville de Fan-chang, en parcourant des vallons et des collines. Pendant les dix derniers kilomètres de son excursion, tous les hameaux et les maisons isolées qu'il aperçoit sont en ruines. Partout les rebelles soumettent à leurs extorsions le pauvre peuple des champs; ils enlèvent les hommes avec violence, comme autrefois on pressait les matelots en Angleterre. Ils gardent pour eux les plus belles femmes.

Jusqu'à la cité de Wan-tchie-tan, dans un parcours de cent lieues, le grand fleuve, autrefois couvert de jonques richement chargées, est complétement désert. Depuis 1853 cette artère vitale de la Chine est atrophiée par la rébellion.

En remontant au-dessus de Wan-tchie-tan, voici le

signe auquel on reconnaît que le pouvoir légitime a repris son empire : c'est là que l'escadrille anglaise rencontre *les premières jonques marchandes* qui se soient offertes à ses regards depuis l'embouchure du Grand fleuve.

On aperçoit une flotte impériale nombreuse au confluent de l'Yang-tzé-kiang avec une rivière venant du nord. L'armée navale est composée de cinquante belles jonques chargées de soldats à brillants uniformes; plusieurs bâtiments portent de chaque bord six à huit canons de bronze. Yang, amiral de cette flotte, l'a quittée pour aller à Nankin diriger les opérations contre les rebelles.

Le 26 novembre, en continuant de remonter, on compte successivement deux cent cinquante jonques de guerre bien munies d'équipages.

En approchant de Ngan-tching, grande et forte cité que les insurgés ont usurpée au milieu d'un pays fidèle, la batterie d'un premier fort tire sur l'escadre de l'ambassade; les quatre bâtiments qu'elle conserve encore depuis que le plus grand s'est arrêté ripostent sans retard. Les rebelles tirent trois fois, puis se sauvent à toutes jambes, sortent du fort et se dispersent dans les champs.

Les ruines de Toung-ling.

Au-dessus de Ngan-tching, dans une situation charmante, nous apercevons Toung-ling. De trop nombreuses ruines accumulées dans son enceinte attestent que jadis les rebelles en étaient maîtres.

Dévastation de Kiéou-kiang-fou.

Depuis le canal Impérial, dans une remonte de deux cents lieues sur le Grand fleuve, le croira-t-on, c'est seulement à Kiéou-kiang-fou que les Anglais rencontrent un chef-lieu départemental, une ville honorée du titre de *fou* sur laquelle flottent encore les drapeaux de l'empereur? Mais dans quel état déplorable est cette ville, il y a peu d'années populeuse, active, opulente! Il ne reste debout que les maisons d'une rue, et cette rue est en partie dilapidée. La ville n'avait pas moins de deux lieues et demie de circonférence, et dans une si vaste enceinte on n'aperçoit plus que des ruines. Cette extrême dévastation est principalement due aux cinq années pendant lesquelles les insurgés en ont fait leur résidence; ils y séjournaient pour détruire et non pour vivifier. C'est seulement en avril 1857 que les impériaux l'ont reprise; ils ont achevé l'œuvre de destruction, si bien commencée par les rebelles.

A peine reste-t-il aujourd'hui quatre cents habitants, et la garnison est de quatre mille hommes. Dans la ville on n'aperçoit qu'un édifice public : c'est un temple de Confucius, que l'empereur a fait relever en 1858. On y voit une inscription à la mémoire d'un général tartare mort en défendant la cité contre les rebelles. Il reste encore dans la ville une pagode, mais en partie détruite.

Les insurgés chassés pour la dernière fois de la province de Hou-pé.

Le 1er décembre 1858, l'escadrille passe devant la ville de Ki-tcheou, que les rebelles ont aussi dévastée : accompagnons-la. En 1856, une grande bataille avait été livrée au-dessus de Ki-tcheou; bataille dans laquelle les rebelles éprouvèrent une perte énorme. En 1857, ils furent définitivement expulsés de la province de Hou-pé, que nous côtoyons.

Non loin de ces lieux nous rencontrons une flottille

nombreuse, qu'un haut mandarin promène avec faste pour rétablir la confiance.

Plus haut nous passons devant Houang-che-kiang, cité que possèdent les impériaux. Elle est bordée, le long du fleuve, par un superbe quai revêtu de larges pierres siliceuses et couronné par une belle balustrade. Des jonques se pressent en foule au pied de ce quai, dans un mouillage où le fleuve est très-profond. Nous admirons l'aspect d'activité et de prospérité commerciale, qui contraste si fortement avec les tristes spectacles dont nous avons été frappés depuis Nankin.

Dévastations de Houang-tchéou.

A Houang-tcheou, nous remarquons une imposante force impériale de terre et de mer. L'infanterie et la cavalerie sont campées hors des remparts, et des jonques de guerre forment une flotte à l'ancre auprès du rivage.

Dans Houang-tcheou s'offrent aux regards, comme dans les autres villes envahies, *d'immenses dévastations.* Dès 1856, les rebelles ont pourtant été chassés; mais les traces de leur passage sont restées ineffaçables.

Ne nous arrêtons plus qu'au groupe des trois grandes cités commerciales qui furent l'objet de la convoitise et des attaques furieuses des insurgés en 1853. Nous y parvenons le 5 décembre 1858.

Souffrances du groupe des trois grandes cités commerciales;
les dévastations de Han-yang-fou.

La ville départementale de Han-yang-fou est celle qui présente la plus complète dévastation. « Jamais cité de pareille étendue n'a tant souffert par l'occupation des

rebelles; elle offrait un spectacle lugubre, et pourtant
pittoresque, lorsqu'on la regardait du haut d'une colline
assez rapprochée. L'œil attristé contemplait de vastes
ruines. Sur les rues bien pavées on voyait épars des
fragments brisés de sculptures, les unes en marbre et les
autres en granit, figurant des lions, des dragons, ornements
consacrés aux temples, aux palais officiels. On remarquait
encore çà et là quelques somptueuses Portes d'honneur, qui
décoraient autrefois les rues principales; le plus souvent
on voyait de tels monuments abattus et leurs débris déjà
couverts de plantes sauvages. Quelques édifices publics
étaient en voie de réparations; en attendant qu'ils fussent
habitables, les mandarins à qui ils sont destinés s'étaient
réfugiés sous des abris temporaires [1]. »

Restauration de Han-kéou.

Nous pouvions à peine croire ce fait : il y avait deux
ans et quatre mois seulement que le Nijni-Novogorod
chinois, que cette cité, si vivante et si commerçante,
avait été détruite de fond en comble. Nous interrogions
les habitants : ils nous disaient que *pas une pierre n'avait
été laissée debout;* là, les rebelles avaient tout renversé,
après avoir volé tout ce qui pouvait être emporté. »

Cette renaissance est merveilleuse : elle fait voir quelle
est ici la force vitale du commerce. Dans toutes les directions on rebâtissait des maisons et l'on rouvrait des magasins. Le temple de la Longévité, dans lequel on célèbre
annuellement la nativité de l'empereur, était le seul édifice national qu'on eût commencé à relever. Déjà les
étrangers revenaient en foule et rendaient la vie commerciale au grand marché du centre de l'empire.

[1] Oliphant, t. II.

Souffrances de Wou-tchang-fou.

La capitale de la vice-royauté des deux provinces de
Hou-nan et de Hou-pé ne se relevait qu'avec peine et lentement des désastres occasionnés par l'invasion des rebelles. Le vice-roi tartare qui les a chassés de son gouvernement n'a pas encore eu le temps ni les ressources
nécessaires pour relever en entier les remparts et pour
les munir de canons. A peine le tiers de cette vaste cité
reste-t-il debout, et ce tiers contient 400,000 habitants.
En 1858, de vastes quartiers étaient si complétement en
ruines, que les Anglais de l'ambassade, en les parcourant,
purent tirer sur quatre faisans sauvages, comme s'ils les
chassaient au milieu d'une campagne solitaire.

On avait sauvé, du moins en majeure partie, la belle
rue principale qui traverse une colline et conduit au palais du vice-roi, palais également conservé.

Descente de l'Yang-tzé-kiang.

Après avoir étudié le groupe des trois cités commerciales jusqu'où le commerce européen pourra remonter,
les Anglais redescendent le fleuve. Le 29 janvier 1859,
ils arrivent devant Nankin.

Lord Elgin envoie dans cette cité quatre personnes de
sa suite pour rendre visite aux autorités rebelles et pour
lui procurer d'utiles renseignements.

*Les envoyés de lord Elgin foulent sous leurs pieds l'endroit
où s'élevait la célèbre tour de porcelaine.*

« Nous débarquons, dit M. Oliphant, du côté du sud

(rive droite), vers un des forts qui naguère avaient tiré sur nous avec le plus d'opiniâtreté. Nous faisons le tour des murs pendant plus de dix kilomètres avant d'atteindre la porte par laquelle nous allions entrer dans la ville. *Nous passons sur l'emplacement où jadis s'élevait la célèbre tour de porcelaine; il n'en reste pas un débris pour rappeler la place où s'élevait ce merveilleux monument.* »

Déjà le révérend M. Milne avait annoncé cette destruction; mais on n'avait pas encore obtenu de témoignage oculaire pour constater ce grand acte de barbarie.

Situation de Nankin à la fin de 1858.

Les insurgés ont perdu l'enthousiasme qui les précipitait au combat et leur donnait la victoire. Dès qu'ils attaquent les troupes du Gouvernement, celles-ci fuient; mais aussitôt que les forces impériales les attaquent, les insurgés fuient : conduite ainsi des deux parts, la guerre civile est éternelle.

La grande cité de Nankin ne paraît plus habitée que par les troupes rebelles. Les visiteurs anglais, en la parcourant, *n'aperçoivent pas une seule boutique;* ils ne voient personne qui s'occupe de débit et de commerce. Un grand nombre de rues sont complétement désertes et les maisons inhabitées. Quelques yamons, quelques monuments, sont debout encore : par exemple, la tour centrale dite du *Tambour élevé,* au sommet de laquelle on annonce l'heure avec un tambour gigantesque.

La garnison, qui tient lieu maintenant de population, est évaluée de dix à quinze mille hommes : voilà tout ce qui représente la splendeur et la vie de cette cité, qui comptait encore un million d'habitants il y a moins de dix années.

Conclusion : décadence et misère de l'insurrection au commencement de 1858.

Malgré leur nombre minime, les rebelles de Nankin sont réduits à la dernière indigence; les approvisionnements leur manquent. L'administration rebelle est si pauvre, qu'on voit affichée sur les murs la proclamation d'un principal ministre invitant les sectaires *à souscrire pour venir en aide* au gouvernement du Taï-ping. Ainsi la ruine et la spoliation de tant d'opulentes cités, y compris Nankin, loin de faire nager le vainqueur au sein de l'abondance, ont fini par amener chez les spoliateurs le dénûment et la misère la plus justement méritée.

L'intrépidité des fanatiques rebelles, affaiblie par degrés, est descendue jusqu'à la lâcheté des bandes italiennes au temps des condottieri; de même leur fanatisme religieux dégénère en indifférence et descend vers le scepticisme. On détruit toujours des idoles, on continue de persécuter les cultes préexistants, mais sans qu'on aperçoive pour les remplacer un culte nouveau qui commande la ferveur.

Chose plus étrange! tandis qu'on abat les temples bouddhiques et ceux du culte de Lao-tseu, les rebelles respectent universellement *les temples des Ancêtres.* Ainsi voilà l'antique génie de la Chine debout au milieu de tant de débris; c'est la loi de Confucius qui reprend sa force, même dans la capitale de la rébellion, et qui brille de nouveau dans le foyer de tous les sacriléges.

«En définitive, disent les observateurs anglais dont nous venons d'énumérer les imposants témoignages, nous avons trouvé les rebelles faisant la guerre comme les juifs (en exterminant), vivant comme la pire sorte de chrétiens, et croyant..... comme on croit chez les Chinois, c'est-à-dire ne croyant pas ou presque pas [1]. »

Yeh, l'inflexible défenseur des lois antiques de la Chine.

Nous avons expliqué les malheurs attirés sur le Céleste Empire par un fils de cultivateur incapable d'arriver au plus bas degré du mandarinat. Nous allons montrer le héros d'une carrière directement opposée par les moyens et par le but. Canton fut pour l'un le point de départ; cette ville est pour l'autre le point d'arrivée et de la suprême influence.

Le moment est venu de faire connaître un grand mandarin qu'on peut regarder comme le type le plus remarquable de la classe des lettrés défenseurs des mœurs antiques, et le fauteur imprévoyant de la guerre fatale à son pays qui fut commencée dès 1856 entre la Chine et l'Europe.

Le célèbre mandarin Yeh naquit dans un village de la province de Ho-nan. Son père, simple vannier, joignait à ce travail un petit commerce de riz. Avec les profits d'une humble industrie on peut juger combien il avait de peine à nourrir *quatorze enfants*. Au milieu de cette indigence, l'un d'eux, Yeh, se forme lui-même; il sort de la foule, il s'élève par la seule force de son esprit et de son caractère; pauvre et sans appuis, *grâce à l'équité des examens*, il est reçu lettré de troisième classe. Il devient répétiteur au collége littéraire de Kaï-foung-fou, chef-lieu de la province. Bientôt le gouverneur apprécie le rare mérite du jeune mandarin, qu'il attache à sa personne; deux années plus tard, il l'emmène avec lui dans la capitale.

______

[1] *Narrative of lord Elgin's mission*, t. II, p. 463.

Yeh, sur ce grand théâtre, a la bonne fortune d'être apprécié par le directeur du cabinet de l'empereur; bientôt il est nommé vice-président du hing-pou, le tribunal supérieur *des châtiments*. Cette fonction convenait à l'âpre sévérité de son caractère. Deux graves missions qu'il remplit avec succès attirent sur son mérite l'attention du souverain, qui juge en dernier ressort la valeur des mandarins. Le choix réfléchi du maître le nomme successivement gouverneur de Canton et vice-roi des deux Kouang.

Jamais conjoncture n'avait été plus critique et plus favorable au talent gouvernemental du mandarin Yeh. Le midi de l'empire, foyer primitif de la grande rébellion, était désolé par d'innombrables révoltés; ils pillaient, ils incendiaient les villages, les bourgs, les villes mêmes, et massacraient des habitants inoffensifs. Sieou, le vice-roi des deux provinces de Kouang-toung et de Kouang-si, sans pitié pour les coupables, mais dépourvu d'habileté, luttait infructueusement contre les déprédateurs et les révolutionnaires. Dans l'année même de leurs plus grands succès, et lorsqu'ils parvenaient jusqu'au centre de l'empire, en 1853, ses fonctions cessent; Yeh lui succède. Le nouveau vice-roi maintient le même système de rigueur, mais dirigé d'une main tout autrement intelligente et vigoureuse. Devant lui l'insurrection recule; elle disparaît enfin de son premier foyer : mais à quel prix !

Un chef de rebelles faisait scier entre deux planches tout soldat devenu son prisonnier; il en avait martyrisé jusqu'à six mille par cet horrible supplice. Les parents de cet infâme brigand devinrent à leur tour prisonniers d'Yeh. Suivant l'odieuse coutume qui rend solidaires tous les parents d'un criminel, le vice-roi se propose d'épouvanter par l'exemple. Il rivalise avec l'atrocité du plus odieux des scélérats; il fait déchirer les membres et les corps de la famille du coupable et fait exposer en public, à peine privés de la vie, leurs membres palpitants.

Dans cette lutte sans merci contre la grande insurrection dont profitaient les criminels de toute nature, soixante mille individus ont péri par la main des bourreaux d'Yeh. Mais, affirma le mandarin pour justifier ces interminables exécutions, les coupables suppliciés en si grand nombre n'ont été privés de la vie que pour venger trois cent mille citadins ou paysans inoffensifs que ces barbares avaient massacrés. Voilà les mœurs de l'Orient.

A l'extrémité de l'empire, la vice-royauté d'Yeh s'étendait sur les bords d'une mer d'où les pirates, poursuivis par les bâtiments militaires, cherchaient à gagner les montagnes du Kouang-toung et surtout du Kouang-si; ces contrées presque inaccessibles étaient aussi le pays où les criminels des autres provinces se réfugiaient quand la justice mandarine les poursuivait avec trop de vivacité. Ce vil ramas de malfaiteurs, Yeh, pendant son administration, les a sans merci poursuivis et suppliciés. C'étaient des voleurs, des assassins, qui presque toujours, dit-il, mis à la torture, *avouaient leurs forfaits.*

Malgré cette inflexible sévérité, Yeh, s'il faut l'en croire, ne s'est jamais aperçu qu'on le détestât. Sans doute il était craint; mais la tranquillité renaissait sous la puissance de la peur. Grâce aux condamnations de l'impitoyable justicier, la paix régnait enfin dans la province et dans la cité de Canton; le commerce, garanti contre les malfaiteurs, était redevenu très-actif et très-prospère.

Un crime pour lequel Yeh n'a pas pu trouver la moindre excuse, c'est d'avoir fait périr avec atrocité de malheureux prisonniers anglais tombés dans ses mains.

Afin de récompenser la tranquillité rendue à la province de Kouang-toung, l'empereur voulut récompenser

Yeh en l'élevant au premier titre d'honneur, à celui de *nan-tsiou;* il l'avait distingué par la qualification de *ming-in-tchin*, le jaspe brillant.

Devenu riche d'honneurs, Yeh prétendait être resté pauvre d'argent. Au milieu d'une corruption trop générale, ses mœurs n'avaient pas cessé d'être pures. Il donnait à ses humbles parents, *la famille aux quatorze enfants*, la plus grande partie du produit de ses emplois. Dans son bourg natal, il avait fait construire un temple où les siens allaient prier le Maître du ciel; dans la contrée d'alentour, il avait bâti des hospices pour les pauvres.

Tel fut donc ce grand mandarin, intelligent, ambitieux, hautain, superbe et d'un caractère énergique; il s'est élevé par des moyens barbares, inexorables, et trop familiers à la justice de la Chine.

Yeh, selon le dire des Anglais, ses mortels ennemis, bien qu'il ne fût pas aimé, comptait de nombreux partisans, qui l'estimaient comme un type illustré *du véritable Chinois;* cela voulait dire qu'on appréciait et qu'on aimait en lui l'énergique ennemi des étrangers abhorrés et des envahisseurs injustes.

Lorsque nous voyons le fils d'un pauvre vannier parvenir sans autre appui que son instruction et son mérite, lorsque nous voyons ce fils de paysan acquérir par voie de concours un premier rang au milieu des lettrés et devenir mandarin; attirer partout l'attention des hommes les plus éminents, dans son district, dans sa province, à Pékin même; conquérir l'estime de ses chefs, qui tous rendent justice à son mérite; lorsque nous le voyons interrogé, apprécié par l'empereur même; lorsque nous le voyons, de service en service, pouvoir enfin gouverner comme vice-roi les deux provinces les moins gouvernables de l'empire, rendre à la prospérité plus d'individus que la

France entière ne compte aujourd'hui d'habitants, étouffer
dans son berceau l'insurrection qui triomphait de proche en
proche jusqu'au cœur de l'empire, tirons une conséquence :

Quand de tels succès sont possibles à la pauvreté, à
l'intégrité, à l'intelligence, rendons-nous à l'évidence :
non ! les institutions vitales du grand empire, empreintes
du génie de Confucius, ces institutions ne sont pas encore
éteintes. Avec un prince énergique elles auraient bientôt
repris leur puissance et régénéré l'empire.

Mais il resterait à tempérer la justice par l'humanité ;
il faudrait abolir la torture et supprimer la cruauté dans
les supplices, pour revenir à l'humanité du législateur
primitif, de ce divin Confucius qui sut être à la fois plein
de douceur pour le peuple et progressivement sévère à
l'égard des plus puissants criminels.

Après avoir pris Canton, les Anglais ont conduit Yeh
dans les prisons du fort Williams, à Calcutta. Dans cette
reclusion, le chagrin plutôt que le remords a promptement terminé ses jours.

A présent que nous connaissons le redoutable vice-roi
de Canton, jetons un regard sur les mœurs de la capitale
où sa résidence était fixée.

Les mœurs de Canton, avant et depuis Yeh.

Le bas peuple de Canton s'est acquis un triste renom,
même aux yeux des Chinois, pour la corruption de ses
mœurs, pour sa turbulence et sa haine des étrangers.
Depuis de longues années, cette ville est le refuge des
bandits et des brigands impatients de tout frein et mettant leur bonheur à fouler les lois aux pieds. On a porté
jusqu'à vingt mille une association de voleurs exploitant
la ville et les faubourgs. Ce n'est pourtant pas l'organi-

sation d'une police active et nombreuse qui manque à la répression; mais les agents inférieurs sont corrompus, à l'exemple des supérieurs : on réserve une part des dépouilles à l'autorité qui devrait ou prévenir, ou réprimer. Voilà comment les forfaits les plus odieux restent trop souvent impunis.

De telles difficultés sont insurmontables tant que la ville n'est pas sous les ordres d'un gouverneur à la fois doué d'un grand caractère et de la volonté la plus inflexible. Un vice-roi probe, mais dont l'énergie ne suffisait pas à la plus rude entreprise, s'exprimait ainsi lorsqu'il arrivait au terme de son administration : « A Canton, la déception, la fausseté, prévalent dans tous les rangs, dans toutes les positions; les hommes sont sans foi, les femmes sans honnêteté. J'ai tâché, mais en vain, de porter remède à ces maux; j'ai perdu mon temps et ma peine. J'ai le cœur brisé; je m'estime heureux de m'éloigner d'un semblable repaire de vice effronté et de mauvaise foi perpétuelle. »

On observe cependant, même à Canton, qu'il existe des maisons considérables qui font avec honneur un commerce honnête; elles sont récompensées par la préférence que leur accordent les étrangers honnêtes aussi.

Il y a déjà deux mille ans, Canton était appelée *Nan-vou-tching*, la cité martiale du sud. On va voir à quel point elle a peu mérité de conserver ce titre.

SECONDE GUERRE DES ANGLAIS CONTRE LES CHINOIS.

Le 8 octobre 1856, la lorcha *l'Arrow* se trouvait à Canton; cette barque, montée par douze Chinois, était dirigée par un patron anglais; elle était inscrite sur les registres de Hong-kong, mais ne remplissait aucune des conditions qui pussent la faire considérer comme un bâtiment national britannique. Construite par un Chinois, elle était employée par ce Chinois, lequel avait fait inscrire le nom de cette lorcha sur les registres de Hong-kong pour une année qui finissait le 27 septembre 1856[1]. Par conséquent, le 8 octobre de la même année, l'ombre même d'une protection coloniale ne pouvait pas être invoquée. Enfin, à cette époque, le temps de service pour lequel on avait enregistré la lorcha *était expiré;* mais on l'ignorait à Canton.

Dans cet état de choses, le gouvernement indigène accuse l'équipage d'être composé de pirates; il enjoint à la force armée de saisir à bord de la lorcha les douze Chinois, chargés de crimes que plusieurs d'entre eux ont avoués : l'ordre est exécuté le 8 octobre 1856.

Sur le rapport intéressé du patron de la lorcha, sans aucun témoin à l'appui, le consul anglais affirme que le pavillon d'Angleterre flottait sur le navire et que les Chinois l'ont mis bas. Cependant l'équipage saisi par l'autorité judiciaire du pays a déclaré que le pavillon

---

[1] Ce fait est établi par le surintendant sir John Bowring écrivant ainsi qu'on va le voir au consul anglais à Canton :

It appears on examination that *the Arrow* had no right to hoist the british flag : the licence to do so expired on the 27 september; from which period she had not been entitled to protection. You will send back the register to be delivered to the colonial office.

Il appert, par l'examen, que *l'Arrow* n'avait pas le droit de hisser le pavillon britannique : la permission de le porter expirait le 27 septembre; à partir de ce jour elle n'avait plus aucun titre à la protection. Veuillez renvoyer le registre pour le remettre au bureau colonial.

Malgré cet aveu, sir John Bowring, écrivant au vice-roi, affirme que *l'Arrow* est un bâtiment britannique. Lord Derby reproche en pleine Chambre des lords cette contradiction; mais nous ne voulons pas reproduire ici l'amertume et la sévérité des expressions qu'il emploie. (Voyez *Annual register,* 1857.)

était à fond de cale quand les marins chinois ont été pris et conduits en prison.

Le consul réclame avec une hauteur impérieuse contre l'outrage qu'il prétend fait au pavillon de son pays. Il veut que les matelots indigènes soient ramenés à bord de la lorcha; il veut que ce soit par les mêmes soldats et le même officier qui les ont primitivement arrêtés. Après un certain nombre de pourparlers, les marins, quoique Chinois, sont restitués, mais non par l'officier qui présidait à l'arrestation primitive; enfin *les excuses* impérieusement demandées ne sont pas obtenues, parce que les Chinois ne croient pas avoir offensé l'Angleterre.

Lutte des autorités anglaises contre Yeh, vice-roi des deux Kouang.

Dans un admirable mémoire dont l'auteur a, pour récompense, été promu d'un consulat en Chine à l'ambassade du Japon, M. Rutherford Alcock fait confidentiellement au ministère britannique une grave déclaration, tout en constatant la haine invétérée des Cantonnais pour les Anglais. «Il n'en est pas moins vrai, dit-il, que si de graves abus commis sous pavillons étrangers, en vertu d'immunités garanties par les traités, n'avaient pas été des *faits notoires*, spécialement pour la classe des petits navires appelés *lorchas*, TOUS VOLEURS ET PIRATES, le sujet particulier de la querelle dont est sortie la *présente difficulté* avec Canton n'aurait probablement jamais pris naissance.»

Édifiés de la sorte sur la moralité de la question, au sujet de la *présente difficulté* concernant la lorcha *l'Arrow*, suivons les progrès d'une vindicte exaspérée, laquelle nous semble avoir dépassé les justes bornes.

Compte officiel des hostilités commises à main armée, en pleine paix.

Sir John Bowring, le surintendant du commerce britannique à Hong-kong, prend en main la querelle; de son autorité propre, il la soutient contre le fier et peu flexible Yeh, vice-roi des deux provinces de Kouang-toung et de Kouang-si. Pour commencer, à titre de représailles, il fait saisir par le contre-amiral sir Michael Seymour une jonque portant pavillon chinois.

Ce premier acte d'hostilité ne produisant pas l'effet désiré, l'amiral s'empare de deux forts, Macao et Blenheim, *dont il encloue les canons.*

La seconde agression n'ayant pas fait fléchir le vice-roi, l'amiral attaque un troisième fort, plus rapproché de Canton et défendu par trente-cinq canons, ensuite le petit fort Rouge : l'un et l'autre situés dans l'île de Ho-nan, et le dernier, presque en face des factoreries européennes. Les forts chinois sont enlevés sans qu'ils fassent de résistance; malgré cela, les munitions qu'ils renfermaient *sont détruites,* et l'amiral *incendie tous les édifices érigés dans leur enceinte.* C'est lui-même qui mentionne ces faits et ceux qui vont suivre, *dans son rapport officiel à l'amirauté d'Angleterre.*

Cette troisième violence trouvant Yeh toujours impassible, l'amiral conçoit qu'il est temps de protéger la factorerie d'Angleterre : c'est ce qu'il fait par un corps de troupe. On débarque autour du consulat des canons que l'on braque contre la ville; en même temps les Anglais barricadent les rues du quartier extérieur des Européens : toujours au milieu de la paix et sous la foi des traités.

Tant de provocations n'amenant pas *les excuses* demandées, l'amiral s'empare de l'île appelée *la Folie hollandaise*, île située vis-à-vis du milieu de Canton, et dans laquelle on prend un fort armé de cinquante canons.

Dès cet instant, l'agresseur se considère comme le maître de la ville.

Une sommation nouvelle est adressée au vice-roi; « la réplique, dit froidement M. l'amiral, ne répondit pas à mon attente. »

Pour la première fois, le 26 octobre, les troupes chinoises, provoquées si longtemps, attaquent les Anglais dans leur factorerie et sont repoussées.

Nouveau motif de querelle exhumé par le surintendant britannique.

Le surintendant sir John Bowring et l'amiral trouvent que pareille audace offre une précieuse opportunité pour requérir l'accomplissement de certaine obligation presque périmée du traité de 1843. En conséquence, ils demandent la libre entrée dans la cité de Canton pour tous les représentants de l'Angleterre et même pour ceux des autres puissances. Le vice-roi ne se rend pas à cette nouvelle exigence, qui surgit tout à coup.

Incendie réfléchi du palais du vice-roi, par un bombardement spécial.

Alors M. le contre-amiral Seymour imagine d'incendier le palais du vice-roi, palais qui se trouve au milieu de la vieille ville, dans un vaste terrain public entouré de hautes murailles. Cet édifice gouvernemental et qui n'a rien de militaire, on va l'atteindre par un tir parabolique avec des bombes de dix pouces anglais (25 centimètres). On procède à l'incendie avec un ordre infini, moyennant des coups répétés de cinq minutes en cinq minutes.

En face de cet attentat, les Chinois au service de la factorerie britannique quittent enfin le service des agresseurs.

Le vice-roi Yeh, au lieu d'employer à se défendre tant de forces dont il dispose, offre cinq mille dollars par tête de chef et cent dollars par tête de simple combattant qu'un Chinois apportera. Cet exemple sera bientôt imité par le gouverneur général de l'Inde à l'égard de Nana-Saïb et du Moulvie, mais en offrant plus d'argent pour des têtes plus désirées.

La ville basse de Canton incendiée; entrée de vive force dans Canton.

Les boulets incendiaires du 20 octobre n'ayant pas produit l'effet soi-disant moral qu'on en attendait, on commence, le 27 octobre, un second avertissement, mais cette fois avec de plus nombreux obus. On met en feu les maisons qui s'élèvent entre la rivière et les remparts; cela fraye un passage pour l'assaut qu'on médite.

Le 28 et le 29, continuation des feux incendiaires. On bat en brèche le rempart en avant du palais d'Yeh, et la brèche est rendue praticable. On monte à l'assaut, et le rempart de mer est acquis aux Anglais; ils enfoncent la porte de la ville et la démolissent en partie. « Alors, dit l'amiral Seymour, alors M. le consul d'Angleterre et moi nous eûmes *la satisfaction* de passer par cette porte et de *visiter* le *palais incendié* du vice-roi. Mon objet avait été, dit l'homme de mer, de faire voir au vice-roi que j'avais *le pouvoir* d'entrer dans sa ville. »

Yeh ne cède pas encore. Les Anglais, craignant qu'à la fin l'on ne réponde à tous leurs incendies par l'incendie des factoreries britanniques, démolissent purement et simplement les maisons chinoises dont elles sont entourées : les Chinois continuent de se borner à souffrir, au lieu de céder. L'amiral alors recommence à tirer des obus, qu'il fait diriger sur le quartier tartare.

Le 5 novembre, l'amiral détruit la flotte des anciennes jonques de guerre, après un combat assez vif, dit-il; dans ce combat, tout ce que sut faire une escadre de vingt-trois jonques de guerre fut de tuer un Anglais et d'en blesser quatre!.....

Yeh restant inflexible, le plus inflexible sir John Bowring décide dans sa sagesse, le 8 novembre, qu'il faut détruire les forts chinois du Bogue, à l'embouchure de la rivière de Canton. La menace est exécutée. Le 12, on attaque les deux forts érigés sur l'île Wan-toung : un assaut suffit pour les enlever. Un mousse tué, quatre matelots blessés, représentent la perte éprouvée et le péril affronté.

Le 13, on prend les forts An-nung-hoeï, situés à l'est du Bogue oriental.

Ici finit le rapport de M. le contre-amiral, qui prie le Gouvernement d'Angleterre de décider, dans sa sagesse, si c'est la paix ou la guerre entre l'Angleterre et la Chine qui sont amenées par la série des événements que nous venons de rapporter.

Pendant le cours des hostilités qui viennent d'être énumérées, la correspondance continuait entre l'ardent sir John Bowring, qui voulait à tout prix conquérir la gloire de figurer face à face avec un vice-roi, et ce vice-roi lui-même! L'impassible Yeh opposait son calme et sa dignité aux provocations hautaines de cet administrateur; il répondait avec une grande supériorité d'argumentation et disait : «Pour venger un procédé judiciaire que vous avez regardé comme une offense, *et je l'ai réparée comme si j'étais coupable,* vous avez commis bien d'autres ou-

trages : vous les avez commis en pleine paix! La prétention que vous renouvelez d'entrer dans Canton, vous
savez bien qu'il y a déjà plusieurs années vos prédécesseurs, qui l'avaient soulevée, l'ont abandonnée en 1848
avec l'approbation de votre gouvernement d'Europe. »

*Débats du Parlement britannique sur les hostilités commencées
en Chine.*

Lorsqu'on reçut à Londres la nouvelle du commerce
européen suspendu si gratuitement par l'effet des plus
graves hostilités, et lorsqu'on entrevit la perspective
d'une guerre considérable à six mille lieues de distance,
sans ordre de la métropole, une vive irritation se mani-
festa dans le sein du Parlement. A la Chambre des lords,
les orateurs les plus considérables, le comte de Derby,
cet Agamemnon des torys, puis lord Lindhurst, le Nestor
des chanceliers et des orateurs, attaquèrent la conduite
de l'amiral, du consul et du surintendant. Ils présentèrent
les arguments les plus graves et citèrent les lois pour
démontrer que la lorcha *l'Arrow*, bâtiment chinois, monté
par des Chinois et possédé par un Chinois, ne pouvait
pas être considéré comme un navire ayant un droit de
nationalité, *même coloniale*. Le ministère n'évita le vote
d'un blâme accablant qu'avec le secours d'une faible
majorité : dans la noble Chambre, s'il n'existe pas quelque
motif extraordinaire, on se fait une loi de ne donner
jamais tort au ministère ainsi qu'à ses agents extérieurs.

La lutte fut non pas plus lumineuse, mais plus enflam-
mée au sein de la Chambre des communes. Le commerce
et l'industrie, représentés par des hommes ardents, éloquents, indignés qu'un grand négoce et la paix qui le fait
vivre fussent à la merci des vanités administratives et des

ardeurs belliqueuses d'agents lointains et pétulants, firent entendre leurs plaintes. Les torys y joignirent leurs clameurs pour former l'appoint toujours désiré d'une grave censure tombant sur des whigs, lesquels à leur tour seront heureux de les censurer plus tôt ou plus tard, en leur rendant chute pour chute.

Lord John Russell, sous tous les points de vue, blâme l'injustice de la guerre, ne prévoyant pas que, deux ans plus tard, il en devra, comme ministre des affaires étrangères, pousser plus loin les conséquences.

L'opinion sur laquelle je crois devoir m'arrêter est celle d'un éloquent homme d'État, grave par son caractère; c'est M. Gladstone, que j'ai déjà cité plus d'une fois avec un éloge mérité. « Quand nous parlons, dit-il, de traités obligatoires avec les Chinois, quelles étaient nos obligations à leur égard? Hong-kong nous fut donné pour être un refuge où les navires britanniques pussent être radoubés ou carénés. Notre trafic contrebandier d'opium n'était-il pas une brèche aux obligations du traité? Notre Gouvernement a-t-il lutté pour le supprimer, chose à quoi l'obligeait le traité? Les gens de Hong-kong n'ont-ils pas encouragé cette contrebande, en organisant une flottille de lorchas sous pavillon britannique? Ceux-là, dit M. Gladstone, qui ont profané le pavillon national par les usages auxquels on le réduit en Chine *ont taché, ont flétri ce pavillon.* » Enfin l'orateur rapproche ces éléments de violation, contrebande, piraterie, lorchas mal employées et pavillons dégradés, avec une guerre où le pavillon même n'avait pas le droit d'être porté.

Le ministère, que présidait l'habile et courageux lord Palmerston, frappé d'un blâme direct par la majorité des Communes, ne trouva de salut qu'en obtenant de la reine la dissolution de la Chambre élective.

Une Chambre nouvelle continua pour une année
l'existence du ministère qui venait d'employer ce remède
extrême.

Actions navales honorables pour les Chinois et les Anglais.

En attendant de plus grandes entreprises, sir Michael
Seymour, que l'amirauté ne désapprouve pas, conserve
son attitude belliqueuse; il finit par des actions dignes de
la marine britannique.

Il ne faudrait pas qu'on supposât, après la lecture du
rapport de M. l'amiral Seymour, que tous les marins indigènes fussent incapables de soutenir avec bravoure un
engagement contre ses bâtiments de guerre. Lui-même,
au mois de juin 1857, s'est fait un très-grand honneur
en remportant sur la marine chinoise une victoire héroï-
quement disputée; il l'a remportée dans un bras du fleuve
des Perles, au-dessous de Fa-tchan.

Peu de jours auparavant, dans les parties basses du
fleuve, un autre combat s'était livré, dont je vais dire
quelques mots. En donnant un récit très-remarquable de
ces actions énergiquement disputées, M. Wingrove rend
ce bel hommage aux marins du Kouang-toung : *Pour obtenir ces deux avantages, les Anglais ont eu plus de tués et
de blessés que dans l'attaque et la prise de Saint-Jean-d'Acre
par une flotte imposante.*

Le 25 mai 1857, une division de huit canonnières à
vapeur attaque vingt et une jonques de guerre à flot dans
un bras du fleuve des Perles appelé par les Anglais
Escape-creek. Chacune des jonques portait un long canon
de chasse de 24 ou 32; elles avaient, de plus, quatre à
six moindres canons à leurs sabords de côté. Les canonnières anglaises étaient armées de canons-obusiers dont

le calibre s'élevait jusqu'au 68. Malgré l'irrésistible effet d'une telle artillerie, les Chinois soutinrent le combat avec intrépidité; on les voyait, n'ayant devant eux aucune muraille de bois, manœuvrer leurs canons de chasse et braver la mort à découvert. Lorsqu'ils furent hors d'état de prolonger la lutte, ils virèrent de bord. Malheureusement leurs jonques n'avaient pas de canons de retraite, et se trouvaient par là sans défense. Leur unique salut fut dans leur faible tirant d'eau, d'*un mètre seulement*, tandis que les canonnières tiraient plus de deux mètres. Poursuivies par les embarcations des canonnières, seize jonques, malgré la grande vitesse de leurs rameurs, furent prises et brûlées ou coulées bas.

Il en restait treize à détruire; ce fut l'affaire du lendemain. Ces dernières jonques s'étaient réfugiées dans l'intérieur des canaux d'une petite ville nommée Tung-koun. Les équipages défendirent leurs bâtiments avec les gros fusils de rempart appelés *gin-gauls*. Il fallut que les Anglais s'avançassent en combattant comme au milieu d'une ville insurgée. On trouva la jonque amirale ou mandarine chargée sur son pont de poudre à canon, avec des boyaux de communication jusqu'au rivage; elle ne fut pas capturée.

Une guerre régulière et vigoureuse est décidée.

Le Gouvernement britannique ayant résolu de faire une guerre sérieuse s'il n'obtenait pas des Chinois de graves concessions, il sentit le besoin de la diriger diplomatiquement par une intelligence vive, forte et sensée. Il fit choix de lord Elgin, qui s'était distingué dans les pacifications et la brillante administration du Canada. (Voyez t. Ier de cette Introduction, p. 422, 423, 426.)

Intervention de la France.

De son côté, la France désirait d'essayer en Asie ses armes à côté de l'Angleterre ; elle voulait continuer la communauté de victoires qui nous avait merveilleusement réussi, de 1853 à 1855, en Crimée. Notre Gouvernement fit valoir un motif autrement grave que l'arrestation et la restitution un peu tardive et peu méritée de douze pirates chinois : c'était la mort violente, le supplice d'un vicaire apostolique. L'empereur Napoléon III fit demander la réparation de cet attentat par l'organe de son ambassadeur extraordinaire, M. le baron Gros.

Suspension occasionnée par la révolte de l'Inde.

Voici maintenant bien d'autres guerres qui s'offrent au Gouvernement anglais, et qu'il accepte ou qu'il déclare comme si jamais il ne croyait en avoir assez à soutenir dans l'immensité de l'Orient. Il attaque et réduit la Perse. Il n'a pas fini de ce côté, que la sympathie musulmane enflamme la cour de Dehly. Un gouverneur général, passionné pour les annexions, avait confisqué le royaume d'Oude, pépinière féconde des cipayes ; d'un autre côté, les préjugés des soldats indous avaient été froissés par l'usage irréfléchi qu'on leur avait imposé de cartouches graissées avec le lard d'un animal immonde à leurs yeux. Par la réunion de toutes ces causes, l'insurrection éclate ; elle grandit avec rapidité, et la révolte se propage sur les deux rives du Gange avec une cruauté monstrueuse.

Conduite supérieure de l'ambassadeur britannique.

C'était le moment où lord Elgin arrivait en Chine, et

c'est alors qu'il agit en homme supérieur. Il suspend à
l'instant toute idée de guerre avec le Céleste Empire. Les
frégates qui venaient à son aide, il les fait rebrousser de
Singapore à Calcutta; tout ce qu'il peut ramasser de forces
dans les mers de Chine, il les dirige sur le Bengale; lui-
même reprend la mer, et vient mettre tous ses moyens
à la disposition de lord Canning, le gouverneur général
de l'Inde.

Voilà comment la Grande-Bretagne est servie par l'initiative et le génie de ses agents supérieurs, lorsque sur-
viennent, à d'énormes distances, des événements sou-
dains, immenses, et pour lesquels un homme d'État doit
engager sa responsabilité tout entière.

Avant la fin de 1857, après des prodiges de valeur, les
troupes anglaises commençaient à reprendre l'ascendant
aux bords du Gange; des forces suffisantes étaient dirigées vers la rivière de Canton; les Français, commandés
par l'amiral Rigault de Genouilly, prenaient position vers
l'embouchure de la rivière des Perles, et bientôt après
arrivait le diplomate auquel il est temps de rendre hommage.

L'ambassadeur français en Chine, M. le baron Gros.

Il existe de par le monde deux catégories d'ambassadeurs : les uns se croient la mission de faire naître la
guerre, ou, quand elle a pris fin, de la faire renaître; les
autres se croient la mission opposée. Les premiers ne
s'estiment accrédités auprès des États impuissants que
pour les opprimer, en ajoutant l'injure à l'oppression; ils
mettent là leur dignité. Les seconds sont les bienfaiteurs
des nations; ils ne conçoivent la diplomatie que dans les
voies de l'équité : plus est grande la nation qu'ils repré-

sentent, plus ils en illustrent la grandeur par un respect délicat pour l'honneur du faible, dont le cœur est ainsi gagné.

En 1857, un diplomate appartenant à cette dernière catégorie, M. le baron Gros, recevait la mission d'obtenir justice en Chine au sujet d'un crime odieux; en cas de refus, il avait ordre de combiner l'action de la force française avec celle de nos alliés les Anglais.

Mémorandum remarquable.

Parmi les actes les plus honorables qui signalent cette mission, je dois citer un document publié, non par la France, mais en vertu d'un ordre du Parlement britannique : c'est le mémorandum rédigé par notre plénipotentiaire pour dessiner la direction des affaires, pour offrir avant tout la paix, et, dans le cas d'un refus, pour recourir à la voie des armes. Cet écrit montre à quel degré les représentants des deux puissances alliées, le baron Gros et lord Elgin, désirent offrir au vice-roi Yeh des moyens honorables de transaction. Tous les cas sont prévus pour modérer l'emploi d'une force sûre de vaincre et pour éviter autant qu'il se pourra la ruine de la grande cité de Canton.

Dans le cas grave où les combats auront rendu les alliés maîtres de la capitale des deux Kouang, le mémorandum trace le plan d'une administration anglo-française à laquelle on réservera la direction militaire et politique; son action supérieure sera combinée avec une administration indigène pour tous les intérêts municipaux et provinciaux. Le mémorandum prévoit les moyens de protéger avec impartialité les intérêts respectifs des conquérants et des habitants de la cité; il s'occupe aussi des soins à prendre pour propager un esprit de paix au milieu des quatre-vingt-seize villages circonvoisins, jusqu'alors rendus redoutables par leurs excès et leur férocité.

Les plénipotentiaires ne veulent pas que la guerre nouvelle reproduise les excès déplorables et les barbaries de 1841 et de 1842. On empêchera que les forces étrangères suivent leur coutume au cas d'une cité prise d'assaut, et ne croient pas obéir aux lois de la guerre en pillant et dévastant la riche Canton. Citons, à cet égard, les belles paroles de notre plénipotentiaire :

« Il va sans dire qu'aucun acte de violence, aucun pillage, ne pourrait être toléré, et que l'ordre le plus sévère serait maintenu parmi les soldats et les marins des deux escadres qui occuperaient la ville, soit par la force des armes, soit en vertu d'une capitulation. Ce point est d'une très-haute importance : le succès de l'entreprise, la sûreté de nos forces et par-dessus tout l'honneur des troupes en dépendent. »

L'ambassadeur d'Angleterre, après avoir reçu ce beau mémoire, s'empressa de le transmettre au ministre britannique des affaires étrangères. La lettre d'envoi porte ces paroles, pleines d'un noble sentiment :

« Le baron Gros m'a fait l'honneur de me remettre le mémorandum dont je joins ici la copie; il contient le résultat de nos conférences, auquel il a joint ses propres réflexions sur la conduite à suivre par les représentants de France et d'Angleterre dans l'état présent des affaires. Les vues présentées dans ce mémoire me semblent si justes et si lumineusement exprimées, que j'ai cru devoir informer Son Excellence qu'elles ont mon entière approbation. »

Osons l'espérer, deux hommes d'État dont l'esprit, le caractère et la sagesse offrent tant d'harmonie, continueront en 1860 leur parfait accord de 1857 et 1858. Ils s'en serviront pour ressusciter leur ouvrage, si tristement sacrifié en 1859. Peut-être l'influence de leur raison obtiendra-t-elle la sanction définitive des traités sans effusion détestable du sang humain.

Conquête de Canton par les Anglo-Français.

Les plénipotentiaires ouvrirent avec le vice-roi Yeh une correspondance tout autrement sérieuse que celle de sir John Bowring. Yeh ne parut pas comprendre l'imminence du péril; il crut pouvoir continuer son système de temporisation, et sa correspondance fut trouvée tour à tour ironique et cauteleuse. Il n'accorda pas même au plénipotentiaire français une ombre de satisfaction sur le plus grave et le plus impardonnable des griefs.

Il ne restait plus que l'emploi d'une force qui devait être irrésistible.

Entre les trois positions de Hong-kong, Macao et la rivière de Canton, les Anglais possédaient quarante-cinq bâtiments de guerre et quatre mille huit cents hommes de troupes régulières. Les Français ne pouvaient débarquer que neuf cents hommes de leur division navale; mais ce contingent d'élite suppléait par la valeur au petit nombre, et son chef augmentait son efficacité.

M. l'amiral Rigault de Genouilly : sa vaillance et sa politesse.

Pour commander des forces qui n'étaient pas en proportion de sa grandeur, la France avait fait choix d'un amiral éprouvé par ses beaux services de terre au siége de Sébastopol et par ses savants services de mer dans l'Océan indou-chinois.

Si nous jugeons d'après les faits accomplis sous un tel chef, il était impossible de plus faire et de mieux faire avec cette poignée d'hommes éprouvés.

Lorsqu'on débarqua pour prendre Canton, il fallut d'abord enlever deux forts détachés, qu'on attribua l'un aux Français et l'autre aux Anglais.

M. l'amiral de Genouilly, le plus ponctuel de tous les hommes, mit pied à terre à l'heure fixée; son chronomètre à la main, il attaqua, il enleva le fort réservé pour sa colonne. Chemin faisant, des Chinois embusqués dans un bocage, en avant de l'autre fort, importunaient nos alliés. A la prière de ceux-ci, nos voltigeurs sortent des rangs et débusquent les indigènes; ils les poursuivent si vite, qu'ils entrent avec eux dans le fort réservé pour les Anglais. Nos alliés, qui s'avançaient, l'auraient pris s'ils n'avaient pas aperçu le guidon tricolore flottant au-dessus des créneaux.

Après la prise de Canton, les assiégeants résolurent de faire sauter les deux forts : c'était un spectacle qu'on voulait donner aux forces combinées, en présence des deux ambassadeurs. Les deux nations avaient eu chacune à miner un fort. Le nôtre seul se trouva prêt au moment fixé; la réunion des spectateurs étant complète et l'impatience croissant de toutes parts, on donna la fête au moyen du feu mis à nos poudres.

Pour achever le récit de ces vivacités nationales, nous dirons que la prise de Canton n'ayant pas amené la fin de la guerre, les plénipotentiaires décidèrent que les alliés iraient au nord, dans le golfe du Peï-ho, qu'ils remonteraient de vive force la rivière de ce nom et qu'ils menaceraient directement Pékin.

La division française navigua merveilleusement, de compagnie avec l'escadre anglaise. On prit en commun les forts de l'embouchure ; on remonta la rivière. Quelques canonnières alliées, moins heureuses que nous, échouèrent sur des bas-fonds inconnus ; une canonnière française eut le bonheur de ne pas échouer et prit la tête en avançant vers Tien-tsin.

Au. lieu de rendre justice à la vaillance, au talent, à l'expérience de l'amiral sir Michael Seymour, les gazettes anglaises firent éclater une colère puérile. Le grand journal *le Times* mit sa gloire à surpasser tous les autres par sa violence ; il invectiva les braves marins de l'escadre britannique en leur demandant s'ils n'étaient plus que les héritiers dégénérés des Saint-Vincent, des Howe et des Nelson. Pour punir le commandant anglais de s'être plus d'une fois laissé gagner de vitesse par son émule et son ami français, ils le poursuivirent avec le titre injurieux de *M. l'amiral Trop-tard*, *l'amiral toujours-toujours-trop-tard!* Au lieu de lui donner cette épithète, il aurait été plus naturel d'appeler le chef des Français *M. l'amiral Trop-tôt*. Mais cela même n'eût pas été justice : en effet, **M.** Rigault de Genouilly, fidèle aux lois de l'alliance et de la courtoisie, se bornait à n'arriver partout qu'à l'instant précis fixé d'un commun accord. C'est ici le cas de rappeler l'heureux mot d'un monarque célèbre par son esprit et de l'appliquer aux princes de la mer : *L'exactitude est la politesse des rois.* Pour marcher en avant, nos marins, en Chine, étaient polis comme des souverains.

Revenons à la prise de Canton. Elle avait été précédée par un bombardement bien dirigé pour écarter les défenseurs et les habitants, soit de la zone qui touchait aux remparts, soit du rivage de la mer.

Ce que je veux faire remarquer au lecteur, c'est le mépris de la mort manifesté par diverses classes de la population.

Bombardement de Canton.

Un témoin britannique nous dépeint le spectacle de Canton la veille de l'attaque définitive. « La nuit vint, dit-il, et quelle nuit! Les bombardes et les canonnières avaient presque complété leur feu. La ville apparaissait comme, après le coucher du soleil, les plaines couvertes de hauts fourneaux dans nos comtés à mines de fer; d'énormes fusées portaient l'incendie dans la direction des remparts où l'on devait le lendemain donner l'assaut, et la cité, visible comme au grand jour, ne cessa pas d'être entourée d'une ceinture de flammes. »

Mépris du danger par les Chinois et les Tartares.

Malgré ce bombardement, les soldats chinois et tartares sont restés à leur poste sur les remparts pendant la nuit et le lendemain lors de l'assaut, rendant feu pour feu, mais avec des armes d'une infériorité déplorable. Pendant cet assaut, ils ont été braves.

Après que la ville eut été prise, des Tartares mettant à profit l'ombre de la nuit se traînaient en rampant, afin d'atteindre et de frapper les sentinelles des Européens. Leurs attentats étaient surtout répétés dans le voisinage des magasins à poudre : soit qu'ils s'en approchassent avec le dessein de les faire sauter, ou simplement pour voler le plus dangereux de tous les butins.

Quand les forts pris aux Chinois ont été minés et la poudre apportée, qui devait les faire sauter, les Chinois ont eu la témérité d'entreprendre de voler cette poudre. Enfin, dans une poudrière d'où la garde européenne avait été retirée parce que le toit était en feu, un Chinois, plein d'audace et de convoitise, était resté deux jours dans l'intérieur; il n'était sorti que presque étouffé par la fumée, mais non chassé par la peur.

Vaillance des pompiers chinois au milieu des feux européens.

Par une exception unique en Chine, les habitants de la ville assiégée possédaient des pompes à incendie, imitées des nôtres et montées sur des roues. Lors du bombardement, les pompiers indigènes, race grande et forte, travaillaient courageusement sous le feu des Occidentaux; une bombe fit sauter une pompe et ses éclats en tuèrent les servants, sans que les autres pompiers reculassent d'un pas ni suspendissent leur courageux labeur.

Je vais maintenant faire apprécier une vaillance appliquée contre le service de la patrie, mais qui ne mérite pas moins d'être connue comme étude d'une race à laquelle il faut, dans tous les cas, rendre justice.

Les coulies chinois substitués par les Anglais aux chevaux du train d'artillerie.

Les Anglais, dans le port de Hong-kong, conçoivent l'idée d'organiser militairement un corps de *coulies* : on nomme ainsi les portefaix chinois. Ces coulies méritent d'être mentionnés. On imagine de les employer à l'expédition préparée contre Canton. Ils auront pour mission de transporter les canons et les munitions des envahisseurs de leur pays. On les accouple au nombre de dix-huit par bouche à feu de campagne; on les exerce à soulever la pièce placée sur son affût, afin de la tenir suspendue à leurs longues perches de bambou, pour la porter à l'épaule en avançant d'un pas merveilleusement accéléré.

Une paye supérieure, ajoutée à la crainte d'être fusillé, garantit la fidélité de ces hommes, destinés à remplir les fonctions de *chevaux* pour l'artillerie et le commissariat.

On a transporté les coulies du train avec le corps expéditionnaire chargé du siége de Canton. Quand on s'avança contre les forts et le corps de place, ils marchaient immédiatement à la suite des colonnes anglaises. Lorsqu'un boulet emportait la tête de l'un d'eux, un incroyable éclat de rire et des cris de : *Eï-ayo! Eï-ayo!* partaient de leurs files, qui continuaient de porter et de marcher avec le même sang-froid. Leur conduite, dit le narrateur du siége, n'a pas cessé d'être admirable. Vêtus uniformément d'une courte tunique de coton bleu, l'on eût dit des soldats chinois, s'ils n'avaient pas porté sur leur veste en gros caractères : *Army train*, Train de l'armée. Grands, robustes, bien nourris, armés de leurs longues perches de bambou, également bonnes pour porter et pour frapper, ils étaient à la fois l'envie et la terreur de la populace chinoise.

Comment le peuple pille au milieu du bombardement.

Après le bombardement qui précéda la prise de Canton, le palais du vice-roi ne présentait plus pierre sur pierre, ou plutôt brique sur brique; les boulets et les obus de la flotte l'avaient complétement détruit. Au plus fort du bombardement, on voyait la populace des bas quartiers d'alentour se précipiter au milieu du grand édifice qui s'écroulait de toutes parts. Elle envahissait les appartements qui prenaient feu, pour en arracher les meubles, les tentures, la menuiserie, les poutres même et les colonnes de cèdre; elle dédaignait le danger des projectiles pleins et les éclats enflammés des obus. Voilà

le courage que la discipline indigène et 'la puissance de
l'organisation auraient dû tourner contre l'ennemi.

Représailles contre les Européens.

Si quelque chose pouvait consoler les Chinois à l'aspect de si grands désastres, c'était de porter aussi les
regards sur les ruines des factoreries étrangères et surtout
anglaises. Il n'en est pas resté debout plus de vestiges que
du palais où siégeait naguère le vice-roi. Pour ajouter à
ces dernières ruines, les Anglais, avant de quitter les
factoreries, avaient abattu l'innocente et somptueuse
demeure de Hou-qua, ainsi que des autres riches marchands indigènes appointés pour commercer avec les
étrangers.

Belle conduite des forces alliées lors de la prise de Canton, en 1858.

L'esprit des ambassadeurs avait gagné les forces de
terre et de mer. L'ordre le plus parfait ne cessa pas de
régner, même au moment de l'assaut.

Trois à quatre mille Anglo-Français sont restés six
jours au bivouac, sur les longs remparts d'une cité qui
comptait un million d'habitants; ces derniers, occupés
d'éteindre leurs incendies, ne parlaient pas de se rendre.

Au bout de ce temps, on a jugé que les passions des
citadins, suffisamment refroidies, permettaient des mesures décisives; on a pensé qu'il était temps de pénétrer
dans l'intérieur, et de marcher en bon ordre sur les édifices qui devaient contenir les grandes autorités.

Ces incursions, très-habilement dirigées, eurent pour
résultat de faire successivement prisonniers le général
tartare, puis le gouverneur civil de la cité, Péh-koueï, et

le trésorier général. Enfin le vice-roi Yeh, malgré son
déguisement, fut découvert et saisi dans sa fuite.

On découvrit aussi le trésor public, qui ne fut pas pillé.
L'ordre supérieur était de ne saisir et de ne transporter
au quartier général que les caisses renfermant les métaux
monnayés. Il y avait, en outre, un magasin de costumes
officiels ornés des plus riches fourrures. Les officiers et
les soldats, fidèles aux ordres donnés, laissèrent intacts
ces précieux vêtements; ils partirent en faisant porter
devant eux les caisses d'argent par des coulies. Mais à
peine le dernier soldat avait-il quitté la trésorerie, que
la populace chinoise y courait avec la fureur de loups
affamés. Les troupes anglaises, en continuant leur marche,
entendaient les vociférations des voleurs qui s'arrachaient
les dépouilles de l'opulent dépôt gouvernemental.

Un bienheureux père bouddhiste lors de la prise de Canton.

Au milieu des événements déplorables qu'ont présentés
le bombardement et la prise de Canton, nous citerons
avec plaisir, comme appartenant à la peinture des mœurs,
une scène moins lugubre; elle fait honneur aux soldats
européens, dupés mais honnêtes.

Quelques jours après la reddition de la ville, un prêtre
de Bouddha, vêtu misérablement, vient implorer la pitié
du général anglais. Le bon cénobite demande à récu-
pérer son humble garde-robe; cet unique avoir du saint
personnage est en dépôt dans le monastère de la *Céleste
Béatitude*, envahi par un colonel et son régiment. Le
général, tout ému, lui remet à l'instant un ordre écrit afin
qu'il puisse reprendre, sans exception, tous les effets
qu'il a cachés. Le bonze, en homme circonspect et prévoyant, laisse le colonel à la tête de son corps défiler

pour accomplir une longue marche. Aussitôt après il se présente avec l'ordre du général; quelques plantons restés de garde le mènent au temple, en compagnie des serviteurs naguère attachés au couvent. Aidé par ces derniers, il ouvre d'abord le piédestal d'une idole que, par bonheur, la troupe n'avait pas brisée; il en tire, hélas! aux yeux des militaires stupéfaits, plusieurs lingots d'argent et même un beau lingot d'or. Sans perdre de temps, il monte à la statue colossale, qu'il entr'ouvre par le nombril; il en retire avec respect des pierres précieuses de la plus belle eau, d'un volume rare et d'une grande valeur. Le saint homme, incapable de rien négliger, avise ensuite aux vêtements. Il emprunte une grande échelle pour monter au centre de la voûte; il en détache un panneau qui cachait un magasin de magnifiques fourrures et de satins admirablement brodés; il les descend avec grand soin, pour ne pas les laisser ès mains des infidèles.

On peut juger quelle était la fureur des soldats restés au quartier, quand ils voyaient ainsi passer devant eux ces trésors qui depuis plusieurs jours se trouvaient là sous leur garde ignorante! Malheureusement l'ordre du général était péremptoire, et le sauf-conduit, écrit de sa main, couvrait le précieux butin, sans exception.

Voici maintenant ce qui met le comble à la ruse chinoise. Le très-vénérable bonze, enorgueilli d'un si beau succès, prend la résolution de rançonner les vainqueurs. Il aperçoit çà et là quelques menus trophées apportés après l'assaut et divers objets portatifs que les militaires avaient déposés au quartier. Il fait un signe aux frères servants; d'un tour de main les serviteurs du saint homme les ajoutent, sans qu'on s'en doute, à leur pieuse collecte, et tout, en un clin d'œil, disparaît du quartier.

Lorsque le régiment revint à la caserne, c'est-à-dire à

l'ex-couvent de la *Céleste Béatitude*, il ne trouva plus que la niche ouverte de la voûte, un piédestal vide et le faux dieu *désentraillé!* Ainsi s'exprime énergiquement le narrateur, indigné presque autant que le soldat.

Ce que devint la ville nautique au milieu du siége.

Le lecteur a dû s'inquiéter du sort de l'innombrable population fluviale exposée, sur des bateaux sans défense, entre les assiégeants et les assiégés.

Avant qu'on procédât au bombardement, un peloton de navires à vapeur s'était avancé par le bras navigable de *la Némésis* et déployait sa force militaire en amont de la cité. Son intention, toute bienveillante, était d'offrir un avertissement salutaire au peuple amphibie.

A l'instant, la ville flottante est frappée d'un émoi qui se manifeste par un mouvement dont la rapidité n'empêche pas de garder un ordre merveilleux. Les jonques, les bateaux à flot qui bordent la voie centrale, celle qu'on pourrait appeler la grande rue aquatique, lâchent leurs amarres et descendent en toute hâte; les deux rangs, mis à découvert, opèrent sans retard la même manœuvre et descendent à leur tour; puis viennent les troisièmes rangs. Le défilé continue jusqu'au départ des derniers bateaux-maisons qui semblaient faire partie du rivage; celles-là se détachent plus péniblement, mais avec activité. En peu d'heures, les bâtiments de toute grandeur, avec leurs myriades d'habitants, ont évacué le fleuve des Perles; ils se sont dispersés et pour ainsi dire perdus dans les petits bras détournés des innombrables canaux qui serpentent à travers les campagnes, et que dérobent à la vue des jongles de bambous.

Peignons maintenant la même activité, plus joyeusement employée, après le retour de l'ordre, lorsque le chef-lieu du Kouang-toung dut reprendre son existence accoutumée.

Déblocus du port de Canton.

On avait annoncé pour le 10 janvier 1858 le déblocus de Canton. Deux ou trois jours auparavant, un nombre vraiment incroyable de jonques et de bateaux chinois sortirent de refuges inconnus et se présentèrent équipés; ils venaient repeupler la ville nautique, et proposer leurs services pour la ville et pour la mer.

Dès le 10 au matin, en face de la ville et des faubourgs, le fleuve était rempli de navires déployant les nattes de bambous qui composent leurs voiles. Déjà les magasins abandonnés de l'île de Ho-nan, qui fait face à la ville, étaient affermés et réinstallés par les marchands étrangers. Dans l'espace d'une matinée, la cité mercantile, ressuscitée, déployait ses ailes et semblait avoir repris le plein vol de son commerce accoutumé.

Admirables ressources commerciales après le siége.

Les marchands anglais, pleins d'anxiété, discutaient avec les marchands indigènes pour savoir quelles ressources restaient à cette cité si malheureuse. La conférence démontra que la ville débloquée pourrait fournir immédiatement neuf millions de kilogrammes de thé, sans compter neuf autres millions qui devaient être en route. Au premier appel, on pouvait les faire arriver.

Malgré cette renaissance, Canton ne pourra pas conserver le premier rang; Chang-haï l'éclipsera de plus en plus par l'avantage de sa position.

Factoreries et consulats projetés.

Les Européens se sont empressés d'agrandir en maîtres l'emplacement le plus convenable aux factoreries, aux consulats qu'ils vont rebâtir. Ils ont quadruplé l'espace insuffisant auquel jusqu'alors on les avait réduits. Les nouvelles constructions seront étendues à l'est des anciennes, dans une magnifique portion du littoral urbain, jusqu'à la hauteur de l'île appelée *la Folie hollandaise.*

Nous terminerons ce qui concerne le siége de Canton en publiant un des documents les plus précieux, saisi dans les papiers du gouverneur de cette ville.

Comment l'empereur de la Chine examine un mandarin de Canton qu'il veut élever en grade : ses idées personnelles.

Après la prise de la place, les Anglais ont trouvé, dans les papiers du second personnage de la province, des colloques pleins d'intérêt entre l'empereur Tao-kouang et le mandarin Péh-koueï : le même qui gouverne aujourd'hui la population civile de Canton, occupée par les Français et les Anglais. Ces colloques avaient eu lieu dans le mois d'octobre 1849, peu de mois avant la mort du sixième empereur mandchou. J'en extrairai seulement ce qui peut faire connaître : d'un côté, l'ignorance et l'impudente adulation des courtisans; de l'autre côté, les préjugés, quelquefois la saine raison et d'autres fois la perspicacité remarquable du souverain. Rien n'est plus précieux que ces manuscrits authentiques, où nous retrouvons non-seulement les idées, mais les propres paroles des personnages principaux du Céleste Empire.

L'empereur montre d'abord un ressentiment insensé

contre le conciliant et sage Ki-ying, l'auteur de la paix
de 1843.

L'EMPEREUR. — Depuis ces dernières années, nos querelles avec
les barbares ont effrayé mortellement Ki-ying. Ses subordonnés,
avec leurs propos, l'ont entretenu dans sa peur en exagérant au delà
de toutes bornes la renommée des étrangers. Il disait que la disposition du peuple cantonnais était mauvaise. Voyez, au contraire,
son successeur Seou-kouang-tsin ; ce dernier a si bien conduit les
affaires, qu'en un mois il a levé cent mille hommes, organisés par
ses soins, et levé les millions nécessaires pour tenir sur pied cette
force. Un peuple agissant si bien avait raison d'appeler traîtres des
conseillers sans énergie.

Le vice-roi Seou, dont il s'agit ici, est le même qui faisait des habitants de Canton la triste peinture que nous
avons rapportée.

On va voir que Péh-koueï se garde bien de désabuser
Sa Majesté d'aucune de ses erreurs : ce rôle moral nuirait
à son avancement.

L'EMPEREUR. — Il me semble que les barbares dépendent complétement de Canton pour gagner leur vie.

PÉH-KOUEÏ. — Le peuple de Canton voit clairement que les barbares ne peuvent pas exister sans cette province.

L'EMPEREUR. — Êtes-vous des bannières mandchoues ou mongoles ?

PÉH-KOUEÏ. — Mongoles.

L'EMPEREUR. — De quelle bannière ?

PÉH-KOUEÏ. — De la jaune.

L'EMPEREUR. — Les soldats de Hong-kong ne sont-ils pas trois à
quatre mille ?

PÉH-KOUEÏ. — Pas plus de deux à trois mille, et plus d'à moitié
nominaux.

Ici Péh-kouei se plaît à supposer que les Anglais imitent
les Chinois et portent sur les contrôles des hommes qui
ne sont pas dans les rangs.

L'empereur. — Le commerce des barbares va mal à Ning-po, à Amoy et même à Chang-haï; cela montre que la prospérité précède toujours la décadence. Que peut le pouvoir de l'homme!

Péh-koueï. — La divine fortune de Votre Majesté *a causé la décadence de la puissance anglaise.*

Après de semblables réponses, on comprendra parfaitement le début de la seconde conférence.

L'empereur. — Que les bons magistrats sont difficiles à trouver! Je vous fais intendant des finances de Canton. Hier, je vous ai jugé très compétent; ne vous montrez pas oublieux de ma bonté.

Péh-koueï. — Je n'oublierai jamais la faveur divine de Votre Majesté.

Montrons maintenant que cet empereur, si prompt à récompenser les flatteurs, était pourtant capable d'observations profondes et dignes d'un souverain.

L'empereur. — Restez conséquent avec vous-même. Presque toujours ceux qui dans la première partie de leur carrière se sont bien conduits se conduisent mal dans la dernière. Les uns n'étaient pas fiers par eux-mêmes, ils deviennent fiers; les autres par eux-mêmes n'étaient pas extravagants, ils deviennent extravagants. Nos livres sacrés nous disent : La *consistance* doit être estimée.

Les supérieurs ne doivent pas uniquement avoir pour but l'approbation de leurs subordonnés; *si tous les louent, c'est qu'ils se sont dépouillés du pouvoir d'exiger d'eux des efforts ou des sacrifices.* Je ne désire pas, d'ailleurs, que vous soyez dur avec vos administrés..... Rappelez-vous Tse-chan. La première année de ses fonctions, le peuple criait : «Qui veut le tuer?» La troisième année, ses mesures avaient porté de si bons fruits, que le peuple disait: «S'il venait à mourir, qui pourrait prendre sa place?»

Voici maintenant de quel œil l'empereur considère la vénalité des offices :

Depuis que les dépenses du Gouvernement contraignent d'ouvrir la porte pour avancer ceux qui payent, il est plus difficile que jamais de distinguer entre les capables et les incapables. Certainement il est impossible que parmi les mandarins promus par voie d'achat il ne s'en trouve pas d'un *caractère éminent;* mais aussi, parmi les gros et riches marchands, *il en est d'énormément stupides,* ignorant toute espèce d'affaires publiques, et qui n'ont pas même exercé des fonctions d'aide-magistrat.

L'empereur ajoute :

Je vous dis cela confidentiellement, à vous admis par la voie des examens.

Votre place de surintendant des finances est *inamovible;* ne souffrez aucun *déficit* chez vos inférieurs. Revenez demain.

Sa Majesté veut parler sur l'Angleterre.

L'empereur. — D'après l'aspect des affaires, pensez-vous que les barbares anglais ou d'autres étrangers occasionneront de nouveaux troubles?

Péh-kouëï. — Non. Quand les Anglais *se révoltèrent* en 1841, *ils dépendaient entièrement des autres nations, qui les soudoyaient* dans le dessein d'ouvrir le commerce avec la Chine; à présent, ces nations ne le voudraient plus. Ensuite, *les pays conquis ne portent pas aux Anglais une obéissance volontaire.*

L'empereur. — Il est clair que les barbares regardent toujours le commerce comme leur occupation capitale, et qu'en chacun de leurs grands desseins ils ont besoin de lutter pour des acquisitions de territoire.

Péh-kouëï. — *Ce sont des brutes;* il est impossible qu'ils aient aucun grand dessein.

L'empereur. — Quels objets les Français vendent-ils?

Péh-kouëï. — Des montres, des pendules, des draps, des tissus ras, etc.

L'empereur. — Quel pays vend le plus cher?

Péh-kouëï. — Ils ont tous du cher et du bon marché. Leurs objets pareils ne diffèrent guère de prix; mais pour les *tissus ras,* on dit que ceux des Français sont les meilleurs.

Signalons ici le bon sens national qui parle par la bouche du souverain.

L'empereur. — La soie, les soieries, les cotons des barbares sont inutiles au Chinois; qu'a-t-il besoin de cotons étrangers? Les vêtements de dessous destinés aux personnes du palais peuvent être en coton jaune. Pour vêtir le peuple, il suffit d'employer le nankin coloré ou bleu; l'aspect en est simple et sans affectation. Mais, en ces derniers temps, on a mis en usage les cotons étrangers à fleurs; ce qui me semble très-bizarre. Regarde-moi : je suis le plus élevé de l'empire; néanmoins mes chemises et mes vêtements de dessous sont tous faits en coton de Corée. *Jamais je n'ai porté de cotons étrangers.*

Péh-koueï. — Le tissu de coton étranger n'est pas substantiel; il n'a pas de nerf; il n'est pas bon pour habiller[1]; il ne se lave pas bien[2].

Idées de l'empereur sur l'opium.

L'empereur. — Je suppose que l'*opium* se vend presque publiquement à Canton?

Péh-koueï. — Je n'oserais tromper Votre Majesté. On ne se permet pas de l'acheter et de le vendre ouvertement; mais la quantité vendue en secret n'est pas peu considérable.

L'empereur. — Il me semble qu'à cet égard il doit y avoir une époque d'accroissement, une de diminution. Quand j'infligerais des châtiments sévères, je pourrais punir aujourd'hui, demain, et le tout sans résultat. Si nous attendons deux à trois ans, cinq ou six ans, l'opium de lui-même cessera d'être en usage.

Péh-koueï. — Certainement.

Ce sujet revient à la quatrième audience.

L'empereur. — L'opium est-il cher?
Péh-koueï. — Meilleur marché que jamais.
L'empereur. — Pourquoi?

[1] Certainement, si l'on portait aujourd'hui pour pantalons et culottes courtes d'été, au lieu du robuste nankin, du calicot à 3o ou 4o centimes le mètre, de tels vêtements seraient bientôt déchirés.

[2] Qu'aurait dit l'empereur s'il avait vu des mouchoirs de coton si peu solides qu'on ne les lave pas? ils sont usés en même temps que salis.

Péh-koueï. — Il est moins bon.

L'empereur. — *Comment le ciel et la terre pourraient-ils supporter longtemps un produit si destructeur de la vie humaine!.....*

COMMERCE GÉNÉRAL DE LA CHINE.

Jusqu'en 1833, c'était la grande compagnie britannique des Indes orientales qui faisait, au nom du Royaume-Uni, le commerce de la Chine; le Gouvernement de l'empire du Milieu choisissait, de son côté, des marchands privilégiés, les Hong. Les affaires se traitaient entre deux corps également intéressés à prévenir les conflits, et, depuis plus d'un siècle, les solutions avaient généralement obtenu des solutions pacifiques.

Ce fut une vraie révolution lorsque, en 1833, la compagnie des Indes orientales, au renouvellement de son privilége, perdit la faculté de continuer en Chine un commerce livré désormais à la libre concurrence de tous les Anglais.

Cette liberté dégénéra promptement en licence. La contrebande, auparavant circonscrite et modérée dans l'enceinte de Canton, passa bientôt toutes les limites; elle conduisit à la guerre qui finit en 1842.

Alors naquit un nouvel ordre de choses qui doit maintenant attirer toute notre attention. Deux écrits du plus haut intérêt ont jeté sur ce point une vive lumière.

Conditions morales de prospérité commerciale.

Après avoir conclu leur traité de paix, en 1858, les ambassadeurs de France et d'Angleterre sont rentrés dans leur patrie.

M. le baron Gros a consacré quelques-uns de ses loisirs à traduire une publication remarquable, qu'on devait

aux généreux sentiments d'un missionnaire médecin des
États-Unis, qui fut quelque temps consul à Ning-po. Il
a bien voulu me confier sa traduction; j'en ai fait l'analyse
que je vais condenser en quelques pages.

Vues et témoignages du docteur Mac-Gowan, missionnaire médecin.

M. le docteur Mac-Gowan rapporte des faits accomplis
de son temps, et plusieurs sous ses yeux. Il accuse la
piraterie des Occidentaux; il cherche le moyen d'y porter
remède, à l'instant même où gronde la guerre de 1857.

Les faits dont nous allons parler commandent l'attention de tous les gouvernements qui comptent pour
quelque chose la civilisation, la justice et l'humanité.

Infractions des deux parts aux traités de commerce.

Les Chinois ont à faire entendre des plaintes contre
les étrangers, plaintes qu'on ne saurait négliger sans dommage pour les étrangers mêmes.

A l'égard du traité de 1842, les Chinois ont rendu
parfois illusoires quelques clauses *de peu d'importance;*
mais ils ont observé les plus essentielles, et manifesté leur
bon vouloir d'écouter les propositions nouvelles capables
d'améliorer les relations préexistantes. Ils se sont montrés bienveillants à l'égard des quelques étrangers qui
voyageaient dans l'intérieur. Nos sujets de plaintes contre
eux ont été rares; tandis qu'ils ont droit de nous reprocher
non-seulement d'avoir mésinterprété plusieurs clauses
des traités, mais de les avoir enfreintes par les actes les
plus patents. Ils peuvent dire avec raison que, depuis la
mise en vigueur de ces mêmes traités, les rapports avec
les autres peuples sont devenus désastreux à leur égard; la

plupart des maux qu'ils ont éprouvés sont dus à la faculté de séjour accordée aux étrangers dans les régions maritimes de l'empire.

Conséquences désastreuses pour les Chinois dues à l'ouverture des quatre ports au nord de Canton.

L'ouverture de ces ports est devenue la source de grandes souffrances ; on les a ressenties sur-le-champ au voisinage de Ning-po. La chose impossible était de restreindre le commerce des étrangers à l'enceinte des marchés désignés. Petit à petit, depuis Canton jusqu'au Grand fleuve, la côte entière fut envahie par des aventuriers sans foi ni loi ; ils se sont répandus sur tous les points du littoral où des consuls n'habitaient pas.

Ces malfaiteurs ont commis contre les habitants inoffensifs des atrocités qui n'ont été surpassées, dit le docteur Mac-Gowan, que par celles dont les cipayes se rendent aujourd'hui coupables dans le Bengale : 1857.

Émulation flibustière des étrangers de toutes les nations.

Supérieur aux susceptibilités nationales, le docteur accuse en première ligne les déserteurs de son pays et les mineurs ruinés enfuis de Californie. Afin de commettre impunément de grands désordres, ces aventuriers arboraient les couleurs américaines sur des caboteurs chinois. Prudemment munis de papiers consulaires, ils allaient dans tous les lieux abordables, sous prétexte de poursuivre un commerce légal ; en fait, ils pratiquaient la contrebande ou la piraterie, suivant leurs intérêts et leurs penchants.

Tant qu'on a permis ces violations des lois américaines,

dit le sincère docteur, ces hommes ont prouvé qu'ils étaient capables de commettre les mêmes excès qui ont rendu le nom des Portugais si odieux à la Chine.

En rappelant les excès commis par ces étrangers, il fait une réserve bienveillante. Il repousse la pensée d'avoir le moindre mauvais vouloir contre les compatriotes de Gama et du Camoëns; un grand nombre d'entre eux, dit-il, n'a vu qu'avec douleur et blâme avec énergie les atrocités commises à l'ombre de leur pavillon.

Dans cette revue des reproches qu'on peut adresser à chaque nation ne sont pas oubliés quelques Français, coupables aussi de vols et d'exactions, à l'abri d'un privilége dont ils ont abusé.

Des émules redoutables pour les flibustiers furent quelques Français qui fondèrent à Chang-haï un bureau de convoi maritime. Ils avaient eu la bonne fortune d'obtenir la garde, c'est-à-dire plus ou moins la dilapidation des pêcheries dans l'île de Chousan. Comme ils étaient très-peu nombreux, les Portugais les expulsèrent aisément, démolirent leurs maisons, détruisirent leurs barques et dispersèrent les associés. Les Français ensuite se joignirent aux Cantonnais, et dans un premier conflit furent battus avec ceux-ci... La plainte des Français maltraités fut transmise à Macao, et la frégate *la Capricieuse* remonta vers Ning-po pour s'emparer des délinquants portugais. C'est alors qu'eurent lieu les scènes dont nous avons parlé (p. 410 et 411).

Vient ensuite le tour de l'Angleterre : «C'est d'elle, dit le docteur, qui possède une colonie, Hong-kong, près du grand marché de Canton, c'est d'elle que la Chine devra tout redouter, lorsque les trafiquants britanniques pourront séjourner en tous lieux à terre. » En même temps, avec un sentiment d'équité, il ajoute que les stations et les consuls britanniques, en agissant de concert, ont prévenu beaucoup de maux, soit en mer, soit dans les ports.

Comment la guerre européenne a servi de ressort à la piraterie.

Le plus funeste effet de la première guerre des Anglais contre les Chinois est d'avoir appris à ceux-ci l'impuissance de leurs chefs sur une côte où cette impuissance a partout éclaté. La piraterie s'est développée avec audace; elle a détruit presque en entier le cabotage. Aujourd'hui les pauvres pêcheurs ne sont pas même à l'abri de ses déprédations. Dans l'origine, les exacteurs agissaient du moins sans cruauté, et les navires capturés se rachetaient moyennant finance.

Comment la protection des étrangers se change en flibusterie.

On porta remède à ce mal en ayant recours à la protection des étrangers, qui convoyaient de nombreux bâtiments et recevaient un salaire modéré. Ce fut une fortune pour les marins de Macao; avec leurs lorchas et leurs sloops, montés par de forts équipages tirés de Manille ou de Canton, ils l'emportèrent sur tous les autres convoyeurs.

Les lorchas indiquaient souvent aux employés de la douane les sommes à payer par la flotte convoyée et gardaient pour elles le surplus des droits réellement dus. En même temps, des mandarins effrayés commettaient à terre des extorsions en faveur de leurs amis les convoyeurs. Bientôt on força les caboteurs indigènes d'employer ces derniers; on fit plus : on fixa, sans les consulter, les sommes à payer pour prix de protection.

Un pas de plus, et les exacteurs devinrent pirates. Ils

volèrent et tuèrent sur mer, et bientôt après sur terre. Des villages entiers furent réduits en cendres, les hommes massacrés, les femmes violées : quelques-unes de celles-ci, traînées de force sur les lorchas, ne sauvaient leur honneur que par d'énormes rançons; souvent le ravisseur, épris de sa captive, repoussait toute offre de rachat.

Des mandarins, s'étant opposés à ces horreurs, furent tués sur place ou réduits eux-mêmes en captivité. On n'a pu sauver ces derniers qu'à force d'argent.

Témoignage personnel du chirurgien Mac-Gowan, opérant les mutilés.

« Le nombre d'individus assassinés, et dont quelques-uns ont été torturés de la manière la plus horrible, ne serait pas croyable, s'il était exprimé. *Beaucoup de mes opérations chirurgicales ont eu ces horreurs et ces forfaits pour cause.* »

Les spoliations ne le cédaient point *aux mutilations;* pas un moyen d'extorquer de l'argent n'était imaginé sans qu'on le mît en œuvre. Les provisions, le poisson sec et le combustible que le pauvre garde pour l'hiver en sa cabane, la seule chèvre et jusqu'à la dernière poule du petit cultivateur, ont été et sont encore aujourd'hui (1857) objets de proie du maraudeur étranger. Les aventuriers qui ne trouvaient pas à commander une lorcha louaient un bateau du pays, afin de porter la dévastation dans les criques et les rivières. D'autres établissaient dans les petites villes des bureaux où l'on vendait des laissez-passer que les jonques naviguant d'un port à l'autre devaient montrer, afin d'éviter de plus fortes avanies quand elles seraient en marche.

« Une grande partie de ces méfaits était commise par des individus abrités sous le pavillon et la protection des étrangers. En Chine, les étrangers inspirent une si grande *terreur,* que très-peu d'individus ont le cœur de les regarder, même en peinture. »

Les neuf dixièmes des pirates étrangers étaient des Portugais, complétés par l'écume de toutes les nations. « J'ai connu, dit M. Mac-Gowan, un ancien Cosaque de la Léna, lequel avait volé à un pêcheur de Chousan la dépouille d'*un autre pirate, ancien membre du barreau de New-York,* et qui s'était mis au service des Portugais.

« Lorsque j'ai rempli, pour peu de temps, les fonctions de consul à Ning-po, le tao-taï de cette ville m'a souvent questionné sur la nationalité des individus qui, patrons de lorchas, opprimaient le peuple.

« Les autorités chinoises, sur la côte, vivent constamment dans la crainte de mécontenter les puissances étrangères. Ces autorités croient que nous sommes tous ligués ensemble, et que si l'un de nous éprouve la moindre résistance, tous les autres sont prêts à s'en venger. »

Le droit de séjour en pays chinois sans être justiciable de la loi du pays, ce que le docteur désigne par un mot assez barbare, *exterritorialité,* cette usurpation équivaut à l'abdication de l'autorité nationale. Un tel droit est rendu plus que jamais incompatible avec le bien-être de l'empire par l'établissement des colonies étrangères dans l'une des provinces. Hong-kong et Macao doivent paraître, aux hommes d'État de la Chine, *comme des lieux empestés;* ces lieux ont donné sur une grande échelle la preuve du mal. De là sortent les lorchas qui défient l'autorité et qui dévastent le pays; de là peuvent sans cesse venir les agressions de toute nature et les empiétements qu'une vigilance infinie peut seule prévenir.

Le lecteur a vu que la guerre de Canton, commencée en 1856, et qui va recommencer en 1860, n'a pas eu d'autre origine qu'une misérable querelle au sujet d'une lorcha dont l'équipage était incriminé pour crimes de piraterie. Hong-kong, ce rocher dénudé qu'on demandait comme un présent de peu de valeur pour radouber d'infortunés navires anglais, on en fait un territoire *suzerain*, qui décernera des patentes de nationalité britannique à des lorchas construites par des Chinois, possédées par des Chinois et montées par des Chinois.

Dangers prochains d'une nouvelle immunité commerciale.

Toutes les puissances étrangères demandent à l'envi l'ouverture complète de la Chine, afin d'y faire un plus vaste commerce; pas une ne songe aux droits des Chinois à cet égard.

« Si les étrangers obtiennent cette concession, dit M. Mac-Gowan, les horribles cruautés qui ont ensanglanté les côtes de la Chine se propageront dans l'intérieur du pays. *Les aventuriers, qui tirent sur un Chinois avec autant de sang-froid que sur un faisan, iront en avant.* Ils voyageront plus vite et plus loin qu'un consul, un marchand, un missionnaire. La violence, le vol et les meurtres se multiplieront partout où le bras de l'autorité manquera, dans les parties supérieures de leurs vastes fleuves, dans le grand réseau de leurs canaux, sur leurs lacs immenses, en un mot, dans l'infinité de leurs voies navigables. La Chine sera bientôt infestée d'aventuriers de toutes les nations, apportant la misère dans toutes les grandes plaines. De là sortiront le vol et l'assassinat des voyageurs paisibles, puis l'intervention des États étrangers, puis les blocus et la guerre; en un mot, tous les obstacles qui paralysent le commerce et la civilisation. »

Timidité, terreur des habitants du centre de la Chine.

« A qui connaît peu les Chinois il n'est pas aisé de faire comprendre les idées exagérées qu'ils ont de notre habileté dès qu'il s'agit de leur nuire et de notre ardeur dès qu'il s'agit de les opprimer. Ils sont ignorants et timides au delà de ce qu'on peut imaginer. A leurs yeux, tout étranger est comme un mandarin de quelque grade; le premier audacieux qui se présente peut frapper de terreur un village entier. Des individus sans principe se prévalent parfois de cette timidité; ils prennent le nom et l'autorité de quelque étranger, afin d'opprimer ou de voler le peuple.

« Le chef d'une horde de misérables, qui voulait violer une jeune femme, n'a pas craint d'usurper le nom d'un résident étranger. Terrifiée par la présence supposée d'un mandarin britannique, la victime n'osa faire aucune résistance et le succès de l'attentat fut complet. De tels forfaits sont fréquents. Peut-être n'est-il pas, en Chine, un résident dont le nom n'ait servi pour une fourberie de cette nature. Si pareils attentats sont commis dans l'intérieur comme ils l'ont été sur le littoral, ils suffiront pour exciter le mauvais vouloir et pour rendre générale contre nous cette inimitié qui n'existe encore que dans les lieux où nous sommes connus; de là naîtront des collisions et des disputes. Un mur de diamant sera, de la sorte, élevé contre les entreprises des missionnaires; des obstacles insurmontables entraveront le commerce, et des questions embarrassantes viendront à tout moment mettre à l'épreuve la patience et l'habileté des hommes d'État. »

Ceci n'est pas le récit exagéré des conséquences fatales qui suivraient une acceptation des plus déraisonnables demandes; déraisonnables, car elles sont humiliantes pour un grand empire, et de plus entièrement incompatibles avec sa souveraineté. Il est du devoir des puissances de premier ordre de placer leurs relations avec la Chine sur des bases mutuellement sûres et avantageuses. Le problème à résoudre est celui-ci : comment nos prétentions, fondées ou non, peuvent-elles être satisfaites, en ne nuisant pas à ces contrées où nous sommes venus sans être invités?...

Passe-ports : mesure préventive proposée par le docteur Mac-Gowan.

Il faut adopter le système des passe-ports; les étrangers doivent s'y soumettre en échange du privilége d'être exempts de la juridiction impériale. Les passe-ports contiendraient un permis de voyage ou de séjour; ils permettraient d'atteindre les hommes dangereux. Ces passe-ports ou firmans seraient délivrés par les hautes autorités indigènes dans les ports de mer; ils seraient indispensables pour parcourir les parties de l'empire où ne résident pas de consuls. Ces précautions néanmoins seraient vaines, si les consuls n'exigeaient pas que leurs nationaux donnassent de solides garanties pour leur bonne conduite.

Il est surtout nécessaire de se prémunir au sujet des peuples occidentaux qui n'ont pas de traités avec la Chine. Leurs voyageurs ne veulent dépendre que de leurs gouvernements, qui n'ont pas en Chine de représentants; cela signifie qu'ils entendent ne relever de personne et profiter impunément de l'anarchie.

Il ne faut point objecter que les inconvénients dont on offre ici la peinture ne regardent pas les puissances munies de traités avec la Chine. Le contraire est évident; cela les concerne comme les auteurs premiers du mal, comme agresseurs réunis contre les indigènes, contre ceux qui en souffrent le plus. C'est par le bras puissant de l'une d'elles que le chemin a été ouvert à la piraterie, à l'incendie, aux meurtres, à tous les fléaux qui désolent les côtes. La sanction supposée de ces atrocités par l'Angleterre, la France et les États-Unis produit ces deux maux, d'enhardir les malfaiteurs et d'intimider les Chinois. La réputation de ces États en est atteinte. A peu d'exceptions près, les Chinois ne font aucune distinction entre les étrangers dans les entraves qu'ils mettent aux voyages, qui sans cela seraient plus facilités. Quand arrivent des naufrages, les sauveteurs sont tentés d'agir avec barbarie par représaille ; de même aussi le tranquille voyageur est toujours sujet à subir quelques maux en représaille des méfaits commis par des étrangers turbulents et rapaces.

Les États pourvus de traités souffrent au point de vue du commerce, comparativement à l'extension des immunités dont jouissent les sujets des nations sans traités avec la Chine. Ces dernières puissances ne sont représentées que par des consuls non salariés, en général négociants anglais ou américains. Souvent les navires portant pavillon de ces États jouissent, sous leurs propres couleurs, d'avantages refusés à des bâtiments soit anglais, soit américains. Ils peuvent entrer dans les ports chinois, ils en peuvent sortir avec plus de célérité, ne reconnaissant aucun règlement national, ni les jours ni les heures des consuls principaux. Dans les ports de moindre importance, lorsqu'ils ont à bord un subrécargue chinois, ils peuvent traiter avec la douane à de meilleures conditions.

Par suite des avantages que se procurent les bâtiments de ces petits États, ils prélèvent une part abusive dans le commerce du cabotage. Un bâtiment anglais ne peut pas être nolisé et ne trouve pas de fret lorsqu'un de ces francs commerçants est dans le port. Bien mieux encore, les pavillons secondaires sont quelquefois prêtés à des Chinois ; ces pavillons, alors, peuvent aisément faire concurrence à ceux des nations soumises aux obligations qu'imposent les traités.

Si les opérations commerciales pouvaient être restreintes aux seuls étrangers qu'atteint le contrôle d'un consul régulier, le désordre déplorable de la contrebande pourrait être anéanti.

Le traité de Nankin stipule que les consuls anglais avertiront les autorités chinoises de toute tentative d'infraction faite par leurs nationaux aux règlements de la douane, lorsqu'ils auront connaissance de semblables infractions. Pendant quelque temps, cela s'est fidèlement pratiqué ; mais la mesure n'étant obligatoire que d'un seul côté, elle est devenue illusoire. Le Gouvernement anglais a fini par affranchir ses consuls du soin de prêter un pareil secours aux officiers du trésor impérial.

La surveillance officielle des étrangers par les étrangers peut prévenir un funeste fléau de la vie commerciale. Ce remède n'est applicable que dans les lieux où se fait un grand trafic ; une inspection étrangère ne pourrait pas être défrayée par les droits prélevés dans les ports secondaires. Si l'on pouvait découvrir un moyen d'enlever cette tache au nom des étrangers, le bénéfice en serait évident : nous guéririons un mal qui nous ronge nous-mêmes ; car les énormes pertes qu'on fait éprouver au Gouvernement chinois sont encore moins à déplorer que le sacrifice gratuit de notre honneur.

Ne nous lassons pas de le répéter : en ouvrant le pays à des étrangers sans contrôle, vous étendrez le mal ; vous encouragerez la contrebande dans une proportion énorme, à moins qu'en même temps vous ne fassiez exclure les aventuriers qui voudront vous suivre dans

vos courses, ou que vous ne trouviez un autre remède
aux calamités que nous signalons.

Proposition d'établir un tribunal spécial.

Outre l'action préventive des passe-ports, on pourrait
ériger un tribunal pour juger les questions soulevées par
les puissances qui ne sont pas représentées en Chine.

Derniers conseils du docteur Mac-Gowan.

« Je conseille au Gouvernement chinois, dit M. Mac-
Gowan, de restreindre ses relations commerciales aux
seuls États qui peuvent lui donner les garanties suffisantes
qu'un frein salutaire sera imposé à leurs sujets au moyen
d'une administration consulaire et d'une force navale
agissant de concert dans les ports et sur les côtes.

« En définitive, l'expérience a démontré que les sujets
des nations dépourvues de traités avec la Chine ont été
les premiers agresseurs envers le peuple et les autorités
indigènes. N'appartient-il donc pas à ceux qui veulent
contraindre l'empire, dans une question si vitale, de
recommander à la cour de Pékin le système restrictif
dont il est question et d'employer leurs efforts à le faire
prévaloir? »

Un autre mémoire que nous allons analyser a bien
plus d'importance que celui d'un simple docteur américain, lequel a rempli quelques moments les fonctions de
consul par intérim; c'est l'œuvre d'un homme d'État, écrivant à la fois dans l'intérêt de son gouvernement, de la
justice et de l'humanité. Ajoutons, pour l'honneur de
l'Angleterre, qu'en récompense de ce beau travail l'auteur
est devenu quelques mois après, de simple consul, mi-

nistre plénipotentiaire de la Grande-Bretagne auprès du Japon. En occupant ce poste éminent, il met en pratique les vertus manifestées dans ses écrits.

Vues et témoignages de M. Rutherford Alcock, ci-devant consul anglais à Chang-haï, sur les moyens d'assurer la probité et la sécurité du commerce de la Chine.

Au moment où les Anglais et les Français assiégeaient Canton, M. Rutherford Alcock se trouvait à Londres par congé. Il rédigea pour le ministre des affaires étrangères un mémoire où, dévoilant toutes les violences des Européens, les Anglais y compris, il présenta des vues élevées sur les stipulations commerciales qu'il peut être utile et juste d'imposer aux Chinois après la victoire. Ce mémoire, qui porte la date du 31 décembre 1857, fut transmis dès le 9 janvier 1858 au plénipotentiaire en Chine, M. le comte d'Elgin.

L'auteur, avec un rare esprit d'équité, fait avant tout l'historique des méfaits commis par les Européens, et montre à quel point le commerce en a souffert. Je m'efforcerai de mettre en relief les principales vues, qui font à l'auteur un honneur infini.

Par le traité de 1842, les Anglais avaient voulu s'affranchir des monopoles et des corporations à privilége, dites *co-hongs*; ils voulaient éviter les taxes arbitraires et les exactions dont ces corporations étaient l'instrument. Pour guérir de tels maux, on établit un système de douanes maritimes, surveillées par les consuls : un nouveau mal s'ensuivit. Les marchands étrangers, mis en contact avec des autorités chinoises corrompues, vénales, se précipitèrent dans la contrebande; ils multiplièrent les inventions frauduleuses qui pouvaient les soustraire au payement des droits. On ne respecta plus les traités, ni la loi du pays; en certains cas, la force inique servit à violer la règle des ports. Par ces deux ordres de méfaits, le revenu de l'empire fut fraudé; le commerce, ainsi démoralisé, devint un jeu de hasard, de surprise et de mauvaise foi.

Avertis par cette triste expérience, les Chinois se sont opposés plus que jamais à l'extension des mesures qui pouvaient donner au commerce étranger une sécurité que l'étranger lui-même enlève aux Chinois dans la perception des droits stipulés par les traités.

Jusqu'à présent, pour combattre des pratiques déshonorantes, les pouvoirs à traités n'ont fait aucun effort efficace, excepté très-récemment à Chang-haï. Le mérite en appartient aux officiers appointés en ce port, sans que les puissances dont ils relèvent aient rien stipulé ni garanti par leur autorité supérieure.

Des étrangers soustraits à la juridiction chinoise.

M. Alcock signale à la fois les avantages et les inconvénients qu'il y a de soustraire les étrangers à la juridiction chinoise. Obtenir un tel privilége, c'était faire un pas grand et nécessaire; mais les conséquences en ont été détestables : mésintelligence avec les pouvoirs indigènes dédaignés, méprisés, vexés; violence et licence introduites partout où des Européens de la pire espèce trouvaient accès pour piller les personnes paisibles. Voilà les affreux résultats d'une première concession; le temps n'a servi qu'à les empirer. Sans moyens préventifs, sans contrôle salutaire, la souffrance continue et le mal s'invétère, quoique le châtiment, qui ne manque jamais au crime, soit retombé sur les délinquants par la seule force des choses.

Depuis la mise en vigueur du traité, notre intercourse est restée sous la menace perpétuelle d'une collision hostile et de l'interruption dans nos échanges les plus précieux. Nous voici sous les armes, ayant à poursuivre une lutte longue et dispendieuse. Nous avons perdu, pour un temps du moins, le commerce du port le plus important (Canton), et nous avons créé nous-mêmes les plus grands obstacles à notre accès dans l'intérieur. Sans doute, on doit ajouter qu'aucune mesure de prudence n'aurait prévenu l'aversion des Cantonnais. Ils ont été trop soigneusement influencés par les autorités indigènes pour qu'une sage conduite, de notre part, ait pu servir de remède moral et dissiper, apaiser chez eux les rancunes, la haine qu'ils portent aux étrangers. Il n'en est pas moins vrai que si de graves abus, commis sous des pavillons étrangers en vertu d'immunités garanties par les traités, n'avaient pas été des faits notoires, spécialement pour la classe des petits navires appelés *lorchas, tous voleurs et pirates*, le sujet particulier de la querelle dont est sortie la présente difficulté avec Canton n'aurait très-probablement jamais pris naissance.

Nous nous joignons aux sages observations de M. Alcock pour prévenir les abus qui peuvent résulter d'une protection accordée aux missionnaires catholiques ou protestants, lorsqu'elle va jusqu'à sauvegarder le zèle répréhensible, les actes punissables d'apôtres sans frein qui se croiraient au-dessus des lois. C'est aux puissances chrétiennes d'exiger que leurs missionnaires aient autant de respect pour l'autorité civile de la Chine qu'en France les ecclésiastiques en témoignent pour le pouvoir temporel.

Les causes de dissentiment, de désordre et de trouble continueront à l'avenir comme par le passé, si les puissances étrangères avancent à l'aveugle, sans chercher les conditions claires et certaines qui commandent les résultats. Soit pour propager le christianisme, soit pour étendre le commerce, des difficultés, des périls, sont inévitables dans un pays constitué comme l'empire Chinois. On s'est efforcé depuis quinze ans d'avancer vers ce but sans y réussir; en ce moment, Anglais et Français sont en armes *pour venger et réclamer des droits mis en péril par les abus mêmes que l'on n'a pas réprimés.*

Au sujet de la violence ouverte et de la licence affichées par des désespérés, des hommes sans loi ni foi, sur les côtes de la Chine, étrangers de naissance ou Chinois naviguant sur des *navires piratiques,* sous pavillon étranger, il importe de montrer comment, presque identiques et prédominants, sont les dangers éprouvés depuis longtemps ou depuis peu d'années.

Rapports des étrangers avec la piraterie, d'après M. Alcock.

Il y a trois cents ans que des Portugais, en premier lieu Simon Andrade, puis Fernando Mendez Pinto, vinrent par mer trafiquer en Chine, où déjà florissaient des établissements étrangers dans Amoy, à Ning-po, à Formose, comme aussi dans les îles du Japon. Au voisinage de Ning-po, ils profanèrent et pillèrent *les tombeaux de dix-sept antiques dynasties,* où des trésors étaient ensevelis; en prenant ce port pour leur centre, et pillant les pays d'alentour, ils firent sur mer et sur terre beaucoup d'expéditions flibustières.

Enfin les Chinois se levèrent en masse contre eux et détruisirent trente-sept de leurs navires; sous le coup de cette vindicte périrent huit cents Portugais et douze mille indigènes plus ou moins associés avec les brigands étrangers.

Depuis ces funestes événements et pendant trois siècles, jusqu'en 1843, tous les ports du nord de la Chine furent interdits aux étrangers. C'est à partir du même temps que les Chinois ont appelé sans distinction, dans leur commun langage, les étrangers *Fan-kouéi* ou *Peh-kouéi*, ce qui signifie les *Diables étrangers* ou les *blancs étrangers*; tout aussi communément, ils les ont appelés les *Í, les barbares*, dans leur langue idéographique [1].

A dater de l'année 1545, toute fréquentation des étrangers fut interdite, excepté sur l'extrême frontière du sud-est, dans le port de Canton. Pendant trois siècles, l'aversion des Chinois pour les étrangers se conserva sans affaiblissement.

Ici M. Alcock rappelle l'affaire des lorchas portugaises à Ning-po, que nous avons rapportée. «Quelle étrange analogie, dit-il, entre les excès commis par les hommes de la même nation et dans le même port de mer, à trois siècles de distance!» Le consul prudent continue : «Aussi longtemps que des habitudes licencieuses ne conduisent pas à quelque violente catastrophe, enveloppant dans un même danger des intérêts plus légitimes, nous sommes trop accoutumés à ne pas surveiller la direction du courant qui précipite vers ce but. En étudiant les dangers auxquels nous avons échappé depuis quelques années, on peut l'affirmer sans hésiter, ils étaient incomparablement plus graves qu'aucun de ceux qui sont aujourd'hui rendus manifestes par leur explosion sous forme de massacres ou de difficultés compliquées. Voilà ce que

---

[1] Le caractère chinois *i*, formé des deux signes qui signifient *grand* et *arc*, s'appliquait anciennement aux hordes scythes et tartares, qui portaient de grands arcs à la guerre, et dont le souvenir rappelait à la fois l'idée de l'étranger et du barbare : il a conservé la double acception, étendue aux Occidentaux.

doit prendre en considération quiconque veut apprécier dans toute leur étendue les dangers que nous signalons.

« Un exemple suffira. Pendant dix-huit mois, de 1853 à 1855, Chang-haï fut occupé de vivé force par une vile cohue d'affiliés de *la triade*, au nombre d'environ deux mille vagabonds du Kouang-toung et du Fo-kien. Ils furent longtemps assiégés par une armée impériale composée d'environ vingt mille recrues inexercées et sans discipline.

« L'établissement des étrangers s'élevait entre les deux parties belligérantes, et les Européens de ce port étaient engagés dans un commerce *de cinq cents millions de francs* : commerce sur lequel le revenu public de l'Inde et de l'Angleterre comptait pour environ cent millions.

« Certes, de tels intérêts n'étaient pas de peu d'importance. Le danger aurait dû prêter force à notre prudence, si nous n'éprouvions pas le respect des traités qui seuls nous donnaient droit de réclamer protection et de rester neutres entre deux partis hostiles. A l'égard des individus qui n'avaient pas de grandes richesses, le danger de leur vie aurait dû suffire. Néanmoins, dans ce long siége, à beaucoup d'inévitables causes d'anxiété sont venus s'ajouter des actes compromettants, de plus en plus multipliés. Ces actes injustes n'étaient pas commis seulement par quelques individus sans foi ni loi, dignes et nombreux auxiliaires des rebelles; nos marchands, nos millionnaires, ajoutaient leur part de témérités à ces méfaits. Dans une occasion, notre imprudence avec les insurgés causa l'invasion nocturne d'une troupe impériale; un accident heureux donna l'alarme à propos, et cela seul sauva probablement de la mort les colons, et de la destruction leurs établissements.

« La colonie dut son plus grand danger à la conduite

d'une des principales maisons, qui, violant les lois de la
neutralité et l'interdiction formelle de l'autorité britannique à l'égard des actes qu'elle s'est permis, avait entrepris de fournir aux insurgés des bouches à feu! De concert avec eux et le garde des magasins, elle délivrait des
certificats de passé pour transporter dans la ville assiégée
les canons conduits à travers la colonie britannique.

« Du milieu des lignes impériales, on a vu, sur les remparts de la cité, un missionnaire encourageant les insurgés, dans le feu d'une attaque. Chaque jour faisait naître
un danger du même genre, et les périls croissaient sans
diminuer en rien la licence qui caractérisait la conduite
incontrôlable des étrangers. Aucune autorité locale, res-
ponsable du salut de la colonie, n'aurait pu reposer en
paix dans cette période pleine d'anxiété; nul fonctionnaire
ne pouvait se coucher le soir avec l'assurance qu'au
point du jour tout ne serait pas compromis et perdu.

« Une fois, l'établissement fut envahi en plein jour par
les soldats d'un camp limitrophe; ils attaquèrent avec
l'épée, la lance et les armes à feu tout étranger qu'ils
rencontrèrent, sans même épargner les femmes.

« On ne trouva de salut qu'en s'empressant de réunir
trois cents matelots et soldats royal-marins, aidés d'un
corps de résidents; on se vit forcé d'assaillir un grand
camp retranché, défendu par de l'artillerie et des canons,
qui contenait trois mille hommes; et quinze mille autres
campaient dans le voisinage immédiat. C'était un risque
désespéré, mais la seule voie de salut. Le camp fut enlevé,
non sans tués, non sans blessés, même parmi les résidents en service volontaire. Une sécurité plus grande
résulta de ce combat pendant le reste du siége; mais
quelle part déplorable de cet extrême péril ne fallait-il
pas attribuer à l'imprudence de l'esprit *partisan* (partizan-

ship), ainsi qu'à tant d'actes injustifiables commis par des individus qui réclamaient protection pour eux-mêmes!»

M. Alcock fait à l'égard de son pays une réflexion sévère: «Quelle qu'ait été l'énormité d'un péril, dès qu'on l'a détourné, dit-il, on suppose en Angleterre que cela s'est fait de soi-même. Le Gouvernement exprimera peut-être une approbation, après quoi l'on oubliera tout. Dans l'exemple cité, le plus ancien officier de marine, qui commandait au péril de sa vie et risquait sa renommée s'il avait failli, lui qui sauvait une énorme propriété, sans compter l'existence de deux cents à trois cents résidents, à peine échappa-t-il au désaveu de son chef; et jamais il n'a reçu de son Gouvernement la plus légère marque d'approbation. »

Nécessité d'un puissant contrôle sur les étrangers en Chine.

Que prouvent les faits qui viennent d'être relatés? Que les gouvernements d'Europe n'ont pas encore appris la grandeur du danger que leurs intérêts courent sans cesse, non point par les incidents forcés d'une guerre civile ou par une perversité propre aux habitants de la Chine, mais par l'absence de tout contrôle convenable, en ce pays, sur les natifs de tous les États d'Europe et d'Amérique. Rien n'égale l'indifférence avec laquelle tous les périls résultant d'une licence effrénée continuent d'être dédaignés, d'année en année, même chez les puissances liées par des traités avec la Chine.

« Notre Gouvernement seul, dit M. Alcock, a fait quelque chose pour avancer vers ce but, en donnant à ses consuls des pouvoirs étendus, auxquels ils joignent en général les moyens matériels de faire respecter les lois. Mais une grande partie du bon résultat qui devrait s'ensuivre est perdue par l'*immunité* dont jouissent les *étrangers non britanniques*, et par ceux, en conséquence, qui souvent se déclarent eux-mêmes *aliens*, afin d'être impunis. Les États-Unis ont dernièrement jugé nécessaire d'abandonner l'usage de nommer en Chine des représentants non salariés. La France a toujours payé ses consuls; de plus, à Chang-haï, le commerce leur est interdit : il ne l'est pas dans les autres ports[1]. Voilà des améliorations; elles prouvent que les puissances munies de traités reconnaissent que de grands intérêts, tels qu'il y en a toujours en jeu dans le port de Chang-haï, ne doivent pas être abandonnés au hasard.

Mesures à prendre pour la sécurité générale.

Un progrès de plus montrera que le danger et le défaut de sécurité ne sont pas nécessairement la situation normale de nos relations. Telle serait pourtant notre position, si les puissances commerçantes n'imaginaient pas des mesures propres à ranger sous un contrôle à la fois légal, rapide, efficace, tout individu de race européenne arrivant en Chine : quelle que soit sa nation.

Trouvons des moyens par lesquels un perpétuel danger de collision, l'abaissement de notre caractère et l'insécurité de nos relations, au lieu d'être l'état normal, n'apparaîtront plus que par intervalles, à titre d'exception.

La principale difficulté tient à la diversité des nations

---

[1] L'interdiction est absolue pour tous les Français salariés ayant le titre de consuls et de vice-consuls; mais il y a des ports secondaires où, par économie, les intérêts consulaires sont remis à des négociants, dont le salaire, si je puis ainsi parler, est honorifique; leur bénéfice est dans l'influence qu'un titre français leur procure.

étrangères, à l'impossibilité d'obtenir une action répressive
générale et continuelle, d'obtenir une surveillance coûteuse, qui porte remède à des maux ne touchant pas
matériellement diverses puissances, lesquelles ne font
qu'un faible commerce en Chine, quoiqu'elles y comptent
un certain nombre de sujets.

D'un autre côté, dans l'intérêt commun de la civilisation
et du christianisme, aucun de ces États ne saurait être
indifférent aux malheurs que nous signalons; pourvu que
le bienfait ne leur coûte rien, ils ne peuvent s'opposer
aux mesures indispensables aux nations principales, dont
le commerce est immense.

La spécification de telles mesures est une question de
détails et non pas de principes. Les abus des douanes,
on l'a déjà demandé, devraient cesser tout à fait, en confiant au Gouvernement impérial la tâche de percevoir certaines taxes fixes sur toutes les marchandises, à l'entrée;
il faudrait également percevoir les taxes à la sortie par la
main des Chinois et non des étrangers.

Le reste serait comparativement facile. Tous les États
étrangers s'accorderaient, les uns à nommer des officiers consulaires ayant des moyens effectifs à leur disposition, pour exercer un contrôle légal sur leurs sujets
respectifs; à défaut de tels officiers, les autres États place-
raient ces mêmes sujets, dans chaque port, sous la protection et la juridiction des représentants des puissances
munies de traités, représentants nommés sous de sûres
conditions. En définitive, qu'on n'appointe plus de consuls purement nominaux, pris parmi des marchands qui
restent marchands, et qui n'ont entre les mains aucun
moyen de remplir les devoirs de leurs fonctions.

A l'égard de tout étranger qui ne pourra se réclamer
d'un consul de sa nation, qu'il soit soumis à la juridiction

indigène. De son côté, que l'empereur de la Chine soit tenu d'exercer avec un zèle vigilant son autorité souveraine, pour l'avantage commun de ses sujets et des étrangers.

Par ces simples mesures, jointes à l'appui des stations navales que maintiennent les puissances à traités, et par un échange de bons offices, les consuls pourront supprimer les abus et contraindre chacun à respecter ces traités.

Quant à l'emploi d'un pavillon étranger pour faits de piraterie, pendant un certain temps une grande vigilance, beaucoup d'activité, beaucoup d'efforts, seront sans doute nécessaires. Mais l'action concertée entre les diverses puissances, avec la surveillance de quelques bateaux canonniers, aura bientôt nettoyé la côte.

Nous avons dit à l'éloge du Gouvernement anglais qu'il a dignement récompensé M. le consul Alcock en le nommant ministre plénipotentiaire au Japon. Là, comme en Chine, cet homme de bien se trouve en présence d'étrangers qui respirent la fraude et la piraterie. Puisse-t-il réussir à combiner les efforts des nations munies de traités pour obtenir, de concert avec l'autorité japonaise, les mesures universelles et puissantes de répression que réclament à la fois la civilisation et la probité!

MOUVEMENT COMMERCIAL DE LA CHINE.

Pour l'empire de la Chine, comme nous l'avons fait pour l'Amérique et l'Océanie, nous prenons 1855 comme année comparative : année de paix entre les puissances occidentales et l'empire du Milieu.

Nous commencerons par offrir le tableau de la valeur des importations et des exportations; nous passerons ensuite aux mouvements de la navigation.

TABLEAU GÉNÉRAL DES VALEURS DU COMMERCE DE LA CHINE AVEC L'ÉTRANGER
DANS L'ANNÉE 1855.

		IMPORTATIONS.	EXPORTATIONS.	TOTAUX.
		fr.	fr.	fr.
Empire britannique.	Commerce légal......	71,346,540	273,995,388	345,341,928
	Fraude : opium ....:.	191,470,775	»	191,470,775
États-Unis..................		17,886,685	82,198,615	100,085,300
Autres États étrangers		5,945,544	27,399,539	33,345,083
Totaux........		286,649,544	383,593,542	670,243,086

A la seule inspection de ce tableau, l'on est frappé de
la grandeur du commerce accompli par l'empire britannique. Sur 287 millions de produits importés, cet empire
en présente 263, plus des neuf dixièmes! et tous les
autres États figurent ici pour la médiocre somme de
24 millions, dont 18 appartiennent aux États-Unis.

A l'égard des sorties, c'est aussi l'Angleterre qui tient
le premier rang; puis viennent les États-Unis.

En réunissant les importations et les exportations, ces
deux grandes puissances figurent pour 637 millions, et
les autres nations seulement pour 33 millions.

Il ne faudrait pas conclure de là que le commerce de
la France avec la Chine soit en réalité peu considérable.
Il n'est pas direct; c'est la Grande-Bretagne qui nous sert
d'intermédiaire, ainsi que nous l'expliquerons avec des
développements spéciaux tels que les commande l'importance du sujet.

*Valeur spéciale des principaux produits importés en Chine
dans l'année 1855.*

		francs.
Opium.		191,470,775
Cotons . . . { Tissus [1].		41,000,000
{ Fils.		1,000,000
Cotons et laines.		8,000,000
Tissus de laine.		7,250,000
Métaux divers.		6,000,000
Munitions de guerre.		2,000,000
Riz et grains.		13,000,000
Produits de la mer.		2,000,000
Produits divers d'Europe et d'Amérique.		6,878,719
Produits dits *coloniaux*.		8,000,000
TOTAL.		286,599,494

Sur cette grande valeur de 287 millions de francs,
64 millions seulement sont des produits d'industrie manufacturière, et 223 sont des produits d'agriculture; il
ne faut pas s'en étonner.

Les Chinois sont un peuple dont l'industrie est fort avancée; elle suffit à produire tous les objets que réclament
leurs vêtements et leurs ameublements. Loin que l'habitant ait la faiblesse de préférer des produits étrangers
inférieurs aux siens, on éprouve une extrême difficulté
lorsqu'on veut lui faire accepter l'usage des produits du
dehors, fussent-ils préférables à beaucoup d'égards.

Voilà précisément le sujet de la lutte que l'Angleterre
poursuit avec une incroyable opiniâtreté depuis 1834,
époque où le commerce privé prit la place de la puis-

---

[1] Tous les nombres ronds qui suivent négligent les centaines de mille
francs; mais ils se balancent, en grande partie, et le total ne diffère que
très-peu de la vérité.

sante Compagnie des Indes orientales et commença ses libres transactions avec le grand empire de la Chine. Nous indiquerons bientôt quels pas ont été faits dans cette voie nouvelle.

Produits vendus par la Chine aux nations étrangères.

Deux articles seulement composent l'opulence des exportations chinoises : ce sont les thés et la soie. On peut s'en convaincre au premier coup d'œil jeté sur le tableau que nous allons présenter.

VALEUR DES EXPORTATIONS CHINOISES EN 1855.

GENRE DE PRODUITS.	POUR TOUTES LES NATIONS.	POUR L'ANGLETERRE.
	fr.	fr.
Thés	211,804,731	127,968,800
Soies et soieries	135,576,712	86,245,350
L'ensemble des autres produits	36,212,100	4,450,600
Totaux	383,593,543	218,664,750

On le voit, l'Angleterre seule absorbe plus de la moitié des exportations chinoises.

Nous allons actuellement porter notre attention sur la navigation des Européens dans les différents ports du Céleste Empire, en commençant par les deux colonies de Hong-kong et de Macao.

NAVIGATION DES ÉTRANGERS EN CHINE : ANNÉE 1855.

	NAVIRES.	TONNEAUX.
1° ENTRÉE DANS LES DEUX PORTS EUROPÉENS SUR LA CÔTE DE LA CHINE.		
Hong-kong : britannique......................	1,813	612,875
Macao : portugais	308	47,227
Totaux......................	2,121	660,102
2° ENTRÉE DANS LES PORTS CHINOIS FRÉQUENTÉS PAR LES ÉTRANGERS.		
Canton......................................	520	210,878
Chang-haï................................	541	172,585
Amoy......................................	317	89,738
Fou-tcheou-fou...........................	164	54,312
Ning-po....................................	285	39,573
Soua-tou : en violant les traités............	65	20,468
Totaux......................	1,892	587,554

Il faut maintenant distinguer les navires étrangers d'après leurs pavillons respectifs : nous pourrons ainsi nous former une idée de la part afférente aux diverses nations étrangères.

Deux contrées, l'Angleterre et les États-Unis, jouent le plus grand rôle dans cette navigation.

L'Espagne et la Hollande elle-même ne joueraient pas un rôle considérable à la Chine sans leurs possessions de l'Océanie, les Philippines et les îles de la Sonde.

TONNAGE, PAR NATIONS, DES NAVIRES ENTRÉS DANS LES PORTS
DE CHINE EN 1855.

PAVILLONS.	NAVIRES.	TONNEAUX.
1° LES TROIS NATIONS QUI FONT EN RÉALITÉ LE PLUS GRAND COMMERCE.		
Britannique, navires à voiles....................	1,391	431,308
États-Unis, *idem*....................	457	322,946
Français, *idem*....................	37	13,665
Navires à vapeur [1]....................	840	185,578
TOTAUX....................	2,725	953,497
2° L'ENSEMBLE DES AUTRES NATIONS ÉTRANGÈRES.		
Portugal { Navires à l'européenne.........	43	11,115
{ Lorchas	500	45,860
Espagne et Philippines	142	37,517
Hollande et colonies océaniques....................	178	71,883
Danemark....................	101	22,625
Hambourg et Brême....................	162	42,687
Suède et Norwége....................	18	3,778
Sardaigne....................	4	1,564
Autriche....................	3	710
Hanovre....................	1	857
Belgique....................	1	600
Amérique du Sud, { Pérou....................	80	29,336
{ Chili	15	3,802
{ Nouvelle-Grenade....................	5	2,160
Asie............ Siam	25	10,611
TOTAUX....................	1,278	285,105

[1] En presque totalité britanniques.

Les nations de la seconde catégorie n'ont pas contracté jusqu'à ce jour de traité de commerce avec la Chine. Ce sont leurs nationaux que le docteur Mac-Gowan et M. Rutherford Alcock ont rendus l'objet de si graves observations.

Commerce de l'Angleterre avec la Chine.

Dans la première année (1834) où le commerce libre a pris la place du privilége exercé depuis si long-temps par la Compagnie des Indes orientales, le total des produits britanniques exportés dans l'empire du Milieu s'élevait seulement à 842,832 livres sterling, c'est-à-dire à 21,070,800 francs.

Sept ans plus tard, cette exportation n'avait encore fait que des progrès presque insensibles; elle ne dépassait pas 21,814,250 francs.

A partir de 1843, lorsque cinq ports, au lieu d'un, furent ouverts à l'Angleterre, et lorsque des colonies européennes se formèrent dans ces ports, une foule de voies nouvelles, soit licites, soit illicites, s'ouvrirent à la vente des marchandises anglaises. Le parallèle que je vais présenter des années 1841 et 1858 jettera le plus grand jour sur ce progrès, qu'on peut presque appeler une révolution.

Progrès total des exportations britanniques en Chine.

Années.	Francs.
1841	21,814,250
1858	71,911,175
Accroissement total en dix-sept années, 230 p. o/o.	

Il est d'un grand intérêt d'examiner comment l'accrois-

sement se répartit entre les principaux genres de produits.

Exportations des arts vestiaires : fils et tissus.

Années.		Francs.
1841	....	20,093,975
1858	....	62,845,775
Accroissement total en dix-sept années, 213 p. o/o.		

Cet accroissement, on le voit, est un peu moindre
que celui de l'ensemble des produits britanniques.

Le tableau suivant, où nous avons rapproché les
divers produits textiles, montrera l'inégalité du progrès
des trois genres divers de ces produits vendus par l'Angleterre à la Chine.

VALEUR COMPARÉE DES FILS ET TISSUS EXPORTÉS EN CHINE : 1841 ET 1858.

FILS ET TISSUS.	ANNÉES		PROGRÈS POUR CENT.
	1841.	1858.	
	fr.	fr.	
Fils de coton	3,914,500	6,658,400	70
Tissus, coton	10,573,925	45,595,550	331
Tissus, lainages	5,314,125	9,767,825	84
Tissus, lin et chanvre	223,400	383,300	71
Effets à usage	68,025	440,700	548
TOTAUX des fils et tissus	20,093,975	62,845,775	

Naissance et progrès du commerce des cotons filés.

Dans le tableau ci-dessus, le premier objet qui frappe

nos regards est l'exportation des fils de coton. C'est, à
coup sûr, un grand phénomène industriel que, pour la
simple confection des fils, les Anglais puissent demander
la matière première au Nouveau Monde, la transformer
en fils qui seront exportés en Asie et, malgré ce nouveau
voyage de 5,000 lieues, vendre aux Chinois pareil produit avec un avantage toujours croissant.

Le progrès même de la vente mérite d'être signalé.

Dans l'année 1820, l'Angleterre ne vendait à toute la
Chine que *cent* kilogrammes de fils de coton, au prix de
600 francs, évalués dans les ports d'Angleterre; ce qui
représentait 6 francs par kilogramme.

En 1841, la Chine seule achète 1,543,152 kilogrammes de cotons filés, au prix de 3,914,500 francs;
ce qui porte le kilogramme à 2 fr. 54 cent.

Dans cette période de vingt et un ans, les cotons filés
vendus à la Chine éprouvent sur les prix l'énorme abaissement de 58 p. 100; ce qui rend possible la création
d'un commerce considérable pour l'importation du produit le plus merveilleux de l'industrie britannique.

Passons à l'année 1858, la dernière pour laquelle
nous possédions des résultats commerciaux officiellement constatés. Dans cette année, la Chine achète
2,826,757 kilogr. de cotons filés, pour 6,658,400 fr.
prix des ports d'Angleterre; cela revient à 2 fr. 36 cent.
par kilogramme.

Il y a, comme on le voit, abaissement de prix depuis
1841; mais il est ralenti comparativement à l'époque
précédente : en dix-sept années, l'abaissement se borne
à 7 pour cent.

D'après cela, ne soyons pas étonné que l'augmenta-
tion des cotons filés vendus par l'Angleterre à la Chine,
pendant ce temps de dix-sept années, soit seulement de

70 p. o/o, quand le commerce général des exportations
de l'Angleterre en Chine a plus que triplé.

Progrès du commerce des tissus de coton.

En 1841, l'Angleterre ne vendait à la Chine que
22,502,508 mètres de tissus de coton, au prix moyen
de 47 centimes par mètre courant.

En 1858, l'exportation s'élève à 126,633,300 mètres
de tissus de coton, qui dans les ports d'Angleterre valent
45,595,500 francs. Ici le prix moyen du mètre courant
ne revient plus qu'à 36 centimes. Par conséquent, en
dix-sept années, le prix moyen des tissus anglais de coton
vendus à la Chine a diminué de 23 p. o/o; cela suffit
pour que la vente ait plus que quadruplé.

Les Anglais sont sur la voie d'une de leurs plus grandes
conquêtes industrielles et commerciales. Ils sont en présence d'un peuple immense, auquel ils dictent la loi par
la force des armes. Ils feront tout pour étouffer une des
grandes industries du Céleste Empire et pour s'emparer
de l'habillement des masses.

Jusqu'à ce moment, les hauts fonctionnaires de cet
empire ne semblent pas apercevoir ce danger, ni ses conséquences funestes sur le sort des familles innombrables
qui produisent le coton et qui le mettent en œuvre.

Commerce des produits textiles de chanvre et de lin.

Ce genre de produits est très-loin d'égaler ceux dont
le coton constitue la matière première; le chiffre total
n'atteint pas 400,000 francs par année, et dans un
intervalle de dix-sept années, le progrès n'a pas dépassé
72 p. o/o.

Commerce des lainages.

Les hivers sont très-froids, non-seulement dans le
nord, mais dans le centre de la Chine : aussi, pour se
vêtir, l'habitant a-t-il plus de soins à prendre qu'en Europe
sous les mêmes latitudes.

En 1841, l'Angleterre ne vendait pas à la Chine
pour 5 millions et demi de lainages ; depuis ce moment
jusqu'à 1858, le progrès n'a pas dépassé 84 p. o/o, malgré les facilités nouvelles offertes par l'ouverture de
quatre nouveaux ports. Je ne vois là qu'un premier pas.

Effets à usage.

C'est depuis un petit nombre d'années que les Anglais
ont imaginé d'apporter en Chine des effets tout confectionnés. Ils ont appris à les adapter aux goûts des indigènes,
et cela nous explique le prodigieux progrès de leurs
ventes; progrès qui s'élève, en dix-sept années seulement, à 548 p. o/o. Aspirons au même succès.

Si les Anglais réalisent la concession arrachée, le couteau sous la gorge, au Gouvernement chinois, la faculté
de naviguer sur le Grand fleuve et de porter eux-mêmes
leurs produits sur le plus opulent des marchés intérieurs,
à 200 lieues dans les terres, ils donneront une bien plus
vaste étendue aux ventes des produits textiles sur lesquels
nous appelons toute l'attention de nos lecteurs.

Le tableau qui suit n'a d'importance que pour signaler
des objets d'un grand commerce général pour l'Angleterre,
et qui sont loin d'avoir pris en Chine un développement
considérable. Le progrès cependant est fort sensible de
1841 à 1858.

OBJETS SECONDAIRES D'IMPORTATIONS BRITANNIQUES.

OBJETS.	ANNÉES	
	1841.	1858.
	fr.	fr.
Verreries..........................	168,525	426,750
Produits céramiques................	23,350	108,975
Fers et aciers.....................	14,200	159,500
Taillanderie, coutellerie, etc.....	49,075	307,950
Plomb et balles....................	262,075	1,205,275
Cuivre, bronze, etc,...............	63,250	530,600
Étain en feuilles..................	1,400	254,825
Bière.............................	141,185	644,000
Fournitures de bureau..............	3,075	187,750
TOTAUX........................	726,135	3,825,625

Tandis que la vente des produits céramiques anglais fait plus que quintupler en dix-sept ans, les porcelaines de la Chine sont de moins en moins désirées dans les royaumes britanniques. Mais la porcelaine anglaise n'est guère consommée sur les rivages du Céleste Empire que par les colons de Hong-kong, de Canton et de Chang-haï. Il en est de même d'une portion considérable des métaux du tableau précédent. Il faut peut-être en excepter le plomb et les balles, vendus avec une parfaite indifférence soit aux impériaux, soit aux insurgés.

Progrès extraordinaire de la houille importée par les Anglais dans les mers de Chine.

Un dernier objet d'importation auquel, jusqu'à ce jour,

les Chinois sont restés presque étrangers et qui prend un
accroissement extraordinaire, c'est la houille nécessaire au
service des navires à vapeur, soit pour le cabotage le long
de la côte du Céleste Empire, soit pour la navigation de
l'Inde et de la mer Rouge. En 1841, ce service était presque à sa naissance; il présentait seulement 577 tonneaux
de charbon fossile, qui coûtaient en Angleterre 9,800 fr.,
c'est-à-dire 17 francs les mille kilogrammes.

En 1858, la consommation *a centuplé :* elle s'élève à
l'énorme chiffre de 569,860 tonneaux de 1,000 kilogrammes! Leur valeur, dans les ports de la métropole,
est de 723,450 francs : ce qui ne porte plus qu'à 12 fr.
70 c. la valeur des 1,000 kilogrammes. Ce rapide abaissement de prix d'un combustible indispensable à la nouvelle navigation la favorise; elle est, sous ce rapport, un
élément capital du développement de la puissance britannique.

Produits de la Chine vendus à l'Angleterre.

Le commerce d'exportation des produits en Chine a
subi, par l'effet des temps et par le progrès des arts européens, une grande révolution.

Au commencement du siècle, trois objets seulement
composaient la majeure partie des exportations de la
Chine dans les trois royaumes britanniques.

Donnons les deux extrêmes de la période que nous
embrassons ici :

QUANTITÉS DES PRINCIPAUX PRODUITS CHINOIS EXPORTÉS EN ANGLETERRE

PRODUITS.	ANNÉES		
	1800.	1855.	1858.
Thés (kilogrammes)...............	6,678,280	36,859,790	33,275,130
Soies (kilogrammes)..............	41,973	22,346,390	997,925
Nankin (pièces).................	170,917	35,578	4,400
Valeur réunie des trois articles (fr.)..	2,199,718	213,886,450	171,844,975
Tous les autres articles.............	649,000	4,778,250	4,992,750
Totaux de tous les articles..	2,848,718	218,664,700	176,837,725

Aujourd'hui, les tissus dits *nankins* ont cessé d'être
un objet important de commerce. En réalité, les thés et
les soies sont les seuls produits du Céleste Empire offrant
pour l'étranger une valeur considérable.

Outre les soies gréges ou moulinées, l'Angleterre a
tiré de la Chine, en 1858, pour 5,055,250 francs de
soieries diverses. Une partie de ces produits est réexpor-
tée; mais les états publiés par le Gouvernement britannique ne permettent pas de préciser le chiffre de cette.
réexportation.

PRODUITS SECONDAIRES TIRÉS DE LA CHINE PAR L'ANGLETERRE EN 1855.

PRODUITS.	QUANTITÉS.	VALEURS.
	kilogr.	fr.
Rhubarbe.	11,466	719,925
Casse ligneuse.	226,145	536,800
Sucre brut.	606,806	443,425
Huiles essentielles parfumées, etc.	11,498	400,100
Étain.	61,976	181,525
Gingembre en conserve.	55,295	152,975
Laines.	51,780	80,300
Porcelaines.	15,240	77,650
Nattes diverses.	"	44,650
Objets fabriqués.	"	27,200
Camphre brut.	4,013	7,400
		2,671,950
Objets qui ne sont pas énumérés.		2,320,800
VALEUR TOTALE des produits secondaires.		4,992,750

Il est fâcheux que les tableaux de commerce publiés par le Gouvernement britannique laissent sans explications un ensemble d'objets qui dépasse deux millions de francs. Plusieurs de ces objets ont, nous en sommes certain, beaucoup d'avenir, et s'accroîtront bientôt de manière à ne plus pouvoir être passés sous silence.

Commerce des États-Unis en Chine.

La grande nation des États-Unis doit sembler bien vulgaire à l'ancien monde. Depuis l'année 1802 qu'elle est officiellement admise dans les ports de la Chine, elle s'est contentée de fonder son commerce, de l'asseoir sur des bases honnêtes et solides, de respecter les autorités indigènes et d'en être respectée, sans susciter, sans déclarer la guerre une seule fois en soixante années.

Noble succès de la sagesse et de la modération américaines.

En 1859, lorsqu'il s'est agi de faire sanctionner par l'empereur le traité conclu l'année précédente, le plénipotentiaire américain n'a pas cru devoir remplacer par un combat la ratification; en suivant la voie navigable qu'on lui désignait pour se rendre à Pékin, il a reçu les honneurs dus à la puissance, à la modération d'un État grand et juste. Enfin, le président de l'Union a pu dire en ouvrant le congrès de 1860 : « La paix est complète avec la Chine, et nous n'avons qu'à nous louer de la complète bonne foi du Céleste Empire. »

Même succès au Japon. Le souverain de ce pays, pour la première fois, envoie une ambassade solennelle à l'une des nations de race européenne : c'est à la nation des États-Unis.

Ce fut un beau jour pour le président de l'Union que celui où le Japon, ouvert aux étrangers par l'initiative de cet homme d'État, envoyait ses ambassadeurs afin de resserrer l'alliance de cet empire oriental avec la plus puissante nation des Indes occidentales.

Les deux grands États asiatiques, la Chine et le Japon, savent apprécier l'avenir de leurs relations avec la puissance amie dont ils ne sont séparés que par l'Océan Pacifique. Les rapports commerciaux de ces États se multiplient rapidement avec l'Orégon et la Californie, qui se peuplent et prospèrent comme par miracle. Applaudissons à des progrès qui ne coûtent ni regrets à la justice ni larmes à l'humanité.

Afin de montrer le grand avenir des États-Unis dans le commerce de l'Océanie, où se présente au premier rang l'empire de la Chine, donnons ici le tableau complet de ce commerce.

MOUVEMENT GÉNÉRAL DU COMMERCE DES ÉTATS-UNIS AVEC LES NATIONS RIVERAINES DE L'OCÉANIE EN 1858-1859.

ÉTATS RIVERAINS DE L'OCÉANIE.	IMPORTATIONS aux États-Unis.	EXPORTATIONS, PRODUITS		MOUVEMENT TOTAL.
		des États-Unis.	de l'étranger.	
	fr.	fr.	fr.	fr.
Chili..............	14,133,912	9,195,106	1,150,204	24,479,222
Pérou.............	1,729,594	4,807,132	327,379	6,864,105
Équateur...........	"	181,069	6,953	188,022
Iles Sandwich, etc...	2,761,976	5,615,672	714,941	9,092,589
Indes orientales bri-tanniques........	46,443,203	6,578,309	703,395	53,724,907
Indes orientales ba-taves...........	"	924,530	734,464	1,658,994
Philippines.........	14,839,999	"	364,733	15,204,732
Australie..........	608,952	15,297,567	641,724	16,548,243
Japon.............	1,575	"	"	1,575
Divers ports de l'Asie.	823,006	233,411	15,032	1,071,449
Pêche de la baleine..	1,872,492	782,705	11,380	2,666,577
Totaux sans la Chine.	83,214,709	43,615,501	4,670,205	131,500,415
La Chine...........	57,625,975	22,605,305	15,454,937	95,686,217
Totaux généraux.	140,840,684	66,220,806	20,125,142	227,186,632

Dans le tableau qui précède, on remarquera que les

produits vendus par les États-Unis à l'ensemble des nations riveraines de l'Océanie ne surpasse guère la moitié des produits que cette république achète à ces nations. La disproportion est surtout remarquable à l'égard de l'empire chinois.

Il est intéressant de signaler quelques points intermédiaires de la marche progressive qu'a suivie le commerce de l'Union américaine avec la Chine.

COMMERCE DES ÉTATS-UNIS AVEC LA CHINE, DE 1815 À 1830.

ÉPOQUES.	VENTES	
	DE LA CHINE.	EN CHINE.
	fr.	fr.
De 1815 à 1816....................................	13,496,850	22,534,800
De 1820 à 1821....................................	21,546,845	21,829,925
De 1825 à 1826....................................	41,417,206	46,738,681
De 1829 à 1830....................................	20,920,155	21,939,982

Nous allons maintenant revenir au commerce de la dernière année dont les États-Unis nous aient donné le compte officiel.

PRINCIPAUX PRODUITS DE LA CHINE IMPORTÉS AUX ÉTATS-UNIS : 1858-1859.

PRODUITS.	QUANTITÉS.	VALEURS.
	kilogr.	fr.
Thé..	12,786,220	38,597,306
Soie brute ou filée............................		3,744,205
Soie à coudre.................................		182,414
Soieries......................................		1,844,772
Châles de toute sorte.........................		280,788
Sucre..	5,622,520	3,219,214
Nattes,......................................		1,296,354
Casse ligneuse...............................	457,419	708,545
Huiles essentielles...........................		666,040
Tabacs.......................................		186,857
Gingembre...................................	534,657	114,142
Porcelaine...................................		49,982
Papier de Chine..............................		31,890
Encre de Chine..............................		1,218
Somme des articles énumérés................		50,923,727
Articles non énumérés......................		6,661,873
TOTAL complet des valeurs........		57,585,600

Le petit nombre d'articles énumérés ci-dessus dépasse les sept huitièmes de la valeur des produits que la Chine fournit aux États-Unis.

Nous n'avons cité trois des produits les plus anciennement renommés du Céleste Empire, et ce sont les trois derniers du tableau, que pour montrer combien est petite aujourd'hui leur importance commerciale.

Les objets vendus à la Chine par les États-Unis sont très-variés ; nous nous bornerons à citer les principaux.

PRINCIPAUX PRODUITS VENDUS À LA CHINE PAR LES ÉTATS-UNIS :
ANNÉES 1858-1859.

PRODUITS DES ÉTATS-UNIS.	VALEURS.
	fr.
Tissus de coton	15,422,050
Métaux monnayés	2,873,880
Farine de froment	746,265
Houille	478,701
Fonte de fer et clous	350,327
Gensing	282,866
Planches et madriers	312,593
Coke	209,072
Tabac	159,864
Cuivre ouvré	149,932
Biscuit de mer	138,750
Beurre	114,207
Sucre raffiné	105,011
Produits inférieurs à 100,000 francs	1,207,288
TOTAL	22,550,806

Il est remarquable que le seul grand objet d'exportation
des États-Unis à la Chine soit le *coton tissé*. Ce genre
de produits augmente chaque année, mais incomparablement moins vite que la vente des tissus de coton britanniques. La valeur de ceux-ci, dans la seule année 1858,
s'élevait à 32,253,950 francs.

Parmi les exportations, le lecteur remarquera près de
300,000 francs de *gensing;* ce puissant cordial si recherché des Chinois croît naturellement aux États-Unis.

Nous terminerons ce qui concerne cette dernière contrée en faisant connaître les faits relatifs à son intercourse avec la Chine.

NAVIGATION ENTRE LES ÉTATS-UNIS ET LA CHINE : 1858-1859.

PORTS.	SORTIES.			ENTRÉES.		
	NAVIRES.	TONNEAUX	HOMMES.	NAVIRES.	TONNEAUX	HOMMES.
Boston............	6	3,635	111	2	3,126	68
New-York..........	40	32,557	925	55	43,565	1,215
Philadelphie.......	2	1,817	46	"	"	"
Baltimore..........	1	1,945	40	"	"	"
Orégon............	1	449	11	"	"	"
San-Francisco.......	58	59,786	1,413	33	24,121	984
Totaux....	108	100,189	2,546	90	70,812	2,267

En réalité, trois ports seulement de l'Union américaine offrent une navigation digne d'être citée. Dans un prochain avenir, San-Francisco, bien plus rapproché de la Chine, fera la concurrence la plus redoutable à New-York.

J'ai mis à dessein le nombre des hommes [1] en regard du tonnage. Les navires des États-Unis varient de 1,000 à 600 tonneaux; chaque homme d'équipage correspond au transport environ de 35 à 40 tonneaux. Là est le secret de la supériorité des Américains; ils peuvent payer cher des hommes qui font un aussi grand transport, sans que le transport même cesse d'être à très-bon marché.

[1] C'est le total de l'équipage, moins les mousses.

COMMERCE DE LA CHINE AVEC LA FRANCE.

Le commerce direct entre la Chine et la France, conclu des registres douaniers, est le seul dont les tableaux officiels procurent la connaissance; il est si peu considérable, qu'on n'a pas même jugé nécessaire de séparer ce vaste empire et les deux États secondaires de Cochinchine et de Siam.

Hâtons-nous d'expliquer en peu de mots le commerce apparent et direct, pour arriver au principal, au grand commerce réel de la France avec la Chine.

I. IMPORTATIONS EN FRANCE DE LA CHINE, DE LA COCHINCHINE ET DE SIAM POUR L'ANNÉE 1858.

PRODUITS.	QUANTITÉS.	VALEURS.
	kilogr.	fr.
Thé..	501,973	3,011,838
Soies..	2,720	153,628
Bourre de soie..............................	8,090	64,720
Soie en cocons..............................	18,005	324,990
Laines en masse.............................	208,911	836,442
Sucre brut..................................	837,377	619,695
Cannelle dite de Chine......................	98,551	246,378
Poivre......................................	136,951	205,426
Graine de sésame (oléagineuse)..............	271,454	116,725
Articles au-dessous de 100,000 francs.......	....	487,468
Total des importations.........		6,067,310

Les importations de produits des contrées chinoises

et siamoises qui nous parviennent par voie d'Angleterre
dépassent 100 millions. Par conséquent, ces importations
par voie directe ne s'élèvent pas à 6 p. o/o des produits
que la France tire en réalité des contrées chinoises.

II. EXPORTATIONS DE LA FRANCE EN CHINE, EN COCHINCHINE
ET À SIAM POUR L'ANNÉE 1858.

Les exportations directes de nos ports en Chine,
en Cochinchine et à Siam ne s'élèvent, pour 1858,
qu'à la misérable somme de 999,022 francs; et dans
cette somme les produits français ne figurent que pour
773,559 francs.

Il y a seulement deux genres de produits qui surpassent 100,000 francs :

Cartons, papiers, livres et gravures. 109,870ᶠ
Vins.   103,647

Navigation en 1858.

	Navires.	Tonneaux.	Équipages.
Entrées	9	3,842	168
Sorties.	8	4,406	257
TOTAUX.	17	8,248	425

Cette faible navigation peut servir à nous donner une
leçon importante. Le navire moyen varie de 400 à 500
tonneaux, avec un équipage qui conduit moins de 20 tonneaux pour chaque marin. Dans la même navigation, les
Américains conduisent de 35 à 40 tonneaux et les Anglais
plus de 31 tonneaux par matelot.

Encouragement désirable que peut donner le Gouvernement français.

Si le Gouvernement voulait donner à la navigation

française une grande et salutaire impulsion, il offrirait
une prime intelligente et généreuse à tout bâtiment de
800 à 1,000 tonneaux dont chaque homme d'équipage
suffirait au moins à 33 tonneaux. Il faudrait qu'on naviguât
en employant au plus 24 hommes pour 800 tonneaux et
30 hommes pour 1,000 tonneaux.

Afin de recevoir cette prime, le navire français devrait
charger aux prix courants d'Angleterre pour les mers
d'Asie.

La prime représenterait ce que peut coûter en France
de plus qu'en Angleterre la construction d'un grand navire
de cette espèce.

En adoptant les perfectionnements dus à l'ingénieux
M. Arman, constructeur à Bordeaux, les navires français se trouveraient en parfaite position de rivaliser avec
ceux d'Angleterre.

*Projet d'un service de paquebots à vapeur français entre Suez
et la Chine.*

Aujourd'hui que le commerce effectif entre la France,
la Chine, l'Inde et l'Australie a pris un développement
magnifique, un service à vapeur français, fréquent et régulier, serait du plus grand avantage pour communiquer
avec ces contrées.

Nous ne serions plus à la merci de la Compagnie péninsulaire orientale, cette riche entreprise d'Angleterre,
qui fait aujourd'hui ce même service.

Mais pour lutter avec un pareil concurrent, il faudrait
avoir d'excellents navires à vapeur, manœuvrés et servis
en perfection, avec autant de ponctualité que d'obli-
geance.

Formons des vœux pour que cette conception soit réalisée en attendant l'exécution du canal de Suez, dont nous parlerons lorsque nous décrirons l'Égypte moderne.

Ligne complète à vapeur entre la France et la Chine.

Notre ligne à vapeur entre la Chine et Suez une fois établie, elle serait immédiatement continuée jusqu'en France : 1° par le chemin de fer entre les ports de Suez et d'Alexandrie; 2° par les bateaux à vapeur français de la Méditerranée, dont le service fonctionne avec une parfaite régularité. Alors nous rivaliserions avec l'Angleterre.

Dans l'état actuel des choses, la Compagnie péninsulaire orientale britannique fait un double service de correspondance avec la Chine. Après avoir traversé l'Océan oriental et la mer Rouge et fait transporter par terre, *via Overland*, marchandises et voyageurs entre les ports de Suez et d'Alexandrie, ses navires vont de ce dernier port à Malte. Là leur route se divise : une première ligne établit la communication entre Malte et la France, pour aboutir à Marseille; une seconde, entre Malte et l'Angleterre, pour aboutir à Southampton.

Depuis assez peu de temps la Compagnie péninsulaire porte directement à Marseille des soies de Chine destinées pour la France; ces soies, jusqu'en 1858, faisaient un long circuit par l'Angleterre. La voie directe satisfait, en faveur de notre plus belle industrie, des exigences qui prennent en France un développement aussi vaste que rapide.

C'est pour l'opulent commerce des soies et des matières colorantes empruntées à la Chine que sera surtout précieuse la ligne à vapeur, anglaise aujourd'hui, et que nous demandons de rendre aussi française.

Grandeur du commerce des soies entre la France et la Chine.

Lorsqu'il y a sept à huit ans une épizootie frappa les vers à soie de la France et du reste de l'Europe, il fallut qu'on demandât à la Chine le beau filament de l'insecte que les mûriers de cet empire nourrissent avec une abondance inépuisable. Mais les soies de la Chine étaient incomparablement inférieures à celles de la France, au point de vue de la force intrinsèque et de la préparation. Ce fut pour le génie des Européens une étude toute nouvelle que l'art de travailler ce produit imparfait, et les succès obtenus sont pour nos compatriotes un sujet d'honneur.

Résumons les résultats conquis par une industrie qui n'a pas seulement travaillé pour la France. Quels titres n'a pas cette industrie à l'admiration, disons plus, à la reconnaissance des peuples les plus avancés de l'Occident et de l'Orient! Ils savent aujourd'hui que Lyon, donnant l'exemple, a tiré des soies de la Chine et du Bengale un parti qu'on osait à peine espérer dans la fabrication des soieries. La Chine, à son grand avantage, doit aux préceptes français les progrès récents qu'elle a faits dans la filature, le moulinage, l'assortiment et le choix du plus précieux des filaments. C'est de Lyon que Manchester a reçu des leçons dans l'art difficile de suppléer au déficit des soieries européennes, mariées dans une mesure ingénieuse avec la soie asiatique. Lyon la première, et Manchester, à son exemple, ont tiré le parti le plus heureux des galles de Chine pour la teinture des soies. Ce sont principalement des essais, des efforts français auxquels sont dus les emprunts faits à ce pays, et des cocons et des graines du ver sétifère. En un mot, si l'industrie européenne a fait passer dans la pratique de ses arts des matières et des produits empruntés au Céleste Empire, l'honneur en appartient à des Français. Nous en offrirons un exemple éclatant, qui terminera ce volume.

Le commerce français, pour satisfaire aux besoins d'une industrie qui tendait à prendre un incroyable essor à travers d'incroyables difficultés, ce commerce a marché de pair avec les arts manufacturiers. Il avait des obstacles de toute nature à surmonter et de puissantes concurrences à soutenir; il a livré ses combats en silence, et le succès seul révèle son existence. Les Occidentaux et la France elle-même ignorent que les opérations directes sur les soies de la Chine et du Japon sont maintenant aussi familières au commerce de Lyon qu'à celui de Londres; elles ignorent que les maisons lyonnaises ont autant de réputation à Chang-haï, à Kanagawa [1], que les grandes maisons d'Angleterre, en possession depuis plus d'un siècle d'un genre de commerce oriental où les nôtres s'essayaient à peine il y a sept ou huit années. On ignore que nos cent millions d'affaires avec la Chine sont aujourd'hui loin d'exprimer la totalité de notre commerce avec l'Océanie et l'extrême Orient.

Importance actuelle du marché des soieries de Lyon.

Lyon est le plus grand foyer de consommation des soies; il tend par un progrès incessant à devenir le principal marché des soies de l'Europe, et les prix de ce grand et célèbre marché deviennent le régulateur des transactions européennes.

L'énorme demande des soies à Lyon a pour effet naturel d'en élever généralement le prix un peu plus qu'à

[1] Ville commerçante près de la capitale du Japon.

Londres; cette inégalité dans les cours des deux places
a pour effet d'attirer à Marseille des soies destinées à des
maisons anglaises.

Celles-ci savent les prix comparés de Londres et de
Lyon; elles profitent de ce dernier marché si le prix
qu'elles y trouvent est supérieur à celui qu'elles réalise-
raient en Angleterre. Dans le cas contraire, la soie peut
traverser la France et se rend à cette dernière destination.

Nécessité croissante d'éviter un long détour entre la France et la Chine.

Jusqu'à la fin de 1858, les soies chinoises dont la
France éprouvait le besoin arrivaient par Southampton
à Londres, par l'entremise de la Compagnie péninsulaire
orientale; elles faisaient en pure perte un si long circuit
pour parvenir au principal marché de France, à Lyon. Ce
grand détour tend de plus en plus à cesser, et la voie de
Marseille obtient la préférence.

Avantages commerciaux et politiques d'une ligne française à vapeur.

Une considération nationale et politique mérite d'être
présentée pour procurer à notre commerce l'avantage
d'une ligne à vapeur française depuis Marseille jusqu'à la
Chine. Notre commerce avec cet empire n'a développé
en si peu de temps sa force et sa stabilité qu'en profitant
avec habileté de tous les moyens d'action propres à nos
rivaux; il a dû recourir aux navires étrangers, dont le
fret est à plus bas prix et la navigation plus rapide. Ce
désavantage du côté de notre marine marchande, il faut
le faire disparaître par tous les moyens que nous avons
indiqués, afin que les transports de la France reviennent
d'eux-mêmes à la France.

Combien n'est-il pas précieux pour le pavillon de notre pays qu'il partage avec celui de l'Angleterre l'avantage de conduire dans tous les ports considérables de l'Asie et de l'Océanie les voyageurs, les trésors, les riches matières qu'un mouvement soudain et prodigieux multiplie au delà de toute prévision! Partageons ce grand rôle des vapeurs anglais vis-à-vis des populations de l'extrême Orient, naguère si défiantes et qui confient à ces merveilleux navires leurs produits les plus précieux, pour que la valeur en soit réalisée à cinq mille, à six mille lieues de distance par un négociant dont à peine les grandes maisons chinoises connaissent le nom, et recevoir en retour les productions élaborées par les arts de l'Occident.

Magasin général des soies de Lyon.

Il deviendrait impossible de recevoir toutes les soies que le courant du commerce et la réputation d'un marché comme Lyon y font affluer, si l'on n'avait pas organisé les moyens financiers qu'exige l'apport des matières d'une valeur si élevée. Lyon eût été placée dans une situation d'infériorité vis-à-vis de Londres, à défaut d'une organisation pareille à celle des *docks* ; on nomme ainsi les grands réceptacles de produits dont les valeurs sont rendues négociables en vertu de leur dépôt authentique.

Une compagnie s'est formée, au capital de deux millions, pour établir à Lyon un semblable dock, ou *magasin général des soies.*

On peut mettre en dépôt telles quantités de soies que l'on veut présenter, en recevant, aux termes d'une loi de 1858, des récépissés de deux sortes offrant un caractère particulier.

Les récépissés les plus utiles sont les *warrants*, ou billets·de garantie : ils permettent d'obtenir des banquiers ou des grands établissements de crédit, en leur négociant ces titres, une notable partie de la valeur du gage : les huit dixièmes. Afin de faciliter cette négociation et de la rendre possible dans toute grande place de banque, le Magasin général donne une estimation impartiale et cer-, taine de la valeur des marchandises, et, de plus, garantit une partie de cette valeur pendant quatre-vingt-dix jours, moyennant une commission qui ne peut pas dépasser *un demi* pour cent.

Munie d'un établissement si précieux, la place de Lyon pourra voir sans inquiétude les soies affluer, dans ses magasins, de toutes les parties du monde. Elle pourra sans hésitation faire aux maisons commerciales de la Chine, du Bengale et du Japon les avances qu'elles réclament et que ces maisons trouvaient à Londres ; elle ne redoutera plus que la surabondance des soies apportées lui devienne fatale en des temps de crise. Cette fondation était indispensable pour soutenir la lutte pacifique avec le commerce anglais, qui disposait depuis longtemps, et disposait seul, de moyens si puissants.

Que d'éléments sont préparés aujourd'hui pour que Lyon devienne le plus grand entrepôt des soies, comme elle en est déjà le plus grand marché ! C'est la première fabrique de soieries du globe : elle fait battre 90,000 métiers ; elle produit pour près de 240 millions de francs ; sa *condition* publique reçoit jusqu'à 3 millions de kilogrammes de soie dans une année. On envie ses écoles d'arts et d'industrie ; on admire l'habileté de ses fabricants, la science de ses teinturiers ; on vante à juste titre l'excellence de ses ouvriers.

Pour donner au commerce des soies entre la France et la Chine tout l'essor dont il est susceptible, il est essen-

tiel de constituer des moyens de finance à la fois réguliers et puissants.

*Influence des grandes maisons de banque sur le commerce avec la Chine
et les Indes.*

Si nous voulons conserver le bénéfice de nos progrès
et de nos conquêtes, si nous voulons accroître la prépondérance de notre plus belle industrie, il faut qu'elle ait
l'instrument du crédit, et qu'elle en dispose avec abondance
et liberté. Il n'est pas possible qu'elle se laisse mesurer
d'une main avare et jalouse ce crédit, condition première d'un commerce immense. Le commerce lyonnais
ne peut pas rester subordonné à la condescendance de
maisons étrangères et rivales, ni dépendre indéfiniment
du bon plaisir de l'Angleterre.

Exemple de l'Angleterre.

En s'appuyant sur des banques dont l'opulence est
colossale et dont les rameaux s'étendent par toute l'Asie
et l'Océanie, les Anglais ont jeté des racines profondes
au sein des plus riches contrées; c'est ainsi qu'ils ont assuré
le développement de leur puissance et de leur activité
dans les entreprises commerciales de la Chine et des
grandes Indes.

Jusqu'ici nous n'avons su rien opposer à ces institutions opulentes, desquelles nous dépendions. Pour en
donner une idée, disons simplement de quels moyens
disposent deux d'entre elles, qui n'ont pas encore dix ans
d'existence.

1° La *Banque orientale*, établie en 1851 au capital de
31,500,000 francs, avec réserve de 6,300,000 francs,

compte en dépôt 118 millions de francs, dont un tiers ne porte pas intérêt. Cet établissement financier a fondé onze comptoirs; ses actions ont doublé leur valeur primitive. Les trois derniers dividendes ont été :

En 1857,	En 1858,	En 1859,
15	15	12 pour cent.

2° La *Banque commerciale de l'Inde, de Londres et de la Chine*, instituée en 1854, a pour capital en valeur 12,500,000 francs; Bombay possède l'établissement principal, et ses succursales sont Londres, Calcutta, Madras, Singapore, Colombo, Chang-haï, Canton et Kandy.

A ces deux banques il faut ajouter celles de l'Hindostan et de l'Australie pour se former une idée de la puissance financière des Anglais dans les contrées que baigne le Grand Océan.

Outre les banques collectives, on peut citer beaucoup de puissantes maisons anglaises établies à Canton, à Changhaï, à Hong-kong. Au sujet de ce dernier port nous avons expliqué les étonnantes créations qui démontrent la puissance de leurs capitaux et leur esprit d'entreprise.

Proposition d'établir une banque connexe pour le commerce de la France avec l'Inde et la Chine.

Dans une proposition formelle faite à la chambre de commerce de Lyon, son délégué, M. Natalis Rondot, a demandé la création d'une banque qui desserve les intérêts commerciaux de la France avec l'Inde et la Chine.

« Cette banque serait d'un avantage infini pour les négociants qui font des affaires entre Lyon et la Chine », dit M. Rondot, l'un des jurés français les plus laborieux et les plus instruits qu'aient eus les expositions universelles de 1851 et de 1855. Nous lui devons, dans nos Rapports, ceux du xxvie Jury, pleins d'intérêt et d'une érudition spirituelle.

Utilité pour le Gouvernement.

« La banque proposée, ajoute notre collaborateur, n'est pas moins nécessaire au Gouvernement. La France entretient depuis plusieurs années dans les mers de la Chine et de l'Inde de grandes forces navales, et ces forces exigent un service de trésorerie extrêmement onéreux. Les traites de la marine ont un caractère particulier : les maisons de commerce qui prennent ces traites pour le Trésor, et qui ne peuvent pas toujours les revendre aux banques anglaises, doivent se ménager un profit qui compense la nécessité du recouvrement par elles-mêmes en Europe ; or, dans un pays où l'argent est à un prix élevé, où il est employé à des opérations de commerce généralement très-lucratives, la privation de cet argent pendant plusieurs mois se chiffre par un supplément de commission qui se reporte sur le change, l'agio ou la différence du terme.

« Le Gouvernement aurait avantage à charger la banque ici proposée de son service de trésorerie en Orient. Il réaliserait de notables économies, en même temps qu'il aurait une entière sécurité pour ses payements et pour ses approvisionnements. »

La fondation de cette banque est bien accueillie par le commerce ; nos ports en applaudissent le projet. La Société générale de crédit industriel et commercial, qui a pris l'initiative de cette création, promet de lui donner un appui constant et le concours le plus dévoué. « Toutefois, dit M. Rondot, la question est moins simple qu'on ne l'imagine. Je ne crois pas que les banques anglaises engagent une lutte de concurrence avec notre banque; mais celle-ci doit être en mesure de soutenir une pareille lutte et de tenir tête en tout temps à ses rivales. Il faut la former de toutes pièces, et les difficultés seront grandes à l'étranger.

« La banque projetée, si elle est l'auxiliaire du commerce français, qui, je l'espère, ne lui fera pas défaut, sera aussi, et plus encore, l'auxiliaire de la marine française et de la politique française. A ce titre, le Gouvernement ne peut manquer de lui accorder son patronage et ses faveurs.

« Ce n'est pas avec un esprit hostile à l'Angleterre, avec la pensée d'ajouter à l'antagonisme des intérêts commerciaux qui s'éveille entre les deux peuples, que je signale la nécessité de cette entreprise. Lyon a de nombreux intérêts communs avec l'Angleterre, et le commerce lyonnais est lié de la façon la plus amicale avec le commerce anglais; je n'oublie pas que nous vendons à l'Angleterre des soieries pour plus de cent millions de francs. Parce que nous aurons nos propres moyens de crédit et de transport, qui seront d'ailleurs à la disposition de tous, parce que nous aurons fait en petit pour notre sécurité ce que nos voisins ont fait en grand pour la leur, est-ce à dire que nos relations avec eux en souffriront et que nos amitiés en seront refroidies? Tout au contraire, ces facilités nouvelles leur donneront plus de vigueur. Le champ est tellement vaste qu'il y a place, au milieu du monde commerçant, pour nos banques et nos compagnies de transport; l'entente sera prompte et constante entre elles et leurs devancières : c'est l'opinion des plus expérimentés dans ces questions. »

Espérons que la France établira bientôt une banque spéciale, ayant de puissants capitaux et des comptoirs ouverts dans les ports principaux de l'Orient, et principalement dans les ports de la Chine.

Dernière et belle conquête commerciale faite en Chine par la science et l'industrie françaises.

Ce qui concourt à faire prospérer le commerce moderne chez les nations les plus avancées, c'est la rapidité, c'est la puissance avec lesquelles il est secondé par la science et par l'industrie, lorsqu'il faut saisir un fait nouveau de haute importance, l'étudier, l'approfondir, en développer les conséquences, et le transmettre à nos arts en déployant une étonnante fécondité d'applications. Nous pouvons en offrir l'exemple le plus récent et le plus honorable, à tous ces points de vue, pour notre pays.

RÉVÉLATION, ÉTUDE ET IMITATION DU VERT DE CHINE.

En 1845, afin d'étudier les arts de la Chine, d'intelligents industriels, délégués de nos chambres de commerce, sont envoyés à la suite d'une légation diplomatique. Dans leurs rapports[1], ils mentionnent, sans longues observations, une couleur verte qui leur paraît mériter une mention spéciale. Il fallait bien que cette couleur, sous forme de laque, eût de rares qualités, puisqu'on la vendait à Canton 224 francs le kilogramme : un peu plus que son poids d'argent pur.

Cette laque, appelée *lo-kao*, est d'une grande puissance; en effet, les Chinois l'emploient, fort étendue d'eau, pour teindre des tissus communs, qui restent néanmoins d'un prix très-modéré.

[1] *Étude pratique du commerce d'exportation de la Chine,* par MM. Isidore Hedde, Ed. Renard, A. Haussmann et N. Rondot. Paris, in-8°, 1849.

Société industrielle de Mulhouse.

A son retour, le délégué de Mulhouse présente à la *Société industrielle* de cette ville des tissus teints avec ce vert. L'habile M. Kœchlin-Souch les étudie, et signale dès 1848 une couleur verte dont il démontre ce qu'il appelle la nouveauté. La matière colorante devint pour le comité de chimie de la Société l'objet de nombreuses expériences, faites sur les échantillons que nous venons de mentionner et sur d'autres pareils envoyés de Changhaï par notre zélé consul, M. de Montigny. En 1849, ces derniers échantillons étaient transmis en même temps par le ministère aux trois chambres de commerce de Mulhouse, de Lille et de Rouen.

Intervention des chambres de commerce.

Dès le 28 avril 1850, la chambre de commerce de Mulhouse, éclairée par les expériences que nous venons de mentionner, prie M. le ministre du commerce de demander en Chine : « Quelle est la substance colorante dont on s'est servi pour teindre les fonds verts des échantillons, lesquels ont été reconnus être teints avec *la même matière colorante*, substance tinctoriale d'une nature toute particulière, *inconnue* en Europe ? » C'est le comité de chimie, dans la Société industrielle de Mulhouse, qui fixait avec cette remarquable précision les termes du programme.

Le 5 avril 1852, la chambre de commerce de Paris s'adresse également à l'autorité ministérielle pour que nos agents en Chine fassent étudier le procédé suivi pour préparer cette matière colorante *qui teint directement en vert.*

Savantes recherches de M. Persoz.

Le 18 octobre de la même année, notre savant collaborateur de l'Exposition universelle [1], devenu le chimiste de la chambre de commerce de Paris, M. Persoz, présente à l'Institut son premier et remarquable mémoire sur la nature et les propriétés du *vert de Chine*. Ces recherches excitèrent une attention générale.

Le commerce et l'industrie de Lyon s'emparent du vert de Chine.

Éveillée par le travail de la science, dès 1853, la chambre de commerce de Lyon tourne son attention vers la nouvelle matière colorante, le *lo-kao;* substance dont les effets sur la soie surpassent en beauté les effets sur le coton. Elle s'adresse à M. Natalis Rondot, son délégué permanent à Paris; elle demande qu'il recueille toutes les notions existantes sur cet objet important. Elle ouvre un crédit de 3,000 francs, afin d'acquérir du lo-kao en quantité suffisante pour entreprendre des expériences nombreuses et des applications décisives avec ce précieux produit du Céleste Empire [2]. Le zélé délégué remplit ce mandat sans rien laisser à désirer; son activité met tout en mouvement.

Recherches d'érudition et d'industrie: M. Stanislas Julien.

Il s'adresse au célèbre sinologue M. Stanislas Julien;

[1] Nous devons à M. Persoz le rapport considérable et profond du XVIIIe Jury, chargé de prononcer sur les teintures. (Voyez les Rapports qui suivent la présente Introduction.)

[2] La laque achetée avec ce crédit revint à 386 francs le kilogramme.

il le prie de faire des recherches dans les encyclopédies chinoises et japonaises, afin de savoir si la matière colorante que nous appelons *vert de Chine* était anciennement connue. On n'en a trouvé la trace dans aucun écrit spécial, ni dans les grandes publications, même les plus récentes.

Nouveauté de la découverte des Chinois.

On doit aux savantes recherches de M. Stanislas Julien la preuve que le *lo-kao* doit être compté parmi les découvertes récentes de l'industrie des Chinois.

Selon le révérend Edkin, savant missionnaire anglais à Chang-haï, l'application de cette laque à la teinture date *à peine d'un quart de siècle.* L'emploi que les peintres en font pour l'aquarelle n'est pas beaucoup plus récent.

Tout concourt à démontrer qu'il s'agit d'une découverte appartenant à notre époque; elle vient s'ajouter à tant de faits précieux sur lesquels se fondent l'originalité, le mérite et la richesse de l'industrie de ce peuple. Elle est pour nous une preuve que l'industrie du Chinois, moins parfaite à l'égard de quelques arts d'un luxe très-recherché, continue pourtant de faire des découvertes et d'agrandir le champ de ses connaissances utiles.

Des substances fort diverses pouvaient être confondues avec la laque donnant le vert de Chine. M. Rondot expose [1] l'analyse érudite de ce que l'on sait sur des matières venues d'Orient, et qui présentaient quelques analogies avec le vert de Chine : toutes sont inférieures à cette couleur et ne peuvent être confondues avec elle. On retrouve dans cet ouvrage le rapporteur aux mille

[1] *Notice du vert de Chine et de la teinture en vert chez les Chinois,* par M. Natalis Rondot, 1 vol. in-8°; Paris, 1858.

connaissances précises à qui nous devons les descriptions si variées de l'industrie parisienne [1].

Nous avons dit que l'attention générale était éveillée par le mémoire de M. Persoz. La Néerlande fait venir de la Chine du lo-kao, pour le soumettre aux expériences de ses propres chimistes.

La société d'agriculture de Calcutta, saisie du mémoire français par les comptes rendus de l'Académie des sciences de Paris, écrit aussitôt en Chine à M. Fortune ; il devra recueillir toutes les informations sur la plante d'où l'on extrait le lo-kao. Dès 1854, graines et plante sont envoyées à Calcutta par l'éminent botaniste ; les lettres de ce dernier arrivent en Europe et sont reproduites par la chambre de Lyon ; les savants et les industriels de Londres s'évertuent de leur côté. En mai 1855, la société de Calcutta transmet à M. Persoz tous les échantillons qu'elle reçoit de M. Fortune, afin qu'il continue ses découvertes : c'est un juste hommage à la science française.

Arbrisseaux producteurs du vert de Chine : histoire naturelle.

Il faut maintenant tourner nos regards vers les arbrisseaux producteurs : ce sont des nerpruns épineux d'où l'on extrait la matière colorante qu'on livre au commerce sous forme de laque appelée *lo-kao*. Dans le principe, on ignorait si la matière était extraite des fleurs, des graines, des écorces ou des racines de ces nerpruns, qui croissent à l'état sauvage sur les montagnes de la Chine.

M. de Montigny a le premier possédé les deux espèces d'arbrisseaux qui donnent le *vert de Chine*. Avant 1852,

____
[1] Rapports de 1849 et de 1851.

il en avait planté lui-même plusieurs pieds dans le jardin du consulat français, à Chang-haï; c'est lui qui les a
fait connaître à M. Fortune. Ici nous retrouvons l'initiative intelligente et le zèle infatigable du consul auquel
notre agriculture doit aussi l'igname et le sorgho parmi
les plantes, l'yak parmi les quadrupèdes, etc.

Le nerprun de la meilleure espèce pousse rapidement;
en trois ans il atteint de 1^m,75 à 2 mètres de hauteur.
Un seul de ces grands arbustes peut donner un demi-
kilogramme de *matière colorante*. Des graines de cet arbuste ont réussi dans le jardin des Plantes de Lyon.

Avant qu'on possédât en Europe cet arbuste vivant,
un célèbre naturaliste, M. Decaisne, membre de l'Institut, avec quelques fragments de tiges et de feuilles, a
recomposé les deux espèces avec un talent qui tenait de la
divination: car lorsqu'on a possédé les plantes complètes,
elles se sont trouvées parfaitement conformes à leur savante synthèse.

On regarde comme certain que les deux espèces de
nerpruns, dont l'un supporte le climat septentrional des
environs de Pékin et l'autre celui des montagnes du
Chan-toung, s'acclimateront parfaitement en France.

Observations faites en Chine par les missionnaires français.

Tandis que les sciences naturelles prêtaient leur concours aux études qui concernent le vert de Chine, nos
intelligents et zélés missionnaires tournaient de ce côté
leur dévouement, provoqué par le Conseil central des
missions pour la propagation de la foi, qui siége à Lyon.
Le R. P. Hélot faisait un voyage à la petite ville manufacturière qu'il appelle *A-zé*, pour y chercher les procédés de teinture relatifs au vert de Chine. Cette ville ren-

ferme une chrétienté chinoise, et cela facilitait les informations. Les procédés décrits par le R. P. Hélot semblèrent incroyables à la science européenne.

Leur narration vérifiée par un teinturier français, M. Michel.

Ils devaient être reproduits et certifiés par les investigations patientes et les découvertes de M. A. F. Michel, ancien teinturier de Lyon. L'éminent industriel, retiré du commerce, charme ses loisirs par des études qui sont dignes d'être proposées en exemple.

Ce qui caractérise le vert de Chine produit par la matière colorante tirée *de l'écorce* des nerpruns *épineux*[1], c'est qu'il n'est manifesté et développé dans son admirable éclat que par l'action insensible d'une lumière qui doit être extrêmement faible, et qui pourtant est indispensable : une vive lumière solaire sécherait l'étoffe et ferait cesser la coloration.

Après avoir retiré de l'écorce des nerpruns épineux la matière en dissolution qui devra donner le vert de Chine, d'après les récits du P. Hélot, M. Michel fit une série d'expériences dont je ne puis mieux donner l'idée qu'en le laissant lui-même expliquer sa découverte la plus intéressante.

«Je remarquai, dit-il, que mes étoffes sortaient du bain à peine colorées en jaune roux très-faible. Ces étoffes, après avoir passé la nuit sur le pré, avaient acquis dès le point du jour une coloration très-apparente à la surface supérieure; la surface inférieure (en contact avec l'herbe) n'avait pas changé d'une manière sensible. Cette coloration ne pouvait provenir de l'action des rayons

---

[1] L'écorce des nerpruns qui ne sont pas épineux ne donne pas le vert de Chine.

solaires; car, dès que le soleil frappe l'étoffe, elle sèche,
et la coloration ne fait plus de progrès. Je pensai à l'oxy-
gène de l'air, qui, en oxydant certaines matières tinctoriales,
en développe la couleur; mais mes étoffes, placées sur
l'herbe, laissaient circuler suffisamment l'air par-dessous
pour que l'oxydation pût avoir lieu des deux côtés. Je
pensai alors, et je crois que la solution de la question est
là, je pensai, dis-je, à la lumière qui colore les plantes,
alors même qu'elles ne reçoivent jamais le soleil directement; tandis que ces mêmes plantes végétant dans une
cave obscure restent incolores, malgré les éléments de
coloration qui existent en elles et qui se développent dès
que la lumière les atteint.

« Pour bien établir cette analogie, je passai dans un
bain d'écorce deux coupons de la même étoffe : j'en plaçai
un sur le pré, il se colora d'un côté; je mis l'autre dans
une cave tout à fait obscure et parfaitement aérée, il resta
incolore. Je répétai trois jours de suite cette expérience
comparative sur les mêmes coupons d'étoffe : toujours
mêmes résultats.

« Je crois pouvoir conclure de ces faits qu'il existe dans
les bains d'écorce de nerprun les éléments, *à l'état invisible*,
d'une matière colorante qui ne se développe jusqu'à
présent que par l'action de la lumière. Il est à souhaiter
maintenant qu'on puisse trouver un agent qui développe
cette matière colorante dans les bains d'écorce, ce qui
en rendrait l'emploi plus facile et permettrait peut-être
de l'isoler des autres matières qui la salissent et de l'appliquer à la teinture des soies. Ce serait bien alors le *lo-kao
français.* »

M. Persoz reconnaissait bien à la lumière le pouvoir,
ou de former la chlorophylle, matière verte des plantes,
ou de contribuer à sa destruction, suivant les circonstances;

mais ici le cercle d'action de la lumière lui paraît considérablement agrandi. « Dès à présent, ajoute ce savant chimiste, nous prévoyons que les sucs d'une multitude de plantes se modifieront sous l'action de la lumière, en faisant naître un grand nombre de couleurs inconnues jusqu'à ce jour. »

Ce qui donne au vert de Chine un prix infini, c'est la beauté, la pureté de sa couleur; c'est surtout la propriété de conserver cet éclat et cette pureté à la lumière des flambeaux ou du gaz aussi complétement qu'à la lumière du soleil; c'est d'éclipser dans les salons éclairés artificiellement les étoffes teintes avec d'autres matières et de les faire paraître comme inférieures et presque salies.

Beaux succès industriels des fabricants lyonnais : M. Guinon.

C'est au printemps de 1855 que MM. Guinon et Michel réalisèrent les plus remarquables applications à la teinture des soieries.

M. Guinon fit servir le lo-kao pur à teindre les velours épinglés; il produisit un tissu vert que sa beauté fit appeler *le vert Vénus :* on admira ce produit à l'Exposition universelle de 1855. En ajoutant du jaune au vert de Chine, M. Guinon produisit une nuance qui charmait l'œil et le charmait surtout à la lumière; elle a gardé le nom de *vert d'Azof.* Enfin nos habiles teinturiers lyonnais ont présenté la plus riche série de nuances, claires et foncées, appliquées aux tissus de soie. Ainsi le problème industriel s'est trouvé résolu dans un espace de deux ans, depuis le jour où cette ville a reçu du Céleste Empire la matière tinctoriale, auparavant inconnue dans son origine, son essence et ses propriétés.

Concours ouvert à Lyon pour produire le vert de Chine.

La chambre de commerce de Lyon a senti l'utilité d'ouvrir un concours, indiquant pour sujet de prix la fabrication d'un lo-kao artificiel qui reproduirait la vraie couleur du vert de Chine et qui ferait tomber à moins de cent francs par kilogramme le prix de cette matière colorante. Nous apprenons que le problème est résolu par M. Charvin, qui va recevoir la récompense promise.

La Chine vaincue.

A cent francs par kilogramme il sera possible d'envoyer en Chine le *vert de France;* nous l'offrirons aux teinturiers du Céleste Empire à meilleures conditions que celles de leur propre vert de Chine.

Voilà le tableau que je voulais offrir aux amis de l'industrie, du commerce et de la science. En peu d'années un grand problème est entrevu, puis posé, puis résolu; l'application complète. A la théorie, à l'emploi perfectionné de la matière colorante exotique, on ajoute la création d'une matière du même ordre; le prix en est si réduit, que c'est aujourd'hui notre industrie qui, loin d'avoir à s'approvisionner en Chine, ira vendre à la Chine même le *vert de Chine français.* Telle est la puissance, tel est le génie de Lyon.

Le lecteur me pardonnera cet exemple anticipé de la force productive de la France : ce beau sujet, qui terminera mon ouvrage, me soutient et m'encourage dans ma longue et pénible entreprise.

DERNIÈRE NOTE SUR LES DESTINÉES CONTRAIRES DE CANTON
ET DE CHANG-HAÏ.

Je terminerai ce volume par les faits commerciaux qui
suivent et qui m'ont été tardivement communiqués.

DÉCADENCE COMMERCIALE DE CANTON, DÉMONTRÉE PAR LE MOUVEMENT
DES AFFAIRES BRITANNIQUES DANS CE PORT.

ANNÉES.	IMPORTATIONS.	EXPORTATIONS.
	fr.	fr.
1844	93,037,440	107,552,160
1847	57,754,560	92,331,640
1850	41,381,400	49,512,866
1853	24,349,398	39,191,934
1856	54,852,366	49,303,354

Grandeur du commerce de Chang-haï : 1856.

Ce commerce, qui prenait naissance en 1844, présentait douze ans plus tard les développements qui suivent :

PAYS.	IMPORTATIONS.	EXPORTATIONS.
	fr.	fr.
Angleterre	53,920,725	225,781,775
Amérique (États-Unis)	6,843,125	21,779,925
Autres contrées	14,498,125	3,025,575
TOTAUX	75,261,975	350,587,275

VENTE PROGRESSIVE DES DEUX PRINCIPAUX PRODUITS EXPORTÉS
PAR CHANG-HAÏ.

ANNÉES FINISSANT LE 30 JUIN.	THÉS.	SOIES.
	kilogr.	kilogr.
1845..................................	1,723,972	321,550
1850..................................	20,143,761	731,950
1855..................................	36,387,400	2,698,250
1856..................................	26,979,592	2,873,150
1857..................................	18,558,472	4,608,000
1858..................................	23,276,830	3,319,550
1859..................................	17,751,870	4,298,500

L'état qui suit a beaucoup d'intérêt; il fait connaître suivant quelle proportion Chang-haï répartit les deux grands produits chinois entre diverses contrées.

RÉPARTITION DES THÉS ET DES SOIES EXPORTÉS DE CHANG-HAÏ EN 1858-1859
ENTRE LES DIVERSES CONTRÉES.

LIEUX D'ENVOI.	THÉS.	SOIES.
	kilogr.	kilogr.
Grande-Bretagne, directement.	7,702,090	1,419,750
États-Unis.	8,839,544	925,000
Australie..	313,308	»
Colonies britanniques du nord de l'Amérique.	231,602	»
Continent européen..............................	96,096	2,746,750
Côtes de Chine..................................	568,322	
Philippines......................................	»	7,000
Totaux......................	17,750,962	5,098,500

FIN.

TABLE DES MATIÈRES.

ALIMENTATION DE L'HOMME.

PREMIÈRE SECTION.

ALIMENTATION TIRÉE DES ANIMAUX.

II° SECTION.

ALIMENTATION TIRÉE DU RÈGNE VÉGÉTAL.

CULTURES INDUSTRIELLES.

GRANDES CULTURES NON ALIMENTAIRES.

TABLE.   725